国防电子信息技术丛书

现代天线设计

（第二版）

Modern Antenna Design

Second Edition

[美] Thomas A. Milligan 著

郭玉春 方加云 张光生 等译

詹 毅 张建强 校

電子工業出版社

Publishing House of Electronics Industry

北京 • BEIJING

内容简介

本书从天线工程设计师的角度介绍现代各类型天线的基本原理、特点，回避繁冗的数学分析，直接给出多种天线的设计方法和步骤，同时还给出大量的供设计人员查询的设计图表和许多领域的天线设计实例。天线设计师可根据设计要求和用途快速选定天线型式，快速算出天线的约略尺寸。主要内容包括辐射结构和数值方法，口径分布和阵列综合，偶极子、缝隙、环形天线和微带天线，高斯波束分析和波导喇叭天线，反射面天线，透镜天线，行波天线，非频率天线和相控阵等。

本书适用于通信、雷达及相关领域的各类天线设计师和研究人员使用，也可以供高等院校相关专业的博士生和硕士生阅读参考。

MODERN ANTENNA DESIGN，Second Edition
ISBN：978-0-471-45776-3
THOMAS A. MILLIGAN

版权贸易合同登记号　图字：01-2012-5741

图书在版编目（CIP）数据

现代天线设计：第 2 版 /（美）托马斯 · A. 米利根（Thomas A. Milligan）著；郭玉春等译. —北京：电子工业出版社，2018.7
（国防电子信息技术丛书）
书名原文：Modern Antenna Design, Second Edition
ISBN 978-7-121-34366-7

Ⅰ. ①现…　Ⅱ. ①托…　②郭…　Ⅲ. ①天线设计　Ⅳ. ①TN82

中国版本图书馆 CIP 数据核字（2018）第 122932 号

责任编辑：竺南直
印　　刷：北京盛通数码印刷有限公司
装　　订：北京盛通数码印刷有限公司
出版发行：电子工业出版社
　　　　　北京市海淀区万寿路 173 信箱　邮编 100036
开　　本：787×1 092　1/16　印张：27.5　字数：704 千字
版　　次：2018 年 7 月第 1 版（原著第 2 版）
印　　次：2024 年11月第 12 次印刷
定　　价：109.00 元

凡所购买电子工业出版社图书有缺损问题，请向购买书店调换。若书店售缺，请与本社发行部联系，联系及邮购电话：（010）88254888，88258888。
质量投诉请发邮件至 zlts@phei.com.cn，盗版侵权举报请发邮件至 dbqq@phei.com.cn。
本书咨询联系方式：davidzhu@phei.com.cn。

译 者 序

本书是首席工程师 Milligan 先生的作品，他是从一个天线设计师的角度为设计者和使用者编写的。在内容和编写方式上，这本书与常见的理论性天线专著和天线手册都不同，它避开了复杂的数学分析，而是通过理论精炼获得天线设计要点，侧重于各类天线的基本原理、设计方法和设计步骤的阐述。另外，书中还提供了大量的可供设计师查询的工程图表和设计实例。

作者是一名专业的天线设计师，曾在洛克希德·马丁航天系统公司专门从事微波天线的设计和分析，其设计的天线被用于美国航空航天局火星和金星探测任务。因此，作者在取材方面选取的是工程中经常要用到的内容，覆盖了现代天线设计中的许多重要议题，同时也包含了一些天线设计的新方法。第二版中还增加了天线设计中所必需的数值计算方法，融合了作者天线教学课程中的内容。全书首先讨论天线的基本概念，然后以每个特定的主题展开，全书共 12 章。第 1 章讲述天线的一些基本概念和特性；第 2 章主要介绍天线工程中使用的各类数值方法，包含矩量法、物理光学、时域有限差分法等；第 3 章是天线阵列；第 4 章对各种口径分布以及阵列综合做了详细的阐述；第 5 章是偶极子、缝隙和环形天线，包括各种形式的巴仑；第 6 章是微带天线；第 7 章是喇叭天线，包括高斯波束分析；第 8 章是反射面天线；第 9 章是透镜天线，包括靴带透镜和伦伯透镜；第 10 章是行波天线；第 11 章是非频变天线，主要介绍工程中大量使用的各种形式的螺旋天线和对数周期天线；第 12 章是关于相控阵专题的论述。

由于本书侧重于实际天线的设计，作者还讨论了工程设计中遇到的天线安装和利用周围物体增强天线性能等问题。通过阅读本书，天线设计者和使用者可根据自己的需求快速选定天线型式并给出约略尺寸，进而利用现有的电磁仿真软件完成具体设计，这是该书的一个显著特点，因此非常适合从事天线工程设计的人员和研究人员参考。

全书各章节的翻译安排如下：前言、第 1 章、第 3 章、第 4 章和第 9 章由郭玉春翻译，第 2 章由华军、陈美良、卢新祥和郭玉春翻译，第 5～8 章由张光生翻译，第 10 章由方加云翻译，第 11 章和第 12 章由卢新祥翻译。全书由詹毅和张建强校对，最后由郭玉春统一校阅。本书的翻译出版得到了中国电子科技集团公司首席科学家杨小牛和通信信息控制与安全技术国家级重点实验室的大力支持，在此表示衷心的感谢。

本书在书写上非常口语化，翻译过程中我们尽量保持了作者的写作风格，同时也修正了一些错误。中译本的图示、符号形式及其正斜体等沿用了英文原版的写作风格，特此说明，由于译者理论水平有限，尽管经过仔细的校对，但还是难免存在错漏和不妥之处，敬请读者批评指正。

译 者

前　言

这本书是从我个人站在一个业内设计师的角度来撰写的，主要适用于其他天线设计师和使用者。我有时会准备一些天线课程并做一些该类课程的教学工作，这些经历帮助我在天线这一学科建立了一套系统的方法。在过去的十年里，我主编了 IEEE 天线期刊的“天线设计笔记”专栏。通过这一编辑工作，我得以将我个人的设计笔记和其他人提供给我的许多想法汇集起来，形成这本我认为设计师应该知道的思想汇编。

本书囊括了天线学科的系统性方法。每个作者都喜欢读者能把他的书从头读到尾，但我的职业经历使我编写的这本书可以跳跃着阅读。不过，书中第 1 章还是介绍了每个使用者和设计师都应该知道的那些主题。因为我要全面地讨论天线设计，包括天线的安装，因此周围物体对天线的影响以及如何利用它们增强响应也属于我要讨论的范畴。为便于理解基本原理，我们研究的都是自由空间的理想天线。然而，实际情况会有点不同。

我并没有绘制两个参数之间的单线图，而是通过一遍一遍的运算生成了用于计算的刻度尺。由于我很少使用由他人提供的程序汇集，且每一代人学习的计算机语言各不相同，年轻的工程师会发现我的程序古里古怪，因此我并没有提供一套计算机程序。您将会编写自己的程序来学习。

IEEE 天线与传播协会将 1952～2000 年发表的所有材料做成了数字化档案，这改变了我们的研究方法。我并没有引用大量的参考书目，因为我认为再也没必要这样做了。数字化档案的搜索引擎就能够提供详尽的清单。我只提了那些我认为特别有用的论文。成套的学报可以在图书馆中得到，而会议资料中有价值的信息却不能。我已经挖掘了这些信息，包括许多有用的设计思路，并把其中一些纳入这本书中。在这一领域，40 年前的出版物仍然是有用的，我们没必要重复研究这些方法。行业内许多巧妙的构思通常只发表一次，因此，就我个人而言，我将一次又一次地求助于这些材料，因为所有图书的空间都是有限的。

与第一版一样，我很享受写这本书的乐趣，因为我想对这一有价值的领域表达我的观点。虽然可用的信息量是巨大的且它的数学描述掩盖了这些想法，但我希望我的解释能帮助您开发出新的产品或者使用已有的产品。

感谢那些曾经和我交流过想法并使我获得知识的作者们，特别是那些行业内的作者。就我个人而言，我要感谢洛克希德 · 马丁公司的设计师们，他们鼓励我并审阅了初稿，特别是 Jeannette McDonnell, Thomas Cencich, Donald Huebner 和 Julie Huffman。

目　　录

第1章 天线特性

开篇探讨天线如何辐射是编写天线书籍的一种方式。首先从麦克斯韦方程组入手，推导出电磁波。在冗长的包含大量数学的探讨之后，本章讨论了电磁波是如何在导体上激励起电流的。本章的下半部分讨论的是电流辐射及其产生的电磁波。你可能已经研究过这个问题，若想使你的背景知识更深一步，可查阅电磁学方面的书籍。电磁学从数学上给出了对天线辐射的理解，并保证了其严密性以防止错误。我们跳过这些公式的讨论，直接进入到实践环节。

由电流而实现天线辐射非常重要。天线的设计就是控制电流产生预期的辐射分布，即方向图。在许多情况下，问题是如何防止电流引起的辐射，比如在电路中。当电流与它的返回电流之间分开一定距离时，它就会产生辐射。简单地说，我们的设计应使两个电流靠近以减少辐射。在一些讨论中电流分布会被忽略，而是考虑其导出量，如口径上的场、缝隙或微带贴片边缘的磁流。你会发现我们是利用概念来理解或去简化其数学推导的。

天线将受约束的电路场转换为可传播的电磁波，根据互易定理，它也可接收电磁波功率。由麦克斯韦方程可知，任何随时间变化的电场或磁场产生相对应的场并形成电磁波。电磁波有两个正交的场，它沿着由相互垂直的电场和磁场确定的平面的法线方向传播。电场、磁场和传播方向形成右手坐标系。传播的电磁场强度按离开源的距离的 $1/R$ 减小，而静态场则以 $1/R^2$ 降低。在一定程度上，任何时变场的电路都具有辐射能力。

本书只考虑时谐场，与时间相关的相量符号记为 $e^{j\omega t}$。向外传播的波为 $e^{-j(kR-\omega t)}$，其中 k 为波数，为 $2\pi/\lambda$，λ 是波长，即 c/f，其中 c 是光速（在自由空间为 3×10^8m/s），f 是频率。增大与源的距离，波的相位会减小。

对双线传输线，场被束缚其上。单根线上的电流将产生辐射，但只要地面返回路径在附近，其辐射几乎会被另外线路的辐射抵消，因为这两者相位相差 180° 且波传输的距离相同。按照波长计算，随着线间距越来越远，两个电流产生的场在所有的方向将不再抵消。在某些方向，每条线上电流的辐射相位延迟并不相同，从而产生功率辐射。利用靠近地面的回路可阻止电路的辐射，因此，高速逻辑电路需要地面来减少辐射和不必要的串扰。

1.1 天线的辐射

置于坐标系中心的天线，通常沿着径向辐射球面波。当场点距离很远时，球面波可近似为平面波。平面波非常有用，因为它们可以简化问题，但由于需要无穷大功率的源，所以物理上并不存在这种波。

电磁波的传播方向和功率密度可用坡印廷（Poynting）矢量来描述，它是电场和磁场的矢量积，常用 **S** 表示：

$$\mathbf{S} = \mathbf{E} \times \mathbf{H}^* \qquad \text{W/m}^2$$

场的幅度通常都用均方根值（RMS）表示，式中 $\mathbf{H}^*$ 是磁场的共轭复数。在远区场，电场与磁场成正比，比例常数为自由空间波阻抗 η（376.73 Ω）。

$$|\mathbf{S}| = S = \frac{|\mathbf{E}|^2}{\eta} \qquad \text{W/m}^2 \tag{1-1}$$

由于坡印廷矢量是电场和磁场的矢量积，因此它与电场和磁场都垂直，三者构成了右手坐标系：$(\mathbf{E},\mathbf{H},\mathbf{S})$。

考虑一对同心球，天线置于中心。天线周围的场随着$1/R$，$1/R^2$，$1/R^3$等各项而减小。常数项需要辐射功率随着距离而增长，这样功率并不能守恒。对于与$1/R^2$，$1/R^3$和更高项成正比的各场项，功率密度随着距离的增加而减小的量比球面积的增加量要快得多。内球上的能量比外球上的能量要大，这部分能量并不辐射，但围绕着中心天线来回交换，这就是近场项。只有坡印廷矢量的$1/R^2$项（场的$1/R$项）表示辐射功率，因为球面积是随着R^2增加的，它给出恒定的积，所有辐射功率通过内球面全部传播到外球面上。输入电抗的符号取决于近场占优场的类型：电（容性的）或磁（感性的）。由于是近场，在谐振点（零电抗）两者的储能是相等的。储能增加，则电路的Q值增加，阻抗带宽变窄。

远离天线时，我们只考虑辐射场和功率密度。由于同心球的功率流相同，则

$$4\pi R_1^2 S_{1,\text{avg}} = 4\pi R_2^2 S_{2,\text{avg}}$$

平均功率密度与$1/R^2$成正比。考虑同一坐标立体角内的两个球上不同的面元。天线仅沿径向方向辐射，因此，没有功率沿θ或ϕ方向传播。功率在两个面元之间的通量管内流通，不仅仅是平均坡印廷矢量与$1/R^2$成正比，而且每一部分的功率密度也与$1/R^2$成正比，即

$$S_1 R_1^2 \sin\theta \, \mathrm{d}\theta \, \mathrm{d}\phi = S_2 R_2^2 \sin\theta \, \mathrm{d}\theta \, \mathrm{d}\phi$$

对于辐射波，既然S正比于$1/R^2$，那么电场E就与$1/R$成正比。为了消去$1/R^2$以及计算上方便，定义辐射强度为

$$U(\theta,\phi) = S(R,\theta,\phi)R^2 \qquad \text{W/solid angle}$$

辐射强度只与辐射方向有关，且在所有的距离上都相同。探针围绕着天线沿着一个圆（常数R）移动，可测出天线的相对辐射强度（方向图）。当然，在通常情况下都是天线旋转而探针固定。

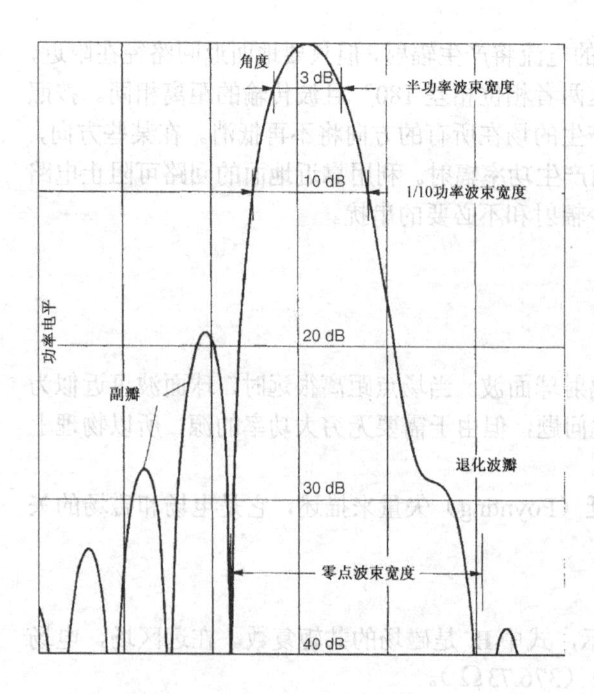

图 1-1 天线方向图特性

有些方向图已经有自己的名称。球面坐标系中角度恒定的方向图被称为圆锥切面（常数θ）或大圆切面（常数ϕ）。当ϕ=0°或ϕ=90°时，大圆切面就是主平面方向图。其他命名的切面也可以用，但它们的名称取决于特定的测量定位器。仔细注释这些方向图很有必要，以避免人们将以不同定位方式测量的各方向图混淆。测量的方向图有三种刻度描绘：（1）线性（功率方向图），（2）平方根（场强强度），（3）分贝（dB）。分贝刻度使用得最多，因为它可显示更多的低电平响应（副瓣）。

图 1-1 绘出了方向图中的许多特性。半功率波束宽度有时也被称为波束宽度。在一些应用场合，1/10 功率波束宽度和零点波束宽度也常被使用。该图是偏轴馈电的抛物面

天线的方向图。当第一副瓣进入主波束时，退化的波瓣将出现并形成一个肩膀。馈源位于抛物线的轴上时，第一副瓣相等。

1.2 增益

增益是衡量天线将输入给它的功率按特定方向定向辐射能力的指标，通过峰值辐射强度来测量。考虑输入功率为 P_0，各向同性天线在距离为 R 处的辐射功率密度为：$S=P_0/4(\pi R^2)$。由于各向同性天线在所有方向均匀辐射，其辐射功率密度 S 为辐射功率除以球面积 $4\pi R^2$。这里假定各向同性辐射器效率为 100%。实际天线的增益增加了峰值辐射方向的功率密度，则

$$S=\frac{P_0G}{4\pi R^2}=\frac{|\mathbf{E}|^2}{\eta}\quad 或\quad |\mathbf{E}|=\frac{1}{R}\sqrt{\frac{P_0G\eta}{4\pi}}=\sqrt{S\eta} \tag{1-2}$$

增益是通过限制辐射球其他部分的辐射形成定向辐射而获得的。一般来讲，增益用于描述具有有偏增益方向图的天线特性：

$$\begin{aligned} S(\theta,\phi)&=\frac{P_0G(\theta,\phi)}{4\pi R^2}\quad （功率密度）\\ U(\theta,\phi)&=\frac{P_0G(\theta,\phi)}{4\pi}\quad （辐射强度）\end{aligned} \tag{1-3}$$

天线的相对功率辐射可用对辐射强度在辐射球表面的积分并除以输入功率 P_0 来衡量，或称为天线效率：

$$\frac{P_r}{P_0}=\int_0^{2\pi}\int_0^{\pi}\frac{G(\theta,\phi)}{4\pi}\sin\theta\,\mathrm{d}\theta\,\mathrm{d}\phi=\eta_e\quad （效率）$$

式中，P_r 是辐射功率。天线的材料损耗或因阻抗失配引起的反射功率降低了天线的辐射功率。在本书中，上式的积分和随后的那些公式用于概念的表达上要比在天线设计过程中的运算操作多得多。在实际中，只有通过理论化简可以找到闭合解时才做精确积分。大多数积分都采用数值方法，把积分分成小段并进行加权求和。用测量值做积分也是有用的，通过平均减少随机误差，从而提高计算结果。

在一个系统中，发射机的输出阻抗或接收机的输入阻抗与天线的输入阻抗可能并不匹配。峰值增益出现在接收机阻抗与天线共轭匹配的情况下，这意味着电阻部分相同，而电抗部分幅度相同但符号相反。精确的增益测量需要在天线和接收机之间加一个调谐器以使两者共轭匹配。另外，失配损耗必须在测量后通过计算消除。对于一个给定系统，要么单独考虑失配的影响，要么将天线按系统阻抗测量，把失配损耗看做效率的一部分。

例：天线增益为 15 dB，输入功率为 3 W，计算离天线 10 km 处的峰值功率密度。

首先将 dB 增益转换为比值：$G=10^{15/10}=31.62$。功率扩散在半径 10 km 的球面上，球面积为 $4\pi(10^4)^2\,\mathrm{m}^2$。故功率密度为

$$S=\frac{(3\,\mathrm{W})(31.62)}{4\pi\times10^8\ \mathrm{m}^2}=75.5\,\mathrm{nW/m^2}$$

由式（1-2）求出电场强度为

$$|\mathbf{E}|=\sqrt{S\eta}=\sqrt{(75.5\times10^{-9})(376.7)}=5333\,\mu\mathrm{V/m}$$

虽然增益通常都是相对各向同性天线的，但有些天线的增益也以 $\lambda/2$ 偶极子为参考，其全向增益为 2.15 dB。

如果将天线近似为点源，由式（1-2）可算出辐射电场强度为

$$E(\theta,\phi)=\frac{\mathrm{e}^{-\mathrm{j}kR}}{R}\sqrt{\frac{P_0G(\theta,\phi)\eta}{4\pi}} \tag{1-4}$$

该式只需要天线尺寸与辐射距离 R 相比很小即可。式（1-4）没有考虑电场的方向，即极化。电场的单位是伏/米。确定远场方向图可以由式（1-4）与 R 相乘，并去掉相位项 $\mathrm{e}^{-\mathrm{j}kR}$ 获得，因为相位仅仅意味着远区场的参考点为另外一点。远区电场 E_{ff} 的单位是伏：

$$E_{\mathrm{ff}}(\theta,\phi)=\sqrt{\frac{P_0G(\theta,\phi)\eta}{4\pi}} \quad 或 \quad G(\theta,\phi)=\frac{1}{P_0}\left[E_{\mathrm{ff}}(\theta,\phi)\sqrt{\frac{4\pi}{\eta}}\right]^2 \tag{1-5}$$

在分析过程中，我们经常将输入功率归一化到 1W，这样很容易由电场与常数 $\sqrt{4\pi/\eta}=0.1826374$ 相乘求得增益。

1.3 有效面积

天线捕获外来电磁波功率并传递部分功率给终端。若给定入射波的功率密度 S 和天线的有效面积 A_{eff}，那么传递给天线终端的功率为二者的乘积：

$$P_{\mathrm{d}}=SA_{\mathrm{eff}} \tag{1-6}$$

对于口径天线，比如喇叭、抛物面或平面阵天线，其有效面积为天线的物理面积与口径效率的乘积。一般来讲，材料、口径分布和失配引起的损耗会降低有效面积与物理面积的比值。对于抛物面反射器，典型口径效率值约为 55%。即使天线的物理面积无穷小，比如偶极子，天线因消耗电磁波功率也是有有效面积的。

1.4 路径损耗[1]

将发射天线的增益与接收天线的有效面积联系起来可以计算传递功率和路径损耗。由接收天线功率密度式（1-3）和接收功率式（1-6）联立求解得到路径损耗为

$$\frac{P_{\mathrm{d}}}{P_{\mathrm{t}}}=\frac{A_2G_1(\theta,\phi)}{4\pi R^2}$$

这里，天线 1 发射，天线 2 接收。如果天线处于线性、各向同性媒质中，那么天线的收发方向图是完全相同的（互易的）[2]。当天线 2 发射，天线 1 接收时，则路径损耗为

$$\frac{P_{\mathrm{d}}}{P_{\mathrm{t}}}=\frac{A_1G_2(\theta,\phi)}{4\pi R^2}$$

由于响应是互易的，故路径损耗相等，合并并消除相同项后得

$$\frac{G_1}{A_1}=\frac{G_2}{A_2}=常数$$

由于天线是任意的，故其比值必须为常数。考虑两个大口径之间的辐射[3]，可获得该常数为

$$\frac{G}{A}=\frac{4\pi}{\lambda^2} \tag{1-7}$$

这样，我们就得到了用收发天线增益或者有效面积表示的路径损耗：

$$\frac{P_{\mathrm{d}}}{P_{\mathrm{t}}}=G_1G_2\left(\frac{\lambda}{4\pi R}\right)^2=\frac{A_1A_2}{\lambda^2R^2} \tag{1-8}$$

当频率单位为 MHz，距离取不同的单位时，路径损耗可用下式快速计算：

$$路径损耗(dB) = K_U + 20\log(fR) - G_1(dB) - G_2(dB) \tag{1-9}$$

式中，K_U 的数值由距离单位决定：

单 位	K_U
km	32.45
nm	37.80
mile	36.58
m	−27.55
ft	−37.87

例：试求工作于 4 GHz 的 3 米抛物面天线的增益，假设天线口径效率为 55%。

由式（1-7）给出增益和有效面积的关系：

$$G = \frac{4\pi A}{\lambda^2}$$

抛物面天线的圆口径面积 $A = \pi(D/2)^2$，合并这些公式得

$$G = \left(\frac{\pi D}{\lambda}\right)^2 \eta_a = \left(\frac{\pi Df}{c}\right)^2 \eta_a \tag{1-10}$$

式中，D 是直径，η_a 是口径效率。将以上各值代入可求得增益为

$$G = \left[\frac{3\pi(4\times10^9)}{0.3\times10^9}\right]^2 (0.55) = 8685 \quad (39.4\,\text{dB})$$

例：已知发射天线增益为 25 dB，接收天线增益为 20 dB，试求工作频率为 2.2 GHz，距离为 50 km 的通信链路的路径损耗。

$$路径损耗(dB) = 32.45 + 20\log[2200(50)] - 25 - 20 = 88.3\,\text{dB}$$

当频率增加时，两口径之间的传输会发生什么变化呢？假设有效面积保持不变为一常数，比如抛物面反射器，传输功率将以频率的平方而增加。

$$\frac{P_d}{P_t} = \frac{A_1A_2}{R^2}\frac{1}{\lambda^2} = \frac{A_1A_2}{R^2}\left(\frac{f}{c}\right)^2 = Bf^2$$

式中，B 对某个固定的距离而言是个常数。接收天线口径捕获同样的功率而与频率无关，但是发射天线的增益是以频率的平方而增加的。因此，接收功率也随着频率的平方而增加。只有当天线增益不随频率变化时，其路径损耗才以频率的平方而增加。

1.5 雷达距离方程和散射截面

雷达工作时具有双倍的路径损耗。雷达发射天线的辐射场照射目标，入射场激励起表面电流，产生二次辐射场，然后二次辐射场传播到接收天线。许多雷达使用相同的天线，既发射信号也接收信号，这就是单站系统。反之，采用两个位置分离的天线则为双站系统。在双站系统中，由于接收系统不发射信号，所以它并不能被监测到，这使得其在军事应用中有极强的生存力。

对于照射距离 R_T 处的目标，由式（1-2）可确定目标处的功率密度为

$$S_{inc} = \frac{P_T G_T(\theta,\phi)}{4\pi R_T^2} \tag{1-11}$$

目标的雷达散射截面（RCS），即物体的散射面积，以 m^2 或 dBm^2：10log（m^2）表示。RCS 与入射波和反射波的方向有关。将目标接收方向图接收的功率与因感应电流产生的有效天线的

增益相乘，得

$$\mathrm{RCS}=\sigma=\frac{\text{反射功率}}{\text{入射功率密度}}=\frac{P_{\mathrm{s}}(\theta_{\mathrm{r}},\phi_{\mathrm{r}},\theta_{\mathrm{i}},\phi_{\mathrm{i}})}{P_{\mathrm{T}}G_{\mathrm{T}}/4\pi R_{\mathrm{T}}^2} \tag{1-12}$$

在通信系统中，P_{s} 被称为等效全向辐射功率（EIRP），其值等于输入功率和天线增益的乘积。若目标变为发射源，由式（1-2）可以得到在距离目标 R_{R} 处的接收天线的功率密度。最后，接收天线以有效面积 A_{R} 捕获功率。合并可求得传递给接收端的功率为

$$P_{\mathrm{rec}}=S_{\mathrm{R}}A_{\mathrm{R}}=\frac{A_{\mathrm{R}}P_{\mathrm{T}}G_{\mathrm{T}}\sigma(\theta_{\mathrm{r}},\phi_{\mathrm{r}},\theta_{\mathrm{i}},\phi_{\mathrm{i}})}{(4\pi R_{\mathrm{T}}^2)(4\pi R_{\mathrm{R}}^2)}$$

结合式（1-7）消掉接收天线的有效面积并合并各项给出双站雷达距离方程：

$$\frac{P_{\mathrm{rec}}}{P_{\mathrm{T}}}=\frac{G_{\mathrm{T}}G_{\mathrm{R}}\lambda^2\sigma(\theta_{\mathrm{r}},\phi_{\mathrm{r}},\theta_{\mathrm{i}},\phi_{\mathrm{i}})}{(4\pi)^3R_{\mathrm{T}}^2R_{\mathrm{R}}^2} \tag{1-13}$$

化简式（1-13）并合并各项就是单站雷达距离方程，这里收、发天线采用同一副天线。

$$\frac{P_{\mathrm{rec}}}{P_{\mathrm{T}}}=\frac{G^2\lambda^2\sigma}{(4\pi)^3R^4}$$

可见，雷达的接收功率正比于 $1/R^4$ 和 G^2。

将平板看做具有有效面积的天线，可以获得平板的近似 RCS。式（1-11）给出了平板上的入射功率密度，平板以有效面积 A_{R} 接收的功率值为

$$P_{\mathrm{C}}=\frac{P_{\mathrm{T}}G_{\mathrm{T}}(\theta,\phi)}{4\pi R_{\mathrm{T}}^2}A_{\mathrm{R}}$$

平板的散射功率为接收功率 P_{C} 乘以平板被看做天线所具有的增益 G_{P}：

$$P_{\mathrm{s}}=P_{\mathrm{C}}G_{\mathrm{P}}=\frac{P_{\mathrm{T}}G_{\mathrm{T}}(\theta_{\mathrm{i}},\phi_{\mathrm{i}})}{4\pi R_{\mathrm{T}}^2}A_{\mathrm{R}}G_{\mathrm{P}}(\theta_{\mathrm{r}},\phi_{\mathrm{r}})$$

散射功率是在特定方向的有效辐射功率，从天线的角度看就是输入功率和在天线特定方向增益的乘积。将平板的增益用有效面积计算，那么由有效面积表示的散射功率为

$$P_{\mathrm{s}}=\frac{P_{\mathrm{T}}G_{\mathrm{T}}4\pi A_{\mathrm{R}}^2}{4\pi R_{\mathrm{T}}^2\lambda^2}$$

由式（1-12）确定雷达散射截面 σ，即散射功率除以入射功率密度，为

$$\sigma=\frac{P_{\mathrm{s}}}{P_{\mathrm{T}}G_{\mathrm{T}}/4\pi R_{\mathrm{T}}^2}=\frac{4\pi A_{\mathrm{R}}^2}{\lambda^2}=\frac{G_{\mathrm{R}}(\theta_{\mathrm{i}},\phi_{\mathrm{i}})G_{\mathrm{R}}(\theta_{\mathrm{r}},\phi_{\mathrm{r}})\lambda^2}{4\pi} \tag{1-14}$$

对于双站散射，由于散射方向与入射方向不同，式（1-14）右边的表达式把增益分为了两项。单站散射的入射方向和反射方向是一样的。我们可以把这里的平板替换为任意目标，并利用有效面积和其相应天线增益的思想。天线是一个具有独特 RCS 特性的目标，因为部分功率将要传递给天线终端。如果对该信号提供良好的阻抗匹配，那么它将不会再辐射，从而使 RCS 降低。从任意方向照射天线，一些入射功率将被结构散射，并没有传递给天线终端，这样天线 RCS 就被划分为由终端失配引起的信号再辐射的天线模式项和结构模式项，而结构反射的场并不传递到终端。

1.6 为何用天线

当没有其他途径可用时，我们要用天线传送信号，比如与导弹通信或在崎岖山脉地带通信。电缆不仅昂贵而且安装时间长。我们有多少时间是在地面上使用天线？天线系统极大的路径损

耗导致我们相信使用电缆更好一些。

例： 假设我们必须在用低耗波导和用一对工作于3GHz的天线之间做出选择。每个天线的增益为10dB，低耗波导的损耗只有19.7dB/km。表1-1比较了各种距离值下的损耗值。开始波导链损耗比较小，但天线系统很快就超过了它。当距离增加一倍时，电缆链路损耗分贝值也增加一倍，但天线链路损耗只增加6dB。随着距离的增加，两天线之间的辐射最终会具有比任何电缆都小的损耗。

表1-1 损耗与距离的关系

距离（km）	波导损耗（dB）	天线路径损耗（dB）
2	39.4	88
4	78.8	94
6	118.2	97.6
10	197	102

例： 搭建一个200m的户外天线测试场，工作频率为2GHz，2m直径的反射面天线作为辐射源。接收机需要将发射机信号的采样送到锁相环本振，且频差为45MHz。

第一种方法，由于距离较短推荐采用RG/U115电缆传输功率，并用做电缆控制通道。电缆每100m损耗36dB，电缆总损耗是72dB。10dB的耦合器用来提取参考信号，所以总的损耗是82dB。发射源为100mW（20dBm），接收端信号为–62dBm，对于锁相环来说这个电平足够了。

第二种推荐的方法是在源天线波束内放置一个15dB增益的标准喇叭天线，天线位于测量通道外很小的台面上，并接到接收机。假设源天线口径效率只有30%，由式(1-10)($\lambda=0.15\text{m}$)算出天线增益为

$$G=\left(\frac{2\pi}{0.15}\right)^2(0.3)=526\ (27.2\text{dB})$$

由式（1-9），距离为0.2km的路径损耗为

$$32.45+20\log\left[2000(0.2)\right]-27.2-15=42.3\text{dB}$$

喇叭天线传送出的功率为20dBm–42.3dB=–22.3dBm。20dB的衰减器必须接到喇叭天线以防止接收机饱和（–30dBm）。即便距离比较短，在两天线间传输信号有时比用电缆传输要好。

1.7 方向系数

方向系数是用来衡量辐射在最大值方向的集中程度的：

$$\text{方向系数}=\frac{\text{最大辐射强度}}{\text{平均辐射强度}}=\frac{U_{\max}}{U_0} \tag{1-15}$$

方向系数和增益不同，两者只相差一个效率，但方向系数很容易通过方向图估算。而增益，即方向系数乘以效率，则必须进行测量。

平均辐射强度由辐射强度在辐射球面进行表面积分除以4π获得，球面积以球面度表示，则

$$\text{平均辐射强度}=\frac{1}{4\pi}\int_0^{2\pi}\int_0^{\pi}U(\theta,\phi)\sin\theta\,\mathrm{d}\theta\,\mathrm{d}\phi=U_0 \tag{1-16}$$

该值就是辐射功率除以单位球的表面积。辐射强度$U(\theta,\phi)$分解为主极化分量和交叉极化分量之和，则

$$U_0=\frac{1}{4\pi}\int_0^{2\pi}\int_0^{\pi}[U_C(\theta,\phi)+U_x(\theta,\phi)]\sin\theta\,d\theta\,d\phi \tag{1-17}$$

主极化和交叉极化的方向系数定义为

$$D_C=\frac{U_{C,\max}}{U_0},D_\times=\frac{U_{\times,\max}}{U_0} \tag{1-18}$$

方向系数也可以定义在任意方向 $D(\theta,\phi)$，即辐射强度除以平均辐射强度，但若坐标角没有给定时，一般按照 $U_{\max}$ 进行计算。

1.8　方向系数估计

由于方向系数是辐射强度的比值，方向图可以以比较方便的形式用做参考。最精确的估计是对整个辐射球用等角度递增的方法测量。平均辐射强度可对测量值数值积分获得，但是由测量获取的方向系数直接受是否找到最大值的影响。方向图良好的天线其方向系数可以由一个或两个方向图估算出来。或通过方向图积分近似或方向图由某个函数近似，而该函数的积分可以准确算出。

1.8.1　笔形波束

通过积分估计，Kraus[4]给出了峰值在 $\theta=0°$ 时笔形波束方向图的估计方法。给定各主平面方向图的半功率波束宽度，那么积分可由两个主平面波束宽度的乘积近似给出。这一思想来源于电路理论，即时间脉冲的积分近似为脉宽（3dB 点）乘以脉冲峰值（$U_0=\theta_1\theta_2/4\pi$），其中 θ_1 和 θ_2 是以弧度表示的主辐射平面的 3dB 带宽：

$$D=\frac{4\pi}{\theta_1\theta_2}(\text{rad})=\frac{41253}{\theta_1\theta_2}(\text{deg}) \tag{1-19}$$

例：试估计 E 面和 H 面（主平面）方向图的波束宽度分别为 24° 和 36° 的天线的方向系数。

$$D=\frac{41253}{24(36)}=47.75\ (16.8\text{dB})$$

解析函数 $\cos^{2N}(\theta/2)$ 可以近似中心位于 $\theta=0°$，零点位于 $\theta=180°$ 的宽角方向图：

$$U(\theta)=\cos^{2N}(\theta/2)\quad 或\quad E(\theta)=\cos^{N}(\theta/2)$$

这种方向图的方向系数可以准确地被计算出来。估计的准确程度与给定副瓣电平 Lv1（dB）下的波束宽度相关。

$$波束宽度[\text{Lv1(dB)}]=4\arccos(10^{-\text{Lv1(dB)}/20N}) \tag{1-20a}$$

$$N=\frac{-\text{Lvl(dB)}}{20\log[\cos(波束宽度_{\text{Lv1(dB)}}/4)]} \tag{1-20b}$$

$$D=N+1\quad（比值） \tag{1-20c}$$

刻度尺 1-1 和刻度尺 1-2 给出了式（1-20）所表示的波束宽度和方向系数之间的关系，这对于在二者之间的快速转换很有用。给定 3dB 波束宽度，可以用它们估计 10dB 波束宽度。比如，3dB 波束宽度为 90° 的天线，其方向系数大约为 7.3dB。从刻度尺 1-2 读数，方向系数为 7.3dB 的天线其 10dB 波束宽度为 159.5°。另外一种确定不同方向图电平点上波束宽度的简单方法是开方根因子近似。

方向系数，dB

22 21 20 19 18 17 16 15 14 13 12 11.5 11 10.5 10 9.5 9. 8.5 8. 7.5 7. 6.5 6. 5.5 5. 4.8 4.6 4.4 4.2 4. 3.8 3.6 3.4 3.2 3.

18 20 25 30 35 40 45 50 55 60 65 70 75 80 85 90 95 100. 105. 110. 115. 120. 125. 130. 135. 140. 145. 150. 155. 160. 165. 170. 175. 180.

3dB 波束宽度

刻度尺 1-1　$\cos^{2N}(\theta/2)$ 类型方向图的 3dB 波束宽度和方向系数的关系

方向系数，dB

24 23 22 21 20 19 18 17 16.5 16 15.5 15 14.5 14 13.5 13 12.5 12 11.5 11 10.5 10 9.5 9. 8.5 8. 7.5 7. 6.5 6.

25 30 35 40 45 50 55 60 65 70 75 80 85 90 95 100. 105. 110. 115. 120. 125. 130. 135. 140. 145. 150. 155. 160. 165. 170. 175. 180. 185. 190.

10dB 波束宽度

刻度尺 1-2　$\cos^{2N}(\theta/2)$ 方向图的 10dB 波束宽度和方向系数的关系

$$\frac{\mathrm{BW}[\mathrm{Lv}12(\mathrm{dB})]}{\mathrm{BW}[\mathrm{Lv}11(\mathrm{dB})]}=\sqrt{\frac{\mathrm{Lv}12(\mathrm{dB})}{\mathrm{Lv}11(\mathrm{dB})}}$$

据此可得 $\mathrm{BW}_{10\mathrm{dB}}=1.826\mathrm{BW}_{3\mathrm{dB}}$；3dB 波束宽度为 90° 的天线，其 10dB 波束宽度为 1.826×90° =164.3° 。

上述方向图近似需要主平面的波束宽度相等，波束宽度不相等的方向图可以采用椭圆近似：

$$U(\theta,\phi)=\cos^{2N_e}(\theta/2)\cos^2\phi+\cos^{2N_h}(\theta/2)\sin^2\phi \tag{1-21}$$

式中，N_e 和 N_h 由主平面波束宽度确定。通过简单的公式，合并由主平面算出的方向系数，得

$$D=\frac{2D_eD_h}{D_e+D_h} \tag{1-22}$$

例：试估算 E 面和 H 面方向图波束宽度分别为 98° 和 140° 的天线的方向系数。

从刻度尺查出 E 面和 H 面的方向系数为 6.6dB 和 4.37dB。将 dB 值转换为比值，由式（1-22）得

$$D=\frac{2(4.57)(2.74)}{4.57+2.74}=3.246 \quad 或 \quad 10\log(3.246)=5.35\mathrm{dB}$$

抛物面反射器的许多分析都采用馈源方向图近似，该方向图被限定为前半球，而后半球方向图为零：

$$U(\theta)=\cos^{2N}\theta \quad 或 \quad E=\cos^N\theta,\ \theta\leqslant\pi/2(90^\circ)$$

这种方向图的方向系数可以准确给出，近似特性为

$$波束宽度[\mathrm{Lvl(dB)}]=2\arccos(10^{-\mathrm{Lvl(dB)}/20N}) \tag{1-23a}$$

$$N=\frac{-\mathrm{Lvl(dB)}}{20\log[\cos(波束宽度_{\mathrm{Lvl(dB)}}/2)]} \tag{1-23b}$$

$$D=2(2N+1)\ (比值) \tag{1-23c}$$

当 E 面和 H 面波束宽度不同时，可以用式（1-21）的椭圆模型近似天线方向图，由式（1-22）估算方向系数。

1.8.2 蝶形或全向方向图

许多天线在 $\theta=0°$ 处的方向图为零值且关于 z 轴旋转对称，如图 1-2 所示。这时，上述方向系数的估计方法都不能使用，因为这些方法都需要波束峰值在 $\theta=0°$。产生这类方向图的天线主要有双臂对数周期圆锥螺旋、赋形反射面、一些高次模波导喇叭、双锥喇叭和行波天线。如果假设所有的功率都在 3dB 波束角 θ_1 和 θ_2 内，则可以获得与 Kraus's 相似的公式：

$$U_0=\frac{1}{2}\int_{\theta_1}^{\theta_2}\sin\theta\,\mathrm{d}\theta=\frac{\cos\theta_1-\cos\theta_2}{2}$$

通过旋转对称，去掉积分量 ϕ，得到

$$D=\frac{U_{\max}}{U_0}=\frac{2}{\cos\theta_1-\cos\theta_2} \tag{1-24}$$

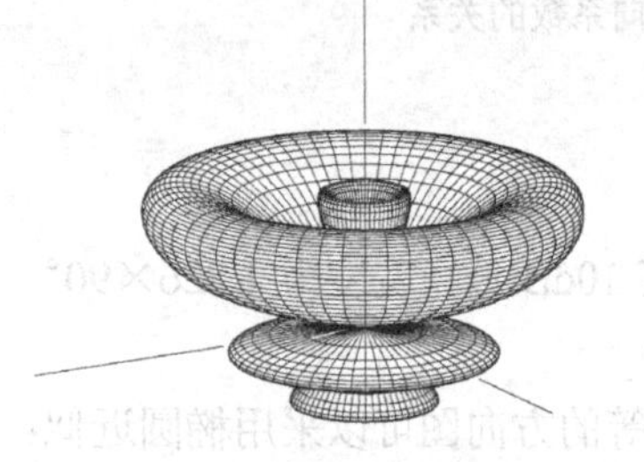

图 1-2 沿水平面扫描并带有副瓣的全向天线方向图

例：一旋转对称的方向图其半功率点分别为 35° 和 75°，试估算其方向系数。

$$D=\frac{2}{\cos 35°-\cos 75°}=3.57\ (5.5\text{dB})$$

如果方向图关于 $\theta=90°$ 对称，平均辐射强度积分范围为从 0 到 $\pi/2$。式（1-24）简化为：$D=1/\cos\theta_1$。

例：最大值在 90° 的旋转对称方向图其波束宽度为 45°，估算其方向系数。

因为 $\theta_1=90°-45°/2=67.5°$，所以

$$D=\frac{1}{\cos 67.5°}=2.61\ (4.2\text{dB})$$

该方向图可近似由函数表示为

$$U(\theta)=B\sin^{2M}(\theta/2)\cos^{2N}(\theta/2)$$

对该函数进行积分，估算的方向系数与式（1-24）相比只略微提高了点。不过我们依然可以用该表达式作为解析方向图。给定在电平 Lv1（dB）下的波束边缘角 θ_L 和 θ_U，可求得指数因子：

$$\text{AA}=\frac{\ln[\cos(\theta_U/2)]-\ln[\cos(\theta_L/2)]}{\ln[\sin(\theta_L/2)]-\ln[\sin(\theta_U/2)]} \quad 和 \quad \text{TM}_2=\arctan\sqrt{\text{AA}}$$

$$N=\frac{-|\text{Lv1(dB)}|/8.68589}{\text{AA}\{\ln[\sin(\theta_L/2)]-\ln(\sin\text{TM}_2)\}+\ln(\cos(\theta_L/2))-\ln(\cos\text{TM}_2)}$$

$$M=\text{AA}(N)$$

全向方向图的第二个方向图模型是基于低副瓣的方向图函数，其波束峰值位于从对称轴算起的 θ_0：

$$\frac{\sin[b(\theta_0-\theta)]}{b(\theta_0-\theta)}$$

由半功率波束宽度（HPBW）和波束峰值角 θ_0 给出的方向系数估值为[5]

$$D(\text{dB})=10\log\frac{101}{(\text{HPBW}-0.0027\text{HPBW}^2)\sin\theta_0} \tag{1-25}$$

刻度尺 1-3 是由该式算出的在给定 HPBW 时，波束在$\theta_0 = 90°$处的方向系数，刻度尺 1-4 给出了当波束峰值向轴扫描时的额外增益。

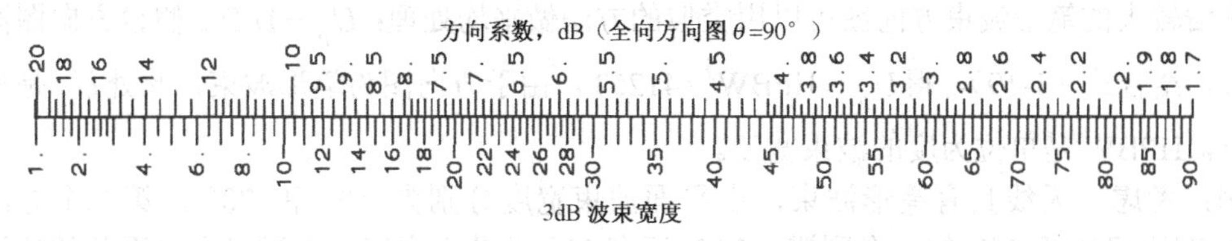

刻度尺 1-3　全向方向图 3dB 波束宽度和方向系数的关系

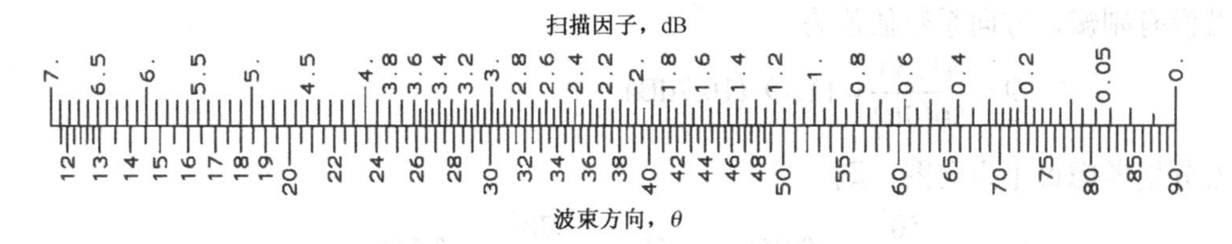

刻度尺 1-4　扫描为圆锥形方向图时，全向方向图的额外方向系数

主平面波束宽度不相等的蝶形方向图的方向系数不能由前面这些公式直接给出。类似地，一些笔形波束方向图副瓣大，这会造成方向系数的降低，也不能由式（1-19）精确估计。对这两种问题，可用平均辐射强度的估算值作为方向系数来解决。

例：一蝶形方向图的峰值在两主平面的 50°，波束宽度分别为 20°和 50°，试估算其方向系数。

方向图的 3dB 点为

切面 1（40°和 60°）

$$U_{01} = \frac{\cos 40° - \cos 60°}{2} = 0.133$$

切面 2（25°和 75°）

$$U_{02} = \frac{\cos 25° - \cos 75°}{2} = 0.324$$

取两个切面方向图的平均值来估算方向系数：

$$U_0 = \frac{0.133 + 0.324}{2} = 0.228$$

$$D = \frac{U_{max}}{U_0} = \frac{1}{0.228} = 4.38 \ (6.4\text{dB})$$

假设在同样的方向图上，其波束有不同的电平，比如第一个方向图的右边波瓣为峰值，而左波瓣值却低 3dB；第二个方向图的峰值低 1dB。我们可以单独平均每一个方向图。每一个波瓣在积分项中贡献值为$U_{max}(\cos\theta_1 - \cos\theta_2)/4$。第一个方向图的积分近似为

$$\frac{0.266 + 0.266 \times 10^{-3/10}}{4} = 0.100$$

第二个方向图的积分值比峰值小 1dB。平均辐射强度由两个方向图的平均值给出：

$$U_0 = \frac{0.100 + 0.324 \times 10^{-0.1}}{2} = 0.178$$

$$D=\frac{1}{U_0}=5.602\ \ (7.5\text{dB})$$

副瓣较大的笔形波束方向图可以用类似的方法做平均处理：$U_p=1/D$。假设方向图波束宽度相等，结合式（1-19），得$U_p=\text{HPBW}^2/41253$，由于方向图为笔形波束，此处U_p是积分的一部分，HPBW 是单位为度的波束宽度。

例：考虑一天线具有笔形波束，主平面波束宽度分别为 50° 和 70° 。第二个方向图在 $\theta=60°$ 有比峰值低 5dB 的一个副瓣，5dB 下有 30° 的波束宽度。副瓣对方向系数的估计影响有多少？

若没有副瓣，方向系数估值为

$$D=\frac{41253}{50(70)}=11.79\ \ (10.7\text{dB})$$

若分别考虑每个方向图，则

$$U_{P1}=\frac{50^2}{41,253}=0.0606,\qquad U_{P2}=\frac{70^2}{41,253}=0.1188$$

副瓣增加到第二个积分项：

$$U_{\text{PS2}}=\frac{(\cos 45°-\cos 75°)10^{-5/10}}{4}=0.0354$$

平均积分部分为 0.1074，则方向系数为

$$D=\frac{1}{U_0}=9.31\ \ (9.7\text{dB})$$

如果每边都有一个副瓣，那么都应该加到积分项中，积分估算在这种方法中应是有限值。必须记住它们仅仅是一种近似。更为精确的结果通过数字化方向图，对每个方向图用式（1-16）或式（1-17）做数值积分获得。

1.9 波束效率

辐射计系统[6]的设计是根据波束效率来指定天线。对于视轴在$\theta=0°$的笔形波束天线来说，波束效率是指集中于视轴方向特定圆锥内的方向图功率与总的方向图功率之比（或百分比），用辐射强度 U 表示则为

$$\text{波束效率}=\frac{\int_0^{\theta_1}\int_0^{2\pi}U(\theta,\phi)\sin\theta\,\mathrm{d}\theta\,\mathrm{d}\phi}{\int_0^{\pi}\int_0^{2\pi}U(\theta,\phi)\sin\theta\,\mathrm{d}\theta\,\mathrm{d}\phi}\tag{1-26}$$

式中，U 若需要可包括两种极化。扩大噪声源，比如辐射计目标，其辐射噪声可进入天线副瓣。波束效率是衡量天线检测位于主波束内（$\theta\leqslant\theta_1$）被探测目标的能力。

有时，计算方向系数比通过式（1-26）分母所需方向图的方法更为容易。比如，抛物反射面天线。由式（1-15）和式（1-16）计算分母积分项：

$$\int_0^{\pi}\int_0^{2\pi}U(\theta,\phi)\sin\theta\,\mathrm{d}\theta\,\mathrm{d}\phi=\frac{4\pi U_{\max}}{D}$$

这样，化简式（1-26）得

$$\text{波束效率} = \frac{D\int_0^{\theta_1}\int_0^{2\pi} U(\theta,\phi)\sin\theta\,\mathrm{d}\theta\,\mathrm{d}\phi}{4\pi U_{\max}} \tag{1-27}$$

当方向系数 D 并不需要在整个球面上对全方向图积分就可以获得的时候，式（1-27）大大简化了求波束效率时所需的全方向图积分计算。

1.10　输入阻抗失配损耗

当天线的阻抗与发射机或接收机的馈电传输线失配时，系统性能会因功率反射而下降。天线的输入阻抗可以通过一些传输线或源特性阻抗进行测量。两者如果不相等，则会反射电压波 ρV ，这里 ρ 是电压反射系数：

$$\rho = \frac{Z_A - Z_0}{Z_A + Z_0} \tag{1-28}$$

式中，Z_A 是天线的阻抗，Z_0 是测量线特性阻抗。传输线上的两个行波，即入射波和反射波，一起合成为驻波：

$$V_{\max} = (1+|\rho|)V_i\,,\quad V_{\min} = (1-|\rho|)V_i \tag{1-29}$$

$$\text{VSWR} = \frac{V_{\max}}{V_{\min}} = \frac{1+|\rho|}{1-|\rho|} \tag{1-30}$$

VSWR 是电压驻波比。因为式（1-28）中所有项都是复数，这里使用了复相量 ρ 的模值。反射功率为 $V_i^2|\rho|^2/Z_0$，入射功率为 V_i^2/Z_0。反射功率与入射功率的比值为 $|\rho|^2$，为返回的功率比。刻度尺 1-5 给出了回波损耗与电压驻波比之间的转换关系。

$$\text{回波损耗} = -20\log|\rho| \tag{1-31}$$

电压驻波比

回波损耗，dB

刻度尺 1-5　回波损耗和电压驻波比的关系

传递给天线的功率为入射功率和反射功率之差。归一化后可以表示为

$$1-|\rho|^2 \text{ 或反射功率损耗（dB）} = 10\log(1-|\rho|^2) \tag{1-32}$$

当源阻抗与天线的阻抗互为复共轭时，天线获得最大功率[7]。刻度尺 1-6 给出了因天线阻抗失配引起的反射功率损耗。

反射功率损耗，dB

回波损耗，dB

刻度尺 1-6　因天线阻抗失配引起的反射功率损耗

如果天线端开路，则反射电压与入射电压相等。传输线上驻波的电压是天线端接匹配负载时电压的两倍。考虑天线的有效高度，即开路电压与来波场强度的比值，开路电压是给定接收功率的匹配负载端电压的两倍。我们既可以认为是传输线端失配引起双倍的入射电压，也可以看做含开路电压源的戴维宁等效电路，在负载和内电阻匹配的情况下，开路电压源等分为内电阻电压和负载电压。路径损耗分析可以预测传递给匹配负载的功率。数学上含内电阻的戴维宁等效电路并不能说天线接收的一半功率是被吸收或被辐射；它只能预测各种条件下的天线负载的电路特性。

天线阻抗失配可能需要我们对馈电电缆降级使用。上面的分析表明，馈线上出现的最大电压可以是馈线阻抗与天线匹配时的入射电压的两倍。给定电压驻波比，由式（1-29）可以计算出最大电压：

$$V_{\max}=\frac{2\mathrm{VSWR}\left(V_i\right)}{\mathrm{VSWR}+1}=\frac{2V_i}{1+1/\mathrm{VSWR}} \tag{1-33}$$

1.11 极化

波的极化是指电场的方向。所有的极化问题都可采用二维空间矢量运算处理，并以远场径向矢量作为该平面的法线。这种方法比较系统，可减少错误的发生。远场球面波电场仅有θ和ϕ分量：$\mathbf{E}=E_\theta\boldsymbol{\theta}+E_\phi\boldsymbol{\phi}$。$E_\theta$和$E_\phi$是在单位矢量$\boldsymbol{\theta}$和$\boldsymbol{\phi}$方向的相量分量值。也可以用沿$z$轴方向传播的平面波来表示电场的方向：$\mathbf{E}=E_x\mathbf{x}+E_y\mathbf{y}$。传播方向将电场限定在一个平面，而极化只与描述二维空间的方法有关。上述两种表达方式都是线极化的表示式。重写它们为

$$\mathbf{E}=E_\theta\left(\boldsymbol{\theta}+\hat{\rho}_L\boldsymbol{\phi}\right),\quad \hat{\rho}_L=\frac{E_\phi}{E_\theta}$$

$$\mathbf{E}=E_x\left(\mathbf{x}+\hat{\rho}_L\mathbf{y}\right),\quad \hat{\rho}_L=\frac{E_y}{E_x} \tag{1-34}$$

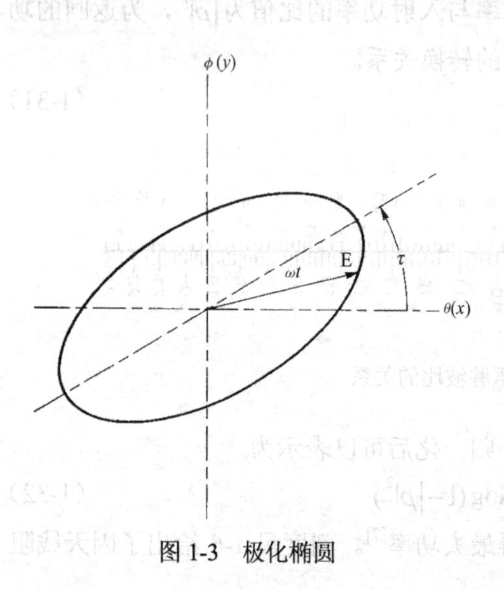

图 1-3 极化椭圆

式中，$\hat{\rho}_L$是线极化比，为复常数。若将时谐关系考虑进去，则电场矢量将以顺时针方向（CW）或逆时针方向（CCW）旋转，矢量端点描绘的轨迹为如图 1-3 所示的椭圆。图中τ是极化椭圆的倾角，即最大响应与x轴（$\phi=0$）的夹角。极化椭圆的最大和最小线极化响应之比称为轴比。

如果$\hat{\rho}_L=\mathrm{e}^{\pm\mathrm{j}\pi/2}$，则椭圆变为圆，就得到了圆极化这一特殊情况。此时，电场矢量幅度为常数，但以速率ωt顺时针（左旋）或逆时针（右旋）旋转，传播方向垂直并朝纸面外。

1.11.1 圆极化分量

天线的极化也可以用两个正交的圆极化分量来表示。右旋和左旋正交单位矢量与线极化分量的单位矢量之间的关系为

$$\mathbf{R}=\frac{1}{\sqrt{2}}\left(\boldsymbol{\theta}-\mathrm{j}\boldsymbol{\phi}\right)\ \text{或}\ \mathbf{R}=\frac{1}{\sqrt{2}}\left(\mathbf{x}-\mathrm{j}\mathbf{y}\right) \tag{1-35a}$$

$$\mathbf{L}=\frac{1}{\sqrt{2}}(\boldsymbol{\theta}+\mathrm{j}\boldsymbol{\phi}) \quad 或 \quad \mathbf{L}=\frac{1}{\sqrt{2}}(\mathbf{x}+\mathrm{j}\mathbf{y}) \tag{1-35b}$$

极化平面中的电场可以用这些新单位矢量表示为

$$\mathbf{E}=E_L\mathbf{L}+E_R\mathbf{R}$$

当将一个矢量投影在这些单位矢量的任何一个上时，在标量积（点积）中必须用共轭复数：

$$E_L=\mathbf{E}\cdot\mathbf{L}^*, \quad E_R=\mathbf{E}\cdot\mathbf{R}^*$$

将 **R** 投影在它自身上时，得

$$\mathbf{R}\cdot\mathbf{R}^*=\frac{1}{2}(\boldsymbol{\theta}-\mathrm{j}\boldsymbol{\phi})\cdot(\boldsymbol{\theta}+\mathrm{j}\boldsymbol{\phi})=\frac{1}{2}(1-\mathrm{j}\cdot\mathrm{j})=1$$

类似地，可得

$$\mathbf{L}\cdot\mathbf{R}^*=\frac{1}{2}(\boldsymbol{\theta}+\mathrm{j}\boldsymbol{\phi})\cdot(\boldsymbol{\theta}+\mathrm{j}\boldsymbol{\phi})=\frac{1}{2}(1+\mathrm{j}\cdot\mathrm{j})=0$$

可见，左旋圆极化（LHC）和右旋圆极化（RHC）分量是正交的。

圆极化比可以定义为

$$\mathbf{E}=E_L(\mathbf{L}+\widehat{\rho}_c\mathbf{R}), \quad \widehat{\rho}_c=\frac{E_R}{E_L}=\rho_c\mathrm{e}^{\mathrm{j}\delta_c}$$

下面分析当时间和空间使得 E_L 的相位为零时，以左旋圆极化为主的波的特性。绘制两个圆代表圆极化分量（见图 1-4），圆以速率 ωt 并以相对的方向旋转（见图 1-5），同时将右旋圆极化的圆中心移到左旋圆极化矢量的末端。通过右旋与左旋圆极化分量的复极化比算出圆极化比 $\widehat{\rho}_c$ 的相位。电场的最大、最小值出现在两个圆交替加减的时候，如图 1-4 所示。刻度尺 1-7 给出了交叉圆极化和轴比之间的关系。

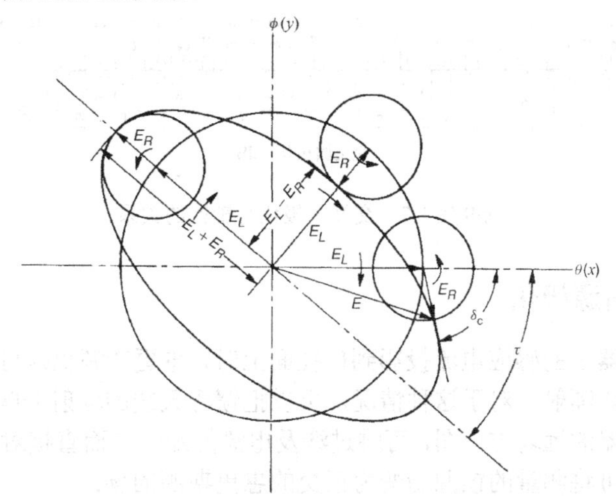

图 1-4　极化椭圆的 LHC 和 RHC 分量（源于 J. S. Hollis, T. J. Lyons, and L. Clayton, Microwave Antenna Measurements, Scientific Atlanta, 1969, pp. 3–6. Adapted by permission）

$$E_{\max}=(|E_L|+|E_R|)/\sqrt{2}, \quad E_{\min}=(|E_L|-|E_R|)/\sqrt{2}$$

$$\mathrm{AR}=\begin{cases}\dfrac{E_{\max}}{E_{\min}}=\dfrac{|E_L|+|E_R|}{|E_L|-|E_R|}=\dfrac{1+|\widehat{\rho}_c|}{1-|\widehat{\rho}_c|} & \text{LHC}\\[2ex] \dfrac{E_{\max}}{E_{\min}}=\dfrac{|E_R|+|E_L|}{|E_R|-|E_L|}=\dfrac{|\widehat{\rho}_c|+1}{|\widehat{\rho}_c|-1} & \text{RHC}\end{cases} \tag{1-36}$$

$$0 \leqslant \begin{cases} |\hat{\rho}_c| < 1 & \text{LHC} \\ \dfrac{1}{|\hat{\rho}_c|} < 1 & \text{RHC} \end{cases}$$

$$\text{AR（dB）} = 20\log\frac{E_{max}}{E_{min}}$$

极化椭圆的倾角τ是圆极化比$\hat{\rho}_c$相角δ_c的一半。当 LHC 矢量顺时针旋转$\delta_c/2$时，RHC 矢量逆时针旋转$\delta_c/2$，两矢量合成为最大值。

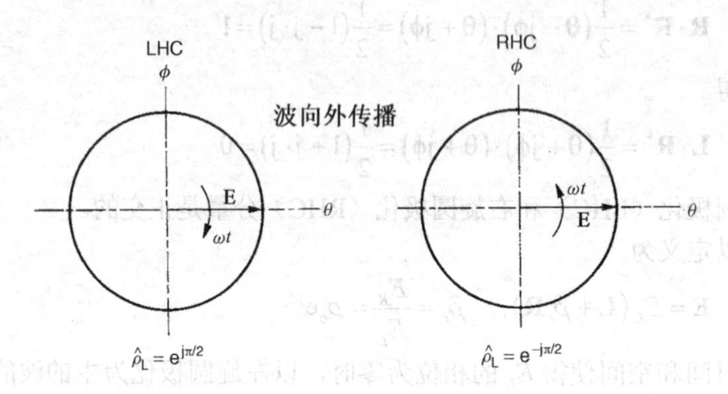

图 1-5　圆极化分量(源于 J. S. Hollis, T. J. Lyons, and L. Clayton, Microwave Antenna Measurements, Scientific Atlanta, 1969, pp. 3–5. Adapted by permission.)

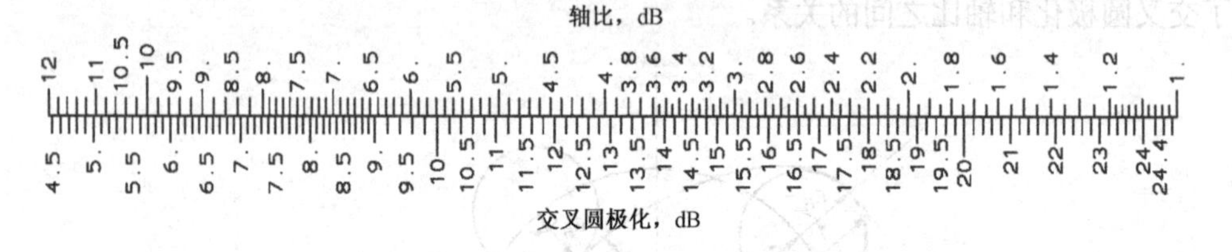

刻度尺 1-7　交叉圆极化与轴比的关系

1.11.2　惠更斯源极化

当将抛物面反射器上的感应电流投影到口径面上时，惠更斯源辐射可使电流一致，这样主平面内就没有交叉极化辐射。对于这种情况，可以把馈源天线的辐射分解成正交的惠更斯源。为了计算抛物面反射器的远场方向图，可跳过涉及电流的那一步而直接对口径面上的惠更斯源的场积分。通过下式可将测量的馈源场变为正交的惠更斯源的场：

$$\begin{bmatrix} E_c \\ E_x \end{bmatrix} = \begin{bmatrix} \cos\phi & -\sin\phi \\ \sin\phi & \cos\phi \end{bmatrix} \begin{bmatrix} E_{\theta f} \\ E_{\phi f} \end{bmatrix} \tag{1-37}$$

式中，E_c是馈源方向图中$\phi = 0°$方向的极化场，E_x是$\phi = 90°$方向的极化场。这种分解法与 Ludwig 的第三种交叉极化定义[8]相对应。下面的矩阵可将惠更斯源的极化场转换为普通的球坐标远场分量：

$$\begin{bmatrix} E_\theta \\ E_\phi \end{bmatrix} = \begin{bmatrix} \cos\phi & \sin\phi \\ -\sin\phi & \cos\phi \end{bmatrix} \begin{bmatrix} E_c \\ E_x \end{bmatrix} \tag{1-38}$$

1.11.3 各极化分量之间的关系

在处理位于任意方位的天线问题时，圆极化分量比线极化分量有优势。当坐标系旋转时，线极化比 $\hat{\rho}_L$ 的幅度和相位都在变，而圆极化比 $\hat{\rho}_c$ 的幅度是常数，只是相位在变。换句话说，就是图 1-4 中圆的直径比不变。

圆极化分量可以用投影的办法从线极化分量获得：

$$E_R = \left(E_\theta \boldsymbol{\theta} + E_\phi \boldsymbol{\phi}\right)\cdot \mathbf{R}^* = \frac{1}{\sqrt{2}}\left(E_\theta \boldsymbol{\theta} + E_\phi \boldsymbol{\phi}\right)\cdot\left(\boldsymbol{\theta} + \mathrm{j}\boldsymbol{\phi}\right)$$

$$E_R = \frac{1}{\sqrt{2}}\left(E_\theta + \mathrm{j}E_\phi\right) \tag{1-39}$$

类似地

$$E_L = \frac{1}{\sqrt{2}}\left(E_\theta - \mathrm{j}E_\phi\right)$$

线极化分量也可以用同样的方法从圆极化分量求得：

$$E_\theta = \frac{1}{\sqrt{2}}\left(E_L + E_R\right),\quad E_\phi = \frac{\mathrm{j}}{\sqrt{2}}\left(E_L - E_R\right)$$

上述关系使得各种极化之间能相互转换。

在宽频带内实现圆极化特性好的天线是比较困难的，但是极化特性好的线极化天线的确很容易获得。测量获得相量 E_θ 和 E_ϕ 的幅度和相位后，由式（1-39）和式（1-36）可求得圆极化分量和轴比，极化椭圆倾角 τ 为 E_R / E_L 相位的一半。利用锁相环源记录两种正交线极化源的方向图（或者在两种方向图间旋转同一个线源），然后用上面给出的式子将极化转换为任何一种所需要的极化分量。将线极化分量投影到极化椭圆的旋转坐标系中，可以算出线极化分量的最大、最小值分别为

$$E_{\max} = E_\theta \cos\tau + E_\phi \sin\tau$$
$$E_{\min} = -E_\theta \sin\tau + E_\phi \cos\tau$$

1.11.4 天线的极化响应

路径损耗计算公式是假设收发两天线极化匹配。极化失配增加了额外的损耗。极化效率由归一化极化矢量的标量积（点积）确定。一发射天线向 z 方向辐射的场强用线极化分量表示为

$$\mathbf{E}_a = E_1\left(\mathbf{x} + \hat{\rho}_{L1}\mathbf{y}\right)$$

入射到天线上的波可表示为

$$\mathbf{E}_i = E_2\left(\mathbf{x} + \hat{\rho}_{L2}\mathbf{y}\right)$$

式中采用源天线坐标系。源的 z 轴与接收天线的 z 轴在方向上是相对的。因此，需要旋转接收天线波的坐标。绕 x 轴旋转等效于改变倾角的符号或取 $\mathbf{E}_a$ 的复共轭。

测量天线把入射波极化投影到天线极化方向。天线可测出入射场强，但需要将天线极化归一化为单位矢量，从而计算极化效率：

$$\mathbf{E}_2 \cdot \mathbf{E}_1^* = \frac{E_2 E_1^*\left(1 + \hat{\rho}_{L2}\hat{\rho}_{L1}^*\right)}{\sqrt{1 + \left|\hat{\rho}_{L1}\right|^2}}$$

归一化入射波和天线的响应，则可求得极化失配引起的损耗：

$$\frac{\mathbf{E}_i}{|\mathbf{E}_i|}=\frac{\mathbf{x}+\hat{\rho}_{L2}\mathbf{y}}{\sqrt{1+\hat{\rho}_{L2}^*\hat{\rho}_{L2}}},\qquad \frac{\mathbf{E}_a^*}{|\mathbf{E}_a|}=\frac{\mathbf{x}+\hat{\rho}_{L1}^*\mathbf{y}}{\sqrt{1+\hat{\rho}_{L1}^*\hat{\rho}_{L1}}}$$

归一化的电压响应为

$$\frac{\mathbf{E}_i\cdot\mathbf{E}_a^*}{|\mathbf{E}_i|\cdot|\mathbf{E}_a|}=\frac{1+\hat{\rho}_{L1}^*\hat{\rho}_{L2}}{\sqrt{1+\hat{\rho}_{L1}^*\hat{\rho}_{L1}}\sqrt{1+\hat{\rho}_{L2}^*\hat{\rho}_{L2}}} \tag{1-40}$$

当以功率响应表示时，就可以得到极化效率 $\varGamma$：

$$\varGamma=\frac{|\mathbf{E}_i\cdot\mathbf{E}_a^*|^2}{|\mathbf{E}_i|^2|\mathbf{E}_a|^2}=\frac{1+|\hat{\rho}_{L1}|^2|\hat{\rho}_{L2}|^2+2|\hat{\rho}_{L1}||\hat{\rho}_{L2}|\cos(\delta_1-\delta_2)}{\left(1+|\hat{\rho}_{L1}|^2\right)\left(1+|\hat{\rho}_{L2}|^2\right)} \tag{1-41}$$

这就是由极化失配引起的损耗。式中，δ_1 和 δ_2 分别是天线极化比的相位和入射波的相位。线极化比表示的极化效率比较复杂，因为当旋转天线确定峰值响应时，其幅度和相位都在变。而采用圆极化比表示的极化效率更为适用，因为旋转过程中只有相位在变。

如果

$$|\hat{\rho}_1|=\frac{1}{|\hat{\rho}_2|}\quad 和\quad \delta_1-\delta_2=\pm180^\circ \tag{1-42}$$

则两个任意的极化是正交的（$\varGamma=0$）。这可以用两个单位矢量表述：$\mathbf{a}_1\cdot\mathbf{a}_2^*=0$，$\mathbf{a}_1$ 和 $\mathbf{a}_2$ 分别为广义的正交极化基矢量。极化比 ρ 可以由这两个极化基矢量定义。类似线极化的分析过程，任意正交极化基情况下，极化效率表达式为

$$\varGamma=\frac{1+|\hat{\rho}_1|^2|\hat{\rho}_2|^2+2|\hat{\rho}_1||\hat{\rho}_2|\cos(\delta_1-\delta_2)}{\left(1+|\hat{\rho}_1|^2\right)\left(1+|\hat{\rho}_2|^2\right)} \tag{1-43}$$

它与由线极化推导出的式（1-41）具有相同的形式。

式（1-43）同样适用于圆极化的情况，其圆极化比 ρ_c 的模值在天线旋转时为一常数。最大和最小极化效率出现在 $\delta_1-\delta_2$ 分别为 0° 和 180° 的时候，极化效率为

$$\varGamma_{\max/\min}=\frac{\left(1\pm|\hat{\rho}_1||\hat{\rho}_2|\right)^2}{\left(1+|\hat{\rho}_1|^2\right)\left(1+|\hat{\rho}_2|^2\right)} \tag{1-44}$$

除此之外，在所有正交极化基分量的情况下，天线旋转时极化比的模值都不是常数。

图 1-6 是式（1-44）的列线图。如果安装固定，我们可以旋转其中一个天线直到获得最大响应为止，从而实现最小的极化损耗。像安装在导弹或卫星上的这类移动天线之间的传输，天线的指向并不能控制，在链路分析中必须计算最大极化损耗。这种情况下都采用圆极化天线。

例：一个卫星遥测右旋圆极化天线的轴比为 7dB，地面站天线也是右旋圆极化，其轴比为 1.5dB。试求极化损耗。

因为卫星的指向未知，我们必须求最大极化损耗。为此，用图 1-6 端头标有 RHC 的各标尺。从最左端标尺上的 7 到中心标尺上的 1.5 画一条直线。在其间标尺上读的极化损耗为 0.9dB。测量的线极化天线的交叉极化响应是轴比的倒数，以 dB 表示的绝对幅度在数值上是一样的。

例：假设两天线的线性交叉极化响应分别为 10dB 和 20dB，试求最小极化损耗。

我们旋转其中任意一个天线直到获得最大响应。要求得交叉极化响应并没有说明天线是左旋圆极化为主还是右旋圆极化为主，但必定是其中一种。假设 20dB 交叉极化的天线是左旋圆极化，如果另外一个天线也是左旋圆极化，在图 1-6 中从中心标尺的下半部分到最右边左旋圆

极化标尺画一条线，其间标尺读的极化损耗为 0.2dB。第二种可能是天线以右旋圆极化为主，从标有 RHC 的标尺的下部画一条线，在中心标尺上读的极化损耗为 0.7dB。当天线极化由线极化分量表示时，只能给出幅度值，并没有圆极化旋向的信息。

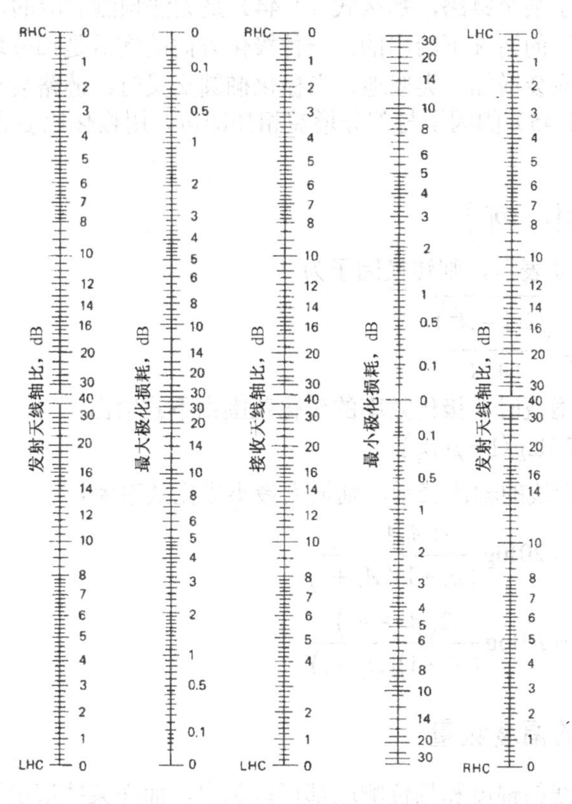

图 1-6　最大和最小极化损耗（源于 A. C. Ludwig, A simple graph for determining polarization loss, Microwave Journal, vol. 19, no. 9, September 1976, p. 63）

1.11.5　天线旋转时的相位响应

天线极化的旋向可由天线旋转时相位的斜率确定。在对相位测量开始之前应先确保测试装置合适。有些老的相位–幅度接收机有不确定性，这取决于本振频率是高于或低于信号的频率。按照惯例，天线间距离的增加会使相位减小。移动天线使其远离源，并观察相位的减小或者校正一下测试装置。旋转的线极化源的场为

$$E_s = E_2(\cos\alpha\mathbf{x} + \sin\alpha\mathbf{y})$$

式中，α 表示从传播方向（朝前）看为顺时针旋转。水平极化线天线的响应为：$E_a = E_1\mathbf{x}$。它对旋转线源的场做出反应，即 $E_1E_2\cos\alpha$。在旋转时相位是常数，直到通过零点，且通过零点时相位翻转 180°。

RHC 天线的响应为 $E_1(\mathbf{x} - \mathrm{j}\mathbf{y})$。它对旋转线源的场响应为

$$E_1E_2(\cos\alpha - \mathrm{j}\sin\alpha) = E_1E_2\mathrm{e}^{-\mathrm{j}\alpha}$$

可以看出，其幅度保持不变，但相位随旋转而减小。当天线为 LHC 时，相位增加。这样，通过观察相位斜率就可以确定占优的极化旋向：RHC=负斜率；LHC=正斜率。这一点很容易通过圆极化的单位矢量想到：从 x 轴旋转到 y 轴，相位减小了 90°。

$$\mathbf{R} = \frac{1}{\sqrt{2}}(\mathbf{x} - \mathrm{j}\mathbf{y})$$

1.11.6 部分增益

如果我们只测量一种极化的天线增益（比如右旋圆极化），并与另外一个也是只测量了一种极化方向的天线应用于某个链路，那么式（1-44）是无法预测响应的。极化效率是在假设发射源和天线之间极化匹配的情况下给出的。一种极化方向的增益是部分增益。如果使两天线的极化椭圆一致，天线响应会增加。类似地，当极化椭圆交叉时，链路会有极化损耗。为了获得天线的总增益，将式（1-45）的因子与部分增益相加即可，用极化比 ρ 的表达式对圆极化和线极化都适用。

$$10\log\left(1+|\rho|^2\right) \tag{1-45}$$

对于圆极化用轴比 A 表示，则转换因子为

$$20\log\frac{\sqrt{2\left(1+A^2\right)}}{1+A}$$

当采用测量的部分增益时，极化效率的变化范围由下式给出：

$$\varGamma = 20\log\left(1\pm\rho_1\rho_2\right) \tag{1-46}$$

将式（1-46）用两天线的轴比表示，则最大最小极化效率为

$$\varGamma_{\max} = 20\log\frac{2\left(A_1A_2+1\right)}{\left(A_1+1\right)\left(A_2+1\right)}$$

$$\varGamma_{\min} = 20\log\frac{2\left(A_1+A_2\right)}{\left(A_1+1\right)\left(A_2+1\right)}$$

1.11.7 圆极化的幅度测量

上述分析是假定天线的幅度和相位响应都可以测出，而在某些情况下只有幅度可以测量。如果你并不知道圆极化的旋向，需要用两个除了它们的圆极化旋向外完全相同的天线。比如，两个大小相同绕法相反的螺旋天线。通过比较这两种源的测量电平就可以确定极化旋向。一旦获得极化旋向，架设一个低交叉极化的线极化测试天线。对于待测天线给定方向的点，旋转源天线并记录最大电平和最小电平。轴比就是最大值和最小值的比值。

为了测出增益，旋转线极化测试天线来确定峰值响应。用线极化增益标准（喇叭）替换待测天线，并做增益比较测试。给定天线轴比 A，由校正因子调整线极化增益：

$$\text{增益校正因子（dB）} = 20\log\frac{A+1}{\sqrt{2}A} \tag{1-47}$$

假设天线是右旋圆极化占优，则左旋和右旋圆极化响应为

$$E_R = \frac{1}{\sqrt{2}}\left(E_{\max}+E_{\min}\right) \text{和} E_L = \frac{1}{\sqrt{2}}\left(E_{\max}-E_{\min}\right)$$

1.12 矢量有效高度

矢量的有效高度把天线的开路电压响应和入射电场关联起来。虽然我们通常都把有效高度应用在线天线上，比如发射塔，但这一思想可以应用于任何天线。对于发射塔，有效高度是物理高度和平均电流与峰值电流比值的乘积：

$$V_{\text{oc}} = \mathbf{E}_i\cdot\mathbf{h}^* \tag{1-48}$$

这个矢量包含了天线的极化特性。在讨论天线阻抗失配时，开路电压V_{oc}是在接收功率一定的情况下匹配负载Z_L端电压的两倍：$V_{oc}=2\sqrt{P_{rec}Z_L}$。接收功率是入射功率密度$S$和天线有效面积$A_{eff}$的乘积。那么，由入射电场$E$和极化效率$\Gamma$给出开路电压为

$$V_{oc}=2E\sqrt{\frac{Z_L A_{eff}\Gamma}{\eta}}$$

极化效率通过归一化入射电场和归一化矢量有效高度的标量积获得：

$$\Gamma=\frac{\left|\mathbf{E}_i\cdot\mathbf{h}^*\right|^2}{\left|\mathbf{E}_i\right|^2\left|\mathbf{h}\right|^2} \tag{1-49}$$

式（1-49）与式（1-41）等效，因为它们都包含了入射波和接收极化的标量积，但表达式采用了不同的归一化。可以用发射天线的矢量有效高度替换式（1-49）中的入射波并计算出两个天线间的极化效率。当天线旋转的时候，$\mathbf{h}$也做旋转。这样就可以用矢量有效高度来描述极化效率，并再次讨论 1.11 节的内容。将有效高度的幅度h与有效面积A_{eff}和负载阻抗Z_L关联起来表示为

$$h=2\sqrt{\frac{Z_L A_{eff}}{\eta}} \tag{1-50}$$

在远区场，两天线间的互耦可以由两天线的矢量的有效高度求出[9]。给定第一个天线的输入电流I_1，那么可以求得第二个天线的开路电压为

$$Z_{12}=\frac{(V_2)_{oc}}{I_1}=\frac{\mathrm{j}k\eta\mathrm{e}^{-\mathrm{j}kr}}{4\pi r}\mathbf{h}_1\cdot\mathbf{h}_2^* \tag{1-51}$$

将式（1-50）代入式（1-51），化简合并，给定一个天线在另外一个天线方向的增益，则可以获得任意一对天线之间的归一化互阻抗的一般表达式，它是间距r的函数：

$$\frac{Z_{12}}{\sqrt{Z_{L1}Z_{L2}}}=\frac{\mathrm{j}\sqrt{G_1G_2}}{kr}\mathrm{e}^{-\mathrm{j}kr}\frac{\mathbf{h}_1\cdot\mathbf{h}_2^*}{\left|\mathbf{h}_1\right|\left|\mathbf{h}_2\right|} \tag{1-52}$$

互阻抗的模值随着增益的增加或距离的减小而增大。当然，由于式（1-52）是基于远场表达式给出的，所以该式只能给出近似值。但对于间距接近一个波长的偶极子，式（1-52）却给出了很好的结果。图 1-7 绘制了式（1-52）的曲线，天线为各向同性天线且极化匹配。图形显示其模值以 1/R 减少，电阻和电抗交替反相，这是复指数正弦和余弦因子引起的。虽然可以通过天线增益的乘积增大这些曲线，但是对于大天线带来的增益增加则意味着更大的间距直到远场。当两个天线靠得比较近时，每个天线上的电流不仅自身产生辐射，而且还在另外一个天线上激励起额外的电流，并改变了式（1-52）的结果。但是随着距离的增加，感应电流的影响将衰退。等效高度也可以用磁流源（比如用在微带贴片天线）做同样的分析，这时式（1-51）和式（1-52）就是互导纳。将归一化互阻抗替换为归一化互导纳，图 1-7 同样有效。对于两天线方向图零点方向相互对准的情况，互阻抗以$1/R^2$减少，因为电流的极化方向为$\mathbf{h}$。

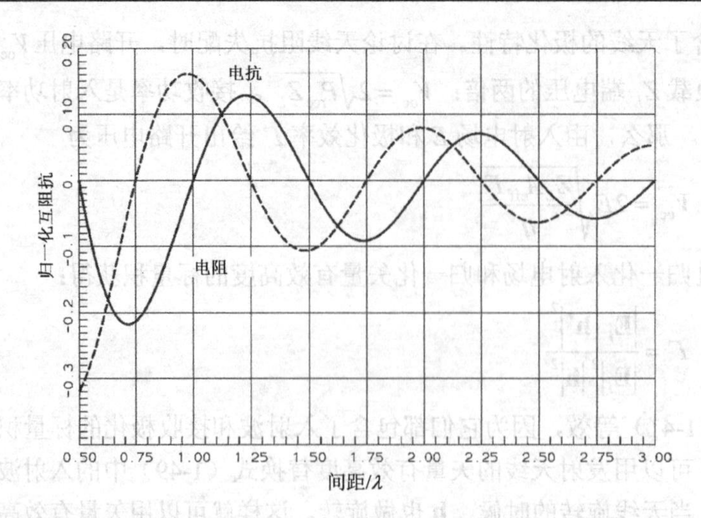

图 1-7 由矢量有效长度获得的归一化互阻抗（导纳）与间距的关系，两天线共线排列且增益都是 0dB

1.13 天线因子

在电磁兼容领域常用接收机端接天线来测量电场强度 E，比如频谱分析仪、网络分析仪或射频伏特计。绝大多数情况这些设备的负载阻抗 Z_L 与天线的输入阻抗匹配。入射电场强度等于天线因子 AF 与接收端电压 V_{rec} 的乘积。将它与天线的有效高度关联起来，得到

$$\text{AF}=\frac{E_i}{V_{\text{rec}}}=\frac{2}{h} \tag{1-53}$$

天线因子 AF 的单位是 m^{-1}，但 $\text{dB}(\text{m}^{-1})$更为常用。有时候，天线因子是相对开路电压的，这种情况下天线因子的值就是式（1-53）的一半。假设天线与电场方向一致，换句话说天线极化方向就是被测电场分量方向，则

$$\text{AF}=\sqrt{\frac{\eta}{Z_L A_{\text{eff}}}}=\frac{1}{\lambda}\sqrt{\frac{4\pi}{Z_L G}}$$

测量的结果可能因天线与接收机之间阻抗的严重失配和电缆损耗而受到影响，使得电压降低进而使算出的电场强度减小。

1.14 天线间的互耦

确定两天线之间耦合的最简单方法是用远场近似。修改路径损耗式（1-8），增加有限距离的相位项，则耦合的 S 参数为

$$S_{21}=\sqrt{G_1G_2}\,\frac{\text{e}^{-jkr}}{2kr}\,\frac{\mathbf{E}_1\cdot\mathbf{E}_2^*}{|\mathbf{E}_1||\mathbf{E}_2|} \tag{1-54}$$

式（1-54）包含了发射天线和接收天线极化不匹配时的极化效率。这里增加相位项是因为信号是从辐射相位中心沿着等效传输线传输到每个天线终端的。除了式（1-54）不能求解用于传输损耗的双端口电路矩阵方程外，式（1-52）和式（1-54）有相同的精度。这些公式都设定天线尺寸相比天线间的距离足够小，且其中一个天线在另外一个天线上产生幅度和相位近似均匀的场。

如果用两个天线中一个天线的电流分布并计算另外一个天线在该电流分布所在位置的近场辐射，那么就可以改进式（1-54）的结果。由于接收天线上的电流是变化的，因此需要用到含方向的矢量电流密度：$\mathbf{J}_r$ 和 $\mathbf{M}_r$。虽然磁流密度是假想的，但它可简化一些天线的表达式。通过对电流积分，计算电抗耦合的 S 参数[见式（2-34）]：

$$S_{21}=\frac{\mathrm{j}}{2\sqrt{P_r P_t}}\iiint(\mathbf{E}_t\cdot\mathbf{J}_r-\mathbf{H}_t\cdot\mathbf{M}_r)\mathrm{d}V \tag{1-55}$$

发射天线的输入功率 P_t 辐射的场为 $\mathbf{E}_t$ 和 $\mathbf{H}_t$。接收天线接收的功率 P_r 激励起电流，入射场与电流的标量积包含了极化效率。若已知发射天线上的电流，就可以计算出接收天线所在位置的近场方向图。与多数积分类似，式（1-55）只在存在电流的地方才积分，所以这只是概念上的分析。电流可以在线段或表面上的。实际中，式（1-55）的计算是将电流分成片元或线段，然后在每个片元之间做电流和入射场的标量积，最后求和。电抗的第二种形式[见式（2-35）]包括了围绕接收天线表面的一个积分。在这种情况下，每个天线都辐射场到这个表面，这需要两天线的近场方向图。式（1-55）需要在输入端口和电流之间增加相位项，这与式（1-54）的使用方法类似。假设两天线间相互激励起的额外电流微不足道，就可使用式（1-55）。利用物理光学的少量迭代获得入射场引起的感应电流，从而提高计算结果（见第2章）。

采用矩量法求解可以改进式（1-55）的计算结果，这一方法涉及将每个天线分为各小段并用简单假设的电流密度去激励它。注意到式（1-52）和式（1-54）之间的相似性，其实式（1-55）就是式（1-54）的近场表达式。小辐射段之间的互阻抗 Z_{21} 和自阻抗由电抗计算。对于矩量法，可以计算其互阻抗矩阵，矩阵的每一行和列对应每个小的电流段。由互阻抗矩阵和激励矢量构成矩阵方程，从而将耦合问题简化为电路问题。该方法考虑到了每个天线上因其他天线的辐射而激励起的额外电流。

1.15 天线噪声温度[10]

对于通信或雷达系统，天线噪声源有两部分。天线因为朝向天空和地面而接收噪声功率。地面的噪声温度约 290K 且天线的部分方向图会降低它。类似地，天空增加的噪声温度取决于仰角和工作频率。图 1-8 给出了天线的天空噪声温度与频率和仰角之间的关系。最低噪声温度的频率范围出现在微波频段 1～12GHz 的中间部分，虚线之间有比较大的变化，这是由于天线的定向性以及与相对银河系中心的指向造成的。在微波中间频段，天空噪声温度大约为 50K 左右，而天顶附近的温度则低于 10K。由于氧气和水蒸气的噪声，使得噪声温度在靠近地平线时增大，准确值必须根据具体的应用来确定。随着频率降低到 400MHz 以下，天空噪声温度急剧上升且与天线指向无关。在频率低端，曲线继续以相同的斜率快速上升。低频天空噪声温度常常以相对于 290K 的分贝值给出。

天线接收环境中的黑体噪声，但能影响通信系统的噪声值取决于方向图的形状和主波束方向。天线噪声温度由方向图和环境噪声温度分布的乘积的积分确定：

$$T_a=\frac{1}{4\pi}\int_0^{2\pi}\int_0^{\pi}G(\theta,\phi)T_s(\theta,\phi)\sin\theta\,\mathrm{d}\theta\,\mathrm{d}\phi \tag{1-56}$$

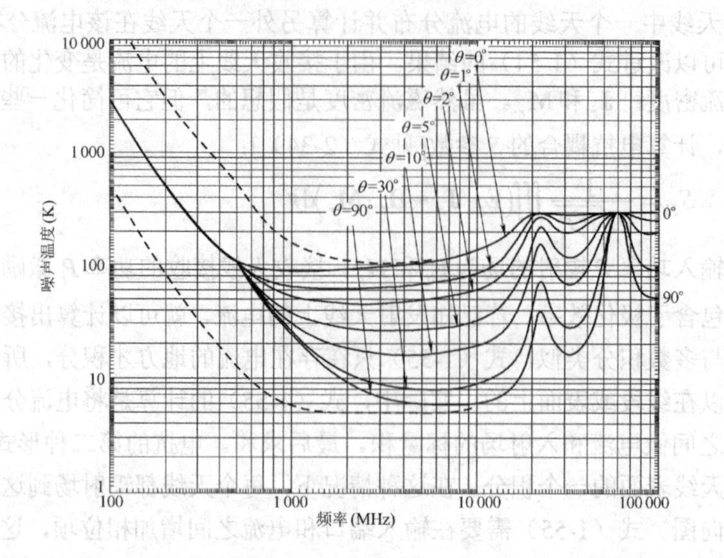

图 1-8 天线的天空噪声温度。位于地球表面的理想天线（无损耗，无指向地面的副瓣）的噪声温度对绝大多数波束仰角来说都是频率的函数。实线对应于：几何平均银河温度，太阳噪声是静电压的 10 倍，从增益等于 1 的副瓣观测太阳，冷温区对流层，2.7K 宇宙黑体辐射，地面噪声为 0。上面的虚线对应于：最大银河噪声，太阳噪声是静电压的 100 倍，零仰角，其他的与实线相同。下面的虚线对应于：最小银河噪声，太阳噪声等于 0，仰角等于 90°（曲线在 500 MHz 左右会合，这是由太阳的噪声特性形成的。400 MHz 以下，低仰角曲线低于高仰角曲线，这是由于大气吸收使银河噪声降低而引起的。频率为 22.2 GHz 和 60 GHz 的噪声温度最大，这是由于水蒸气和氧气吸收谐振引起的）（源于 L. V. Blake, A guide to basic pulse-radar maximum-range calculation, Naval Research Laboratory Report 5868, December 1962）

式中，$G(\theta,\phi)$ 是天线增益方向图，$T_s(\theta,\phi)$ 表示与角度有关的环境黑体辐射。改变天线指向就会改变 T_a。式（1-56）是环境噪声温度的加权平均，通常被当做天空温度。天线噪声的第二个源是具有耗散损耗和反射损耗的元件产生的噪声。

对于给定的源而言，接收系统需要最大化的信噪比。系统考虑诸如误码率以确定所需的信噪比 S/N。噪声功率由下面的乘积式确定：

$$N = k_0 B_n T_e \tag{1-57}$$

式中，k_0 为玻尔兹曼常数（1.38×10^{-23} W/K·Hz=−228.6dB），B_n 是接收机带宽（Hz），T_e 是有效噪声温度（K）。当噪声温度是由网络其他部分产生时，由于它是功率而不是真正的温度，所以可以用增益和损耗来表示它的增大或降低。天线增益可用来衡量信号电平的大小，因此我们可以增加与噪声温度无关的增益，虽然天线方向图在式（1-56）中只是一个因子。

天线的导体损耗的等效噪声温度表示为

$$T_e = (L-1)T_p \tag{1-58}$$

式中，T_p 是天线的物理温度，L 是损耗（比值>1）。从系统的角度来看，式（1-58）包括了行进到接收机第一级放大器或混频器的传输线，但并不包括导致增益下降的电流分布损耗（口径效率），因为它们是潜在的天线增益损失，而非噪声损耗（随机电子产生）。天线-接收链路包括失配损耗，但这些损耗并不产生随机电子，而只有反射波，其噪声温度为 0。将它们归入级联设备中进行噪声分析只是把它们作为一个损耗元件而已。

有些接收机部件的噪声特性由噪声系数来表示，这样级联设备的噪声分析也可以通过噪声

系数 F_N（比值）来分析，但这里我们将采用噪声温度。噪声系数转化为噪声温度：

$$T_E = (F_N - 1)T_0 \tag{1-59}$$

式中，T_0 是标准参考温度 290K。

在某个特定点计算整个接收机链的噪声温度，一般都在第一个设备的输入点。为了计算信噪比，要用到发射机功率，路径损耗（包括天线增益和极化效率）和在接收链中噪声温度需计算的设备的信号增益（或损耗）。对给定的天线，其特性以比值 G/T 来描述，即与发射机功率和路径损耗无关但包含了接收机噪声特性的一个量度。用第一级设备的输入作为噪声参考点，由元件的噪声温度和增益算出输入噪声温度为

$$T = T_1 + \frac{T_2}{G_1} + \frac{T_3}{G_1 G_2} + \frac{T_4}{G_1 G_2 G_3} + \cdots \tag{1-60}$$

式（1-60）仅仅说明，当向后经过增益为 G 的设备时，噪声温度就是降低的功率。每项噪声作为设备的输入，并向后通过所有的设备，噪声温度以 $1/G$ 减小。如果将噪声参考点放在第二个设备，那么系统链输入参考点的噪声将会以第一级设备的增益倍数增加。系统噪声温度 $T_{(2)}$ 变为

$$T_{(2)} = T_1 G_1 + T_2 + \frac{T_3}{G_2} + \frac{T_4}{G_2 G_3} + \cdots$$

信号通过第一级设备，在第二级设备的输入端新的增益变为 GG_1。增益和噪声温度以相同的因子 G_1 变化且比值恒定。将这些运算应用到接收链中的任何一点，可以发现 G/T 在整个接收链上为一常数。

用一个例子很容易理解 G/T 噪声的计算。地面站的 5 米直径的抛物面反射天线，其口径效率为 60%，系统工作频率为 2.2GHz（$\lambda = 0.136\text{m}$）。用物理面积和口径效率求得天线方向系数为

$$D = 0.60\left(\frac{\pi \cdot \text{Dia}}{\lambda}\right)^2 = 0.60\left(\frac{5\pi}{0.136}\right)^2 = 7972\ (39\text{dB})$$

反射面馈源损耗为 0.2dB，电压驻波比为 1.5:1，馈源和第一级放大器间的电缆损耗为 0.5dB，这些因素天线设计师都可以控制。由式（1-58）计算上述这些元件的噪声温度，其中物理天线温度为 37.7℃（100℉）（310.8K）：

馈电损耗：$T_1 = (10^{0.2/10} - 1)310.8 = 14.65\text{K}$

馈线失配：$T_2 = 0\text{K}$

电缆：$T_3 = (10^{0.5/10} - 1)310.8 = 37.92\text{K}$

这些设备的增益分别为：$G_1 = 10^{-0.2/10} = 0.955$（馈源损耗），$G_2 = 10^{-0.18/10} = 0.959$（电压驻波比为 1.5:1 时的反射功率损耗）和 $G_3 = 10^{-0.5/10} = 0.891$（电缆损耗）。由于天空和地面黑体的辐射，天线可以接收到环境噪声。天线俯仰 5° 时的典型值为 50K。它并不是物理温度，但代表了等价接收功率。请记住，60%的口径效率对噪声或损耗并没有贡献，因为它只代表潜在增益的损失，并没有随机电子的产生。

当计算总的输入噪声温度时，我们必须考虑接收链的剩余部分。对于这个例子，假设 LNA 的噪声系数为 2dB，增益为 20dB。接收机的最后一部分包括混频器和接收机的中频，设定其噪声系数为 10dB。由式（1-59）将噪声系统转换为噪声温度：

LNA 噪声温度：$T_4 = 290(10^{2/10} - 1) = 162.62\text{K}$

接收机噪声温度：$T_5 = 290(10^{10/10} - 1) = 2610\text{K}$

20dB（100）的 LNA 增益大大降低了接收机噪声温度 2610K 的影响。对每个设备，由式（1-60）计算该设备在输入噪声温度中的贡献。接收机的噪声温度经历了四级设备，它的噪声温度被每个设备的增益降低：

$$T_{e5}=\frac{T_5}{G_1G_2G_3G_4}=\frac{2610}{0.955(0.959)(0.891)(100)}=31.98\text{K}$$

LNA 的增益大大降低了天线输入端接收机的有效噪声。这一运算显示级联的噪声温度涉及每个设备噪声温度，并通过所有之前设备的增益而后到达输入端，并以它们增益的乘积减小。类似地，我们对其他噪声温度做这些运算。

$$T_{e4}=\frac{T_4}{G_1G_2G_3}=\frac{169.62}{0.955(0.959)(0.891)}=207.86\text{K}$$

$$T_{e3}=\frac{T_3}{G_1G_2}=\frac{37.92}{0.955(0.959)}=41.40\text{K}$$

$$T_{e2}=\frac{T_2}{G_1}=\frac{0}{0.955}=0$$

$$T_{e1}=T_1=14.65$$

这些运算说明级联设备的噪声温度公式（1-60）很容易推导，即考虑噪声温度（功率）经过具有增益的各设备到达某个共同点，并在这一点将它们的贡献相加。

天空温度并不是输入噪声温度，而是通过被称为天线方向系数这一虚拟点传送进来的噪声功率，这里增益=方向系数。由于噪声温度代表功率，我们可以将它转换到分贝值并用方向系数减去它，求得 G/T 为

$$G/T(\text{dB})=39-10\log(345.9)=13.6\text{dB}$$

这个 G/T 值用来衡量天线指向俯仰 5° 时天线和接收机合起来的性能。改变指向方向只影响直接叠加在最终结果上的天空温度。我们采用 G/T 值来做通信系统的链路预算。

与接收机相连的输出端，我们可以给定一个天线增益和噪声温度值。噪声温度和天空温度的前三项都与天线相关。将每个设备的噪声参考点通过除以前面设备的增益移到其输入端。为了移到天线的输出端，我们加上噪声温度和天线增益，其值为各设备增益的乘积，则

$$\begin{aligned}T&=(T_{sky}+T_{e1}+T_{e2}+T_{e3})G_1G_2G_3\\&=(50+14.65+0+37.92)10^{-0.88/10}=83.7\text{K}\end{aligned}$$

增益(dB)=方向系数(dB)−0.88dB=39−0.88=38.12dB

这就使天线简化为单个部件，与开始分析的方向性和天空温度类似。

1.16 通信链路预算和雷达作用距离

下面通过一个简单的链路预算的例子来说明通信系统的设计与路径损耗。直径为 5m 的反射面天线指向轨道高度为 370km 的某一卫星，卫星遥测天线在频点 2.2GHz 的辐射功率为 10W。由于天线方向图要求覆盖地球可见区，因此其性能进行了折中，其中几何轨道和天线指向问题超出了本例的讨论范围。从高度为 370km 的卫星到地面站指向 5° 的区域为 1720km。从天底算起，卫星天线指向角为 70.3°，且这种应用中典型的天线会有−2dBiC 的增益（相对各向同性天线的右旋圆极化增益）和 6dB 的轴比。假设地面站天线轴比 2dB，由于我们无法控制极化椭圆的方向，由图 1-6 所示列线图得最大极化损耗为 0.85dB。系统链路预算需要余量，所以我们取最坏的数值。由式（1-9）求路径损耗时没有考虑天线增益，在链路预算（见表 1-2）中把它们作为

单独的几项：

$$\text{自由空间路径损耗}=32.45+20\log[2200(1720)]=164\text{dB}$$

链路预算给出了 4.4dB 的余量，这就是说通信链路畅通。这个链路预算只是在考虑了方案系统参数的一种可能链路预算。每个人写的链路预算有各自不同的参数，该预算给出的是典型参数。

表 1-2 链 路 预 算

频 率	2.2GHz	备 注
发射功率	10dBW	10log(10)
发射天线增益	−2dB	
EIRP（有效各向同性辐射功率）	8dBW	发射功率 dBW+天线增益 dB
自由空间路径损耗	164dB	各向同性天线路径损耗
极化损耗	0.85	方向不可控情况下的最大值
大气损耗	0.30	在频点 2.2GHz 俯仰 5°
雨衰	0.00	在这个频点几乎没损耗
指向损耗	0.00	
接收天线方向系数	39dB	用于计算接收链某点的 G/T
G/T	13.6dB	由上述部分算出
玻尔兹曼常数	228.6dB	
载噪比（C/N）（不考虑带宽）	85dB	EIRP+G/T−路径损耗−极化损耗−大气损耗−雨衰+228.6
比特率：8Mb/s	69dB	10log（比特率）带宽
E_b/N_0（每比特能量 / 噪声能量）	16dB	$E_b/N_0=C/N-10\log$（比特率）
实现损耗	2dB	总的系统额外损耗
所需 E_b/N_0	9.6dB	QPSK 信号，误码率（BER）$=10^{-5}$
余量	4.4dB	E_b/N_0−所需 E_b/N_0−实现损耗

雷达系统也有相似的链路预算或考虑信噪比 S/N 后的检测预算，即

$$S/N=\frac{P_{\text{rec}}}{KTB}=\frac{P_T G_T D\lambda^2\sigma}{(4\pi)^3 R^4 KTB}=\frac{(\text{EIRP})\lambda^2(G/T)\sigma}{(4\pi)^3 R^4 KB}$$

雷达有一个所需的 S/N 值以便使其能处理所需信息，由此可导出最大距离方程：

$$R=\left[\frac{(\text{EIRP})\lambda^2(G/T)\sigma}{(4\pi)^3(S/N)_{\text{req}}KB}\right]^{1/4} \tag{1-61}$$

式（1-61）清楚地显示了在给定目标大小 σ 的情况下，发射机等效辐射功率 EIRP、接收机和天线噪声 G/T、所需信号质量 S/N_{req} 对雷达距离的作用。

式（1-61）适用于连续波雷达，而大多数雷达采用脉冲。通过增加脉冲数可以提高雷达性能。忽略可相干叠加的脉冲串编码方面的因素，雷达作用距离由脉冲求和后的总能量确定。由于 $P_T\times$时间=能量，用 G_T（能量）代替 EIRP。最大可检测距离是由照射目标的总能量来确定的。对脉冲系统而言，雷达所用天线辐射能量是正确的。但当我们不能对脉冲形状与时间相乘积分时，天线是辐射功率。在角空间积分求出功率，即“功率密度”，我们应该称之为辐射，这才是正确的。由于是功率，说“副瓣辐射能量”的说法很少见，除非它是一个雷达系统。

1.17 多径效应

多径是指某个特定点的场强值是多个从不同方向或不同源的波到达该点的总和。它来源于诸如从天线安装结构的边缘反射和天线附近的物体的一般反射所产生的信号传输路径。附近物体的反射似乎只是修改了天线方向图，而其他物体的反射则导致了方向图随着角度而快速波动。在3.1节中，我们将讨论如何使用波纹角速率和方向图分布来定位其源。多径导致系统性能退化或测量错误。当然，多径也可以改善性能。事实上，我们可以通过添加类似地面一样的邻近物体来提高天线的性能。

指定用功率响应来描述方向图，同时也给出场强值。相对于主信号为-20dB的外来信号其功率为0.01，电场的强度为0.1（电压）。由于外来信号相对主信号的相位可以是任意值，所以合成后幅度会增强或减弱。给定外来信号为MP（dB），方向图的波纹是

$$\text{波纹}(\text{dB}) = 20\log\frac{1+10^{\text{MP}/20}}{1-10^{\text{MP}/20}} \tag{1-62}$$

式中，MP(dB)有负号。刻度尺1-8给出了峰峰间的幅度波纹和多径信号电平值之间的关系。式（1-62）在数值上与回波损耗和20log（VSWR）的关系是相同的。与主信号求和后，多径信号可以改变信号的相位，变化范围为

$$\text{最大相位差} = \pm\arctan(10^{\text{MP}/20}) \tag{1-63}$$

刻度尺1-9给出了多径信号引起的最大相位差。

峰值间的波纹，dB

干扰信号电平，dB

刻度尺1-8 多径引起的信号峰峰幅度波纹

最大相位误差（度）

干扰信号电平，dB

刻度尺1-9 多径引起的峰值相位误差

1.18 地面传播

当我们将天线置于土壤之上，信号传播一定的距离将被土壤或水反射，形成一个大的多径信号。土壤是一种导电介质，其反射水平极化和垂直极化信号有所不同。典型的地面常数列于表1-3中。给定反射线与地面间的掠射角ψ，其电压反射系数为

$$\rho_h = \frac{\sin\psi - \sqrt{\varepsilon_r - \mathrm{j}x - \cos^2\psi}}{\sin\psi + \sqrt{\varepsilon_r - \mathrm{j}x - \cos^2\psi}} \quad \text{和} \quad \rho_\upsilon = \frac{(\varepsilon_r - \mathrm{j}x)\sin\psi - \sqrt{\varepsilon_r - \mathrm{j}x - \cos^2\psi}}{(\varepsilon_r - \mathrm{j}x)\sin\psi + \sqrt{\varepsilon_r - \mathrm{j}x - \cos^2\psi}} \tag{1-64}$$

式中，$x = \sigma/\omega\varepsilon_0 = 17975\sigma/f(\text{MHz})$。

图1-9给出了掠射角与两种极化对应的反射系数的关系。土壤对水平极化的反射与金属表面大致相同，而垂直极化的反射系数曲线比较有趣。在某一掠射角区域，反射很小。最小反射方向被称为布儒斯特（Brewster）角。在这个角度反射波被土壤吸收。在大掠射角区 ρ_h 相位近似为 180°，ρ_v 的相位为 0°。随着掠射角变小，在小于布儒斯特角时，垂直极化反射系数相位从 0°变到 180°。请记住，对于多数一般响应的零点，信号的相位在通过这一点会改变 180°。随着掠射角接近零度，两种反射系数都趋近于零，这时多径与极化无关。

表1-3 典型的地面常数

地 表 面	介 电 常 数	电导率（S）
干燥地	4～7	0.001
一般地面	15	0.005
湿地	25～30	0.020
淡水	81	0.010
海水	81	5.0

接收天线接收到的电场是直射波和反射波之和，反射波沿着较长的路径传播：

$$E = E_d\left[1-\exp\left(-\mathrm{j}\Delta\phi\right)\right] = E_d\left(1-\cos\Delta\phi + \mathrm{j}\sin\Delta\phi\right)$$

计算其幅度为

$$|E| = |E_d|\sqrt{1+\cos^2\Delta\phi + \sin^2\Delta\phi - 2\cos\Delta\phi} = 2|E_d|\sin\left(\Delta\phi/2\right)$$

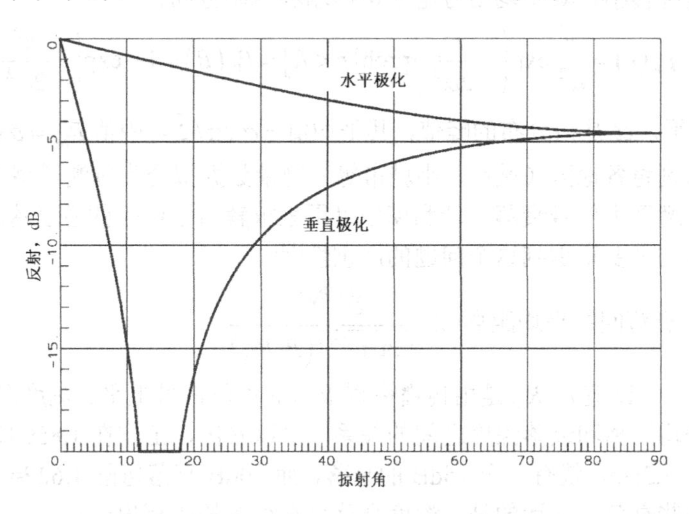

图1-9 普通土壤的垂直和水平极化反射系数

对于两个等幅小相位差的信号而言，接收功率 P_{rec} 与 E^2 成正比。修正自由空间路径损耗方程，给出该多径的路径损耗为

$$P_{\text{rec}} = 4P_{\text{T}}\left(\frac{\lambda}{4\pi d}\right)^2 G_{\text{T}}G_{\text{R}}\sin^2\frac{2\pi h_{\text{T}}h_{\text{R}}}{\lambda d} \to P_{\text{T}}G_{\text{T}}G_{\text{R}}\left(\frac{h_{\text{T}}h_{\text{R}}}{d^2}\right)^2 \tag{1-65}$$

式（1-65）显示对于任何一个天线，其接收功率与 $1/d^4$ 成正比且以 h^2 增加。对天线间距比较靠近的情况，可以通过分区域近似计算地面传播，结果包含由多径引起显著变化的自由空间传输 $1/d^2$ 和第二个与 $1/d^4$ 成正比的多径小波动区。两个模型的平衡点在距离 $d = 4h_{\text{T}}h_{\text{R}}/\lambda$ 处。

在移动电话所处的频率点上的实验表明，当接收天线高度小于 30m 时，式（1-65）的接收功率偏高。一个更加准确的模型修正了 h_R 的指数[11]：

$$P_{rec} = P_T G_T G_R \frac{h_T^2 h_R^C}{d^4} \tag{1-66}$$

当 h_R 小于 10m 时，$C=1$，在 10m 和 30m 之间，指数线性变化，即 $C = h_R/20 + 1/2$。

在一条窄波束地面传播路径上，由物体散射产生的信号沿着奇数倍λ/2 长度的路径传播，可减小主要路径的信号。设定直射路径径向距离 h 处有一障碍物，与发射机相距为 d_T，与接收天线相距为 d_R，则路径长度差为

$$\Delta = \frac{h^2}{2}\frac{d_T + d_R}{d_T d_R} = n\frac{\lambda}{2} \quad 或 \quad 间隙高度 h = \sqrt{\frac{n\lambda d_T d_R}{d_T + d_R}} \tag{1-67}$$

我们称这些为第 n 菲涅耳间隙区。直射路径应至少在一个间隙距离 h 上没有障碍，以防止散射信号对通信链路产生负面影响。在 $1/d^2$ 和 $1/d^4$ 传播模型的分界点处 $d_T = 4h_T h_h/\lambda$，第一菲涅耳区与地面相接触。

1.19 多径衰落

移动通信大多出现在各基站天线和移动用户之间没有直接路径时。沿两者间路径的信号被许多物体反射。这种传播，其平均信号电平遵循瑞利概率分布：

$$p_r(r) = \frac{r}{\alpha^2}\exp\left(-\frac{r^2}{2\alpha^2}\right) \text{prob}[r < R] = P_R(R) = 1 - \exp\left(-\frac{R^2}{2\alpha^2}\right)$$

式中，R 是信号电平，α 是该分布的峰值，其平均值 $=\alpha\sqrt{\pi/2}$，中值 $R_M = \alpha\sqrt{2\ln 2} = 1.1774\alpha$。中值信号电平可通过将各地区（城市，小城市等）测量数据拟合为预测模型来获得。信号在电平迅速下降的地方遭受大信号衰落。瑞利模型可用来求解给定电平的各衰落之间的平均距离。作为设计师，重要的是要意识到这个问题的严重性[12]：

$$衰落间的平均距离 = \lambda\frac{2^{(R/R_M)^2}}{\sqrt{2\pi\ln(2)}(R/R_M)} \tag{1-68}$$

式中，R 是衰落电平（比值），R_M 是由传播模型求出的中值信号电平。刻度尺 1-10 给出了瑞利多径各衰落间的平均距离和衰落深度之间的关系。可以看出，工作在 1.85GHz（λ=16.2cm）移动信道每 2.75λ即 44.5cm，就有一个 15dB 的衰落，而 10dB 衰落每隔 1.62λ= 26.25cm 出现。通信系统必须克服这些衰落。幸运的是，深度衰落只在很短的距离出现：

$$衰落平均长度 = \lambda\frac{2^{(R/R_M)^2} - 1}{\sqrt{2\pi\ln(2)}(R/R_M)}$$

对于一个移动用户来说，信号衰落后会迅速恢复。刻度尺 1-11 给出了沿着一条给定衰落深度的路径的平均衰落长度。对于 1.85GHz 的信道，15dB 的衰落只出现了 0.06（16.2）= 0.97cm，而 10dB 衰落长度为 0.109（16.2）= 1.76cm。

移动通信多径衰落可通过高增益基站天线增加链路余量或应用分集技术来解决。在用户和基站之间有多条路径，以便使某一路径经历衰落的同时另一路径并未出现衰落。分集对中值信号电平没有影响，但它减少了因瑞利分布的传播出现的零点对电平的影响。

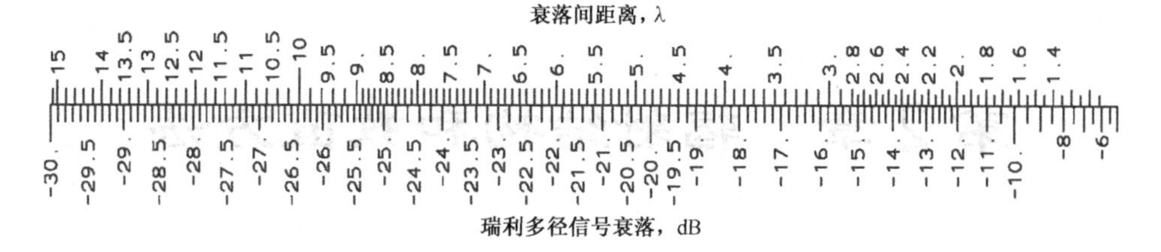

刻度尺 1-10　瑞利多径衰落间的平均距离和衰落深度

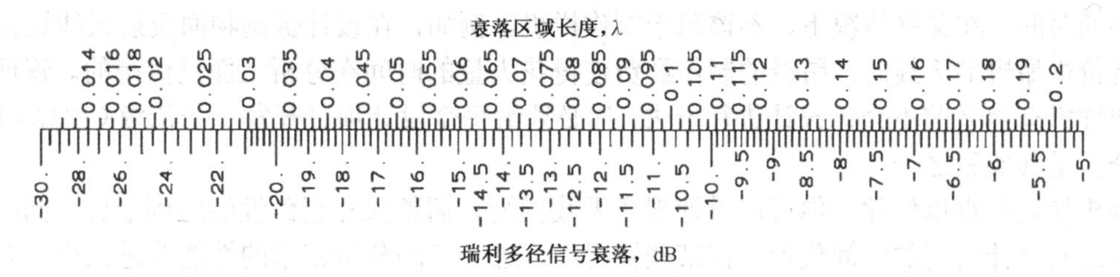

刻度尺 1-11　瑞利多径平均衰落长度和衰落深度

参考文献

[1] S. A. Schelkunoff and H. Friis, *Antenna Theory and Practice*, Wiley, New York, 1952.

[2] R. F. Harrington, *Time-Harmonic Electromagnetic Fields*, McGraw-Hill, New York, 1961.

[3] H. Friis, A note on a simple transmission formula, *Proceedings of IRE*, vol. 34, May 1946,pp. 254–256.

[4] J. D. Kraus, *Antennas*, McGraw-Hill, New York, 1950.

[5] N. McDonald, Omnidirectional pattern directivity in the presence of minor lobes: revisited,*IEEE Antennas and Propagation Magazine*, vol. 41, no. 2, April 1999, pp. 63–65.

[6] W. F. Croswell and M. C. Bailey, in R. C. Johnson and H. Jasik, eds., *Antenna Engineering Handbook*, McGraw-Hill, New York, 1984.

[7] C. G. Montgomery, R. H. Dicke, and E. M. Purcell, *Principles of Microwave Circuits*, McGraw-Hill, New York, 1948.

[8] A. C. Ludwig, The definition of cross polarization, *IEEE Transactions on Antennas and Propagation*, vol. AP-21, no. 1, January 1973, pp. 116–119.

[9] K. P. Park and C. T. Tai, Receiving antennas, Chapter 6 in Y. T. Lo and S. W. Lee, eds., *Antenna Handbook*, Van Nostrand Reinhold, New York, 1993.

[10] L. V. Blake, Prediction of radar range, Chapter 2 in *Radar Handbook*, M. Skolnik, ed., McGraw-Hill, New York, 1970.

[11] K. Fujimoto and J. R. James, *Mobile Antenna Systems Handbook*, 2nd ed., Artech House, Boston, 2001.

[12] J. D. Parsons, The Mobile Radio Propagation Channel, Wiley, New York, 1992.

第2章　辐射结构和数值方法

天线分析是天线设计的重要组成部分，需要在大量计算和与工作环境密切相关的样机制作测量之间折中。天线的设计应该尽量减小花费，这就意味着要减少从开始设计到最终完成样机所需要的时间。在某些情况下，不该急于制作样机。例如，在设计像抛物面反射天线这样的体积大且价格昂贵的天线时，昂贵的制作经费使得花大量的时间在分析上面是值得的。管理人员在确定样机有用之前不会让设计进行下去，你必须给每个设计项目开发一个花费（预算）模型，天线分析是其要素之一。

分析使设计得以优化，你可以设计很多天线模型，调整尺寸直到性能达到最优。同时，也需要考虑到设计所用的时间代价。在某些情况下，进一步的分析带来的性能改进太少，因此在这上面花大量时间是不值得的。在任何情况下，制作出的样机，与分析得到的性能会存在差异。你很快就发现，只能获得该设计的有限知识，因为制作和测量的误差掩盖了天线的真实响应。你是在做一项工程，而不是搞科研项目。

教科书中包含很多理想天线的分析，本书也不例外。实际工作中需要考虑天线的最终使用环境。载体的结构对于波束较窄的大型天线的辐射方向图影响很小，因为它受到的辐射较小。具有全向辐射特性的窄带或宽带天线的整体辐射特性对于运输载体形状和安装状态很敏感。在后面的章节中，我们将讨论如何利用天线载体提高性能，你可以在设计中加以利用。载体的尺寸限制了分析方法的种类。

本章中，我们讨论大型结构计算用的物理光学（PO）和几何光学（GO）[几何绕射原理（GTD）]。物理光学，可以计算天线辐射在载体上的感应电流和这些电流所产生的辐射对天线总辐射方向图的影响。对大型结构，随着小的电流面片数量的增加，PO 分析时间急剧增加。PO 方法能很好地分析可产生聚焦波束的大型天线，如抛物面反射天线。几何光学利用射线光学技术，它的计算花费跟载体的尺寸无关，精确度随着天线结构尺寸的增加而提高。GO 方法很直观，因为它可以将直射、反射和绕射（GTD）射线结合起来计算方向图，但是它需要解决高难度的几何问题。

小型结构的分析可用多种方法。例如矩量方法将周围媒质分割成很多小面片，并预定义基函数展开电流。这种方法利用满足边界条件的积分方程来计算包含电流展开系数的矩阵方程。数值方法通过矩阵求逆来求解系数，这是一种运算量很大的数值计算，它限制了待解问题的规模，因此只能用于几个波长。时域有限差分法（FDTD）在时间域中计算物理结构的电磁场，这种方法适用于中等尺寸的天线，可以包括复杂材料，如生物结构。FDTD 方法将空间分割成小的立方体单元，受到脉冲函数的激励时，它将产生宽频带的幅频响应。有限元方法（FEM）也将空间分割成小的立方体单元，但是它的分析是在频率域中进行的。FEM 方法必须在各个感兴趣的频率点上重复计算。FDTD 和 FEM 方法在计算前都需要一个将结构进行剖分的程序，两种方法都利用入射场的等效定理来计算边界面上的电流，然后用边界面电流来计算远场辐射方向图。

绝大多数分析方法都是从假定天线上的电流分布或者口径上的场分布开始的，口径上的场分布可转化为电流分布。矩量法对假定电流用基函数求和表示，求解展开式的系数，但它也是从假定小区域上的电流开始的。你会发现，辐射方向图的计算精度比输入阻抗的计算精度高。

对于线天线，矩量法在给定激励电压的情况下计算输入电流，计算电压和电流的比值得到阻抗。对于窄波束天线，天线与载体表面感应电流的相互作用对输入阻抗的影响较小。对宽波束天线，如偶极子天线，其结构对阻抗的影响可以用激励源及其镜像的耦合来计算。当天线安装到最终应用环境中后，还应当对天线阻抗进行测量。

天线具有辐射方向图带宽和阻抗带宽，你必须对方向图做重点考察。很多设计都将精力集中于天线的宽带阻抗特性上，实际上，方向图在阻抗带宽内是随着频率变化的，最主要的任务应该是设计符合要求的辐射方向图。在第 1 章中，我们详细讨论了阻抗失配（见 1.10 节）对系统的影响，据此可以确定小的阻抗失配对整个系统的影响。

2.1　辅助矢量势

在设计中一般不使用矢量势，虽然它看起来很有用，但只在一些简单的天线上可以直接用，你不能测量它们，因为它们是人为的，而不是物理实体。物理光学（PO）利用并矢格林函数，直接从电流计算辐射场，其表达式很长。很多其他分析工具比 PO 的表达式更有效，下面通过一些简单天线的例子来了解它们的应用。

首先通过矢量势来介绍一些天线的概念。在第一个例子中，通过磁矢量势来计算短电流元（偶极子）的辐射，并说明如何获得方向图。辐射方向图能量密度积分（见 1.2 节）确定了辐射的总功率。当我们知道输入电流和总的辐射功率，就可以通过功率和电流平方的比得到辐射阻抗。将此粗略估计的辐射电阻和材料损耗电阻相结合，可得到天线的效率。电矢量势和假想磁流的运用表明了分析的对偶性。用它来分析小电流环，可以得到与短偶极子相同的方向图。

2.1.1　电流源辐射

随时间变化的常规电流会辐射，最简单的例子是金属线上的电流丝，当然也包括表面电流和体电流密度。可以用磁矢量势来分析电流的辐射。远区电场 **E** 与磁矢量势 **A** 成正比：

$$\mathbf{E}=-\mathrm{j}\omega\mathbf{A} \tag{2-1}$$

磁场由下式求得：

$$|\mathbf{E}|=\eta|\mathbf{H}| \tag{2-2}$$

电场矢量和磁场矢量的叉乘指向能流的方向，即坡印廷矢量。由于电场方向确定了波的极化，所以通常只考虑电场，不考虑磁场。磁矢量势可通过对电流密度 **J** 的滞后体积分求得：

$$\mathbf{A}=\mu\iiint\frac{\mathbf{J}(\mathbf{r}')\mathrm{e}^{-\mathrm{j}k|\mathbf{r}-\mathbf{r}'|}}{4\pi|\mathbf{r}-\mathbf{r}'|}\,\mathrm{d}V' \tag{2-3}$$

其中，$\mathbf{r}$ 是所计算的场点的径向矢量；$\mathbf{r}'$ 是源点的径向矢量；μ 是磁导率（自由空间中其值为 $4\pi\times10^{-7}$ A/m）；波数 k 的值为 $2\pi/\lambda$。式（2-3）可计算出远场和近场中任意一点的磁矢量势 **A**。磁矢量势可以写成自由空间 Green 函数的表达式：

$$g(R)=\frac{\mathrm{e}^{-\mathrm{j}kR}}{4\pi R},\quad R=|\mathbf{r}-\mathbf{r}'|$$

$$\mathbf{A}=\mu\iiint g(R)\mathbf{J}(\mathbf{r}')\,\mathrm{d}V' \tag{2-4}$$

辐射场近似： 当只对天线的远场响应感兴趣时，可以将式（2-3）的积分化简，虽然只有当天线的尺寸与波长相比较大时，天线才能有增益地高效辐射，但在远场，天线的尺寸可以忽略，可将其等效为一个点源。比较天线上两个不同点的辐射，远离天线处的观察点至这两个点的两个距离的比值近似为 1。而每一点上的辐射相位，虽然移动了很多个周期后才能到达观测点，但将这两个点的辐射响应相加时，却只需考虑彼此之间的相位差。在辐射近似中，可挑选天线上的某个点作为参考点，计算天线上所有点在远场观测点处辐射的幅度时，都采用该参考点到远场观测点的距离，即幅度计算中的距离因子都取为$1/R$。辐射方向确定了一个通过参考点的平面，这个平面由单位径向矢量来定义，单位径向矢量在直角坐标系中表示为

$$\mathbf{r}' = \sin\theta\cos\phi\mathbf{x} + \sin\theta\sin\phi\mathbf{y} + \cos\theta\mathbf{z}$$

将天线上各点投影到此参考面上，这个距离乘以传播常数k就得到相位差。天线上某点$\mathbf{r}'$产生的相差为$k\mathbf{r}'\cdot\hat{\mathbf{r}}$，将它应用到式（2-3），则

$$\mathbf{A} = \frac{\mathrm{e}^{-\mathrm{j}kr}}{4\pi r}\mu \iiint \mathbf{J}'\mathrm{e}^{\mathrm{j}k\mathbf{r}'\cdot\hat{\mathbf{r}}}\,\mathrm{d}V' \tag{2-5}$$

在直角坐标系中$k\mathbf{r}'\cdot\mathbf{r}$表示为

$$k(x'\sin\theta\cos\phi + y'\sin\theta\sin\phi + z'\cos\theta)$$

将k和$\mathbf{r}$结合成一个$\mathbf{k}$空间矢量：

$$\mathbf{k} = k\mathbf{r} = k\sin\theta\cos\phi\mathbf{x} + k\sin\theta\sin\phi\mathbf{y} + k\cos\theta\mathbf{z}$$

则相位差可表示为$\mathbf{k}\cdot\mathbf{r}'$。线电流可将式（2-5）简化成简单的线积分。磁矢量势和电场的方向与限制电流方向的金属线的方向是相同的，例如，z轴方向的线电流将产生z轴方向的电场，远场球面波仅含θ轴和ϕ轴的两个分量，且由E_z在上述两个方向的投影产生。沿着z轴的线电流产生的z方向的电场在$\theta=0$处为零，因为$\theta\cdot z=-\sin\theta$。依次地，$x$方向和$y$方向的电流产生的电场取决于单位矢量$x$和$y$与矢量$\theta$和$\phi$之间在远场的标量积：

$$\boldsymbol{\theta}\cdot\mathbf{x} = \cos\theta\cos\phi,\quad \boldsymbol{\phi}\cdot\mathbf{x} = -\sin\phi$$

$$\boldsymbol{\theta}\cdot\mathbf{y} = \cos\theta\sin\phi,\quad \boldsymbol{\phi}\cdot\mathbf{y} = \cos\phi$$

无须计算，通过考察天线结构就可以发现一些天线的特性。在不知道确切方向图的情况下，通过观察线天线的导体方向得到电流密度被限制的方向，可以判断辐射波的极化方向。如果某一天线具有各种对称轴和对称面，例如沿z轴放置的中心馈电线天线，如果将它绕着z轴旋转，它的辐射将不改变，这就意味着极坐标中，θ恒定的辐射圆锥上方向图是个圆。换句话说，同一个圆上的辐射相等。一个天线在x-y平面上方和下方具有相同的结构，则辐射的方向图也以x-y为对称面。通常寻找对称轴和对称面可以简化问题。

扩展磁矢量势式（2-1），可确定近场：

$$\mathbf{E} = -\mathrm{j}\omega\mathbf{A} + \frac{\nabla(\nabla\cdot\mathbf{A})}{\mathrm{j}\omega\varepsilon\mu}$$

$$\mathbf{H} = \frac{1}{\mu}\nabla\times\mathbf{A} \tag{2-6}$$

由磁矢量势表示的电场，可以直接分离成远场项和近场项两部分；而磁场方程，用矢量势定义的方程，不能（直接）这样分离。将式（2-4）的自由空间格林函数代入式（2-6），展开并合并同类项，可以得到直接由电流而非矢量势表示的场表达式：

$$\mathbf{E}(\mathbf{r}) = \frac{\eta k^2}{4\pi}\iiint_{V'}\left[\mathbf{J}(\mathbf{r}')\left(-\frac{\mathrm{j}}{kR} - \frac{1}{k^2R^2} + \frac{\mathrm{j}}{k^3R^3}\right)\right.$$
$$\left. + [\mathbf{J}(\mathbf{r}')\cdot\hat{\mathbf{R}}]\hat{\mathbf{R}}\left(\frac{\mathrm{j}}{kR} + \frac{3}{k^2R^2} - \frac{3\mathrm{j}}{k^3R^3}\right)\right]\mathrm{e}^{-\mathrm{j}kR}\,\mathrm{d}V' \tag{2-7}$$

$$\mathbf{H}(\mathbf{r})=\frac{k^2}{4\pi}\iiint_{V'}\mathbf{J}(\mathbf{r}')\times\hat{\mathbf{R}}\left(\frac{\mathrm{j}}{kR}+\frac{1}{k^2R}\right)\mathrm{e}^{-\mathrm{j}kR}\,\mathrm{d}V'$$

$$\hat{\mathbf{R}}=\frac{\mathbf{r}-\mathbf{r}'}{|\mathbf{r}-\mathbf{r}'|}=\frac{\mathbf{r}-\mathbf{r}'}{R}\qquad 因为\quad R=|\mathbf{r}-\mathbf{r}'| \tag{2-8}$$

其中，依赖于$1/R$项为远场项，辐射近场取决于$1/R^2$项，而近场则取决于$1/R^3$项。自由空间的阻抗η为 376.7Ω。将式（2-7）和式（2-8）重新排列，则它们可表示为电流密度 J 和并矢 Green 函数点乘后的积分[1]，而这只是同一逻辑表达式的符号变换。除了下面的几个例子，我们并不将这些表达式用于天线设计所需的各种数值方法中。

例：用磁矢量势求电流元的远场。

假定线上电流均匀，电流密度为$Il\delta(r')$，这里$\delta(r')$是狄拉克δ分布函数，l是长度，其上的远场相位为常数。式（2-4）的积分可简化为

$$A_z=\frac{\mu Il\mathrm{e}^{-\mathrm{j}kr}}{4\pi r}$$

电流元很小，其上各部分引入的相位差都可认为是相同的。$\mathrm{e}^{-\mathrm{j}kr}$是滞后的相位项，由式（2-1）可推出电场表达式：

$$E_z=-\mathrm{j}\omega\mu\frac{Il}{4\pi r}\mathrm{e}^{-\mathrm{j}kr}$$

$$E_\theta=E_z\mathbf{z}\cdot\boldsymbol{\theta}=\mathrm{j}\omega\mu\frac{Il}{4\pi r}\mathrm{e}^{-\mathrm{j}kr}\sin\theta$$

ω的值为$2\pi f$，将μ表示成$\sqrt{\mu}\sqrt{\mu}$，分子分母上同乘以$\sqrt{\varepsilon}$，则

$$E_\theta=\frac{\mathrm{j}Il2\pi f\sqrt{\mu\varepsilon}}{4\pi r}\sqrt{\frac{\mu}{\varepsilon}}\mathrm{e}^{-\mathrm{j}kr}\sin\theta$$

以下各项可表达为

$$c=\frac{1}{\sqrt{\mu\varepsilon}},\quad \frac{f}{c}=\frac{l}{\lambda},\quad \eta=\sqrt{\frac{\mu}{\varepsilon}}$$

远区电场表达式变为

$$E_\theta=\frac{\mathrm{j}Il\eta}{2\lambda r}\mathrm{e}^{-\mathrm{j}kr}\sin\theta$$

由式（2-2）可推导出磁场的表达式：

$$H_\phi=\frac{E_\theta}{\eta}=\frac{\mathrm{j}Il}{2\lambda r}\mathrm{e}^{-\mathrm{j}kr}\sin\theta$$

j 项可被表示成$\mathrm{e}^{\mathrm{j}\pi/2}$，即相移项。能流密度$S_r$为

$$S_r=E_\theta H_\phi^*=\frac{|I|^2l^2}{4\lambda^2r^2}\eta\sin^2\theta$$

归一化能量方向图等于$\sin^2\theta$，图 2-1 中的虚线画出了天线在极坐标下的方向图，虚线圆给出的是方向图−3dB 电平。测量−3dB 之间的夹角得到波束半宽度（半功率波束宽度）。作为比较，图 2-1 用实线画出了半波长偶极子的方向图。当偶极子长度比半波长小 5%时，阻抗的虚数部分消失。此图说明短偶极子的方向图与谐振长度偶极子（电抗为 0）的方向图相同。

经归一化，最大辐射强度为 1，通过计算平均辐射强度可得方向性系数：

$$U_{\mathrm{avg}}=\int_0^{\pi/2}\sin^2\theta\sin\theta\,\mathrm{d}\theta=\frac{2}{3}$$

$$U_{\max}=1$$

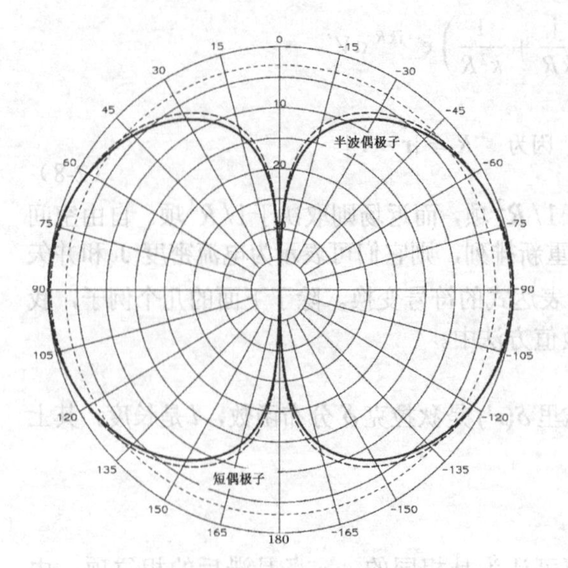

图 2-1 短电流元与小圆环方向图（虚线）与沿 0～180° 轴向的λ/2 偶极子（实线）方向图对比

$$方向性参数 = \frac{U_{\max}}{U_{\text{avg}}} = 1.5 \quad (1.76\,\text{dB})$$

谐振长度偶极子（≈λ/2）的方向性系数为 2.15dB，仅比短偶极子方向性系数大 0.39dB。辐射的总能量可通过计算坡印廷矢量在球面上的积分得到：

$$P_r = \int_0^{2\pi}\int_0^{\pi} S_r r^2 \sin\theta\,\mathrm{d}\theta\,\mathrm{d}\phi$$

$$= \int_0^{2\pi}\int_0^{\pi} \left(\frac{|I|l}{2\lambda}\right)^2 \eta \sin\theta\,\mathrm{d}\theta\,\mathrm{d}\phi$$

$$= \frac{2\pi}{3}\left(\frac{|I|l}{2\lambda}\right)^2 \eta$$

用天线输入点处的辐射电阻表示辐射能量：

$$R_R = \frac{P_r}{|I|^2} = \frac{2\pi}{3}\eta\left(\frac{l}{\lambda}\right)^2$$

长度为 $\lambda/20$ 的短偶极子的辐射电阻约为 2Ω，谐振长度偶极子的辐射电阻约为 50Ω 且辐射效率较高，因为它的材料损耗电阻相对较小。

天线的输入电阻是辐射电阻和材料损耗电阻的和：

$$P_{\text{in}} = (R_R + R_L)|I|^2$$

天线的增益是最大辐射强度与输入功率在辐射球面上的平均值的比值：

$$增益 = \frac{S_{r,\text{peak}} r^2}{\dfrac{P_{\text{in}}}{4\pi}} = \frac{U_{\max}}{\dfrac{P_{\text{in}}}{4\pi}}$$

用辐射电阻表示，上式可改写为

$$增益 = \frac{4\pi U_{\max}}{(R_R + R_L)|I|^2}$$

天线效率是辐射功率和输入功率的比值：

$$\eta_e = \frac{P_r}{P_{\text{in}}} = \frac{R_r|I|^2}{(R_r + R_L)|I|^2} = \frac{R_r}{R_r + R_L}$$

在天线分析中，有时不用方向图的积分来计算总的辐射功率，利用各天线端口施加的电压源及天线单元上的感应电流，同样可以计算天线输入功率：

$$P_{\text{in}} = \text{Re}(V_1 I_1^*) + \text{Re}(V_2 I_2^*) + \cdots + \text{Re}(V_N I_N^*)$$

增益可由下式计算：

$$增益 = \frac{S_r(\theta,\phi) r^2}{\dfrac{P_{\text{in}}}{4\pi}} = \frac{U(\theta,\phi)}{\dfrac{P_{\text{in}}}{4\pi}}$$

这个方法比计算辐射强度积分相对容易些。

通过计算方向图的积分，只能得到短天线的输入电阻，而得不到它的电抗部分。短天线的容性电抗很大，因此在与匹配网络连接时，它会限制天线的阻抗带宽。短天线的方向图带宽很宽，而阻抗带宽很窄。虽然，能设计有源匹配网络在任一频率上与天线进行阻抗匹配，但其瞬时带宽是窄的。矩量法给出了在给定输入电压情况下，计算电流和输入阻抗的方法。

2.1.2　磁流源辐射

磁流是虚构的，利用对偶原理，它可使缝隙辐射问题，如同电偶极子辐射问题那样解决。缝隙辐射可通过计算缝隙周围的面电流来得到，但是通过磁流来代替缝隙电场会容易得多。利用等效原理，可用沿地表面缝隙长轴方向的磁流，代替缝隙上的横向电场。同样地，可用磁偶极子代替电流环，计算辐射。

电矢量势和磁流相伴使用。远区磁场正比于电矢量势：

$$\mathbf{H} = -\mathrm{j}\omega\mathbf{F} \tag{2-9}$$

由式（2-2）可以确定电场的幅度；电场垂直于磁场 **H**。电矢量势是磁流密度 **M** 的滞后体积分，应用辐射近似，可得

$$\mathbf{F} = \frac{\mathrm{e}^{-\mathrm{j}kr}}{4\pi r}\varepsilon \iiint \mathbf{M}'\mathrm{e}^{\mathrm{j}\mathbf{k}\cdot\mathbf{r}'}\,\mathrm{d}V' \tag{2-10}$$

其中，ε 是介电常数（自由空间中为 8.854×10^{-12} F/m）。式（2-9）是式（2-1）的对偶，而式（2-10）与式（2-5）对偶。式（2-3）的对偶表达式在近场和远场都有效。

缝隙中的磁流垂直于缝隙电场：$\mathbf{M}=\mathbf{E}\times\mathbf{n}$，其中 **n** 垂直于缝隙所在的平面。窄缝隙上的丝状电流可简化式（2-10），使其成为线积分，磁流的方向限制了电矢量势和磁场的方向。由于远场的电场与磁场垂直，因此辐射电场的方向等同于缝隙横向场方向。可通过缝隙横向电场来估计远场的极化。与细电流的远场类似，磁流产生的远场在磁流轴向上为 0。

电矢量势也可导出近场：

$$\mathbf{H} = -\mathrm{j}\omega\mathbf{F} + \frac{\nabla(\nabla\cdot\mathbf{F})}{\mathrm{j}\omega\mu\varepsilon}$$

$$\mathbf{E} = -\frac{1}{\varepsilon}\nabla\times\mathbf{F}$$

由电矢量势表示的磁场，可直接分解为远场和近场两部分；而电场不可（直接）分解。也可以不用矢量势，直接由磁流得到辐射场：

$$\mathbf{E(r)} = -\frac{k^2}{4\pi}\iiint_{V'} \mathbf{M(r')}\times\mathbf{R}\left(\frac{\mathrm{j}}{kR}+\frac{1}{k^2R}\right)\mathrm{e}^{-\mathrm{j}kR}\,\mathrm{d}V' \tag{2-11}$$

$$\begin{aligned}\mathbf{H(r)} = \frac{k^2}{4\pi\eta}\iiint_{V'} \Bigg[&\mathbf{M(r')}\left(-\frac{\mathrm{j}}{kR}-\frac{1}{k^2R^2}+\frac{\mathrm{j}}{k^3R^3}\right)\\ &+[\mathbf{M(r')}\cdot\mathbf{R}]\mathbf{R}\left(\frac{\mathrm{j}}{kR}+\frac{3}{k^2R^2}-\frac{3\mathrm{j}}{k^3R^3}\right)\Bigg]\mathrm{e}^{-\mathrm{j}kR}\,\mathrm{d}V'\end{aligned} \tag{2-12}$$

式（2-11）和式（2-12）可重新排列成磁流的并矢格林函数，这与电流的并矢格林函数的表达式之间只存在系数上的差别。

例： 导出均匀小电流环的辐射场。

我们将使用磁矢量势计算线上电流，需要说明，环上电流方向是一直改变的。电流环置于 x-y 平面，因环上电流只能在 $\boldsymbol{\phi}$ 方向上，其辐射电场也就只有 $\boldsymbol{\phi}$ 方向。必须注意，求解磁矢量势积分时，环上某点电流的方向 $\boldsymbol{\phi}'$ 并不与场点 $\boldsymbol{\phi}$ 的方向相同，而积分必须依常矢量方向求解，一次只能求一个方向的分量。

尽管磁矢量势可以求出，但用磁流元代替电流环来进行求解会更容易些。等效磁流元为

$$I_m l = \mathrm{j}\omega\mu I A$$

其中，A 是电流环的面积。磁流密度为

$$\mathbf{M}=I_m l\delta(r')\mathbf{z}=\mathrm{j}\omega\mu IA\delta(r')\mathbf{z}$$

由式（2-10）可得电矢量势：

$$F_z=\frac{\mathrm{j}\omega\mu\varepsilon IA}{4\pi r}\mathrm{e}^{-\mathrm{j}kr}$$

由式（2-9）可推导出磁场：

$$H_z=-\mathrm{j}\omega F_z=\frac{\omega^2\mu\varepsilon IA}{4\pi r}\mathrm{e}^{-\mathrm{j}kr}$$

计算出 H_θ：

$$H_\theta=H_z\mathbf{z}\cdot\boldsymbol{\theta}=-\frac{\omega^2\mu\varepsilon IA}{4\pi r}\mathrm{e}^{-\mathrm{j}kr}\sin\theta$$

由于波的传播方向为 $\hat{r}$ 方向，因此远场的 E_ϕ 和 H_θ 存在一定关系：

$$E_\phi=-\eta H_\theta=\frac{\omega^2\mu\varepsilon IA\eta}{4\pi r}\mathrm{e}^{-\mathrm{j}kr}\sin\theta$$

小电流环与小电流元具有相同的方向图 $\sin\theta$，但极化方向相反。小电流环的方向性系数也是 1.5（1.76dB）。图 2-1 中，虚线画出了电流环的辐射响应，而实线画出半波长缝隙在地板两端的辐射方向图。

2.2 口径：惠更斯源近似

很多天线，如喇叭天线和抛物面反射天线，可以用口径来简化分析。口径上的入射场用等效电流和等效磁流来代替。用矢量势求得各源的辐射场并叠加在一起。通常，假定口径上的入射场在自由空间中传播，其电场和磁场幅度互成比例。这就给出了惠更斯源近似，允许在口径上求电场的积分。口径上任一点被当做一个辐射单元，远场由口径场的傅里叶变换得到：

$$\mathbf{f}(k_x,k_y)=\iint_S \mathbf{E}\mathrm{e}^{\mathrm{j}\mathbf{k}\cdot\mathbf{r}'}\mathrm{d}s' \tag{2-13}$$

式中运用了矢量传播常数：

$$\mathbf{k}=k_x\mathbf{x}+k_y\mathbf{y}+k_z\mathbf{z}$$

$$k_x=k\sin\theta\cos\phi\quad,\quad k_y=k\sin\theta\sin\phi\quad,\quad k_z=k\cos\theta$$

其中 $\mathbf{f}(k_x,k_y)$ 是 k 空间的方向图。将口径场的傅里叶变换乘以惠更斯源的方向图：

$$\frac{\mathrm{j}\mathrm{e}^{-\mathrm{j}kr}}{2\lambda r}(1+\cos\theta) \tag{2-14}$$

当口径很大时，可以忽略这个方向图因子。在式（2-13）中，$\mathbf{f}(k_x,k_y)$ 是一个与口径电场同方向的矢量，其各分量单独变换而来，远场的 E_θ 和 E_ϕ 分量可从 $\mathbf{f}(k_x,k_y)$ 和惠更斯源的方向图因子乘积的投影（标量积）求得。

假定一个矩形口径，它的电场只是 x 坐标函数和 y 坐标函数的乘积，积分可简化为沿着两个坐标的一维积分的乘积。从傅里叶变换关系中，可以看出沿着这两个坐标轴的辐射方向图。辐射的口径越大，波束宽度就越窄。当一个天线在某一维的尺寸很大而在另一维上尺寸很小时，它的方向图在包含大尺寸维度的平面上的波束较窄，在包含小尺寸维度的平面上的波束较宽。这类似于一般时频变换中时间与频率的关系。

利用信号处理中熟悉的变换，可直观地理解口径分布与方向图之间的关系。口径越大波束

宽度越窄，就像一般的时频变换中长的时间脉冲与窄的频率带宽相关联。方向图的旁瓣，对应于傅里叶变换中相应时间波形的频率谐波，时域响应的快速变换导致频域中的高频谐波。口径平面中快速幅度变换导致远场响应（傅里叶变换）中的高旁瓣（谐波）。口径边缘的阶梯跃变产生高旁瓣，细微的变化可减小旁瓣，旁瓣峰值的包络与口径边缘的分布情况相关联。要产生等波纹的旁瓣，需要口径符合狄拉克δ函数，在变换成方向图后，可得到相同的旁瓣电平。另外一个例子是周期性口径误差产生单个高旁瓣。当讨论空间分布综合时，我们发现小于波长的口径宽度，限制了对方向图控制的能力。

下面的讨论可以确定：口径上的幅度和相位均匀分布时，能得到最大的辐射效率和最高的增益。一个接收经过它的电磁波功率的口径，最大可接收功率出现在幅度响应的峰值处，如果口径某处的幅度响应比其最大值小，则该处接收到的功率就较小。幅度响应减小的原因只能是附加了损耗或反射功率被再辐射了。有最高口径效率的天线，其反射入射平面波功率的数量也最小。同样地，如果口径各部分上，自接收口径到天线接口处的相位偏移不同，各部分上的电压也就不能同相叠加。增益直接正比于口径效率［见式(1-10)］。因此，幅度与相位分布均匀的口径有最大的增益。以上都假设口径分布不同的天线，其输入匹配都是相同的。

例：计算一个均匀分布的矩形口径 $a\times b$ 的方向图。采用傅里叶变换，忽略口径上的电场极化。(假定口径上的电场具有相同的极化或方向。)

$$f(k_x,k_y)=E_0\int_{-b/2}^{b/2}\int_{-a/2}^{a/2}\mathrm{e}^{\mathrm{j}\mathbf{k}\cdot\mathbf{r}'}\,\mathrm{d}x\,\mathrm{d}y$$

$$=E_0\int_{-b/2}^{b/2}\int_{-a/2}^{a/2}\mathrm{e}^{\mathrm{j}k_x x}\mathrm{e}^{\mathrm{j}k_y y}\mathrm{d}x\,\mathrm{d}y$$

将原积分分解成两个形式如下的积分的乘积：

$$\int_{-a/2}^{a/2}\mathrm{e}^{\mathrm{j}k_x x}\,\mathrm{d}x=\frac{\mathrm{e}^{\mathrm{j}k_x a/2}-\mathrm{e}^{-\mathrm{j}k_x a/2}}{\mathrm{j}k_x}=\frac{a\sin(k_x a/2)}{k_x a/2}$$

综合两个相似的积分可得到：

$$f(k_x,k_y)=\frac{ab\sin(k_x a/2)}{k_x a/2}\frac{\sin(k_y b/2)}{k_y b/2}$$

其中 $k_x=k\sin\theta\cos\phi$，$k_y=k\sin\theta\sin\phi$，$k_z=k\cos\theta$，$k=2\pi/\lambda$。两个面上的方向图由 k 空间的函数（$\sin u/u$）给出。图 2-2 用实线画出了 k_x 空间的方向图函数，横坐标取$[(ka/2)\sin\theta]$，使得归一化后的曲线与口径尺寸无关，半功率点出现在：

$$\frac{\sin u}{u}=\frac{1}{\sqrt{2}}\quad 或\quad u=1.39156$$

将 u 替代回去，则主平面上

$$\frac{\pi a}{\lambda}\sin\theta=1.39156$$

计算出 θ，可得到半功率波束宽度（HPBW）：

$$\mathrm{HPBW}=2\arcsin\frac{0.4429\lambda}{a}$$

利用小角度近似 $u=\sin u$，则半功率波束宽度可近似为

$$\mathrm{HPBW}=50.76^\circ\frac{\lambda}{a}$$

注意到前面忽略了惠更斯源的方向图因子 $(1+\cos\theta)/2$，它将减小小口径的辐射波束宽度。从图 2-2 中可以看出，方向图零点出现在 π 的整数倍处，第一旁瓣幅度比峰值低 13.2dB。

幅度和相位均匀分布的口径天线的增益由式（1-7）给出，式中 A 是口径面积。第 4 章提出了幅度锥削率，用以计算幅度非均匀分布口径的增益减少量。缘于相位异常的相位偏差率也给出了增益减少量，所有这些都是由口径场分布引起的。图 2-2 中的虚线画出了半余弦口径分布的方向图，口径场分布的峰值在口径中心处，在口径边缘处则线性锥削至零。线性锥削口径分布增加了波束宽度，减小了增益和副瓣电平。波束宽度是均匀分布口径波束宽度的 1.342 倍。余弦分布产生一个–0.91dB 幅度衰减，边缘的渐变分布引起的副瓣电平损失更多。

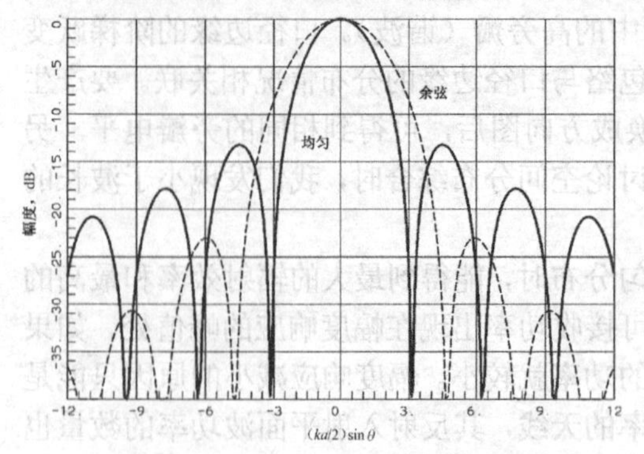

图 2-2 均匀分布（实线）与余弦分布（虚线）口径的 k 空间方向图

例：已知均匀分布的口径，波束宽度为10°，求口径宽度。

$$\frac{a}{\lambda}=\frac{50.76°}{10°}\simeq 5\text{波长}$$

可以通过辐射球面上的坡印廷矢量积分的幅度，得到辐射总功率，但还有比这更简便的方法。假定口径场处是自由空间波，口径上辐射的总功率为

$$P_r=\iint\limits_{\text{aperture}}\frac{|E|^2}{\eta}\,\mathrm{d}s\ ,\quad P_{\text{avg}}=U_{\text{avg}}=\frac{P_r}{4\pi}$$

其中 η 是自由空间的阻抗。辐射电场为

$$\mathbf{E}=\mathrm{j}\frac{\mathrm{e}^{-\mathrm{j}kr}(1+\cos\theta)}{2\lambda r}\mathbf{f}(k_x,k_y)$$

坡印廷矢量幅度为

$$S_r=\frac{|\mathbf{E}|^2}{\eta}=\frac{(1+\cos\theta)^2}{4\lambda^2r^2}|\mathbf{f}(k_x,k_y)|^2 \tag{2-15}$$

将式（2-14）和式（2-15）相结合，得到方向性系数：

$$\text{方向性系数}\,(\theta,\phi)=\frac{U(\theta,\phi)}{U_{\text{avg}}}=\frac{S_rr^2}{P_r/4\pi}$$

$$=\frac{\pi(1+\cos\theta)}{\lambda^2}\frac{\left|\iint E\mathrm{e}^{\mathrm{j}\mathbf{k}\cdot\mathbf{r}'}\,\mathrm{d}s'\right|^2}{\iint |E|^2\mathrm{d}s'} \tag{2-16}$$

将口径上的电场和磁场分开考虑，则不必像惠更斯源近似时那样，要求口径场的电场和磁场幅度比与自由空间中的相同。已知口径上的场，可将它等效于磁流和电流：

$$\mathbf{M}_s=\mathbf{E}_a\times\mathbf{n}\qquad \mathbf{J}_s=\mathbf{n}\times\mathbf{H}_a \tag{2-17}$$

其中 $\mathbf{E}_a$ 和 $\mathbf{H}_a$ 是口径场，$\mathbf{n}$ 是口径面向外的法向。根据等效定理[2]，由口径总场可以得出入射场和反射场的精确解。在等效定理中，用等效电流代替总场。感应定理中，仅把电流等效为入射场，忽略波的反射，可得出近似解：

$$\mathbf{F}=\varepsilon\iint\limits_s\frac{\mathbf{M}_s\mathrm{e}^{-\mathrm{j}k|\mathbf{r}-\mathbf{r}'|}}{4\pi|\mathbf{r}-\mathbf{r}'|}\mathrm{d}s'\ ,\quad \mathbf{A}=\mu\iint\limits_s\frac{\mathbf{J}_s\mathrm{e}^{-\mathrm{j}k|\mathbf{r}-\mathbf{r}'|}}{4\pi|\mathbf{r}-\mathbf{r}'|}\mathrm{d}s' \tag{2-18}$$

这样，通过矢量势公式，对每一种电流分布推导出辐射场，其中 $\mathbf{r}$ 是场点而 $\mathbf{r}'$ 是口径中的

源点。这些公式对近场和远场都有效。上式对有线口径积分，假定在口径外的场分布为零，而严格的表达式需要对有限的封闭边界积分。二维平面孔径的边界延伸到了无穷远处，孔径外的场几乎为零，对辐射的贡献可以忽略。

2.2.1 近场区和远场区

辐射近场和远场区域由积分公式（2-18）的近似表达式来描述。无须近似，辐射近场区处于近场和远场之间。在两者的近似表达式中，用观察点距离 r，代替振幅项中的$|\mathbf{r}-\mathbf{r}'|$，矢量势表达式简化为

$$\mathbf{F}=\frac{\varepsilon}{4\pi r}\iint_s \mathbf{M}_s \mathrm{e}^{-\mathrm{j}k|\mathbf{r}-\mathbf{r}'|}\mathrm{d}s' \ , \quad \mathbf{A}=\frac{\mu}{4\pi r}\iint_s \mathbf{J}_s \mathrm{e}^{-\mathrm{j}k|\mathbf{r}-\mathbf{r}'|}\mathrm{d}s' \tag{2-19}$$

两个区域中，相位项的处理是不同的。首先将相位项用泰勒（Taylor）级数展开：

$$|\mathbf{r}-\mathbf{r}'|=\sqrt{r^2+r'^2-2\mathbf{r}\cdot\mathbf{r}'}=r-\hat{\mathbf{r}}\cdot\mathbf{r}'+\frac{1}{2r}[r'^2-(\hat{\mathbf{r}}\cdot\mathbf{r}')^2]\cdots$$

式中，$\hat{\mathbf{r}}$ 是场点方向的单位矢量。远场区的近似中，只保留前两项，矢量势变为

$$\mathbf{F}=\frac{\mathrm{e}^{-\mathrm{j}kr}\varepsilon}{4\pi r}\iint_s \mathbf{M}_s \mathrm{e}^{\mathrm{j}\mathbf{k}\cdot\mathbf{r}'}\mathrm{d}s' \tag{2-20}$$

式中，k 是以 $\hat{\mathbf{r}}$ 为单位矢量的传播常数：

$$\mathbf{k}=k\hat{\mathbf{r}}=k(\sin\theta\cos\phi\mathbf{x}+\sin\theta\sin\phi\mathbf{y}+\cos\theta\mathbf{z})$$

同样地，仿照式（2-20），可写出式（2-19）中磁矢量势的积分表达式。在辐射近场区的近似中，保留 r'^2 项，电矢量势的积分表达式为

$$\mathbf{F}=\frac{\mathrm{e}^{-\mathrm{j}kr}\varepsilon}{4\pi r}\iint \mathbf{M}_s \exp\left[\mathrm{j}(\mathbf{k}\cdot\mathbf{r}')+\frac{(\mathbf{k}\cdot\mathbf{r}')^2}{2rk}-\frac{kr'^2}{2r}\right]\mathrm{d}s' \tag{2-21}$$

由于场是连续的，在这三个区域之间没有清晰的边界，一般认为，边界为

$\dfrac{r}{L}<1$　　近场

$1<\dfrac{r}{L}<\dfrac{L}{\lambda}$　　辐射近场

$\dfrac{r}{L}>\dfrac{L}{\lambda}$　　远场

其中，L 是孔径的最大尺寸。

例：已知某点位于垂直孔径最大尺寸方向，距离分别为 $r=L^2/\lambda$ 和 $r=2L^2/\lambda$ 情况下，求辐射近场和远场之间的最大差别。

场点位于垂直孔径最大尺寸方向，因此 $\mathbf{r}\cdot\mathbf{r}'=0$。相位差为：

$\dfrac{kr'^2_{\max}}{2r}$　　其中　$r'_{\max}=\dfrac{L}{2}$

相位差　$\phi=\dfrac{2\pi L^2}{8\lambda r}$

$$\phi=\pi/4\ ,\quad r=L^2/\lambda\ ;\quad \phi=\pi/8\ ,\quad r=2L^2/\lambda$$

通常，应用天线方向图的最小距离为 $2L^2/\lambda$，其中 L 是天线的最大尺寸。在这个距离下，孔径上各点源之间的相位误差为 $\pi/8$。对低旁瓣天线来说，这个距离不够小，因为二次相位误差将提高旁瓣。

确定等效电流后，可用矢量势求解孔径的辐射场，也可直接由孔径场求解辐射场，后者更

方便。按远场近似，定义以下两个积分：

$$\mathbf{f} = \iint_{s} \mathbf{E}_a \mathrm{e}^{\mathrm{j}\mathbf{k}\cdot\mathbf{r}'} \mathrm{d}s \quad , \quad \mathbf{g} = \iint_{s} \mathbf{M}_a \mathrm{e}^{\mathrm{j}\mathbf{k}\cdot\mathbf{r}'} \mathrm{d}s \tag{2-22}$$

近场积分还需要附加的相位项。给定一个孔径，依据 $\mathbf{E}_a$ 和 $\mathbf{H}_a$，由等效定理或感应定理得到电流，由式（2-22）的积分来计算矢量势。远场区中，综合每一部分源所产生的场：

$$\mathbf{E} = -\mathrm{j}\omega\mathbf{A} - \mathrm{j}\eta\omega\mathbf{F}\times\hat{\mathbf{r}}$$

位于 x-y 平面上的孔径，用感应定理，经以上各步，由孔径入射场求得的远场为

$$\begin{aligned} E_\theta &= \frac{\mathrm{j}k\mathrm{e}^{-\mathrm{j}kr}}{4\pi r}[f_x\cos\phi + f_y\sin\phi + \eta\cos\theta(-g_x\sin\phi + g_y\cos\phi)] \\ E_\phi &= \frac{-\mathrm{j}k\mathrm{e}^{-\mathrm{j}kr}}{4\pi r}[(f_x\sin\phi - f_y\cos\phi)\cos\theta + \eta(g_x\cos\phi + g_y\sin\phi)] \end{aligned} \tag{2-23}$$

式中，f 和 g 已用 x 和 y 分量展开，η 是自由空间波阻抗。

2.2.2　惠更斯源

惠更斯源近似基于这样的假设：孔径中的电场和磁场的关系类似于平面波：

$$\eta g_y = f_x\ ;\quad -\eta g_x = f_y$$

因为

$$\eta H_y = E_x\ ;\quad -\eta H_x = E_y$$

基于这个假设，远场表达式（2-23）成为

$$\begin{aligned} E_\theta &= \frac{\mathrm{j}k\mathrm{e}^{-\mathrm{j}kr}}{4\pi r}(1+\cos\theta)(f_x\cos\phi + f_y\sin\phi) \\ E_\phi &= \frac{-\mathrm{j}k\mathrm{e}^{-\mathrm{j}kr}}{4\pi r}(1+\cos\theta)(f_x\sin\phi - f_y\cos\phi) \end{aligned} \tag{2-24}$$

在 x-y 平面内，孔径电场的二维傅里叶变换 $\mathbf{f} = (f_x, f_y)$ 确定了远场的各个分量。将各远场分量投影（矢量的标量积）在矢量 $\boldsymbol{\theta}/\cos\theta$ 和 $\boldsymbol{\phi}$ 上。变换 $\mathbf{f}$ 将场在 k 空间展开[通常为 (k_x, k_y)]。这样就归一化了方向图，并消去了它与孔径长度的直接关系。

考虑孔径分布时，除了变换 $\mathbf{f}$，我们将其他各项都进行了分离。忽略点源的辐射和惠更斯点源的方向图［式（2-14)]，将讨论仅限于惠更斯源和远场。孔径场的一般表达式为（2-23），它适用于任何场区，而非仅仅远场区，变换式（2-21）还需另外的附加相位项。

2.3　边界条件

材料边界造成了电场和磁场的不连续，在两种材料区域的边界处，考察跨越边界面且逐渐变小的小方盒或者小环，即可发现这一现象。将积分形式的麦克斯韦方程组，应用于不同材料结构中，可将其简化为简单的代数表达式。相关的讨论能够在绝大多数电磁教科书中找到，这里只给出结论。相反地，我们将详细讨论一些人为边界，如几何光学（射线光学）中用到的阴影和反射边界，因为它们不是材料边界，不会造成场的不连续性。场在边界处保持连续的思想，致使扩展射线光学方法时，有必要添加附加项。考察用于射线光学的一致绕射理论（UTD）时，我们再来讨论这一思想。

假设空间中有一个局部平面边界，该平面由其上的一个点和一个由区域 1 指向区域 2 的单

位法向矢量描述。通过场矢量和法向矢量的叉乘得到场的切向分量。如果两个区域间的界面上存在磁流密度 $\mathbf{M}_S$ 或电流密度 $\mathbf{J}_S$，则场在界面处可以不连续：

$$\hat{\mathbf{n}} \times (\mathbf{E}_2 - \mathbf{E}_1) = -\mathbf{M}_S \quad ; \quad \hat{\mathbf{n}} \times (\mathbf{H}_2 - \mathbf{H}_1) = \mathbf{J}_S \tag{2-25a,b}$$

源于材料的介电参数与磁参数不同，场的法向分量发生变化，界面上的感应电荷（磁荷）为

$$\hat{\mathbf{n}} \cdot (\varepsilon_2 \mathbf{E}_2 - \varepsilon_1 \mathbf{E}_1) = \rho_s \quad ; \quad \hat{\mathbf{n}} \cdot (\mu_2 \mathbf{H}_2 - \mu_1 \mathbf{H}_1) = \tau_s \tag{2-26}$$

其中，ρ_s 和 τ_s 分别是界面上的电荷密度和磁荷密度。理想介电材料和理想导磁材料表面没有电流（磁流），则式（2-25）可简化为

$$\hat{\mathbf{n}} \times (\mathbf{E}_2 - \mathbf{E}_1) = 0 \quad ; \quad \hat{\mathbf{n}} \times (\mathbf{H}_2 - \mathbf{H}_1) = 0 \tag{2-27}$$

式（2-27）意味着场的切向分量在边界上是连续的。

在用矩量分析方法确定电流的过程中，要用到这些边界条件。该方法将这些边界条件用于积分方程，确定电流用基函数展开时的系数。用基函数求和表达的电流，不是在所有的点上都满足以上边界条件，而是在整个边界面进行积分时，才满足边界条件。当电流展开式的项数逐渐增多时，该方法的解将逐渐收敛于近似解。

分析中发现，有两种表面非常方便，这两种表面可通过对称来简化分析。第一种表面是理想导体表面（PEC），PEC 的内部没有场，感应电流均在其表面上：

$$\hat{\mathbf{n}} \times \mathbf{E}_2 = 0 \quad ; \quad \hat{\mathbf{n}} \times \mathbf{H}_2 = \mathbf{J}_S \qquad \text{(PEC)} \tag{2-28a,b}$$

PEC 表面也被称为“电壁”。另一种表面是理想磁导体表面（PMC），这是一种假想材料。良导体可近似成 PEC，而 PMC 是不存在的。PMC 材料内部也与 PEC 一样没有场，使得界面的切向磁场为 0：

$$\hat{\mathbf{n}} \times \mathbf{E}_2 = -\mathbf{M}_S \quad ; \quad \hat{\mathbf{n}} \times \mathbf{H}_2 = 0 \qquad \text{(PEC)} \tag{2-29}$$

PMC 表面支撑了磁流密度 $\mathbf{M}_s$ 的假设，“磁壁”（PMC）概念简化了某些分析。

分析包括材料边界的问题时，可以使用电流镜像。图 2-3 图示了一个地平面。当分析含有边界的电流辐射问题时，可以使用真实天线及其镜像来计算场。图中展示的是一个无限大地平面，但有限大地面的镜像，可应用于有限地面反射波分析中的某些角区域中。在讨论几何光学中将更深入地考察这一思想。在介质边界面上，也可以使用镜像，但需要计算极化敏感反射系数，来调整该镜像的幅度和相位。

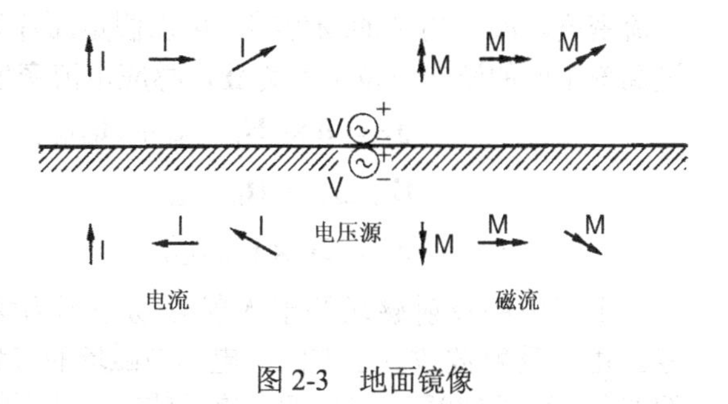

图 2-3　地面镜像

2.4　物理光学

物理光学方法使用可测量的物理量进行计算。电流与场都是可测量的量，但是辅助矢量势却不是物理实体，它只是一种数学手段，用于简化麦克斯韦方程组。当然，如前文所述，辅助矢量势虽然能够为某些问题提供一种简化的模型，但却不能较为方便地将其引入到解决天线问题的某种系统的分析工具中。

物理光学分析方法综合运用格林函数与边界条件，其中，格林函数用于计算给定电流分布的场，而边界条件则用于确定入射电场在物体表面上的感应电流。这样，我们就可以估算天线安装结构上的感应电流的辐射效应并将其计入天线辐射方向图中。物理光学假定，安装结构上

的感应电流的辐射，并不影响天线上的初始电流。

物理光学法不是从电流入手就是从入射场入手进行场的分析与求解。很多天线的谐振结构确定了电流的近似分布，当然，它们是用归一化入射功率表征的。根据这些电流分布，就可以计算辐射场。物理光学法可以使用迭代技术，计算原始辐射体上感应电流的增量以提高计算精度，但通常只是简单地将原始电流的辐射与感应电流的辐射进行求和。物理光学法的另一个入手点是入射场。它可以是平面波场，也可以是测量到的天线辐射方向图，例如，反射面馈源方向图。最后，要将感应电流的辐射场与入射波场求和。

2.4.1 给定电流的辐射场

辐射场可由电流分布或磁流分布通过含有源点与场点坐标的并矢格林函数获得。并矢格林函数有时又被称为电流与场之间的“矢量传播子”或“传输函数”。场的计算可对并矢格林函数与电流密度的点积（标量积）在源区积分得到。并矢格林函数包含有近区场项和远区场项，并且电场并矢格林函数与磁场并矢格林函数的表达式又有些许不同。由电流源与磁流源共同产生的传播场，含有相互分离的电流源项与磁流源项，这样的形式用于表面电流面片时，可以简化为易于编程的较短的子程序或过程[1]：

$$\mathbf{E}(\mathbf{r})=\int \mathbf{G}_{\mathrm{EJ}}(\mathbf{r},\mathbf{r}')\cdot\mathbf{J}(\mathbf{r}')\,\mathrm{d}V'+\int \mathbf{G}_{\mathrm{EM}}(\mathbf{r},\mathbf{r}')\cdot\mathbf{M}(\mathbf{r}')\,\mathrm{d}V' \tag{2-30}$$

$$\mathbf{H}(\mathbf{r})=\int \mathbf{G}_{\mathrm{HJ}}(\mathbf{r},\mathbf{r}')\cdot\mathbf{J}(\mathbf{r}')\,\mathrm{d}V'+\int \mathbf{G}_{\mathrm{HM}}(\mathbf{r},\mathbf{r}')\cdot\mathbf{M}(\mathbf{r}')\,\mathrm{d}V' \tag{2-31}$$

以上表达式，对位于源点$\mathbf{r}'$的电流和相对于随场点$\mathbf{r}$和源点$\mathbf{r}'$都变化的并矢格林函数进行积分。无论是近区场点或者远区场点，尽管上式中的格林函数对于场区中的任何场点都适用，但在源点，它们都是奇异的。仅保留含有$1/R$项的远场区，可以极大地简化这些表达式。

当入射场照射理想导电体（PEC）时，入射与反射的磁场切向分量共同在PEC表面感应出电流密度。PEC内部的场为零。可以假定面片为局部的平面，计算满足边界条件的表面电流。设局部平面的法向单位矢量为$\hat{\mathbf{n}}$，感应电流密度可由下式给出：

$$\begin{aligned}\mathbf{J}_S&=\hat{\mathbf{n}}\times(\mathbf{H}_{\mathrm{incident}}+\mathbf{H}_{\mathrm{reflected}})\\ \mathbf{H}_{\mathrm{incident}}&=\mathbf{H}_{\mathrm{reflected}}\\ \mathbf{J}_S&=2\hat{\mathbf{n}}\times\mathbf{H}_{\mathrm{incident}}\end{aligned} \tag{2-32}$$

上式中的反射磁场等于入射磁场是因为场是由导电平面反射的，切向电场的和必须为零。由于反射波改变了方向，电场与磁场的矢量积（叉积）也必须改变方向。反射的切向电场的方向改变了180°，因此，切向磁场的方向就不能改变，因为坡印廷矢量的方向改变了。式(2-32)用于磁场照射到PEC的场合，而式（2-25b）则是边界面上的磁场方程的一般形式。

物理光学分析法，始于给定的电流分布，或者是测量到的天线方向图。当有物体位于辐射区时，物理光学法可计算满足物体内部场条件的表面感应电流，例如，PEC或者PMC内部的场为零。当使用较为简单的函数，例如表面面片电流为常数时，入射场与由感应面电流辐射的反射场之和在物体内部将近似为零。随着表面面片的减小，上述方法的结果将收敛于正确的结果。为得到任何位置处的辐射场，要对入射波和反射波求和。由于存在物体的缘故，感应电流的辐射场产生出阴影。在几何光学法中，例如UTD，物体遮挡了入射波，阴影区内场的计算采用绕射波法。在物理光学中，入射波可穿过物体，就像它不存在一样。只有几何光学技术才使用遮蔽概念。

我们可以计算位于自由空间中的天线辐射场，也可以在模拟自由空间的电波暗室中测量天线辐射场，但当天线安装在有限大小的导电面、手持式设备、交通工具或者是土壤等上面时，物理光学法就可以计算它们引起的反射。在以后的章节中可以看到，安装结构可以提高天线方向图特性。

2.4.2 物理光学应用

本书将不讨论如何开发数值技术，但是了解如何应用这些方法则是很重要的。无论是开发自己的程序或是使用商业程序，一些确定的准则总要被用到。考虑方程（2-32），表面法向方向相对于入射波的方向是向外的，如果法向方向是向内的，则要改变感应电流密度的符号。大多数程序代码都假定法向是向外的，但是也有一些代码可相对入射波的方向选取法向，可根据需要改变法向的取向。由于必须保持追踪法向方向，则根据期望的入射波方向，法向方向有可能需要偏转。如果一个物体可以向两边辐射，则分析中可能需要两个法向方向。

多数程序将每一个物体作为单独项存储在磁盘文件中。在一些情况下，可能需要将一个物体存储多次。例如，对于卡塞格伦双反射面天线，馈源天线照射副反射面并在其上感应出表面电流，这些面电流辐射并在主反射面上激励出感应电流。当主反射面上感应出电流辐射时，副反射面将遮蔽部分辐射场。这一遮蔽效应的计算，是再次利用副反射面，计算出一套新的由主反射面感应电流辐射场在副反射面上产生的感应电流。可以将这一感应电流加上原先的感应电流存入已有的磁盘文件项中，或者仅仅生成一个新的副反射面项（用于存储该感应电流）。如果需要另外计算由副反射面感应电流辐射场在主反射面上感应出的电流，则应该对第二个副反射面项分离存储。这些电流将从原始的电流中扣除，当计算反射面天线的背向辐射时，这些电流分布是很重要的。这一例子解释了迭代几何光学法。当多个物体面对面放置时，若要计算出准确的方向图，迭代几何光学法是需要的。在大多数情况下，这一方法的收敛速度很快。

图 2-4 展示了角反射器的几何结构。一个半波长偶极子放置在两个相交为 90° 的金属平面之间。虽然两个金属平面相交的角度可以是其他数值，但常规的设计都采用 90°。图中没有画出偶极子天线的馈电线，馈电线通常从两个平面相交的边上直接连接到偶极子上。该馈电线包含的巴仑将在 5.15 节中讨论。尽管图中画出的是（连续的）体结构，但大多数实现采用的是（离散的）金属棒结构，用以减少重量与风阻。

分析可从假设偶极子天线上的电流分布开始。将金属平面剖分为小的矩形面片，该面片的每个边长较小（$\approx\frac{1}{8}\lambda\sim\frac{1}{4}\lambda$），这样可以用较少量的面片就可覆盖整个平面。为使计算收敛，分析时需要用不同大小的面片来重复分析。同样地，半波偶极子天线也被剖分为短的线段，每一线段上分布的电流幅度设为常数。使用式（2-31）的近区场形式，可以计算平面中每一个面片上的入射磁场。这一入射磁场在平面上的感应电流可由式（2-32）计算。注意天线的背向辐射由偶极子的辐射与感应电流的辐射共同合成。只有当这两种辐射都存在时，才能在金属平面上产生满足边界条件的感应电流。图 2-5（a）画出了感应电流的产生过程。图 2-6 给出了采用这些电流计算的天线方向图。图 2-6 中，用实线画出的 E 面方向图在 90° 处有一零点，该零点是偶极子天线辐射方向图中的零点。由于金属平面的存在，H 面方向图波束被收窄了。金属平面使背向辐射相比前向辐射降低到–22dB，这被称为前后比(F/B)。天线增益由原来半波偶极子的 2.1dB 增加到 9.3dB。对于以上分析，几何光学是采用位于金属平面后的两个源来进行等效分析的，如图 2-5（b）所示。

观察图 2-4 或图 2-5，可发现两个平面是面对面的，其中一个面的辐射照射到另一个面后将在该面上感应出电流。如果该感应电流的辐射不重要，则可以忽略该感应电流，但如果要计算准确的方向图，则必须考虑该感应电流的辐射。这一问题的求解被称为迭代技术，该技术可计算第一个平面上的电流和第二个平面上因感应所增加的电流所辐射的场。这些因感应所增加的电流所辐射的场将进一步在其他平面上感应出额外的电流。这一方法的收敛速度很快，图 2-7 给出的天线辐射方向图的计算完全实现了迭代技术并包含了所有电流的辐射。天线实际的前后比 *F/B* 为 29dB，新增电流使天线增益增加了 0.7dB，达到了 10dB。在原来的分析中，增加了两个平面，就使天线的增益增加了 7.2dB，因此，迭代技术的作用效果不大。图 2-8 展示了迭代技术，等效的几何光学则增加了第 3 个源表示两个平面之间的反射。注意，当天线安装在实际工作环境中时，其安装结构将改变原来的方向图，但高的前后比会弱化这一效应。测量天线时使用的支架结构也同样改变了天线方向图，这限制了我们对天线实际方向图的认识。

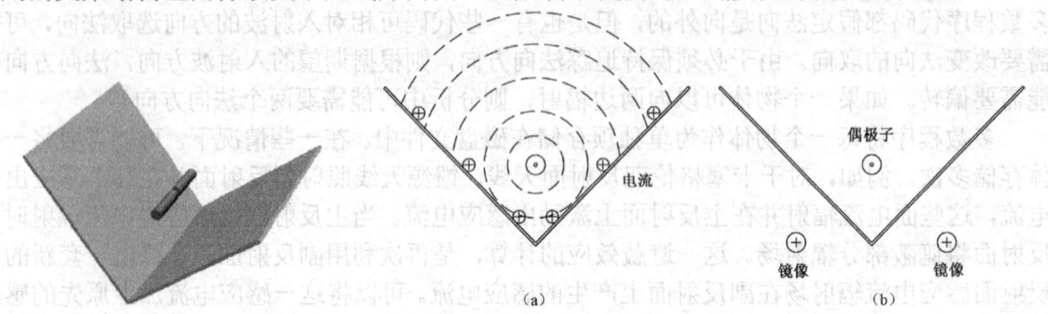

图 2-4 偶极子位于两平板之间的角反射器　　图 2-5 感应电流的产生过程

物理光学可以确定地平面中有限个数的镜像之间的阻抗效应。例如角反射器。阻抗效应的局域本性决定了可以使用境像确定地平面之间的互阻抗效应。阻抗计算不仅可确定输入阻抗中地面的边界效应，同样可以计算天线的辐射总功率。境像（地面上被激励出的电流）可以辐射但不能接收功率。边长至少为 $\lambda/2$，距离天线约 $\lambda/4$ 的地平面的阻抗效应大致与无限大地平面的阻抗效应相同，但由于可能的辐射方向受到了限制，地平面就极大地改变了辐射方向图。

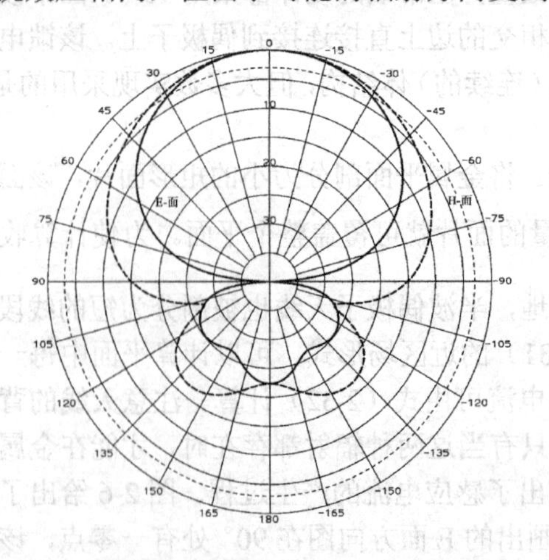

图 2-6 偶极子和无感应电流迭代的 $1\times0.9\lambda$ 角反射器平面电流的计算方向图

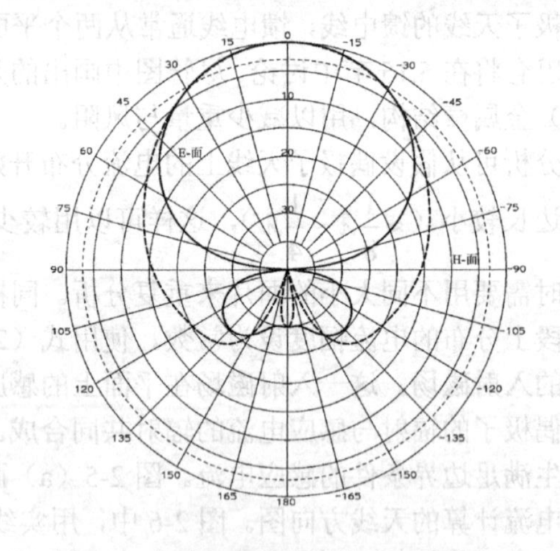

图 2-7 将感应电流迭代等效为面间多反射器的 $1\times0.9\lambda$ 角反射器方向图

一般认为，物理光学法只能用于在主波束方向上计算抛物反射面天线的方向图。这一方法用很少的面片就能得出主波束区域的准确方向图，而面片的边长可达很多个波长。随着计算机处理能力的增强，面片的大小可进一步缩小。最后，物理光学法可以计算任何方向的辐射方向图，甚至是天线的背向辐射。注意，即便辐射场被主反射面明显阻挡，计算中也要包括馈电反射面的背向辐射场。当入射场与感应电流辐射场相加时，物理光学法应用感应电流抵消物体内部的场。可以采用 UTD（GTD）计算反射面背向辐射场，UTD 即一致绕射理论，GTD 即几何绕射理论。这一基于几何光学的方法遮蔽来自馈源的辐射并使用边缘绕射计算反射面的背向辐射。UTD 将在 2.7 节中讨论。UTD 与物理光学法对背向辐射方向图的计算[1,4]表明，这两种方法是一致的。

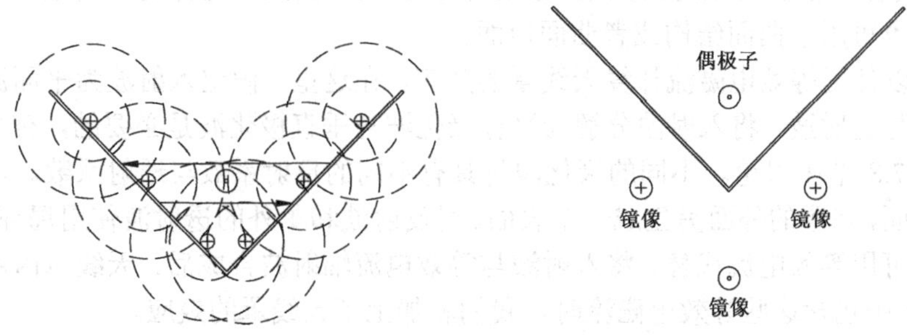

（a）平面上的壁电流辐射的磁场在对面感应出附加电流　（b）附加感应电流等效为附加的偶极子镜像

图 2-8　迭代技术

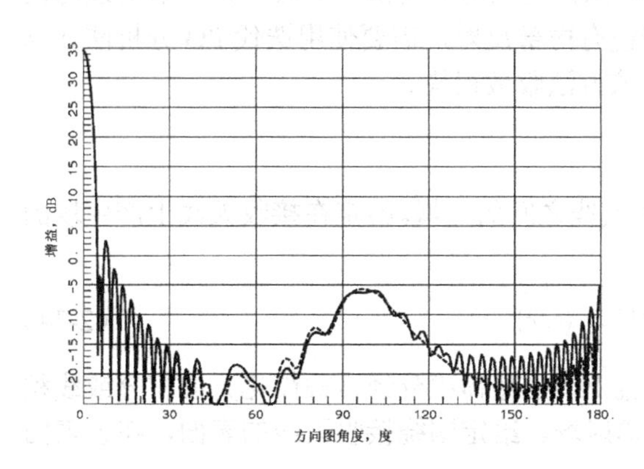

图 2-9　口径直径为 20λ 的抛物反射面（虚线）与包括 PTD（实线）物理光学分析的对比

图 2-9 中的点线图绘出了直径 20λ 中心馈电的抛物反射面的物理光学法计算结果。馈电天线在反射面边缘处的辐射逐渐减小至 −12dB。图 2-9 显示出，馈入功率意外地在偏离主轴 100 度的方向上形成峰值。PO 计算面片上的电流时，假设它位于无限大平面上。反射面边缘的存在违背了这一假定，因此需要其他额外的项来准确地计算反射面的背向辐射。如图 2-9 中的实线图所示，PTD（物理绕射理论）与 PO 的计算结果相加增强了两种方法在背向辐射上的一致性。PTD 处理 PO 焦散区的方式与基于 UTD 绕射系数和利用几何光学处理阴影与反射边界的等效电流法相同。在这个例子中，反射面几何结构对称使附加的 PTD 电流同相叠加，并且产生的叠加效应最大。偏置的反射面边缘 PTD 电流并不增加与产生反射面背向的峰值效果，它更多的是减少该效应。我们仅在有限的方向图角范围内需要 PTD 来减小误差，实现上述修正的代价，可能超过在那些角范围内，得到（未经修正的）已知方向图所需要的代价。同样地，UTD 需要附加的边缘电流来精确计算 180° 方向上的背向辐射。尽管对任何模型的馈电方向图都可以使用 PO，只有当馈电无论在近场还是远场区都满足麦克斯韦方程时[4]，全部背向辐射区的计算结果才能与 UTD 精确一致，而近似高斯波束就是这样的一种馈电。像 PTD 修正一样，当使用其他馈电天线近似时，一些小的误差仅出现在部分方向图区域中，并且可能并不重要。

2.4.3　等效电流

等效电流概念可以与物理光学相联系。此时可以生成人工表面覆盖辐射源。入射场所产生的可抵消内部场并生成外部方向图的表面电流与表面磁流，可用于天线口面上，例如喇叭天线的口面。在假设其他天线的存在并不影响这些口面电磁流分布的前提下，可以使用并矢格林函数计算近区场结构和天线之间的耦合。设外法向方向为 $\hat{\mathbf{n}}$，等效电磁流可由下式计算：

$$\hat{\mathbf{n}} \times \mathbf{E}_{\text{incident}} = -\mathbf{M}_S \quad , \quad \hat{\mathbf{n}} \times \mathbf{H}_{\text{incident}} = \mathbf{J}_S \tag{2-33}$$

必须同时使用面电流密度与面磁流密度来代替内部场。如果电场与磁场的比等于自由空间波阻抗（376.7Ω），使用并矢格林函数时，面电流密度与面磁流密度的综合将产生出惠更斯孔径源辐射。用等效电磁流可以对诸如喇叭天线和抛物反射面天线这样的平面型口面场进行多种分析，当然，也可用于曲面结构或者曲面口面。

例如，可以使用等效电磁流计算天线罩的效应。在这里，假定入射波为平面波并用边界条件计算反射波与透射波。将入射波分解为平行极化波与垂直极化波是必要的，有关的射线修正表达式将在 2.7.8 节中讨论。不同的极化波将具有不同的反射系数与透射系数。可在天线罩内部生成一个表面，在罩的外面另生成一个表面。对反射波和罩外的透射波使用局部自由空间波。上述两种波都可用等效电流代替。将入射波与等效电流辐射波合成后，天线罩内部将是零场区[4]。在 PO 分析中包含这些等效电磁流时，我们就加上了天线罩的效应。

等效电磁流同样可用于透镜。可用入射波与理想的局部平面波相结合，计算每个表面的反射波与透射波，并用等效电磁流代替它们。 计算透镜第二个内表面上的场时，要将透镜的介电常数包含到并矢格林函数中。在第二个表面上，同样可应用的局部平面波确定透射射线与反射射线，然后再用等效电磁流代替它们。因为透镜有内部反射，需要使用迭代 PO 分析法计算两个表面之间的多次反射。由于内部反射较小，该方法收敛很快。

2.4.4 电抗理论和互耦

在 1.14 节中已经讨论了如何用电抗获得两个天线之间的互耦。给定在接收天线上产生场的发射天线，电抗可用积分方程表示为[5]

$$\text{电抗}=\iiint(\mathbf{E}_t\cdot\mathbf{J}_r-\mathbf{H}_t\cdot\mathbf{M}_r)\,\mathrm{d}V=\langle t,r\rangle \tag{2-34}$$

式（2-34）中的体积分作用在接收天线的电流上，当然体积分经常被简化为面积分或线积分。式（2-34）的第二种形式是使用两个天线的辐射场。给定围绕接收天线的表面，在该表面上作电抗积分：

$$\text{电抗}=\iint_{S_r}(\mathbf{E}_r\times\mathbf{H}_t-\mathbf{E}_t\times\mathbf{H}_r)\cdot\mathrm{d}\mathbf{s}=\langle t,r\rangle \tag{2-35}$$

微分 d*s* 的法向方向指向远离接收天线的方向。

当将两个天线及其相互间的传输表示为阻抗矩阵时，暗示了我们已知两天线上的输入电流。通过将耦合表示为阻抗矩阵，就可由电抗积分计算互阻抗：

$$Z_{12}=\frac{-1}{I_1I_2}\langle t,r\rangle \tag{2-36}$$

用输入电流描述的天线，仅在其表面上有激励出的电流密度。用电抗导出的互阻抗公式简化为

$$Z_{12}=\frac{-1}{I_1I_2}\iint_{V_r}\mathbf{E}_t\cdot\mathbf{J}_r\,\mathrm{d}V \tag{2-37}$$

其体积分在多数情况下可简化为线积分。

像缝隙这种给定输入电压的天线可用磁流表示，天线对的互导纳矩阵：

$$Y_{12}=\frac{1}{V_tV_r}\cdot\text{电抗}=\frac{-1}{V_tV_r}\iint_{V_r}\mathbf{H}_t\cdot\mathbf{M}_r\,\mathrm{d}V \tag{2-38}$$

对于线性各向同性材料制成的互易天线，矩阵交叉项相等：

$$Z_{12}=Z_{21}\quad;\quad Y_{12}=Y_{21} \tag{2-39}$$

自阻抗项可通过对天线表面的积分来计算，例如，场源位于线或缝隙中心的偶极子的辐射线。

2.5 矩量法

矩量法将天线（或散射体）上的电流用简单基函数的线性求和展开。其近似解是这些基函数的有限级数：

$$f_a = \sum_{i=1}^{N} a_i f_i \tag{2-40}$$

式（2-40）中的系数可通过求解满足天线（或物体）表面边界条件的积分方程得到。积分方程形式是 $Lf_a = g$，其中 L 是线性积分算子，通常，标量积采用积分形式，f_a 是式（2-40）中给定的未知电流，g 为已知的激励或源函数。式（2-40）中的求和代入线性算子方程并用标量积分计算矩阵方程中的各项。矩阵方程的解确定了电流展开式中的系数。MOM 产生一个满阵，它的求逆运算是很费时间的。MOM 的技巧在于基函数的选择和导出用电流基函数计算场的高效表达式。常规基函数是简单的阶梯脉冲函数、交迭三角函数、三角函数和多项式。

MOM 并非在边界的每一个点上都满足边界条件，只是积分平均意义的满足。当增加基函数的数量时，该方法收敛于正确的解。我们需要判定，满足所要求得工程精度时，总共需要多少电流项。花费过多时间去计算精度超过了实际硬件所能达到的解，是不可取的。

2.5.1 电抗理论的使用

电抗定理也可用于生成细线天线电流的矩量法解。细线解假设天线上没有环向电流，问题被简化为丝电流。电场积分方程（EFIE）满足式（2-25a）所示的边界条件，线表面的切向电场为零，即便在推导它时，这好像并不明显。电抗定理可导出一个阻抗矩阵，其逆就是电流展开式中的系数[7]。同许多其他的方法一样，格林函数被显式地计算出来，以减少算法运行时间。这一方法[7]在 V 形振子上使用交迭正弦电流作为电流基函数，使用格林函数计算 V 形振子的一个臂在另一个臂处的辐射场。辐射偶极子与接收偶极子两者采用的是同样的展开函数。Galerkin 方法使用相同的加权（测试）函数作为基函数并获得非常稳定的解。当两个偶极子载有单位电流时，电抗式（2-37）可计算它们两者之间的互阻抗。其自阻抗的计算则将 2 个 V 形振子间隔一个半径的距离，然后应用电抗定理计算两者之间的互阻抗。这一技术等效于感应 EMF 方法。

入射矢量电场与沿振子分布的电流密度之间的标量积（点积），将矢量转化为可被积分的标量。电流密度被用做矩量法中的测试函数或加权函数。实施积分，意味着电流密度仅在平均的意义上满足切向电场为零的边界条件。当 V 形振子上放置了串联电阻时，其阻抗将被加在互阻抗矩阵的对角线元素上。为激励 V 形振子，我们将 delta(δ)电压源串联到 V 形振子的端口上。电流的解可利用电压激励矢量，通过对下列矩阵方程求逆获得。

$$[Z_{mn}][I_m] = [V_n] \tag{2-41}$$

指定了输入电压矢量，计算出矩阵逆后，电流值可由下式得到：

$$[I_n] = [Z_{mn}]^{-1}[V_m] \tag{2-42}$$

给定了输入电压和电流的解，即可计算出输入阻抗。同样地，近场方向图与远场方向图也可使用式（2-30）和式（2-31）的并矢格林函数算出。

在 V 形振子天线的各剖分单元之间的连接点上，计算代码必须满足基尔霍夫电流定律，它对电流增加了约束。由于交迭正弦基函数非常接近常规激励的振子上的实际电流，天线的分段长度可以是四分之一波长量级或更长一些，并能产生可接受的结果。基函数接近实际电流分布时，被称做“全域基函数”。这减小了需要求逆的矩阵的大小，但也使矩阵元素及其辐射的计算更复杂。尽管 V 形振子的概念曾被扩展为 V 形矩形平面[8]，这一方法也仅是一般积分方程解法的一个子集。上述方法生成了一个从工程观点易于理解的简单的阻抗矩阵。

2.5.2　广义矩量法

矩量法也可以求解其他类型的电磁问题：例如涉及电荷与电介质的静电场问题[9]，其解对设计天线馈源，确定传输线特性阻抗很有用。所有的矩量法解，都来源于满足边界条件的积分方程的解。边界条件或是方程(2-25a)给定的切向电场(EFIE，电场积分方程)，或是方程(2-25b)给定的磁场（MFIE，磁场积分方程），又或者是被用于标量积分的上述两者的组合。在封闭体内，计算靠近（谐振腔）谐振频率时，就需要上述组合式边界条件，因为其解揭示了谐振特性，谐振使得在一些窄的频率范围内，方程无解。当在式（2-25）和式（2-26）中使用本构关系时，矩量法也可以用于介电体问题，用于介电体的方程不是体积分方程就是面积分方程[9]。

考虑在金属表面上使用电场积分方程(EFIE)，用基函数 $\mathbf{B}_m(\mathbf{r}')$ 和系数 I_m 展开物体表面电流：

$$\mathbf{J}(\mathbf{r}')=\sum I_m\mathbf{B}_m(\mathbf{r}') \tag{2-43}$$

基函数可以按分段线性函数的形式，应用于有限区域结构中，分段线性基函数可以是阶梯脉冲、交迭三角函数或者正弦基函数，它可用于物体的局部结构上；而对全域基函数，复合函数可用于部分或者整个结构。例如，可以是形成傅里叶级数表示的正弦函数的和。

在 PEC 表面，不存在电场切向分量［式（2-28a)］。表面 S 上场点 $\mathbf{r}$ 处，

$$\begin{gathered}\hat{\mathbf{n}}\times[\mathbf{E}_{入射}(\mathbf{r})+\mathbf{E}_{散射}(\mathbf{r})]=0\\ \mathbf{E}_{散射}=\sum_{m=1}^{M}\boldsymbol{I}_m\iint_{S'}\mathbf{B}_m(\mathbf{r}')\cdot\mathbf{G}(\mathbf{r},\mathbf{r}')\,\mathrm{d}s'\end{gathered} \tag{2-44}$$

我们只能用有限项求和在积分平均意义上满足式（2-44)。

由于积分与求和操作作用在线性函数上，因此这两种操作可交换计算顺序。

引入（方向沿着）表面切向的矢量加权函数 $\boldsymbol{W}_n(\boldsymbol{r})$，将其与总电场作标量积（点积），可导出电场的切向分量：

$$\iint_S[\mathbf{E}_{入射}(\mathbf{r})\cdot\mathbf{W}_n(\mathbf{r})+\mathbf{E}_{散射}(\mathbf{r})\cdot\mathbf{W}_n(\mathbf{r})]\,\mathrm{d}s=0 \tag{2-45}$$

入射电场的加权积分等同于源，而基函数辐射场（散射场）的加权积分则等同于阻抗矩阵的元素。将边界面上的标量积分运算表示为符号 $\langle\cdot\rangle$，在各基函数上作用单位电流，使用标量积分，可计算矩阵中的元素：

$$Z_{mn}=\left\langle\iint_{S'}\mathbf{B}_m\cdot\mathbf{G}(\mathbf{r},\mathbf{r}')\,\mathrm{d}s',\mathbf{W}_n(\mathbf{r})\right\rangle=\iint_S\iint_{S'}\mathbf{B}_m\cdot\mathbf{G}(\mathbf{r},\mathbf{r}')\cdot\mathbf{W}_n(\mathbf{r})\,\mathrm{d}s'\,\mathrm{d}s \tag{2-46}$$

$$V_n=-\langle\mathbf{E}_{入射}(\mathbf{r}),\mathbf{W}_n(\mathbf{r})\rangle=-\iint_S\mathbf{E}_{入射}(\mathbf{r})\cdot\mathbf{W}_n(\mathbf{r})\,\mathrm{d}s \tag{2-47}$$

求出每一源项后，综合式（2-46）与式（2-47)，可得矩阵方程：

$$[Z_{mn}][I_m]=[V_n] \tag{2-48}$$

加权函数可简单地取为脉冲函数、线形或面形交迭三角函数、分段正弦函数等。与仅影响平均特性的加权（测试）函数相比，基函数对收敛性的影响更大。我们知道，随着基函数数量

的增加，矩量法解收敛于精确解，但要确定究竟需要多少项，才能得到可接受的解，却是个工程判定问题。

如果使用分段函数展开公式，式（2-47）就定义了施加于分段上的电压源。入射电压是入射电场的加权积分。例如，NEC 公式，就将激励电压施加在一个分段上。在 2.5.1 节中的反应积分公式在分段的端点施加电压源。源的建模是矩量法技术的重要组成部分。

展开式（2-44）只是可能的矩量法解法中的一种。也可以将边界条件应用在磁场上，或若将电场磁场组合边界条件应用在 PEC 上。如果表面电导率有限，边界条件还要做适当修改。矩量法是一种电流近似求解的一般方法。与物理光学法不同，其电流不必事先假设而是从有限项级数逼近中获取。

天线设计者发现，对大多数问题，有很多代码可用。尽管任何一个方法都是可扩展的。典型地，矩量法只限用在物体大小约为一到两个波长的问题中，由于需要大量的计算存储空间和较长的计算时间，矩量法难以用于大型结构的分析。粗略的模型虽不能给出准确的结果，但在确定大致趋势时，还是很有用的。根据这一情况，建立适当的模型可以快速地解决电磁问题。学习任何一个代码都需要花费较多时间，但是，新的代码能提供更多的便利，或者能解决以前老代码所不能解决的新问题。

2.5.3　细线矩量法代码

细线代码假设仅存在丝电流。对 NEC、Richmod 代码和商用代码 AWAS[10]，我们都有使用经验。这些代码各有优势，但都需要化时间去学习。带有图形界面的商用代码易于处理输出/输入，例如 NEC。它可获得时间节省的回报。NEC 可处理面（结构），由于使用了 MFIE（磁场积分方程），它对封闭体问题的处理是受限的。如果计算精度很重要，就需要增加分段的数量及减小分段的长度。这些代码使用计算时间与 N^3 成正比的矩阵求逆法，矩阵填充时间正比于 N^2。随着分段数 N 的增加，程序运行时间将显著增加。

商用代码 AWAS 可自动剖分，NEC 中则由用户指定。剖分准则是每波长至少剖 10 段，由于使用的剖分段数较少，初始分析时要能容忍误差。分段长度应大于细线半径，并且注意各分段不能重叠，否则线的半径将可能过大。实体目标，例如平面，可以建模为线栅模型，其准则是，线的周长等于线之间的间隔[11]。该准则也可违反，但必须做收敛测试。当在实体上开缝时，不能使用周长等于间隔的规则，否则所开的缝隙就消失了。由于简化了源模型，这些代码对辐射方向图的计算精度高于输入阻抗的计算精度。这样，就需要建造天线来测定真实的输入阻抗。当然，天线有较好的输入阻抗但没有所需的方向图是没有用处的。

如果多输入端口天线对称，就可以减少 NEC 的运行时间。程序代码允许用户指定对称性来减少输入端口。例如，多臂螺旋天线的分析，就只需分析一个臂的输入。当基本结构的输入阻抗矩阵解出后，就可以代入各种不同的模式电压。若物体有 M 重对称，则矩阵填充时间能节省 M^2 倍，矩阵求解时间能节省 M^3 倍。不同的电压模式可稍后再施加。如果设定了对称性后，再增加其他的分段，则对称性将被破坏，程序将使用满阵。此时所获得的唯一好处是（简化了）模型构造，因为此时程序求解的是满阵而不是缩小了的矩阵。

2.5.4　表面和体矩量法代码

含平面或有限地面的天线，可使用线剖分的细线矩量法代码求解。矩量法代码已经扩展，可（直接）用于面结构的分析[12,13]。使用屋顶基函数展开为矩形和三角形面片，基函数数量（即矩阵规模）增加得很快。另一种方案是使用全域基函数。这需要非常复杂的积分，但是可减小矩阵规模。问题中的介电体部分，将导致用等效电流代替其内部电场[9,14]的体积分或各种形式的面积分。这些问题引出了多样的边界条件，用基函数的有限级数和积分方程可近似满足那些边界条件。

用 MOM 分析安装在介质基底上的天线需要特殊技术。商用代码在考虑到介电体的同时，确定流在天线表面的电流。通常，格林函数用数值技术计算，这将增加运行时间。由于电流分布在天线表面，格林函数的奇点会带来数值困难。例如，自由空间格林函数有$1/|\boldsymbol{r}-\boldsymbol{r}'|$项，在物体表面上，该项会变的无限大。谱域法利用表面电流片的和作为全域基函数取消了奇异点。沿某入射角传播的均匀平面波照射表面，激励出了表面电流片。金属部分上流动的实际电流被展开为这些表面电流片的和[15, 16]。同格林函数一样，均匀电流片被展开为空域傅里叶变换。MOM 的问题就这样被解决了，傅里叶变换形式的格林函数也不再有奇异。若金属能够被表示为无限周期结构时，电流被分解为傅里叶级数。无限周期结构被用于频率选择表面和无限阵列，此时场与电流可展开为 Floquet 模式（时谐）。

2.5.5 矩量法模型举例

图 2-10 给出了用线网代替实体平面的例子。置谐振对称振子$(\lambda/2)$于宽度为λ的地平面之上$\lambda/4$距离处，偏离地平面一角$3/8\lambda$，地平面位于在 H 平面上。图 2-20 使用 GTD 重复分析了这一结构。金属棒平行于对称振子，因为在理想分析中，横向的导线不感应电流。金属棒的周长等于各棒之间的间隔，形成了等效的实体平面。实际的天线可以使用直径较小的金属杆（作金属平面），这与实体平面有同样的效果，并能减小重量与风阻。NEC 分析给出了与 2.7.2 节中 GTD 分析一样的方向图。所不同的是，金属棒的 E 面大小展宽了 GTD 推测的背瓣，因为在 GTD 分析中，假定金属棒无限长。

在大多数方向图角度上，两个分析给出了相同的结果。NEC 分析考虑了对称振子与其有限地面中的镜像之间的互阻抗。在阻抗计算中，有限大小的地面给出了与无限大地几乎相同的天线电抗。

图 2-11 示出了蜂窝电话的线栅模型。模型中包含的导线数量超出了$\lambda/10$间隔准则所需的数量，较多的导线提高了几何匹配性。当使用可屏蔽两种集合的交叉导线时，导线周长可减小一半，因为导线周长接近四边的平方。小的导线天线必须与模型的线网相连接，以在盒子上产生正确的电流。我们或者限制天线的可能位置，或者必须局部微调线网。如果经常做这种分析，就应该编写一个网格自动生成的程序。当两个平面共享同一个边时，你需要指定是否生成一个导线边。手握住电话和头靠近电话对天线性能有显著影响。图 2-11 给出的模型作用有限。我们需要能够处理介质体结构的矩量法，例如 WIPL-D，或者能够处理复杂介质材料，可以对人体头部建模并能给出较好结果的 FDTD 方法。

图 2-12 示出了用于低频分析的飞机线栅模型。安装在诸如飞机或者航天器等自由飞行模型上的天线将激励这些结构，电气上讲，小的天线能够激励整个运输工具，使其成为一个天线。例如，产生垂直极化波的、安装在较大地平面上的小天线，能够激励飞机翅膀和机身，整个飞机也将能辐射水平极化波。与图 2-12 相似的模型可能消除意外现象。这一模型将天线的安装位置局限在网格上，并且可能需要局部地调整网格。

矩量法可以包含实体平面。图 2-13 示出了开口波导喇叭，它由平面和单馈的单极振子组合而成[12]。置于波导中的单极振子或小的对称振子激励出的波导模式馈入喇叭。即使该模型不需要计算准确的阻抗信息，这一模型准确计算出了由侧壁电流产生的方向图。我们既可以用口径法，用口径场代替喇叭计算方向图，也可以用激励出的壁电流计算方向图。每种方法都能给出主瓣。矩量法计算虽然需要相当多的计算时间，但其给出的结果在所有方向上与测量结果更吻合。图 2-14 展示了在矩量法中如何使用对称面减少计算时间。图中，小的对称振子馈源被分为两个靠得很近的但分开的相同的对称振子。左右对称的天线能够使模型减小一半。一个垂直的 PMC 壁将天线分为两个部分，分析中仅保留一部分。水平的 PEC 导体将保留下的部分再分成两半，因为对称振子馈源之间是个虚短路电路。图 2-14 只保留了原始问题规模的 1/4。对于 $N \times N$ 阶矩阵，求逆需要的计算量为 N^3，模型规模减之 1/4 后，计算量减少的比率为 64:1。利用对称平面减小模型规模能够减少计算时间或可处理更大型的问题。

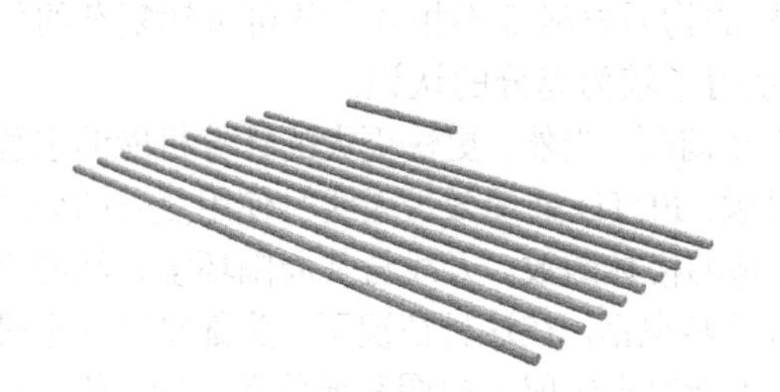

图 2-10　地面上偶极子的 MOM 计算使用线栅取代实体平面

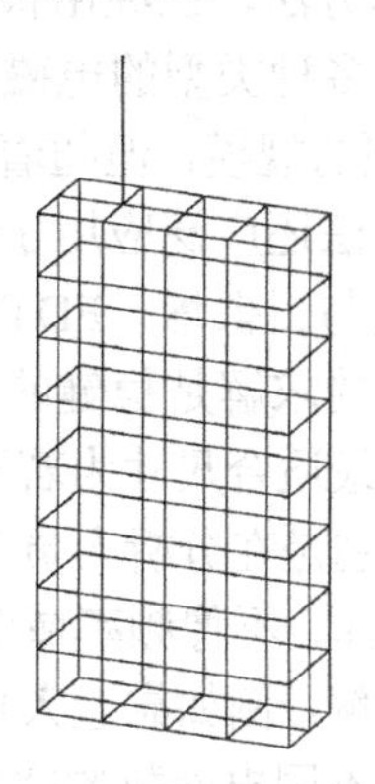

图 2-11　天线连接到剖分网格上的手持式蜂窝电话的 MOM 线栅模型

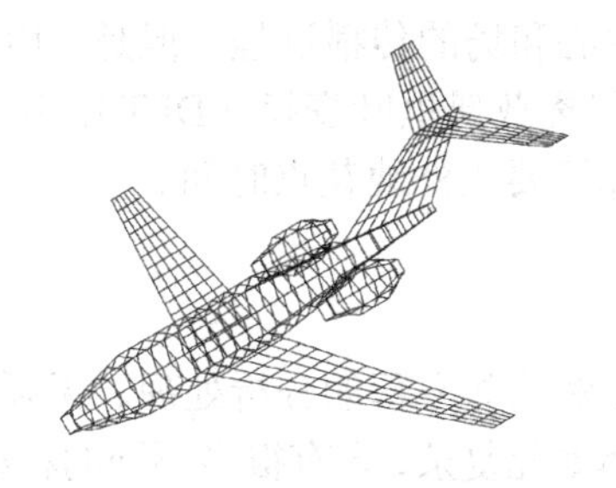

图 2-12　飞机的 MOM 线栅模型

图 2-13　使用小偶极子馈电的角锥喇叭 MOM 模型

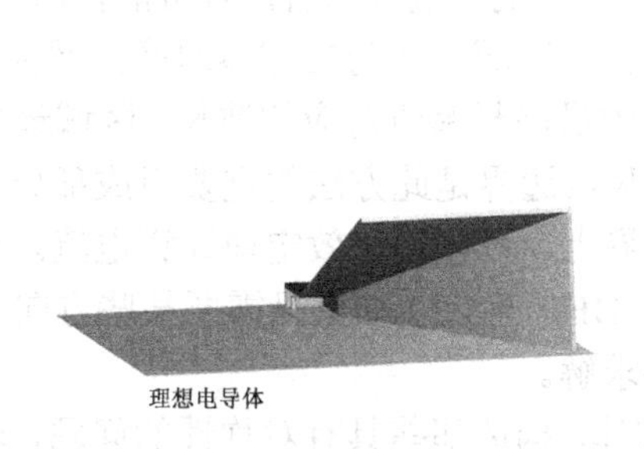

(a) 电壁分割的喇叭

(b) 磁壁分割的喇叭

图 2-14　角锥喇叭的 MOM 分析中使用电壁和磁壁以减小模型规模

后面的章节使用矩量法估算天线的性能。用线栅和平面分析确定运输工具及安装支架的效应。由于用简单基函数之和求解天线电流分布，而非初始时假设天线电流分布，矩量法给出了非常好的分析结果。

2.6 时域有限差分法

时域有限差分（FDTD）法直接在时间域内，使用有限的时间步数，在空间中的小元胞上，求解耦合的麦克斯韦旋度方程，此方法简化微分方程为可简单求解的差分方程。由于采用中心差分近似梯度，此方法交替求解间隔半个步长位置处的电场与磁场。Yee[17]在 1966 年发表的论文中所描述的基本方法，已经由很多学者作了改进，但原始的方法仍是较好的了解途径。

FDTD 可解决多种类型的电磁问题，天线分析仅是其中一种。计算机速度与内存容量限制着 FDTD 求解问题的规模，但随着计算费用的持续减小，可求解的问题的规模将越来越大。除了天线问题，该方法还广泛应用于微波电路、电磁波与生物交互作用、光学、雷达散射截面等问题，其应用数量与日俱增。FDTD 允许每一网格的物质材料都不相同，故可求解复杂的体结构。另外，FDTD 的求解是稳健的，其误差也已获得了较为充分的认识。

当前，此方法最适合尺寸为若干个波长的小天线问题。当然，更快更大的计算机能够求解更大规模的问题，特别是在分析人员有足够耐心的时候。FDTD 处理微带天线时使用复杂的分层介质，包括有限地平面，不像频率域解，需要使用复杂的格林函数。天线与其周围环境之间的相互作用问题也可以求解，例如靠近人体头部的手持式蜂窝电话。在这种情况下，头部复杂的电磁特性可被描述为具有不同电参数的空间网格。另外，也能给出辐射方向图和通信系统的特性。在生物医学领域，FDTD 可直接处理天线与人体的相互作用，例如用于癌症治疗的电磁加热。

学习 FDTD 技术，无论是编写自己的 FDTD 程序或者使用商用程序，都能加深对设计的了解。此方法能显示出场的时域动态演化，显示出辐射中心和场的传播过程，但是，用户必须学习如何解释这些新型的显示。这值得你付出努力。使用离散傅里叶变换（DFT），脉冲信号激励的时域场响应能产生宽频带解。其唯一的缺点是计算机要额外地花点时间。

2.6.1 实现

在时间域内直接实现麦克斯韦旋度方程，可以减少对这些方程的分析处理。无须像频率域的方法那样，开发矢量势函数和格林函数。尽管天线形体如此复杂、含有很多不同的材料，FDTD 法都将产生稀疏矩阵，不像矩量法那样产生巨大的满阵。这是一种直接解法，不需要对庞大的矩阵求逆，只受最近邻域的影响。只受最近邻域的影响意味着，有可能使用并行计算机解决问题。

你需要将天线嵌入矩形区域中，划分该区域，成为立方体网格，网格大小为每波长 10 到 20 个的空间样点，其中的波长为分析域中最高频率所对应的波长。区域最外层表面含有能消除可产生误差的反射波的吸收边界。构造吸收边界是此方法的重要组成部分。求解边界需要放置在吸收边界和天线外表面之间，在该边界上，可以用等效定理计算电流。获得等效电流后，给定频率上的天线方向图即可由时域解的 DFT 确定。如果只需要某些方向上的幅度方向图，例如某一方向的增益，可由时域辐射直接求解。

可以用 1D 或 2D 空间代替 3D 立方体，构造那些具有对称性的问题，求解时间会戏剧性的减少，其时域动画表示也可对二维方向图的形成提供足够的理解。由于是作时间域分析，结构的激励须用脉冲。需要用脉冲频率功率响应归一化方向图来计算增益。若模型中含有有耗媒质，内部网格的损耗会减少到达外表面的辐射，天线效率就可被解出。

2.6.2 中心差分求导

同积分相比，数值求导的误差更大，但 FDTD 仍然使用数值求导，将麦克斯韦微分旋度方程组还原为简单的差分方程组。在间隔均匀的一系列空间或时间点处的数据上，使用中心差分代替差分，可以获得 2 阶精度的求导公式：

$$\frac{\partial f}{\partial u}=\frac{f(u_0+\Delta u/2)-f(u_0-\Delta u/2)}{\Delta u}+O(\Delta u)^2 \tag{2-49}$$

为使用中心差分方程组求解旋度方程组，我们使用相距半个空间步的电场与磁场，原因是，每个场都与其他场的导数有关，而中心差分则用以减小误差。由于麦克斯韦方程涉及时间导数，需要相隔半个时间步交替计算电场与磁场。

2.6.3　麦克斯韦方程组的有限差分

考虑含有损耗材料的时域麦克斯韦旋度方程组：

$$\begin{aligned}\frac{\partial \mathbf{H}}{\partial t}&=-\frac{1}{\mu}(\nabla\times\mathbf{E}-\mathbf{M}+\sigma^*\mathbf{H})\\ \frac{\partial \mathbf{E}}{\partial t}&=-\frac{1}{\varepsilon}(\nabla\times\mathbf{H}-\mathbf{J}+\sigma\mathbf{E})\end{aligned} \tag{2-50}$$

方程组（2-50）含有电流源 J 和磁流源 M，也包括了导电介质材料 σ 和磁材料 σ^* 的损耗。两个方程具有同样的形式，只是交换了符号。展开旋度算子，可得到下列磁场 x 分量方程：

$$\frac{\partial H_x}{\partial t}=\frac{1}{\mu}\left(\frac{\partial E_y}{\partial z}-\frac{\partial E_z}{\partial y}-M_x-\sigma^* H_x\right) \tag{2-51}$$

电场的 x 分量具有同样的形式，但是需要交换符号：$H\to E$，$E\to H$，$M\to J$，$\sigma^*\to\sigma$。通过变量循环（重复交换模式）$x\to y\to z\to x\to y$，可同样得到 y 分量和 z 分量方程。举例来说，通过消去 y 分量，可以将方程组还原至二维空间。

FDTD 在离散时间和网格位置上计算场。场可用整数索引函数来表示：

$$f(i\ \Delta x, j\ \Delta y, k\ \Delta z, n\ \Delta t)=f(i,j,k,n)$$

因用中心差分式（2-49）代替求导，而磁（电）场用电（磁）场空间导数表示，所以，电场和磁场需要分开半个空间步的距离。时间导数成为

$$\frac{\partial f(i,j,k,n)}{\partial t}=\frac{f(i,j,k,n+\frac{1}{2})-f(i,j,k,n-\frac{1}{2})}{\Delta t}$$

上式意味着电场和磁场分量交替出现在 $\Delta t/2$ 时刻处，这就导致了蛙跳算法。将以上结果代入方程（2-51），可导出一个分量的时间步方程为

$$\begin{aligned}H_x(i-\tfrac{1}{2},j,k,n+1)=&\frac{1-\sigma^*(i-\frac{1}{2},j,k)\ \Delta t/2\mu(i-\frac{1}{2},j,k)}{1+\sigma^*(i-\frac{1}{2},j,k)\ \Delta t/2\mu(i-\frac{1}{2},j,k)}H_x(i-\tfrac{1}{2},j,k,n)\\ &+\frac{\Delta t/\mu(i-\frac{1}{2},j,k)}{1+\sigma^*(i-\frac{1}{2},j,k)\ \Delta t/2\mu(i-\frac{1}{2},j,k)}\\ &\left[\frac{E_y(i-\frac{1}{2},j,k+\frac{1}{2},n+\frac{1}{2})-E_y(i-\frac{1}{2},j,k-\frac{1}{2},n+\frac{1}{2})}{\Delta z}\right.\\ &-\frac{E_z(i-\frac{1}{2},j+\frac{1}{2},k,n+\frac{1}{2})-E_z(i-\frac{1}{2},j-\frac{1}{2},k,n+\frac{1}{2})}{\Delta y}\\ &\left.-M_x(i-\tfrac{1}{2},j,k,n+\tfrac{1}{2})\right]\end{aligned} \tag{2-52}$$

FDTD 对其他分量也采用相同形式的方程[18,19]。

Yee 网格　图 2-15 表示了一个立方体网格和各个场分量。考察上表面可以发现，磁场分

量与中心电场相距了半个空间步，图中的箭头示出了场的方向。尽管可以看出沿 z 轴的上表面和下表面上电场是不同的，但 FDTD 假设，网格上的场量都是相同的。图示中的磁场位于相邻网格的中心点处。

蛙跳求解采用存储的电场值计算后半个时间步的磁场并存储下来。 第二步解出另半个时间步的值，用已存储的磁场值计算电场。此算法采用半个时间步求解电场和磁场两者的方法增强了稳定性。尽管场有半个时间步的失同步，平均两个半时间步上的场，仍能获得某位置同时刻的场。这只有为求得远场方向图而计算表面等效电流时才使用。

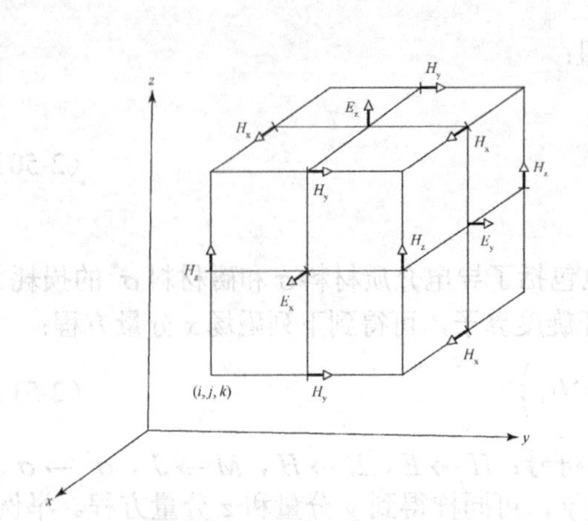

图 2-15 Yee 空间网格中的单个元胞显示了电场与磁场的时间与空间间隔（摘自文献[15], 图 1, 1966,IEEE）

2.6.4 时间步的稳定性

为得到稳定的解，需要选择时间步长。考虑平面波穿过立方体网格。如果选取的时间步长过大，每一时间步上，波会穿过不止一个网格。网格处的解会因未遵循实际波的传播而错误。必须减小时间步长，直至小于 Courant 条件或波传播的进程。考虑问题中移动最快的波，在自由空间，均匀立方网格，可从速度和网格长度中算出时间步长：

$$v\,\Delta t \leqslant \frac{\Delta x}{\sqrt{d}} \tag{2-53}$$

式中，网格长度为Δx，d为空间维数。在导体材料($\sigma > 0$)中，时间步长必须更小些才能生成稳定的解。步长最好相同，这能生成最稳定的解。如果选择边长不等的矩形网格，应修改式（2-53）。

2.6.5 数值色散和稳定性

FDTD 分析所生成的解不能在所有方向上都以正确的相速在网格中传播。传播速度依赖以波长为单位的网格大小，且与频率有关。必须考虑这种数值色散现象，它会影响计算准确性。由于波在不同的方向上以不同的速度传播，在需要很多时间步的大型结构上，色散问题会加剧。多步之后，由于经历了不同的路途，信号因不能以正确的相位叠加而色散。好的网格能够避免这一问题，但需要的计算时间会快速增长。对三维问题，考虑到 FDTD 公式，可得到如下的传播常数方程：

$$\left(\frac{1}{c\,\Delta t}\sin\frac{\omega\,\Delta t}{2}\right)^2=\left(\frac{1}{\Delta x}\sin\frac{k_x'\,\Delta x}{2}\right)^2+\left(\frac{1}{\Delta y}\sin\frac{k_y'\,\Delta y}{2}\right)^2+\left(\frac{1}{\Delta z}\sin\frac{k_z'\,\Delta z}{2}\right)^2 \tag{2-54}$$

式中，因子k_x'是网格中沿 x 轴的 FDTD 传播常数，它只是结构中真实传播常数k_x的近似。y 轴和 z 轴方向上有同样的问题。当网格长度趋近于零时，对上式取极限，$u \to 0$，有$\sin(au)/u \to 0$，因为随着网格大小的收缩有$\Delta t \to 0$，所以解仍然满足 Courant 极限，方程（2-54）还原为表达式：

$$\left(\frac{\omega}{c}\right)^2 = k_x'^2 + k_y'^2 + k_z'^2 \tag{2-55}$$

式（2-55）是正确的平面波空间传播常数，表明随着网格大小的收缩，网格传播常数收敛于正确的数值。如果所构造的是一维或者二维问题，可通过移除式（2-54）右边相应的项，确定相应的色散关系。

吸收边界条件（ABC）可引起数值不稳定。ABC 近似无界空间，用来模拟射入空间的天线辐射，FDTD 问题必须在有限数量的网格中求解，因为每一网格都需要计算机存储器。每一个 FDTD 问题都使用数量有限的网格，对于 ABC，在最大辐射方向上，则需要更多的网格。ABCs 随着时间步数量的增加会退化，甚至会导致数值不稳定。有关 ABC 探索已研究出一些更好的吸收边界，但应当注意，大多数的 ABC 都只是解决了其中某些方面的问题。如果要自己编写分析程序，应当选择相对合适的 ABC。商用代码将给出它们的限制。

解的动态范围曾受限于 ABC，但是现在的 ABC 能够实现从10^{-4}到10^{-6}大小的反射系数。数值色散也限制了动态范围。注意，应当使用较小的立方体建模天线，否则它会限制解的分辨率。模型误差会导致解的误差，而且也限制了动态范围。

2.6.6 计算存储和时间

待分析天线被建模为一系列立方体网格。选择合适的网格数量是项艺术。同样地，还需要拥有自动剖分程序。使用二维模型能够大大减少所需的存储量和运算时间。应当牢记，我们的目的是为了获得在试验中得不到的认识或理解。计算中需要为每一个 Yee 网格存储电场和磁场这两者的各三个分量。由于问题是在时间域中求解，所以各场分量均为实数，不像频率域响应，在那里每一场分量都表示为复数。如果网格的材料特性用 1 字节整数表示，可提供不超过 256 种不同材料。存储单精度实数的场量，每一网格需要 30 字节；双精度存储时则需要 54 字节。一个每边 200 网格的 3D 问题共含有 8M 网格，单精度实数存储时需要 240MB，而双精度存储时则需要 432MB。

每一网格的每个场量在每一时间步上需要 10 个浮点操作（flops），运行的时间步数必须使输入脉冲在每个网格上都达到最大值并最终消失。这大约是最长方向（沿该方向上的网格数量最多）上网格数量的 10 倍。每边 200 网格的 3D 问题共需运行 2000 个时间步，每一时间步的计算量为 60flops 乘网格数量。则求解需要 200×8M×60flops=960 Gflops 才能完成。

2.6.7 激励

因 FDTD 在时间域求解，所以天线也在时间域激励。如果仅需要单频解，可以施加斜坡正弦波形。这一波形在 3 个周期内从零逐渐增长，而 FDTD 解将逐步增强直至达到稳定状态。由于辐射边界用以计算给定频率下的等效电流，所以使用那些在辐射边界上作离散傅里叶变换后有宽频带响应的激励波形会更有效率。对于宽带响应，其需要的存储量与存储时间和单频响应的计算是相同的。

一个适合宽带激励的微分高斯脉冲示于图 2-16 中：

$$V_{\text{inc}}(t) = -V_0 \frac{t}{\tau_p} \exp\left[-\frac{(t/\tau_p)^2 - 1}{2}\right] \tag{2-56}$$

由式（2-56）的傅里叶变换可以计算微分高斯脉冲的频率响应：

$$V_{\text{inc}}(\omega) = -\mathrm{j}\omega\sqrt{2\pi}\ \tau_p^2 V_0 \exp\left[-\frac{(\omega\tau_p)^2 - 1}{2}\right] \tag{2-57}$$

式（2-57）的谱峰在$\omega_p = 1/\tau_p$。图 2-17 给出了归一化频率响应，可以看出，其–20dB 水平的归一化频率从 0.06 扩展到了 2.75。举例来说，若希望将响应的中心频率放在 10GHz，则归一化脉冲时间很容易求得

$$\tau_p = \frac{1}{2\pi(10 \times 10^9)} = 1.592 \times 10^{-11}\ \text{s} = 15.92\ \text{ps}$$

查图 2-17 可得，相对 10GHz 时的频率响应，天线−10dB 损耗的频率响应范围是 2～22GHz。单个时间响应的计算产生了宽带的频率响应。

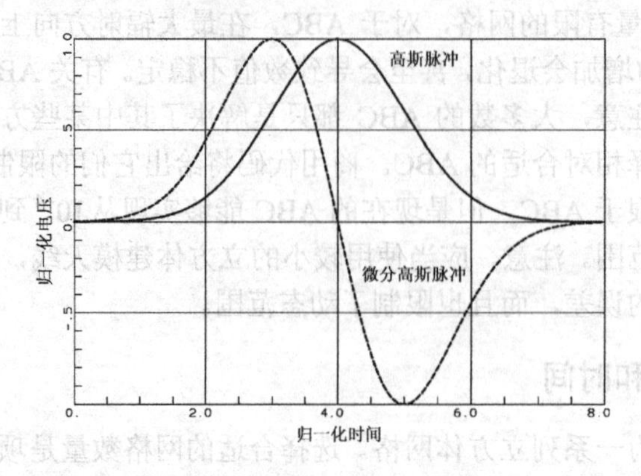

图 2-16 用于 FDTD 分析的微分高斯脉冲时域响应

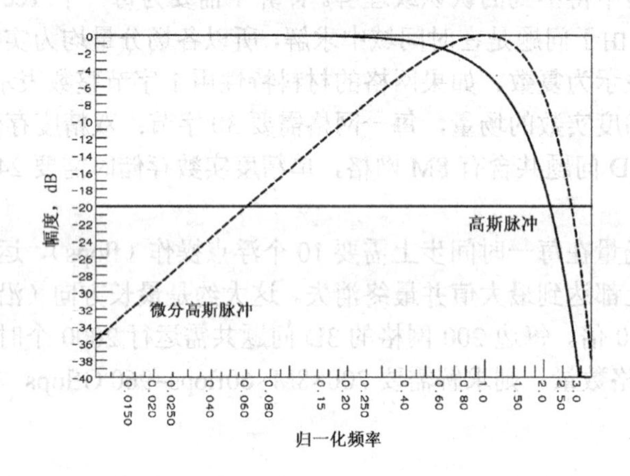

图 2-17 微分高斯脉冲的归一化频域响应

正弦加载的高斯脉冲函数可产生窄带激励，这在可视化中非常有用，因为脉冲的带宽是可控的：

$$V_{\text{inc}}(t)=V_0\exp\left[-\frac{(t/\tau_p)^2}{2}\right]\sin\omega_0 t \tag{2-58}$$

示于图 2-16 中的无载波的高斯脉冲拥有低通频率响应：

$$V_{\text{inc}}(\omega)=\sqrt{2\pi}\tau_p V_0\exp\left[-\frac{(\omega\tau_p)^2}{2}\right] \tag{2-59}$$

图 2-17 给出的高斯脉冲低通响应在 $\omega_p=1/\tau_p$ 处为−4.37dB。正弦加载的高斯脉冲的中心频率约为 ω_0，这两个频率响应的卷积生成了双边响应的高斯脉冲。

2.6.8 波导喇叭算例[19]

文献资料中含有一些天线方向图的解。图 2-18 示出了分析商用标准增益喇叭用的剖分，分析结果可与测量结果比对。喇叭工作在 8.2～12.4GHz。其辐射口面宽为 110mm，高为 79mm，颈长为 228mm。模型中包括了 51mm 长的输入波导和馈电探针的细节。

贯穿喇叭中部的理想导磁体所构成的对称性减少了一半的网格数，均匀 Yee 网格的总数为 519×116×183。用于 ABC 的外部网格围绕着喇叭的每一个边，最大辐射方向上的前向 ABC 有 40 个网格。模型在喇叭边缘和计算方向图用的等效电流表面之间放置了 20 个网格。最长一边上网格数决定了时间步总数为 10 倍的该边上的网格总数＝5190 时间步。模型中大约有 11M 个 Yee 网格共需要 330MB 的存储空间。假设问题中的每一网格在每一时间步上花费 60flops，求解共需要 3.43Tflops 的计算量。

初始计算使用微分高斯脉冲激励，取 τ_p=15.9ps，其中心频率为 10GHz。计算的方向图与测量结果吻合。第二次计算使用时间常数为 79.6ps 的正弦调制高斯脉冲。该时间常数给出的高斯脉冲归一化频率为 2GHz，−3dB 频率为 0.83 乘归一化频率。设脉冲中心频率为 10GHz，带宽为 3.32GHz。图 2-19 示出了脉冲到达喇叭口径后的场分布。注意喇叭前面的高场强，以及有大量的场向口径前面和后面辐射。使用正弦调制脉冲，可视化显示中包含的零点增强了图的清晰度。

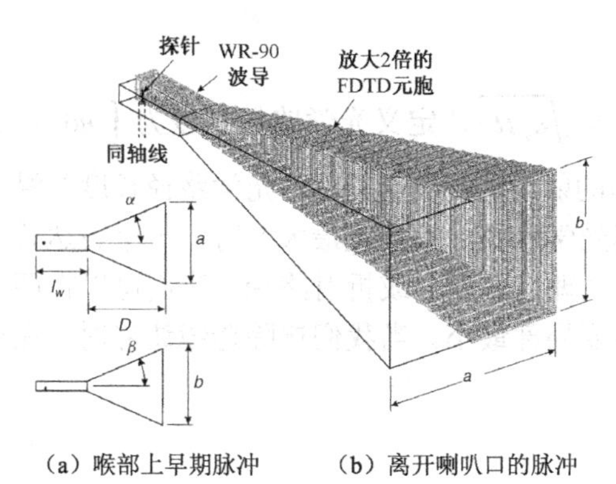

（a）喉部上早期脉冲　　（b）离开喇叭口的脉冲

图 2-18　标准增益喇叭的 FDTD 模型

（摘自文献[17]，图 7.17，©1998 Artech House, Inc）

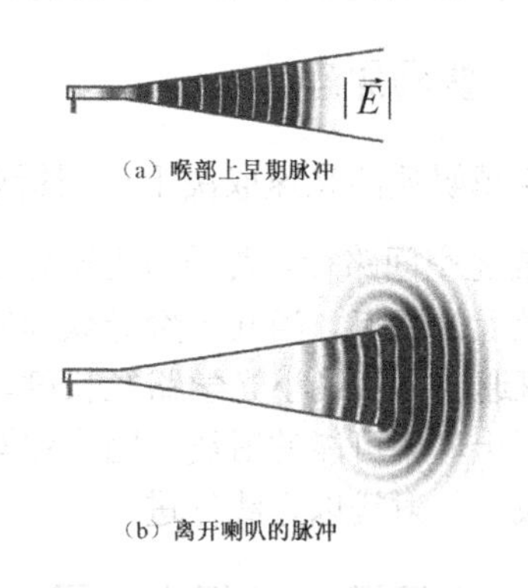

（a）喉部上早期脉冲

（b）离开喇叭的脉冲

图 2-19　标准增益喇叭垂直对称面上 FDTD 计算电场

（摘自文献[17]，图 7.20，©1998 Artech House, Inc）

2.7　物理光学和几何绕射理论

射线光学可以让你对辐射有更好的物理理解，并且激发设计灵感。但是，我们需要问问，使用它准确吗。射线光学，或者说是几何光学（GO），来源于透镜和光学反射体的设计，与需分析的物体大小相比，其波长非常之短。而我们可能只对分析结构大小仅有数个波长的天线感兴趣。下面将要指出，在大多数的辐射领域，GO 基本上是正确的，另外，通过使用几何光学绕射[GTD（UTD）]原理，能提高方向图的预估。这里所谓的提高，意味着可以增加使辐射方向图变得更准确的区域。你会发现，少量区域上方向图预估的改进，就要化费很多的努力，在某些时候，你需要决定这是否值得。你的真实设计目标只是确定天线的尺寸，让它能产生所期望的天线响应。然而，随着天线费用的增加，客户可能要求更好地预估最后的结果，因此，为改进分析支付必要代价也是合理的。应该接受这个新的方法。即便预估的方向图有部分是错误的，例如出现了明显的不连续，这也只是意味着，靠近这个方向的预估是不准确的，而辐射区大部分方向上的预估，基本上仍是正确的。

这个方法的讨论可以从一些简单的算例开始，这些 2D 算例引入了 GO 和 GTD 的基本思想。在这些算例中，可以忽略极化方向的偏转，因为，这些波的电场极化方向不是垂直于纸面，就是位于纸平面当中。我们将考察物体的辐射遮蔽、物体的反射射线、充斥于方向图阴影区的物体绕射射线、持续反射射线的交叉边界。

讨论完这些简单的算例后，将给出 GTD 的一些关键点，用以解决一些 3D 问题。这涉及坐标系统的旋转，使得射线极化平行于入射反射平面，平行于绕射边缘，平行于绕过物体将射线投入阴影的曲面的曲率方向。如果希望开发自己的程序，还需要查阅更多的参考资料，这里的讨论只介绍要点，给出一个基本方法，据此可使用已有的计算机程序并了解它的一些局限。

GO 使用射线法近似电磁场，这只在波长趋近于零（无限大频率）时才是正确的，但是，我们从中可以得到对任何频率都有用的观点。虽然在接近物理边界时，它不能给出好的结果，然而，当 GTD 也包括其中后，计算结果在低至一个波长的大小时都是正确的，而 $\lambda/4$ 大小时，结果也还可用。当处理反射体时，GO 给了我们一个物理视图。为全面应用 GO 法，必须考虑 3 个方面的问题：① 射线反射；② 极化；③ 射线路径和反射线上的幅度变化。

2.7.1 费马原理

射线穿越媒质的光速取决于空间折射系数：$n=\sqrt{\varepsilon_r\mu_r}$，定义光学路径长度为 $\int_C n\mathrm{d}l$，这里 C 用以描述空间路径。费马原理确定了两点之间的射线路径。它指出，光学路径长度是沿有效射线路径上的驻点。当其一阶导数为零，并且其光学路径最小（或最大）时，一个表达式是驻定的。可通过寻找最小光学路径长度，使用费马原理追踪反射或折射路径。我们可以在两点之间找到不止一条可能的射线，因为费马原理只需要局部最小。当我们排除透镜边界时，在均匀媒质区域中，射线以直线行进。

2.7.2 偶极子的 H 面方向图

图 2-20 给出了问题的几何图和不同的分析区域。图中表明，偶极子的两个端点垂直于纸面。偶极子方向图在纸面上是全向的，而电场方向则垂直于纸面。当从偶极子处跟踪射线到有限条带处，可以发现，在条带的两边有两个重要的方向。标识有 RB（反射边界）的虚线边界是条带的最后的反射线方向。同样，标识有 SB（阴影边界）的虚线边界则是未被条带遮挡的最后射线。区域 I 中的辐射是偶极子的直射波与条带反射波的和。区域 II 的两个部分都只有来源于偶极子的直射波。最后，区域 III 完全被遮挡了直射波与反射波射线，这一区域只接收周围边缘的绕射射线。

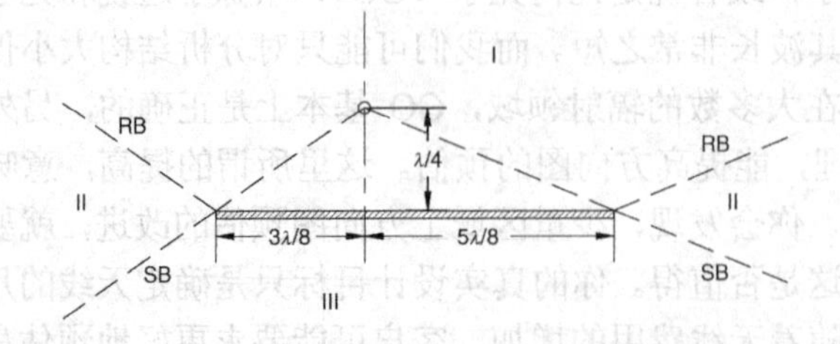

图 2-20 偶极子位于非对称地面之上的二维 GTD 模型示例

如果我们只在分析中使用直射射线与反射射线，得到的方向图如图 2-21 所示，图中也同时画出了实际的方向图。仅使用直射射线与反射射线的方向图，可以解释为来自偶极子的直射波与来自条带下方的镜像偶极子的同相相加。如果比较图 2-21 中的两条曲线，可以看到，两者在 $\theta=0$ 的附近是相同的。但是直射射线加反射射线的方向图在 SB 和 RB 区域的边界处不连续。图 2-22 给出了同一模型的分析结果，只是该模型中的条带宽度为 5λ。使用较宽的条带，两个方向图吻合的范围约有 80°，而且，第二模型的的分析结果，在前向大部分方向上都是准确的。简单的几何光学法能为较大的物体给出较好的计算结果，而且，也让你认识到（这一方法使）方向图含有不连续性。

取消上述不连续性需要格外的努力。方向图不连续性不可能存在的原因是，阴影和反射边界出现在自由空间中。场不连续出现在材料的边界处。但是，例如切向电场，即便是在穿越材料的边界上，也必须是连续的。边缘绕射解决了不连续的问题。图 2-23 给出了由总方向图归一化的两个边的边缘绕射方向图。边缘绕射匹配了直射波加反射波射线的和在 SB 和 RB 处的不连续。UTD（一致绕射理论）技术[20]计算了那些绕射。将那些绕射加上直射波与反射波射线的辐射后，得到了图 2-21 中的总方向图。偶极子、地面中的偶极子镜像、两个边的绕射，构成了 4 元阵列，这 4 元中的每一元都有独立的方向图。几何方向场加上边缘绕射场取消了方向图中的不连续性，进而可以用于计算条带地面后的方向图。

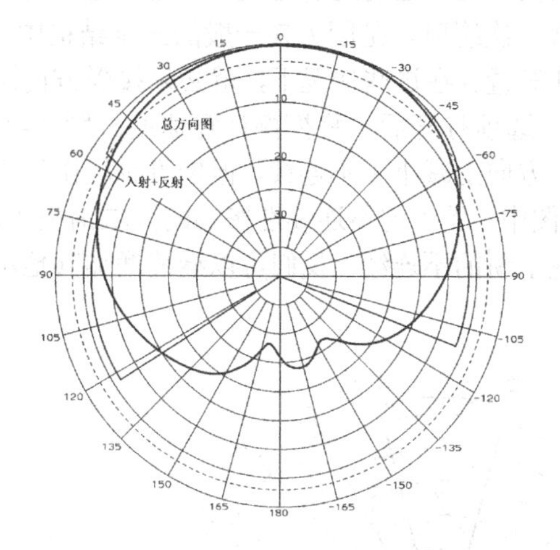

图 2-21　非对称地面上方偶极子入射和反射射线形成的 H 面方向图与图 2-20 中的 1λ 地面的完整解对比

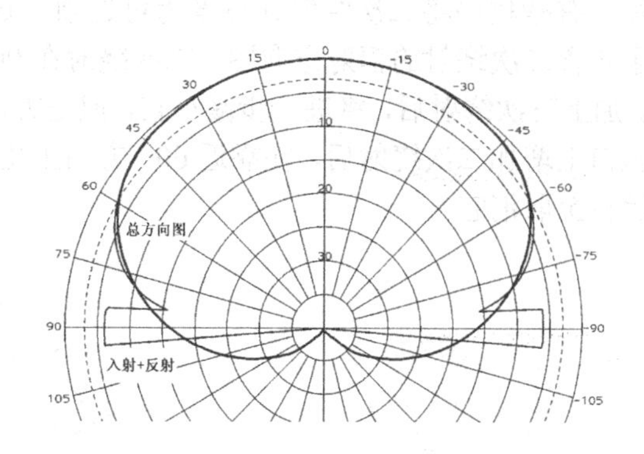

图 2-22　对称地面上方偶极子入射和反射射线形成的 H 面方向图

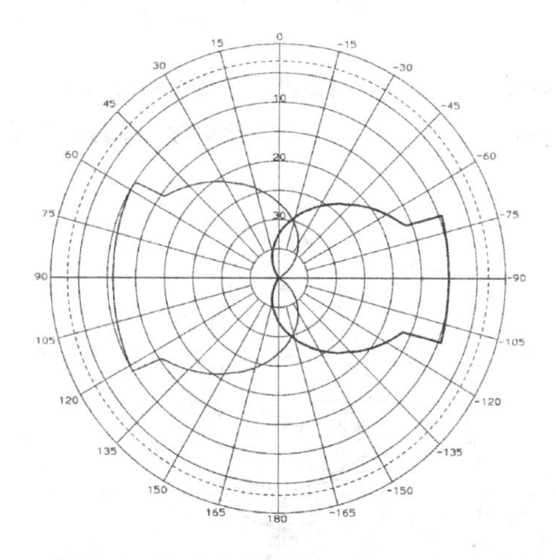

图 2-23　偶极子下方非对称 1λ 地面的 H 面 GTD 边缘绕射

2.7.3 矩形喇叭的 E 面方向图

图 2-24 绘出了喇叭的横截面，这一情况下，也可以说是喇叭的二维近似。这个喇叭由波导馈电，并且在 E 面产生均匀口径分布。这一模型的几何光学辐射是–15～+15° 方向上的楔性恒定信号，如图 2-25 所示。反射方向图综合直接辐射波后，产生了同样的方向图。图 2-25 也绘出了两个边缘的绕射方向图。沿着平面，其峰值所展示的不连续性与几何方向场的不连续性处于同一个角度。每一绕射方向图在每一边的 90° 处有一不连续，其原因是，喇叭口遮挡了来自另一边的绕射。当绕射场加上几何光学场后，得到的方向图如图 2-26 所示。仅仅只是将三个分量相加后，就得到了图中在大部分角度上都正确的喇叭方向图。方向图的 90° 处，可以看到有不连续存在，这是 GTD 计算时，考虑的绕射项不够多造成的。应当认识到，这些不连续性，只会引起该角度周围的方向图出现误差，方向图的绝大部分都是正确的。

在近 90° 方向处，需要另外一项来校正。来自喇叭口径一边的绕射遮蔽，在这个边上会引起第二次绕射，称之为二次绕射。一些程序没有实现二次绕射，是因为在一般的三维结构中，由于需要开展射线追踪，二次绕射会引出相当大的计算量。在这些情况下，就必须接受方向图不连续。有些程序将二次绕射计算设为可选项。这一选项打开后，将拖慢计算速度。图 2-27 给出了包含二次绕射的辐射方向图。二次绕射在 90° 方向上减小了不连续，但仍可见轻微的不连续。加上三次绕射后，将进一步减小它，但是方向图中，受小的不连续性影响的区域消失了。在喇叭口上增加二次绕射后，在靠近 60° 方向上出现了新的不连续。我们可以继续增加其他项来去除直至取消它。

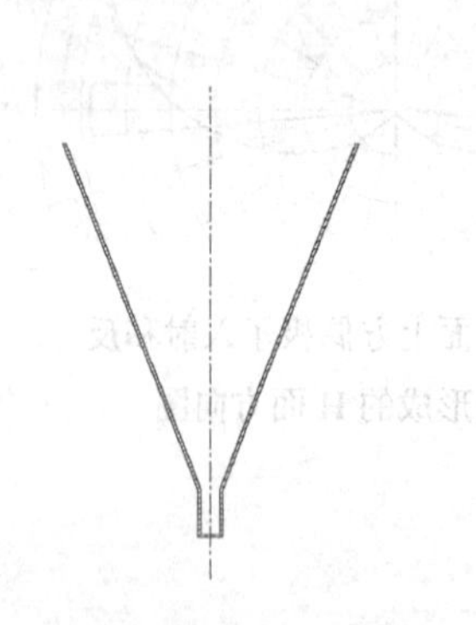

图 2-24 用于 GTD 分析的矩形喇叭二维模型几何图

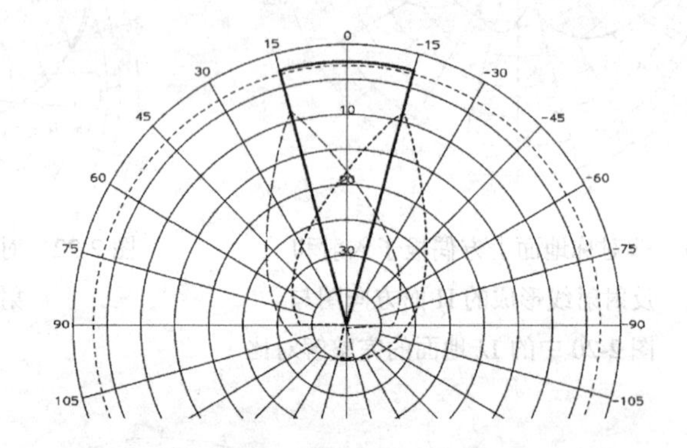

图 2-25 矩形喇叭的 GO 项（实线）和边缘绕射项（虚线）E 面方向图

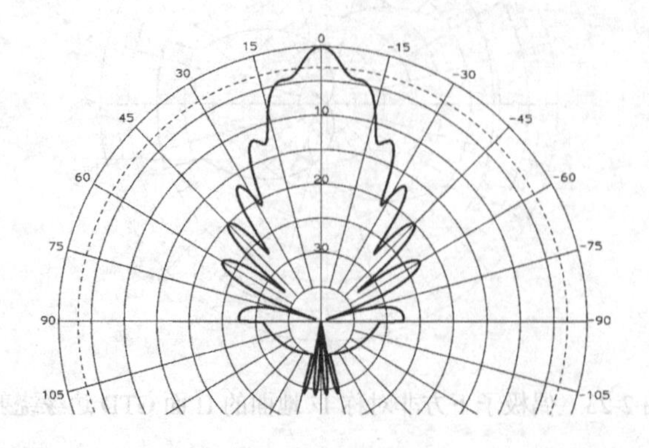

图 2-26 矩形喇叭 E 面方向图中的 GO 和边缘绕射综合

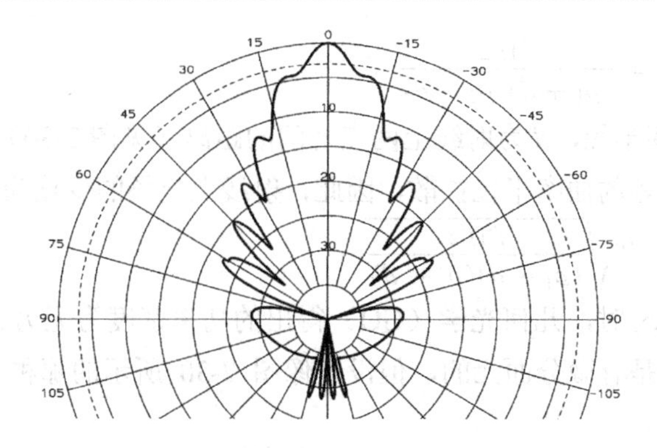

图 2-27　综合了 GO、边缘绕射和边缘二次绕射等 GTD 项的矩形喇叭 E 面方向图

2.7.4　矩形喇叭的 H 面方向图

在 H 面上，二维喇叭的壁上切向电场为零。这影响了 GO 场，产生了下列 GO 场方程：

$$E^{\mathrm{GO}} = \cos\frac{\pi\tan\theta}{2\tan\alpha}\frac{\mathrm{e}^{-\mathrm{j}kR}}{\sqrt{R}} \tag{2-60}$$

式（2-60）包含相移项和二维场扩展因子的平方根。喇叭壁相对中心线的倾斜角为 α。图 2-28 画出了在壁上为零的 GO 场。在此无须考虑边缘绕射，因为在边缘上的场为零，但是，图 2-28 示出了峰值在壁方向上的绕射方向图。

我们称这一新的项为劈绕射。这一新类型需要另外一套不同于边缘绕射系数的系数。正如边缘绕射的幅度正比于边上的入射场，劈绕射的幅度正比于边缘法向场的导数。我们赋予边缘绕射和劈绕射同样的几何因子，但是，现在必须计算入射场的法向导数。图 2-29 绘出了喇叭的 H 面方向图。该方向图不能预测后向方向图。实际喇叭的 E 面绕射能产生后半球面的方向图，但二维模型却不包括 E 面。

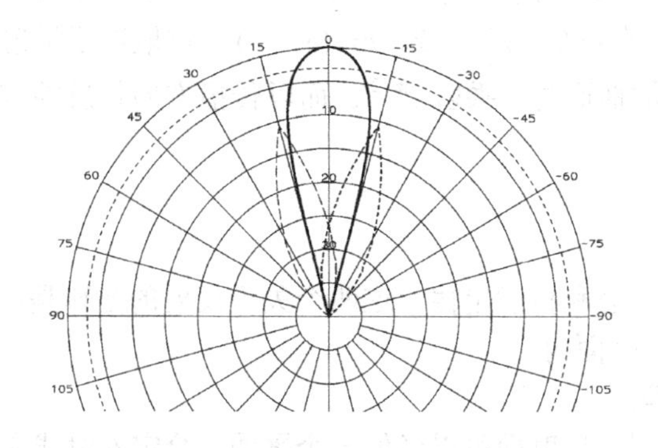

图 2-28　综合了 GO（实线）、劈边缘绕射（虚线）的矩形喇叭 E 面方向图

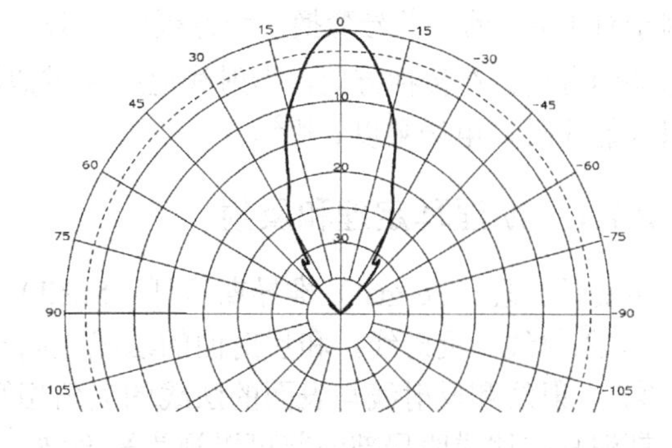

图 2-29　综合了 GO 和劈边缘绕射的 GTD 分析得出的矩形喇叭 H 面方向图

2.7.5　射线的幅度变化

射线的功率一般随着离开源的距离的增加而减小。如果将射线的等相位面（程函面）展开为泰勒级数，可得到一个用曲率半径表示出的表面[20]。最大和最小曲率半径分别在两个相互正交的主平面内，这些曲率半径确定了该射线上点到点电波振幅的扩散。由此，可计算出射线上两个位置的微分面元的比值：

$$\frac{\mathrm{d}A_2}{\mathrm{d}A_1}=\frac{\rho_1\rho_2}{(\rho_1+d)(\rho_2+d)} \tag{2-61}$$

式中，ρ_1 和 ρ_2 为主曲率半径，d 为射线上两点之间的距离（见图 2-30）。

由于象散射线以不等的曲率半径扩散，因此，射线上电场的变化为

$$E_0\mathrm{e}^{-\mathrm{j}kd}\sqrt{\frac{\rho_1\rho_2}{(\rho_1+d)(\rho_2+d)}} \tag{2-62}$$

当 $d=-\rho_1$ 或 $d=-\rho_2$ 时，几何光学（GO）得出的功率密度为无穷大。我们称这些位置为焦散点。记住，射线总是有微分面元的，但没有像图 2-30 所示的那种真实的面元。像散射线有三种特殊情况：

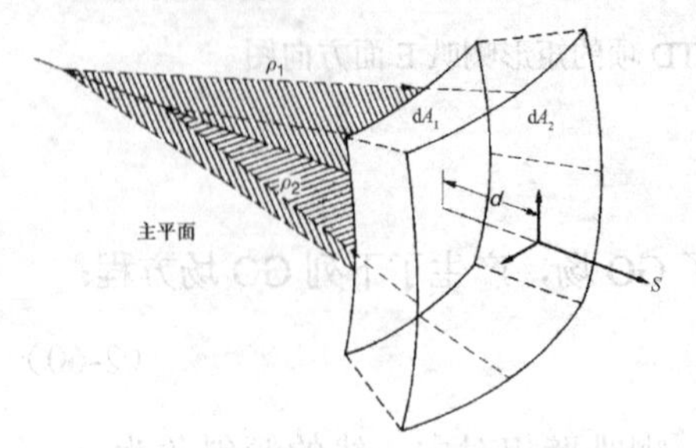

图 2-30　像散射线

（1）球面波，$\rho_1=\rho$：

$$E_0\mathrm{e}^{-\mathrm{j}kd}\frac{\rho}{\rho+d} \tag{2-63}$$

（2）柱面波，$\rho_1=\infty$：

$$E_0\mathrm{e}^{-\mathrm{j}kd}\sqrt{\frac{\rho}{\rho+d}} \tag{2-64}$$

（3）平面波，$\rho_1=\rho_2=\infty$

$$E_0\mathrm{e}^{-\mathrm{j}kd} \tag{2-65}$$

平面波传播时并不扩散，其幅度并不随距离的变化而改变。由于柱面波和平面波需要无限远的源，因此，它们并非真实存在，但我们发现它们在数学上却很方便。

2.7.6　穿过焦散面的附加相移

我们并不能确定焦散曲面上的射线幅度，但可以确定其两边的幅度和相位。穿过焦散曲面会在射线上引入额外的相移[21]。当射线距离因子 d 通过 ρ_1 或 ρ_2 时，式（2-62）的平方根的分母因子有 180° 的正负号变换。平方根变化 180° 为 +90° ($\mathrm{e}^{\mathrm{j}\pi/2}$) 或 −90° ($\mathrm{e}^{-\mathrm{j}\pi/2}$)，这取决于沿射线运动的方向。在传播方向，当射线追踪通过焦散曲面时，乘以 $\mathrm{e}^{\mathrm{j}\pi/2}$。而以传播方向相反的方向追踪射线时，电场乘以 $\mathrm{e}^{-\mathrm{j}\pi/2}$。

2.7.7　斯涅耳定理和反射

由费马原理（Fermat）推导斯涅耳（Snell）反射和折射定律。这两个关于反射的定律是：

① 入射线，反射线，和反射面的法线在同一平面内。

② 入射线和反射线与表面的法线的夹角相等。

斯涅耳定律说明局部波前可以视为平面波，因而反射面可以当做一个平面。给定入射线方向 $\mathbf{S}_1$，反射线 $\mathbf{S}_2$ 和反射面的法线 $\mathbf{n}$，则斯涅耳定律可以用矢量表示为

$$\mathbf{n}\times(\mathbf{S}_2-\mathbf{S}_1)=0\ ,\quad \mathbf{n}\cdot(\mathbf{S}_1+\mathbf{S}_1)=0 \tag{2-66}$$

联合式（2-66）可确定反射前后射线的方向为

$$\mathbf{S}_1=\mathbf{S}_2-2(\mathbf{S}_2\cdot\mathbf{n})\mathbf{n}\ ,\quad \mathbf{S}_2=\mathbf{S}_1-2(\mathbf{S}_1\cdot\mathbf{n})\mathbf{n} \tag{2-67}$$

斯涅耳折射定律也可用矢量表示为

$$\mathbf{n}\times(n_2\mathbf{S}_2-n_1\mathbf{S}_1)=0 \tag{2-68}$$

式中，n_1 和 n_2 是两种媒质的折射指数。

2.7.8　反射对极化的影响

电场垂直于射线方向（自由空间的波），并可用二维极化的空间（1.11 节）来描述。可以在射线矢量为法线的平面内以方便旋转的二维基矢量来描述极化。这里将采用反射后改变方向的固定射线坐标系：

$$\mathbf{E}_i = \mathbf{a}_{\|}^i E_{i\|} + \mathbf{a}_{\perp}^i E_{i\perp} \tag{2-69}$$

式中，$\mathbf{a}_{\|}^i$ 是入射面内的单位矢量，$\mathbf{a}_{\perp}^i$ 是垂直于入射面的单位矢量。由平面的法线 $\mathbf{n}$ 和入射线单位矢量 $\mathbf{S}_i$ 计算反射点的 $\mathbf{a}_{\perp}^i$，得

$$\begin{aligned}\mathbf{a}_{\perp}^i &= \frac{\mathbf{S}_i \times \mathbf{n}}{|\mathbf{S}_i \times \mathbf{n}|}\\ \mathbf{a}_{\|}^i &= \mathbf{a}_{\perp}^i \times \mathbf{S}_i\end{aligned} \tag{2-70}$$

反射后，由输出射线 $\mathbf{S}_r$ 可算出固定输出射线的极化矢量为

$$\mathbf{a}_{\perp}^r = \mathbf{a}_{\perp}^i \quad 和 \quad \mathbf{a}_{\|}^r = \mathbf{a}_{\perp}^r \times \mathbf{S}_r$$

$E_{i\|}$ 是 $\mathbf{a}_{\|}^i$ 方向的入射电场，$E_{i\perp}$ 是 $\mathbf{a}_{\perp}^i$ 方向的入射电场。当然，单位矢量 $\mathbf{a}_{\|}$ 的方向从入射方向变为反射线方向。在导体表面上，平行于反射表面的电场必须消失，则

$$E_{r\perp} = -E_{i\perp} \tag{2-71}$$

式中，$E_{r\perp}$ 是 $\mathbf{a}_{\perp}^i$ 方向的反射场。由与反射面平行的磁场可求得 $E_{\|}$ 的反射特性：

$$H_{r\|} = H_{i\|} \tag{2-72}$$

合并式（2-71）和式（2-72），可获得固定射线坐标系的并矢关系：

$$\begin{bmatrix} E_{r\|} \\ E_{r\perp} \end{bmatrix} = \begin{bmatrix} 1 & 0 \\ 0 & -1 \end{bmatrix} \begin{bmatrix} E_{i\|} \\ E_{i\perp} \end{bmatrix} \tag{2-73}$$

式中，$E_{r\|}$ 和 $E_{i\perp}$ 是反射场分量。在每个反射点，旋转极化方向使 $\mathbf{a}_{i\perp}$ 与入射平面的法线平行。我们也可以将式（2-73）表示为入射和反射波极化矢量的并矢 $\mathbf{R} = \mathbf{a}_{\|}^i \mathbf{a}_{\|}^r - \mathbf{a}_{\perp}^i \mathbf{a}_{\perp}^r$。当然，还有另外一种方法可以在三维固定坐标系中描述极化，但它需要 3×3 的反射矩阵。

2.7.9　曲面反射

波被曲面反射后，波的曲率半径和主平面均要变化。沿反射线的电场为

$$\mathbf{E}_r(s) = \mathbf{E}_{i0} \cdot \mathbf{R} \sqrt{\frac{\rho_1^r \rho_2^r}{(\rho_1^r + s)(\rho_2^r + s)}} \mathrm{e}^{-\mathrm{j}ks} \tag{2-74}$$

式中，s 是沿着射线离开反射点的距离；ρ_1 和 ρ_2 是反射线的曲率半径；$\mathbf{R}$ 是并矢反射系数。E_{i0} 为入射线电场。对于平表面，可以用入射线焦散点的镜像 ρ_1^r 和 ρ_2^r，但在一般情况下，ρ_1^r 和 ρ_2^r 为

$$\frac{1}{\rho_1^r} = \frac{1}{2}\left(\frac{1}{\rho_1^i} + \frac{1}{\rho_2^i}\right) + \frac{1}{f_1}, \quad \frac{1}{\rho_2^r} = \frac{1}{2}\left(\frac{1}{\rho_1^i} + \frac{1}{\rho_2^i}\right) + \frac{1}{f_2} \tag{2-75}$$

式中，f_1 和 f_2 为表面的广义焦距。式（2-74）的扩散因子在远区场可以简化为

$$\sqrt{\frac{\rho_1^r \rho_2^r}{(\rho_1^r + s)(\rho_2^r + s)}} \approx \frac{\sqrt{\rho_1^r \rho_2^r}}{s}$$

Kouyoumjian 和 Pathak[23]推导出了表面焦距的公式。已知反射点是方向为 $\mathbf{u}_1$ 和 $\mathbf{u}_2$、主曲率半径为 R_1 和 R_2 的曲面。对于由单位矢量 $\mathbf{x}_1^i$ 和 $\mathbf{x}_2^i$ 定义的相对于主轴的入射线，可以定义一个入

射线与曲面主曲率方向之间的矩阵关系：

$$\theta=\begin{bmatrix}\mathbf{x}_1^i\cdot\mathbf{u}_1 & \mathbf{x}_1^i\cdot\mathbf{u}_2\\ \mathbf{x}_2^i\cdot\mathbf{u}_1 & \mathbf{x}_2^i\cdot\mathbf{u}_2\end{bmatrix} \tag{2-76}$$

这里行列式 $|\theta|=(\mathbf{x}_1^i\cdot\mathbf{u}_1)(\mathbf{x}_2^i\cdot\mathbf{u}_1)-(\mathbf{x}_2^i\cdot\mathbf{u}_1)(\mathbf{x}_1^i\cdot\mathbf{u}_2)$。给定入射角 θ^i，以下为焦距：

$$\begin{aligned}\frac{1}{f_{1,2}}=&\frac{\cos\theta^i}{|\theta|^2}\left(\frac{\theta_{22}^2+\theta_{12}^2}{R_1}+\frac{\theta_{21}^2+\theta_{11}^2}{R_2}\right)\\&\pm\frac{1}{2}\left\{\left(\frac{1}{\rho_1^i}-\frac{1}{\rho_2^i}\right)^2+\left(\frac{1}{\rho_1^i}-\frac{1}{\rho_2^i}\right)\frac{4\cos\theta^i}{|\theta|^2}\left(\frac{\theta_{22}^2-\theta_{12}^2}{R_1}+\frac{\theta_{21}^2-\theta_{11}^2}{R_2}\right)\right.\\&\left.+\frac{4\cos^2\theta^i}{|\theta|^4}\left[\left(\frac{\theta_{22}^2+\theta_{12}^2}{R_1}+\frac{\theta_{21}^2+\theta_{11}^2}{R_2}\right)^2-\frac{4|\theta|^2}{R_1R_2}\right]\right\}^{1/2}\end{aligned} \tag{2-77}$$

对单次反射，我们并不需要计算主轴的方向，只需要焦距。而多次反射则需要知道反射线主平面方向信息。定义下面的矩阵来确定反射后主轴的方向：

$$Q_0^i=\begin{bmatrix}\frac{1}{\rho_1^i} & 0\\ 0 & \frac{1}{\rho_2^i}\end{bmatrix}\qquad C_0=\begin{bmatrix}\frac{1}{R_1} & 0\\ 0 & \frac{1}{R_2}\end{bmatrix}$$

$$Q^r=Q_0^i+2(\theta^{-1})^{\mathrm{T}}C_0\theta^{-1}\cos\theta_i$$

$$\mathbf{b}_1^r=\mathbf{x}_1^i-2(\mathbf{n}\cdot\mathbf{x}_1^i)\mathbf{n}\qquad \mathbf{b}_2^r=\mathbf{x}_2^i-2(\mathbf{n}\cdot\mathbf{x}_2^i)\mathbf{n}$$

式中，$\mathbf{n}$ 是反射点的曲面法线。一个主轴方向为

$$\mathbf{x}_1^r=\frac{\left(Q_{22}^r-1/\rho_1^r\right)\mathbf{b}_1^r-Q_{12}^r\mathbf{b}_2^r}{\sqrt{\left(Q_{22}^r-1/\rho_1^r\right)^2+(Q_{12}^r)^2}} \tag{2-78}$$

另一个主轴方向可以通过式（2-78）和反射线单位矢量的叉乘导出：

$$\mathbf{x}_2^r=-\mathbf{S}_r\times\mathbf{x}_1^r \tag{2-79}$$

对于每个反射，都必须再次应用式（2-75）～式（2-79）。

式（2-75）～式（2-79）可以用来分析，但除了可用于计算机优化外，它们并不能直接用于综合。如果我们限定为由轮廓线旋转而成的反射面，其曲率半径由经线和纬线给出，那么这些问题可以简化为二维的。同样，柱面波［式（2-64）］照射的圆柱形反射面也将简化为二维问题。入射波和反射波仍在用于分析反射面所选取的单一平面之内。

2.7.10 射线追踪

反射系统的射线追踪概念上是简单的。射线投射到反射面的任何地方，都可以计算出该点表面的法线。通过式（2-67）求得反射线的方向。当用固定射线坐标系来描述入射和反射线时，式（2-73）可确定其极化效应。用几何参数就可确定沿射线的幅度变化，而并不用上面给出的一般表达式。当试图找出给定场点和源点的情况下的反射点时，实践发现这是有困难的。用于计算一般表面反射点的解析表达式并不存在。通常是用计算机程序搜索最短光路径长度（费马原理），而无须使用式（2-67），因为局部极小值将满足该方程。

2.7.11 边缘绕射

将广义费马原理应用于射线，Keller[24]将理想反射的思想推广到了边缘绕射。图 2-31 显示

了边缘绕射中的射线及相应的极化方向。该图显示了绕射点的边缘矢量。该矢量是在边缘矢量和在入射平面法向入射光线点之间取叉乘。我们在入射光线和边缘法线所在的这个平面上测量入射线的绕射角。由于绕射服从广义费马原理，绕射线以相同的角度出射，类似于反射线角度。绕射线位于锥内，以边缘矢量为轴。绕射线将入射功率传入锥内。图 2-31 画出了一条特定的绕射线，并显示了如何确定离开平面的绕射线的方法。

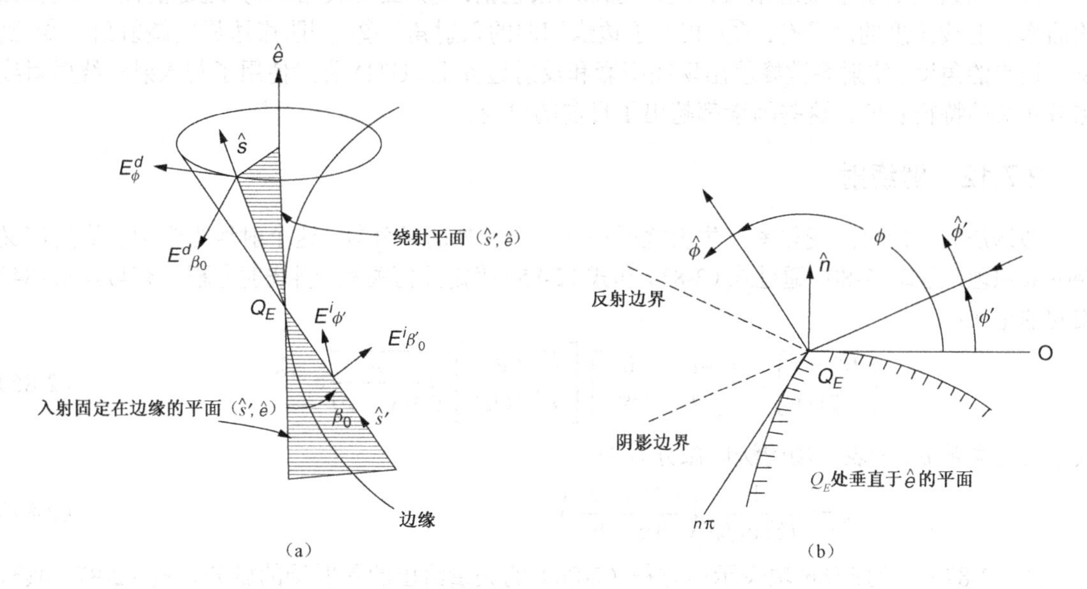

图 2-31 在曲线边缘的边缘绕射点中固定在射线上的坐标系与固定于边缘的坐标系（显示入射面和绕射面）（摘自文献[25]，图 5，©1974 IEEE）

我们用入射和绕射平面来定义绕射线的极化。矢量平行和垂直于这两个平面。给定边缘单位矢量 **e**，计算入射的垂直极化矢量：

$$\mathbf{a}_{\phi'} = \frac{\mathbf{e} \times \mathbf{S}'}{\sin \beta_0} \tag{2-80}$$

其中，$\mathbf{S}'$ 是入射光线而β_0是边缘切线和入射线之间的夹角。

绕射线垂直极化类似于入射线：

$$\mathbf{a}_{\phi} = -\frac{\mathbf{e} \times \mathbf{S}}{\sin \beta_0} \tag{2-81}$$

其中 **S** 是绕射线的单位矢量。对于绕射，有以下的矢量关系：

$$|\mathbf{e} \times \mathbf{S}| = |\mathbf{e} \times \mathbf{S}'|\ ;\quad \mathbf{e} \cdot \mathbf{S} = \mathbf{e} \cdot \mathbf{S}' \tag{2-82}$$

用下面的叉乘来确定沿着射线固定坐标系的平行极化矢量：

$$\mathbf{a}_{\phi'} \times \mathbf{a}_{\beta'_0} = \mathbf{S}'\ ;\quad \mathbf{a}_{\phi} \times \mathbf{a}_{\beta_0} = \mathbf{S} \tag{2-83}$$

通过使用射线固定坐标系，绕射矩阵简化到 2 × 2。

当β_0=π/2 时，平行极化分量平行于边缘而电场消失：$E_{\beta'_0} + E_{\beta_0} = 0$。声学中称之为软边界条件（Dirichlet）；它作用在平行极化分量上。垂直分量满足硬边界条件（Neumann）。在绕射点Q_e处，可以用矩阵方程描述绕射：

$$\begin{bmatrix} E^d_{\beta_0}(s) \\ E^d_{\phi}(s) \end{bmatrix} = \begin{bmatrix} -D_s & 0 \\ 0 & -D_h \end{bmatrix} \begin{bmatrix} E^i_{\beta'_0}(Q_e) \\ E^i_{\phi'}(Q_e) \end{bmatrix} \sqrt{\frac{\rho}{s(s+\rho)}}\mathrm{e}^{-\mathrm{j}ks} \tag{2-84}$$

其中 s 是到绕射点的距离。绕射在绕射点上形成一个焦散。由入射平面内入射光线的曲率半径

ρ_e^{i}和边缘曲率单位矢量$\hat{\mathbf{n}}_e$计算第二焦散距离ρ：

$$\frac{1}{\rho}=\frac{1}{\rho_e^i}-\frac{\hat{\mathbf{n}}_e\cdot(\hat{\mathbf{s}}'-\hat{\mathbf{s}})}{a\sin^2\beta_0} \tag{2-85}$$

其中a是边缘的曲率半径。当$a\to\infty$（直边）时，式（2-85）的第二项消失。

许多因素决定楔形绕射系数。绕射边缘因素包括：① 面的夹角，② 边缘的曲率和③ 面的曲率。射线角度的因子有：① 相对于边缘切向的入射角，② 到阴影边界的绕射角，③ 到反射边界的角度。绕射系数峰值出现在阴影和反射边界上。UTD 公式使用了与入射和绕射射线焦散相关的特征长度。这些因素都超出了目前的讨论。

2.7.12 劈绕射

边缘法向场的空间变化率产生斜绕射——一个额外的场分量。这个射线光学项也满足广义Fermat 原理，由式（2-80）通过式（2-83）和式（2-85）确定几何关系。斜绕射方程具有与式（2-84）相同的形式：

$$\begin{bmatrix}E_{\beta_0}^d(s)\\E_\phi^d(s)\end{bmatrix}=\begin{bmatrix}-e_s & 0\\0 & -e_h\end{bmatrix}\begin{bmatrix}E_{\beta_0'}^i(Q_e)\\E_{\phi'}^i(Q_e)\end{bmatrix}\sqrt{\frac{\rho}{s(s+\rho)}}\mathrm{e}^{-\mathrm{j}ks} \tag{2-86}$$

其中绕射系数$e_{s,h}$和表面场的法向微分有关：

$$e_{s,h}=\frac{1}{jk\sin\beta_0}\left(\frac{\partial D_{s,h}}{\partial\phi'}\frac{\partial}{\partial n'}\right) \tag{2-87}$$

式（2-87）中的$\partial/\partial n'$项表示由方程（2-86）的矢量给出的入射场的微分。式（2-87）具有$\partial D_{s,h}/\mathrm{d}\Phi$项，对应于从子路径返回的软硬斜绕射项；它只是一个符号的微分。

2.7.13 尖角绕射

每一个结构不连续处均有绕射波。我们从能产生绕射射线的楔形边界（尖角）的无限楔导出边缘绕射。回顾 2.4.2 节，在那里，PTD 在边缘处增加电流来处理非无限大表面效应；尖角绕射公式采用等效电流来推导那些系数。我们总是逐个边界地处理边缘绕射。因为每一个角都源于两条边，从每条边单独计算尖角的绕射，每个角有两项。

虽然边缘绕射被限于锥上，角绕射则在所有方向上辐射。在角绕射的贡献之前，边缘必须从源和接收点均可见。在任何三维问题中，都必须包含角绕射。随着源和接收器离物体的距离变远，角绕射的贡献超过了边缘绕射，占据主导地位，因为它来源于等效电流。

2.7.14 等效电流

GTD 不能预测焦散处的场。在许多情况下，我们认为这些地方不重要，但对于需要这些地方的场的情况，等效电流法可以告诉我们答案。等效电流来源于边缘绕射，取而代之，在所有方向图点中，我们使用等效电流代替边缘绕射。电流的使用将问题简化为物理光学的解法，这需要用到线积分。

我们将射线表达的入射场与等效电流相联系：

$$I=\frac{2j}{\eta k}E_{\beta_0'}^i D_s\sqrt{2\pi k}\ \mathrm{e}^{\mathrm{j}\pi/4} \tag{2-88}$$

$$M=\frac{2j}{k}E_{\phi_0'}^i D_h\sqrt{2\pi k}\ \mathrm{e}^{\mathrm{j}\pi/4} \tag{2-89}$$

软硬绕射系数$D_{s,h}$取决于辐射源和接收机位置。由于使用矢量势或并矢格林函数来计算场，公式中没有焦散。它们只与几何光学解法相关联。

等效电流可以计算反射面背向的近轴场。对于轴对称设计，当沿着边缘的所有点被“点亮”时，GTD 解法产生焦散。PTD 使用等效电流以一个相似但不同的方式算出在同一区域的正确的场。从绕射系数导出的等效电流产生完整的解，因为反射面阻挡了入射场。在物理光学中，我们将继续包括入射场和反射面上的感应电流辐射场，但增加了 PTD 电流辐射。注意到劈绕射也增加了等效电流。

2.7.15　曲面绕射

在一种表面波辐射的解析方法中，我们假设波束缚在表面上且只在不连续处辐射。无限结构上的表面波虽不辐射，但在远离表面方向上依指数衰减，这是由于它被束缚在表面上。我们可以将 GTD 表述为不连续性的辐射，这就产生了一种弯曲物体阴影面的辐射分析方法。曲面上持续的不连续性导致了阴影区每一点都辐射功率。这些波自沿测地线行进并束缚于表面的波的切线方向辐射。表面波依赖介质涂层或皱纹面将其减慢并约束在表面上。而表面曲率无需介质或皱纹的表面涂层，也能将波减慢并束缚在该面上。沿着表面传播的波沿切向散发射线中的功率。

射线沿着表面测地线从接触点传播到辐射点。测地线是表面上两点间距离最短的路径。在微分几何中，它具有更广泛的含义，但是对于我们的目的来说，最短距离定义就可以了。像所有其他 GTD 项一样，曲面绕射满足广义的费马原理（最短距离）。最好的方法是，在接触点和发射（出射）点处，都使用另一个沿表面的固定在射线上的坐标系，其坐标矢量垂直和相切于平面。

曲面绕射用不同的公式考虑三种类型的问题。其中两种从安装于表面的天线开始。我们或者计算弯曲的物体存在时的方向图，或者计算与同样安装在弯曲物体上的第二个天线的耦合。第三种情况是确定不在表面的源的散射场。这三者都使用固定在射线上的坐标系。我们从表面法向 $\hat{\mathbf{n}}$ 和沿测地线的路径的切向矢量 $\hat{\mathbf{t}}$ 开始。用一个矢量叉乘定义局域坐标系中的第三个方向。我们使用表面副法线 $\hat{\mathbf{b}}$，这三个矢量形成一个三元组：$\hat{\mathbf{n}}\times\hat{\mathbf{b}}=\hat{\mathbf{t}}$。在一般表面上，这三个矢量随着波沿测地线的移动而改变方向。对于具有不断变化的副法线的路径，我们使用“扭转”这个词来表示。一个软的并矢绕射系数被用于沿接触点的副法线方向的场和沿切向发射点副法线方向的场。对沿法向矢量的场，我们使用硬并矢绕射系数。对于给定源点和接收点的一般的曲面，没有可以用来计算接触点和出射点的公式。我们通常从一个已知的绕射开始，并沿曲线小步进地向前找到其他点。

参考文献

[1] L. Diaz and T. A. Milligan, *Antenna Engineering Using Physical Optics*, Artech House, Boston, 1996.

[2] B. F. Harrington, *Time-Harmonic Electromagnetic Fields*, McGraw-Hill, New York, 1961.

[3] P. S. Hacker and H. E. Schrank, Range distance requirements for measuring low and ultralow sidelobe antenna patterns, *IEEE Transactions on Antennas and Propagation*, vol. AP-30, no. 5, September 1982.

[4] K. Pontoppidan, ed., *Technical Description of Grasp 8*, Ticra, Copenhagen, 2000 (selfpublished and available at *www.ticra.com*).

[5] J. H. Richmond, A reaction theorem and its application to antenna impedance calculations, *IRE Transactions on Antennas and Propagation*, vol. AP-9, no. 6, November 1961, pp. 515–520.

[6] R. F. Harrington, *Field Computation by Moment Methods*, Macmillan, New York, 1968; reprinted by IEEE Press, New York, 1993.

[7] J. H. Richmond, Radiation and scattering by thin-wire structures in homogeneous conducting medium, *IEEE Transactions on Antennas and Propagation*, vol. AP-22, no. 2, March 1974, p. 365.

[8] N. N. Wang, J. H. Richmond, and M. C. Gilreath, Sinusoidal reactance formulation for radiation from conducting structures, *IEEE Transactions on Antennas and Propagation*, vol. AP-23, no. 3, May 1975.

[9] B. M. Kolundzija and A. R. Djordjevic, *Electromagnetic Modeling of Composite Metallic and Dielectric Structures*, Artech House, Boston, 2002.

[10] R. Djordjevic et al., *AWAS for Windows Version 2.0: Analysis of Wire Antennas and Scatterers*, Artech House, Boston, 2002.

[11] C. Ludwig, Wire grid modeling of surface, *IEEE Transactions on Antennas and Propagation*, vol. AP-35, no. 9, September 1987, pp. 1045–1048.

[12] W. Glisson and D. R. Wilton, Simple and efficient numerical methods for problems of electromagnetic radiation and scattering from surfaces, *IEEE Transactions on Antennas and Propagation,* vol. AP-28, no. 5, September 1980, pp. 563–603.

[13] S. M. Rao, D. R. Wilton, and A. W. Glisson, Electromagnetic scattering by surfaces of arbitrary

[14] shape, *IEEE Transactions on Antennas and Propagation*, vol. AP-30, no. 3, May 1982, pp. 409–418.

[15] M. Kolundzija et al., *WIPL-D: Electromagnetic Modeling of Composite Metallic and Dielectric Structures*, Artech House, Boston, 2001.

[16] P. -S. Kildal, *Foundations of Antennas*, Studentlitteratur, Lund, Sweden, 2000.

[17] Scott, *The Spectral Domain Method in Electromagnetics*, Artech House, Boston, 1989.

[18] K. S. Yee, Numerical solution of initial boundary value problems involving Maxwell's equations in isotropic media, *IEEE Transactions on Antennas and Propagation*, vol. 14, no. 3, May 1966, pp. 302–307.

[19] K. S. Kunz and R. J. Luebbers, *The Finite Difference Time Domain Method for Electromagnetics*, CRC Press, Boca Raton, FL, 1993.

[20] J. G. Maloney and G. S. Smith, Modeling of antennas, Chapter 7 in A. Taflove, ed., *Advances in Computational Electrodynamics: The Finite-Difference Time-Domain Method*, Artech House, Boston, 1998.

[21] J. Struik, *Differential Geometry*, Addison-Wesley, Reading, MA, 1950.

[22] A. McNamara, C. W. I. Pistorius, and J. A. G. Malherbe, *Introduction to the Uniform Geometrical Theory of Diffraction*, Artech House, Boston, 1990.

[23] S. Holt, in R. E. Collin and F. J. Zucker, eds., *Antenna Theory,* Part 2, McGraw-Hill, New York, 1969.

[24] R. Kouyoumjian and P. Pathak, The dyadic diffraction coefficient for a curved edge, *NASA CR-2401*, June 1974.

[25] J. B. Keller, Geometrical theory of diffraction, *Journal of the Optical Society of America*, vol. 52, 1962.

[26] R. G. Kouyoumjian and P. H. Pathak, A uniform geometrical theory of diffraction for an edge in a perfectly conducting surface, *Proceedings of IEEE,* vol. 62, no. 11, November 1974, pp. 1448–1461.

[27] P. H. Pathak, W. D. Burnside, and R. J. Marhefka, A uniform GTD analysis of the diffraction of electromagnetic waves by a smooth convex surface, *IEEE Transactions on Antennas and Propagation*, vol. AP-28, no. 5, September 1980.

[28] P. H. Pathak, N. Wang, W. D. Burnside, and R. G. Kouyoumjian, A uniform GTD solution for the radiation from sources on a convex surface, *IEEE Transactions on Antennas and sPropagation*, vol. AP-29, no. 4, July 1981.

第3章　阵　　列

在讨论各种特殊天线单元之前，从这一章开始研究天线阵列，以揭示天线尺寸和形状与其产生的方向图特性间的关系。我们先忽略馈电网络设计并设定可获得合适的阵列馈电分布。首先，假设一点源分布并计算近似阵列方向图。简单的模型可给出大致结果但并不精确，因此，随后我们考虑了单元方向图以及它们之间的相互影响。馈电网络的设计和分析将在第 12 章相控阵研究中进行讨论。

本章从阵列的数学描述开始，并给出了各种用于简化表达式的假设。分析了简单的二元阵以获得对阵列辐射现象的理解以及如何用简单的参数求得阵列远场方向图。对均匀间距线阵的讨论揭示了在 sin（角度）空间上阵列布局与方向图空间之间的傅里叶级数关系。其主要观点就是方向图波束宽度随着阵列长度的增加而被压缩。若阵列间距过大，方向图会出现多个波束峰值或栅瓣，因此我们也描述了如何控制这些栅瓣以及它们与最大扫描角，阵列布局和阵元间距之间的关系。

相控阵通过控制阵元间相对相位进行波束扫描。将线阵扩展为平面阵从而在两个主平面形成窄波束。平面阵列的设计从方法上与线阵是一样的，但栅瓣分析表明它们有独特的特性，因为它们有时会在扫描平面外形成。我们可以把相控阵划分成多个块而形成多个扫描波束，波束形状由每块的大小和形状决定。再加上幅度控制，相控阵就可以形成多个波束，其波束宽度由整个阵列的大小决定。

阵列中的每个阵元接收其他发射单元的一部分功率，或散射一部分功率到邻近的单元。每个天线单元的辐射都在相邻的阵元上激励起电流并辐射，因此我们把天线的输入与总辐射方向图联系起来。阵列中的每个有效单元方向图因这种散射的存在而被改变。由于互易即天线的发射和接收方向图是相同的，我们可以用其中任意一种方式来分析问题。阵元间散射导致了互耦，我们采用互阻抗（导纳，或散射）矩阵来描述和分析它。互耦现象使得阵元输入阻抗随着阵列扫描而改变。当因互耦引起馈电反射系数增加时，扫描盲区会出现，而且阵列将把信号反射回馈电网络。如果希望获得精确的方向图设计，我们必须对因互耦引起的馈电反射系数进行补偿。

阵列增益给出了两种计算方法。首先，平面阵列的有效面积和相关增益不能超过它的面积，该面积包括边缘阵元所具有的额外半阵元间距的面积。当阵元间距使每个阵元的独立有效面积不再重叠时，阵列增益为单元增益和阵元数的乘积。增益也可以通过输入功率求和代替方向图积分以算出总辐射功率而获得。我们把阵元输入功率与阵元自阻抗和互阻抗相关联，以确定由实际阵元构成的线阵和平面阵列的增益。本章结尾讨论了由取向任意的阵列单元构成的三维阵列。增加了用简单阵列公式处理天线旋转后极化的内容。与此相关的是定位器的天线指向问题。这里采用旋转矩阵来处理这两个问题。

阵列从两个或多个天线辐射或接收相同频率的信号。为计算阵列辐射场，我们将每个阵元的辐射电场叠加。每个天线的幅度和相位由馈电网络确定，这些额外的自由度可以用来方向图赋形，且设计将从辐射单元转移到馈电网络上。

单个天线的辐射电场包括两个极化分量；

$$\mathbf{E} = E_\theta(\theta,\phi)\boldsymbol{\theta} + E_\phi(\theta,\phi)\boldsymbol{\phi}$$

其中，E_θ 和 E_ϕ 是以天线上的一些点为参考的两个复分量（幅度和相位）。如果移动天线或相位参考点，那么只有天线辐射相位在变，这里假设移动足够小，辐射近似条件仍可使用。设定 $\mathbf{r}$ 为天线相对于相位参考点的位置，增加相位分量 $\mathrm{e}^{\mathrm{j}\mathbf{k}\cdot\mathbf{r}'}$，其中 $\mathbf{k}=2\pi/\lambda(\sin\theta\cos\phi\mathbf{x}+\sin\theta\sin\phi\mathbf{y}+\cos\theta\mathbf{z})$ 和 $\mathbf{r}'=x'\mathbf{x}+y'\mathbf{y}+z'\mathbf{z}$ 是天线的位置；$\mathbf{k}\cdot\mathbf{r}'$ 是相位参考点从天线到相位参考平面的相位距离，由辐射（接收）方向定义，移动后天线的辐射电场变为：

$$[E_\theta(\theta,\phi)\boldsymbol{\theta}+E_\phi(\theta,\phi)\boldsymbol{\phi}]\mathrm{e}^{\mathrm{j}\mathbf{k}\cdot\mathbf{r}_i'}$$

这里，我们假设在移动中邻近物体并未改变天线方向图，但若需要，单元方向图也可以改变。

假设有一阵列，天线单元分别位于 $\mathbf{r}_1'$，$\mathbf{r}_2'$ 等位置。叠加每个单元的电场可获得总辐射方向图：

$$\mathbf{E}=\sum_{i=1}^{N}[E_{\theta i}(\theta,\phi)\boldsymbol{\theta}+E_{\phi i}(\theta,\phi)\boldsymbol{\phi}]\mathrm{e}^{\mathrm{j}\mathbf{k}\cdot\mathbf{r}_i'} \tag{3-1}$$

把所有天线并拢将改变每个阵元各自的方向图，因为每个天线单元都将阻挡其他单元的辐射而且单元天线的电流分布也会改变。小谐振天线的形状限制了可能的电流分布，但其幅度和相位可能会因耦合而改变。

对式（3-1）做各种近似。忽略领近天线单元对方向图的影响，采用无互耦单元方向图。假设单元具有某种幅度和相位分布，忽略馈电网络问题。对于相同的极化单元，比如偶极子，槽天线或喇叭，极化简化为只有一种。如果每个天线单元的方向图相同，则式（3-1）可以分为两项的乘积：

$$\mathbf{E}=\left[E_{\theta i}(\theta,\phi)\boldsymbol{\theta}+E_{\phi i}(\theta,\phi)\boldsymbol{\phi}\right]\sum_{i=1}^{N}E_i\mathrm{e}^{\mathrm{j}\mathbf{k}\cdot\mathbf{r}_i'} \tag{3-2}$$

式中，E_θ 和 E_ϕ 是阵元的归一化方向图。E_i 为第 i 个阵元的电场强度，包括馈电分布的幅度和相位。

式（3-2）描述的就是方向图乘积定理，即阵列方向图可分为阵列单元方向图和阵因子的乘积。这种方法要求所有的天线单元具有相同的方向图并指向同一方向。阵因子表示方向图各向同性的天线阵方向图。因为阵因子可手工计算，所以对预测增益非常有用，我们可以抛开式（3-1）和式（3-2）来计算。单元方向图也可以是阵列方向图本身，这样利用方向图乘积定理就可以由线阵综合平面阵列和立体阵列。

3.1 两元阵

考虑位于 z 轴的两个阵元，阵元间距为 d，阵列中心为原点（见图 3-1）。如果我们绕 z 轴旋转各向同性天线方向图，若问题依然不变则意味着所有大圆（ϕ为常数）方向图是相同的。在 z 轴上，阵元相位常数为 $\mathrm{e}^{\mathrm{j}kz'\cos\theta}$。对于简单的线阵，由简单的参数就可获得方向图的零点和峰值。

例：两阵元间距为$\lambda/2$，等幅度和等相位。求零点和峰值点。

相位参考面可置于任何方便的点，考虑$\theta=90°$的方向图。设置参考平面使其穿过阵轴。对这两个阵元而言，增加的相位因子是零，而这正是我们需要添加的分量。单元相位相等因而叠加产生一个波峰。如果我们通过顶部单元设置第二参考平面，底部单元的辐射波将传播$\lambda/2$后到达参考平面。增加的传播距离使得相位减少，相位变化–180°。两个反相信号互相抵消产生零值。该阵列关于 x-y 平面对称，这意味着阵列对称面的上方和下方有相同的方向图。我们将这种配置记为偶模阵列，图 3-2 是用实线绘制的该方向图。你应该重复奇模阵列的例子（相位 0° 和 180° ），让自己确信零点在 θ=90° 出现、峰值出现在 θ=0° （180° ），如图 3-2 短划线所示曲线。实线和短划线曲线的方向系数相等。

例：假设上例中的两阵元间距为 $\lambda/4$，顶部单元相位为–90° ，底部单元相位为 0° 。试求方向图的峰值点和零点。

首先通过顶部单元设置参考平面。底部单元的辐射波沿着阵列传播，其相位下降 90° 。两辐射波在参考平面相位相同（–90° ），同相叠加形成波峰。考虑通过底部单元的第二参考平面，从顶部单元辐射波沿阵轴传播延迟 90° ，两个波相位反相，相互抵消，形成零点。

第二个例子是一个端射阵列，图 3-2 中长划线为该端射阵的方向图。图中三种方向图有相同的方向系数。端射阵列的相位分布与最大值方向波行进的相位分布是一致的。在这些例子中，不等的幅度会限制零值的深度。在等幅情况下，改变各阵元的相位将改变各零点方向。

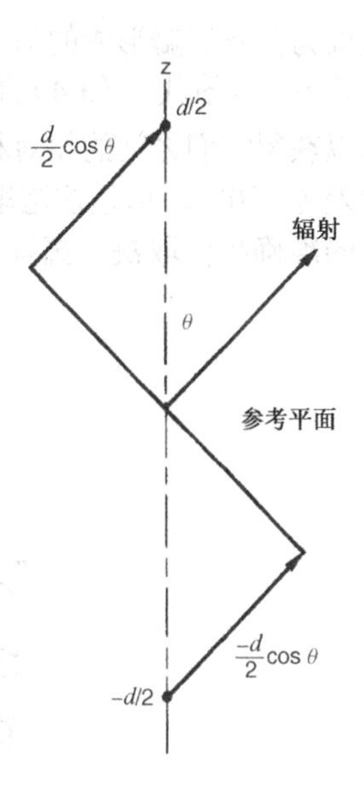

图 3-1　沿 z 轴放置的两元阵

考虑幅度相同，单元间有相位差的两元阵，将相位差分为相等的两部分。顶部单元相位为 $-\delta/2$、底部单元相位为 $\delta/2$。假设单元方向图各向同性，由式（3-2），利用欧拉公式可得到电场为：

$$E(\theta)=2E_0\cos\left(\frac{\pi d}{\lambda}\cos\theta-\frac{\delta}{2}\right)\frac{\mathrm{e}^{-\mathrm{j}kr}}{r} \tag{3-3}$$

式中，θ 从 z 轴算起。如果阵列沿 x 轴，要获得 x–z 平面的方向图，将式（3-3）中的 $\cos\theta$ 用 $\sin\theta$ 代替即可。在第 4 章中，我们会对连续分布进行取样并沿 x 或 y 轴放置单元。方向图的峰值和零点出现在余弦自变量分别为 $n\pi$ 和 $(2n-1)\pi/2$ 处。

$$\cos\theta_{\max}=\left(n\pi+\frac{\delta}{2}\right)\frac{\lambda}{\pi d} \tag{3-4}$$

$$\cos\theta_{\text{null}}=\left[(2n-1)\frac{\pi}{2}+\frac{\delta}{2}\right]\frac{\lambda}{\pi d} \tag{3-5}$$

如果在两个峰值点或零点用式（3-4）或式（3-5）计算并相减，可得到相同的方程：

$$\cos\theta_1-\cos\theta_2=(n_1-n_2)\frac{\lambda}{d} \tag{3-6}$$

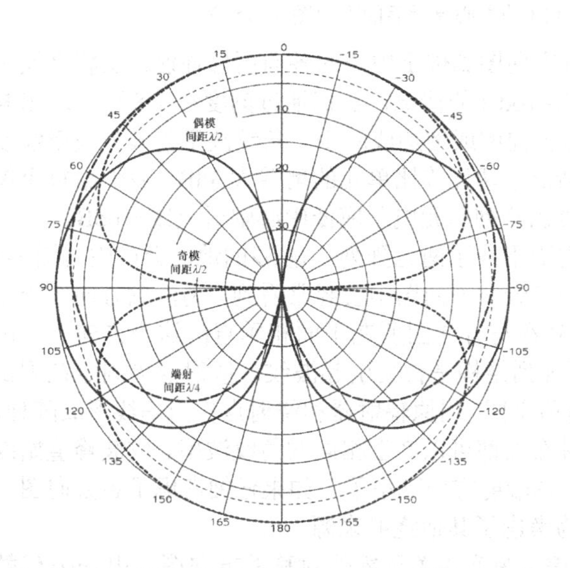

图 3-2　各向同性两元阵方向图：奇模，间距λ/2（实线）；偶模，间距λ/2（短划线）；端射，间距λ/4（长划线）

图 3-3 给出了两各向同性单元沿 z 轴放置、单元间隔 5λ 等相位分布的方向图。由于阵列对称，方向图左右两边相同，这里只考虑一边。由于 $\cos\theta$ 最大值限制为 1，宽单元间距使得式（3-4）在 0° ～90° 的范围内出现 6 个峰值，式（3-5）出现 5 个零点。我们称这些波束为栅瓣。通常选择一个作为主波束，其他为栅瓣，但它们确实是阵列所有的波瓣。图 3-3 表明阵列单元必须靠近放置以防止栅瓣的出现。随着阵元数的增加，因阵元相位引起的波束移动的数

量成为预测栅瓣形成的另一个因素。扫描的相位量决定了不出现栅瓣的最大间距。在 n=0 时波瓣在 θ=90°，利用式(3-4)直接计算 n=1 的情况：$\theta=\arccos(1/5)=78.46°$。把这些角度代入式(3-3)可以获得它们之间的相对相位为 180°。在远场近似中，n 为偶数时相位差为 0°，n 为奇数时相位差为 180°。请记住这里我们去掉了式（3-3）远场方向图的指数项和 $1/R$ 项。任何一实际点处的准确相位取决于离阵列中心的距离。

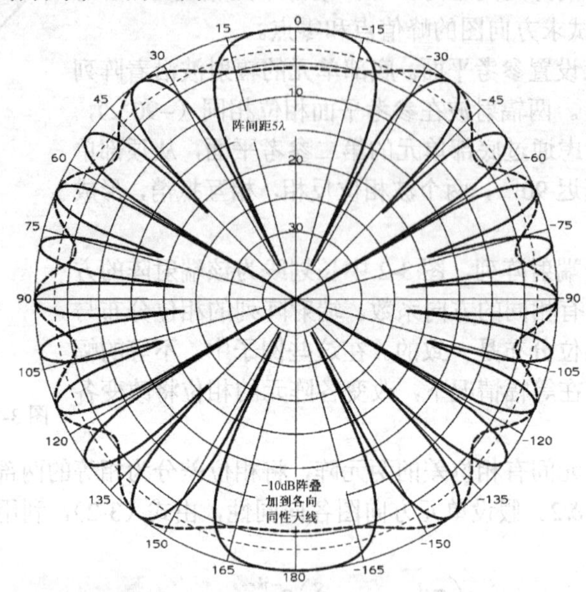

图 3-3 阵间距为 5λ的两元各向同性阵方向图（实线）；
叠加了功率电平高出阵列电平 10dB 的中心单元后的方向图（虚线）

图 3-3 中的虚线显示，如果我们叠加阵列方向图到位于中心的各向同性辐射体上将会发生什么。对于阵列峰值响应相对各向同性天线为−10dB 的情况，我们通过刻度尺 1-8 可以求出峰峰波纹为 5.7dB。阵列方向图与各向同性辐射方向图或增加或减少。角纹波率是阵列波瓣纹波率的一半。下面将看到，间距为 $\lambda/2$ 整数倍情况下两元阵比单元的增益大 3dB。我们给每个单元馈入阵列功率的一半。加上这些因素，可算出阵列单元电平应低中心辐射天线−16dB。

当天线安装在有限地面上时，因边缘绕射而形成了两元阵列。宽 5λ的地面会产生与图 3-3 同样的方向图角纹波率。类似的幅度波动在测量天线方向图中会经常看到。请注意方向图峰值和最小值响应之间的最小角度距离。外来信号在与方向图所在平面相垂直的这个方向上，由式（3-6）可确定阵元间的间距，并据此判断阵列结构是否会引起波纹。散射点可固定在测试装置上，并考虑安装结构是否与最后的布局有所不同。用原辐射器和绕射点作为基线形成阵列，则该单绕射点的绕射效应可以算出来。这两种布局都可以产生相同的角纹波率。纹波峰值始终在阵轴方向，但图 3-3 显示角纹波率在 θ=0° 轴端射方向减小了。如果仔细考虑了各方向图平面的角速率，应该能够发现原因，那总是因为考虑了其他绕射来源。

方向图波纹也可以由它的波束宽度来考虑。为产生关于零值对称的方向图，用 $\sin\theta$ 代替式（3-3）中的 $\cos\theta$，这意味着阵列沿 x 轴放置。两单元的均匀幅度阵的−3dB 角由式（3-7）求得：

$$\frac{\pi d}{\lambda}\sin\theta_{3\mathrm{dB}}=\frac{\pi}{4},\quad \theta_{3\mathrm{dB}}=\arcsin\frac{\lambda}{4d} \tag{3-7}$$

波束宽度是式（3-7）值的两倍。对于大 d 值，由近似式 $\sin X\approx X$ 得：波束宽度=$\lambda/2d$。阵元间距为 5λ的阵列波束宽度为 5.7°（0.1 弧度）。上述地面大小为 5λ的例子，有一个与边缘绕射相比幅度很大的单元，就像两个间距 2.5λ的两元阵列中的一个幅度比较高一样。每一个两元阵产生波束宽度 11.4° 的方向图，即图 3-3 中复合方向图波束宽度的值。我们经常把天线架设在地面中心测量天线，看到的方向图就与图 3-3 类似。如果在实际应用中天线架设偏离了中心，那么需要叠加有限地面两侧形成的阵列方向图，最终的方向图是由每个阵列合成后的复合方向图，比上述简单情况更为复杂。

平均辐射强度通过积分可算出：

$$U_{\text{avg}} = \frac{4E_0^2}{\eta}\int_0^{\pi/2}\cos^2\left(\frac{\pi d}{\lambda}\cos\theta - \frac{\delta}{2}\right)\sin\theta\,d\theta$$

方向系数为：

$$\frac{U_{\max}}{U_{\text{avg}}} = \frac{|2E_{\max}|^2}{1+\sin(2\pi d/\lambda)\cos\delta/(2\pi d/\lambda)} \tag{3-8}$$

式中，$E_{\max} = \cos\left[(\pi d/\lambda)\cos\theta_{\max} - \delta/2\right]$。当 $d \geqslant \lambda/2$ 时，$E_{\max} = 1$。图 3-4 给出 $\delta = 0°$ 和 $\delta = 180°$（偶模和奇模）情况下方向系数与阵元间距的关系曲线。由于每个天线都从另外一个天线接收功率使得方向系数可变。由输入功率和单元间传输功率合成的功率也随阵元间距的变化而改变。

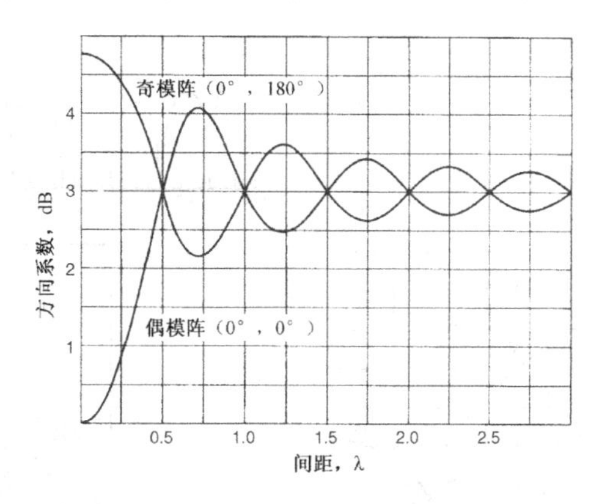

图 3-4　奇模和偶模情况下两各向同性单元阵的方向系数

3.2　N元线阵

设沿着 z 轴有 N 个等幅馈电的等间距各向同性辐射源，相邻单元之间设定一个固定的相位差δ，则阵因子为：

$$\frac{\sin(N\psi/2)}{N\sin(\psi/2)} \tag{3-9}$$

式中，$\psi = kd\cos\theta + \delta$[1]。用该式绘制从 2 到 10 个单元的通用阵列辐射方向图（见图 3-5），图中横坐标 ψ 以度为单位绘制（360° 取代 k 中的 2π）。曲线的两端是对称线，曲线具有周期性（周期 360°）。可以看到，第一副瓣电平（$N=2$ 无旁瓣）随着 N 的增加而减低，但趋于接近连续口径 13.3dB 的极限。

图 3-6 给出了 N=6，阵元间步进相位为 0，阵元间距$\lambda/2$ 的周期性方向图，并投影为极坐标方向图。同样也可以绘制其他阵列分布的类似曲线，它们的周期都是 360°。图 3-6 给出了圆形图解的用法，即针对类似式（3-9）具有幅度均匀分布特性的通用方向图构建极坐标方向图的方法。阵列可被看做是抽样的连续分布来分析，该连续分布可由傅里叶级数展开。傅里叶级数有多种响应，在第 4 章中，我们将通过抽样连续分布来设计大型阵列。阵列方向图的角度可以是从轴向算起的余弦角或从边射方向的正弦角。由于正弦角和余弦角互补，任意一种符号都

可以用来标注，只要你用的合适就行。

由于 $\cos\theta$（或 $\sin\theta$）被限定在±1 内，沿着通用方向图横坐标变化的可见区域由 ψ 的范围确定：

$$\frac{-360^\circ d}{\lambda}+\delta \sim \frac{360^\circ d}{\lambda}+\delta$$

圆图是这样绘制的：首先在中心位于 δ 的通用方向图下面绘制一个与可见区半径一样的圆，δ 为阵元间步进相移。图 3-6 中，δ=0。由于阵元间距为 $\lambda/2$，可见区范围是±180°。极坐标方向图的半径等于通用方向图的幅度。通用方向图和极坐标方向图都使用从 0 到–40 dB 的对数（dB）刻度。执行正弦或余弦函数操作，从通用方向图垂直投影各点到可见区，这样极坐标方向图在空间上就成为真正的方向图。我们垂直投影每个点，直到它与虚线可见区圆在两个地方相交，然后从这些点到中心画线。在把通用方向图的各零点和峰值点投影到虚线圆上后，很容易草绘出极坐标方向图。圆图可以帮助我们可视化方向图和扫描影响，但没有人会用它做认真的设计。其次，它只适用于小型阵列，因为大型阵列会产生极其庞杂的图。

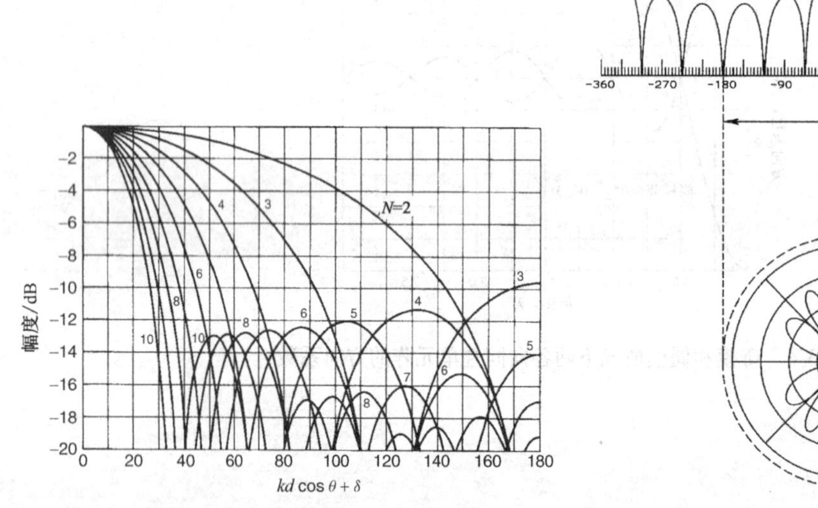

图 3-5 均匀幅度分布线阵的 ψ 空间方向图

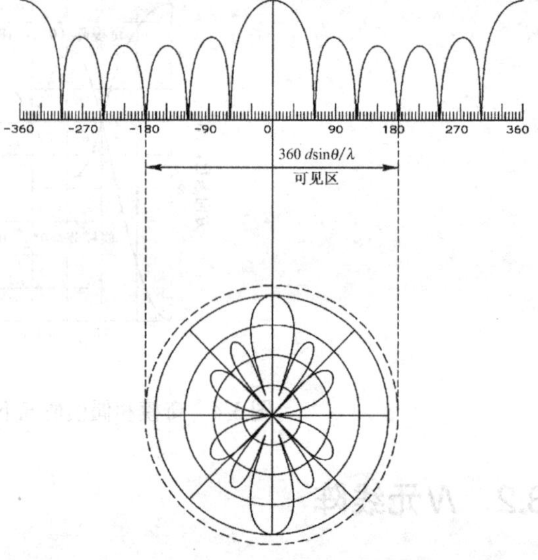

图 3-6 间距 $\lambda/2$ 的 6 元均匀幅度阵的圆形图解

当阵元间距大于 $\lambda/2$ 时，可见区域扩大到包含了不止一个周期的主瓣，这样阵列产生了多个波束。为了使波束中心位于 θ_1，将阵元间的步进相移设为：

$$\delta=\frac{-360^\circ d}{\lambda}\cos\theta_1 \tag{3-10}$$

端射（$\theta_1=0$）出现在：

$$\delta=\frac{-360^\circ d}{\lambda} \tag{3-11}$$

我们可用图 3-5 计算阵列波束宽度的角度，表 3-1 列出了 3dB 和 10dB 的 ψ 空间角。

例：六元等间距均匀阵，其阵间距为 $\lambda/2$，阵元间的步进相移为 0（$\delta=0°$）。求 3dB 波束宽度。

查表 3-1 得 $\psi_{3\text{dB}}$=26.9°。由于 ψ 空间的方向图是对称的（见图 3-6），故第二个 $\psi_{3\text{dB}}=-26.9°$，则：

$$kd\cos\theta_{1,2}+\delta=\pm\psi_{3\,\text{dB}}$$

$$\frac{360^\circ}{\lambda}\frac{\lambda}{2}\cos\theta_{1,2}=\pm 26.90^\circ\,,\quad \cos\theta_{1,2}=\frac{\pm 26.9^\circ}{180^\circ}$$

$$\theta_1=81.4^\circ\,,\quad \theta_2=98.6^\circ$$

表 3-1　等幅分布阵列的 3dB 和 10dB 的 ψ 空间角（度）

N	3dB	10dB	N	3dB	10dB	N	3dB	10dB
2	90.00	143.13	11	14.55	24.21	20	7.980	13.29
3	55.90	91.47	12	13.33	22.18	24	6.649	11.08
4	40.98	67.63	13	12.30	20.47	28	5.698	9.492
5	32.46	53.75	14	11.42	19.00	32	4.985	8.305
6	26.90	44.63	15	10.65	17.74	36	4.431	7.382
7	22.98	38.18	16	9.98	16.62	40	3.988	6.643
8	20.07	33.36	17	9.39	15.64	50	3.190	5.314
9	17.81	29.62	18	8.87	14.77	64	2.492	4.152
10	16.02	26.64	19	8.40	14.00	100	1.595	2.657

请记住 θ 从阵列的 z 轴算起，3dB 波束宽度是两者之差（17.2°）。图 3-6 的可见区范围介于-180° 和 180° 之间，在可见区内有 4 个副瓣（见图 3-6）。由于阵列是连续口径分布的抽样，连续分布长度为 Nd，因此可由均匀幅度分布估算波束宽度：

$$\text{HPBW}=50.76^\circ\frac{\lambda}{Nd}=16.92^\circ$$

这个公式可近似为阵列的波束宽度。

例： 已知步进相移 δ 为 90° 的六元阵，求阵间距 $\lambda/2$ 时的 10dB 波束边缘角。

图 3-7 给出了用圆形图解法分析该例子的过程。极坐标方向图的中心线被移动到了 90° 且方向图以线性刻度横跨 360° 。将各零点和峰值投影到下面的圆，很容易就草绘出极坐标方向图。

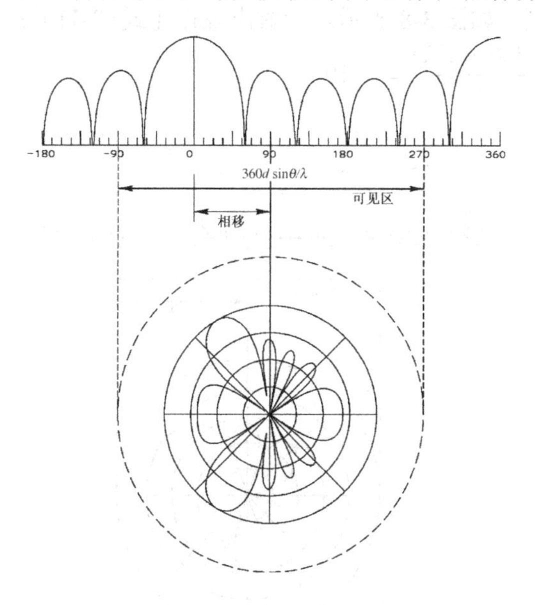

图 3-7　六元均匀幅度阵（阵间距 $\lambda/2$，步进相移 90° ）

$$\psi_{10\,\mathrm{dB}}=\pm 44.63^\circ\text{（查表 3-1）}$$
$$kd\cos\theta_{1,2}=\pm\psi_{10\,\mathrm{dB}}-\delta$$

求解 $\cos\theta_{1,2}$，得：

$$\cos\theta_{1,2}=\frac{\pm\psi_{10\,\mathrm{dB}}-\delta}{kd}=\frac{\pm 44.63^\circ-90^\circ}{180^\circ}$$
$$\theta_1=104.6^\circ,\quad \theta_2=138.4^\circ,\quad \text{波束宽度}=33.8^\circ$$

在可见区内有 5 个副瓣（见图 3-7）。由式（3-9）可求出最大波束方向：

$$\cos\theta_0=\frac{-\delta}{kd}=\frac{-90^\circ}{180^\circ},\quad \theta_0=120^\circ$$

可见，主波束不再以波束峰值对称。阵列的 3dB 方向图角度分别为 110.5° 和 130.5° 。波束宽度（3dB 波束宽度为=20° ）随扫描角的增加而增宽。那么对于边射（ $\delta=0^\circ$ ）情况，阵元间距是多少时可以产生这样的波束宽度呢？由

$$\frac{360^\circ}{\lambda}d\cos\theta_1=26.90^\circ\text{（表 3-1）}$$

求解阵元间距，得：

$$\frac{d}{\lambda}=\frac{26.9^\circ}{360^\circ\cos\theta_1}$$

请注意 $\theta=90^\circ$ 时波束位于中心，所以，$\theta_1=90^\circ-20^\circ/2=80^\circ$，则：

$$\frac{d}{\lambda}=\frac{26.9^\circ}{360^\circ\cos 80^\circ}=0.431$$

有效间距可由从边射方向 $\theta=90^\circ$ 开始的扫描角的余弦来近似简化给出：

$$\frac{d}{\lambda}\cos 30^\circ=0.433$$

阵元数目越多，这种余弦关系就越精确。

例：求阵间距为 0.3λ的端射阵的阵元间的步进相移，并计算均匀 5 元阵波束带宽。

用圆形图解这个算例，如图 3-8 所示。端射出现在［式(3-11)］：

$$\delta=\frac{-360^\circ(0.3\lambda)}{\lambda}=-108^\circ$$

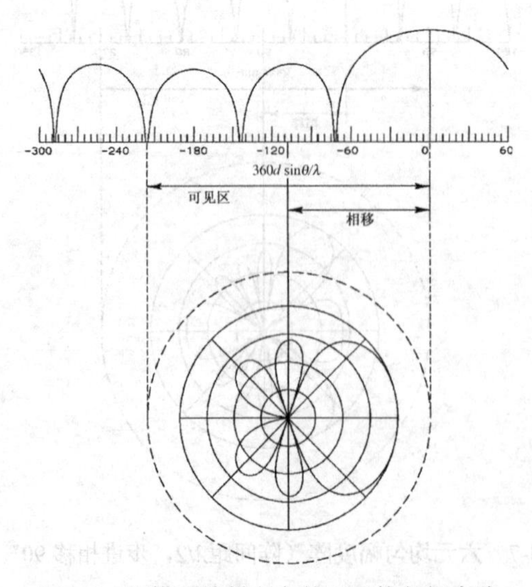

图 3-8　扫描到端射方向的五元均匀幅度阵

这是对所有阵间距为 0.3λ 并产生端射阵方向图的分布所需的步进相移。表 3-1 给出了 ψ 空间角，即 $\psi_{3dB}=\pm 32.46°$。代入 ψ 表达式，得：

$$\frac{360°(0.3\lambda)}{\lambda}\cos\theta_{1,2}=\pm 32.46°$$

$$\cos\theta_{1,2}=\frac{\pm 32.46°+108°}{360°(0.3)}$$

$$\cos\theta_1=\frac{140.46}{108}=1.301\quad,\quad\cos\theta_2=\frac{75.46}{108}=0.699$$

因 $|\cos\theta|\leqslant 1$，θ_1 处于不可见空间，取 θ_2=45.6°。由 z 轴对称性，可得第二个角为 θ_1=－45.6°，波束宽度为两者之差：91.2°。端射阵可看做抽样的行波分布。长度相同的连续均匀相位分布端射时波束宽度为 90.4°。

请注意，我们处理过的都是方向图各向同性的天线。比如广播塔，俯视时，在水平面上可近似为各向同性天线。特定天线的方向图会改变各向同性天线阵的结果。对于小型阵列，单元方向图是非常重要的，但对于大型阵列，其波束宽度则主要由阵因子确定。只有当各阵元的方向图可忽略时，由阵因子计算的波束宽度才近似为波束宽度的准确值。对于包含单元方向图这一特殊情况，我们必须依靠计算机求解才能获得更好的结果。

3.3　汉森–伍德亚德端射阵[2]

若阵元间步进相移的和近似减少 π，那么端射阵方向系数将增加。与自由空间相比，这种阵列结构等效行波速度变慢。阵元间步进相移为：

$$\delta=-kd-\frac{2.94}{N}\simeq-kd-\frac{\pi}{N}\quad\text{（弧度）}\tag{3-12}$$

式中，N 是阵元数。普通端射阵元步进相移，即 $\delta=-kd$，使可见区的一个边缘正好在 ψ 空间的原点。而汉森-伍德亚德法将边缘移到曲线的靠低端，使通用辐射方向图的峰值（见图 3-5）移出可见空间，副瓣则与新波束峰值成比例抬高，但波束宽度变窄。式（3-12）只对大型阵列严格成立，但若对所有阵列应用这种方法，其方向系数均增加。

例： 设阵元数位 8，间距为 $\lambda/4$，幅度均匀分布。试比较普通端射阵和汉森-伍德亚德端射阵这两种设计。图 3-9 对这两种方向图做了比较。

结果如下：汉森-伍德亚德端射阵的波束宽度减小，方向系数增加了 2.5dB，副瓣从 13dB 提高到 9dB。

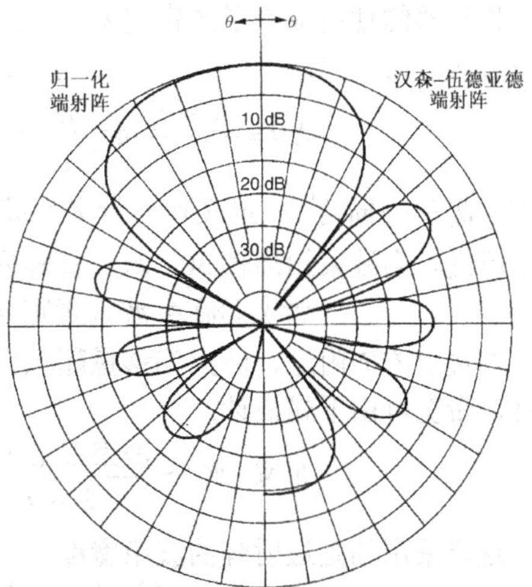

图 3-9　各向同性单元组成的普通端射阵和汉森-伍德亚德端射阵方向图

3.4　相控阵

设阵轴位于 z 轴（见图 3-10），波以某个角度入射到阵轴。波首先到达顶部阵元，然后继

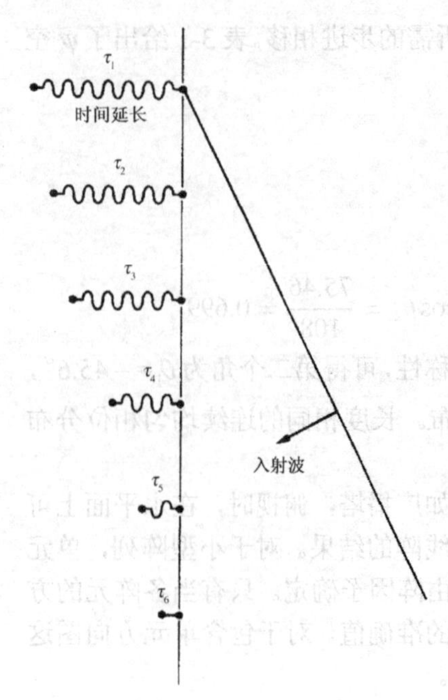

图 3-10 含时间延迟网络的扫描线阵

续行进到阵列下面。如果信号直接相加，信号在一定程度上会相互抵消，因为它们之间有相差。图 3-10 给出了添加一系列时间延迟以使路径长度到中轴线相等的结果，对某入射角 θ_0 而言，沿着轴线的位置 z_i 决定了时间延迟 τ_i 的值，即：

$$\tau_i = \frac{z_i}{c}\cos\theta_0 + \tau_0$$

式中，c 为光速。添加一个任意的延迟时间 τ_0 使所有的时间延迟 τ_i 为正。此馈电网络与频率无关，通过改变不同的时间延迟进行扫描波束。

在相控阵中，时间延迟网络一般都被移相器所取代。在单一频率点上，移相器可实现等效的波束扫描。若要扫描到角度 θ_0，位于 z 轴的阵元所需相移为：

$$-\frac{2\pi}{\lambda}z\cos\theta_0 \quad \text{模为}2\pi\text{（弧度）}$$

$$-\frac{360°}{\lambda}z\cos\theta_0 \quad \text{模为}360°\text{（度）}$$

对于常规间距的阵列而言，在扫描方向，阵元与参考平面之间的相位差 $e^{j\mathbf{k}\cdot\mathbf{r}'}$ 必须被抵消以使所有阵元的相位均为零。为使波束能扫描到方向（θ_0，ϕ_0），每个阵元必须根据其位置增加一个相位因子。常规间距阵列的每个阵元上的相位因子为：

$$e^{j\mathbf{k}_0\cdot\mathbf{r}'} \tag{3-13}$$

式中，$\mathbf{k}_0 = \frac{2\pi}{\lambda}(\sin\theta_0\cos\phi_0\mathbf{x} + \sin\theta_0\sin\phi_0\mathbf{y} + \cos\theta_0\mathbf{z})$ 是在波束方向的矢量传播常数，$\mathbf{r}$ 是阵元的位置。阵元相位添加相位因子使扫描角处的指数因子［式（3-2）］和扫描方向的 E_i 量的乘积为 1。

移相器的使用限制了频带宽度。在很小的频率范围内给定一个固定相移，提高频率会使波束向边射方向扫描：

$$\Delta\theta = \frac{f_2 - f_1}{f_2}\tan\left(\frac{\pi}{2} - \theta_0\right) \quad \text{弧度} \tag{3-14}$$

式中，θ_0 是扫描角[3]。定义阵列带宽为最大可允许扫描角偏移量为所在方向±1/4 波束宽度时的频率范围。当波束扫离轴 30° 时，其阵列带宽与边射（θ= 90°）时的波束宽度近似相等：

$$\text{带宽}(\%) \approx \text{波束带宽（度）}, \theta_0=30°$$

在边射方向附近，波束偏移量随频率变化很小，因为式（3-14）中的正切因子近似为 0。通常，带宽可由下式估计：

$$\text{带宽}(\%) \approx \frac{\text{波束带宽（度）}}{2\cos\theta_0} \tag{3-15}$$

这里采用的是边射阵的波束宽度。

例： 给定间距 $\lambda/2$，阵元数为 100 的阵列，试确定扫描到 45° 时的阵列带宽。

波束宽度由口径宽度估计，为：

$$\text{HPBW} = \frac{50.76°}{100(\frac{1}{2})} \simeq 1°$$

$$\text{带宽}(\%) \simeq \frac{1}{2\cos 45°} = 0.7\%$$

任何一个雷达天线都因需降低副瓣而使波束宽度变宽，不过这是一个不错的估计值。

通过时延网络对子阵馈电可增加阵列宽度。每个子阵用移相器做连续扫描。因这种馈电只需要少量的时延网络，所以子阵波束宽度决定了整个阵列的宽度。在第 12 章中，将会讨论子阵所带来的问题。

3.5　栅瓣

相控阵通过改变式（3-13）步进相位而波束扫描。当阵元间距大于 $\lambda/2$ 时，第二个波束峰值（栅瓣）的出现限制了扫描角的大小。全幅度栅瓣出现的条件为：

$$\frac{d}{\lambda}(1+\cos\theta_{gr})=1,\ \theta_{gr}=\arccos\left(\frac{\lambda}{d}-1\right) \tag{3-16}$$

例： 阵元间距为 0.75λ，试确定出现全幅度栅瓣时的扫描角。

$$\theta_{gr}=\arccos\left(\frac{4}{3}-1\right)=70.5°$$

在这一角度，栅瓣与主波束有相同的幅度。波瓣并不会突然出现，但它会与第二个周期内的主瓣一起随着可见区的移动而变大。图 3-11 在圆图上显示了间距为 0.75λ 的阵列的栅瓣信息。虚线表示的可见区跨越了不止一个等幅阵列的通用辐射方向图波束。

阵元间距大于 λ 的阵列总是有栅瓣的（多个主波束），但天线单元方向图可能会将栅瓣降低到可接受的水平，并允许阵元间距宽点。

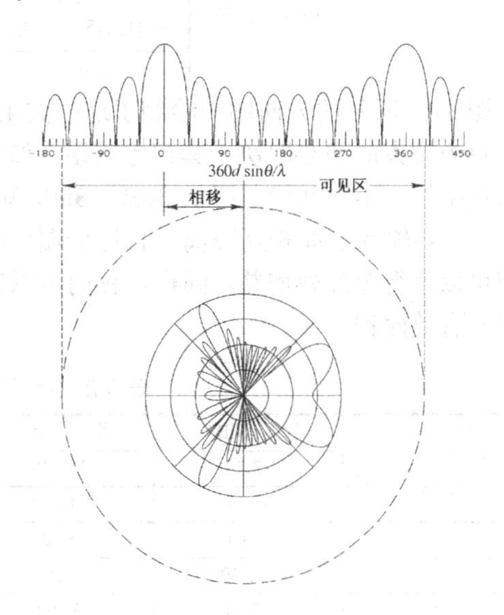

图 3-11　间距 $3\lambda/4$ 的 10 元阵扫描到 26° 时出现栅瓣

3.6　多波束

阵列是可以形成多波束的。式（3-13）给出的相位系数乘以每个阵元的馈电电压 E_i 就会使波束扫描到给定的角度。如果我们叠加第二个分布 $E_i e^{-j\mathbf{k}_1\cdot\mathbf{r}_i'}$，那么阵列将形成第二个波束。对这两个波束而言，$E_i$ 保持不变。将这两分布叠加获得两个波束：

$$E_i\left(e^{-j\mathbf{k}_1\cdot\mathbf{r}_i'}+e^{-j\mathbf{k}_2\cdot\mathbf{r}_i'}\right) \tag{3-17}$$

这是 E_i 和第二个分布相乘的结果，其幅度和相位是天线位置和两个波束扫描角的函数。每个波束都需要整个阵列来形成。在相控阵中，相位和幅度必须变化才能实现多波束。若阵列只改变相位，则必须将阵列分为子阵列来形成多波束，但其波束宽度取决于子阵列的宽度。

若需要，我们也可以产生不同幅度分布和方向图形状的不等波束。在式（3-17）中通过增加含扫描相位系数的单元因子就可以生成所需要的多个波束。单元激励系数为各系数之和。

例： 15 元均匀分布阵，阵元间距 $\lambda/2$，从 z 轴算起要求扫描到 45° 和 120°，求阵列的激励系数。

首先，将 z 轴置于阵中心，则各阵元位于：

$$z_i = \frac{(-8+i)\lambda}{2}$$

为实现 45° 扫描，单元相位因子为：

$$\exp(-\mathrm{j}kz_i\cos 45°) = \exp\left[-\mathrm{j}\frac{360°}{\lambda}\frac{1}{\sqrt{2}}\frac{(-8+i)\lambda}{2}\right]$$

相应地，要扫描到 120°，单元相位因子为 $\mathrm{e}^{\mathrm{j}90°(-8+i)}$。第九个单元（$z_9=\lambda/2$）的相位因子是 $\mathrm{e}^{-\mathrm{j}127.3°}$ 和 $\mathrm{e}^{-\mathrm{j}90°}$。为使中心单元幅度为 1，假设每个等幅波束的电压幅度为 1/2。对各分布求和计算出第九个单元的激励系数为：$0.32\mathrm{e}^{\mathrm{j}161.4°}$。转换为分贝的阵列激励系数列于表 3-2 中。由表 3-1 可以估算出其波束宽度，即 $\psi_{3\mathrm{dB}}=10.65°$：

$$\cos\theta_{1,2} = \begin{cases} \dfrac{\pm 10.65° + 127.28°}{180°} & \theta_1 = 40°, \theta_2 = 49.6° \\ \dfrac{\pm 10.65° - 90°}{180°} & \theta_1 = 116.2°, \theta_2 = 124° \end{cases}$$

图 3-12 所示的方向图中绘制了这些波束。

每个波束的增益取决于其馈电网络。如果这两个波束由单路输入功率，则每个波束只接收输入功率的一半，其增益降低 3dB。Butle 矩阵[4]和 Blass 波束形成网络[5]可为每个波束提供一个输入。各输入之间相互隔离，且每个端口的发射功率只给一个波束馈电，因此，对于每路输入都可以获得全阵列增益。同样，我们可以在每个端口上放置接收机，且对每个端口而言都可使用全有效面积。

表 3-2 15 元双波束阵的激励系数

单　元	幅度（dB）	相位（度）	单　元	幅度（dB）	相位（度）
1	−2.38	130.48	9	−9.91	161.36
2	−8.59	111.84	10	−1.99	142.72
3	−0.01	−86.80	11	−1.64	−55.92
4	−11.49	74.56	12	−11.49	−74.56
5	−1.64	55.92	13	−0.01	86.80
6	−1.99	−142.72	14	−8.59	−111.84
7	−9.91	161.36	15	−2.38	−130.48
8	0.00	0.0			

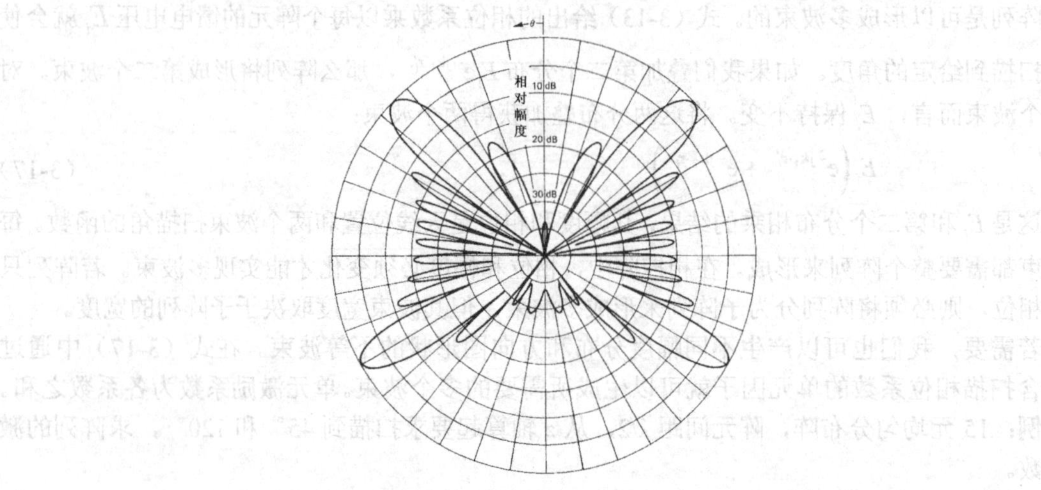

图 3-12 波束位于 $\theta=45°$ 和 120° 的 15 元线阵方向图

讨论完口径分布后，将研究阵列综合和副瓣压缩这一个重要议题，即在波束宽度和副瓣电平之间取得权衡。因为波束宽度变窄后，更多的功率只能进入副瓣。

3.7 平面阵

线阵只能控制方向图的一个面，其他面的波束只能依靠单元方向图来控制。平面阵可以在两个面上控制波束的形状且可形成笔形波束。而且线阵只能在单一平面内扫描，而平面阵却可以在上半空间以任意角度扫描。大多数平面阵列通过单元方向图或地面来消除平面另外一边的后瓣。平面阵有 $N-1$ 个可用来控制方向图的零点，N 是阵元总数。

两线阵的乘积可作为简单的馈电分布，但因此也失去了阵列的许多自由度，因为一个 $M\times N$ 的阵列可由已有的 $M\times(N-1)$个可用零点中的$(M-1)+(N-1)$个零点来确定。图 3-13 显示了均匀分布的 8 × 8 平面阵的球坐标方向图，阵中所有单元采用等幅馈电，波束宽度为 90° 的阵单元消除了方向图的后瓣。沿任一主轴的方向图的副瓣从-13.2dB 开始平稳减低。对角平面的副瓣是主平面副瓣的乘积，其第一副瓣下降为 26.4dB。阵列馈电分布，这里不是指两个线阵的乘积，可以在所有的方向图平面产生更多的等副瓣。

图 3-14 所示为调整阵元激励系数相位使波束沿着某个主平面扫描的矩形阵列的方向图。可以看出，主波束在扫描平面内被展宽，同时有效阵列长度减小，但在其正交平面内依然保持着窄波束。在主波束背面出现了更多的副瓣。一个大副瓣不断增大，若阵列继续扫描，它即将变为栅瓣。在与扫描平面正交的平面内，副瓣随着主波束移动并变形为锥形，且随着扫描角的增加越来越紧密。

图 3-15 所示为 4×4 矩形阵列通用方向图的等高线图。由于主轴含 $\sin\theta$ 因子，这与线阵的通用方向图类似，因为我们把通用方向图用 k_xk_y 空间表示。图 3-15 所示阵列其 y 轴阵元间距为 x 轴阵元间距的 1.5 倍。延长图轴直到可以显示多个波束。主波束与大型“方阵”的中心相对应。图上的可见区为中心位于负扫描方向 $(-k_{x0},-k_{y0})$ 的单位圆。它是中心位于负扫描方向线性区域表示的线阵可见区圆图的镜像。应该注意到，对角线的副瓣幅度要比主平面副瓣幅度小。我们随阵列的扫描移动该单位圆，图中显示了扫描过程中出现多个波束（栅瓣）的位置。栅瓣分析可简化图 3-15 的图解以获得主波束的位置。

图 3-13 8×8 等幅等间距平面阵的球坐标辐射方向图

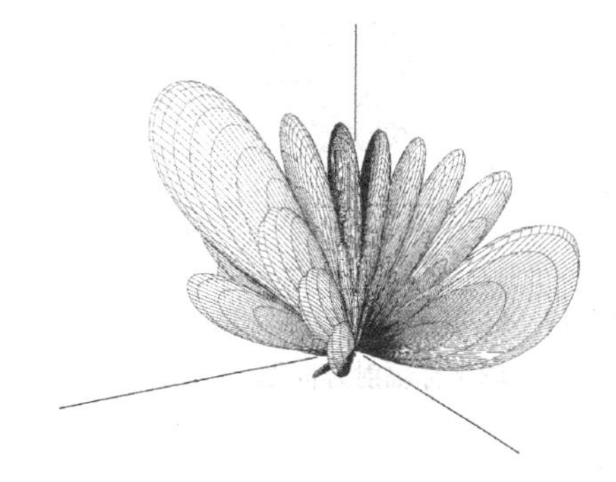

图 3-14 8×8 平面方阵沿主平面扫描的球坐标辐射方向图

当我们使平面阵的两个轴成某个角度放置而不是正交时就构成了三角形阵列。图 3-16 给出了由等边三角形构成的六边形阵列的各阵元的位置。其阵列特性可由矩形阵列的线性变换推导出[6]。由于阵列有 6 个对称方向，图 3-17 所示是等幅 61 元六边形阵列的方向图，环绕主波束有 6 个方向的副瓣是对称的。如果在某个平面六边形分布失效为线形分布，那么该分布是渐削的且可降低副瓣。均匀六边形阵列的副瓣比均匀矩形阵列主平面内的副瓣要低。图 3-18 给出了阵列扫描至 36° 时的六边形阵列的球坐标方向图。可以看出环绕主波束的第一副瓣有变形的 6 个对称方向。类似于扫描矩形阵列（见图 3-14），六边形阵将更多的副瓣移到与扫描主波束相背的可见区内。图 3-14 显示有一个栅瓣进入了可见区，但图 3-18 所示六边形阵列方向图并没有出现。当沿任一主轴扫描时，矩形阵列的栅瓣可由线阵获得，但六边形阵列需要更为详细的分析才可以获得。当扫描偏离矩形阵列的主轴时，线阵的栅瓣分析方法就不再适用了。

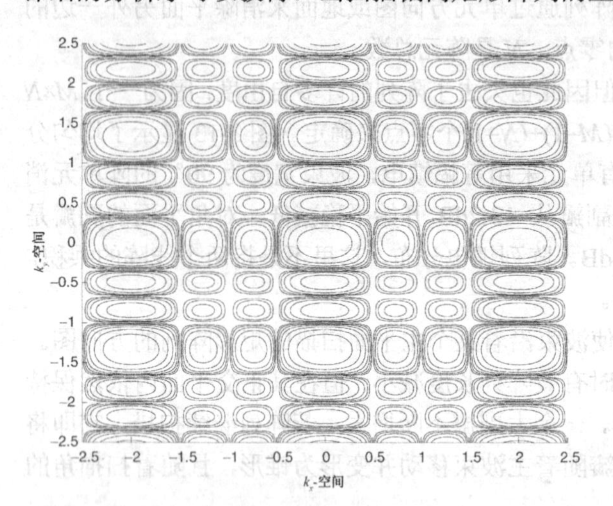

图 3-15 显示多个波束和副瓣的 4×4 阵的 $k_x k_y$ 空间方向图的等高线图

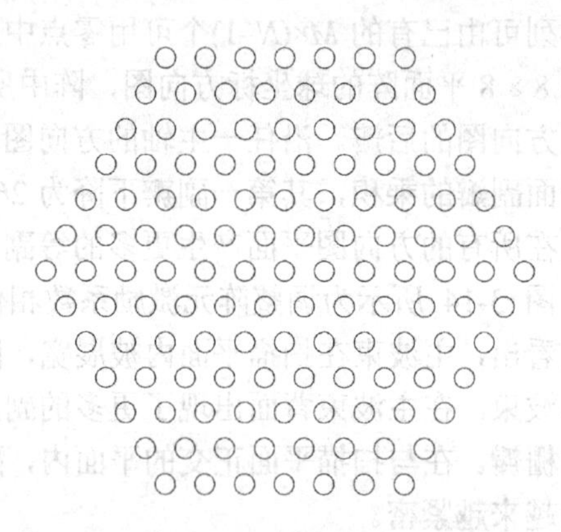

图 3-16 六边形平面阵中各单元位置

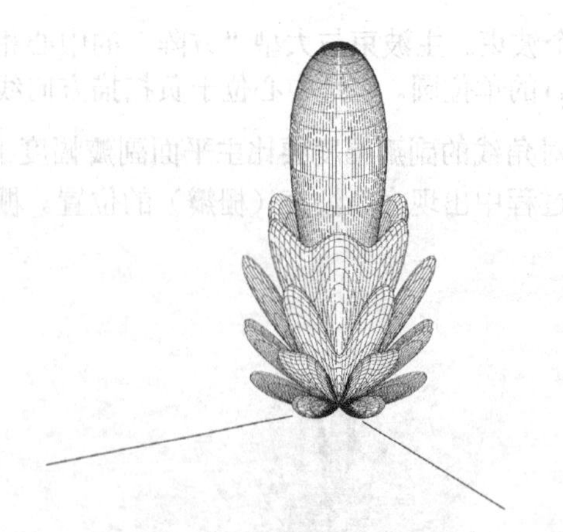

图 3-17 61 单元六边形阵列的球坐标辐射方向图

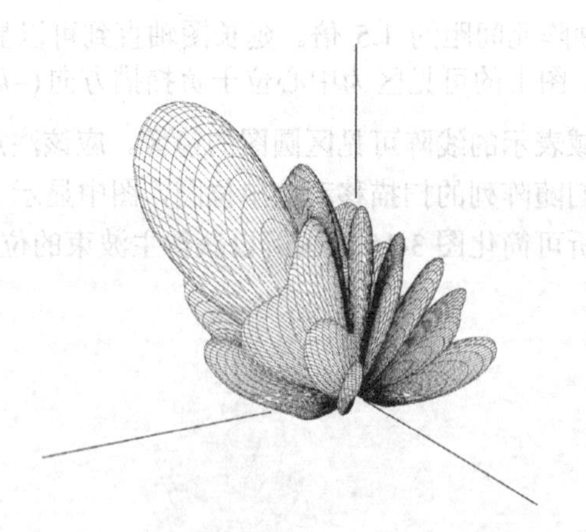

图 3-18 在某主平面内扫描的 61 元六边形阵列的球坐标辐射方向图

3.8 平面阵的栅瓣

线阵的单位圆图法可用来计算矩形阵列主平面内的栅瓣。对于平面阵列，我们用 $\sin\theta$ 方向图空间来观察栅瓣的周期性，并沿各平面（而不是主轴）进行扫描分析。可见区在 $k_x k_y$ 空间被限定为单位圆，此处$k_x=\sin\theta\cos\phi$，$k_y=\sin\theta\sin\phi$。k_x是 x–z 平面的方向图，k_y是 y–z 平面的方向图。图 3-19（a）为阵列布局，图 3-19（b）为相应的k_xk_y平面内的栅瓣示图。与图 3-15 相似，我们减小方向图等高线图的范围使其只剩主波束来分析栅瓣，用完整的等高线图则比较麻烦。x轴阵间距若比y轴间距小，则会导致栅瓣空间k_x平面比k_y平面更宽。

在k_xk_y空间，波束扫描对应单位圆的移动。每个小圆是其方向图空间的主波束。当单位圆包含了不止一个k_xk_y圆时，方向图就有多个主波束或栅瓣。k_xk_y平面示图还可以包含副瓣峰值或阵列方向图的等高线图，并用来说明扫描时方向图的变化。k_xk_y平面是阵列分布的二维傅里叶变换，但由于分布是离散的，所以傅里叶变换变为周期性二维傅里叶级数。增大频率或阵元相对间距就是增加现有k_xk_y平面图中单位圆的直径，与圆图法类似。

当波束扫描时，单位圆的中心在k_xk_y空间移动。由式（3-13）求得单位圆在图上的圆心为：$k(\sin\theta_0\cos\phi_0,\sin\theta_0\sin\phi_0)$。图 3-19 中偏心圆对应扫描波束，并包含了两个主波束。在这种情况下，栅瓣并不在扫描平面，因此无法以简单的扫描平面所在的切平面的方向图来显示。矩形阵列会产生一个矩形栅瓣图，而其他周期阵列的栅瓣图更复杂。

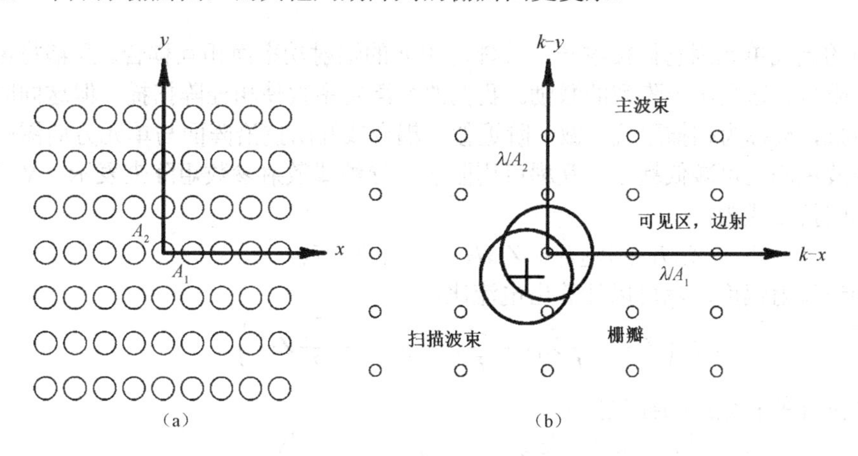

图 3-19　（a）矩形阵列的栅瓣示图；（b）k空间分布

图 3-20 给出了六边形阵列的布局和相应的栅瓣示图。六边形阵列（或等边三角形阵列）可由矩形阵列的线性变换获得，栅瓣示图也一样。与栅瓣示图中的垂直间距 B_2 相对应的沿 x 轴的间距 A_1 和每个示图中对角线的间距是相关的。在这两种情况下的两个示图上相对应的轴是垂直的，所以：

$$B_2=\frac{\lambda}{A_1\sin\alpha}\ ,\quad B_1=\frac{\lambda}{A_2\sin\alpha}$$

对六边形阵列来说，三角轴之间的夹角α为 60°。当波束扫描到 90°时，若允许出现一个栅瓣，则可以确定无栅瓣的最大阵元间距为：

$$\frac{\lambda}{A_1\sin 60^\circ}=2\quad 或\quad \frac{A_1}{\lambda}=\frac{1}{2\sin 60^\circ}=0.577$$

图 3-20 显示了阵元间距为λ的边射波束的可见区单位圆及扫描到 36°的单位圆。扫描后，单位圆包含了三个波瓣。这三个波瓣并不在一个平面。图 3-21 给出了扫描至 36°的球坐标辐射阵列方向图以及三个波瓣。通过圆形泰勒分布抽样可减低阵列副瓣并使波瓣清楚地显示出来。在第 4 章中，我们将讨论利用连续口径分布确定平面阵列馈电幅度的问题。

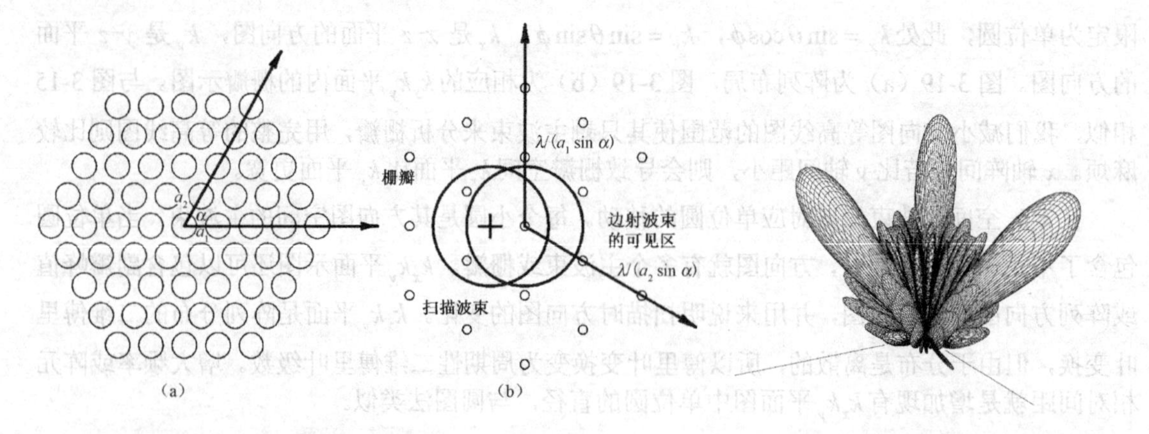

图 3-20 （a）六边形阵列的栅瓣示图；（b）分布示图　　图 3-21 六边形阵列的栅瓣球坐标辐射方向图

3.9 互阻抗

阵列中的天线单元因它们接收一部分邻近单元的辐射功率而相互耦合。互耦将影响每个单元端的输入阻抗，这取决于阵列的激励。我们改变激励系数使相控阵扫描，但这同时也改变了阵元输入阻抗，被称为扫描阻抗。做一阶近似，耦合或互阻抗沿阵面与单元方向图的电平成正比，采用窄波束阵元可减低耦合。互耦可用阻抗、导纳或散射参数矩阵来表示。N 元阵列的第一个单元的阻抗公式为：

$$V_1 = Z_{11}I_1 + Z_{12}I_2 + Z_{13}I_3 + \cdots + Z_{1N}I_N$$

如果知道辐射幅度，就可以计算出电流比：

$$V_1 = I_1\left(Z_{11} + \frac{I_2}{I_1}Z_{12} + \frac{I_3}{I_1}Z_{13} + \cdots + \frac{I_N}{I_1}Z_{1N}\right)$$

第一个阵元的有效或扫描阻抗为：

$$Z_1 = \frac{V_1}{I_1} = Z_{11} + \frac{I_2}{I_1}Z_{12} + \frac{I_3}{I_1}Z_{13} + \cdots + \frac{I_N}{I_1}Z_{1N} \tag{3-18}$$

其值取决于自阻抗和其他所有天线的激励。扫描阻抗以前被称为有源阻抗，但这会使概念混淆。输入第一个阵元的功率为：

$$P_1 = \mathrm{Re}(V_1I_1^*) = I_1I_1^*\mathrm{Re}\left(Z_{11} + \frac{I_2}{I_1}Z_{12} + \frac{I_3}{I_1}Z_{13} + \cdots + \frac{I_N}{I_1}Z_{1N}\right) \tag{3-19}$$

若已知激励系数和互阻抗，就可以计算出总的输入功率和增益。在一般情况下，阵列中的每一个天线的输入阻抗各不相同。在相控阵中激励系数的变化引起波束的扫描，同时也使得阵元的阻抗在变化。扫描阻抗随着扫描角度的变化而变化，这产生了与馈电网络有关的问题。对缝隙而言，我们可以再次使用相同的参数——互导纳来表示互耦，因为磁流与每个横跨缝隙的电压成正比。

3.10 扫描盲区和阵元方向图[7, 8]

由宽波束宽度的阵元构成的大型阵列存在扫描盲区。当相控阵扫描到某个角度时，每个阵元的输入反射系数迅速增加至 1。阵列无法辐射，形成了一方向图零点。阵元间的互耦导致扫描阻抗的变化，从而导致扫描盲区的出现。这一问题比较复杂，且难以准确预测，除非阵列结构支持表面波传输。一种说法是，扫描盲区出现在第一栅瓣从不可见空间进入可见空间并沿阵列表面辐射的时候。在这种情况下，求解式（3-16）就可获得栅瓣出现的扫描角：

$$|\cos\theta_{\mathrm{gr}}| = \frac{\lambda}{d} - 1 \tag{3-20}$$

式（3-20）中的角度是从阵面（或轴）算起的，扫描盲区近似在这个角度出现。若阵列是小型阵列或因阵元具有窄波束使得互耦较小，则扫描盲区可减少到使方向图只有一个凹陷。

栅瓣导致互耦猛增。若阵列由支持表面波的阵元构成，如介质基板微带贴片，当阵元电间距等于表面波传播相移时，阵列出现扫描盲区：

$$|\cos\theta_{\mathrm{gr}}| = \frac{\lambda}{d} - \frac{k_{\mathrm{sw}}}{k} = \frac{\lambda}{d} - P \tag{3-21}$$

式中，P 是相对传播常数，对表面波而言该值大于 1（见 10.1 节）。由于阵列中耦合条件的复杂性，扫描盲区将在此值附近的角度出现。

我们可以搭建阵列的一小部分，以此来确定扫描盲区将在哪里出现。中心阵元馈电，其他所有的阵元接馈线电阻负载。阵中每个单元将与相邻的单元耦合，把单元辐射和相邻接负载的单元的耦合辐射合并，我们称之为阵元方向图或扫描单元方向图（以前被称为有源方向图）。靠近边缘的各阵元具有不同的有效方向图，但在一阶近似求解中，假设将中心阵元方向图作为所有阵列单元的阵元方向图，则可将单元方向图和阵因子的乘积作为总的方向图。在全阵列扫描盲区，阵元方向图将出现凹陷。但因为它只是阵列的一小部分，完整的扫描盲区并不会出现。你们应该建立一个小型阵列并测试扫描盲区出现的可能性。例如，对于由宽波束宽度阵元构成且要求大角度偏离边射方向扫描的阵列，需要在搭建整个阵列前用小阵列进行测试。

3.11 互耦的阵列馈电补偿

互耦（阻抗）用于衡量单个天线单元从阵列相邻单元接收多少辐射。每个阵元的辐射都会改变邻近单元的有效激励。大型阵列并不需要精确的方向图，因为互耦的影响是均衡的。但当阵列规模小或试图实现低副瓣时，阵列中的互耦必须进行补偿。像偶极子或缝隙这类小天线单元都是谐振式结构，只是单模辐射。互耦只改变阵单元的激励，并不会改变单元的电流分布形状。在这种情况下，互耦矩阵可通过测量或计算获得，并由它来计算阵元所需激励[9]。在表征天线耦合的 S 参数矩阵上叠加单位矩阵可求得耦合矩阵为：

$$\mathbf{C} = \mathbf{I} + \mathbf{S} \tag{3-22}$$

由期望的激励和式（3-22）的逆矩阵可计算出新的馈电激励：

$$\mathbf{V}_{\text{所需}} = \mathbf{C}^{-1}\mathbf{V}_{\text{期望}} \tag{3-23}$$

由于假设天线阵元为单模分布，$\mathbf{S}$ 与扫描无关，所以式（3-23）给出的补偿适用于所有的扫描角。这种补偿通过矩阵相乘可应用于数字信号处理中的自适应阵列的信号接收，其作用已有说明[10]。没有补偿的自适应阵列，如 MUSIC 算法，只能产生小的峰值，而补偿后则产生预期的大峰值。

多模阵元的补偿可由矩量法解决[11]，并用方向图的特性求解激励系数。这里使用期望方向图来补偿激励系数。根据矩量法，首先对所有的天线阵元在方向图响应和电流之间构建矩阵，其中每个阵元有多个电流段，则：

$$\mathbf{A}(\mathbf{k}) = \mathbf{F}\mathbf{I} \tag{3-24}$$

式中，$\mathbf{A}(\mathbf{k}_i)$ 是列矩阵单元，即某个角度 $\mathbf{k}_i = \mathbf{x}\sin\theta_i\cos\phi_i + \mathbf{y}\sin\theta_i\sin\phi_i + \mathbf{z}\cos\theta_i$ 或 (θ_i, ϕ_i) 的方向

图响应。矩阵 $\mathbf{F}$ 的单元是各向同性阵元的相位项 $\mathrm{e}^{\mathrm{j}\mathbf{k}_i\cdot\mathbf{r}_j}$，$\mathbf{I}$ 是由各段构成的电流列向量。由互阻抗矩阵的逆矩阵求得激励电压为：

$$\mathbf{I}=\mathbf{Z}^{-1}\mathbf{V} \tag{3-25}$$

将式（3-25）代入式（3-24），请注意，矩阵 $\mathbf{V}$ 只有 q 个与馈电点相对应的非零项。指定 q 个方向图点，对 M 项电流段而言可使 $\mathbf{F}$ 矩阵的大小减小到 $q\times M$。向量 $\mathbf{V}$ 有 $M-q$ 个零值元素，去掉矩阵 $\mathbf{FZ}^{-1}$ 相应列的元素，矩阵大小减小到 $q\times q$，记为 $\mathbf{B}$：

$$\mathbf{A}(\mathbf{k})=\mathbf{B}\mathbf{V}'$$

这里使用了非零元素构成的向量 $\mathbf{V}'$。对 $\mathbf{B}$ 求逆，求得激励系数为：

$$\mathbf{V}'=\mathbf{B}^{-1}\mathbf{A}(\mathbf{k}) \tag{3-26}$$

选择良好的方向图点是一门艺术，这需要对方向图评价以验证最终的方向图是否可以接受。

3.12 阵增益

可以使用互阻抗的概念来确定每个阵元的有效输入功率，从而避免了通过方向图积分计算平均辐射强度。两端口阻抗矩阵表示了两个天线之间的电路关系：

$$\begin{bmatrix}V_1\\V_2\end{bmatrix}=\begin{bmatrix}Z_{11} & Z_{12}\\Z_{21} & Z_{22}\end{bmatrix}\begin{bmatrix}I_1\\I_2\end{bmatrix}$$

由于天线互易，矩阵对角线对称的元素相等。总输入功率为：

$$P_{\text{in}}=\mathrm{Re}(V_1I_1^*)+\mathrm{Re}(V_2I_2^*)$$

一般 N 元阵列对应 $N\times N$ 矩阵，且输入功率求和式有 N 项。给定激励系数，不同的 I_i 之间有关联。对于两阵元的情况，

$$I_2=I_1\mathrm{e}^{\mathrm{j}\delta},\quad V_1=(Z_{11}+Z_{12}\mathrm{e}^{\mathrm{j}\delta})I_1$$

输入第一个阵元的功率为：

$$\mathrm{Re}(Z_{11}+Z_{12}\mathrm{e}^{\mathrm{j}\delta})I_1I_1^*$$

由于对称，第二个阵元输入的功率也一样。阵列总的输入功率为：

$$P_{\text{in}}=2\,\mathrm{Re}(Z_{11})I_1I_1^*\left[1+\frac{\mathrm{Re}(Z_{12}\mathrm{e}^{\mathrm{j}\delta})}{\mathrm{Re}(Z_{11})}\right]$$

因子 $\mathrm{Re}(Z_{11})I_1I_1^*$ 为孤立阵元的输入功率：$4\pi E_0^2/\eta$，其平均辐射强度（效率为100%的天线）是 $P_{\text{in}}/(4\pi)$，由此得：

$$\text{增益}=\text{方向系数}=\frac{|2E(\theta_{\max})|^2/\eta}{P_{\text{in}}/(4\pi)}=\frac{|2E(\theta_{\max})|^2}{1+[\mathrm{Re}(Z_{12}\mathrm{e}^{\mathrm{j}\delta})]/[\mathrm{Re}(Z_{11})]} \tag{3-27}$$

比较式（3-27）和式（3-8），可以得到：

$$\frac{\mathrm{Re}(Z_{12}\mathrm{e}^{\mathrm{j}\delta})}{\mathrm{Re}(Z_{11})}=\frac{R_{12}\cos\delta}{R_{11}}=\frac{\sin(2\pi d/\lambda)\cos\delta}{2\pi d/\lambda}$$

$$\frac{R_{12}(d)}{R_{11}}=\frac{\sin(2\pi d/\lambda)}{2\pi d/\lambda}$$

这样，我们就可以利用互阻抗比计算出任意数量的由各向同性阵元组成的阵列的方向系数了。

例：计算三单元线阵的方向系数，阵元各向同性且等幅等相等间距。

馈入各阵元的功率为：

$$P_1 = P_3 = \frac{4\pi E_0^2}{\eta}\left[1 + \frac{R_{12}(d)}{R_{11}} + \frac{R_{12}(2d)}{R_{11}}\right]$$

$$P_2 = \frac{4\pi E_0^2}{\eta}\left[1 + \frac{2R_{12}(d)}{R_{11}}\right] \qquad U_{\max} = \frac{3^2 E_0^2}{\eta}$$

求和可得馈入阵列总功率为：

$$P_t = P_1 + P_2 + P_3 = \frac{4\pi E_0^2}{\eta}\left[1 + \frac{4R_{12}(d)}{R_{11}} + \frac{2R_{12}(2d)}{R_{11}}\right]$$

$$\text{方向系数} = \frac{U_{\max}}{P_t/4\pi} = \frac{9}{3 + [4R_{12}(d)/R_{11}] + [2R_{12}(2d)/R_{11}]}$$

对一般的 N 单元等间距线阵，等幅等相激励，其方向系数很容易通过扩展上式获得：

$$\text{方向系数} = \frac{N^2(\text{单元方向系数})}{N + 2\sum_{M=1}^{N-1}(N-M)[R_{12}(Md)/R_{11}]} \tag{3-28}$$

阵列的方向系数主要取决于辐射器的互阻抗项。上式只能计算等幅线阵。拓展互电阻这一想法，我们可用它计算由理想阵元构成的平面阵的输入功率，并由此确定阵列增益。

沿 x 轴布置的两单元阵列，其方向系数可通过积分计算，并由此确定与阵元间距相关的各阵元互电阻与自电阻的比值：

$$\frac{R_{12}(x)}{R_{11}} = \frac{\text{单元方向系数}}{2\pi}\int_0^{2\pi}\int_0^{\pi} E_e^2(\theta,\phi)\cos^2\left(\frac{\pi x}{\lambda}\cos\phi\sin\theta\right)\sin\theta\,\mathrm{d}\theta\,\mathrm{d}\phi - 1 \tag{3-29}$$

式（3-29）积分项中采用了归一化方向图。利用单元方向图的轴对称性，可计算出许多不同间距的电阻比值，对该表插值后就可用于平面（线性）阵列的方向系数（增益）分析。如果单元方向图不是对称的，则必须在许多 ϕ 点计算其归一化电阻。给定位于矢量 $\mathbf{x}_i$ 的阵元激励为 E_i，可以推导出与式（3-28）类似的平面阵列方向系数表达式：

$$\text{方向系数} = \frac{\left|\sum_{i=1}^{N} E_i\right|^2(\text{单元方向系数})}{\sum_{i=1}^{N}\sum_{j=1}^{N}[R_{12}(|\mathbf{x}_i - \mathbf{x}_j|)/R_{11}]\mathrm{Re}[E_j/E_i]|E_i|^2} \tag{3-30}$$

图 3-22 给出了由式（3-30）计算的线阵的方向系数。阵元为真实单元，如波束宽度为 90°的微带贴片，且阵元间距可变。图形显示当间距超过 λ 和出现栅瓣时方向系数减低，随着阵元数的增加，这一特点更为明显。在宽阵元间距的情况下，当第二栅瓣出现时，方向系数只略微变化。由于单元方向图可降低栅瓣，因此，增加单元的方向系数（减小波束宽度）可降低方向系数的变化。

对平面阵，由式（3-30）计算得到图 3-23。阵列为六边形，阵元数为 217，幅度由圆形泰勒分布抽样获得（见 4.18 和 4.19 节），以降低副瓣。相对均匀分布而言，30dB 的圆形泰勒分布因幅度渐削而使得增益减小了 0.6dB。在图 3-23 中，初始阵元间距为 0.6λ，并允许增加阵元间距以显示其影响。图 3-23 也显示了增加单元增益对平面阵增益的影响。当阵元间距小于 λ，增加阵元数对阵列增益不起作用，因为波束宽度为 90° 的天线的有效面积已经超出了阵元之间的面积，它收集了入射到阵列上的所有功率。如果增加阵元的增益，阵元的有效面积出现重叠，则它们共享入射功率。图 3-23 中阵元间距小于约λ的曲线重叠。在图 3-23 的低端，若阵间距增加一倍，则增益提高 6dB。这说明，当阵元覆盖了与它相关的区域时，增加阵元增益将不会影响阵列增益。

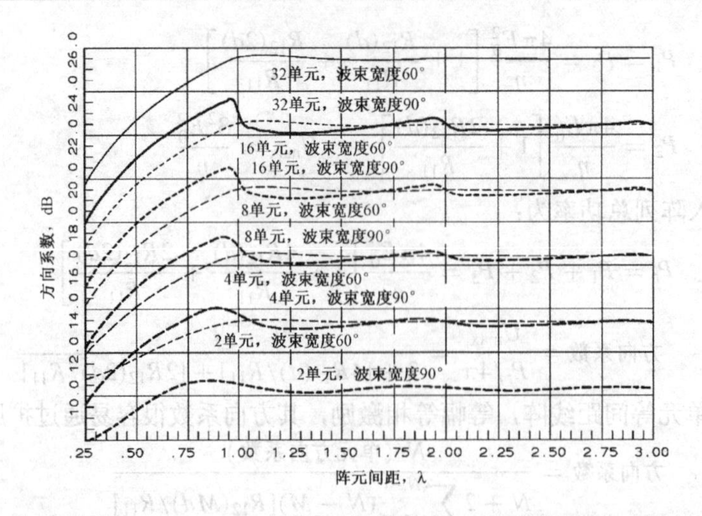

图 3-22　等幅线阵的方向系数与阵元间距的关系，阵元波束宽度分别为 60° 和 90°

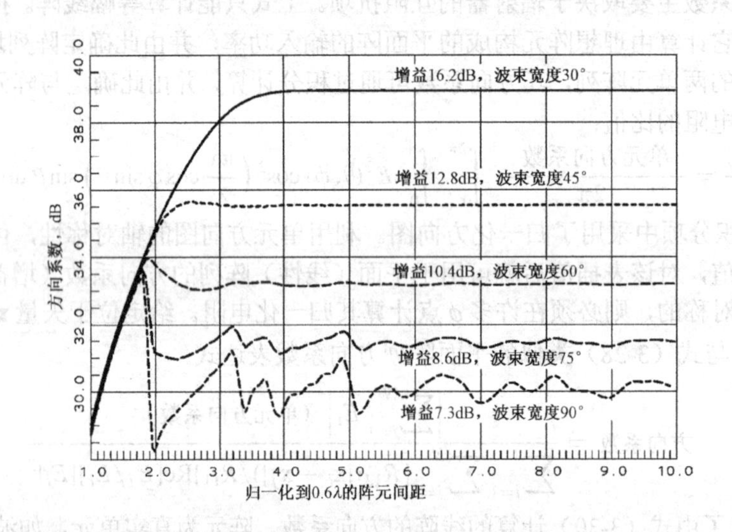

图 3-23　217 元等幅六边形阵列的方向系数与阵元波束宽度和间距的关系

随着阵元间距的增加，当栅瓣从不可见空间进入可见区时，由窄波束单元组成的阵列抑制了这些波瓣，从而使得总增益继续增加。而对于阵元波束宽度为 90° 的阵列，其方向系数（增益）因栅瓣而下降。阵列在大间距情况下，其阵列增益为 N 与单元增益相乘。而阵元紧密排列时，阵列增益由阵列面积和幅度渐削决定。对于宽间距阵列，阵列增益可由阵元数和单元增益的乘积来获得。图 3-23 显示了这两个区域间平稳过渡。

3.13　阵元指向任意的阵列

当我们将阵列安装在车辆上时，各阵元可以指向任意方向。虽然式（3-1）可计算出任何阵列方向图，但单元方向图通常是在同一个坐标系统中在不同的方位进行测量，而不是在阵列中测量。这样，阵因子与单元方向图相乘的思想就失效了，必须将方向图的方向旋转到每个单元所在坐标才能分析。我们将对每个单元坐标旋转，不仅要指定它们而且要计算出阵列方向图。在后面的章节中，同样的理念将用于反射面馈源天线的指向问题。

将所指的方向旋转到指向天线的坐标系统，从而确定单元方向图使用什么方向角度。将3×3的旋转矩阵用于矩形分量，得：

$$[X_{旋转}\quad Y_{旋转}\quad Z_{旋转}]=\begin{bmatrix}旋转矩阵\end{bmatrix}\begin{bmatrix}X\\Y\\Z\end{bmatrix} \tag{3-31}$$

类似的问题是旋转一个物体。这两种情况下都使用相同的矩阵。为了旋转物体，对旋转矩阵左乘位置向量得出旋转后的坐标。旋转位置由下式给出：

$$[X_{原}\quad Y_{原}\quad Z_{原}]\begin{bmatrix}旋转矩阵\end{bmatrix}=\begin{bmatrix}X_{旋转}\\Y_{旋转}\\Z_{旋转}\end{bmatrix} \tag{3-32}$$

旋转矩阵由旋转时单位矢量的方向获得。由下式给出：

$$旋转矩阵=\begin{bmatrix}旋转后的X轴\\旋转后的Y轴\\旋转后的Z轴\end{bmatrix} \tag{3-33}$$

该方法采用3×3矩阵与一个位置或方向矢量相乘来实现旋转。关于X轴的旋转矩阵为：

$$\begin{bmatrix}1 & 0 & 0\\0 & \cos A & \sin A\\0 & -\sin A & \cos A\end{bmatrix}$$

关于Y轴的旋转矩阵为：

$$\begin{bmatrix}\cos B & 0 & -\sin B\\0 & 1 & 0\\\sin B & 0 & \cos B\end{bmatrix}$$

关于Z轴的旋转矩阵为：

$$\begin{bmatrix}\cos C & \sin C & 0\\-\sin C & \cos C & 0\\0 & 0 & 1\end{bmatrix}$$

将这些关于轴的旋转矩阵相乘以重新定位物体或指向。考虑由三个旋转矩阵的乘积实现一个位置的旋转，为：

$$[X_{原}\quad Y_{原}\quad Z_{原}]\mathbf{R}_1\mathbf{R}_2\mathbf{R}_3=\begin{bmatrix}X_{旋转}\\Y_{旋转}\\Z_{旋转}\end{bmatrix}$$

合乎逻辑的做法是在与位置矢量相乘之前，将3×3的矩阵$\mathbf{R}_1$,$\mathbf{R}_2$和$\mathbf{R}_3$相乘。$\mathbf{R}_2$右乘$\mathbf{R}_1$时，绕$\mathbf{R}_1$的旋转轴旋转。右乘$\mathbf{R}_3$则绕$\mathbf{R}_2$和$\mathbf{R}_1$的旋转轴各旋转一次。我们可以从左至右一个一个的旋转，用每个主轴对应的旋转矩阵右乘后将行向量转换为列向量。

用球坐标角度来定义物体的空间方向是很方便的，因为它们与方向图的角度相同。在这种情况下，从右至左将矩阵排队。当以某个轴旋转坐标系时，其他轴会改变方向，接下来是以这些新轴做旋转。这三个旋转角通常被称为欧拉角。对于球坐标中的指向，我们采用下面三个旋转：

① Z轴旋转=ϕ；

② 新Y轴旋转=θ；

③ 新Z轴旋转：与天线的极化平行。

当计算某个特定方向的阵列方向图时，首先计算方向矢量的直角坐标分量和两个极化矢量。用$k(2\pi/\lambda)$与方向矢量相乘，并与位置矢量点乘获得特定单元的相位。由式（3-31）确定在旋转后的天线坐标系中方向图的方向。将单位方向矢量置于右边与旋转矩阵相乘。然后，将输出矢量转换成球坐标，可获得旋转后天线的方向图坐标。这里，旋转单元的方向图分量和单位极化矢量都是需要的。接下来，用与方向矢量相同的操作将原坐标极化单位矢量旋转到旋转后单元的坐标系中。

最后，将旋转后原坐标极化矢量投影到单元方向图单位极化矢量，计算出辐射分量：

$$
\begin{aligned}
E_\theta &= E_{\theta,\text{单元}}\hat{\theta}_{\text{单元}}\cdot\hat{\theta}_{\text{旋转}} + E_{\phi,\text{单元}}\hat{\phi}_{\text{单元}}\cdot\hat{\theta}_{\text{旋转}} \\
E_\phi &= E_{\theta,\text{单元}}\hat{\theta}_{\text{单元}}\cdot\hat{\phi}_{\text{旋转}} + E_{\phi,\text{单元}}\hat{\phi}_{\text{单元}}\cdot\hat{\phi}_{\text{旋转}}
\end{aligned}
\tag{3-34}
$$

由于单元方向图是在其所在位置测量的，因此，可以方便地将天线的定位看做一系列坐标系的旋转。

参考文献

[1] C. A. Balanis, *Antenna Theory, Analysis and Design*, 2nd ed., Wiley, New York, 1997.

[2] W. W. Hansen and J. R. Woodyard, A new principle in directional antenna design, *Proceedings of IRE*, vol. 26, March 1938, pp. 333–345.

[3] T. C. Cheston and J. Frank, Array antennas, Chapter 11 in M. I. Skolnik, ed., *Radar Handbook*, McGraw-Hill, New York, 1970.

[4] J. L. Butler, Digital, matrix, and intermediate frequency scanning, Section 3 in R. C. Hansen, ed., *Microwave Scanning Antennas*, Vol. III, Academic Press, New York, 1966.

[5] J. Blass, The multidirectional antenna: a new approach to stacked beams, *IRE International Convention Record*, vol. 8, pt. 1, 1960, pp. 48–50.

[6] Y. T. Lo and S. W. Lee, eds., *Antenna Handbook*, Vol. II, Van Nostrand Reinhold, New York, 1993.

[7] R. J. Mailloux, *Phased Array Antenna Handbook*, Artech House, Boston, 1994.

[8] P.-S. Kildal, *Foundations of Antennas*, Studentlitteratur, Lund, Sweden, 2000.

[9] H. Steyskal and J. S. Herd, Mutual coupling compensation in small array antennas,*IEEE Transactions on Antennas and Propagation*, vol. AP-38, no. 12, December 1990, pp. 1971–1975.

[10] G. Dernery̆d, Compensation of mutual coupling effects in array antennas, *IEEE Antennas and Propagation Symposium*, 1996, pp. 1122–1125.

[11] J. Strait and K. Hirasawa, Array design for a specified pattern by matrix methods, *IEEE Transactions on Antennas and Propagation*, vol. AP-18, no. 1, January 1971, pp. 237–239.

第 4 章　口径分布和阵列综合

连续口径和阵列有着相似的特点。口径的辐射方向图通过傅里叶变换计算，而可视为对口径分布抽样的阵列可由傅里叶级数分析其方向图。我们利用熟悉的信号处理知识可深入了解这些过程及其特点。口径原理不仅可应用于喇叭、透镜和反射面的分析，也可以用来描述阵列天线。由于设计天线只是近似产生特定的口径分布，因此，我们通常用抽样阵列来实现这些分布。

首先讨论由 2.2 节所述的惠更斯源近似发展起来的口径效率，并将该方法应用到喇叭、透镜和反射面天线的综合和容差分析。均匀和余弦分布在喇叭和简单的谐振天线上自然出现。但在给定尺寸和激励分布情况下，用口径分布可实现天线特性的最大能力。

泰勒在道尔夫-切比雪夫多项式基础上实现了给定副瓣电平产生最窄波束宽度的口径分布。切比雪夫阵列具有等副瓣特性，但对于大型阵列这种特性并不受欢迎，因为其等效口径分布的峰值在阵列末端，且副瓣平均值限定了阵列方向系数只比副瓣高 3dB。该分布边缘大的峰值需要含大耦合比值的馈电网络来调整。对这些单元幅度比值大的情况，单元间的耦合引起了非期望的激励，这样阵列就失去了控制。比较实际的做法是对大型阵列进行泰勒分布抽样，这种分布可限制边缘峰值，从而使大型阵列实现高增益。

口径分布综合问题需要对零点处理以实现阵列所需特性。泰勒利用切比雪夫阵列的零点改变了均匀分布内侧零点的位置而获得低副瓣电平。埃利奥特（Elliott）拓展了这种思想，他通过迭代找到这些零点位置从而产生所需副瓣电平的线性口径分布。谢昆诺夫（Schelkunoff）建立了阵列方向图和多项式之间的变换关系，将复平面的阵列多项式的零点映射为一个方向图变量，转动单位圆来分析阵列方向图。我们通过对这些多项式在复平面的零点处理来综合阵列。与埃利奥特法对连续线源分布的零点位置处理方法类似，Orchard（和 Elliott）利用迭代法处理阵列多项式的零点来综合阵列。该方法允许我们单独设定副瓣电平，并通过将一些零点移出单位圆外的方法实现波束赋形。对赋形波束的设计，Orchard 的综合方法改善并简化了两个阵列的伍德沃德连续口径抽样和傅里叶级数直接综合线阵的方法，但早期的两种方法可使我们对综合问题了解更为透彻。另外，我们还考虑了串馈线阵或连续线性口径的设计，其阵元直接由传输线馈电。这就要求知道沿阵列每一位置点的耦合或传输线加载分布，因为每一个位置上都要获取一分部功率，剩余功率被负载消耗。

对圆口径和抽样阵列的使用做了同样的分析，并给出了大型反射面天线的局限性。对于平面阵列，利用两个线性分布简化分析了许多矩形口径分布。设计了等副瓣的切比雪夫平面阵列，该阵列在对角平面并不能降低副瓣。平面阵的卷积综合法允许对较小阵列的方向图零点做类似谢昆诺夫方法那样处理。最后，研究了可导致增益下降和副瓣提高的口径遮挡和相位误差。

4.1　幅度渐削和相位误差效率

当用惠更斯源近似时，将口径中电场振幅的平方求和（积分）除以自由空间波阻抗就能计算出辐射功率。平均辐射强度是辐射功率除以单位球面积 4π。最大辐射强度是式（2-24）振幅平方的最大值除自由空间波阻抗，因此方向系数（$U_{\max}/U_{\text{avg}}$）为

$$\frac{\pi(1+\cos\theta)^2}{\lambda^2}\frac{\left|\iint\limits_s E\mathrm{e}^{\mathrm{j}\mathbf{k}\cdot\mathbf{r}'}\,\mathrm{d}s'\right|^2_{\max}}{\iint\limits_s |E|^2\,\mathrm{d}s'} \tag{4-1}$$

式（4-1）可用于方向图的任何方向的方向系数计算，包括分子积分式的最大值。

均匀幅度和相位分布的口径，其方向系数为$4\pi A/\lambda^2$，A 为口径面积。由于口径场幅度和相位均有变化，我们将方向系数简化为独立的两项，则口径的方向系数一般表达式为：

$$方向系数=\frac{4\pi A}{\lambda^2}\cdot\mathrm{ATL}\cdot\mathrm{PEL}$$

式中，ATL 是幅度渐削效率（损耗），PEL 是相位误差效率（损耗）。幅度变化只影响 ATL，而相位变化只影响 PEL。

若口径分布为均匀相位分布，波束峰值将垂直于口径（θ=0°）且 PEL＝1，则由式（4-1）中均匀相位场$|E|$得：

$$方向系数=\frac{4\pi}{\lambda^2}\frac{\left(\iint\limits_s|E|\,\mathrm{d}s\right)^2}{\iint\limits_s|E|^2\,\mathrm{d}s}=\frac{4\pi\mathrm{A}}{\lambda^2}\cdot\mathrm{ATL}$$

式中，在视轴（θ= 0°）上$k_x=k_y=0$。对 ATL 求解，得：

$$\mathrm{ATL}=\frac{\left(\iint\limits_s|E|ds\right)^2}{A\iint|E|^2\,\mathrm{d}s} \tag{4-2}$$

我们已经强制口径为恒相位分布以分离出幅度渐削的影响。若考虑非均匀相位分布，则要用到 PEL，即相位误差效率为：

$$\mathrm{PEL}(\theta,\phi)=\frac{D(\theta,\phi)}{(4\pi A/\lambda^2)\cdot\mathrm{ATL}}$$

式中，使用了与方向图方向$(\theta,\ \phi)$有关的$\mathrm{PEL}(\theta,\ \phi)$和$D(\theta,\ \phi)$，显然：

$$\mathrm{PEL}(\theta,\phi)=\frac{(1+\cos\theta)^2}{4}\frac{\left|\iint\limits_s E\mathrm{e}^{\mathrm{j}\mathbf{k}\cdot\mathbf{r}'}\,\mathrm{d}s\right|^2}{\left(\iint\limits_s|E|\,\mathrm{d}s\right)^2} \tag{4-3}$$

$$\mathbf{k}=k(\sin\theta\cos\phi\mathbf{x}+\sin\theta\sin\phi\mathbf{y}+\cos\theta\mathbf{z})$$

当口径位于 x-y 平面内时，

$$\mathbf{k}\cdot\mathbf{r}'=k(x'\sin\theta\cos\phi+y'\sin\theta\sin\phi)$$

确定最大 PEL 和 ATL 后可求得方向系数。通常取视轴方向的值（θ=0°），则式（4-3）化简为：

$$\mathrm{PEL}=\frac{\left|\iint\limits_s E\,\mathrm{d}s\right|^2}{\left(\iint\limits_s|E|\,\mathrm{d}s\right)^2} \tag{4-4}$$

若非特别说明，PEL 一般均指式（4-4），当考虑扫描口径时才用式（4-3）。

式（4-2）和式（4-4）分开了口径幅度和相位变化对视轴方向系数的影响。若效率以分贝表示，那么方向系数变为：

$$D(\mathrm{dB}) = 10\log\frac{4\pi A}{\lambda^2} + \mathrm{ATL_{dB}} + \mathrm{PEL_{dB}}$$

用分贝表示时，效率称为损耗：幅度渐削损耗（ATL）和相位误差损耗（PEL）。重要的是要记住，这些值都是视轴方向的损耗。口径面上的线性相位渐削会使波束扫描，而式（4-4）预测的是视轴方向的损耗，该方向很可能是方向图的零点。不过，ATL 却与产生波束倾斜的相位变化无关。

4.1.1　可分离矩形口径分布

如果矩形口径分布是可分离的，即：

$$E(x,y) = E_1(x)E_2(y)$$

那么效率也是可分离的，即：

$$\mathrm{ATL}=\mathrm{ATL}_x\mathrm{ATL}_y \text{ 和 } \mathrm{PEL}=\mathrm{PEL}_x\mathrm{PEL}_y \tag{4-5}$$

给定 x 轴方向尺寸为 $\pm a/2$ 的矩形口径，则有：

$$\mathrm{ATL}_x = \frac{\left[\int_{-a/2}^{a/2}|E_1(x)|\,\mathrm{d}x\right]^2}{a\int_{-a/2}^{a/2}|E_1(x)|^2\mathrm{d}x} \tag{4-6}$$

$$\mathrm{PEL}_x = \frac{\left|\int_{-a/2}^{a/2}E_1(x)\,\mathrm{d}x\right|^2}{\left[\int_{-a/2}^{a/2}|E_1(x)|\,\mathrm{d}x\right]^2} \tag{4-7}$$

y 轴方向的公式同上，只是将变量 x 替换为 y。

4.1.2　圆对称分布

如果圆形口径分布为圆对称时，很容易将式（4-2）和式（4-4）简化为：

$$\mathrm{ATL} = \frac{2\left[\int_0^a|E(r)|r\,\mathrm{d}r\right]^2}{a^2\int_0^a|E(r)|^2r\,\mathrm{d}r} \tag{4-8}$$

$$\mathrm{PEL} = \frac{\left|\int_0^a E(r)r\,\mathrm{d}r\right|^2}{\left[\int_0^a|E(r)|r\,\mathrm{d}r\right]^2} \tag{4-9}$$

式中，a 是口径半径。

这里需要简短介绍一下积分所用的公式。这些式子看起来令人生畏，似乎很少有可以直接实际应用的。在下面的各分布名目中，我们会给出计算结果。一般的分布必须通过数值积分才能解决。当均匀分布的位置点值已知时，牛顿-柯特斯方法中的任何一种都可以使用，如辛普森法则或龙伯格积分。分布为已知函数时可用高斯-勒让德技术，就是选取所需函数值的方法。

有时数值积分很容易计算，不像圆口径分布中出现特殊函数还需要写程序。精确表达式是理想情况下的，除非这种分布是以某种方式强加在结构上的，但这种分布难以精确实现。我们只需近似它并达到实际满意的精度就可以了。

4.2 简单线源分布

假设矩形口径具有可分离分布，以使我们能够一次只处理一维方向，这样就可以计算该坐标平面内的方向图。通过绘制 k_x（或 k_y）空间上的方向图，由第 3 章阵列中所使用的类似方法就可以计算与口径尺寸无关的方向图。在第 2 章中，我们推导出均匀分布的 k_x 空间方向图为：

$$\frac{a\sin(k_x a/2)}{k_x a/2} \tag{4-10}$$

其中，a 是口径宽度，$k_x = k\sin\theta\cos\phi$。只考虑 $\phi = 0°$ 平面的方向图，这样可以去掉 $\cos\phi$。图 4-1 给出了均匀分布的 $k\sin\theta$ 空间方向图。方向图并不像直线阵那样以 2π 为周期重复，但其副瓣以 $1/x$ 的速率连续下降，第一副瓣比峰值低 13.2dB。口径大小为 a 和扫描变量 $\sin\theta_0$ 共同决定了图 4-1 的可见区，因为 $\sin\theta$ 的最大值为 1，所以其范围介于 $\pm ka/2$ 之间，中心为 $(ka/2)\sin\theta_0$。

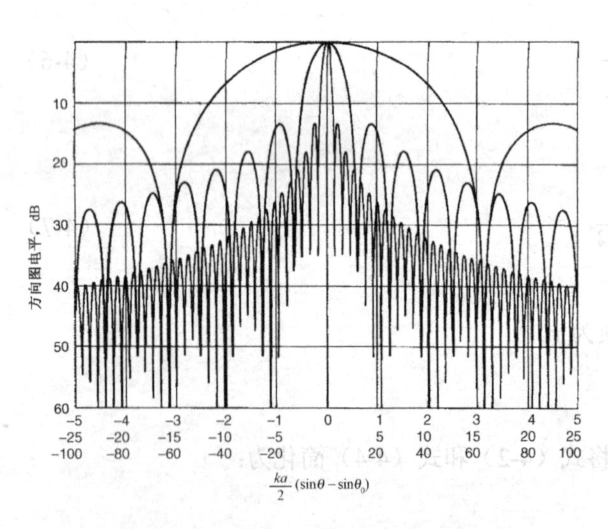

图 4-1 均匀线源分布的 k_x 空间方向图

例：已知口径为 4λ。当 $\sin\theta_0 = 0$（视轴）时，求 $\theta = \pm 90°$ 之间的副瓣数。

在 $k\sin\theta$ 空间里，最大值是：

$$\frac{2\pi}{\lambda}\frac{4\lambda}{2} = 4\pi \text{ 或 } 12.57$$

在可见区内主波束的每一边有三个副瓣（见图 4-1）。当 $(ka/2)\sin\theta_1 = 4.5$ 时出现第一副瓣，即：

$$\theta_1 = \arcsin\frac{4.5\lambda}{a\pi} = 21°$$

由第 2 章，当忽略倾斜因子 $(1+\cos\theta)/2$ 时，可求得半功率波束宽度为：

$$\text{HPBW} = \arcsin\frac{0.4429\lambda}{a} \tag{4-11}$$

对于小角度用近似式 $x = \sin x$（弧度），得：

$$\text{HPBW} = 50.76°\frac{\lambda}{a} \tag{4-12}$$

我们可以此为标准，用波束宽度（HPBW）因子描述其他分布的波束宽度。均匀分布的波束宽度因子为 1.00。考虑零点波束宽度，在 $k\sin\theta$ 空间方向图中第一零点出现在 ± π 处，故零点宽度为：

$$\text{BW}_{\text{null}} = 2\arcsin\frac{\lambda}{a} \approx 114.59°\frac{\lambda}{a}$$

同样，对于零点波束宽度，我们也建立一个波束宽度因子。当波束扫描到 θ_0 时，在 $k\sin\theta$ 空间中，可见区的中心位于 $\pi a/\lambda$。

例：已知均匀分布的口径 $a=6\lambda$，计算 $\theta_0=30°$ 时的波束边缘。

$$\frac{a}{\lambda}(\sin\theta_{1,2}-\sin\theta_0)=\pm 0.4429$$

$$\sin\theta_{1,2}=\frac{\pm 0.4429}{6}+0.5$$

$$\theta_1=35.02°,\quad \theta_2=25.23°$$

波束宽度为两者之差，即 9.79°。取 3dB 波束边缘平均值作为波束中心，可得波束中心角为 30.12°。波束中心角的余弦乘口径大小，可得到口径投影尺寸为 5.19λ。将此值代入式（4-11），求得 HPBW =9.79°。准确的波束峰值在 θ=30°，方向图关于 θ_0 对称。

其他简单的线性口径上的几何分布，与均匀分布一样遵循相同的傅里叶变换关系，只是在 $k\sin\theta$ 空间采用不同的变换。表 4-1 列出了一些常见分布的特性。

表 4-1　常用口径的一维分布特性

分　布	f_x	第一副瓣电平（dB）	半功率波束宽度因子	零点波束宽度因子	ATL（dB）
均匀	$\dfrac{\sin(k_x a/2)}{k_x a/2}$	13.2	1.000	1.000	0
三角形	$\left[\dfrac{\sin(k_x a/4)}{k_x a/4}\right]^2$	26.5	1.439	2.000	1.25
余弦	$2\pi\dfrac{\cos(k_x a/2)}{\pi^2-(k_x a)^2}$	23.0	1.342	1.5	0.91
余弦平方	$\dfrac{\sin(k_x a/2)}{(k_x a/2)[1-(a/2\lambda)]^2}$	31.5	1.625	2.000	1.76

例：求 7λ口径余弦分布的波瓣宽度。

由表 4-1 可知波束宽度因子为 1.342。与均匀分布相比，口径分布的渐削增加了波束宽度。

$$\text{HPBW}=1.342\frac{50.76\lambda}{a}=9.73° \quad 或$$

$$\text{HPBW}=2\arcsin\left(1.342\frac{0.4429\lambda}{a}\right)=9.74°$$

我们可再附加一个分布，变换后求和可求得方向图。通过在余弦平方分布基础上附加一个台阶（均匀分布）可减小余弦平方分布的波束宽度和副瓣电平。此时，口径分布为：

$$E(x)=\text{PD}+(1-\text{PD})\cos^2\frac{\pi x}{a} \qquad |x|\leqslant\frac{a}{2}$$

其中，PD 是电压台阶电平。均匀分布的第一副瓣位于余弦平方分布的零点波束宽度之内，副瓣相位相对于主波束在 180° 和 0° 之间转换，因此，台阶的第一副瓣与余弦平方分布的主瓣相减。台阶的第二个副瓣基本上出现在位于同一 k 空间的余弦平方分布的第一副瓣的位置，在一定程度上这些波瓣相互抵消。表 4-2 给出了与给定最大副瓣电平的分布之峰值相应所需的台阶电平。可以看出最低副瓣（43.2dB）出现在台阶电平为-22.3dB 的时候。随着台阶电平的降低，副瓣升高且波束宽度因子以恒率增加。

余弦平方和附加台阶的幅度渐削效率为：

$$\text{ATL}=\frac{2(1+\text{PD})^2}{3+2\text{PD}+3\text{PD}^2} \quad （比值） \tag{4-13}$$

基于简单函数的幅度分布用途有限。均匀分布和余弦分布或接近近似的分布可自然实现，但其他分布必须在口径上强加条件才能实现。阵列可以通过对分布抽样而获得与口径类似的结果。抽样的余弦平方附加台阶分布用于阵列馈电网络的容差研究非常方便，但它不是最佳分布。表 4-2 列出了实现这种所需副瓣电平分布的台阶电平。后面我们考虑一些允许使副瓣接近控制电平的情况下而获得最小波束宽度的分布。

表 4-2 余弦平方加台阶分布时，达到给定最大副瓣电平所需的台阶电平

副瓣（dB）	台阶（dB）	波束宽度因子	ATL（dB）
30	−12.9	1.295	0.79
32	−14.2	1.325	0.89
34	−15.7	1.357	0.99
36	−17.3	1.390	1.10
38	−18.7	1.416	1.18
40	−20.0	1.439	1.25
42	−21.4	1.463	1.32
42.7[a]	−21.9	1.471	1.34
43.2[b]	−22.3	1.476	1.36

注：a：汉明分布，b：最小副瓣电平。

远副瓣的减小率取决于边缘处与分布相关的函数[1]。如果 α 是近似分布 x_e^{α} 的指数，这里 x_e 为离边缘的距离，那么副瓣按照 $U^{-(1+\alpha)}$ 减小，这里 U 是 k 空间变量的线性函数。三角形和余弦分布的 $\alpha=1$，其远处副瓣按 $1/U^2$ 减小。余弦平方分布副瓣按 $1/U^3$ 减小，因为 $\alpha=2$。余弦分布加台阶的情况，边缘函数关系是一个阶梯（台阶 $\alpha=0$），远副瓣减小率为 $1/U$。如果要获得均匀副瓣，α 必须为-1，这只出现在当分布的边缘是狄拉克 δ 函数的时候，出现这种情况需要口径有无限能量或设计为离散源（阵列）。

我们必须接受在主瓣和副瓣辐射功率之间有一个平衡。对于固定尺寸的口径，主瓣压缩变窄，副瓣辐射功率就增加。当所有的副瓣辐射相同的功率（给定副瓣电平时副瓣的最大辐射功率），即所有的副瓣电平在同一水平时，主波束的波束宽度最窄。这种情况就是道尔夫-切比雪夫阵列[2]，连续口径是不可能实现的。

4.3 泰勒单变量线源分布[3]

均匀分布的 k 空间零点位于 $\pm n\pi(n=1,2,3,\cdots)$ 处（见图 4-1）。泰勒定义了一个新的变量 U 来代替 $k\sin\theta$：

$$\frac{\sin \pi U}{\pi U} \tag{4-14}$$

这里，$U=(a/\lambda)(\sin\theta-\sin\theta_0)$，$a$ 是口径宽度。各零点位于 U 为整数值处。泰勒调整均匀分布的内零点到较低的副瓣中，同时维持外零点的位置不动。零点通过参数 B 修改，B 即 U 空间两个区域间的边界：

$$U_n=\sqrt{n^2+B^2} \tag{4-15}$$

方向图在两个区域有不同的表达式：

$$F(U)=\begin{cases}\dfrac{\sinh \pi\sqrt{B^2-U^2}}{\pi\sqrt{B^2-U^2}} & |U|\leqslant B \quad (4\text{-}16\text{a})\\[2ex] \dfrac{\sin \pi\sqrt{U^2-B^2}}{\pi\sqrt{U^2-B^2}} & |U|\geqslant B \quad (4\text{-}16\text{b})\end{cases}$$

在视轴方向，式（4-16a）的高值抑制了均匀分布的副瓣电平，参数 B 控制分布的所有参数。给定预期副瓣电平（SLR）后，B 的值通过迭代求解下式获得：

$$\text{SLR} = 13.26 + 20\log\frac{\sinh \pi B}{\pi B} \tag{4-17}$$

刻度尺 4-1 给出了设定副瓣电平后的泰勒单变量分布的 B 值。

在-0.5～0.5 的范围内，口径分布方程为：

$$\frac{I_0[\pi B\sqrt{1-(2x)^2}]}{I_0(\pi B)} \tag{4-18}$$

式中，I_0 为第一类零阶贝塞尔函数。由式（4-18），计算出以副瓣电平为函数的口径边缘渐削，见刻度尺 4-2。将口径分布式（4-18）代入式（4-6），计算出以副瓣电平为变量的幅度渐削损耗（见刻度尺 4-3）。半功率波束宽度因子可以通过式（4-16）或刻度尺 4-4 获得。

设计副瓣电平，dB

泰勒单变量，B

刻度尺 4-1　给定副瓣电平的泰勒单变量 B

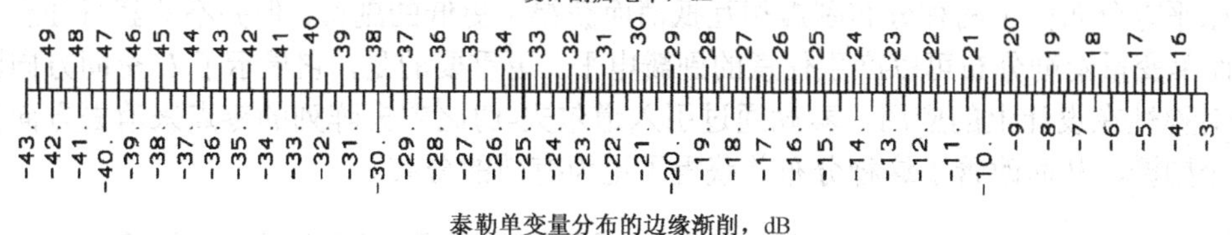

刻度尺 4-2　给定副瓣电平的泰勒单变量线源分布的边缘渐削

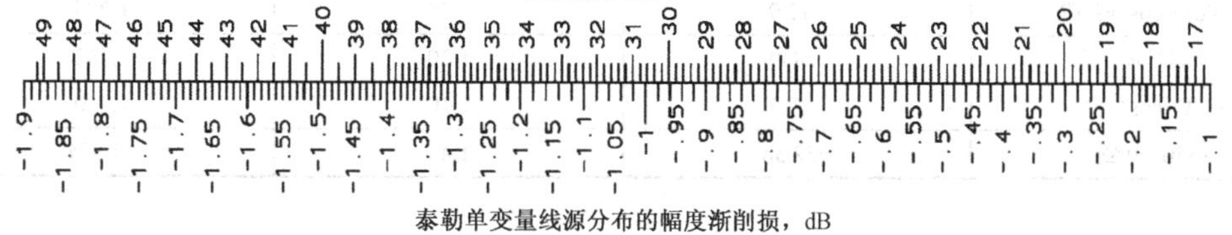

刻度尺 4-3　给定副瓣电平的泰勒单变量线源分布的幅度渐削损耗

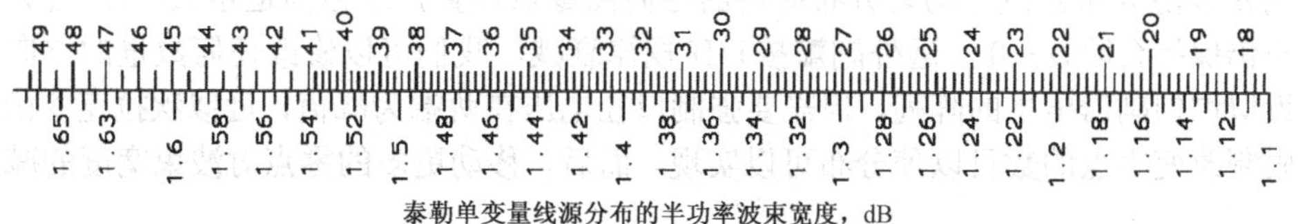

刻度尺 4-4　给定副瓣电平的泰勒单变量线源分布的半功率波束宽度因子

图 4-2 比较了泰勒单变量线源分布和均匀分布的 U 空间方向图。综合出的口径分布和阵列的注意力都集中在方向图的零点位置上。泰勒单变量线源分布通过式（4-15）按比例变换零点

位置。应该注意到，随着 U 的增加，其零点接近均匀分布的零点。除了 $U=0$ 附近有一个偏移，方向图的远外副瓣以 $1/U$ 速率降低。

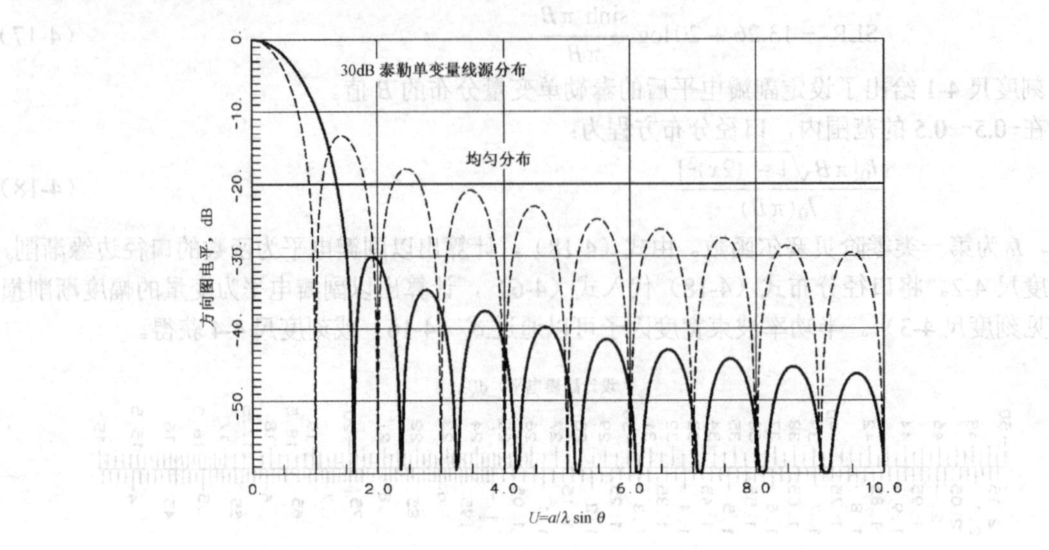

图 4-2 副瓣 30dB 的泰勒单变量线源分布与均匀分布的 U 空间方向图

单变量泰勒分布可用来估计给定副瓣电平的线性分布特性。比较该分布与台阶加余弦平方的分布（见表 4-3），可以看出，对于中等的副瓣电平而言，它并不是一种有效的分布。台阶叠加余弦平方分布由于两种分布副瓣相互抵消而获得了更低的副瓣，但并不能获得任意的副瓣电平，而单变量泰勒分布可以产生任意的副瓣电平。更重要的是，它显示了 U 空间方向图零点位置的对称性在设计上的应用。泰勒通过引入道尔夫-切比雪夫阵列的零点来消去方向图响应的前几个副瓣，从而改善了这种分布并获得了更为有效的分布。

表 4-3 给定副瓣电平，泰勒单变量分布和余弦平方台阶线性分布的比较

分　布	台阶（dB）	ATL（dB）	波束宽度因子（dB）
30dB 单变量	−21.13	0.96	1.355
30dB+cos²+台阶	−12.9	0.79	1.295
36dB 单变量	−28.49	1.30	1.460
36dB+cos²+台阶	−17.3	1.10	1.390
40dB 单变量	−32.38	1.49	−1.524

4.4 泰勒 $\bar{n}$ 线源分布[1]

泰勒 $\bar{n}$ 线源分布修改了均匀分布靠内的方向图零点位置，近似为道尔夫-切比雪夫分布。这种分布仍保持台阶 $\alpha=0$，远外副瓣按 $1/U$ 规律衰减。我们可以修改任何数量的方向图内侧零点来近似均匀副瓣电平的阵列，但需要强制口径电压在两端为峰值，近似狄拉克 δ 函数。我们通过限制改变零点的数目以使分布可以实现。而后，移动更多的零点对波束宽度的减少微乎其微。

通过控制方向图零点的位置可以获得预期的方向图。口径或阵列的综合均取决于零点位置。阵元数为 $\bar{n}$ 的阵有 $\bar{n}-1$ 个独立的零点，而连续口径则有无数个独立零点数。边缘分布形状的实际考虑会限制零点的数量，但我们可以自由地移动这些零点。对于给定的口径

尺寸，我们可以将可见区外的零点移入可见区内，从而按所需尽可能地压窄主瓣同时还保持低的副瓣。不可见区意味着口径中有能量储存。当零点移出不可见区时，天线储能和 Q 值增加。天线的总效率会下降，同时天线带宽越来越窄。我们称这些阵列是超方向性的，因为其方向性超出了均匀分布的情况。泰勒线源分布在不可见区保持有零点以防止超方向性的出现。对给定的口径来说，虽然理论上可实现的方向性是没有限制的，除了电平稍微超方向性，理论分布是无法实现的，但这种超方向性的代价就是减少带宽和效率。

我们将改动第一个靠内的 $\bar{n}-1$ 对零点的位置到较低副瓣处。以 U 空间原点对称地选取零点可给出恒相位分布。把它们从均匀分布的 U 空间方向图中分离出来去消除内侧各零点：

$$\frac{\sin \pi U}{\pi U \prod_{N=1}^{\bar{n}-1}\left(1-U^2/N^2\right)}$$

然后，增加新的零点 U_n，这样就不会形成超方向性，则：

$$F(U)=\frac{\sin \pi U \prod_{N=1}^{\bar{n}-1}\left(1-\dfrac{U^2}{U_N^2}\right)}{\pi U \prod_{N=1}^{\bar{n}-1}\left(1-\dfrac{U^2}{N^2}\right)} \tag{4-19}$$

因为我们想近似道尔夫-切比雪夫分布，因此从阵列中选择内侧的各零点为：

$$U_N=\bar{n}\frac{\sqrt{A^2+(N-\frac{1}{2})^2}}{\sqrt{A^2+(\bar{n}-\frac{1}{2})^2}} \qquad N=1,2,\cdots,\bar{n}-1 \tag{4-20}$$

式中，A 与最低副瓣电平相关，有：

$$\cosh \pi A=b \tag{4-21}$$

而 $20\log b=$ 副瓣电平。式（4-19）给出了修正零点分布的 U 空间方向图。将其以傅里叶余弦级数展开，则可确定口径分布为：

$$E(x)=\sum_{m=0}^{\infty} B_m \cos(2m\pi x) \quad |x| \leqslant 0.5 \tag{4-22}$$

式中，口径尺寸已归一化。由傅里叶变换求得上述分布的方向图为：

$$f(k_x)=\int_{-1/2}^{1/2} E(x)\mathrm{e}^{\mathrm{j}k_x x}\,\mathrm{d}x \quad 或 \quad f(U)=\int_{-1/2}^{1/2} E(x)\mathrm{e}^{\mathrm{j}2\pi U x}\,\mathrm{d}x$$

将式（4-22）的 $E(x)$ 代入上式，并交换求和和积分顺序，得：

$$f(U)=\sum_{m=0}^{\infty} B_m \int_{-1/2}^{1/2} \cos(2m\pi x)\cos(2\pi U x)\mathrm{d}x \tag{4-23}$$

因为口径函数为偶函数，积分的奇函数部分为零，这一点体现在式（4-23）中。系数 B_m 由 U 整数点处匹配方向图的值求得。除 $U=m$ 外，式（4-23）积分为零：

$$B_0=f(0)\ , \quad \frac{B_m}{2}=f(m) \qquad m=1,2,\ldots,\bar{n}-1$$

由于我们只修改了 U 空间方向图的第一对 $\bar{n}-1$ 零点位置，而 $m \geqslant \bar{n}$ 时 $f(m)=0$，因此，傅里叶余弦级数仅有 $\bar{n}$ 个分量：

$$E(x)=f(0)+2\sum_{m=1}^{\bar{n}-1} f(m)\cos(2m\pi x) \tag{4-24}$$

各系数为：

$$f(0) = 1$$

$$f(m) = \frac{(-1)^m \prod_{N=1}^{\bar{n}-1} (1 - m^2/U_N^2)}{-2\prod_{N=1, N\neq m}^{\bar{n}-1} (1 - m^2/N^2)} \quad m = 1, 2, \cdots, \bar{n}-1 \tag{4-25}$$

式（4-19）可用来计算泰勒分布的 U 空间方向图，但在 U 整数点的值需要用到罗比达法则。数量有限的系数 B_m 通过积分求解比用式（4-23）更为容易：

$$f(U) = B_0 \frac{\sin(\pi U)}{\pi U} + \frac{1}{2}\sum_{i=1}^{\bar{n}-1} B_i \left[\frac{\sin[\pi(U-i)]}{\pi(U-i)} + \frac{\sin[\pi(U+i)]}{\pi(U+i)}\right] \tag{4-26}$$

例：设计最大副瓣电平为 30dB，$\bar{n}=6$ 的泰勒线源分布。

由式（4-21）计算 A：

$$b = 10^{30/20} = 31.6228$$

$$A = \frac{\text{arcosh} b}{\pi} = 1.3200$$

将此值代入式（4-20）算出 5 个 $(\bar{n}-1)$ 零点：

No.	1	2	3	4	5
零点 U_N	1.4973	2.1195	2.9989	3.9680	4.9747

第一个零点给出的零点波束宽度因子（BW_{null}）为 1.4973。零点波束宽度比均匀分布情况几乎增加了 50%。傅里叶余弦口径分布的系数由式（4-24）和式（4-25）求得（见表 4-4）。

表 4-4　泰勒分布（30dB，$\bar{n}$=6）的傅里叶余弦级数的系数

No.	B_m	归一化 B_m	函　数
1	1.0000	0.64672	1
2	0.5733	0.37074	$\cos 2\pi x$
3	−0.0284	−0.01838	$\cos 4\pi x$
4	−0.000213	−0.000138	$\cos 6\pi x$
5	0.005561	0.003597	$\cos 8\pi x$
6	−0.003929	−0.002541	$\cos 10\pi x$

级数系数归一化使得在 x=0 处分布为 1，幅度分布通过绘制傅里叶余弦级数曲线求得。U 空间方向图用式（4-26）求出，计算出半功率点并与均匀分布情况相比较，得到半功率波束宽度（HPBW）因子为 1.2611。利用式（4-6）可计算出该分布的幅度渐削损耗 ATL=0.66dB。

上例的 U 空间方向图（见图 4-3）副瓣电平为 30dB。第一副瓣电平正好 30dB，后续各副瓣低于 30dB。对于更大的 $\bar{n}$ 值，第一零点位置并不改变，但更多的副瓣会更接近 30dB。图中虚线是均匀分布的方向图，可以看出内侧的五个零点已经被移到低副瓣处，而第六个零点和更高项的零点，均匀分布和泰勒分布具有相同的零点。泰勒 $\bar{n}$ 线源分布比泰勒单变量分布（见图 4-2）波束宽度更窄，渐削效率更高，分别为 0.66dB 和 0.96dB。图 4-4 给出了最大副瓣电平 30dB 的泰勒分布的归一化口径电压分布。可看出，单变量设计产生的台阶比两种 $\bar{n}$ 线源设计的更低。$\bar{n}$=20 设计的电压峰值接近边缘，这是因为泰勒 $\bar{n}$ 线源分布近似道尔夫-切比雪夫阵，而道尔夫-切比雪夫阵的峰值就在阵列的边缘处。

表 4-5 给出了一些典型设计的幅度渐削损耗的计算值。相应的波束宽度因子列于表 4-6 中，表 4-7 列出了零点波束宽度因子（在 U 空间第一零点处）。可以看出，相较修正的零点数而言，幅度渐削损耗 ATL 更多地取决于副瓣电平（见表 4-5）。20dB 和 25dB 副瓣电平这两种情况显

示存在最优零点数。分布的边缘峰值因趋向狄拉克 δ 函数而减小了幅度渐削损耗。要想使副瓣降低到 40dB，修正零点数至少应该多于三个。表中空格表示不可能实现的设计。波束宽度因子（见表 4-6）随着 $\bar{n}$ 的增加而减小，但它主要依据副瓣电平设计。

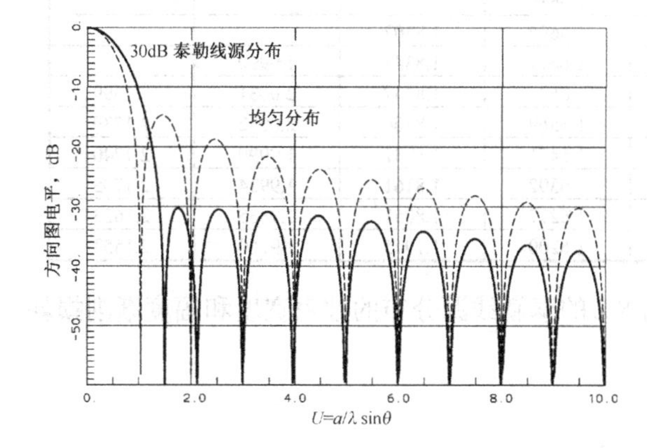

图 4-3 副瓣 30dB，$\bar{n}$=6 的泰勒线源分布与均匀分布的 U 空间方向图

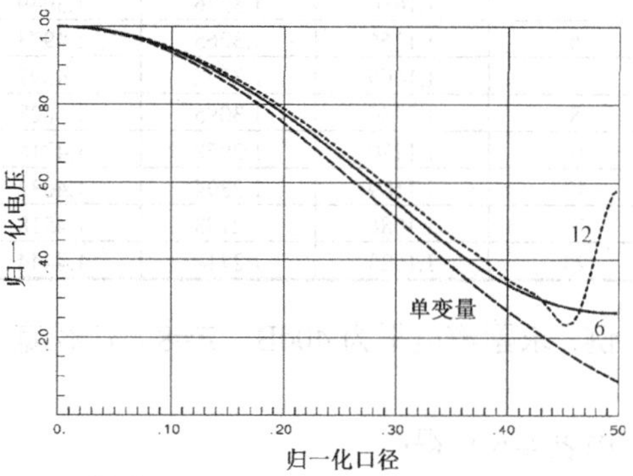

图 4-4 副瓣 30dB 的泰勒线源分布的比较

表 4-5 泰勒线源分布的幅度渐削损耗

	副瓣电平（dB）						
$\bar{n}$	20	25	30	35	40	45	50
4	0.17	0.43	0.69	0.95			
5	0.15	0.41	0.68	0.93	1.16		
6	0.15	0.39	0.66	0.92	1.15	1.37	
7	0.15	0.37	0.65	0.91	1.15	1.36	1.56
8	0.16	0.36	0.63	0.90	1.14	1.36	1.55
10	0.19	0.34	0.61	0.88	1.13	1.35	1.55
12	0.24	0.34	0.59	0.86	1.11	1.34	1.54
16	0.35	0.35	0.57	0.84	1.09	1.32	1.53
20	0.46	0.27	0.56	0.82	1.07	1.30	1.51

表 4-6 泰勒线源分布的波束宽度因子

	副瓣电平（dB）						
$\bar{n}$	20	25	30	35	40	45	50
4	1.1043	1.1925	1.2696	1.3367			
5	1.0908	1.1837	1.2665	1.3404	1.4065		
6	1.0800	1.1752	1.2611	1.3388	1.4092	1.4733	
7	1.0715	1.1679	1.2555	1.3355	1.4086	1.4758	1.5377
8	1.0646	1.1617	1.2504	1.3317	1.4066	1.4758	1.5400
10	1.0545	1.1521	1.2419	1.3247	1.4015	1.4731	1.5401
12	1.0474	1.1452	1.2353	1.3189	1.3967	1.4695	1.5379
16	1.0381	1.1358	1.2262	1.3103	1.3889	1.4628	1.5326
20	1.0324	1.1299	1.2203	1.3044	1.3833	1.4576	1.5280

表 4-7 泰勒线源分布的零点波束宽度因子

$\bar{n}$	副瓣电平（dB）						
	20	25	30	35	40	45	50
4	1.1865	1.3497	1.5094	1.6636			
5	1.1686	1.3376	1.5049	1.6696	1.8302		
6	1.1566	1.3265	1.4973	1.6671	1.8347	1.9990	
7	1.1465	1.3172	1.4897	1.6632	1.8337	2.0031	2.1699
8	1.1386	1.3095	1.4828	1.6569	1.8306	2.0032	2.1739
10	1.1270	1.2978	1.4716	1.6471	1.8231	1.9990	2.1740
12	1.1189	1.2894	1.4632	1.6392	1.8161	1.9934	2.1705
16	1.1086	1.2783	1.4518	1.6277	1.8051	1.9835	2.1623
20	1.1023	1.2714	1.4444	1.6200	1.7975	1.9760	2.1553

例：求副瓣电平为 40dB，$\bar{n}=8$，口径宽为 8λ 的泰勒线源分布的波束宽度和幅度渐削损耗 ATL。

由表 4-6 查得：

$$\text{HPBW}=\frac{1.4066(50.76^\circ)}{8}=8.92^\circ$$

由表 4-7 查得：

$$\text{BW}_{\text{null}}=\frac{1.8306(114.59^\circ)}{8}=26.22^\circ$$

由表 4-5 查得，ATL=1.14dB。具有同样分布的方口径在两个方向的方向系数为：

$$\text{方向系数}=10\log\frac{4\pi A}{\lambda^2}-2\text{ATL}=26.77\,\text{dB}$$

4.5 边缘为零的泰勒线源分布

Rhodes[4]研究表明，物理口径边缘的场不可能存在台阶式的不连续。给定边缘的曲率半径 ρ，场的变化可表示为：

$$E_d\sim\frac{C_2}{\rho}d \qquad \text{极化与口径边缘垂直}$$

$$E_s\sim\frac{C_1}{\rho}d_2 \qquad \text{极化与口径边缘平行}$$

式中，C_1,C_2 为常数，d 是离边缘的距离。物理口径并不存在没有边缘台阶的常规泰勒线源分布。我们可以通过阵列对分布抽样或接近的分布来近似它，从而实现边缘为零的泰勒分布。

Rhodes[5]通过修正余弦分布 U 空间方向图零点扩展了泰勒线源[5]。由于 $\alpha=1$，远外副瓣以 $1/U^2$ 下降，且边缘处分布为零。余弦分布的零点出现在：

$$(N+1/2)\pi \qquad N=1,2,3,\cdots \qquad k\text{空间}$$

当采用泰勒 U 空间变量时，修正的 U 空间方向图变为：

$$f(U)=\frac{\cos\pi U\prod_{N=1}^{\bar{n}-1}\left(1-U^2/U_N^2\right)}{[1-(2U)^2]\prod_{N=1}^{\bar{n}-1}(1-U^2/(N+\frac{1}{2})^2)} \tag{4-27}$$

移除 $N+\dfrac{1}{2}$ 处靠内的 $\bar{n}-1$ 个零点，并以下式给出的新零点取代：

$$U_N = \pm(\bar{n}+\tfrac{1}{2})\frac{\sqrt{A^2+(N-\frac{1}{2})^2}}{\sqrt{A^2+(\bar{n}-\frac{1}{2})^2}} \qquad N=1,2,\cdots,\bar{n}-1 \tag{4-28}$$

比较式（4-28）和式（4-20）可以看出，两种泰勒分布之间各零点移动了 $(\bar{n}+\dfrac{1}{2})/\bar{n}$。当 $\bar{n}$ 很大时，两种分布的零点位置接近相同。

为确定口径幅度分布，用傅里叶级数展开口径场：

$$E(x)=\sum B_m \cos(2m+1)\pi x \qquad |x|\leqslant 0.5 \tag{4-29}$$

类似泰勒线源的方法，级数中的 $\bar{n}$ 项系数可令式（4-29）的傅里叶变换和式（4-27）相等求得。各系数为：

$$B_0=\frac{2\prod_{N=1}^{\bar{n}-1}\left(1-\frac{1}{4}/U_N^2\right)}{\prod_{N=1}^{\bar{n}-1}\left[1-\frac{1}{4}/(N+\frac{1}{2})^2\right]}$$

$$B_m=\frac{(-1)^m(m+\frac{1}{2})\prod_{N=1}^{\bar{n}-1}\left[1-(m+\frac{1}{2})^2/U_N^2\right]}{[1-(2m+1)^2]\prod_{N=1,N\neq m}^{\bar{n}-1}\left[1-(m+\frac{1}{2})^2/(N+\frac{1}{2})^2\right]} \qquad m=1,2,\cdots,\bar{n}-1 \tag{4-30}$$

由系数 B_m 可求出 U 空间方向图：

$$f(U)=C_0\sum_{i=0}^{\bar{n}-1}B_i\left[\frac{\sin[\pi(U-i-\frac{1}{2})]}{\pi(U-i-\frac{1}{2})}+\frac{\sin[\pi(U+i+\frac{1}{2})]}{\pi(U+i+\frac{1}{2})}\right]$$

$$C_0=2\sum_{i=0}^{\bar{n}-1}B_i\frac{\sin[\pi(i+\frac{1}{2})]}{\pi(i+\frac{1}{2})} \tag{4-31}$$

例：设计边缘为零、最大副瓣 30dB，$\bar{n}=6$ 的泰勒线源分布。

由式（4-21）计算 A：

$$b=10^{30/20}=31.6228$$

$$A=\frac{\mathrm{arcosh}b}{\pi}=1.32$$

与台阶边缘泰勒线源分布一样，将此常数代入式（4-28）求得五个修正零点：

No.	1	2	3	4	5
零点 U_N	1.6221	2.2962	3.2488	4.2987	5.3892

零点位置比台阶泰勒线源设计增加了 $(\bar{n}+\dfrac{1}{2})/\bar{n}=6.5/6=1.0833$。零点波束宽度因子也按该值增加。口径分布的傅里叶余弦级数的系数由式（4-30）求得，并列于表 4-8 中。

表 4-8　边缘为零泰勒分布（30dB，$\bar{n}=6$）的傅里叶余弦级数的系数

No	B_m	归一化 B_m	函　数
1	0.50265	0.94725	$\cos \pi x$
2	0.023087	0.04351	$\cos 3\pi x$
3	0.017828	0.02220	$\cos 5\pi x$
4	−0.010101	−0.02075	$\cos 7\pi x$
5	0.007374	0.01390	$\cos 9\pi x$
6	−0.003245	−0.006116	$\cos 11\pi x$

各归一化系数在$x=0$处求和为1。式（4-27）确定了给定零点的U空间方向图。由此求得半功率点并与均匀分布情况比较，可求得波束宽度因子为1.3581。表4-9～表4-11给了这种泰勒线源的参数结果。可以看出，当$\bar{n}$增加时，这些结果趋于台阶边缘泰勒分布的情况。由于余弦分布的最大副瓣电平为 23dB，这一分布必须有峰值移向边缘从而将副瓣电平抬高在这一水平之上。在边缘处所有分布的电压线性接近于零。

表4-9　边缘为零泰勒线源分布的幅度渐削损耗

	副瓣电平（dB）					
$\bar{n}$	25	30	35	40	45	50
4	0.86	1.13	1.36	1.55	1.71	1.84
6	0.67	0.97	1.25	1.47	1.66	1.84
8	0.56	0.87	1.14	1.39	1.60	1.79
12	0.45	0.74	1.02	1.28	1.51	1.71
16	0.41	0.68	0.96	1.22	1.45	1.66
20	0.39	0.64	0.92	1.17	1.41	1.62

表4-10　边缘为零泰勒线源分布波束宽度因子

	副瓣电平（dB）					
$\bar{n}$	25	30	35	40	45	50
4	1.3559	1.4092	1.4815	1.5443	1.5991	1.6470
6	1.2666	1.3581	1.4407	1.5153	1.5831	1.6448
8	1.2308	1.3242	1.4098	1.4882	1.5608	1.6280
12	1.1914	1.2850	1.3716	1.4522	1.5276	1.5984
16	1.1705	1.2635	1.3500	1.4308	1.5068	1.5785
20	1.1576	1.2502	1.3363	1.4170	1.4930	1.5649

表4-11　边缘为零泰勒线源分布零点波束宽度因子

	副瓣电平（dB）					
$\bar{n}$	25	30	35	40	45	50
4	1.5184	1.6980	1.8715	2.0374	2.1949	2.3433
6	1.4371	1.6221	1.8060	1.9875	2.1656	2.3395
8	1.3913	1.5755	1.7604	1.9450	2.1284	2.3097
12	1.3431	1.5242	1.7075	1.8918	2.0765	2.2610
16	1.3182	1.4971	1.6786	1.8616	2.0455	2.2298
20	1.3031	1.4805	1.6605	1.8424	2.0254	2.2091

4.6　修正泰勒分布和任意副瓣的埃利奥特法[6]

埃利奥特（Elliott）方法将分布在U空间的零点分为左值和右值，并且在这两个区域副瓣电平可以不同。由微分表达式，U空间中零点的位置可通过解线性方程组求得，进而产生设计所需的任意副瓣。考虑式（4-19）和零位置项因子：

$$1-\frac{U^2}{U_N^2}=\left(1+\frac{U}{U_N}\right)\left(1-\frac{U}{U_N}\right)=\left(1+\frac{U}{U_{NL}}\right)\left(1-\frac{U}{U_{NR}}\right)$$

将U_{NL}与原点左边的零点相关联，U_{NR}与右边零点或正的方向角相关联。如果我们也对式（4-19）中的分母项分解，那么就可以自由地选取零点数，然后将它们移到方向图的任意一边：

$$F(U)=C_0\frac{\sin \pi U\prod_{N=1}^{\bar{n}_L-1}(1+U/U_N)\prod_{N=1}^{\bar{n}_R-1}(1-U/U_N)}{\pi U\prod_{N=1}^{\bar{n}_L-1}(1+U/N)\prod_{N=1}^{\bar{n}_R-1}(1-U/N)} \tag{4-32}$$

式（4-32）允许两侧有不同的泰勒分布。当采用不同的分布时，我们增加一个归一化因子 C_0。方向图峰值将因不均衡分布而偏离零点。既然两侧并不相互独立，简单的选择两个电平并不会产生预期的副瓣。表 4-12 列出了副瓣电平设计为 35 和 30dB 的方向图峰值在 U 空间的位置和副瓣电平。手动迭代几步就可以产生给定预期副瓣电平适合的左分布和右分布，主波束几乎没有偏移。口径面上的线性步进相移可将方向图指向边射方向。

类似式（4-22），将口径分布用复指数级数展开：

$$E(x)=\sum_{i=-\bar{n}_L+1}^{\bar{n}_R-1}B_i\mathrm{e}^{-\mathrm{j}2\pi ix}\qquad |x|\leqslant 0.5 \tag{4-33}$$

表 4-12　修正泰勒分布的副瓣（左右副瓣独立设计且两边 $\bar{n}=6$）

左边-35dB U 空间	右边-30dB 副瓣（dB）	左边-36dB U 空间	右边-28.6dB 副瓣（dB）
-5.4849	-35.70	-5.4874	-36.00
-4.4905	-35.06	-4.4976	-35.44
-3.5275	-34.66	-3.5399	-35.11
-2.6313	-34.44	-2.6510	-34.97
-1.8997	-34.39	-1.9293	-34.99
-0.0511	0	-0.0758	0
1.7546	-31.05	1.7141	-30.05
2.5372	-31.45	2.5119	-30.55
3.4697	-32.00	3.4544	-31.19
4.4584	-32.74	4.4498	-32.02
5.4711	-33.75	5.4676	-33.13

采用与式（4-25）相同的方法，计算出系数为：

$$B(0)=1$$

$$B(m)=\frac{(-1)^{|m|}\prod_{N=1}^{\bar{n}_L-1}(1+m/U_N)\prod_{N=1}^{\bar{n}_R-1}(1-m/U_N)}{-\prod_{N=1,N\neq m}^{\bar{n}_L-1}(1+m/N)\prod_{N=1,N\neq m}^{\bar{n}_R-1}(1-m/N)} \tag{4-34}$$

$$m=-\bar{n}_L+1,\ldots,-1,1,2,\ldots,\bar{n}_R-1$$

由有限复指数的积分可推导出方向图函数为：

$$f(U)=C_0\sum_{i=-\bar{n}_L+1}^{\bar{n}_R-1}B_i\frac{\sin[\pi(U-i)]}{\pi(U-i)} \tag{4-35}$$

式中包含了左右副瓣不相等情况下的归一化因子 C_0。

调整 U 空间方向图的零点位置可以控制副瓣。我们可以迭代零点位置生成单独可供选择的各副瓣。表 4-12 中给定的每个副瓣的峰值可以在成对零点之间通过一维搜索来获得。基于 Fibonacci 数[7]的搜索方法可用于式（4-35）的峰值计算，且方向图的计算次数最少。记 U_m^p 为方向图的各峰值，并从 $-\bar{n}_L$ 和 $U_{-\bar{n}_L+1}$ 之间的峰值开始，这两个峰值都在零点之间，峰值接近于 0，最后一个峰值在 $U_{\bar{n}_R-1}$ 和 $\bar{n}_R$ 之间，序号为 $\bar{n}_L+\bar{n}_R-1$。

求解矩阵方程获得微分 δU_N，并利用其调整 U 空间方向图的零点。矩阵各项为用于计算方向图峰值的式（4-32）分母泰勒级数展开的微分项：

$$a_{m,n} = \frac{U_m^p / U_N^2}{1 - U_m^p / U_N} \qquad N = -\overline{n}_L + 1, \ldots, -1, 1, \ldots, \overline{n}_R - 1$$
$$a_{m,0} = 1 \tag{4-36}$$

微分零点矢量为：

$$\delta \mathbf{U} = [\delta U_{-\overline{n}_L+1}, \ldots, \delta U_{-1}, \delta C / C_0, \delta U_1 \ldots, \delta U_{\overline{n}_R-1}]^{\mathrm{T}}$$

式中，$\delta C / C_0$为方向图归一化的变化量。由预期方向图的峰值$f_d(U)$和精确方向图$f_a(U)$各项的比值形成矢量$[f_d(U_m^p)/f_a(U_m^p)]-1$，求解该矩阵方程求得零点偏移：

$$[a_{m,n}]^{-1}\left[\frac{f_d(U_m^p)}{f_a(U_m^p)} - 1\right]^{\mathrm{T}} = [\delta U_N] \tag{4-37}$$

计算出新分布的零点$U_N + \delta U_N$，并代入式（4-34）确定新的展开系数B_m，由式（4-35）计算新方向图新零点间的峰值。迭代直到副瓣满足要求。注意$f(U)$为电压。

泰勒线性分布只产生近似等副瓣的方向图。表 4-13 列出了产生方向图有 5 个 30dB 副瓣的分布的迭代过程。求解以副瓣 30dB，$\overline{n} = 6$的泰勒分布开始，两次迭代后，该方法就获得了能产生预期副瓣电平的分布。设定副瓣为 35dB 和 30dB，重复表 4-12 的例子，迭代结果列于表 4-14 中。这种方法能产生副瓣独立可选的线性分布。如果从简单迭代到收敛的过程中副瓣变化太大，有必要设计一种中间分布。通过相类似的零点处理技术，我们可以设计任意副瓣的线阵。

表 4-13　产生 30dB 副瓣方向图的分布零点的迭代过程

泰勒分布			一次迭代			二次迭代		
零点	U空间	副瓣	零点	U空间	副瓣	零点	U空间	副瓣
1.4973	1.7557	−30.22	1.4708	1.7258	−30.00	1.4729	1.7284	−30.00
2.1195	2.5387	−30.46	2.0827	2.4987	−29.99	2.0859	2.5027	−30.00
2.9989	3.4709	−30.89	2.9490	3.4215	−29.96	2.9541	2.4274	−30.00
3.9680	4.4591	−31.53	3.9075	4.4072	−29.86	3.9152	4.4147	−30.00
4.9747	5.4718	−32.48	4.9145	5.4424	−29.63	4.9242	5.4471	−29.99

表 4-14　副瓣电平 35dB 和 30dB 线性分布的迭代过程

左边−36dB	右边−28.6dB	零　点	二次迭代		
U空间	副瓣（dB）		U空间	副瓣（dB）	零　点
−5.4874	−36.00	−4.9964	−5.4798	−35.00	−4.9778
−4.4976	−35.44	−4.0169	−4.4859	−35.00	−4.0043
−3.5399	−35.11	−3.0845	−3.5348	−35.00	−3.0829
−2.6510	−34.97	−2.2583	−2.6555	−35.00	−2.2670
−1.9293	−34.99	−1.7008	−1.9410	−35.00	−1.7143
−0.0758	0		−0.01037	0	
1.7141	−30.05	1.4495	1.6615	−30.00	1.4023
2.5119	−30.55	2.0883	2.4475	−30.00	2.0249
3.4544	−31.19	2.9801	3.3839	−30.00	2.9049
4.4498	−32.02	3.9574	4.3839	−30.00	3.8780
5.4676	−33.13	4.9699	5.4313	−29.98	4.9001

4.7　贝利斯线源分布[8]

贝利斯分布可在视轴方向产生方向图零点，同时控制副瓣电平的大小。如图 4-5 中的第二条虚线曲线是设计副瓣电平为 30dB 的差贝利斯方向图，图中一并给出了泰勒分布的曲线。就像泰勒分布那样，头几个副瓣几乎是相等的，从而使被视轴分开的两波束的波束宽度最窄。

单脉冲跟踪系统要使用在视轴方向可产生零点的辅助方向图，零点与主方向图的波束峰值重合。跟踪系统驱动天线使信号处于差通道的零点，从而使主通道（和）指向发射器或雷达目标。由于零点能比宽的和方向图峰值提供更为准确的方向，指向角的精度获得了提高。噪声、接收机灵敏度和差方向图的斜率限制了跟踪的精度。越强的信号越能被零点跟踪。由于经过零点时方向图相移 180°，相对于和方向图（参考信号）的相位被用来确定方向。若没有单脉冲或其他一些顺序波束转换技术，如圆锥扫描，那么雷达无法进行有效的跟踪。

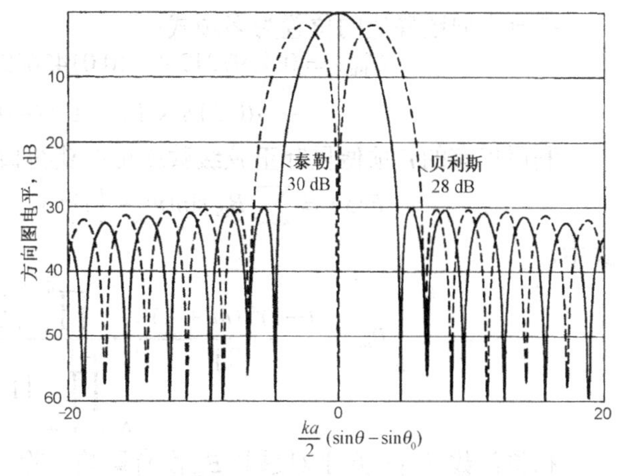

图 4-5　设计 30dB 副瓣的泰勒和贝利斯分布（$\bar{n}=6$）

任何奇函数分布都可以在视轴方向产生零点。在中心有 180° 相位转换的均匀分布有最好的幅度渐削效率，但是副瓣却很高（10dB）。这些高副瓣会使干扰和噪声信号进入接收机。贝利斯分布通过调整 U 空间方向图内侧的各零点来获得较低的副瓣。调整与道尔夫-切比雪夫阵相对应的这些零点并不能将副瓣电平降低到和泰勒分布中修改零点一样相同的水平，需要对内侧的四个零点进行进一步的调整。贝利斯通过计算查寻找到了这些合适的位置点。这些零点位于：

$$U_N = \begin{cases} (\bar{n}+\frac{1}{2})\sqrt{\dfrac{\xi_N^2}{A^2+\bar{n}^2}} & N=1,2,3,4 \\ (\bar{n}+\frac{1}{2})\sqrt{\dfrac{A^2+N^2}{A^2+\bar{n}^2}} & N=5,6,\cdots,\bar{n}-1 \end{cases} \tag{4-38}$$

由 U 空间方向图，得到：

$$f(U) = U\cos\pi U \frac{\prod_{N=1}^{\bar{n}-1}(1-U^2/U_N^2)}{\prod_{N=0}^{\bar{n}-1}[1-U^2/(N+\frac{1}{2})^2]} \tag{4-39}$$

各系数与副瓣电平相关的多项式相吻合。设定 $S=|$副瓣电平（dB）$|$，则：

$$A = 0.3038753 + S(0.05042922 + S(-0.00027989 + S(0.343\times10^{-5} - S(0.2\times10^{-7})))) \tag{4-40a}$$

$$\xi_1 = 0.9858302 + S(0.0333885 + S(0.00014064 + S(-0.19\times10^{-5} + S(0.1\times10^{-7})))) \tag{4-40b}$$

$$\xi_2 = 2.00337487 + S(0.01141548 + S(0.0004159 + S(-0.373\times10^{-5} + S(0.1\times10^{-7})))) \tag{4-40c}$$

$$\xi_3 = 3.00636321 + S(0.00683394 + S(0.00029281 + S(-0.161\times10^{-5}))) \tag{4-40d}$$

$$\xi_4 = 4.00518423 + S(0.00501795 + S(0.00021735 + S(-0.88\times10^{-6}))) \tag{4-40e}$$

拟合方向图峰值的位置为多项式：

$$U_{\max} = 0.4797212 + S(0.01456692 + S(-0.00018739 + S(0.218\times10^{-5} + S(-0.1\times10^{-7})))) \tag{4-41}$$

利用仅有的 $\bar{n}$ 项傅里叶正弦级数就可以获得口径分布：

$$E(x) = \sum B_m \sin(m+\tfrac{1}{2})2\pi x \qquad |x| \leqslant 0.5 \tag{4-42}$$

式中，

$$B_m = \frac{(-1)^m (m+\frac{1}{2})^2}{2\mathrm{j}} \frac{\prod_{N=1}^{\bar{n}-1}\left[1-(m+\frac{1}{2})^2/U_N^2\right]}{\prod\limits_{N=0,N\neq m}^{\bar{n}-1}\left[1-(m+\frac{1}{2})^2/(N+\frac{1}{2})^2\right]} \tag{4-43}$$

相位常数（$-\mathrm{j}$）几乎对系数 B_m 没有影响，除了用于平衡零点的相位 ±90° 外。

例：设计贝利斯分布，要求副瓣电平 30dB，$\bar{n}=6$。

由式（4-40）求得各系数：

$$A = 1.64126 \quad \xi_1 = 2.07086 \quad \xi_2 = 2.62754 \quad \xi_3 = 3.43144 \quad \xi_4 = 4.32758$$

将这些常数代入式（4-38）求得 5 个（$\bar{n}-1$）零点为：

No.	1	2	3	4	5
零点 U_N	2.1639	2.7456	3.5857	4.5221	5.4990

再由式（4-41）求得 U 空间分裂波束方向图的波束峰值为：

$$U_{\max} = 0.7988\,, \quad \frac{ka}{2}\sin\theta_{\max} = \pi U_{\max} = 2.5096$$

式中，a 为口径宽度。将这些零点代入式（4-43）计算得到口径分布的傅里叶正弦级数的各系数（见表 4-15）。通过口径上级数的计算，系数能被归一化使口径最大电压为 1。

代入零点后，用式（4-39）计算方向图。通过查找，可获得方向图的 3dB 点：

$$\frac{ka}{2}\sin\theta_1 = 1.27232\,, \quad \frac{ka}{2}\sin\theta_2 = 4.10145$$

图 4-5 包含了按 30dB 副瓣电平设计的泰勒分布和贝利斯分布（$\bar{n}=6$）的方向图。可以看出，差方向图比和方向图多损失约 2dB。我们设计的贝利斯分布只有 28dB 的副瓣。若像上例设计要求 30dB 的副瓣，则与泰勒分布的和方向图峰值相比，副瓣应为 32dB。最后的这些零点表明泰勒分布未修正的零点出现在 $\pm n\pi$ 处，而贝利斯分布的未修正零点出现在 $\pm(n+1/2)\pi$ 处。

表 4-15　贝利斯分布的傅里叶正弦级数系数：副瓣 30dB，$\bar{n}=6$

序　号	B_m	归一化 B_m	函　数
0	0.13421	0.85753	$\sin \pi x$
1	0.081025	0.51769	$\sin 3\pi x$
2	−0.0044151	−0.028209	$\sin 5\pi x$
3	0.001447	0.0092453	$\sin 7\pi x$
4	−0.0003393	−0.0021679	$\sin 9\pi x$
5	−0.000014077	−0.00008997	$\sin 11\pi x$

用式（4-6）可计算出波束峰值处方向图的幅度渐削效率。当用式（4-7）计算相位误差效率时，由于视轴方向为零点，结果为 0。我们用式（4-3）计算波束峰值处的相位误差效率：

$$\mathrm{PEL}=\frac{\left|\int_{-a/2}^{a/2}E(x)\mathrm{e}^{\mathrm{j}k\sin\theta_{\max}x}\,\mathrm{d}x\right|^2}{\left[\int_{-a/2}^{a/2}|E(x)|\,\mathrm{d}x\right]^2} \tag{4-44}$$

表 4-16 列出了 $\bar{n}=10$ 时各种副瓣电平下的贝利斯分布的计算结果。可以看出，副瓣电平越低，分布损耗越高，波束峰值越向外推。波束峰值的位置与 $\bar{n}$ 无关，因为头四个零点按照式(4-40)是固定的。像泰勒分布那样，副瓣电平确定了贝利斯分布的很多参数。与泰勒分布相比较，$\bar{n}$ 值的变化影响较小。$\bar{n}\neq10$ 时各参数值与表 4-16 所列略有差异。

表 4-16　$\bar{n}=10$ 贝利斯线源分布的特性

副瓣电平（dB）	波束峰值 $(ka/2)\sin\theta_{\max}$	3dB 波束边缘 $(ka/2)\sin\theta_1$	3dB 波束边缘 $(ka/2)\sin\theta_2$	ATL（dB）	PEL（dB）
20	2.2366	1.140	3.620	0.50	1.81
25	2.3780	1.204	3.855	0.54	1.90
30	2.5096	1.263	4.071	0.69	1.96
35	2.6341	1.318	4.270	0.85	2.01
40	2.7536	1.369	4.455	1.00	2.04

例：副瓣电平 30dB，$\bar{n}=10$ 的贝利斯分布激励 8λ 的宽口径，试计算波束峰值和波束边缘。

$$\frac{2\pi}{\lambda}\sin\theta_{\max}\frac{8\lambda}{2}=2.5096$$

$$\sin\theta_{\max}=\frac{2.5096}{8\pi}$$

$$\sin\theta_1=\frac{1.263}{8\pi}\ ,\quad \sin\theta_2=\frac{4.071}{8\pi}$$

$$\theta_{\max}=5.73^\circ,\ \theta_1=2.88^\circ,\ \ \theta_2=9.32^\circ$$

4.8　伍德沃德线源综合[9]

在前面的章节中，我们讨论了确定分布的方法，这些方法可以根据要求的副瓣电平给出最小的波束宽度。而有些应用需要在一个角度范围内对波束赋形。伍德沃德（Woodward）综合是对预期的 k 空间方向图等间隔抽样，进而确定口径分布。激励系数的计算并不需要积分。

这一技术基于均匀幅度分布的扫描方向图。扫描至 U_0 时 U 空间中方向图表达式变为：

$$\frac{\sin\pi(U-U_0)}{\pi(U-U_0)}$$

该方向图的零点出现在 $U-U_0$ 为整数值的时候。

$$U=\frac{a}{\lambda}\sin\theta\quad ,\quad U_0=\frac{a}{\lambda}\sin\theta_0$$

则可见区延伸为 $+a$ 和 $-a$ 之间，中心位于 U_0

图 4-6 给出了扫描至 $U_0=1$ 和 $U_0=2$ 的两个方向图。扫描至 $U_0=2$ 的曲线峰值出现在 $U_0=1$ 方向图的零点处。如果 U_0 只取整数，在 U 空间扫描至 U_0 的方向图就唯一地确定了 U_0 这一点的方向图。当图 4-6 中的两条曲线叠加的时候，低于 $U=0$ 和高于 $U=3$ 的区域在一定程度上相互抵消。对 $2a/\lambda+1$ 个独立的扫描口径的抽样点求和，就形成了口径分布：

$$E(x)=\sum_{i=-N}^{N}E_i\mathrm{e}^{-\mathrm{j}(i/a)x} \tag{4-45}$$

式中，$N=$取整（a/λ），式中每一项均为扫描至某个U整数值处的均匀幅度分布。幅度E_i由U空间方向图在这些点的抽样值确定。

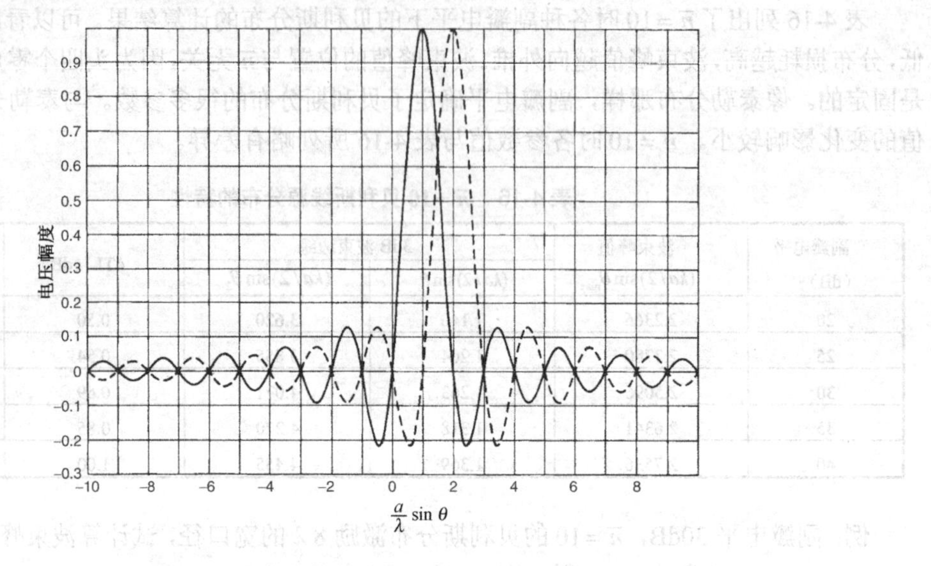

图 4-6 扫描的均匀分布：$U_0=1$和$U_0=2$

例：设计$\theta=0°$和$\theta=30°$之间波束恒定的 10λ口径分布。U空间方向图的非零点部分从$U_1=10\sin 0°=0$延伸到$U_2=10\sin 30°=5$。

对U空间方向图抽样，可以找到有 6 个非零项：

i	0	1	2	3	4	5
E_i	0.5	1.0	1.0	1.0	1.0	0.5

在$U_1=0$和$U_2=5$点取平均值，则口径分布为：

$$0.5+\mathrm{e}^{-\mathrm{j}x/a}+\mathrm{e}^{-\mathrm{j}2x/a}+\mathrm{e}^{-\mathrm{j}3x/a}+\mathrm{e}^{-\mathrm{j}4x/a}+0.5\mathrm{e}^{-\mathrm{j}5x/a}$$

该分布的U空间方向图（见图 4-7）在主波束上有一些波动，波束边缘减小到 6dB。如果我们在波束边缘增加抽样点$U=0$和$U=5$的电平，则方向图将增加到相应的电平。

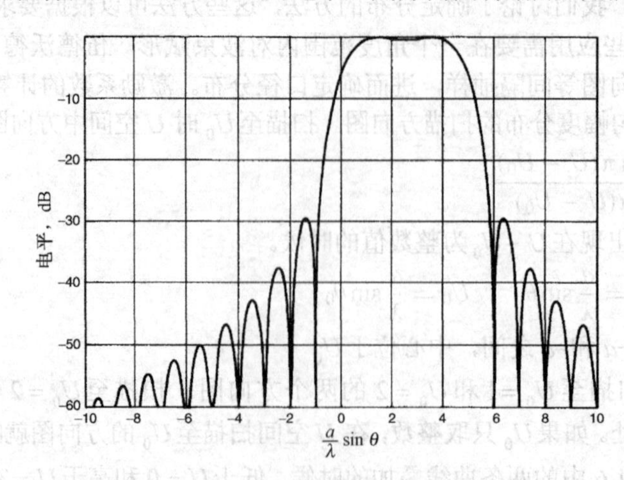

图 4-7 伍德沃德-劳森抽样的U空间方向图（口径 10λ，0°～30° 间恒波束）

余割平方功率方向图也可以通过同样的方法来设计，就像前面的例子那样。当地面上具有这种方向图的天线指向其最大值时，它可以为恒定高度的飞机提供一个恒定的信号。当飞机朝向天线飞的时候，方向图的衰减与作用距离的减少正好匹配。电场方向图为：

$$E = E_0 \frac{\sin\theta_{\max}}{\sin\theta}$$

式中，$\theta_{\max}$ 为方向图最大值的角度。在 U 空间，方向图变为：

$$E(U) = E_0 \frac{U_m}{U}$$

扫描口径的幅度以 $1/U$ 规律减小。

例：设计 10λ口径分布，要求方向图从 $\theta = 5°$ 到 $\theta = 70°$ 范围内为余割平方方向图且最大值位于 5°。

可能的抽样点数有 $2a/\lambda+1$ 个（21）。U 空间方向图的非零点部分从 $U_{\min} = 10\sin 5° = 0.87$ 扩展到 $U_{\max} = 10\sin 70° = 9.4$。在 U 为整数时抽样，可给出 9 个非零点项：最大值 $U_m = 0.8716$，系数列于表 4-17 中。

由式（4-45）对含这 9 项的分布求和，得：

$$E(x) = \sum_{i=1}^{9} E_i \mathrm{e}^{-\mathrm{j}(i/a)x}$$

图 4-8 给出了该分布的幅度和相位。通过求和获得的扫描口径分布（见图 4-9）显示预期的方向图有一定的纹波。增加口径尺寸就是增加抽样点数，但并不能改变波纹的水平。口径分布（见图 4-8）具有负相位斜率从而使扫描波束可偏离边射。

表 4-17　10λ的余割平方方向图的伍德沃德综合系数

i	E_i	i	E_i	i	E_i
1	0.8716	4	0.2179	7	0.1245
2	0.4358	5	0.1743	8	0.1089
3	0.2905	6	0.1453	9	0.0968

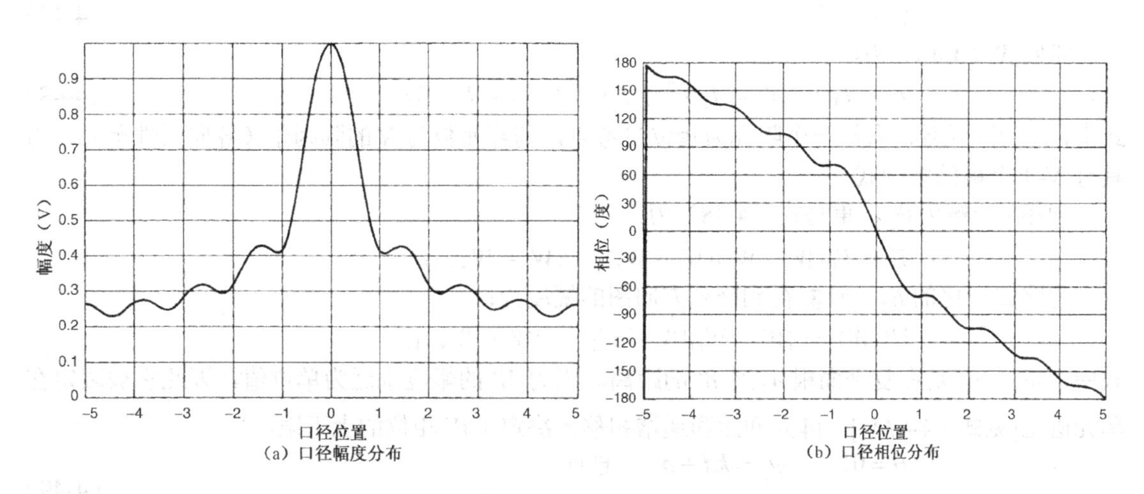

(a) 口径幅度分布　(b) 口径相位分布

图 4-8　综合余割平方方向图（口径 10λ）的伍德沃德-劳森抽样口径分布

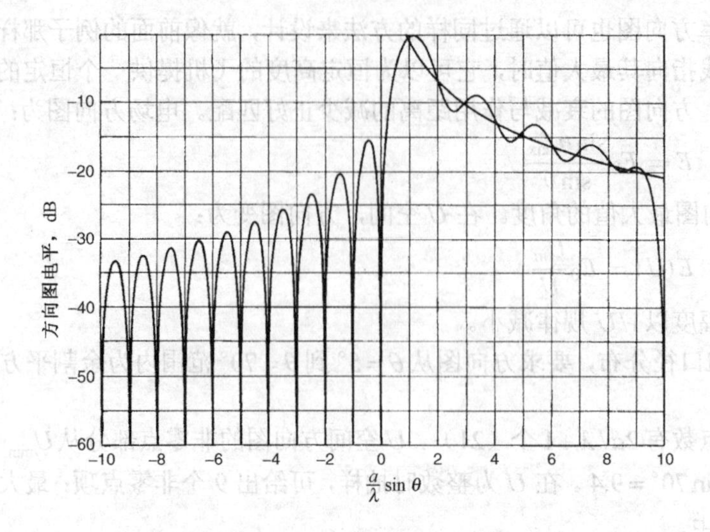

图 4-9 口径 10λ的伍德沃德抽样的 U 空间方向图（余割平方方向图）

4.9 谢昆诺夫单位圆法[10]

谢昆诺夫单位圆法通过对线阵方向图零点的操作以达到预期的阵列方向图。该方法类似于在复平面指定极点和零点位置来设计网络，不过阵列只对零点操作。任何均匀间距的阵列都可以用这种表示法来描述。

考虑沿 z 轴排列的等间距线阵，方向图角度θ从该轴算起。阵列响应关于 z 轴对称。定义变量$\psi = kd\cos\theta+\delta$，$\delta$为阵元间固定的递增相移，$d$是阵元间距，$k$是波数（$2\pi/\lambda$），则阵列方向图为：

$$E = I_0 + I_1 e^{j\psi} + I_2 e^{j2\psi} + I_3 e^{j3\psi} \cdots \tag{4-46}$$

式中，I_i为第 i 个阵元的激励相量。为进一步简化，定义：

$$W = e^{j\psi} \tag{4-47}$$

重写式（4-46）为：

$$E = I_0 + I_1 W + I_2 W^2 + I_3 W^3 + \cdots + I_{N-1} W^{N-1} \tag{4-48}$$

式中，N为阵元数。取第一个阵元为相位参考点，则阵元数为 N 的阵因子（各向同性单元）为具有 N–1 个根的多项式。

记第 i 个根为W_i，重写式（4-48）为：

$$E = E_0(W - W_1)(W - W_2)\cdots(W - W_{N-1})$$

忽略归一化的E_0，计算得到阵列方向图的幅度为：

$$|E(W)| = |W - W_1||W - W_2|\cdots|W - W_{N-1}|$$

式中，$|W-W_i|$是在复平面根W_i到 W 的距离。因为 W 的幅度永远为单位值，因此它被限定在单元圆上[见式（4-47）]。阵元间距和递增相移δ决定了W相位的上下限：

$$\begin{aligned} &\theta=0^\circ, \quad \psi_s = kd+\delta \quad \text{起点} \\ &\theta=180^\circ, \quad \psi_f = -kd+\delta \quad \text{终点} \end{aligned} \tag{4-49}$$

当θ增加时，ψ减小，W在单位圆上顺时针方向转动（见图 4-10）。当然，对ψ_s或ψ_f没有 2π 的限制。当单位圆θ从 0° 到 180° 变化时，阵元间距决定了 W 循环的次数。若

$\psi_s - \psi_f$,即$2kd$超出2π，则可能出现不至 1 个主波束（栅瓣）。

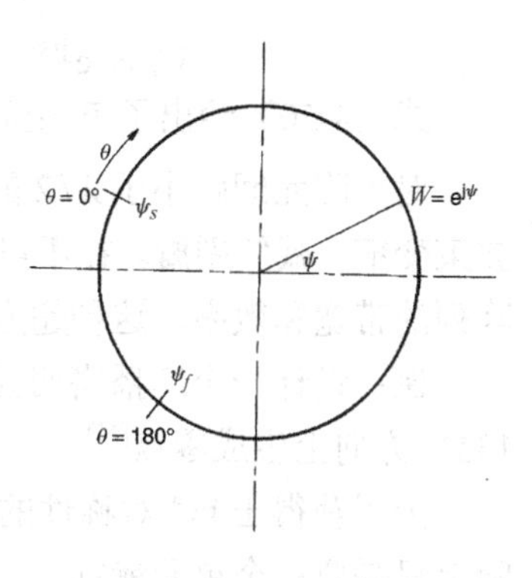

图 4-10　W 平面的单位圆

当 W 转动到接近一个或多个零点时，零点W_i抑制方向图。当 W 远离零点时，方向图上升形成波瓣。主波束峰值出现在 W 到各零点距离乘积最大的点上。任何时候 W 通过这一点时就会形成另外一个主波束。一个均匀激励阵列的 W 空间多项式为：

$$f(W)=\frac{1-W^N}{1-W} \quad N\text{单元}$$

除了 W=1，$f(W)$ 的零点就是 $W^N=1$ 的 N 个零点：$W_i=\mathrm{e}^{\mathrm{j}2\pi i/N}$，它们均匀分布在单位圆上。

图 4-11 显示了均匀相位和幅度激励的 10 元阵列的单位圆图。因为$d=\lambda/2$，W 从−1 开始，顺时针方向绕单位圆一周回到同一个点，θ从 0 变到 180°。在θ= 90° 时，与各零点间的距离的乘积是最大值。每对零点间的间距内形成波瓣。随着 W 从起点转动到主波束（W= 1），W 从一个零点开始并经过其他 4 个零点。这些零点W_i与方向图从θ= 0° 到θ= 90° 之间的零点相对应。当 W 在θ= 90° 至 180° 范围内转动时，出现同等数量的零点。

等幅端射阵也可以用相同的单位圆图来表示。若天线阵元间距为$\lambda/4$，那么张角从起点ψ_s到终点ψ_f只有$\pi(2kd)$。递增相移δ和阵列$-kd$形成了端射方向图。从式（4-49）可知，$\psi_s=0°$，$\psi_f=180°$。由于θ从 0° 变化到 180° 可见区内只有 5 个零点出现，因此端射阵方向图只有 5 个零点，包括$\theta=180°$的零点。

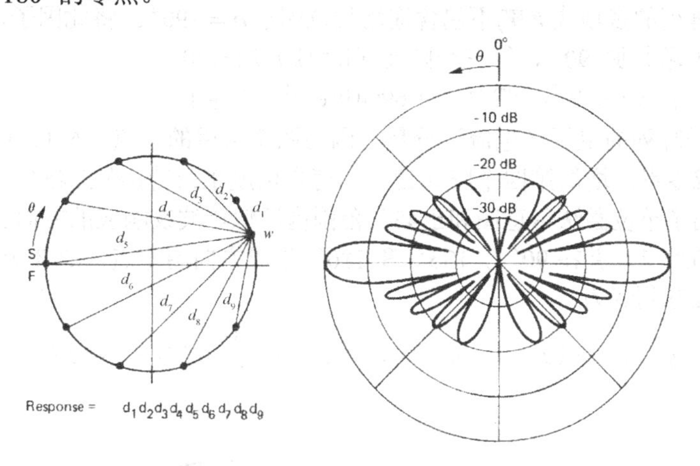

图 4-11　间距为$\lambda/2$ 的 10 元阵列的单位圆法

汉森和伍德亚德强方向性端射阵单位圆上起点和终点有个相差。从起点到终点的张角为π，这是由阵元间距确定的。由式（4-49）算出起点：$\psi_s=90°-108°=-18°$。θ从 0 变到 180°，方向图有 5 个零点。

二项式阵列所有的零点都在 W=−1 这一点，由于在单位圆上副瓣出现的点位于零点之间，因此方向图没有副瓣。W 绕单位圆只有一个波束形成。W 空间多项式为：$f(W)=(W+1)^{N-1}$。对于给定大小的阵列，可以操作零点的位置来减低副瓣或者放置方向图零陷，也可通过移动两侧的零点使其更加靠近来减低副瓣，但这会使主瓣宽度增加或其他副瓣升高。在阵列方向图上要形成零陷可通过移动其中一个零点指向单位圆上零陷角对应的 W。给定一个预期零点θ_n，则：

$$W_i = e^{j(kd\cos\theta_n+\delta)} \tag{4-50}$$

式（4-50）给出了 W 空间的单元圆上所需零点的相位角 $kd\cos\theta_n+\delta$。

对于阵元间距小于 $\lambda/2$ 的端射阵，我们可以将不可见空间的零点转移到可见空间，从而将波束变窄，减低副瓣。在不可见空间形成大的波瓣意味着能量储存在阵列中。大的储能减小了阵列的带宽和效率。这种超方向性方法使用受限，虽然我们可以在论文中生成漂亮的方向图。

例：设计一个广播塔四元阵，要求方向图在 $\theta=\pm45°$ 范围内近似均匀覆盖，在 $\theta=270°$ 和 135° 方向上生成零点[11]。

为了获得 ±45° 对称性的要求，我们将天线沿 $\theta=0°$ 方向排列。由于只需要两个零点，实际上只需要三个单元就行了。为了获得端射阵，取间距为 $\lambda/4$，$\delta=-90°$。式（4-50）给出了所需方向图零点的多项式的零点：

$$W_1: \quad \psi=\frac{360°}{\lambda}\frac{\lambda}{4}\cos(270°)-90°=-90°$$

$$W_2: \quad \psi=\frac{360°}{\lambda}\frac{\lambda}{4}\cos(135°)-90°=-153.64°$$

由根确定多项式为：

$$f(W)=(W-e^{-j90°})(W-e^{-j153.64°})$$

$$=W^2+1.6994We^{j53.18°}+e^{j116.36°}$$

以阵列第一单元相位[$f(W)$的常数项]做归一化：

$$f(W)=W^2e^{-j116.36°}+1.6994We^{-j148.18°}+1$$

这里，代表阵列的多项式 $f(W)$ 不包含递增相位因子 $\delta=-90°$。将此因子增加到多项式中，即第二个阵元（W 项）加−90°，第三个阵元（W^2 项）加−180°：

$$f(W)=W^2e^{-296.36°}+1.6994We^{-j148.18°}+1$$

多项式系数是阵列的电压（电流）分量。因为两个可用的零点（N-1）已经被用，所以在 $\theta=180°$ 不会生成零点。增加第四个阵元使我们有自由度来改善 θ 在 ±45° 区域内响应的平坦性。图 4-12 给出了单位圆法示意图和 ±45° 范围内近似等波纹响应的方向图和所需零点。把阵元间距增加到 0.35λ，并在 90°，135° 和 180° 生成方向图零点，则 W 从单位圆上的+1 开始或 $\psi_s=0$，于是求得 δ 为：

$$\psi_s=0=kd+\delta \quad 或 \quad \delta=-kd=-\frac{360°}{\lambda}0.35\lambda=-126°$$

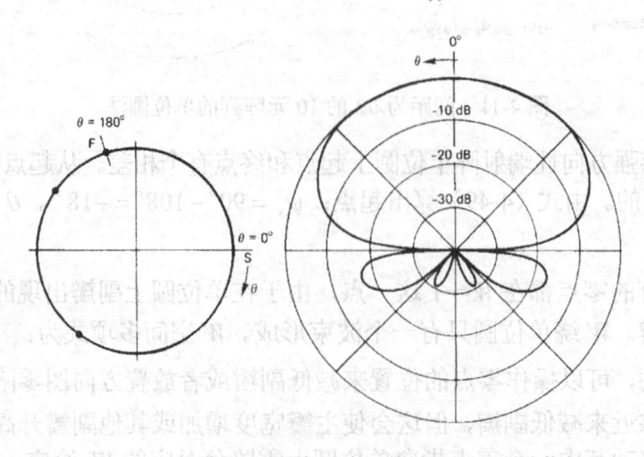

图 4-12 方向图零点在 $\theta=90,135,180°$ 的四元线阵；阵元间距取 0.35λ 以获得 ±45° 范围内的平坦响应

这样，由式（4-50）求得零点的相位为：

$$\psi_1 = 360^\circ(0.35)\cos(90^\circ) - 126^\circ = -126^\circ$$

$$\psi_2 = 360^\circ(0.35)\cos(135^\circ) - 126^\circ = -215.1^\circ \quad (144.9^\circ)$$

$$\psi_3 = 360^\circ(0.35)\cos(180^\circ) - 126^\circ = -252^\circ \quad (108^\circ)$$

与上述步骤相同，也可求出阵元的幅度和相位（见表 4-18）。

表 4-18　间距 0.35 λ，±45° 内波束均匀的四元阵列的激励系数

序号	幅度（dB）	相位（度）
1	-9.50	0.0
2	-4.11	-103.3
3	-4.11	-138.4
4	-9.11	35.1

4.10　道尔夫-切比雪夫线阵[2]

切比雪夫多项式在 $x=\pm 1$ 的区间内有相等的波纹，且幅度在+1 和-1 之间变化。区间外的多项式值以指数增加：

$$T_m(x) = \begin{cases} (-1)^m \cosh(m \operatorname{arcosh}|x|) & x < -1 \\ \cos(m \arccos x) & -1 \leqslant x \leqslant 1 \\ \cosh(m \operatorname{arcosh} x) & x > 1 \end{cases}$$

多项式的阶数等于根的个数。道尔夫给出了一种将切比雪夫多项式和边射阵的阵因子多项式相关联的方法。变换多项式使等波纹部分为副瓣，超出 $x=1$ 的指数增加部分变为主波束。对称激励的阵列阵元数或 $2N+1$ 或 $2N$，以因子 $\cos(\psi/2)$ 将阵因子多项式展开，这里 $\psi = kd\cos\theta+\delta$。波束峰值出现在 $\psi=0$ 处，若设相对应的值为 x_0，该值对应的切比雪夫多项式的值为 R，则副瓣将与 $1/R$ 的纹波相等。代入 $x = x_0\cos(\psi/2)$，切比雪夫多项式可作为阵列多项式：

$$T_m(x_0) = R \quad \text{或} \quad x_0 = \cosh\frac{\operatorname{arcosh} R}{m} \tag{4-51}$$

其中，$20\log R$ 是以分贝表示的预期副瓣电平。$T_m(x)$ 的各零点为：

$$x_p = \pm\cos\frac{(2p-1)\pi}{2m} \tag{4-52}$$

由 $x_p = x_0\cos(\psi/2) = x_0(\mathrm{e}^{\mathrm{j}\psi/2}+\mathrm{e}^{-\mathrm{j}\psi/2})$，$W$ 平面内的对称零点的角度为：

$$\psi_p = \pm 2\cos^{-1}\frac{x_p}{x_0} \tag{4-53}$$

x_p 的两个值[式（4-52）]均给出相同的 ψ_p 对。给定 W 平面内的零点，由根相乘形成多项式可求出阵列的激励系数。

例：设计副瓣为 25dB 的 10 元道尔夫-切比雪夫阵。

阵列有 9 个零点，因此选 $m=9$ 的切比雪夫多项式。

由式（4-51）得：$R = 10^{25/20} = 17.7828$，　$x_0 = 1.0797$

由于零点关于零对称，因此只需要求前五个零点。由式（4-52）计算出零点并除以 x_0，用式（4-53）求得它们在 W 平面单位圆上的角度（见表 4-19）。根相乘形成的多项式并获得阵列的电压（电流）激励系数。因为根关于实轴对称，所有的相位为零。求得激励系数为：

序号	1,10	2,9	3,8	4,7	5,6
系数（dB）	−8.07	−5.92	−2.84	−0.92	0.0

图 4-13 给出了单位圆图的表示法和阵间距为 $\lambda/2$ 的阵列方向图。

表 4-19　副瓣为 25dB 的 10 元阵列的切比雪夫多项式根和 *W* 平面的根

p	X_P	ψ_P(度)
1	0.9848	±48.41
2	0.6428	±106.93
3	0.3420	±143.06
4	0.0	180.00

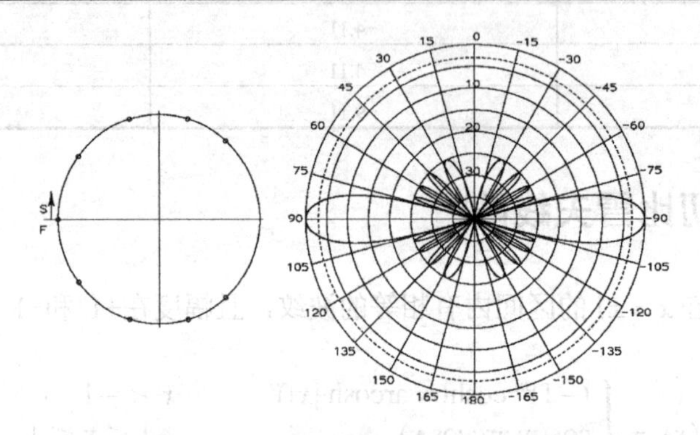

图 4-13　副瓣为 25dB 的 10 元切比雪夫阵

我们可以用波束展宽因子和相同长度的均匀阵的波束宽度来估算切比雪夫阵的波束宽度[12]。波束展宽因子为：

$$f = 1 + 0.632\left[\frac{2}{R}\cosh\sqrt{(\operatorname{arcosh} R)^2 - \pi^2}\right]^2 \tag{4-54}$$

式（4-54）对 20～60dB 的副瓣电平和扫描到接近边射的情况都有效。

例：计算阵间距为 $\lambda/2$，副瓣电平为 30dB 的 61 元道尔夫-切比雪夫阵的边射波束宽度。

由 $R=10^{30/20}$ 和式（4-54）求得 f 的值为 1.144。

估算均匀阵的波束宽度为 $\text{HPBW}=50.76°\lambda/Nd=1.66°$，$d$ 为阵元间距，则：

$$\text{HPBW}_{\text{array}} = (f)\text{HPBW}_{\text{uniform}} = 1.144(1.66°) = 1.90°$$

阵列的方向系数可由波束展宽因子估算：

$$D = \frac{2R^2}{1+(R^2-1)f\lambda/(Nd)} \tag{4-55}$$

例：根据式（4-55）计算上述 61 元阵列的方向系数。

$D = 52.0(17.2\text{dB})$

取 $Nd \to \infty$ 时的极限，式（4-55）为 $2R^2$。因此，无限大的道尔夫-切比雪夫阵列其最大方向系数比副瓣电平高 3dB。

4.11　维尔纳夫阵综合[13]

维尔纳夫（Villeneuve）发明了一种与泰勒分布类似的方法，其修正了等幅阵列的 $\bar{n}-1$ 个内侧零点来减低副瓣。由于外侧零点的位置维持不变，所以外侧方向图的副瓣按 $1/U$ 减小。除

了 W=1 点外，均匀分布的 W 平面零点均匀环绕在单位圆上：

$$\psi_p = \frac{2\pi p}{N_e} \tag{4-56}$$

内侧零点与切比雪夫零点［见式（4-53）］相对应，只是还需要乘以一个与阵元数、副瓣电平和 $\bar{n}$ 有关的常数因子 α：

$$\alpha = \frac{\bar{n}\pi}{N_e \cos^{-1}\left\{(1/x_0)\cos\left[(2\bar{n}-1)\pi/2m\right]\right\}} \tag{4-57}$$

切比雪夫多项式的项数 $m = N_e/2$。x_0 由式（4-51）计算。

例：设计副瓣为 25dB，$\bar{n}=4$，阵元数为 10 的维尔纳夫阵。

由式（4-57）得 $\alpha = 1.00653$。内侧的三个 W 平面的零点由切比雪夫零点与 α 相乘获得，由于零点成对出现，另外三个零点由均匀幅度阵式（4-56）求得：

ψ_p：　±48.73　　±73.82　　±107.63　　±144　　180

图 4-14 给出了维尔纳夫阵的 W 平面和 10 元方向图：

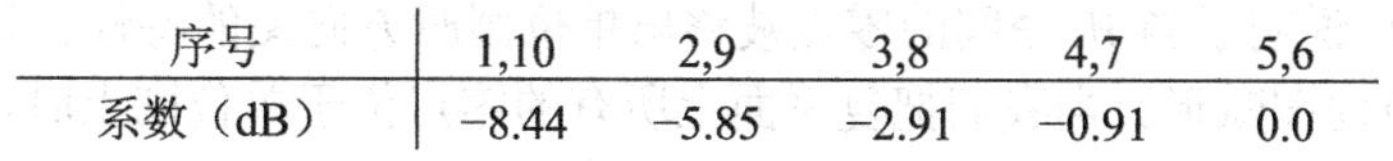

序号	1,10	2,9	3,8	4,7	5,6
系数（dB）	−8.44	−5.85	−2.91	−0.91	0.0

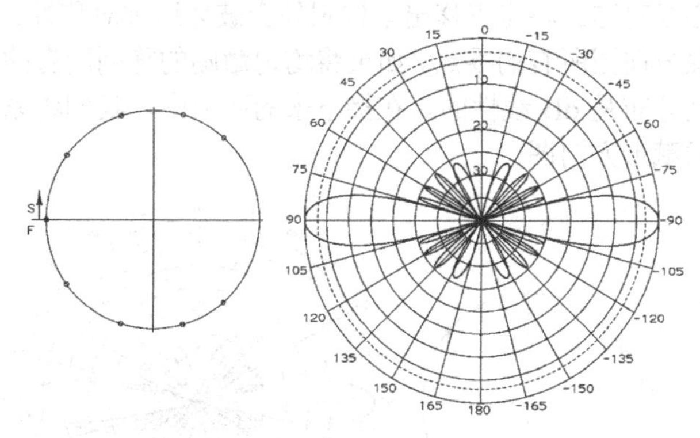

图 4-14　副瓣为 25dB，$\bar{n}=4$ 的 10 元维尔纳夫阵

副瓣电平下降而不是保持不变：−25.08，−25.19，−25.43，−26.14。

4.12　连续分布的零点抽样法[14]

对大型阵列，可对连续分布抽样，如泰勒线源。利用这种方法可避免长多项式相乘这一数值难点。小阵列抽样口径分布时，它的方向图与原分布的方向图并不相同。通过阵列的各零点和口径分布的零陷相匹配可以提高方向图的特性。阵列 ψ 空间方向图以 2π 为周期，但口径的 k 空间方向图并不重复。我们以 $\lambda/2$ 的间距放置阵元，使其跨越总 ψ 空间不重复的区域。然后，让间距为 $\lambda/2$ 的阵列与一个长度相同而不管实际阵元间距的口径等同起来。由于阵列是对连续分布的抽样，其口径长度为 Nd，d 是阵元间距，因此我们在阵列单元所在位置的两边各抽样 $d/2$。

考虑均匀分布口径的 U 空间方向图：$\sin\pi U/\pi U$。口径零点出现在 U 的整数点上。均匀激励阵相应的零点为 $W_i = \mathrm{e}^{\mathrm{j}2\pi i N}$，$i = 1,2,\cdots\cdots,N-1$。泰勒分布修改均匀分布的零点位置为 U_i，阵列的抽样零点必须移动以符合下式表示的方向图：

$$W_i = \mathrm{e}^{\mathrm{j}2\pi U_i/N} \tag{4-58}$$

例：设泰勒线源副瓣电平为 30dB，$\bar{n}=6$，计算用 12 阵元对该分布抽样后的阵列零点。

在 U 空间，阵列间距为 12/2，由 4.4 节计算分布的零点，通过式（4-58）求出阵列零点的角度：

U_i	±1.473	±2.1195	±2.9989	±3.9680	±4.9747	6
ψ_i	±44.19	±63.58	±89.97	±119.04	±149.24	180

将多项式的根相乘计算阵列的激励系数，阵列第一副瓣为 30dB。而直接抽样分布获得的阵列其副瓣超过 30 dB。

图 4-15 显示了副瓣为 25dB，$\bar{n}=5$ 的零点抽样泰勒线源的单位圆图。当给定方向图的 W 方向位在于零点之间时，该方法将单位圆上的零点靠得足够近，以此来使副瓣峰值小于 25dB。阵列比等效口径的副瓣电平要高，但接近要求的 25dB，因为有限阵列和连续口径一样，并不能控制副瓣。

口径	25.29	25.68	26.39	27.51	29.63
12 元阵	25.03	25.07	25.18	25.44	26.41

图 4-15 中虚线说明了当 W 空间的零点被移出单位圆时方向图的特性。我们可以对方向图的零点填充并对方向图赋形。当我们把复平面上所有的零点位于单位圆上时，可以证明，阵列的激励幅度关于中心线对称。将零点移出单位圆外会破坏这种对称性。将所有 W 平面的零点移出单位圆外可消除方向图所有的零点。如果将均匀激励的阵列所有的零点移出到相同的半径圆，整个阵列的渐削分布是 dB 线性的。在接下来的两节中，我们将系统地探索移动零点的技术，从而使阵列形成赋形方向图。

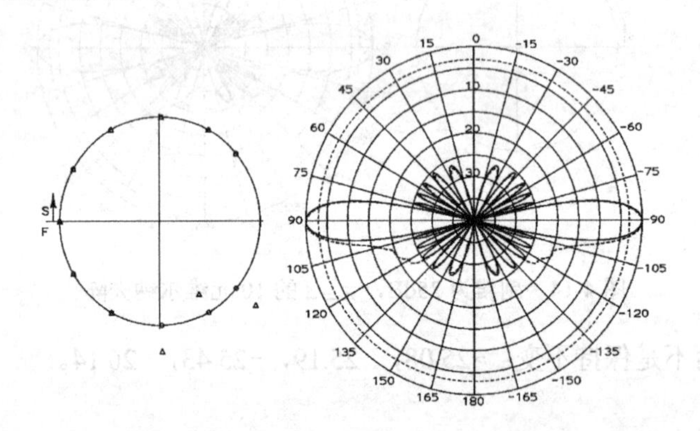

图 4-15　零点抽样 25dB 泰勒分布的 12 元阵：归一化阵列方向图（实线）；
将三个零点移出单位圆进行零点填充的方向图（虚线和三角形）

4.13 傅里叶级数的赋形波束阵综合

前面的方法是给定副瓣电平使波束宽度最窄。阵列也可以产生赋形波束，在 4.8 节中讨论了赋形波束的伍德沃德线源法。通过阵列对线源抽样，我们获得了良好的近似。除了对线源抽样外，也可以直接应用傅里叶级数设计阵列。具有赋形波束的阵列其规模必须远远大于所需波束宽度的阵列规模。阵列的额外尺寸为我们提供了赋形波束所需的自由度。增加阵列的大小可提高所需波束形状和实际波束形状之间的匹配程度。

因为阵列方向图函数在 k 空间是周期性的，所以可以将方向图函数用傅里叶级数展开。对于对称激励的阵列，其阵列方向图为：

$$f(\psi)=1+2\sum_{n=1}^{m}\frac{I_n}{I_0}\cos\frac{2n\psi}{2}\qquad N\ 奇数\tag{4-59}$$

或

$$f(\psi)=2\sum_{n=1}^{m}\frac{I_n}{I_0}\cos\frac{(2n-1)\psi}{2}\qquad N\ 偶数\tag{4-60}$$

式中，$m=(N-1)$(奇数)或$m=N/2$(偶数)，$\psi=kd\cos\theta+\delta$。式（4-59）和式（4-60）是方向图在ψ空间的傅里叶级数展开式。离中心线最远的阵元产生级数中最高的谐波分量。

对于对称激励的阵列，式（4-59）和式（4-60）可以表示为各指数项的和：

$$f(\psi)=\begin{cases}\displaystyle\sum_{n=-m}^{m}a_n\mathrm{e}^{\mathrm{j}n\psi} & N\ 奇数\\ \displaystyle\sum_{n=1}^{m}a_n\mathrm{e}^{\mathrm{j}(2n-1)\psi/2}+a_{-n}\mathrm{e}^{-\mathrm{j}(2n-1)\psi/2} & N\ 偶数\end{cases}\tag{4-61}$$

假设k空间预期方向图为$f_d(\psi)$，我们将其傅里叶级数展开为无限项，表达式与$m=\infty$的式（4-61）相同。让这两个傅里叶级数的第 m 个系数相等来近似预期的方向图。在任何一种傅里叶级数方法中，当在一个周期上积分时，都可利用展开函数的正交性来求解其系数：

$$a_n=\begin{cases}\displaystyle\frac{1}{2\pi}\int_{-\pi}^{\pi}f_d(\psi)\mathrm{e}^{-\mathrm{j}n\psi}\,\mathrm{d}\psi & N\ 奇数\\ \displaystyle\frac{1}{2\pi}\int_{-\pi}^{\pi}f_d(\psi)\mathrm{e}^{-\mathrm{j}(2n-1)\psi/2}\,\mathrm{d}\psi & N\ 偶数\end{cases}\tag{4-62}$$

$$a_{-n}=\frac{1}{2\pi}\int_{-\pi}^{\pi}f_d(\psi)\mathrm{e}^{\mathrm{j}(2n-1)\psi/2}\,\mathrm{d}\psi\qquad N\ 偶数\tag{4-63}$$

阵列系数可由傅里叶级数的系数直接确定。

例：设计阵元间距为$\lambda/2$的 21 元阵列，要求波束位于ψ空间中心且波束宽度恒为 $2b$。

由式（4-62）计算系数a_n：

$$a_n=\frac{1}{2\pi}\int_{-b}^{b}\mathrm{e}^{-\mathrm{j}n\psi}\,\mathrm{d}\psi=\frac{\sin(nb)}{\pi n}$$

假设波束宽度在边射$67.5°\leqslant\theta\leqslant112.5°$范围内恒为 45°，则：

$$b=\frac{360°}{\lambda}\frac{\lambda}{2}\cos 67.5°=68.88°$$

忽略常数因子i/π并计算阵列系数，如表 4-20 所示。

表 4-20 图 4-16 所示的 21 元阵列方向图的傅里叶级数综合系数

n	a_n	幅度（dB）	相位（度）
0	1.0000	0.00	0
±1	0.9328	−0.60	0
±2	0.3361	−9.47	0
±3	−0.1495	−16.50	180
±4	−0.2488	−12.08	180
±5	−0.0537	−25.40	180
±6	0.1336	−17.48	0
±7	0.1209	−18.35	0
±8	−0.0240	−32.40	180
±9	−0.1094	−19.22	180
±10	−0.0518	−25.72	180

当阵元间距大于$\lambda/2$时，这种方法在某种程度上是失效的。但当间距小于$\lambda/2$时可以得到很好的结果。随着阵元数目的增加，与预期方向图的匹配程度会提高。渐削的预期方向图能降低高次谐波，但需要更多的阵元。

例：阵元间距为$\lambda/2$的21单元的阵列，设计使其波束以45°的波束宽度能扫描到60°。波束边缘为37.5°和82.5°。

求解该问题，可通过对式（4-62）直接积分计算系数，这里利用阵元间的递增相移δ简化问题求解。在k空间波束边缘为：

$$180^\circ\cos(37.5^\circ)+\delta \quad 和 \quad 180^\circ\cos(82.5^\circ)+\delta$$
$$142.8^\circ+\delta \qquad\qquad 23.49^\circ+\delta$$

选取δ使波束位于ψ空间的中心：$b=142.8^\circ+\delta$，$-b=23.49^\circ+\delta$。求解得$\delta=-83.15^\circ$和$b=59.65^\circ$。由$\sin(nb)/(\pi n)$计算阵列系数，然后在整个阵列上增加递增相移。图4-16给出了该阵列方向图。

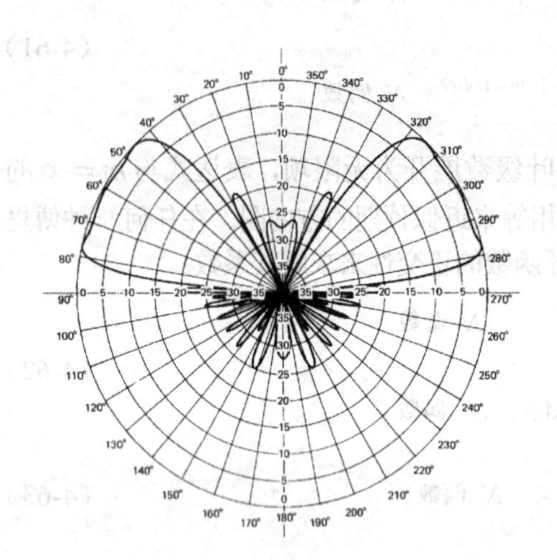

图4-16　傅里叶级数法设计的21元阵列以恒定45°波束宽度扫描到60°

当波束扫描到端射时，我们必须考虑到方向图关于$\theta=0^\circ$的对称性。由于阵元间距限定为小于$\lambda/2$以防止栅瓣，因此，我们可以以任何方便的方法选择未做规定的ψ空间区域。

例：设计波束宽度为90°，阵元间距为0.30λ的21元端射阵。

对于端射阵，取$\delta=-kd=-108^\circ$，这样可见区的边缘正好在ψ空间的原点。我们可以随意规定包含于积分式［式（4-62）］中的不可见区。规定可见区的一部分作为不可见区的镜像，求解b为：

$$-b=360^\circ(0.3)\cos(45^\circ)-108^\circ=-31.63^\circ$$

由$\sin(nb)/(\pi n)$计算阵列系数，然后加上递增相移，从而获得可扫描到端射方向的合适相位。

我们不能使用傅里叶级数展开法设计阵列的副瓣。最初的规范并没用要求副瓣。伍德沃德线源抽样的阵列也无法控制副瓣。伍德沃德线源分布不能控制副瓣，它仅提供了一种方便的设计。在下一节中，我们会探索一种直接控制阵列副瓣的方法。

4.14　ORCHARD阵列综合法[15]

在4.6节中，我们利用连续线性分布的零点来单独控制辐射方向图的副瓣。在4.9节中，我们发现线性口径方向图的各零点在W空间可直接与表示线阵方向图的谢昆诺夫多项式根相关联。单位圆法作为一种阵列综合工具，在orchard方法中被扩展用于综合任意方向图的阵列。对W空间各零点采用迭代技术从而产生预期的方向图。我们可单独控制所有的副瓣并产生赋形的主波束。就象我们在傅里叶级数展开法中看到的一样，对主波束形状的控制受限于阵列的大小。每个阵元对应傅里叶级数中的一项。

由阵列方向图的谢昆诺夫变化关系：

$$f(W)=C_0\prod_{n=1}^{N}(W-W_n) \tag{4-64}$$

式中增加了归一化常数C_0，记$W_n=\exp(a_n+b_n)$。展开式（4-64）生成阵元数为N+1的阵列激励系数：

$$W = e^{j\psi}, \quad \psi = kd\cos\theta + \delta$$

式中，θ 从阵轴算起。在单位圆法中，当改变式（4-64）中的 W 来计算方向图时，δ 影响旋转起点和终点。等效方法是旋转复平面的各零点，这样 ψ 空间方向图形状不会变化。在设计赋形波束时，主波束峰值需要旋转到合适的位置来计算，因为设计要求是由相对峰值点的方向图角度 θ 给定的。

图 4-11 显示方向图幅度是每个零点到 W 点的距离的乘积。以到 W 点距离的乘积将式(4-64)展开，得：

$$|f(W)|^2 = C_0^2 \prod_{n=1}^{N} [1 - 2e^{a_n}\cos(\psi - b_n) + e^{2a_n}] \tag{4-65}$$

Orchard 综合法需要给定每个副瓣的要求，以及方向图赋形区域内波纹最小点的值。对于未赋形的单波束方向图，我们只需给定副瓣，因为所有的 W_n 零点都在单位圆上从而使得所有的 a_n 为零。在应用该方法时，我们把阵元间距限定为 $\lambda/2$ 以便使方向图利用了整个单位圆。具有 N 个零点的阵列方向图有 N 个峰值，这些峰值位于 W 平面的各零点之间。算上归一化常数 C_0，指定的主波束峰值和所有零点，我们需要求解 N+1 个未知量。不失一般性，指定最后一个零点为 $W_N = -1$ 或 $\psi = \pi$ 使未知量减少为 N 个。根据给定副瓣以获得合适的零点间距，然后旋转零点，把主波束置于 W_{N-1} 和 $W_N = -1$ 之间。在开始迭代之前，我们生成一副瓣电平表且主瓣为最后一个。

这种方法将方向图以 b_n, a_n 和归一化常数为变量做多变量泰勒级数展开。为便于计算偏导数，将式（4-65）以分贝形式表示为：

$$G = \sum_{n=1}^{N-1} \frac{10}{\ln(10)} \ln[1 - 2e^{a_n}\cos(\psi - b_n) + e^{2a_n}] + 10\log_{10}[2(1+\cos\psi)] + C \tag{4-66}$$

由于 $W_N = -1$，式（4-66）的第二项为零，C 为主波束的归一化常数。为计算导数，将 10 为底的对数表示为自然对数的形式，得：

$$\frac{\partial G}{\partial a_n} = \frac{M e^{a_n}[e^{a_n} - \cos(\psi - b_n)]}{1 - 2e^{a_n}\cos(\psi - b_n) + e^{2a_n}} \tag{4-67}$$

$$\frac{\partial G}{\partial b_n} = -\frac{M e^{a_n}\sin(\psi - b_n)}{1 - 2e^{a_n}\cos(\psi - b_n) + e^{2a_n}} \tag{4-68}$$

$$\frac{\partial G}{\partial C} = 1 \tag{4-69}$$

式中，变量 $M = 20/\ln(10)$。多变量泰勒级数项包含三种类型：

$$\begin{aligned} G(b_n, a_n, C) = {} & G_0(b_{n0}, a_{n0}, C_0) + \sum_{n=1}^{N-1} \frac{\partial G}{\partial b_n}(b_n - b_{n0}) \\ & + \sum_{n=1}^{N-1} \frac{\partial G}{\partial a_n}(a_n - a_{n0}) + (C - C_0) \end{aligned} \tag{4-70}$$

每一个非零值 a_n 填充在方向图零点 $\psi = b_n$ 处。如果给定这些点的预期方向图幅度：每个副瓣峰值处、主波束和副瓣峰值之间的各点，各点数量与非零值 a_n 的个数相等，则可形成一个矩阵方程。求解则可知 b_n, a_n 和 C 的变化。由于我们对式（4-66）是以线性近似展开的，所以方程（4-70）的求解只能得到近似解。该方法在几次迭代后收敛，即可得到可接受的方向图。

假设赋形方向图被限定在 W 空间的某个范围内以便使非零值 a_n 只有 L 个。给定 ψ_m 点预期方向图 $S_m(\psi_m)$ 和初始方向图 $G_0(\psi_m)$，则矩阵的某一行是：

$$\left[\frac{\partial G(\psi_m)}{\partial b_1},\ldots,\frac{\partial G(\psi_m)}{\partial b_{N-1}},\frac{\partial G(\psi_m)}{\partial a_1},\ldots,\frac{\partial G(\psi_m)}{\partial a_L},1\right]$$

求解式（4-70）需要 N+L 行或方向图点，以求得 b_n, a_n 和 C 的变化：

$$[\delta b_1,\ldots,\delta b_N,\delta a_1,\ldots,\delta a_L,\delta C]^{\mathrm{T}}$$

在给定 b_n, a_n 情况下，以当前方向图峰值对方向图归一化，然后利用搜索程序确定方向图各零点之间的峰值或在赋形区域内峰值之间的各最小值的位置。预期电平值减去这些值，得：

$$[S(\psi_1)-G_0(\psi_1),\ldots,S(\psi_{N+L})-G_0(\psi_{N+L})]^{\mathrm{T}}$$

求解矩阵方程后，更新 W 平面的各零点：

$$\begin{aligned}
b_1 &= b_1+\delta b_1\\
&\ \vdots\\
b_{N-1} &= b_{N-1}+\delta b_{N-1}\\
&\ \vdots\\
a_1 &= a_1+\delta a_1\\
&\ \vdots\\
a_L &= a_L+\delta a_L\\
C &= C_0+\delta C
\end{aligned}$$

迭代过程改变了波束峰值和它的位置。迭代后用方向图峰值归一化，获得一个与赋形波束函数峰值相一致的新的零点旋转。

例：设计波束峰值位于 90° 的八元阵，要求峰值前副瓣为 25，30 和 25dB，峰值后副瓣为 20，25，30dB。

副瓣初始值为峰值后的第一副瓣值，并旋转到峰值位置：

$$-20 \quad -25 \quad -30 \quad -25 \quad -30 \quad -25 \quad 0$$

求解迭代四次后收敛，初始值为单位圆上等分的零点。图 4-17 左边显示了单位圆零点，右边的图是相应的方向图，其阵元间距为 $\lambda/2$。

W 平面零点（度）	178.14	142.72	99.26	58.01	−62.18	−96.89	−130.37
方向图零点（度）	8.25	37.54	56.53	71.20	110.21	122.57	136.41

最终设计的激励系数列于表 4-21 中。

表 4-21 Orchard 综合设计的图 4-17 所示的八元阵的激励系数

阵　　元	幅度（dB）	相位（度）	阵　　元	幅度（dB）	相位（度）
1	−8.69	8.70	5	0	3.79
2	−3.90	3.22	6	−1.06	7.41
3	−1.06	1.29	7	−3.90	5.48
4	0	4.91	8	−8.69	0

虽然 Orchard 综合法需要阵元间距为 $\lambda/2$，但是完整的设计方法完全可以用于其他阵元间距。图 4-18 显示了相同阵列的单位圆图，但其阵列间距为 0.7λ。其 W 的范围已超出 2π，单位圆的副瓣区域使用不止一次。第三和第四副瓣在方向图中出现了两次。当然，如果阵列扫描过

大，方向图将出现栅瓣。图 4-19 绘制了使用相同零点、阵元间距为$\lambda/4$的端射阵方向图。可以看出，只用了一部分单位圆，并不是所有的副瓣都实现了预期值。图 4-20 是阵元间距使 W 的最终位置出现在零点的端射阵的情况，该方向图包含了所有的六个副瓣。单位圆分析是第 4 章圆图的镜像，只是在这里可见区随着阵元间距的增加而增加。在这种情况下可见区与单位圆的旋转相对应。展开式（4-64）生成与阵元间距无关的阵列激励系数，且阵元间的步进相移δ只影响相位，而不影响幅度。图 4-17～图 4-20 所示的四个例子，其激励的幅度相同。

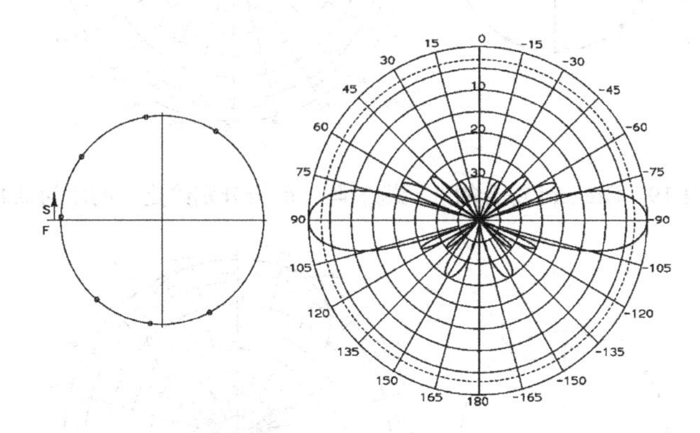

图 4-17　八元阵的 Orchard 设计：副瓣电平分别给定，阵元间距$\lambda/2$

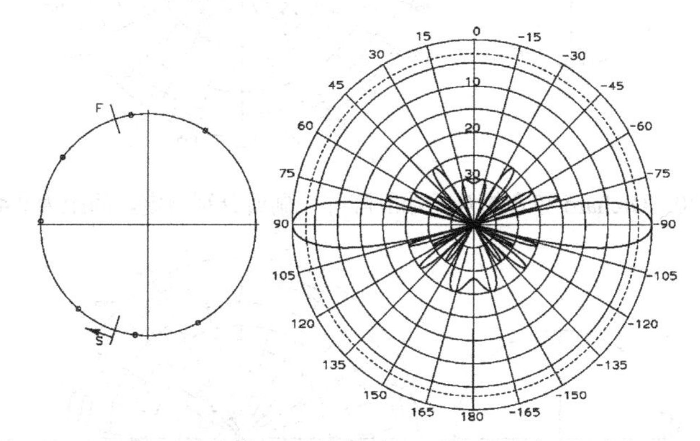

图 4-18　Orchard 综合的八元端射阵：副瓣分别给定，间距为 0.7λ

Orchard 综合法也可产生类似于贝利斯分布的差方向图，并控制所有的副瓣。差方向图有两个主波束。对相同的八元阵列的例子，修改副瓣列表使其包含主波束两边的副瓣，去掉紧邻主波束的−25dB 的波瓣，得到：

$$-20 \quad -25 \quad -30 \quad -25 \quad -30 \quad 0 \quad 0$$

将 90° 方向的主波束置于最后一个位置并综合，可得到有两个主波束的方向图，零点位于两者之间，主波束位于 101.6° ，其与 W 平面的零点-36.3° 相对应。旋转所有的 W 平面的零点 36.3° ，将零点置于两个主波束之间，即 90° 。图 4-21 给出了最终设计的 W 平面和极化方向图。从图可发现 W 平面的零点在 $W=+1$。表 4-22 列出了激励系数。

对八元阵列而言，可以采用期望的恒幅赋形函数，在不同的波瓣之间填充零点从而形成平顶型波束。平顶波瓣的波束宽度由波瓣间距确定，且只有特定的值是可能的。请记住，阵列是傅里叶级数对预期方向图的逼近。只有八个阵元，预期方向图和逼近方向图之间失配很严重。用一个非零值 a_n 将使两个主波束间形成方向图零点的 W 平面零点移出单位圆，并增加另一个方向图的要求：

$$-20 \quad -25 \quad -30 \quad -25 \quad -30 \quad 0 \quad 0 \quad -1$$

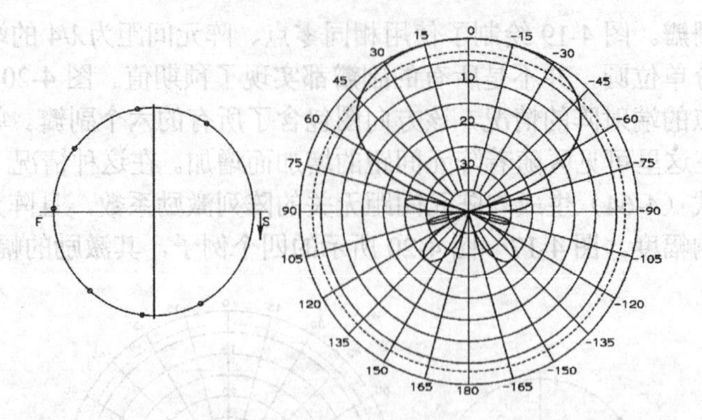

图 4-19 Orchard 综合的八元端射阵：副瓣分别给定，间距为 0.4λ

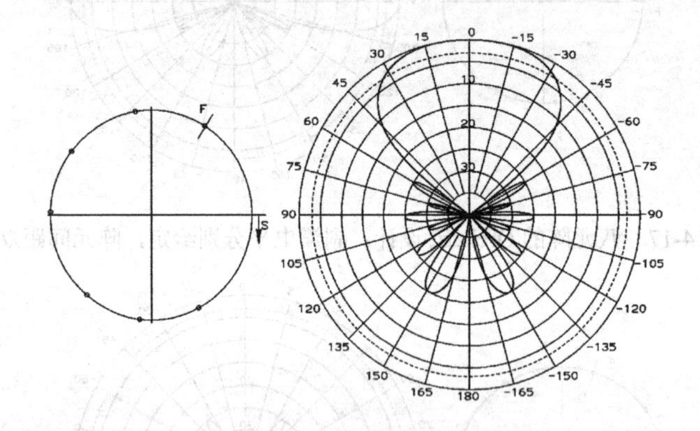

图 4-20 Orchard 综合的八元端射阵阵：副瓣分别给定，间距为 0.42λ

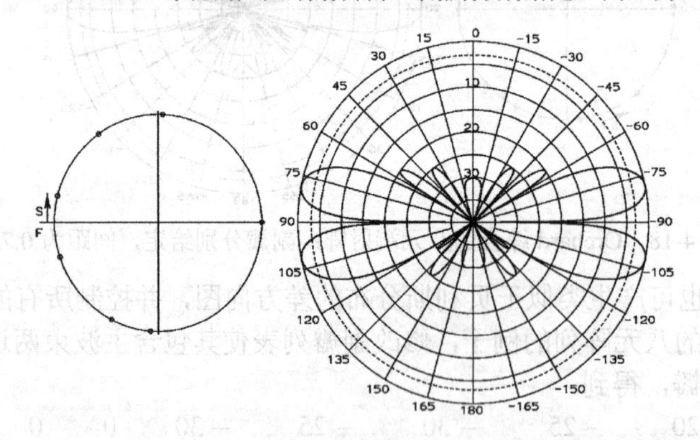

图 4-21 Orchard 综合的八元阵的差方向图

表 4-22 Orchard 综合设计的图 4-21 所示的八元阵的激励系数

阵　　元	幅度（dB）	相位（度）	阵　　元	幅度（dB）	相位（度）
1	−6.32	5.39	5	−6.91	178.35
2	−0.35	1.28	6	0.0	184.6
3	0.0	0.8	7	−0.35	184.12
4	−6.91	7.05	8	−6.32	180

最后一个数是与赋形方向图电平相应的方向图零点电平。最后一项由式（4-67）求得并作为一列。恒波束设计采用中心位于 90°，波束宽度为 22°的方向图赋形函数。迭代初始值

$a_n = 0.01$，矩阵方程迭代计算得 $a_1 = 0.4435$，此值可正可负，并不会改变方向图。旋转 W 平面的各零点沿着正实轴放置使波纹最小，从而形成关于 θ=90° 对称的方向图。图 4-22 中给出了最终设计的 W 空间零点和极化方向图。迭代产生的副瓣电平见表 4-23。

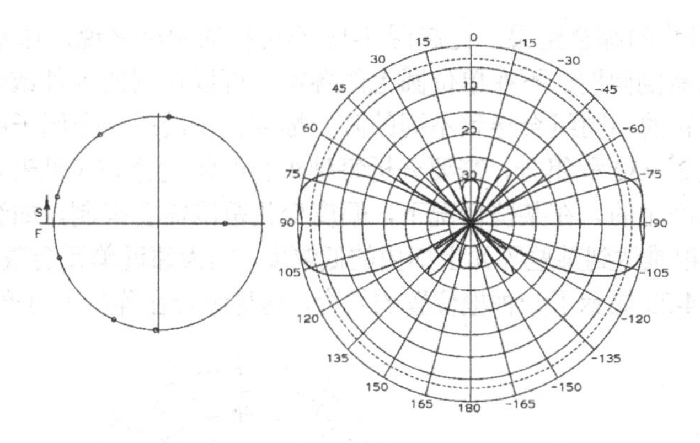

图 4-22　Orchard 综合的具有平顶波束的八元阵列

表 4-23　Orchard 综合设计的图 4-22 所示的八元平顶波束的 W 平面的零点

W 空间零点角（度）	W 空间半径	方向图零点（度）
165.51	1.0	23.15
123.99	1.0	46.46
84.33	1.0	62.06
0	0.6418	90
−91.65	1.0	120.61
−115.39	1.0	129.87
−161.18	1.0	153.57

第四项的半径也可以为 1/0.6418=1.5581，这并不影响方向图的结果。将各零点插入式（4-64）中并对其多项式展开，生成的激励系数见表 4-24。

表 4-24　Orchard 综合设计的图 4-21 所示的八元阵平顶波束的激励系数

阵　　元	幅度（dB）	相位（度）	阵　　元	幅度（dB）	相位（度）
1	−12.95	−174.39	5	−1.15	1.54
2	−10.78	178.85	6	0.0	4.37
3	−24.69	167.92	7	−2.26	3.95
4	−7.90	−1.47	8	−9.10	0.0

采用 Orchard 综合法重复图 4-16 的傅里叶级数综合的例子，恒波束中心位于 60°，波束宽度为 45°，阵元数为 21，阵元间距为 $\lambda/2$。首先，我们需要找出多少个阵列波瓣能覆盖赋形方向图区域。把各零点均分在 W 平面的单位圆上，并确定在波束内有多少个根。对于 21 单元的阵列 s，六个波束和五个零点位于恒波束的角度区域内 $\psi=\pi\cos\theta$，这可由式（4-71）求得：

$$\text{波束数}=\frac{N(\cos\theta_{\min}-\cos\theta_{\max})}{2} \tag{4-71}$$

式（4-71）的求解为整数 N，即 W 平面的零点个数。在恒波束条件下，所有的副瓣设为−30dB，波纹为−0.9dB，则：

波瓣	1～14	15～20	21～25
副瓣（dB）	−30	0.0	−0.9

图 4-23 给出了最终的综合结果，比起图 4-16 不可控的副瓣来说，这是一个提高。

下面考虑阵元的激励问题。不在单位圆上的各零点可以在圆的内部或外部，但它们产生相同的方向图。零点位置的不同组合导致不同的阵元幅度。在最后一个例子中，有五个零点不在单位圆上，这可产生 2^5 =32 种组合，需要分析每种组合的幅度分布（见表 4-25）。幅度范围变化很大的阵列是难以产生的。在某些情况下，幅度变化范围需要限制，如波导缝隙阵列。相互之间的阵元耦合使得很难达到某些阵元上期望的低幅度，因为邻近单元会激励它们，而互耦补偿被证明是很难的。图 4-23 显示了一种根位置的组合，这种组合在阵列上可产生最小的幅度变化。

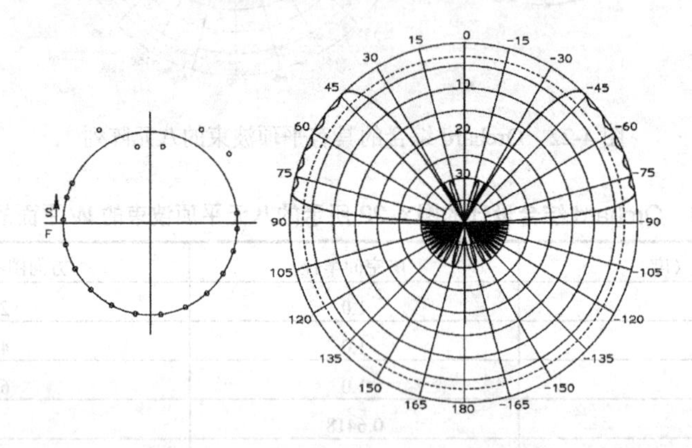

图 4-23　Orchard 综合设计的扫描到 60°，波束宽度为 45°的 21 元阵

表 4-25　Orchard 综合设计的图 4-23 所示的 21 元平顶波束阵列的激励系数

阵　元	幅度（dB）	相位（度）	阵　元	幅度（dB）	相位（度）
1	−11.85	−65.47	12	−3.48	−115.31
2	−6.89	−146.85	13	−3.01	−158.73
3	−6.23	126.55	14	−2.97	134.01
4	−11.34	4.64	15	−4.93	49.59
5	−5.12	−158.19	16	−7.51	−40.53
6	0.0	108.08	17	−9.64	−111.80
7	−0.01	23.97	18	−9.44	−159.41
8	−6.33	−65.70	19	−8.06	142.99
9	−9.73	86.93	20	−9.26	73.66
10	−2.09	−4.11	21	−13.29	0.0
11	−1.75	−70.12			

傅里叶级数综合法获得的激励幅度变化为 32.4dB，而 Orchard 综合结果其幅度变化为 13.29dB。这种综合法可产生幅度变化较小的更好的方向图。随着波纹深度的减少，阵列的幅度变化将增加。

$\csc^2\theta\cos\theta$ 方向图：这种方向图相对于雷达仰角可产生等值的往返信号。角度从阵轴算起，其方向图函数为 $\csc^2(\theta-90°)\cos(\theta-90°)$。峰值出现在超过 90°的地方，且角度增大峰值减少。赋形方向图函数需要每一步迭代都旋转 W 平面的零点，以便使从零点求出的方向图峰值出现在适当的角度。每一步迭代中，改变零点位置会移动波束峰值的位置。

例：设计副瓣电平为 30dB，在 100°～140°范围内具有 $\csc^2(\theta-90°)\cos(\theta-90°)$ 波束的 16 元阵。

由式（4-71）确定赋形方向图区域内的 5 个波束，并设定非零点数 a_n 为 4。16 元阵有 15 个零点，前 10 个要求-30dB，5 个在赋形波束区域，4 个为赋形波束各峰值间的极小值。给定赋形波束波瓣的电平，最后一个波瓣为主波束峰值。

波瓣	11	12	13	14	15	16	17	18	19
幅度（dB）	1.0	0.8	0.6	0.4	0.2	−0.9	−0.7	−0.5	−0.2

若允许方向图赋形区域的在较低的水平内增加波纹，那么阵元幅度的变化范围会减少。图 4-24 给出了采用该方法 11 次迭代收敛后的设计结果。分析 a_n 位于单位圆内和外的所有 2^4=16 的组合得表 4-26，其幅度变化范围从 25.47dB 减少为 11.47dB。

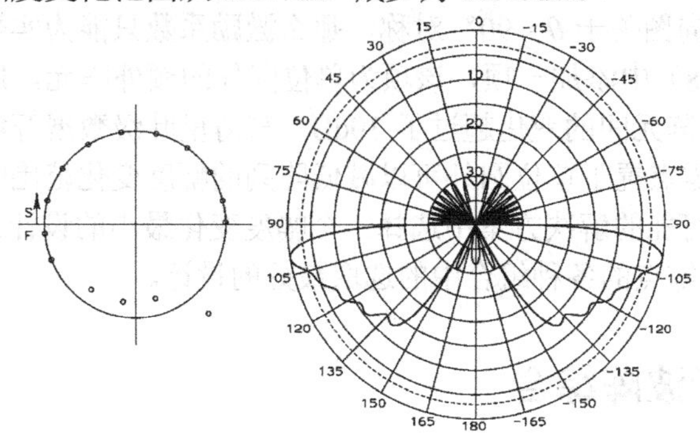

图 4-24　Orchard 综合设计的方向图为 $\csc^2\theta\cos\theta$ 的 16 元阵列

表 4-26　Orchard 综合设计的图 4-24 所示的 16 元 $\csc^2\theta\cos\theta$ 波束阵列的激励系数

阵　元	幅度（dB）	相位（度）	阵　元	幅度（dB）	相位（度）
1	−11.47	−149.27	9	−1.19	149.09
2	−9.84	−100.16	10	−2.71	−177.54
3	−8.07	−69.72	11	−3.53	−131.64
4	−4.79	−40.25	12	−7.82	−52.50
5	−2.65	−0.56	13	−9.46	100.34
6	−2.04	34.20	14	−4.30	−157.29
7	−0.82	65.82	15	−4.55	−76.99
8	0.0	107.07	16	−8.72	0.0

图 4-25 给出了对 8 元阵的设计结果（见表 4-27）。虽然副瓣被控制在-30dB，但比起 16 阵元，赋形方向图区域控制弱些。

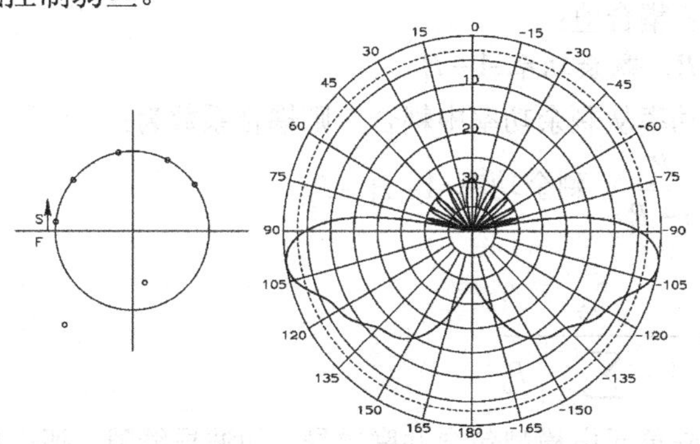

图 4-25　Orchard 综合设计的方向图为 $\csc^2\theta\cos\theta$ 的 8 元阵列

表 4-27 Orchard 综合设计的图 4-24 所示的 8 元 $\csc^2\theta\cos\theta$ 波束阵列的激励系数

阵 元	幅度（dB）	相位（角度）	阵 元	幅度（dB）	相位（角度）
1	−11.62	130.02	5	0.0	−122.98
2	−8.61	−170.78	6	−2.05	−79.05
3	−12.62	179.21	7	−5.73	−44.44
4	−2.61	−173.92	8	−11.54	0.00

扩展 Orchard 综合法使其各方面获得改进。通过在 W 平面增加单位圆内/外的平衡零点，阵列的激励系数为实数，其相位只有 0° 和 180° 两种相位[16]。这相当于增加了阵元数，且赋形波束有所变化。若方向图关于 θ= 90° 对称，那么激励系数只能为实数。为实现这一方法，在式（4-67）和式（4-68）中添加一项，该项为单位圆外的额外阵元。用平衡零点法设计中心在 90° 的平顶波束，其阵元间的变化超过了 30dB，与傅里叶级数展开综合法有大约相同的幅度变化范围。将所有的零点置于单位圆外可以减低阵列的幅度变化范围[17]。若放弃波瓣间的这些零点，则必须从大量可能的解决方案中选择一个幅度变化最小的设计。遗传算法通过对满足方向图需求得大量内/外零点的各种组合中的选取最好的设计。

4.15 串馈阵和行波阵综合

串馈阵列沿着一根传输线通过耦合将功率分配到每个单元。波沿着传输线的每个单元辐射掉一部分功率。匹配负载吸收末端剩余的功率以阻止波向源端反射传输。反向传输波将会产生另一个无法区分的小幅度波束，形成副瓣。耦合可以是物理耦合器、或串馈、或横跨传输线的并联负载。波导槽就是传输线负载的例子。采用耦合器的阵列可在耦合器和单元之间加移相器，从而形成相控阵。对于相控阵，另外一种配置可在耦合器之间的传输线上放置移相器，这种情况下可使用简单的控制将移相器设置为相同的值从而引起波束的扫描。用于扫描的移相器沿着阵列其步进相位为 δ。

假设阵列分布由一系列辐射功率 P_i 给出，行波或非谐振阵在负载上消耗一定比例 R 的输入功率，则：

$$\sum_{i=1}^{N} P_i = P_{\text{in}}(1-R)$$

以辐射功率之和对这一分布归一化：$P_0=\sum_{i=1}^{N}P_i$，则单元辐射功率变为 $P_i(1-R)/P_0$，我们利用归一化功率分布计算耦合值：

$$C_1 = P_1，\text{剩余功率}=1-P_1$$

第二个单元的辐射功率从剩余功率中耦合，则耦合系数为：

$$C_2=\frac{P_2}{1-P_1}，\text{剩余功率}=1-P_1-P_2$$

一般表达式为：

$$C_i=\frac{P_i}{1-\sum_{j=1}^{i-1}P_j} \tag{4-72}$$

如果在传输线上的阵单元电模型包含并联电导，如波导缝隙，那么每个缝隙的辐射功率为 $|V_{\text{inc}}|^2 g_i$，归一化 $g_i=C_i$。同样，若阵单元电模型含串联电阻可以以类似的方法解决。其辐射

功率=$|I_{\text{inc}}|^2 r_i$，归一化 $r_i = C_i$。

在阵元之间，一些阵列馈电有大的损耗，所以在设计耦合器时，必须考虑这些损耗。假设耦合器之间的馈电损耗相同，为 $L_f = 1-10^{-衰减/10}$，则功率平衡方程为：

$$\underset{总功率}{P_{\text{in}}} = \underset{负载}{RP_{\text{in}}} + \underset{负载损耗}{(N-1)L_f RP_{\text{in}}} + \underset{天线}{\sum_{i=1}^{N} P_i} + \underset{天线损耗}{L_f \sum_{j=2}^{N}(j-1)P_j}$$

$$P_{\text{in}} = \frac{L_f \sum_{j=2}^{N}(j-1)P_j + \sum_{i=1}^{N} P_i}{1 - R - (N-1)L_f R}$$

与前述一样，归一化每个阵元的辐射功率到输入功率为 P_i/P_{in}。耦合到第一个阵元功率为 $C_1 = P_1$，剩余功率为 $1-P_1$。由于传输媒质对第一和第二个阵元之间信号的衰减，则第二个阵元的功率=$(1-P_1)(1-L_f)$，那么我们可确定耦合值和阵元辐射功率 P_2：

$$C_2 = \frac{P_2}{(1-P_1)(1-L_f)}$$

剩余功率传输到下一单元，但衰减 $(1-L_f)$。减少的功率 P_2 是从阵元所在点的输入功率减去获得，剩余功率在到达下一辐射点前被衰减，则：

$$C_3 = \frac{P_3}{[(1-P_1)(1-L_f) - P_2](1-L_f)}$$

$$C_4 = \frac{P_4}{\{[(1-P_1)(1-L_f) - P_2](1-L_f) - P_3\}(1-L_f)} \qquad \text{etc.}$$

对归一化功率求和可以得衰减引起的总损耗为：

$$损耗\ (\text{dB}) = 10\lg\left(\sum_{i=1}^{N} P_i\right)$$

连续行波：由于波沿天线传播，功率连续不断的损耗。若使分布为均匀分布，那么槽或孔必须辐射越来越多的剩余功率。在一般情况下，随着波传播到末端，孔或槽数目必须沿着波导不断增加。在波导上任意一点的功率为：

$$P(z) = P_0 \exp\left[-2\int_0^z \alpha(z)\,\mathrm{d}z\right] \tag{4-73}$$

式中，P_0 是 $z=0$ 点的功率，$\alpha(z)$ 是衰减分布（奈培/长度）。假设预期的电压幅度分布为 $A(z)$：

$$P_{\text{in}} = \int_0^L |A(z)|^2\,\mathrm{d}z + \int_0^L \rho_L(z)\,\mathrm{d}z + P_{\text{load}} \tag{4-74}$$

式中，P_{load} 为末端损耗功率，$|A(z)|^2$ 为辐射功率分布，$\rho_L(z)$ 是壁的欧姆损耗。设定进入天线终端的功率为 $P_{\text{load}} = RP_{\text{in}}$，则有：

$$P_{\text{in}} = \frac{1}{1-R}\int_0^L \left[|A(z)|^2 + \rho_L(z)\right]\mathrm{d}z \tag{4-75}$$

沿着漏波天线任一点的功率为：

$$P(z) = P_{\text{in}} - \int_0^L \left[|A(z)|^2 + \rho_L(z)\right]\mathrm{d}z \tag{4-76}$$

对其微分得：

$$\frac{\mathrm{d}P(z)}{\mathrm{d}z} = -[|A(z)|^2 + \rho_L(z)] \tag{4-77}$$

对式（4-73）微分并利用 $\alpha(z)$ 和 $P(z)$ 的关系得：

$$\frac{1}{P(z)}\frac{\mathrm{d}P(z)}{\mathrm{d}z}=-2\alpha(z) \tag{4-78}$$

将式（4-75）代入式（4-76），并合并式（4-76）和式（4-77）到式（4-78），推导获得所需的衰减分布[18]为：

$$\alpha(z)=\frac{\frac{1}{2}|A(z)|^2}{[1/(1-R)]\int_0^L\left[|A(z)|^2+\rho_L(z)\right]\mathrm{d}z-\int_0^z\left[|A(z)|^2+\rho_L(z)\right]\mathrm{d}z} \tag{4-79}$$

若假设传输线无耗，则 $\rho_L(z)=0$，式（4-79）可以简化。

例： 设计一沿着无耗传输线漏波天线的均匀衰减分布。

将 $A(z)=1$ 和 $\rho_L(z)=0$ 代入式（4-79），并积分得：

$$\alpha(z)=\frac{\frac{1}{2}}{[L/(1-R)]-z}=\frac{\frac{1}{2}(1-R)}{L[1-z(1-R)/L]}$$

设定 $R=0.05$（5%的功率进入负载），传输线长度为 10λ，起点和末端的衰减常数为：

$$\alpha_i(0)=\frac{0.95}{20}=0.0475\ \mathrm{Np}/\lambda\quad 或\quad 0.413\,\mathrm{dB}/\lambda$$

$$\alpha_f(L)=\frac{0.95}{2LR}=0.95\ \mathrm{Np}/\lambda\quad 或\quad 8.25\,\mathrm{dB}/\lambda$$

通过让末端消耗更多功率使起点和终点之间的变化量减少。给定 $R=0.1$，则：

$$\alpha_i(0)=0.045\ \mathrm{Np}/\lambda\quad 或\quad 0.39\,\mathrm{dB}/\lambda$$

$$\alpha_f(L)=0.45\ \mathrm{Np}/\lambda\quad 或\quad 3.9\,\mathrm{dB}/\lambda$$

若用两端衰减的比率，则有 $\alpha(L)/\alpha(0)=1/R$。

我们可将式(4-79)归一化到区间±2 并使用上述 $x=z/L$ 和 $\rho_L(z)=0$ 下的线性分布。图 4-26 是副瓣为 30dB 和 $\bar{n}=8$ 的泰勒分布在各种负载功耗值下的衰减分布。表 4-28 列出了各种泰勒分布的 $\alpha(x)L$ 范围，改变修正零点数目只轻微影响这一范围。副瓣电平为 30dB 的余弦平方加台阶的分布的衰减范围与此非常相似。而副瓣电平为 40dB 的设计与 30dB 的情况下相比，衰减范围需要更大。对于一个有效的设计，长结构或许并不能给出超过欧姆损耗的低水平辐射。在任何情况下，我们可通过吸收末端更多的功率使天线的效率降低从而缩小天线的衰减范围。

表 4-28 漏波泰勒分布的最大最小归一化衰减 $\alpha(z)L$

末端功率(%)	30dB				40dB，$\bar{n}=8$	
	$\bar{n}=6$		$\bar{n}=12$			
	最大值	最小值	最大值	最小值	最大值	最小值
5	27.08	0.59	26.04	0.63	31.61	0.12
6	25.38	0.58	24.54	0.63	29.63	0.12
8	22.70	0.57	22.06	0.61	26.52	0.12
10	20.66	0.56	20.08	0.60	24.12	0.11
12	19.00	0.55	18.46	0.59	22.18	0.11
15	17.00	0.53	16.52	0.57	19.81	0.11
20	14.42	0.50	14.04	0.53	16.78	0.10
25	12.42	0.46	12.09	0.50	14.44	0.10

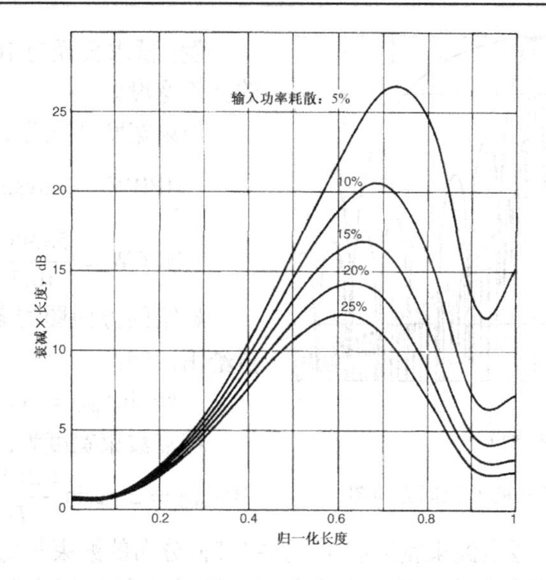

图 4-26　副瓣为 30dB，$\bar{n}=8$ 的泰勒分布的漏波衰减分布

4.16　圆口径

多数口径天线都是圆形的，而方向图的二维傅里叶变换对任何形状的口径均成立，则圆形口径为：

$$f(\theta,\phi)=\int_0^{2\pi}\int_0^{a}E(r',\phi')\mathrm{e}^{\mathrm{j}kr'\sin\theta\cos(\phi-\phi')}r'\,\mathrm{d}r'\,\mathrm{d}\phi' \tag{4-80}$$

式中，a 是口径半径，r' 是径向半径，ϕ' 是口径某点的角坐标，积分后形成 k_r 空间。当分布是圆对称时，对 ϕ' 的积分很容易计算，式（4-80）可简化为：

$$f(k_r)=2\pi\int_0^{a}E(r')J_0(kr'\sin\theta)r'\,\mathrm{d}r' \tag{4-81}$$

式中，$J_0(x)$ 是第一类零阶贝塞尔函数。该分布的所有的大圆方向图（即 ϕ 为常数）是相同的。对于均匀分布，则有：

$$f(k_r)=\frac{2J_1(ka\sin\theta)}{ka\sin\theta}$$

上式图形如图 4-27 所示。零点出现在 $J_1(x)$ 为零处。均匀分布的方向图 3dB 点为：

$$ka\sin\theta_1=1.6162\qquad \sin\theta_1=0.5145\frac{\lambda}{D}$$
$$\mathrm{HPBW}=2\arcsin\frac{0.5145\lambda}{D} \tag{4-82}$$

式中，D 是直径。对于大口径，$\sin\theta$ 可近似为 θ（弧度），转换为角度，则半功率波束宽度为：

$$\mathrm{HPBW}=58.95^{\circ}\frac{\lambda}{D} \tag{4-83}$$

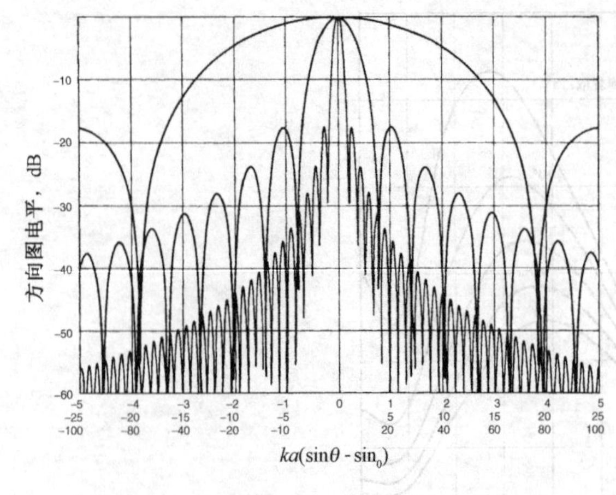

图 4-27　均匀圆口径分布的 k_r 空间方向图

例：试求直径为 10.5 λ 均匀分布的圆口径的波束宽度。

波束宽度可由式（4-82）和式（4-83）求得：

$$\text{HPBW} = 2\arcsin\frac{0.5145}{10.5} = 5.62^\circ$$

$$\text{HPBW} = \frac{58.95^\circ}{10.5} = 5.61^\circ$$

k 空间方向图的零点由 $J_1(x)$ 的第一个零点给出，即：

$$ka\sin\theta_{\text{null}} = 3.8317$$

零点波束宽度为：

$$\text{BW}_{\text{null}} = 2\arcsin\frac{1.2197\lambda}{D} \simeq 139.76^\circ\frac{\lambda}{D} \tag{4-84}$$

我们还可以定义一个零点波束宽度因子，并将其他分布的波束与均匀圆形分布的波束宽度［式（4-84）］联系起来。其他所有的圆形分布都可以通过波束宽度因子与式（4-82）或式（4-83）联系起来。均匀分布的波束宽度因子为 1。

4.17　圆形高斯分布[19]

截断的高斯分布具有简单的函数关系，为：

$$E(r) = \mathrm{e}^{-\rho r^2} \qquad |r| \leqslant 1 \tag{4-85}$$

通过对数变换很容易计算出边缘渐削为：

$$\text{边缘渐削（dB）} = 8.686\rho \tag{4-86}$$

将式（4-85）代入式（4-8）并积分，可获得幅度渐削效率为：

$$\text{ATL} = \frac{2(1-\mathrm{e}^{-\rho})^2}{\rho(1-\mathrm{e}^{-2\rho})} \tag{4-87}$$

表 4-29 列出了依据边缘渐削这一单变量的各种副瓣电平的高斯分布的设计值。式（4-86）将参数 ρ 与边缘渐削联系起来。

表 4-29　圆口径高斯分布，$\mathrm{e}^{-\rho r^2}$ ($|r|<1$)

副瓣电平（dB）	边缘渐削（dB）	ATL（dB）	波束宽度因子
20	4.30	0.09	1.0466
22	7.18	0.24	1.0800
24	9.60	0.41	1.1109
25	10.67	0.50	1.1147
26	11.67	0.59	1.1385
28	13.42	0.76	1.1626
30	14.93	0.92	1.1839
32	16.23	1.06	1.2028
34	17.32	1.18	1.2188
35	17.81	1.23	1.2263
36	18.75	2.34	1.2405
38	21.43	1.65	1.2820
40	24.42	2.00	1.3296

例：试估算边缘渐削为 13dB，半径为 3 个波长的圆形高斯分布口径的主瓣宽度。

用线性内插法在表 4-29 中求得波束宽度因子。由式（4-82）得：

$$\mathrm{HPBW} = 2\arcsin\frac{1.1568(0.5145)}{6} = 11.38^\circ$$

或由式（4-83）得：

$$\mathrm{HPBW} = 58.95^\circ\left(\frac{1.1568}{6}\right) = 11.36^\circ$$

幅度渐削效率由式（4-87）得：

$$\rho = \frac{13}{8.686} = 1.497$$

$$\mathrm{ATL} = \frac{2(1-\mathrm{e}^{-1.497})^2}{1.497(1-\mathrm{e}^{-2.993})} = 0.847 \quad (-0.72\,\mathrm{dB})$$

幅度渐削效率在表 4-29 中通过线性内插也可得到相同的值。

圆形高斯分布是很难获得低于 40dB 的副瓣电平的。靠内副瓣随着边缘渐削电平的递减继续减低，但靠外的波瓣并不能减小，前几个副瓣电平依然占优。由于没有可以计算出在指定副瓣电平情况下求得边缘渐削直接的方法，表 4-29 是通过查找获得的。

4.18　汉森单变量圆形分布[20,21]

这种分布通过闭合表达式和其他所有的分布参数联系起来，设计直接从副瓣电平变为单一参数 H。修改后的均匀分布的方向图在主波束上接近。利用泰勒的 U 空间变量，有 $U=(2a/\lambda)\sin\theta$，这里 a 是半径。方向图在两个不同的区域有不同的表达式：

$$f(U) = \begin{cases} \dfrac{2I_1(\pi\sqrt{H^2-U^2})}{\pi\sqrt{H^2-U^2}} & |U| \leqslant H \quad (4\text{-}88\mathrm{a}) \\[2ex] \dfrac{2J_1(\pi\sqrt{U^2-H^2})}{\pi\sqrt{U^2-H^2}} & |U| \geqslant H \quad (4\text{-}88\mathrm{b}) \end{cases}$$

式中，$I_1(x)$ 是一阶第一类修正贝塞尔函数。

在 $U=H$ 时，式（4-88a）在视轴方向的高函数值减低了均匀分布[式（4-88b）]的副瓣电平，17.57dB，副瓣电平为：

$$\mathrm{SLR} = 17.57 + 20\log\frac{2I_1(\pi H)}{\pi H} \tag{4-89}$$

给定副瓣电平（正 dB），由式（4-89）迭代求解 H。

汉森单变量圆口径分布为：

$$E(r) = I_0(\pi H\sqrt{1-r^2}) \qquad |r| \leqslant 1 \tag{4-90}$$

式中，I_0 为零阶第一类修正贝塞尔函数。由式（4-8）对式（4-90）积分得幅度渐削效率为：

$$\mathrm{ATL} = \frac{4I_1^2(\pi H)}{\pi^2 H^2[I_0^2(\pi H) - I_1^2(\pi H)]} \tag{4-91}$$

表 4-30 列出了汉森分布在各种副瓣电平下的参数值，与表 4-29 和表 4-30 非常相似。在误差范围内，这种分布可以获得任意的副瓣电平。这种分布虽然不是最优的，但确实很方便。

表 4-30　汉森单变量圆口径分布

副瓣电平（dB）	H	边缘渐削（dB）	ATL（dB）	波束宽度因子
20	0.48717	4.49	0.09	1.0484
22	0.66971	7.79	0.27	1.0865
24	0.82091	10.87	0.48	1.1231
25	0.88989	12.35	0.60	1.1409
26	0.95573	13.79	0.72	1.1584
28	1.08027	16.59	0.96	1.1924
30	1.19770	19.29	1.19	1.2252
32	1.30988	21.93	1.42	1.2570
34	1.41802	24.51	1.64	1.2876
35	1.47084	25.78	1.75	1.3026
36	1.52295	27.04	1.85	1.3174
38	1.62525	29.53	2.05	1.3462
40	1.72536	31.98	2.24	1.3742
45	1.96809	38.00	2.68	1.4410
50	2.20262	43.89	3.08	1.5039

4.19　泰勒圆口径分布[22]

与线源类似，泰勒圆口径分布也修改了幅度和相位均匀分布的圆口径 k 空间方向图靠内的零点，使其近似为道尔夫-切比雪夫分布。用变量 $\pi U = ka\sin\theta$ 可求得均匀分布的方向图函数为 $J_1(\pi U)/(\pi U)$。移动 $\bar{n}-1$ 靠内的零点并加上道尔夫-切比雪夫分布，则：

$$f(U) = \frac{J_1(\pi U)\prod_{N=1}^{\bar{n}-1}(1-U^2/U_N^2)}{\pi U\prod_{N=1}^{\bar{n}-1}(1-U^2/S_N^2)} \tag{4-92}$$

给定 $J_1(x)$ 的一个零点，即 $J_1(x_{1N})=0$，令 $x_{1N}=\pi S_N$。在可见区内近似保持与均匀分布相同的零点数，可避免超方向性。新的零点 U_N 为均匀分布修改后的零点，即：

$$U_N = S_{\bar{n}}\frac{\sqrt{A^2+(N-\frac{1}{2})^2}}{\sqrt{A^2+(\bar{n}-\frac{1}{2})^2}} \tag{4-93}$$

式中，A 是与最低副瓣电平相关的量，即 $\cos\pi h=b$，$20\log b=$副瓣电平（dB）。除了比例常数 $S_{\bar{n}}$（即 $J_1(x)$ 第 $\bar{n}$ 个根被 π 除）外，式（4-93）与式（4-20）是相同的。

式（4-92）给出了新分布的 U 空间方向图函数。我们用傅里叶-贝塞尔级数展开这种口径分布：

$$E(r) = \sum_{m=0}^{\bar{n}-1} B_m J_0(\pi S_m r) \qquad r \leqslant 1 \tag{4-94}$$

系数 B_m 的计算可以通过将式（4-94）的傅里叶级数变换到 U 空间中，并与式（4-92）的远场方向图相比较而获得：

$$B_0 = 1$$

$$B_m = \frac{-\prod_{N=1}^{\bar{n}-1}(1-S_m^2/U_N^2)}{J_0(\pi S_m)\prod_{N=1,N\neq m}^{\bar{n}-1}(1-S_m^2/S_N^2)} \qquad m=1,2,\cdots,\bar{n}-1 \tag{4-95}$$

例：设计一最大副瓣电平为 30dB，$\bar{n}=6$ 的泰勒圆口径分布。

由式（4-21）计算常数 A：

$$b=10^{30/20}=31.6228$$

$$A=\frac{\operatorname{arcosh} b}{\pi}=1.32$$

将此值代入式（4-93），求得 5 个零点：

No	1	2	3	4	5
零点 U_N	1.5582	2.2057	3.1208	4.1293	5.1769

第一个均匀分布的零点出现在：

$$x_{11}=3.83171\quad,\quad S_1=\frac{x_{11}}{\pi}=1.2197$$

用第一零点的位置可求得零点波束宽度因子为：

$$\mathrm{BW}_{\mathrm{null}}=\frac{U_1}{S_1}=\frac{1.5582}{1.2197}=1.2775$$

表 4-31 列出了傅里叶级数式（4-95）的系数，k 空间方向图绘于图 4-28 中。

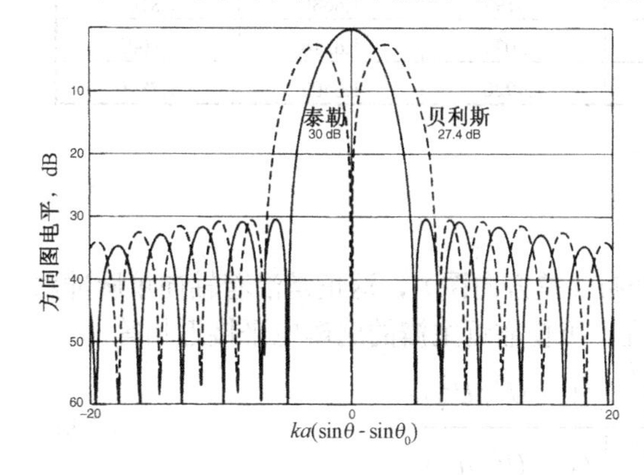

图 4-28　副瓣电平为 30dB，$\bar{n}=6$ 的泰勒和贝利斯圆口径分布

表 4-31　泰勒分布（副瓣 30dB，$\bar{n}=6$）的傅里叶-贝塞尔级数系数

No	B_m	归一化 B_m	函数
0	1.0000	0.53405	1
1	0.93326	0.49841	$J_0(x_{11}r)$
2	0.038467	0.01808	$J_0(x_{12}r)$
3	−0.16048	−0.08570	$J_0(x_{13}r)$
4	0.16917	0.09035	$J_0(x_{14}r)$
5	−0.10331	−0.05517	$J_0(x_{15}r)$

表 4-32～表 4-34 列出了圆口径分布的一些设计参数。表 4-32 显示对于每个副瓣电平而言都有一个最优的 $\bar{n}$。随着副瓣电平的减低，$\bar{n}$ 的最优值在增加。表中空格表示不可能的设计。对于给定一个副瓣电平，波束宽度因子（见表 4-33）和零点波束宽度因子（见表 4-34）随着 $\bar{n}$ 的增加连续地减小。这三个表中所列的值主要以副瓣电平为依据。

表 4-32　泰勒圆口径分布的幅度渐削损耗（dB）

$\bar{n}$	副瓣电平（dB）					
	25	30	35	40	45	50
4	0.30	0.71	1.14	1.51	1.84	
6	0.28	0.59	1.03	1.48	1.88	2.23
8	0.43	0.54	0.94	1.40	1.82	2.21
12	1.03	0.62	0.86	1.28	1.71	2.12
16	1.85	0.86	0.87	1.22	1.64	2.05
20		1.20	0.94	1.20	1.60	2.01

表 4-33　泰勒圆口径分布的波束宽度因子

$\bar{n}$	副瓣电平（dB）					
	25	30	35	40	45	50
4	1.0825	1.1515	1.2115	1.2638	1.3095	
6	1.0504	1.1267	1.1957	1.2581	1.3149	1.3666
8	1.0295	1.1079	1.1796	1.2457	1.3067	1.3632
12	1.0057	1.0847	1.1580	1.2262	1.2899	1.3499
16	0.9927	1.0717	1.1451	1.2137	1.2782	1.3391
20		1.0634	1.1367	1.2054	1.2701	1.3314

表 4-34　泰勒圆口径分布的零点波束宽度因子

$\bar{n}$	副瓣电平（dB）					
	25	30	35	40	45	50
4	1.1733	1.3121	1.4462	1.5744	1.6960	
6	1.1318	1.2775	1.4224	1.5654	1.7056	1.8426
8	1.1066	1.2530	1.4001	1.5470	1.6928	1.8370
12	10.789	1.2244	1.3716	1.5197	1.6680	1.8162
16	1.0643	1.2087	1.3552	1.5029	1.6514	1.8003
20		1.1989	1.3442	1.4920	1.6402	1.7890

4.20　贝利斯圆口径分布[8]

对于圆形口径，我们也可以设计一个贝利斯分布（差方向图），这正是沿着轴向单脉冲跟踪所需要的方向图。改变 U 空间方向图零点的位置，可使靠近主瓣的副瓣电平接近相等：

$$f(U,\phi)=\cos(\phi\pi U)J_1'(\pi U)\frac{\prod_{N=1}^{\bar{n}-1}(1-U^2/U_N^2)}{\prod_{N=0}^{\bar{n}-1}(1-U^2/\mu_N^2)} \tag{4-96}$$

式中，U_N 是新的零点位置，$\pi\mu_N$ 是 $J_1'(\pi U)$ 的根。贝利斯列出了这些零点 μ_N，见表 4-35。表中靠内的零点已经被移除并用新的零点 U_N 替换。与 4.7 节线性分布用法类似，求出零点位置：

$$U_N=\begin{cases}\mu_{\bar{n}}\sqrt{\dfrac{\xi_N^2}{A^2+\bar{n}^2}} & N=1,2,3,4\\ \mu_{\bar{n}}\sqrt{\dfrac{A^2+N^2}{A^2+\bar{n}^2}} & N=5,6,\dots,\bar{n}-1\end{cases} \tag{4-97}$$

为了获得预期的副瓣电平，四个靠内的零点不得不进行调整。贝利斯通过计算机查找来获得这些零值点，ξ_N和A的值可以通过多项式近似来得到[式（4-40）]。

表 4-35　Bessel 函数的零点，$J_1'(\mu_N)$

N	μ_N	N	μ_N	N	μ_N	N	μ_N
0	0.5860670	5	5.7345205	10	10.7417435	15	15.7443679
1	1.6970509	6	6.7368281	11	11.7424475	16	16.7447044
2	2.7171939	7	7.7385356	12	12.7430408	17	17.7450030
3	3.7261370	8	8.7398505	13	13.7435477	18	18.7452697
4	4.7312271	9	9.7408945	14	14.7439586	19	19.7455093

与泰勒圆口径分布类似，把贝利斯圆形口径分布展开成有限项傅里叶-贝塞尔级数和，即：

$$E(r,\phi)=\cos\phi'\sum_{m=0}^{\bar{n}-1}B_m J_1(\pi\mu_m r) \qquad r\leqslant 1 \tag{4-98}$$

这里系数可以通过变换式（4-98）并和 U 空间方向图[式（4-96）]进行比较获得。系数为：

$$B_m=\frac{\mu_m^2}{jJ_1(\pi\mu_m)}\frac{\prod_{N=1}^{\bar{n}-1}(1-\mu_m^2/U_N^2)}{\prod_{N=0,N\neq m}^{\bar{n}-1}(1-\mu_m^2/\mu_N^2)} \tag{4-99}$$

例：设计副瓣电平为 30dB，$\bar{n}=6$ 的贝利斯圆口径分布。

由式（4-40）求得系数 A 和 ξ_N：

$$A=1.64126,\ \xi_1=2.07086,\ \xi_2=2.62754,\ \xi_3=3.43144,\ \xi_4=4.32758$$

将这些常数和表 4-35 中的零点一起代入式（4-97），计算求得修正的零点为：

N	1	2	3	4	5
U_N	2.2428	2.8457	3.7163	4.6868	5.6994

再将这些零值代入式（4-96）计算出方向图。U 空间方向图的峰值可由式（4-41）求得：

$$U_{\max}=0.7988,\quad ka\sin\theta_{\max}=\pi U_{\max}=2.5096$$

这里 a 是口径半径。傅里叶-贝塞尔级数的系数可由式（4-99）获得，见表 4-36。归一化的系数使得口径分布的峰值为 1。查找方向图可获得方向图的 3dB 点为：

$$ka\sin\theta_1=1.3138,\quad ka\sin\theta_2=4.2384$$

表 4-36 贝利斯分布的傅里叶-贝塞尔级数系数（30dB，$\bar{n}=6$）

No	B_m	归一化 B_m	函 数
0	0.62680	1.2580	$J_1(\pi\mu_0 r)$
1	0.50605	1.0157	$J_1(\pi\mu_1 r)$
2	−0.06854	−0.03415	$J_1(\pi\mu_2 r)$
3	−0.0028703	−0.005761	$J_1(\pi\mu_3 r)$
4	0.014004	0.028106	$J_1(\pi\mu_4 r)$
5	−0.011509	−0.02310	$J_1(\pi\mu_5 r)$

图 4-28 包含了按 30dB 副瓣设计的贝利斯分布（$\bar{n}=6$）方向图，副瓣低于副瓣电平为 30dB 的泰勒分布。可以看出，差方向图比和方向图的损失多了大约 2.6dB。幅度渐削效率为：

$$\text{ATL}=\frac{\left[\int_0^1 4\left|\sum_{m=0}^{\bar{n}-1}B_m J_1(\pi\mu_m r)\right| r\,\mathrm{d}r\right]^2}{\pi^2\int_0^1 4\left|\sum_{m=0}^{\bar{n}-1}B_m J_1(\pi\mu_m r)\right|^2 r\,\mathrm{d}r} \tag{4-100}$$

式中，对 ϕ' 的积分已经被分离和计算。类似地，沿着坐标 $\phi=0$ 先计算可分离的 $\cos\phi'$ 积分项，峰值处的相位误差效率的积分表达式为：

$$\text{PEL}(U)=\frac{\left|2\pi\int_0^1 \sum_{m=0}^{\bar{n}-1}B_m J_1(\pi\mu_m r)J_1(\pi U r)r\,\mathrm{d}r\right|^2}{\left[\int_0^1 4\left|\sum_{m=0}^{\bar{n}-1}B_m J_1(\pi\mu_m r)\right| r\,\mathrm{d}r\right]^2} \tag{4-101}$$

表 4-37 列出了 $\bar{n}=10$，各种副瓣电平下的贝利斯圆口径分布的参数。$\bar{n}=10$ 时的最佳设计应取副瓣电平为 25dB。

表 4-37 $\bar{n}=10$ 贝利斯圆口径分布的特性

副瓣电平（dB）	波束峰值 $(ka/2)\sin\theta_{max}$	3dB 波束边缘 $(ka/2)\sin\theta_1$	3dB 波束边缘 $(ka/2)\sin\theta_2$	ATL（dB）	PEL（dB）
20	2.2366	1.165	3.700	1.47	1.80
25	2.3780	1.230	3.940	1.15	1.89
30	2.5096	1.290	4.160	1.32	1.96
35	2.6341	1.346	4.363	1.62	2.01
40	2.7536	1.399	4.551	1.95	2.05

4.21 平面阵

利用近圆形边界对圆形分布取样可用来设计平面阵列。如果给定足够的取样点，像圆形泰勒分布这样的分布将可被重建，并产生相似的方向图。用方向图相乘可将线阵的设计合并成一个平面阵列。但在方阵这一特殊情况下，真正的切比雪夫设计可以在所有平面实现。已有的技术允许综合形成方向图零点，其中一些零点可能并没用规定。但对于平面阵而言，指定大量的零点仍然是一个问题。

切比雪夫阵[23] 当我们联合两个道尔夫-切比雪夫线阵，通过方向图相乘，产生的方向图在所有的平面内（除了沿轴线的主平面外）的副瓣电平比所规定的还要高。且这种设计使对角线平面内的波瓣宽度比所需要波瓣宽度还要宽。这种方向图背离了最优方向图，因为副瓣电平比所需值更高。

我们用一种技术使方阵在所有恒ϕ切割面内有相等的副瓣电平。阵列是正方形的，但若沿着各轴取不同的阵元间距便可得到矩形阵。用单项切比雪夫多项式展开方向图：

$$T_{L-1}(x_0\cos\psi_1\cos\psi_2) \tag{4-102}$$

式中，$\psi_1=kd_x\cos\theta\cos\phi+\delta_1,\psi_2=kd_x\cos\theta\sin\phi+\delta_2 L=2N或L=2N+1$ 。对于给定的副瓣电平可由式（4-51）求x_0。在每行和每列的阵元数为奇数时，方向图为：

$$E(\theta,\phi)=\sum_{m=1}^{N+1}\sum_{n=1}^{N+1}\varepsilon_m\varepsilon_n I_{mn}\cos 2(m-1)\psi_1\cos 2(n-1)\psi_2\ ,\quad L=2n+1$$

式中，当$m=1$时$\varepsilon_m=1$，$m\neq1$时$\varepsilon_m=2$。类似地：

$$E(\theta,\phi)=4\sum_{m=1}^{N}\sum_{n=1}^{N}I_{mn}\cos(2m-1)\psi_1\cos(2n-1)\psi_2\ ,\quad L=2n$$

单元激励I_{mn}为：

$$I_{mn}=\left(\frac{2}{L}\right)^2\sum_{p=1}^{N+1}\sum_{q=1}^{N+1}\varepsilon_p\varepsilon_q T_{L-1}\left[x_0\cos\frac{(p-1)\pi}{L}\cos\frac{(q-1)\pi}{L}\right]$$
$$\times\cos\frac{2\pi(m-1)(p-1)}{L}\cos\frac{2\pi(n-1)(q-1)}{L}\ ,\quad L=2N+1 \tag{4-103}$$

或
$$I_{mn}=\left(\frac{4}{L}\right)^2\sum_{p=1}^{N}\sum_{q=1}^{N}T_{L-1}\left[x_0\cos\frac{\left(p-\frac{1}{2}\right)\pi}{L}\cos\frac{\left(q-\frac{1}{2}\right)\pi}{L}\right]$$
$$\times\cos\frac{2\pi\left(m-\frac{1}{2}\right)\left(p-\frac{1}{2}\right)}{L}\cos\frac{2\pi\left(n-\frac{1}{2}\right)\left(q-\frac{1}{2}\right)}{L}\ ,\quad L=2N \tag{4-104}$$

4.22　平面阵的卷积技术

我们可以通过两个或多个简单的方向图相乘获得所需的方向图。因为方向图可以通过空间分布的傅里叶变换获得，因此生成两个简单方向图的乘积的分布就变成这两个简单分布的卷积[24]。我们发现，通过使用几个单元更容易合成并通过相乘建立所需方向图。

考虑在同一轴上的两个线阵的卷积问题。阵列可表示为由加权的冲激脉冲函数 $\delta(x-x_i)$ 构成的分布：

$$A_1(x)=\sum_{i=1}^{N_1}a_{1i}\delta(x-x_i)$$

式中，a_{1i} 为激励系数，x_i 是阵元数为 N_1 的阵列中各单元的位置。为了确定可给出两个阵列方向图乘积的阵列，可对第一个阵列和第二个阵列 $A_2(x)$ 施行卷积：

$$A_1(x)*A_2(x)=\int A_1(\tau)A_2(x-\tau)\,\mathrm{d}\tau \tag{4-105}$$

当对两个阵列施行卷积时，计算冲激脉冲函数参数[25]，则式（4-105）简化为：

$$A_1(x)*A_2(x)=\sum_{i=1}^{N_1}\sum_{j=1}^{N_2}a_{1i}a_{2i}\delta(x-x_i-x_j) \tag{4-106}$$

例：对图 4-29 中的两个二元阵，图形化求解其卷积。

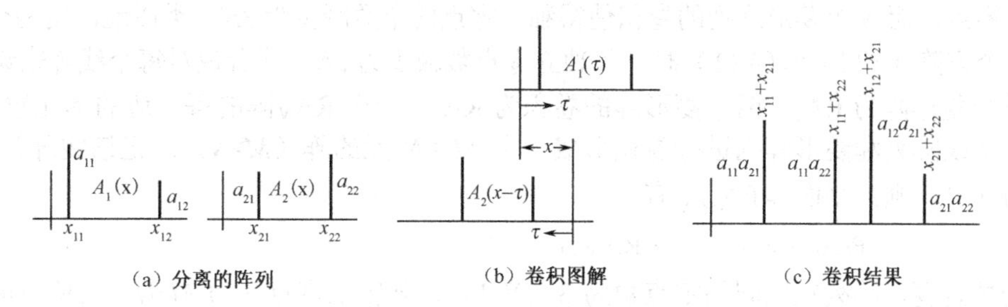

（a）分离的阵列　（b）卷积图解　（c）卷积结果

图 4-29　两个线阵的卷积

图 4-29（a）显示阵列中的各单元在 x 轴上的位置。为了执行卷积操作，我们把一个线阵在 x 轴上翻转，移动它穿越另外一个阵列，同时在每个 x 位置和卷积坐标做积分。只有当两个冲激脉冲函数相重叠时积分有结果，$x=x_i+x_j$。结果矩阵中有四个元素（图 4-29（c））。如果单元在两个阵列中是等间距的，那么两个单元将求和变为一个。

方向图是三维傅里叶变换的结果。对各阵元位置为 $\mathbf{r}_i$ 的一般阵列，必须在三个轴方向沿线卷积以获得两个简单分布的方向图相乘所需分布。对于一般的阵列而言，式（4-106）变为：

$$A_1(\mathbf{r})*A_2(\mathbf{r})=\sum\sum a_{1i}a_{2j}\delta(\mathbf{r}-\mathbf{r}_i-\mathbf{r}_j) \tag{4-107}$$

式中，$\mathbf{r}$ 是位置矢量，$\mathbf{r}_i$ 和 $\mathbf{r}_j$ 是两个阵中单元的位置。

矩形阵列可以描述为沿 x 轴和 y 轴排列的两个线阵的卷积结果。当 $y=y_j$ 时，有一系列 $x=x_i$ 值满足冲激参数[式（4-107）]，它们就是单元位置。步进遍历所有的 y_j 直到整个阵列形成。式（4-107）给出每个单元 $a_{1i}a_{2j}$ 的激励系数，因为没有两个卷积单元在同样的位置。矩形阵列方向图就等于沿轴向的两个线阵方向图的乘积。

给定一个阵列，通过傅里叶变换计算方向图，傅里叶变换包含 N 项，每一项对应一个单元。忽略单元方向图，可得：

$$E=\sum_{i=1}^{N}a_i\mathrm{e}^{\mathrm{j}\mathbf{k}\cdot\mathbf{r}_i'} \tag{4-108}$$

该阵列方向图有 N-1 个独立零值点。给定一组零点 k_j 并代入式（4-108）中，即可建立一个有 N-1 未知数 a_i 的矩阵方程。我们必须归一化一个系数，令 $a_1=1$，以便求解这一组方程来获得激励系数：

$$[B]\begin{bmatrix}a_2\\a_3\\\vdots\\a_N\end{bmatrix}=-\begin{bmatrix}\mathrm{e}^{\mathrm{j}\mathbf{k}_1\cdot\mathbf{r}_1}\\\mathrm{e}^{\mathrm{j}\mathbf{k}_2\cdot\mathbf{r}_1}\\\vdots\\\mathrm{e}^{\mathrm{j}\mathbf{k}_{N-1}\cdot\mathbf{r}_1}\end{bmatrix} \tag{4-109}$$

式中，$b_{ij}=\mathrm{e}^{\mathrm{j}\mathbf{k}_i\cdot\mathbf{r}_{j+1}}$。对于大型矩阵，直接求解式（4-109）是不方便的。我们可以把阵列划分为小阵列，它们的卷积就是整个阵列，然后用方向图相乘，这样就减少了在阵列综合中需要给定的零点的数目。

通过一个菱形阵（四单元）作为基本单元，利用卷积来综合平面阵列，如图 4-30 所示。如果用两个相同的基本菱形阵列做卷积，可以获得 9 单元阵列（三个在边上），如图 4-30（b）所示。继续将形成的阵列与其他菱形阵列卷积，可以得到更大的菱形阵列。每个基本菱形阵列方向图有三个零点，且并不关于线阵的某个轴对称。菱形阵列只关于菱形所在平面对称。通过 N 个菱形阵列进行卷积，可以构成一个（N+1）×（N+1）元的阵列。原阵列有（N+1）×（N+1）−1 个独立的零点，而 N 个菱形阵列的卷积使得独立零点的个数减少为 3N。类似地，用两个线阵卷积构成一个方阵（N+1）×（N+1）时，其独立零点数减少为 2N，或者说对每个线阵来说是 N。

记单个菱形阵为 RA_1，两个菱形阵的卷积为 RA_2。一个 RA_N 阵的每一边的单元数为 N+1。可以对一个线阵列和菱形阵列进行卷积形成一个 $M\times N$ 元的阵（$M>N$）。记该线阵为 L_N，其阵元数为 N+1。则，平面阵 $\mathrm{PA}_{M,N}$ 有：

$$\mathrm{PA}_{M,N}=L_{M-N}*\mathrm{RA}_{N-1} \tag{4-110}$$

我们规定菱形阵列在空间的零点数为 3（N−1），阵轴上零点数为 M−N。与所有的卷积类似，整个阵列的方向图是两个阵列方向图的乘积。

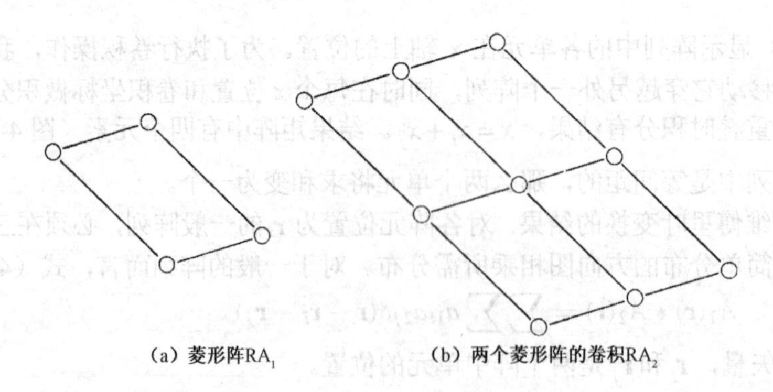

图 4-30　菱形阵及其卷积

这种方法，首先允许在空间上设定零值与线性对称以外的空值的规范。其次，它减少了所需零值的要求。第三，提供了一种综合三角形或六角形栅格阵列的方法。

例： 如图 4-31（a）所示的六元矩形阵列，可用一个四元矩形阵（菱形）和一个二元线阵由式（4-110）卷积形成：

$$\mathrm{PA}_{3,2}=L_1*\mathrm{RA}_1$$

取出菱形阵的三个零点位置，即：

θ	90°	90°	90°
ϕ	110°	−60°	180°

方向图零点位置是以菱形阵所在平面的法线方向和 x 轴（ϕ）算起。对于一个广播塔阵列而言，零值点指向地平线。限定 $\theta \leqslant 90°$，将图 4-31（b）的单元位置和零值点代入式（4-109）求解菱形阵列的激励系数，如表 4-38 所示。

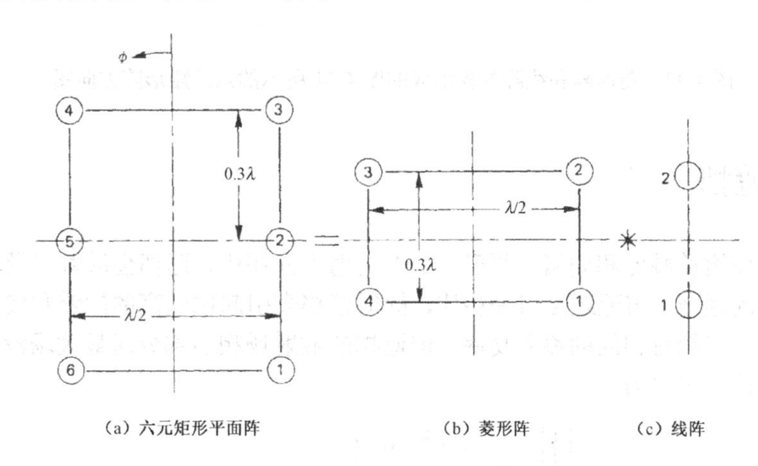

图 4-31　由菱形阵和线阵卷积形成的矩形阵

表 4-38　菱形阵激励系数（$\theta = 90°$，$\phi = 100°, -60°$ 和 180°）

单　元	幅度（dB）	相位（度）
1	0.00	0.0
2	4.12	−79.2
3	0.00	−109.2
4	4.12	−30.2

我们选取在 135° 处让两元阵有单个零点，这个零点关于阵轴对称。假定第一个单元为零相位，当 ϕ=135° 时，则可获得另外一个单元用于抵消第一个单元电压所需的相位为：

$$相位=180° - 360°\cos 135° = 256.37°$$

对这两个阵列卷积，由式（4-107）可得到激励系数，见表 4-39。由两个阵列卷积产生的中心单元，产生了六元阵列。图 4-32 显示了卷积后的方向图。通过图 4-32（a）所示子阵方向图相乘，可获得六元阵列的方向图，见图 4-32（b）。

表 4-39　六元矩形阵的激励系数，方向图为图 4-32（b）

单　元	幅度（dB）	相位（度）
1	0.00	0.0
2	8.13	−88.5
3	4.12	177.2
4	0.00	147.2
5	8.13	−124.3
6	4.12	−30.1

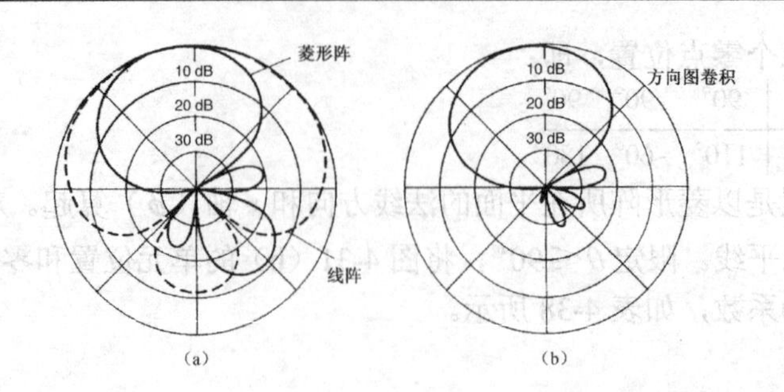

图 4-32　菱形阵和线阵卷积形成的图 4-31 所示的六元矩形阵方向图

4.23　口径遮挡

口径遮挡会使增益减低和副瓣电平升高。在边射方向图中，遮挡会散射口径功率到非预期的方向或没有场的区域。与无遮挡口径相比，散射遮挡会引起比较高的副瓣和较大的损耗。散射遮挡和无遮挡的口径有相同的输入功率，但遮挡的散射场相当部分对最大场没有贡献。与无遮挡口径相比，遮挡效率为：

$$\text{遮挡效率}=\frac{\left|\iint_{\text{遮挡}} E\mathrm{e}^{\mathrm{j}\mathbf{k}\cdot\mathbf{r}'}\,\mathrm{d}s'\right|^2_{\max}}{\left|\iint_{\text{无遮挡}} E\mathrm{e}^{\mathrm{j}\mathbf{k}\cdot\mathbf{r}'}\,\mathrm{d}s'\right|^2_{\max}} \tag{4-111}$$

我们用式(2-16）计算每个分布的方向系数，无遮挡口径的总辐射功率[式（2-16）的分母]用于有遮挡口径。一个中心被遮挡的圆形均匀口径其遮挡效率为 $(1-b^2)^2$，其中 b 是归一化遮挡半径。遮挡的圆形高斯分布有一个简单的遮挡效率函数：

$$\text{遮挡效率}=\left(\frac{\mathrm{e}^{-\rho b}-\mathrm{e}^{-\rho}}{1-\mathrm{e}^{-\rho}}\right)^2$$

第二种遮挡是没有场的区域。这种遮挡并不浪费口径的功率。如果考虑这两种方向系数的比例时，必须统计每个口径的功率：

$$\text{遮挡效率}=\frac{\left|\iint_{\text{遮挡}} E\mathrm{e}^{\mathrm{j}\mathbf{k}\cdot\mathbf{r}'}\,\mathrm{d}s'\right|^2_{\max}\iint_{\text{无遮挡}}|E|^2\,\mathrm{d}s'}{\left|\iint_{\text{无遮挡}} E\mathrm{e}^{\mathrm{j}\mathbf{k}\cdot\mathbf{r}'}\,\mathrm{d}s'\right|^2_{\max}\iint_{\text{遮挡}}|E|^2\,\mathrm{d}s'} \tag{4-112}$$

中心遮挡但没有激励的均匀圆形口径，仅由该区域口径损失的面积引起方向系数的减低，$1-b^2$（无激励）。从某种意义上说，无激励的遮挡并不是一个真正的损失，它是一种潜在的口径辐射损失。

表 4-40 列出了按式（4-111）计算的中心遮挡的圆口径的最严重的遮挡损失。均匀激励的口径至少因遮挡而受到影响。所有的点都同样重要。渐削分布随着向边缘的渐变增加而损失更大。表中列出的不同的渐削分布相当接近，任何一个分布都可以给出一个很好的遮挡损失估计。遮挡引起副瓣，在散射遮挡的情况下，如果没有对散射体的分析，精确的副瓣是很难给出的。卡塞格伦反射面需要利用几何绕射理论（GTD）进行分析来确定子反射面的散射方向。对于没有激励的遮挡情况，可以按照一般的方式处理。考虑将口径分为两个辐射口径，第一个是无遮挡口径，第二个是遮挡口径。如果我们把遮挡口径相对无遮挡口径反相 180°，那么两者之和

就是没有激励的遮挡分布。

对可产生不可预知波瓣的真实散射遮挡，可以用这种分析作为一个近似。

表 4-40　圆形口径分布的遮挡损失（dB）

中心遮挡（%）	均　匀	高斯 12dB 边缘	泰　勒		汉　森	
			30dB，$\bar{n}=6$	40dB，$\bar{n}=6$	30dB	40dB
5	0.02	0.04	0.04	0.05	0.05	0.07
6	0.03	0.06	0.06	0.08	0.07	0.09
7	0.04	0.08	0.08	0.11	0.09	0.13
8	0.06	0.10	0.10	0.14	0.12	0.17
9	0.07	0.13	0.13	0.18	0.16	0.21
10	0.09	0.16	0.16	0.22	0.19	0.26
11	0.11	0.19	0.20	0.26	0.23	0.32
12	0.13	0.23	0.24	0.31	0.28	0.38
13	0.15	0.27	0.28	0.37	0.33	0.44
14	0.17	0.32	0.32	0.43	0.38	0.51
15	0.20	0.36	0.37	0.49	0.43	0.59
16	0.22	0.41	0.42	0.56	0.49	0.67
17	0.26	0.47	0.48	0.63	0.56	0.76
18	0.29	0.52	0.54	0.71	0.63	0.85
19	0.32	0.58	0.60	0.79	0.70	0.95
20	0.36	0.65	0.67	0.88	0.77	1.06
21	0.39	0.71	0.74	0.97	0.86	1.17
22	0.43	0.78	0.81	1.07	0.94	1.28
23	0.47	0.86	0.88	1.17	1.03	1.40
24	0.52	0.94	0.86	1.27	1.12	1.53
25	0.56	1.02	1.05	1.38	1.22	1.66

副瓣的上限可以很容易地算出。假设遮挡分布均匀，与主口径相比，遮挡分布产生宽坦的波束。由于遮挡口径的场与无遮挡口径场反相，从主波束中减去它们的辐射，并增加与主瓣反相的副瓣。由于遮挡产生的副瓣与面积成正比：副瓣电平=20log$b$，该式的估算值远远高于实际值。表 4-41 列出了设计 40dB 副瓣的中心遮挡的泰勒圆形口径分布的副瓣电平，它们都远远低于预期的上限值。

表 4-41　中心遮挡的圆形泰勒口径引起的副瓣电平（40dB，$\bar{n}=6$）

遮　挡（直径的百分比）	副瓣电平（dB）	遮　挡（直径的百分比）	副瓣电平（dB）	遮　挡（直径的百分比）	副瓣电平（dB）
7	34.5	13	26.1	19	21.1
8	32.8	14	25.6	20	20.4
9	31.3	15	24.2	21	19.7
10	29.8	16	23.3	22	19.1
11	28.5	17	21.7	23	18.5
12	27.3	18	21.7	24	18.0

Ludwig[27]找到一种可以减少遮挡口径副瓣的分布[27]。第一个副瓣只能减小一点点，但其他的副瓣电平可以控制。在许多应用中，一个高副瓣紧邻主波束是可以接受的。零边缘的圆口

径泰勒分布可以减低远副瓣电平，像 4.5 节的线源分布一样。第二种口径函数就是圆环分布，也可以降低除了第一副瓣外的其他所有副瓣。遮挡引起的副瓣电平随着遮挡分布的边缘渐变的减弱而变得越低。

Sachidananda 和 Ramakrishna[28]通过数值优化技术减低了单脉冲激励的遮挡口径的和差方向图的副瓣电平[28]。他们以泰勒和贝利斯圆形口径分布函数［见式（4-94）和式（4-98）］开始，对单脉冲跟踪系数和和方向图的增益进行优化，并对副瓣约束，数值优化确定系数 B_m。

4.24 平方相位误差

线性相位误差导致口径波束扫描，而且由于口径在主波束方向投影缩小使增益下降。平方相位误差（2 阶）并不引起波束扫描，但会引起增益损失并改变副瓣电平和它们之间的零点的深度。当辐射源可看做点源时，这一平方相位误差主要来源于散焦。馈源沿着抛物反射面焦点轴向位移时，口径面上会产生平方相位误差。喇叭的张角改变了从喇叭内设想的点源到张角末端口径面上不同点之间的距离，我们可以将其视为平方相位误差。

对于线源口径，平方相位误差可表示为：

$$\text{线源：}\quad e^{-j2\pi S(2x/a)^2} \qquad |x/a| \leqslant 0.5 \tag{4-113a}$$

式中，S 是无量纲常数，a 是口径宽度。类似地，圆形口径平方相位误差可表示为：

$$\text{圆形：}\quad e^{-j2\pi S r^2} \qquad r \leqslant 1 \tag{4-113b}$$

式中，r 是归一化半径。我们用式（4-7）和式（4-9）分别求得线源口径相位差［见式（4-113a）］和圆对称口径分布的平方相位误差［见式（4-113b）］的相位误差损耗为：

$$\mathrm{PEL}_x = \frac{\left|\int_{-a/2}^{a/2} E(x)e^{-j2\pi S(2x/a)^2}\,\mathrm{d}x\right|^2}{\left[\int_{-a/2}^{a/2} |E(x)|\,\mathrm{d}x\right]^2} \qquad \text{线性} \tag{4-114}$$

$$\mathrm{PEL} = \frac{\left|\int_0^1 E(r)e^{-j2\pi S r^2} r\,\mathrm{d}r\right|^2}{\left[\int_0^1 |E(r)| r\,\mathrm{d}r\right]^2} \qquad \text{圆形} \tag{4-115}$$

当激励源具有平方相位误差时，一些分布的相位误差效率公式比较简单[29]：

$$\text{均匀线性分布：}\quad \mathrm{PEL}_x = \frac{1}{2S}\left[C^2(2\sqrt{S}) + S^2(2\sqrt{S})\right] \tag{4-116}$$

$$\text{均匀圆形分布：}\quad \mathrm{PEL} = \left(\frac{\sin \pi S}{\pi S}\right)^2 \tag{4-117}$$

$$\text{圆形高斯分布}\,(e^{-\rho r^2})\text{：}\quad \mathrm{PEL} = \frac{\rho^2[1 - 2e^{-\rho}\cos(2\pi S) + e^{-2\rho}]}{[\rho^2 + (2\pi S)^2](1 - e^{-\rho})^2} \tag{4-118}$$

对于其他一般分布，可采用数值积分计算。

表 4-42 列出了各种线性口径分布的平方相位误差损耗。我们可用表中的均匀分布和余弦分布来计算矩形喇叭的增益。平方相位误差的影响随着分布渐销的增加而减小。表 4-43 列出了一些圆形对称口径分布的结果。平方相位误差引起了低副瓣天线副瓣电平的升高。图 4-33 给出了平方相位误差对设计副瓣 35dB 的圆形泰勒分布的影响。第一副瓣升高，主瓣和第一副

瓣之间的零点随着平方相位误差的增大而消失。源天线置于有限距离处，即天线的测试距离，口径馈电具有平方相位误差。源天线必须放置于 $8D^2/\lambda$ 处测量，副瓣电平才能处于 0.5dB 变化范围内。对于精确的副瓣测量，低副瓣天线需要比通常的 $2D^2/\lambda$ 更大的距离[30]。

表 4-42　线源口径分布的平方相位误差损耗（dB）

S	均　匀	余　弦	余 弦 平 方	余弦平方+19.9dB 台阶
0.05	0.04	0.02	0.01	0.02
0.10	0.15	0.07	0.04	0.07
0.15	0.34	0.16	0.09	0.16
0.20	0.62	0.29	0.16	0.28
0.25	0.97	0.45	0.25	0.44
0.30	1.40	0.65	0.36	0.63
0.35	1.92	0.88	0.49	0.84
0.40	2.54	1.14	0.64	1.08
0.45	3.24	1.43	0.80	1.34
0.50	4.04	1.75	0.97	1.62
0.55	4.93	2.09	1.16	1.90
0.60	5.91	2.44	1.36	2.19
0.65	6.96	2.82	1.57	2.48
0.70	8.04	3.20	1.79	2.76
0.75	9.08	3.58	2.01	3.04
0.80	9.98	3.95	2.23	3.29
0.85	10.60	4.31	2.46	3.52
0.90	10.87	4.65	2.69	3.73
0.95	10.80	4.97	2.91	3.92
1.00	10.50	5.25	3.13	4.09

表 4-43　圆形口径分布的平方相位误差损耗（dB）

S	均　匀	高斯（12dB 边缘）	泰　勒		汉　森	
			30dB	40dB	30dB	40dB
0.05	0.04	0.03	0.04	0.03	0.03	0.02
0.10	0.14	0.13	0.15	0.11	0.11	0.08
0.15	0.32	0.29	0.33	0.26	0.25	0.19
0.20	0.58	0.53	0.59	0.46	0.45	0.34
0.25	0.91	0.82	0.93	0.72	0.70	0.53
0.30	1.33	1.20	1.36	1.03	1.01	0.76
0.35	1.83	1.64	1.86	1.41	1.38	1.03
0.40	2.42	2.16	2.46	1.84	1.81	1.34
0.45	3.12	2.76	2.16	2.33	2.30	1.69
0.50	3.92	3.44	3.95	2.87	2.85	2.08
0.55	4.86	4.22	4.86	3.47	3.46	2.50
0.60	5.94	5.08	5.88	4.11	4.16	2.95
0.65	7.20	6.04	7.01	4.79	4.85	3.43
0.70	8.69	7.10	8.25	5.50	5.63	3.94
0.75	10.46	8.24	9.56	6.21	6.43	4.46
0.80	12.62	9.44	10.87	6.91	7.26	4.98
0.85	15.39	10.66	12.01	7.56	8.09	5.54
0.90	19.23	11.81	12.80	8.14	8.88	6.03
0.95		12.75		8.62	9.60	6.53
1.00		13.36		8.99	10.20	6.99

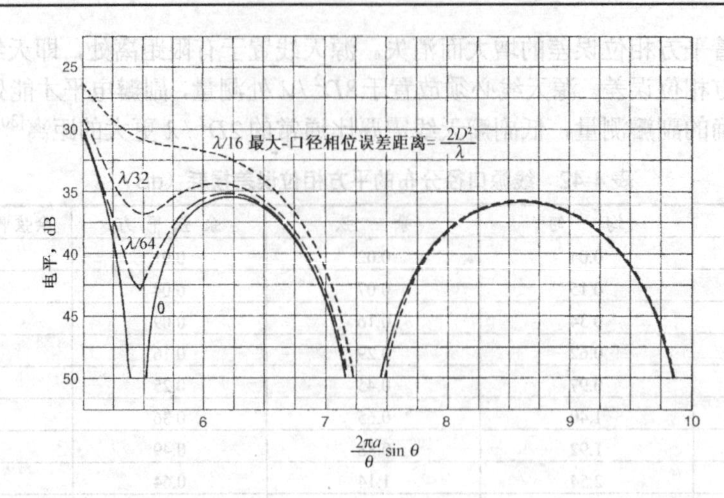

图 4-33 平方相位误差对副瓣 35dB 的圆形泰勒分布的影响（$\bar{n}=6$）

4.25 对称圆口径分布的波束效率

由式（1-27）可导出与归一化变量k_r(或U)有关的对称分布的近似公式。对于大口径而言，主波束内近似取$\cos\theta\approx1$，对ϕ积分得2π，将方向系数因子$(ka)^2$合并到积分项，得到波束效率为：

$$\text{波束效率}=\frac{\text{ATL}\cdot\text{PEL}\int_0^{k_{r1}}|f(k_r)|^2k_r\,\mathrm{d}k_r}{2|f(0)|^2}\tag{4-119}$$

$$=\frac{\text{ATL}\cdot\text{PEL}\int_0^{u_1}|f(U)|^2U\,\mathrm{d}U}{2|f(0)|^2}\tag{4-120}$$

式中，k_r是因子$(2\pi a\sin\theta)/\lambda$，$U$（泰勒分布因子）是$(2a\sin\theta)/\lambda$，$a$是口径半径，$U_1$和$k_{r1}$与波束边缘角$\theta_1$相对应。对于小口径，当忽略$\cos\theta$因子时，该因子应该除以积分参数，那么式（4-119）和式（4-120）积分式会导致波束效率偏低。

表 4-44 列出了各种分布在k_r空间$(2\pi a\sin\theta)/\lambda$的波束边缘和在零点波束边缘的波束效率。我们可以利用它确定给定波束效率和波束宽度时所要求的口径尺寸。

表 4-44 轴对称圆口径分布的波束效率

分　　布	零点，k_r	零点的波束效率（%）	$k_r=2\pi a\sin\theta/\lambda$特定波束效率（%）			
			80	85	90	95
均匀	3.83	83.7	2.82	4.71	5.98	
抛物	5.14	98.2	2.81	3.03	3.31	3.75
抛物+12dB 台阶	4.58	96.4	2.60	2.81	3.10	3.64
泰勒						
30dB, $\bar{n}=6$	4.90	96.2	2.65	2.88	3.19	3.82
30dB, $\bar{n}=6$	4.74	91.4	2.76	3.06	3.65	
40dB, $\bar{n}=6$	6.00	99.5	2.90	3.13	3.42	3.85
汉森						
30dB	5.37	99.3	2.79	3.01	3.28	3.69
40dB	6.64	99.9	3.17	3.42	3.73	4.19

例：给定 12dB 台阶抛物分布的波束效率为 90%，波束宽度为 5°，计算口径半径。

由表 4-44 可得，

$$k_r(90\%) = 3.10 = \frac{2\pi a}{\lambda}\sin\frac{5^\circ}{2}$$

$$\frac{a}{\lambda} = \frac{3.10}{2\pi\sin(5^\circ/2)} = 11.31$$

波束边缘有 $\cos 2.5^\circ = 0.9999$，满足式（4-119）的近似值。

参考文献

[1] T. T. Taylor, Design of line source antennas for narrow beamwidth and low sidelobes, *IEEE Transactions on Antennas and Propagation*, vol. AP-4, no. 1, January 1955, pp. 16–28.

[2] C. L. Dolph, A current distribution for broadside arrays which optimizes the relationship between beamwidth and sidelobe level, *Proceedings of IEEE*, vol. 34, June 1946, pp. 335–348.

[3] R. C. Hansen, Linear arrays, Chapter 9 in A. W. Rudge et al., eds., *The Handbook of Antenna Design*, Vol. 2, Peter Peregrinus, London, 1982.

[4] D. R. Rhodes, On a new condition for physical realizability of planar antennas, *IEEE Transactions on Antennas and Propagation*, vol. AP-19, no. 2, March 1971, pp. 162–166.

[5] D. R. Rhodes, On the Taylor distribution, *IEEE Transactions on Antennas and Propagation*, vol. AP-20, no. 2, March 1972, pp. 143–145.

[6] R. S. Elliott, *Antenna Theory and Design*, Prentice-Hall, Englewood Cliffs, NJ, 1981.

[7] D. A. Pierre, *Optimization Theory with Applications*, Wiley, New York, 1969.

[8] E. T. Bayliss, Design of monopulse antenna difference patterns with low sidelobes, *Bell System Technical Journal*, vol. 47, May–June 1968, pp. 623–650.

[9] P. M. Woodward, A method of calculating the field over a plane aperture required to produce a given polar diagram, *Proceedings of IEE*, vol. 93, pt. IIIA, 1947, pp. 1554–1558.

[10] S. A. Schelkunoff, A mathematical theory of linear arrays, *Bell System Technical Journal*, vol. 22, 1943, pp. 80–107.

[11] J. Kraus, *Antennas*, McGraw-Hill, New York, 1950.

[12] R. S. Elliott, Beamwidth and directivity of large scanning arrays, *Microwave Journal*, vol. 6, no. 12, December 1963, pp. 53–60.

[13] A. T. Villeneuve, Taylor patterns for discrete arrays, *IEEE Transactions on Antennas and Propagation*, vol. AP-32, no. 10, October 1984, pp. 1089–1092.

[14] R. S. Elliott, On discretizing continuous aperture distributions, *IEEE Transactions on Antennas and Propagation*, vol. AP-25, no. 5, September 1977, pp. 617–621.

[15] H. J. Orchard, R. S. Elliott, and G. J. Stern, Optimising the synthesis of shaped beam antenna patterns, *IEE Proceedings*, vol. 132, pt. H, no. 1, February 1985, pp. 63–68.

[16] Y. U. Kim and R. S. Elliott, Shaped-pattern synthesis using pure real distributions, *IEEE Transactions on Antennas and Propagation*, vol. AP-36, no. 11, November 1988, pp. 1645–1648.

[17] F. Ares-Pena, Application of genetic algorithms and simulated annealing to some antenna problems, Chapter 5 in Y. Rahamat-Samii and E. Michielssen, eds., *Electromagnetic Optimization by Genetic Algorithms*, Wiley, New York, 1999.

[18] C. H. Walters, *Traveling Wave Antennas*, Dover, New York, 1970.

[19] G. Doundoulakis and S. Gethin, Far field patterns of circular paraboloidal reflectors, *IRE National Convention Record*, pt. 1, 1959, pp. 155–173.

[20] R.C. Hansen, Circular aperture distribution with one parameter, *Electronic Letters*, vol.11, no.8，April 17，1975, p.184.

[21] R.C. Hansen, A one-parameter circular aperture with narrow beamwidth and low side-lobes, *IEEE Transations on Antennas and Propagaion*, vol. AP-24, no. 4, July 1976, pp.477-480.

[22] T. T. Taylor Design of circular aperures for narrow beamwidh and low side lobes, *IEEE Transactions on Antennas and Propagation*, vol. AP-8, no. 1, January 1960，pp. 17-22.

[23] F. I. Tseng and D. K Cheng, Optimum scannable planar arrays with an invariant side-lobe level, *Proceedings of IEEE*, vol. 56, no. 11, November 1968, pp. 1771-1778.

[24] D. Steinberg, *Principles of Aperture and Array System Design*, Wiley, New York, 1976.

[25] D. K. Cheng, *Analysis of Linear Systems,* Addison-Wesley,Reading, MA.,1959.

[26] S. R. Laxpati, Planar array synthesis with prescribed pattern nulls, *IEEE Transactions on* Antennas and Propagation, vol. AP-30, no. 6, November 1982, pp. 1176-1183

[27] A. C. Ludwig, Low sidelobe aperture distributions for blocked and unblocked circular aper-ture, *IEEE Transactions on Antennas and Propagation*, vol. AP-30, no.5, September 1982, pp. 933-946.

[28] M. Sachidananda and S. Ramakrishna Constrained optimization of monopulse circular aper-ture distribution in the presence of blockage, *IEEE Transactions on Antennas and Propagetion*, vol. AP-31, no. 2, March 1983, pp. 286-293.

[29] A.W. Love, Quadratic phase error loss in circular apertures, *Electronics Letters*, vos. 15, no. 10, May 10, 1979, pp.276,277.

[30] P. S. Hacker and H. E. Schrank,Range requirements for measuring low and ultralow side-lobe antenna patterns, IEEE Transactions on Antennas and Propagation, vol. AP-30, no. 5, September 1982, pp.956-966.

第5章 偶极子、缝隙和环形天线

偶极子是一根导电棒，通常在导电棒的中间断开，通过载有等幅且反向电流的平衡传输线馈电。由于可以通过电磁的方式在偶极子上激励起电流，或对偶极子并联馈电，因此并不是所有的偶极子在中间断开馈电。偶极子的长度决定了可能存在的电流分布模式，当我们将一整根导电棒放在一副天线附近，且该天线辐射的线极化分量与导电棒平行时，就在导电棒上激励起驻波电流。在导电棒上激励起的电流大小依懒于导电棒与谐振尺寸的接近程度和与天线的距离。当然，该整根导电棒是通过互耦给馈电天线加载的。我们也可以通过同轴线给整根导电棒馈电，将同轴线外导体连接到导电棒中心，然后将同轴线内导体与离开导电棒中心的某处连接，形成了并联馈电的方式。

缝隙天线是在导电平面上切开的一条窄缝。当沿着窄边被电压激励时，就像沿着长边的等效磁流产生的辐射，此磁流代替了电压（或电场）。与偶极子相似，大多数缝隙天线具有有限长度，两端要么短路要么开路。沿着缝隙的电压形成驻波。当然，磁流是虚拟的，实际的电流是在导电平面上绕着缝隙流动。实际电流并不是简单分布的，而且很难用于分析，因此我们利用更简单的磁流来分析，尽管当我们采用矩量法来求解缝隙时，对缝隙周围的导体建模，利用这些实际电流来计算方向图、响应等。对原型缝隙计算时假设导电面为无穷大，类似于分析处于自由空间中的偶极子。对偶极子的完全求解需要分析存在支撑结构的情况。类似地，对缝隙的完全求解包括有限导电面的影响，以及周围物体的散射。

考虑理想的情况下，我们来分析有限地平面、附近的散射体、以及偶极子间与缝隙间的相互作用的影响。蝙蝠形天线表现了一个不寻常的例子，该天线第一眼看起来像偶极子天线，但实际上是以缝隙和有限偶极子结构的组合形式辐射。另一个有趣的例子是波导缝隙。电流沿着波导的内表面流动，有限的电流趋肤深度阻止了电流到达外面。金属壁屏蔽了电流从而阻止了能量的辐射损耗。当我们在波导壁上割开一条缝，里面的电流将通过缝隙流到波导外表并辐射。激励源和缝隙相对于内部电流波长的长度决定了辐射总量。类似地，由于存在功率的损耗，波导作为传输线，缝隙是它的负载。

我们从自由空间的偶极子或无穷大导电平面上的缝隙开始分析，这两个问题是对偶的，偶极子通过驻波电流（真实的）辐射，而缝隙通过驻波磁流辐射。我们采用相同的数学方法来求解这两种方向图，并将两者的输入阻抗根据互补结构的巴比涅-布克原理联系起来。这两种结构辐射相同的方向图，但是极化不同。偶极子和缝隙可以通过对偶特性采用相同的分析方法，因此我们对两者一起进行研究。不管是单独使用还是组成阵列，这两种天线都满足大部分天线的需求。虽然它们采用对偶分析法，但它们具有独特的馈电要求。作为实际的应用，我们对偶极子讨论巴仑，对缝隙激励讨论波导激励。

在第2章中，给出了以均匀电流激励的小环的分析方法（见2.1.2节）。在该方法中，环电流由沿着环平面法向流动的小磁流元代替。增多圈数和加载铁氧体能增加环的效率，从而成为更有用的天线。在环上激励起均匀电流是一件很难的事，而且这也没什么实际用处。这里讨论的环将被激励起驻波电流，这取决于馈电方法。用简单巴仑对小环激励，产生的驻波电流在形成环的连接处是电流零点。周长接近一个波长的谐振长度的环，激励的驻波电流辐射类似偶极子的方向图。四臂螺旋由沿同一个轴绕成的两个环构成。螺旋臂上产生的电流使每个环辐射圆极化波，分析结果显示该电流是驻波电流。

对偶极子或环进行馈电需要采用巴仑，巴仑阻止电流流到同轴馈电线的外面和在双线馈线上激励起不平衡电流。沿着同轴线外表面流动的电流或双线馈线上的不平衡电流会向不需要的方向辐射，或者辐射交叉极化分量。当我们设计一副天线而不考虑或不知道最终的安装方式时，就制造了一个没有巴仑并且不受控制的情况。我们的天线原型可以没有巴仑工作，但在最终的位置上将不会产生想要的方向图。如果你对安装形式进行完全的控制，就能减轻你的设计工作量，甚至可以不用巴仑。

5.1　驻波电流

把偶极子看作展开的双线传输线。特性阻抗随着波接近开路端而变大。缝隙是条状偶极子的对偶形式。激励的电压通过缝隙沿着缝隙传输线朝短路端传播。每种传输线都从终端反射入射波，在传输线上传播方向相反的两个波的合成就形成驻波。电流和电压相位相差90°，空间相位也相差90°（见图5-1）。在缝隙的短路传输线上电压和电流的位置正好互换。

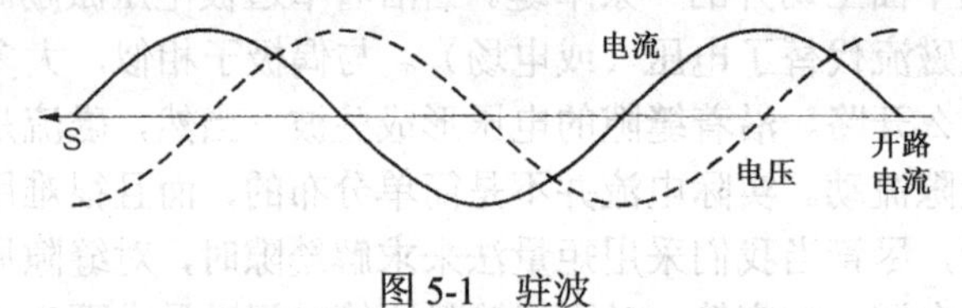

图5-1　驻波

偶极子是非均匀传输线，但是随着电流在终端的消失可以将电流近似为驻波。缝隙的电压也在终端消失，因此也是驻波。中间馈电的偶极子或缝隙的驻波可表示为式：

$$\begin{aligned} &\text{偶极子} && \text{缝隙} && \\ &I = I_0 \sin k\left(\frac{L}{2} - z\right) && V = V_0 \sin k\left(\frac{L}{2} - z\right) && z \geqslant 0 \\ &I = I_0 \sin k\left(\frac{L}{2} + z\right) && V = V_0 \sin k\left(\frac{L}{2} + z\right) && z \leqslant 0 \end{aligned} \tag{5-1}$$

缝隙上的电压分布等效于磁流。

我们利用电的（缝隙）（见2.1.2节）或磁的（偶极子）矢量势，由线性正弦电流分布来计算辐射方向图（见2.1.1节）。图5-2给出了不同长度的典型正弦分布，电流在馈电点匹配，在末端为零。考虑2λ长的偶极子在θ=90°切面的辐射方向图。我们可以假设其为连续的天线阵，并将沿轴向的每一单元的辐射场叠加。驻波电流幅度相同而符号相反的单元辐射场叠加后为零，从而在垂直于轴线方向产生方向图零点。对式（2-5）和式（2-10）积分，并通过远场转换［式（2-1）和式（2-9）］[1]，计算处在z轴中心的辐射器的远场：

$$E_\theta = \mathrm{j}\eta \frac{I_0}{2\pi r} \mathrm{e}^{-\mathrm{j}kr} \frac{\cos(kL/2\cos\theta) - \cos(kL/2)}{\sin\theta} \quad \text{偶极子} \tag{5-2}$$

式中，L是偶极子的总长度。采用Y=0平面作为缝隙的地平面，得到磁场的远场如下：

$$H_\theta = \frac{\pm \mathrm{j}V_0}{\eta 2\pi r} \mathrm{e}^{-\mathrm{j}kr} \frac{\cos(kL/2\cos\theta) - \cos(kL/2)}{\sin\theta} \quad \text{缝隙} \tag{5-3}$$

式中，L是缝隙的总长度。$Y>0$时采用上面的正号，$Y<0$时采用下面的负号。缝隙的电场通过式$E_\phi = -\eta H_\theta$求得。式（5-2）和式（5-3）具有相同的方向图形和方向性。式（5-2）和式（5-3）平方后的幅度的积分决定了平均辐射强度。我们计算了方向性随长度的变化曲线（见图5-3），该曲线由最大辐射强度连线而成。

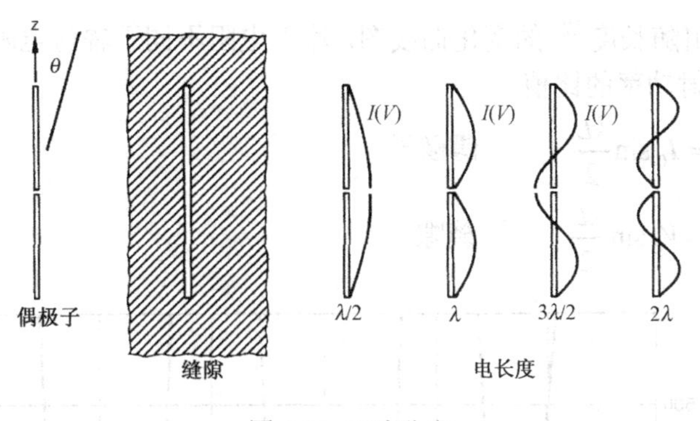

图 5-2　正弦分布

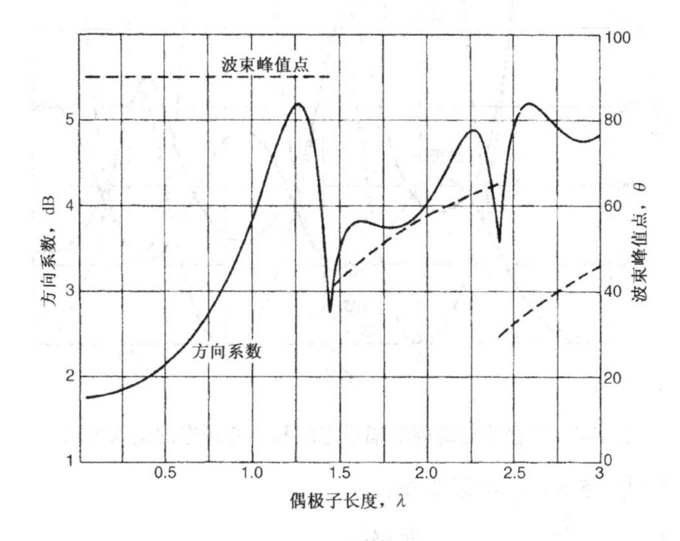

图 5-3　偶极子（缝隙）的方向系数和波束峰值点随长度的变化曲线

5.2　辐射电阻（电导）

远场功率密度，即波印亭矢量由下式求得：

$$S_r = \begin{cases} \dfrac{|E_\theta|^2}{\eta} & \text{偶极子} \\ |H_\theta|^2 \eta & \text{缝隙} \end{cases}$$

式中，η 是自由空间波阻抗（376.7Ω）。当对波印亭矢量在整个辐射球面上积分来计算辐射功率时，计算结果包含$|I_0|^2$（偶极子）或$|V_0|^2$（缝隙），即正弦电流（电压）的最大值。定义辐射电阻（电导）如下：

$$\begin{aligned} R_r &= \frac{P_r}{|I_0|^2} \quad \text{偶极子} \\ G_r &= \frac{P_r}{|V_0|^2} \quad \text{缝隙} \end{aligned} \tag{5-4}$$

图 5-4 是辐射电阻随长度[2]的变化曲线图。输入电阻不同于辐射电阻，因为输入电阻是输入电流（电压）与辐射功率的比值。

$$\begin{aligned} I_i &= I_0 \sin\frac{kL}{2} \quad \text{偶极子} \\ V_i &= V_0 \sin\frac{kL}{2} \quad \text{缝隙} \end{aligned} \tag{5-5}$$

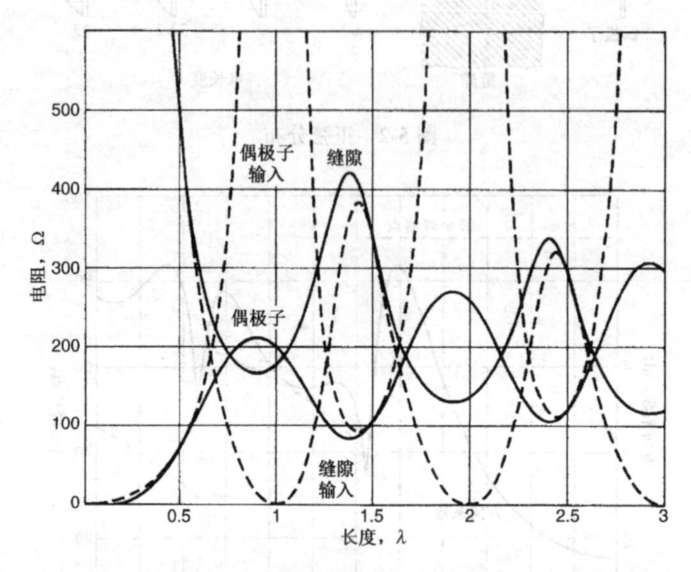

图 5-4　偶极子与缝隙的辐射电阻和中心馈电的输入电阻

联合式（5-4）和式（5-5），可以求得：

$$\begin{aligned} R_i &= \frac{R_r}{\sin^2(kL/2)} \quad \text{偶极子} \\ G_i &= \frac{G_r}{\sin^2(kL/2)} \quad \text{缝隙} \end{aligned} \tag{5-6}$$

由式（5-6）可知输入电阻不同于辐射电阻（图 5-4）。如图 5-4 所示，一个波长的偶极子的输入阻抗很大但不是无穷大，该阻抗极大地依懒于偶极子直径和输入位置。如果对辐射电阻或输入电阻求积，得到：

$$R_{\text{偶极子}} R_{\text{缝隙}} = \frac{\eta^2}{4} \tag{5-7}$$

这是巴比涅-布克原理的结果之一[3]。

输入电阻与输入点的电流有关［式（5-6）］。当驻波电流大而电压小时，则输入电阻是适中的。由于中心馈电的半波长偶极子的最大电流在输入点处，因此其具有相同的输入电阻与辐射电阻。另一方面，中心馈电的半波长缝隙在输入点电流最小（电压最大），导致其输入电阻很大。当偶极子和缝隙都是全波长长时，在中心馈电点处，偶极子的驻波电流最小，缝隙的驻波电流最大（见图 5-2），此时，偶极子具有大的输入电阻，缝隙具有小的输入电阻。我们可以通过在大电流点馈电来降低输入电阻，但这会激励起额外的电流分布。

短偶极子在输入点看起来像一个电容，随着长度的增加，辐射电阻增加而电容减小，在长度正好达到λ/2 前，电容变为零。天线谐振（零电抗）的确切长度与单元的直径和输入点的间隙有关，合适的起始长度是半波长的 95%。当超过谐振长度时，偶极子就变成感性了。细半波长偶极子的阻抗是 73 + j42.2 Ω，而谐振长度偶极子的电阻大约是 67 Ω。短缝隙看起来像一个电感，可把它想像为短长度、短路的并联槽线支节。在缝隙的长度短于$\lambda/2$ 时，其电感随着长度的增加而增加，并且像偶极子一样谐振。另外的谐振发生在更长的长度处。提高频率等效于增加细偶极子的长度。

5.3 巴比涅–布克原理[3, 4]

条带偶极子与缝隙是互补天线。对缝隙的求解可通过对等效偶极子的求解得到，只要将电场和磁场交换即可。不但是方向图而且输入阻抗也能求得。图 5-5 显示了两个这样的互补结构。光学屏（标量场）的巴比涅原理是这样描述的，假设给出一个屏 F_i 和其互补屏 F_c 的绕射方向图的解，则其和等于没有屏时的方向图。布克将巴比涅原理扩展到了矢量电磁场。电导体的严格互补结构是不存在的磁导体。布克通过仅仅采用无穷薄的理想导电屏和互补屏之间的电场与磁场互换解决了这个问题。如果我们取两个这样的互补屏，在同一路径上进行线积分来计算它们的阻抗，可得到这样的结果：

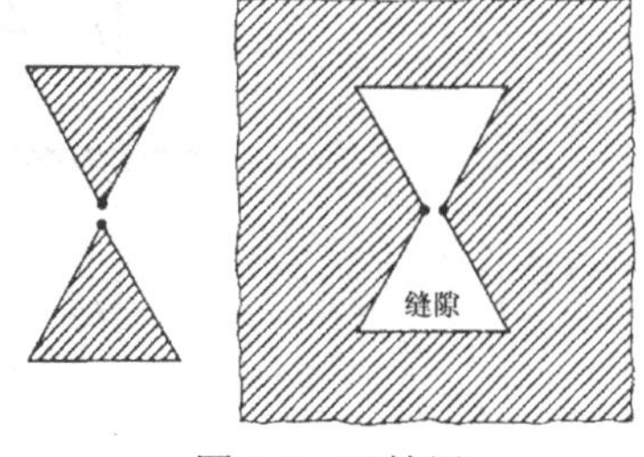

图 5-5 互补屏

$$Z_l Z_c = \frac{\eta^2}{4} \tag{5-8}$$

式中，Z_l 是该结构的输入阻抗，Z_c 是互补结构的输入阻抗，η是自由空间的阻抗（376.7Ω）。式（5-8）将式（5-7）扩展到了总的阻抗，式中包括了互阻抗和自阻抗。

某些天线是自补天线，如平面螺旋天线——将缝隙和导体互换，结构没有改变，只是产生了旋转。对于两臂结构，得到：

$$Z_0^2 = \frac{\eta^2}{4} \quad \text{或} \quad Z_0 = 188\Omega$$

Rumsey[5] 将这些概念扩展到了两个以上导体的天线，用来计算在不同馈电模式下的输入阻抗。

为了应用已求得的圆杆状偶极子的解，必须将扁带状偶极子与常规圆杆状偶极子联系起来。等效圆杆的直径等于扁状结构条带宽度的一半。考虑接近$\lambda/2$ 谐振长度的细偶极子，其阻抗为 67 Ω，由式（5-8）求得相对应的缝隙的阻抗为：

$$Z_{\text{缝隙}} = \frac{376.7^2}{4(67)} = 530\Omega$$

半波长缝隙的阻抗为：

$$Z_{\text{缝隙}} = \frac{376.7^2}{4(73 + \text{j}42.5)} = 363 - \text{j}211\Omega$$

当长度超过谐振长度时，$\lambda/2$ 偶极子是感性的，而缝隙是容性的。

5.4 位于地平面上的偶极子

我们对地面上的偶极子作为两单元阵列来分析，即该偶极子和它的镜像。地面通过限制辐射方向，不仅使单元的增益加倍了，而且可以预期偶极子与其镜像的相互作用而改变了其输入阻抗。垂直偶极子在地面上激励起的电流发出的辐射等效于它的镜像发出的辐射。镜像是垂直的（见图 5-6），与偶极子具有相同的相位（甚至是模式）。偶极子的阻抗变为 $Z = Z_{11} + Z_{12}$。Z_{12} 是偶极子与其间隔为 $2H$ 的镜像的互阻抗，这里 H 是偶极子中心离地面的高度。该阵列在沿着地面方向辐射最大。偶极子也在沿着地面方向具有最大辐射方向图，由下式给出：

$$U_{\max} = \frac{\eta |I_0|^2}{(2\pi)^2}\left(1 - \cos\frac{kL}{2}\right)^2 \tag{5-9}$$

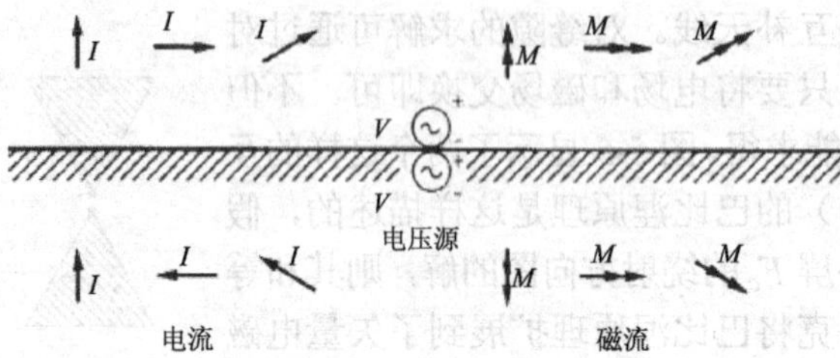

I I I M M M
V
V
电压源
I I I M M M
电流 磁流

图 5-6 地平面镜像

式中，L 是偶极子长度。单偶极子的辐射功率是：

$$P_{\text{in}} = R_{11}|I_0|^2\left(1 + \frac{R_{12}}{R_{11}}\right)$$

两单元阵列比单个单元的辐射场增加到 2 倍，辐射强度增加到 4 倍：

$$\text{方向系数} = \frac{4U_{d,\max}}{P_{\text{in}}/4\pi} = \frac{4\eta[1-\cos(kL/2)]^2}{(R_{11}+R_{12})\pi}$$

由于没有源连接到镜像，因此我们仅在偶极子中使用了功率。图 5-7 是垂直偶极子的方向系数随离地面高度变化的曲线。

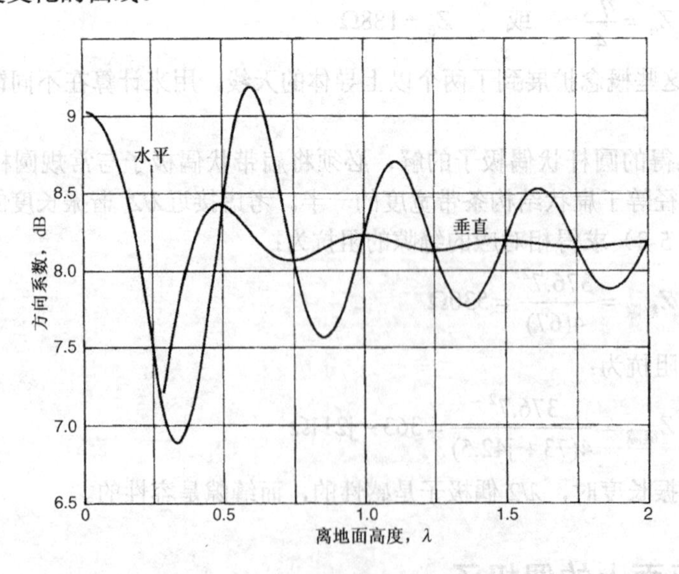

图 5-7 地面上半波偶极子的方向系数

水平偶极子和它的镜像（见图 5-6）形成了两单元奇模阵列（见 3.1 节）。对奇模阵列，偶极了的输入阻抗变为 $Z = Z_{11} - Z_{12}$。当两个偶极子靠得很近时，互阻抗 Z_{12} 的值接近自阻抗

Z_{11}。输入阻抗随着偶极子离地的距离缩小而接近于零。所有奇模阵列单元的输入阻抗随着单元相互接近而减小。两单元的奇模阵列在沿着地面方向产生了方向图零点。当偶极子和它的镜像间距小于$\lambda/2$或$H \leqslant \lambda/4$时，波束峰值点发生在垂直于地面的方向上（$\theta=0^\circ$）。当高度增加后方向图会发生开裂。阵列的最大辐射值由下式求得：

$$U_{A,\max}=\begin{cases}4\sin^2\dfrac{2\pi H}{\lambda} & H\leqslant\dfrac{\lambda}{4}\\ 4 & H\geqslant\dfrac{\lambda}{4}\ ,\quad \theta_{\max}=\arccos\dfrac{\lambda}{4H}\end{cases}$$

偶极子方向图［式（5-2）］增加了辐射强度。单个偶极子总的输入功率变为

$$P_{\text{in}}=|I_0|^2(R_{11}-R_{12})$$

$$\text{方向系数}=\frac{U_{A,\max}U_{d,\max}}{P_{\text{in}}/4\pi}$$

当插入各项后，得到地面上水平偶极子的方向系数为：

$$\text{方向系数}=\begin{cases}\dfrac{4\eta\sin^2(2\pi H/\lambda)[1-\cos(kL/2)]^2}{\pi(R_{11}-R_{12})} & H\leqslant\dfrac{\lambda}{4}\\ \dfrac{4\eta[1-\cos(kL/2)]^2}{\pi(R_{11}-R_{12})} & H\geqslant\dfrac{\lambda}{4}\end{cases}$$

其曲线包括在图 5-7 中。

5.5 安装在有限大地平面上的偶极子

很多情况是将一个偶极子安装在有限大地平面上。可以用 GTD、PO 或者 MOM 来计算最终的方向图，也可以利用实际的地平面来测得方向图。理论分析得到的是理想方向图，测试中由于安装固定装置的存在而包含测试误差。如果最终的系统要求精确的方向图，这是没有止境且不可实现的。本节考虑理想地面上的偶极子，使读者了解最终性能的概念，或者有意利用地面作为一个设计参数。

图 5-8 显示的是利用 PO 法对离有限大圆盘地面距离为$\lambda/4$的偶极子的分析结果，圆盘直径为1λ、2λ、10λ。由于偶极子方向图的原故，E 面方向图在 90° 方向包含一个方向图零点。地面压缩了 H 面方向图的宽度到接近 90°，并且后瓣随着地面尺寸的增加而降低。在圆盘直径为一个波长时，天线的增益由图 5-7 所示的 7.5dB 增加到了 8.1dB。因此可以通过增大地平面的尺寸来略微提高天线增益。

可以从三个方面来分析平底盘反射面。第一，反射盘压缩了天线辐射方向，从而增加了方向系数。极化方向与反射面平行的波在反射器表面消失了，这极大地压缩了波束宽度。这个效果可以从图 5-7 看出来，图中显示了离地平面比较近的水平偶极子比垂直偶极子具有更大的方向系数。第二，采用口径原理来分析反射面，即通过利用口径面对场积分或计算照射的损失。如果口径上场的相位变化很快，则必须要么在数值积分中采用精细的增量，要么只对固定相位的区域进行计算。第三，可以用镜像来代替反射器，并界定有效的方向图区域。在 GTD 法中，该方法结合绕射来平滑经过阴影区和反射器边界过渡区的场。

在 5.4 节中，我们通过镜像法分析了安装在无限大地面上的偶极子的方向图和增益。该天线和它的镜像形成了两单元阵列，而实际只对一个单元馈电。镜像法只给出了有限的信息，而这可以由 GTD 方法来弥补。表 5-1 列出了利用 GTD 法分析半波长水平偶极子的结果，该偶极

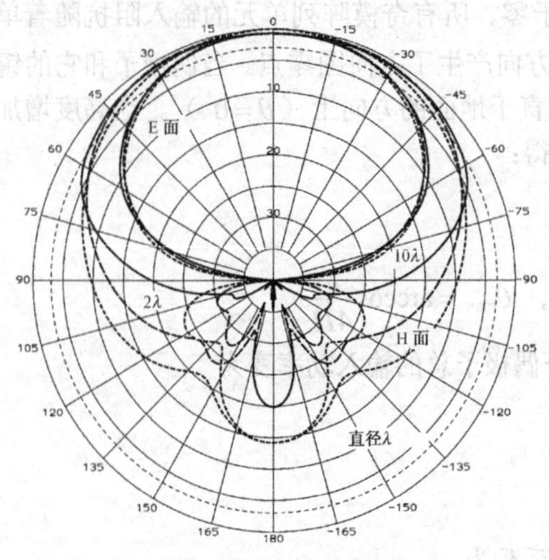

图 5-8 偶极子离圆盘地面距离为λ/4，圆盘直径为 1λ、2λ、10λ

子位于有限大正方形地面上λ/4 处。一个无限大地面和偶极子的组合就产生无穷大的前后比（F/B），因为在地面方向场消失了。通过利用 3.3 节的方法，我们计算两单元阵列得到 120° 的半功率波束宽度，该阵列由偶极子和其镜像组成，间距为半波长。F/B 随着反射器（地面）尺寸的增大而增大。遗憾的是 F/B 仅仅是方向图两个角度上的数值比。虽然对非正方形地面可以通过调整地面的尺寸来得到高的前后比（F/B），但这仅仅对一个小的角度范围内有效。图 5-8 分析了 F/B 随着地面尺寸的增大而增大的一般情况。在无穷大地面上我们期望在θ=90° 的方向是场强零点，表 5-1 显示了该方向的场强随着地面的增大而减小。随着地面尺寸的增大，半功率波束宽度在 120° 附近循环。

表 5-1 位于有限正方形地面上λ/4 处的λ/2 水平偶极子，利用 GTD 分析结果（H 面）

地面尺寸（λ）	方向系数（dB）	前后比（dB）	H 面 90°方向电平(dB)	H 面波束宽度（度）	相位中心（λ）
0.5	5.37	8.4	−6.3	108.5	0.18
0.6	6.32	10.3	−7.6	104.0	0.15
0.7	7.08	12.0	−8.8	100.9	0.14
0.8	7.68	13.5	−9.8	97.8	0.12
0.9	8.14	14.8	−10.6	95.1	0.10
1.0	8.34	16.0	−11.2	93.2	0.08
1.2	8.65	17.8	−12.0	93.3	0.04
1.4	8.45	19.1	−12.3	99.4	0.01
1.6	7.96	20.0	−12.2	108.4	0.0
1.8	7.39	21.1	−12.3	112.4	0.0
2.0	6.95	22.3	−12.4	113.1	0.0
2.5	7.13	25.0	−12.7	115.8	0.0
3.0	7.74	28.3	−13.8	111.4	0.0
4.0	7.28	32.8	−14.8	116.1	0.0
5.0	7.56	35.4	−16.2	118.0	0.0
10	7.41	36	−19.1	121.3	0.0

相位中心是明显的辐射中心，当作为馈源时，相位就放置在抛物反射面的焦点上，上述等效的两单元阵列的相位中心位于地面上。随着地面尺寸的减小，镜像的作用减小，这导致相位中心向偶极子移动。在没有地面的情况下，相位中心就在偶极子上。

表 5-1 显示了当地面散射场和偶极子的直射场在远场叠加时，其增益的微小变化。在正方形地面为λ/2 的小尺寸情况下，不能有效的压缩辐射，因此增益要小。当正方形地面尺寸为 1.2λ 时，出现了峰值增益，但该结果不适用于圆形地面。在大多数的应用中，偶极子不能直接安装在地面中心上方，但可以增加一个小的地面来控制方向图，然后和一个底座组合后放在大的地面上。大多数情况需要分析或测量最终的状态。

偶极子的 E 面方向图零点能够降低，方法是通过将偶极子两臂向下朝地面倾斜。图 5-9 给出了有限大圆盘地面上两臂倾斜偶极子的计算方向图。为使偶极子两臂可以倾斜 35°，偶极子的馈电点升高到了 0.35λ，。两臂倾斜和离地面高度给出了额外的参数来控制安装在有限大地面上偶极子的方向图。例如，水平偶极子位于无限大地面上λ/2 处，由该偶极子与其镜像构成了奇模（0°，180°）两单元阵列。3.1 节中给出的简单的射线跟随法预测方向图零点在顶点处。但是当水平偶极子位于有限大地面上时，较微弱的镜像作用不足以产生完全的零点。

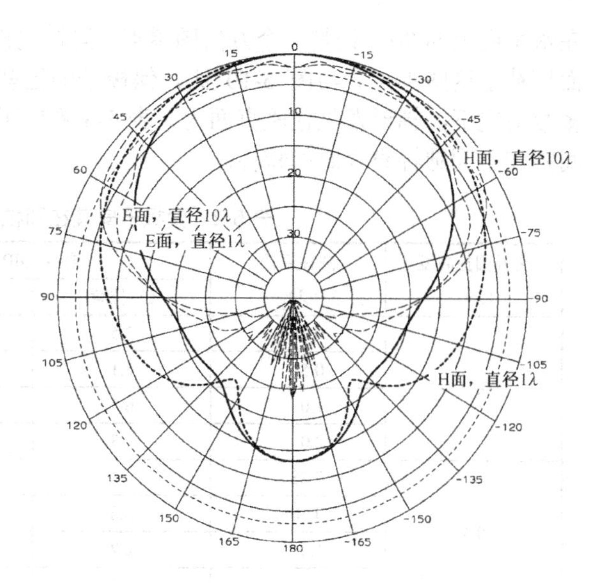

图 5-9　V 型偶极子离地面 0.35λ，向地倾斜 35° 地面直径哦为 1λ和 10λ

我们有时将偶极子安装在离开金属圆柱一定距离处，该金属圆柱提供了一个压缩辐射的地面。当射线在圆柱周围散射开时，在曲面形地面的圆柱周围产生更大的辐射。图 5-10 显示了垂直偶极子安装在离直径为 1λ的圆柱距离分别为 0.25λ，0.4λ，0.5λ，0.75λ处的水平面方向图。当将一个偶极子放在大而平的地面上方λ/2 处时，方向图在垂直地面的方向是零点。圆柱不能形成偶极子的完全镜像从而产生零点，但是方向图从峰值点下降了 11.2dB。将一个偶极子放在地面上方 3λ/4 处时，产生了三波瓣方向图，这可以从图 5-10 中看出，只是圆柱只能产生 8dB 的下降。如果将偶极子安装在直径为 2λ的圆柱上方，形成的方向图与图 5-10 所示相似，只是 *F*/*B* 增加了，零点更深了。表 5-2 总结了垂直偶极子安装在小圆柱上方的方向图结果。

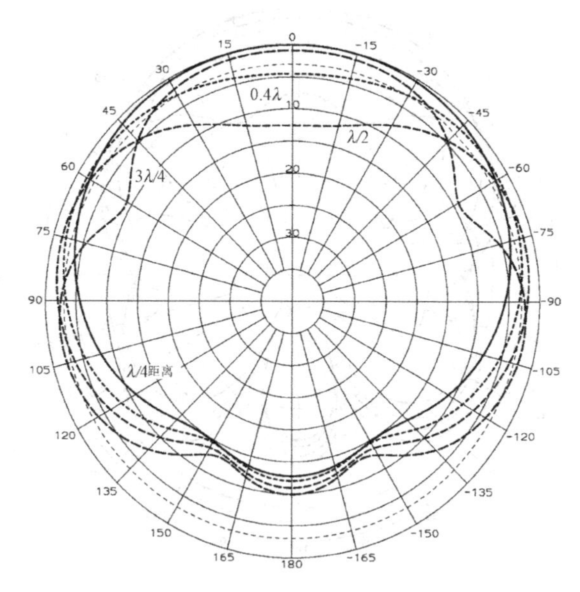

图 5-10　垂直偶极子安装在离直径为 1λ的圆柱距离分别为 0.25λ，0.4λ，0.5λ，0.75λ处的水平面方向图

为了完善分析，我们对偶极子旋转后其轴线与圆柱垂直的情况也进行了计算。图 5-11 给出了水平极化偶极子安装在垂直圆柱上时的计算方向图。考虑到偶极子的极化零点，我们期望

在水平面上的 90° 处是一个方向图零点，但是偶极子在圆柱上感应了曲线电流并产生辐射，从而填补了这些零点。与图 5-10 比，偶极子的这些零点确实压缩了水平面方向图，因此，在大多数情况下，辐射发生在垂直面内。表 5-3 列出了水平偶极子安装在垂直圆柱上时，对应不同间距和不同圆柱直径时的特性。

表 5-2 偶极子安装在圆柱上方，并与圆柱平行

离开圆柱高度（λ）	圆柱直径（λ）	增益（dB）		峰值增益（dB）	峰值处角度（度）
		0° 位置	180° 位置		
0.25	0.25	3.5	−2.1	3.6	0
	0.50	6.1	−2.7	6.1	0
	1.0	6.7	−6.1	6.7	0
	2.0	7.3	−10.7	7.3	0
0.4	0.25	3.2	0.3	4.9	64
	0.50	3.6	−1.3	6.0	62
	1.0	2.2	−5.3	5.1	60
	2.0	2.2	−9.7	6.0	54
0.5	0.25	0.5	0.9	5.2	80
	0.50	−2.9	−1.8	4.8	80
	1.0	−5.9	−4.2	5.2	76
	2.0	−8.7	−8.5	5.9	70
0.75	0.25	3.3	−0.2	3.4	102
	0.50	5.0	−0.9	4.7	102
	1.0	5.1	−3.2	4.6	98
	2.0	6.4	−6.8	5.2	90

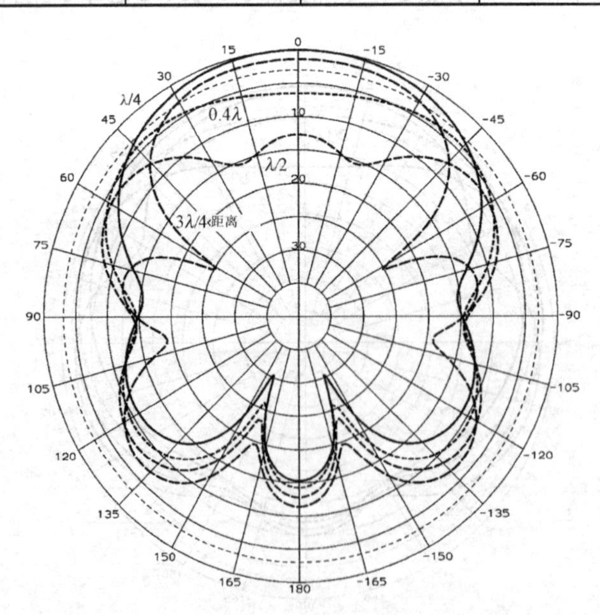

图 5-11 水平偶极子安装在离垂直放置的直径为 1λ圆柱的距离分别为 0.25λ、0.4λ、0.5λ、0.75λ处的方向图

表 5-3　偶极子安装在圆柱上，并与该圆柱正交

离开圆柱高度（λ）	圆柱直径（λ）	增益（dB）		垂直于平面峰值增益（dB）	垂直于平面峰值处角度（度）
		0° 位置	180° 位置		
0.25	0.25	3.8	−2.6	3.8	0
	0.50	6.6	−4.4	6.6	0
	1.0	7.1	−8.2	7.1	0
	2.0	7.0	−8.6	7.4	30
0.4	0.25	3.0	−0.2	4.9	46
	0.50	2.9	−2.5	6.5	48
	1.0	0.6	−7.1	6.4	50
	2.0	1.2	−7.3	7.3	54
0.5	0.25	0.0	0.5	5.1	54
	0.50	−4.2	−2.8	5.2	54
	1.0	−5.6	−5.7	6.6	56
	2.0	−6.7	−6.3	7.3	60
0.75	0.25	3.5	−0.4	2.7	66
	0.50	5.3	−1.6	4.3	66
	1.0	5.7	−4.3	5.1	66
	2.0	6.4	−5.7	5.8	70

5.6　交叉偶极子产生圆极化

在地面上方将两偶极子分别沿 x 轴和 y 轴放置，并进行等幅和正交相位（右旋极化对应 0° 和−90° 相位）馈电，即可产生圆极化天线。假如没有地面，该组合向−z 方向辐射左旋极化波。地面改变了向−z 方向辐射的波的圆极化旋向，并将其叠加到直射波上。此两偶极子有两种馈电方法，要么是双折叠巴仑，它产生两路分开的输入；要么是开槽同轴巴仑，将两偶极子并联连接。并联连接时要求偶极子长度不同，从而产生 90° 相位差，我们将其称为“旋转场结构”。

对于双路馈电的天线，可以采用等功分 90° 相移电桥给两个端口馈电，或者采用等相等幅功分器再在其中一个端口加一节额外传输线来给两个端口馈电。电桥功分器馈电法产生的天线的阻抗和轴比具有宽带特性。电桥功分器有两个输入端口，分别能产生右旋或左旋极化的馈电。当从电桥的一个端口馈电时，由于电桥耦合器的相移特性，从两个等长度偶极子反射回来的信号反射到另一个端口。当在电桥的一个端口测试时，阻抗带宽是很宽的，因为反射功率被另一端口的负载吸收了。该吸收功率降低了天线的效率，此为隐性损耗，除非测试电桥两个输入端口间的耦合度才能发现。第二种馈电法，采用一节额外的传输线，得到的天线轴比带宽很窄，而与单个偶极子相比具有更宽的阻抗带宽。其中一臂上额外的来回 180° 相位差的信号路径，使得相等的反射信号相互抵消。图 5-12给出了地面上的一对交叉偶极子理想馈电时的圆极化方图。E 面上偶极子的零点限制了具有好的圆极化特性的角度范围。我们通过略微升高偶极子并将它们向下倾斜来展宽 E 面波束宽度的方法来改善圆极化特性。图 5-12 显示了倾斜偶极子对的方向图，给出了改善的交叉极化和展宽的波束宽度。当放置在有限大地面上时，该结果会有些复杂化，将需要更努力的设计。

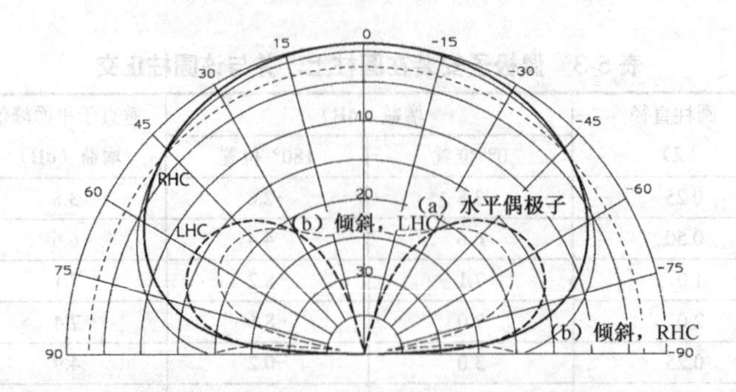

图 5-12 形成圆极化馈电的交叉偶极子：（a）λ/4 高度，0° 倾斜；（b）0.3λ高度，30° 倾斜

旋转场馈电是当两个偶极子并联连接在同一个端口上时，利用偶极子的阻抗特性来改变两个不同偶极子的相对相位。当将一个偶极子缩短至谐振长度以下时，其阻抗是容性的，其上的电流相对于谐振长度的偶极子具有正相位电流，而加长了的偶极子具有感性的阻抗和负相位电流。利用偶极子谐振电路的 Q 值，并通过微扰技术来确定两偶极子的长度。Q 与驻波（VSWR）带宽有以下关系：

$$\mathrm{BW}=\frac{\mathrm{VSWR}-1}{Q\sqrt{\mathrm{VSWR}}},\qquad Q=\frac{\mathrm{VSWR}-1}{\mathrm{BW}\sqrt{\mathrm{VSWR}}} \tag{5-10}$$

从偶极子的谐振（零电抗）长度 L_0 得到两个偶极子的长度：

$$L_x=\frac{L_0}{\sqrt{1+1/Q}},\qquad L_y=L_0\sqrt{1+\frac{1}{Q}}\qquad \text{(右旋圆极化)} \tag{5-11}$$

一个偶极子，直径为 0.014λ，位于地面上方 0.3λ处，向下倾斜 30°，则其谐振长度为 0.449λ。对于 70Ω的 2:1 驻波带宽是 18.3%，或者根据式（5-10）得 Q 值为 3.863。将此 Q 值代入式（5-11），计算得到旋转场设计所需的两偶极子长度为：L_x=0.400λ和 L_y=0.504λ（对应右旋圆极化）。+x 和+y 臂从同一端口馈电。图 5-13 显示了这样设计的旋转场偶极对的斯密施圆图。斯密施圆图中的轨迹随着频率的增加沿顺时针方向旋转。轨迹上的尖点对应最佳轴比的频率，这并不发生在最佳匹配的频率。不管怎样，由于该两偶极子的组合电抗在很宽的频率范围内抵消了，因此天线 2:1 的驻波带宽增加到了 41.5%。在中心频率，方向图类似于图 5-12，只是由于偶极子的长度不同，使得在两个平面内的方向图具有稍微不同的波束宽度。当频率偏离中心频率时，轴比开始恶化。轴比带宽远比阻抗带宽窄，该天线 6dB 的轴比带宽为 16.4%。6dB 的轴比产生 0.5dB 的极化损失，类似于 2:1 的驻波有 0.5dB 的反射功率损失。这说明了在全频带内不但要考虑阻抗带宽，而且还要考虑方向图特性。

我们可以通过在位于地面上的旋转场偶极子下方增加开槽的锥台来增加波束宽度。图 5-14 显示了整体布局，旋转场偶极子位于地面上方约λ/4 处，45° 锥台上面的开槽略小于λ/4。利用同轴开槽巴仑给两偶极子馈电，该两偶极子尺寸设计成不同长荛的旋转场偶极子。上面的跳线激励起右旋圆极化辐射波。偶极子在缝隙里激励磁流，该磁流辐射宽的方向图从而填补了偶极子 E 面的零点。在无穷大地面上水平极化分量沿着地面必定消失，右旋和左旋分量在 90° 方向相等，这类似于图 5-12 所示的方向图。而采用有限大地面，水平分量不会消失，并在 90° 方向得到圆极化的宽波束，如图 5-15 所示，采用的地面直径为 0.75λ，锥台底直径 0.5λ。为了降低地面以下的后瓣，两个短路径向传输线扼流器放置在边缘周围形成一个软面。调整内导体半径尺寸使传输线在外边缘产生开路阻抗，从而减小了边缘绕射，降低了后瓣[6]。从物理光学（PO）的观点分析，径向传输线扼流器是一条缝隙，能产生磁流环。这个例子表明缝隙或开槽能用来控制小天线的方向图。

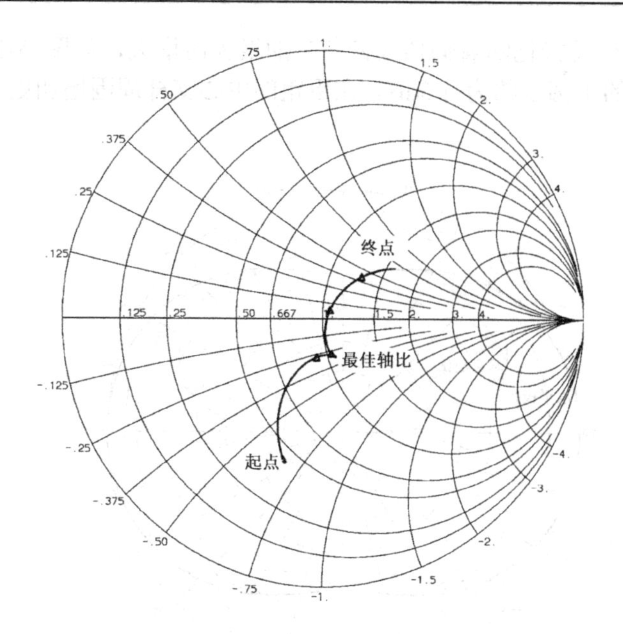

图 5-13 安装在地面上 0.30λ处并倾斜 30° 的旋转场偶极子对的斯密施圆图响应，L_x=0.400λ、L_y=0.504λ

图 5-14 安装在开槽锥台上的旋转场偶极子放置在有限大圆盘地面上，具有径向传传输线扼流器以降低后瓣

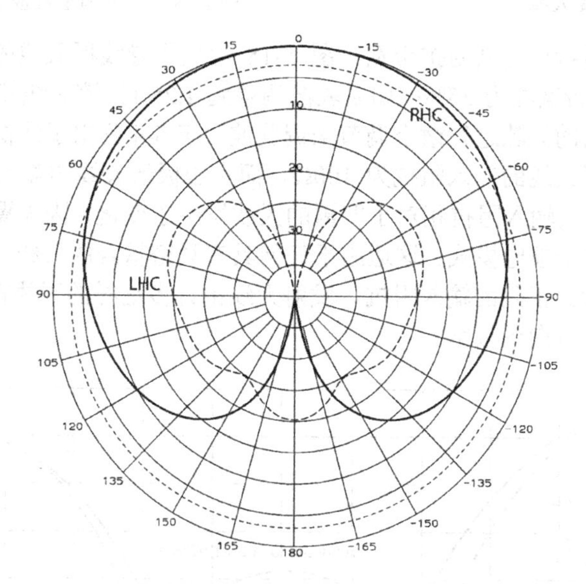

图 5-15 旋转场偶极子方向图，安装在开槽锥台上，地面为 0.75λ，两个径向扼流器

5.7 超级旋转场或蝙蝠翼天线[7]

超级旋转场或蝙蝠翼天线被开发用作电视发射天线。该天线由缝隙和蝙蝠形偶极子组合而成，从而产生具有宽阻抗带宽的天线。图 5-16 显示了常规外形，即将四付翼装在中心金属支杆的四周。每一翼在顶端和底部均以金属到金属的连接方式连接到支杆上。内部的垂直导体杆和支杆形成双线缝隙，通过位于每一翼中心的跳线馈电。为了在支杆周围产生全向方向图，位于支杆内部的馈电功分器按圆极化（0°，90°，180°，270°）的要求对输入进行移相。该天

线在水平面辐射水平极化波，但辐射的交叉极化随着仰角（俯角）的增大而增大，如图 5-17 所示。一副四翼天线产生的水平面方向的不圆度约为 1.5dB。在更粗的中心支杆周围增加更多翼的天线能改善不圆度。

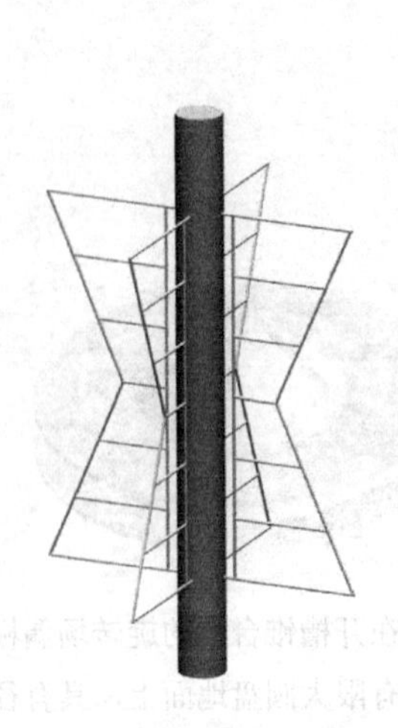

图 5-16　采用开路结构的超级旋转场或蝙蝠翼天线

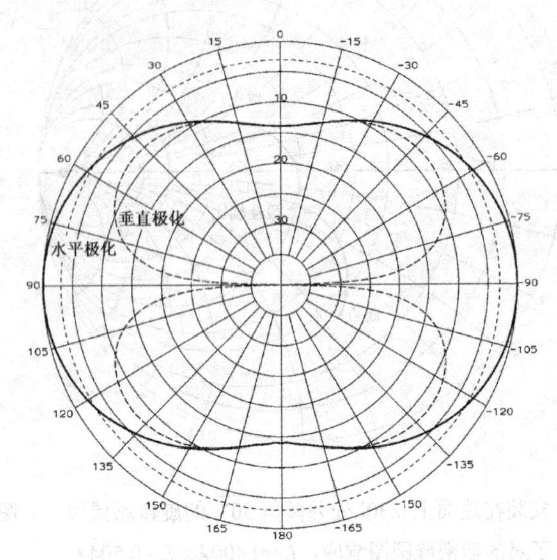

图 5-17　单套超级旋转场天线的垂直面方向图，图中显示了水平和垂直极化分量

旋转场天线的显著特性是其阻抗带宽。图 5-18 给出了导线框天线的回波损耗的频率响应曲线。驻波为 1.1:1 的带宽约为 35%；如果驻波调整到 1.25:1，该天线就有 51%的带宽。通过对支杆和内导体杆之间的间隙进行微小调节来调驻波。表 5-4 列出了线框形和实心板形的蝙蝠翼天线的参数。线框形天线的输入阻抗为 100Ω，而实心板形天线的输入阻抗下降到了 75Ω。采用只有两翼的天线，其输入阻抗相对于四翼的天线发生了变化，因为翼之间的紧密耦合改变了阻抗。输入阻抗依懒于馈电模式。这适用于任何具有紧密耦合的天线：如螺旋天线。必须以工作模式馈电才能测量到正确的输入阻抗。发射天线由许多这样的天线在垂直方向组阵而成，从而使得指向水平面的方向图很窄。

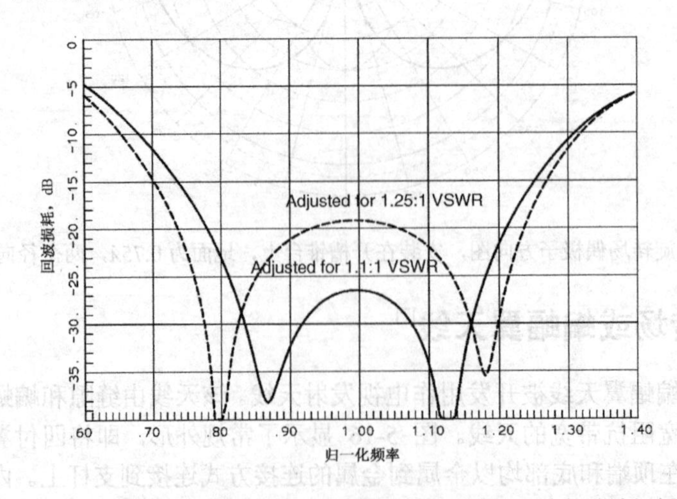

图 5-18　驻波调到 1.1:1 和 1.25:1 的线框形超级旋转场天线的回波损耗响应

表 5-4　中心馈电的圆极化四翼超级旋转场天线相对波长的尺寸

参　数	线 框 形	实心板形
阻抗（Ω）	100	75
高度	0.637	0.637
上翼	0.2254	0.229
中翼	0.0830	0.0847
间隙	0.0169	0.0216
导体杆直径	0.0508	0.0508
支杆直径	0.0847	0.0847

5.8　角形反射器[8]

一般的角形反射器天线（见图 5-19）是在两平板之间放置一偶极子，平板用于压缩辐射方向。两反射器的夹角可以是任意值，但 90° 时效果最佳。理论上角度减小能得到更好的结果，但效果很有限。平面反射面可以认为是一个特例，在平板表面上没有切向电场。由于场只能在地面和偶极子之间有限的空间内逐渐减小，因此我们发现一个很大的限制，即大部分能量集中在低阶球形模。在到顶点距离为零的限制下，所能产生的单方向辐射模式限制 H 面的波束宽度到 45° 。

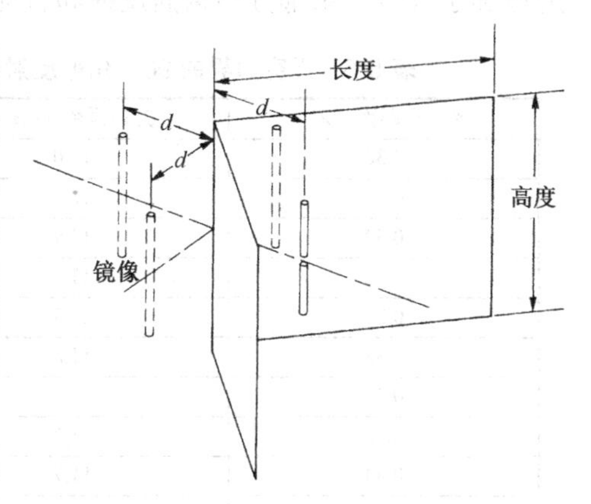

图 5-19　90° 角形反射器天线

将 90° 角形反射器天线作为阵列来分析，该阵列由反射面形成的三个偶极子镜像加上真实的偶极子（见图 5-19）组成。偶极子和镜像阵列的阵因子为：

$$\left|e^{jkd\cos\theta}+e^{-jkd\cos\theta}-(e^{jkd\sin\theta\sin\phi}+e^{-jkd\sin\theta\sin\phi})\right|^2$$

在 H 面，$\phi=90°$ ，计算上式得到：

$$4\left[\cos(kd\cos\theta)-\cos(kd\sin\theta)\right]^2$$

式中，d 是从顶点到偶极子的距离，θ是从轴线开始的 H 面方向图角度。将偶极子方向图乘以此项得到辐射强度。我们只考虑 H 面，最大辐射强度由式（5-9）求得：

$$U=4\left[\cos(kd\cos\theta)-\cos(kd\sin\theta)\right]^2\frac{\eta|I_0|^2}{(2\pi)^2}\left(1-\cos\frac{kL}{2}\right)^2 \tag{5-12}$$

式中，η是自由空间波阻抗，I_0 是偶极子上的电流，L 是偶极子长度。

单个偶极子的辐射功率是：

$$P_{in}=|I_0|^2\left[R_{11}+R_{12}(2d)-2R_{12}(\sqrt{2}d)\right] \tag{5-13}$$

式中，R_{11} 是偶极子的自电阻，$R_{12}(x)$是偶极子与其镜像的互电阻函数。方向系数由下式计算：

$$方向系数(\theta)=\frac{4\pi U(\theta)}{P_{in}} \tag{5-14}$$

将式（5-12）和式（5-13）代入式（5-14），计算无穷边界的 90° 角形反射器的方向系数：

$$方向系数(\theta)=\frac{4\eta\left[1-\cos(kL/2)\right]^2\left[\cos(kd\cos\theta)-\cos(kd\sin\theta)\right]^2}{R_{11}+R_{12}(2d)-2R_{12}(\sqrt{2}d)} \tag{5-15}$$

表 5-5 给出了由长 0.42λ、直径 0.02λ的偶极子馈电的 90° 角形反射器天线的方向系数、波束宽度和阻抗。偶极子的长度必须比自由空间的谐振长度短，以补偿偶极子间的互耦。方向系数随着离顶点的距离减小而增加，但是当接近顶点时，由于超方向性的作用而使得效率和增益下降。当 d=0.37λ时天线的输入阻抗为 50Ω。当为增加天线带宽而增加偶极子直径时，该点位置会发生偏离。

Kraus 对反射面的尺寸给出了以下准则。每块板的长度至少应是偶极子到顶点距离的两倍，板的高度（沿偶极子方向）应至少为 0.6λ。为了计算这些准则，用 GTD 方法分析了在 d=0.37λ时各种不同组合的情况（见表 5-6）。H 面波束宽度随着反射板边长的增加而减小。边长达到约 1.5λ以后，H 面波束宽度随着边长的增加在 45° 左右波动，即使边长为 5λ时，波束宽度只稍小于 45°。E 面波束宽度随着反射板的高度而波动。方向系数由波束宽度估算得到。在边长和高度均为 1.5λ的情况下，估算的方向系数超过了无穷大反射面的方向系数。这是由于边缘的绕射增加了天线其余部分结构的反射和直射。

表 5-5　无穷边界的 90° 角形反射器和 0.42λ的偶极子构成的角形反射器天线的特性

到顶点距离（λ）	方向系数（dB）	波束宽度（度）	输入阻抗（Ω）
0.30	12.0	44.7	29.1–j1.1
0.32	12.0	44.6	34.9+j0.4
0.34	11.9	44.5	40.9+j1.1
0.36	11.9	44.3	47.0+j0.8
0.37	11.9	44.2	50.0+j0.3
0.38	11.8	44.1	53.0–j0.5
0.40	11.8	43.9	58.8–j2.8
0.42	11.7	43.6	64.1–j6.0
0.44	11.7	43.3	68.8–j10.0
0.46	11.6	42.9	72.7–j14.9
0.48	11.5	42.4	75.7–j20.3
0.50	11.4	41.8	77.7–j26.2
0.52	11.4	41.1	78.6–j32.2
0.54	11.3	40.2	78.4–j38.4
0.56	11.2	39.2	77.0–j44.3
0.58	11.1	38.1	74.6–j49.8
0.60	10.9	36.8	71.3–j54.8

表 5-6　有限边长的 90° 角形反射器天线，到顶点距离 0.37λ，采用 GTD 分析结果

边长（λ）	平板高度（λ）	波束宽度		前后比（dB）	估计的方向系数（dB）
		E 面	H 面		
0.75	0.75	70.4	97.4	18.4	7.7
1.00	0.75	73.6	72.4	17.3	8.8
1.50	0.75	72.6	50.8	18.2	10.0
0.75	1.00	60.2	91.6	23.4	8.5
1.00	1.00	61.0	62.8	22.7	10.1
1.50	1.00	58.5	46.0	23.8	11.4
0.75	1.50	53.4	81.6	34.0	9.3
1.00	1.50	51.6	60.0	39.0	11.0
1.50	1.50	48.2	42.6	46.3	12.6
5.00	5.00	68.8	43.4	63.5	10.8

作为采用 PO 法来分析角形反射器天线的一个例子可参考 2.4.2 节。类似于对无穷大平板的分析，在有限大平板上，镜像偶极子的反作用可以用来求解该天线的输入阻抗和增益。当用 GTD 法来分析角形反射器时，该方法不能确定输入阻抗，而增益必须通过方向图来估算。我们可以采用矩量法来分析角形反射器。一种更好的结构方法是用一些杆来代替反射器，从而使天线具有最小的风阻。图 5-20 显示了一种每边由六根杆组成的角形反射器。图 5-21 给出了采用矩量法计算的该天线的方向图。该小型天线得到了很好的结果。

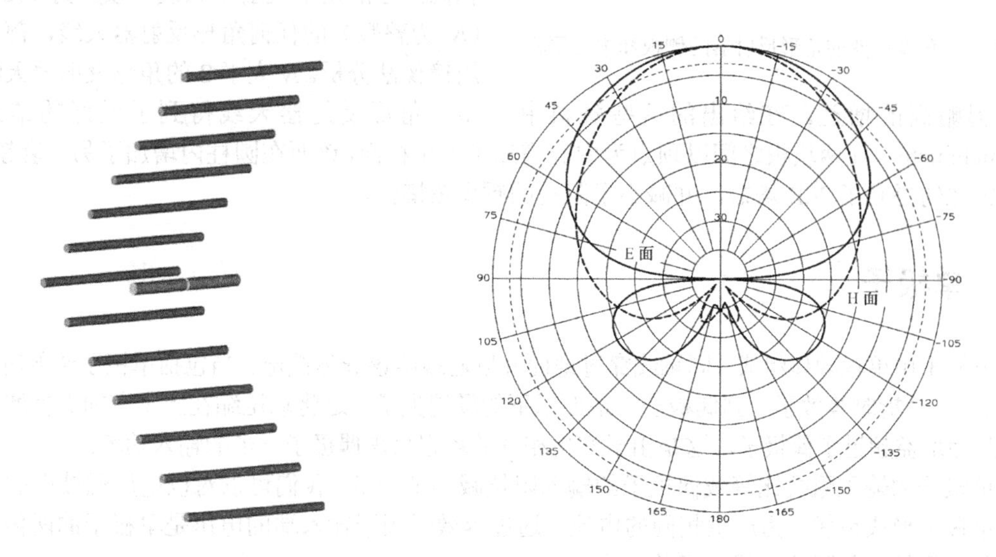

图 5-20　角形反射器天线，由间距为 1/6λ、长度为 0.6λ的杆和离顶点距离为 0.37λ的偶极子构成

图 5-21　角形反射器天线方向图，由间距 1/6λ、长度为长度 0.6λ的杆和离顶点距离 0.37λ的偶极子构成

我们可以将两个侧板的夹角作为一个设计参数。几何光学分析法利用了镜像从而限制了角度，但是不管怎样该天线在任意的侧板角度下都能工作。对于安装支架，在倾斜的侧板之间增加一块小平板是很方便的，这些侧板可以安装在铰链上，通过旋转来改变 H 面波束宽度。表 5-7 列出了一种角形反射器的参数，该反射器沿 E 面方向长度为 1λ，中间板沿 H 面方向宽度 0.2λ，侧面长度 0.9λ，而侧面角度可变，偶极子位于中间板上方 0.3λ处。从包含小中间板的地面开始测量侧面板角度；0° 对应平面地面，45° 对应常规的角形反射器。负的侧面板角度意味着侧板倾斜到远离偶极子的中间板后面。图 5-22 显示了该角形反射器侧面板角度为 30° 时的 H 面截面图。

表 5-7　H 面上角度可变的角形反射器，宽度 0.9λ的板连接到 0.2λ的中心平板，在 E 面方向宽度为 1λ，偶极子在中心平板上方 0.3λ处

侧面角度	波束宽度		增益 (dB)	前后比 (dB)	侧面角度	波束宽度		增益 (dB)	前后比 (dB)
	E 面	H 面				E 面	H 面		
60	58.1	59.4	9.1	21.7	15	59.2	65.9	9.5	19.3
55	57.1	56.0	9.9	22.6	10	61.6	83.3	8.7	26.3
50	56.3	52.3	10.5	23.0	5	64.7	99.2	7.8	25.1
45	55.8	49.1	10.8	23.4	0	67.8	108.6	7.5	23.6
40	55.4	46.8	11.1	22.8	−5	70.2	117.0	7.2	22.0
35	55.4	45.5	11.2	24.3	−10	71.5	125.8	6.9	16.5
30	55.6	45.6	11.0	24.9	−15	71.8	135	6.6	19.0
25	56.2	47.9	10.7	25.5	−20	71.7	143.8	6.3	17.8
20	57.4	53.7	10.2	20.3	−25	71.8	152.2	5.4	16.1

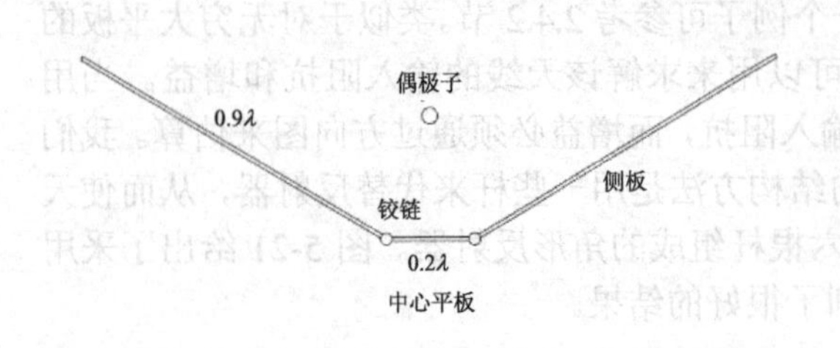

图 5-22 角度可变的角形反射器的侧板和中心平板

由于增益是受限的，因此设计角形反射器时没必要将侧面板设计成很大。相同尺寸的抛物反射面天线的增益很容易超过角形反射器天线的增益。一副直径为 2λ的抛物反射面天线在 50%效率时增益为 13dB，该增益超过了相同尺寸的角形反射器天线。顶角为 180° /N（N 为整数）的任何角形反射器天线，都可采用镜像法分析。N 大于 2 的角形反射器天线只能获得略高的增益。在给出的这些资料中，90° 角形反射器天线得到了最好的结果。Elkamchouchi[9]在两块板之间以顶点为中心增加了一个柱面，该面在圆柱内增加了另一套镜像。这些镜像约提高了 2dB 增益，并减小了阻抗的频率依懒性。

5.9 单极子

单极子由单根导体组成，同轴线穿过地面并以芯线给该导体馈电。当包括单极子镜像时（见图 5-6），分析时等效于一副偶极子。地面以下的场消失了，这将场压缩在上半空间而使增益翻倍，从而增益超过了偶极子，这是由于产生相同的场强只需偶极子一半的输入功率。

单极子的输入阻抗比等效偶极子的输入阻抗减小了一半。我们可以对以电压源馈电的地面上的单极子形成镜像。为产生相同的电流，通过等效偶极子输入端的电压是单极子的两倍。因此，单极子的输入阻抗是偶极子的一半。

当单极子放置在有限大地面上时，边缘的绕射很大，这使得前后比（F/B）很有限。图 5-23 显示了单极子位于直径分别为 1λ、2λ和 10λ的圆盘地面上时的方向图。通过将单极子放在具有圆形槽的地面上可以减小后向辐射，当槽深略大于λ/4 时在边缘形成了软面[10]。当槽深小于λ/4 时，该地面能维持表面波。

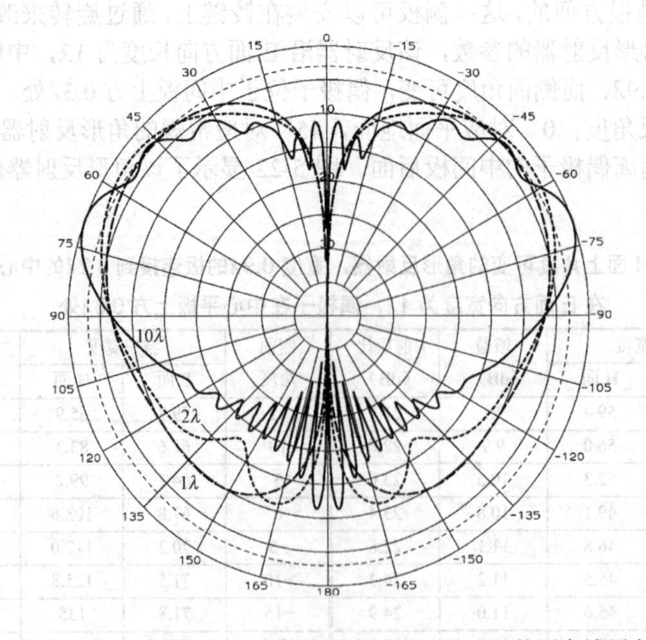

图 5-23 λ/4 单极子位于直径分别为 1λ、2λ和 10λ的圆盘地面上

5.10　套筒天线[8, 11, 12]

单极子周围的套筒（见图 5-24）将实际的天线馈电点上移而高于单极子的馈电点。由于馈电点的电流在很宽的带宽内几乎保持不变，因此展宽了带宽。例如当单极子长度是四分之一波长和半波长时，输入处的电流差不多是一样的（见图 5-24）。输入阻抗随着频率的变化而保持不变。

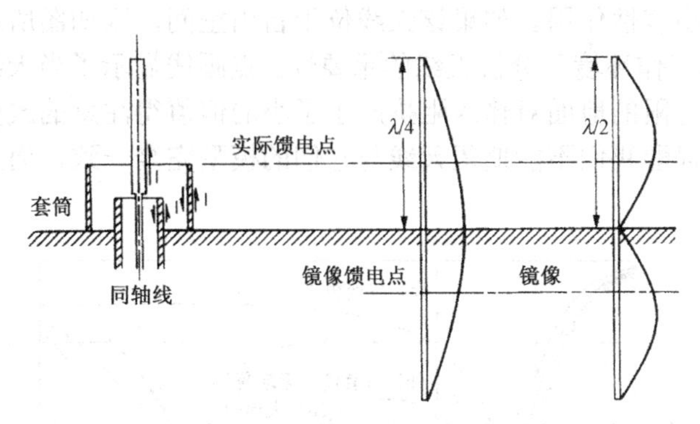

图 5-24　套筒单极子和电流分布

套筒屏蔽了内部电流可能的辐射，而套筒外表面的电流发生辐射。方向图相对于没有屏蔽的单极子几乎没发生变化。内部结构成为串联匹配支节和展宽天线带宽的变换器。设计内容包括折中调整各部分尺寸直到在整个频带内输入阻抗达到了匹配。

套筒偶极子天线（见图 5-25）需要在两臂上加对称的套筒以保持电流的对称性。这等效于在两个位置给天线馈电。巴仑构成支撑体的一部份。在上述两种天线中，条带或圆杆都可以代替整个同轴套筒[14]。圆杆上的电流抵消了内部馈电体上电流产生的辐射。图 5-26 显示了一副采用两根圆杆的开式套筒偶极子，用于安装在地面上方。该天线以折叠巴仑馈电，由一根接地的竖直同轴线构成，其外导体连接到一臂，匹配支节连接到第二臂。中心导体跨过两臂的间隙连接到第二臂。下面是以频段内最低频率的波长归一化的设计尺寸：

偶极子长度	0.385	偶极子直径	0.0214
套筒长度	0.2164	套筒直径	0.0214
偶极子与套筒间隙	0.0381	偶极子离地高度	0.1644
输入处渐变尺寸	0.056		

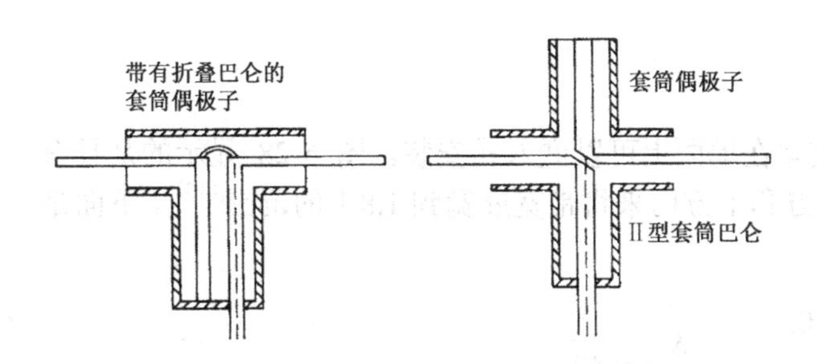

图 5-25　套筒偶极子

图 5-26　输入处圆锥形渐变的开式套筒偶极子

图 5-27 给出了各种结构和模型天线的回波损耗响应。没有套筒的偶极子在以归一化频率 1.05 为中心很窄的频段内具有很好的回波损耗。套筒在低频段的响应中不起什么作用。增加套筒后产生了第二个谐振点，该点和第一个谐振点组合在一起产生了宽频带。在利用矩量法对该天线初始的分析中，采用恒定的圆杆直径，图 5-27 显示了该天线阻抗匹配响应很差。实验天线的关键因素是渐变的输入。将该特性加到模型中，该实验天线就产生改善了的宽带响应。恒定直径模型的响应在斯密施圆图中显示了一个显著的电容项，而渐变输入的模型则产生了所需的电感来减小容性作用。如果该天线位于自由空间，则如图所示阻抗响应得到了改善。图 5-27 指出了在工作环境下分析天线的重要性。点画线显示了当天线安装在一个波长见方地面上时的响应。有限的地面对输入阻抗产生了小的但值得注意的改变。分析模型中这种小的变化产生的作用提醒我们不能期望天线与它们的模型完全一致，而且小的结构细节可以用来改善性能。

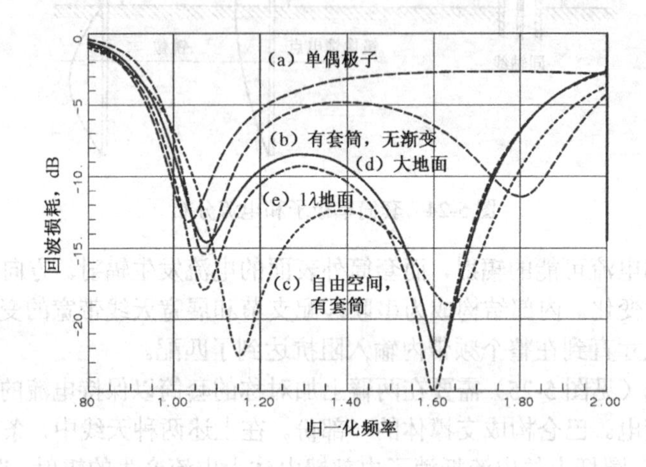

图 5-27　开式套筒偶极子的回波损耗响应：（a）无套筒的偶极子；（b）开式套筒天线；（c）输入处渐变的开式套筒天线；（d）输入处渐变的开式套筒天线离地高度λ/4；（e）开式套筒天线位于直径为 1λ的地面上方

开式套筒天线可以采用线笼形来制成。由于偶极子和套筒杆的直径很大，通过对每根导体都采用圆形线阵可以减轻重量，笼形的等效直径 $d_{\text{等效}}$ 由下式计算：

$$d_{\text{等效}} = d\left(\frac{nd_0}{d}\right)^{1/n} \quad \text{或} \quad \frac{d_0}{d} = \frac{1}{n}\left(\frac{d_{\text{等效}}}{d}\right)^n \tag{5-16}$$

式中，d_0 是单根导线的直径，d 是笼形的直径，n 是导线数量。

5.11　带反射腔的偶极子天线

偶极子可以放在“杯子”中，整个装置在地面上可以嵌入式安装。图 5-28 显示的是具有圆盘形套筒的天线，圆盘位于偶极子的上方和下方用来将带宽展宽到 1.8:1 的范围[15]。下面是相对于偶极子长度归一化的尺寸：

$$\frac{D}{L} = 2.57, \quad \frac{H}{L} = 0.070, \quad \frac{S}{L} = 0.505$$
$$\frac{T}{L} = 0.68, \quad \frac{G}{L} = 0.40,$$

偶极子的工作范围是 $0.416\lambda \leqslant L \leqslant 0.74\lambda$。天线的反射腔深度范围从 0.28λ 到 0.50λ，这不能

再被认为是很薄的。该杯形天线在整个频带内具有恒定的增益为 10.5dB（±0.5dB）。将天线安装在一个反射腔内产生了新的可能性，因为设计中增加了额外的参数。在低频点，反射腔直径是 1.07λ，而对于高频点则变大为 1.90λ。

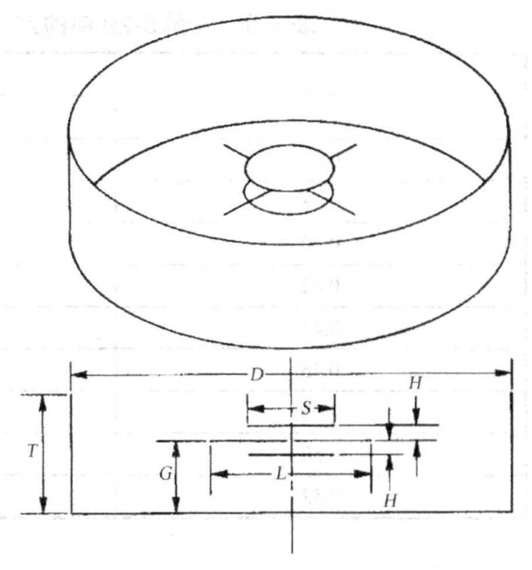

图 5-28　带反射腔的套筒偶极天线

我们可以将“杯子”中的偶极子作为反射器的馈源。将偶极子安装在截去顶角的圆锥杯内能得到极好的方向图和阻抗响应，该杯子的口径直径为 0.88λ，底部直径 0.57λ，深度 0.44λ[16]。对于单个单元，直径为 0.013λ的偶极子被缩短到 0.418λ，并安装在底部以上 0.217λ处，这样能得到 21%的 2:1 驻波带宽。当为了辐射圆极化波而采用以混合耦合器馈电的正交极化对时，在输入端口的阻抗匹配得到了改善。从两偶极子反射的信号在隔离端口同相叠加而在输入端口抵消。由于负载吸收了反射功率，因此天线通过混合器表现出极好的阻抗匹配特性。

图 5-29 画出了圆极化激励时的天线方向图。在 10dB 波束宽度内，交叉极化比同极化响应的峰值约低 30dB。当该天线作为抛物反射面的馈源时，对于 $f/D=0.44$，并在 21%的带宽内求平均，具有以下的照射损失（见 8.2 节）：

泄漏损失=0.72dB，幅度渐变损失=0.65dB，交叉极化损失=0.12dB

表 5-8 列出了 f/D 值在较宽范围内的最佳反射面，相位中心在口径平面内 0.02λ处，馈源放在反射面的焦点上。

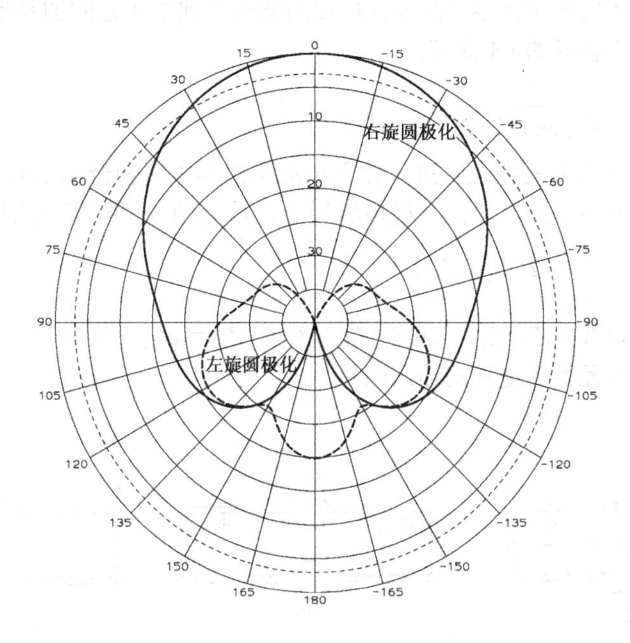

图 5-29　正交偶极子的圆极化响应，偶极子安装在截去顶角的圆锥杯内，离底部高度 0.217λ，杯的口径为 0.88λ，底部直径 0.57λ，深度 0.44λ

表 5-8 以图 5-29 中的方向图作为抛物面反射面的馈源时的照射损失

f/D	损失（dB）	
	平均值	最大值
0.36	1.69	1.74
0.38	1.60	1.66
0.40	1.54	1.65
0.42	1.50	1.65
0.44	1.49	1.68
0.46	1.50	1.72
0.48	1.52	1.77
0.50	1.55	1.83
0.52	1.60	1.91

5.12 折合偶极子

半波长折合偶极子的输入阻抗提高到了普通偶极子阻抗的 4 倍，而辐射方向图还是与单偶极子的方向图相同。由于该两单元耦合紧密，因此采用偶模和奇模来分析该天线（见图 5-30）。由于磁壁将折合偶极子分开成了实际上的开路电路，因此偶模将该天线分成了独立的两副偶极子。偶模的输入电流为：

$$I_e = \frac{V}{2(Z_{11} + Z_{12})}$$

式中，Z_{11} 是其中一副偶极子的自阻抗，Z_{12} 是该两紧耦合偶极子之间的互阻抗。奇模使该天线简化为两副串联的且不辐射的$\lambda/4$ 支节：

$$I_0 = \frac{V}{\mathrm{j}Z_0 \tan(kL/2)}$$

式中，Z_0 是两根金属杆之间的特性阻抗。输入电流是偶模电流和奇模电流的和。在 $L=\lambda/2$ 左右，由于输入阻抗是开路电路，因此奇模电流很小，从而输入阻抗仅仅由偶模决定：

$$Z_{\text{in}} = \frac{V}{I_e} = 2(Z_{11} + Z_{12})$$

对于紧耦合的传输线，$Z_{11}=Z_{12}$，则输入阻抗变成 $Z_{\text{in}}=4Z_{11}$，其中 Z_{11} 是偶极子的自阻抗。可以通过增加更多的单元得到更高的输入阻抗。

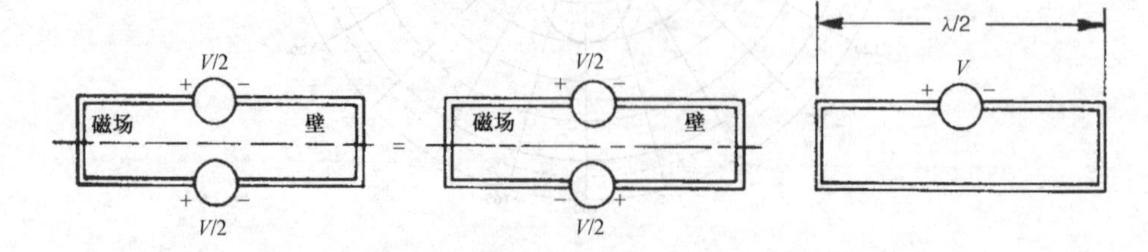

图 5-30 折合偶极子的分析模式

改变 4 倍比例的第二种方法是采用不对称馈电和缩小单元直径[17, 18]。假定激励单元的直径为 a_1，寄生单元的直径为 a_2，它们的中心间距为 b，Hansen[18] 给出了计算倍数比例 $(1+\gamma^2)$ 的方便公式：

$$\gamma = \frac{\operatorname{arcosh}[(v^2 - u^2 + 1)/2v]}{\operatorname{arcosh}[(v^2 + u^2 - 1)/2uv]}, \quad u = a_2/a_1, v = b/a_1 \tag{5-17}$$

5.13 并联馈电[19]

并联馈电来源于折合偶极子。当 T 型匹配的连接点在末端时（见图 5-31）相当于折合偶极子。随着连接点向中点移动，刚开始时偶极子的阻抗起主要作用，而且由于在奇模时并联支节的导纳很小，因此输入阻抗是容性的。随着连接点向中点移动到某点，支节的感性导纳将抵消偶极子的容性导纳，此时由于输入电阻很高而产生反谐振。电阻峰值点的位置和幅度依懒于 T 型匹配部分金属杆的直径和辐射器的直径。当馈电点通过反谐振点后，输入电阻随着连接点继续向中点移动而减小。输入阻抗是感性的，通过采用对称的串联电容即可实现匹配。T 型匹配由平衡传输线馈电。

偶极子的中点短路允许偶极子直接连接到地。由于发射机与广播塔（单极子）的连接是容性的，因此塔直接连接到地提供了一些雷电保护能力。以 T 型匹配的并联馈电使得像飞行器表面这样的立体导体被激励成一副偶极子。水平并馈偶极子可以以金属到金属的连接方式直接连接到垂直塔，从而增加了天线的强度，使天线能承受恶劣的气候条件。

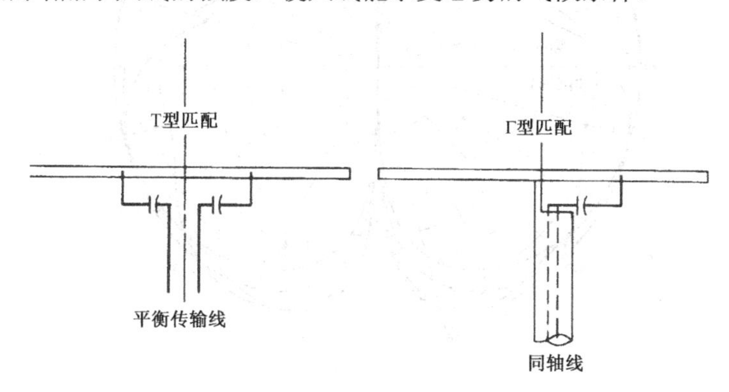

图 5-31　并联馈电偶极子

Γ型匹配（见图 5-31）可以由非平衡同轴传输线馈电。同轴线的屏蔽层连接到偶极子的短路中点，而中心导体连接到偶极子一侧的杆上。将连接点向远离中点的方向移动能增加输入阻抗。感性导纳由一个电容串联进行调谐。由于串联电容和并联感性支节增加了天线的储能和 Q 值，因此这两种连接方式均提高了输入阻抗从而减小了天线的带宽。

5.14 盘锥天线

盘锥天线（见图 5-32）是偶极子的一种变形，即将上臂变成了圆盘，下臂变成了圆锥。可以通过在圆锥中心放置同轴线给该天线馈电，将同轴线的外面屏蔽层连接到圆锥的顶点，然后延伸同轴线的内导体连接到圆盘。该天线具有宽的阻抗带宽和类似于偶极子的方向图。随着频率的提高方向图的峰值点向锥的方向移动，从而产生了下倾方向图。图 5-33 显示了在设计频率和二倍、三倍以及四倍该频

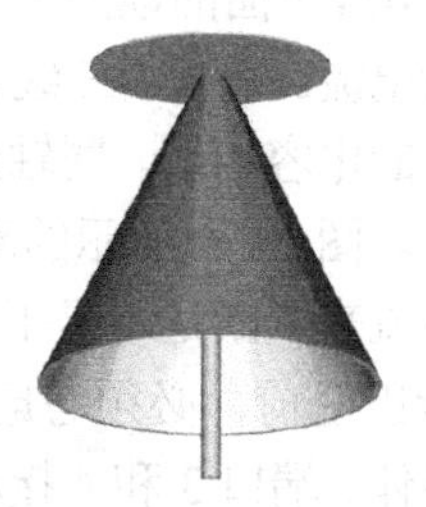

图 5-32　同轴线馈电的盘锥天线，中心导体连接到上面的盘，屏蔽层连接到下面的锥

率时盘锥天线的方向图。随着频率的升高该天线的方向图用处更少。产生图 5-33 所示方向图的天线在设计频率的 1 倍至 10 倍范围内驻波比小于 3:1。圆锥上面部分的直径决定高频段良好的阻抗匹配。典型的斜边长度与锥角的关系如下[20]：

总的锥角	25	35	60	70	90
斜边长（λ）	0.318	0.290	0.285	0.305	0.335

上面盘的直径等于圆锥底面直径的 0.7 倍。锥顶面与上面盘的间距等于圆锥顶面直径的 0.3 倍。锥顶面直径决定了频率上限，但实践表明该天线的方向图只在 4:1 到 4.5:1 的频率范围内是好的。阻抗带宽要比方向图带宽宽很多。为了减轻重量和减小风阻，锥和盘均可由金属杆构成，作为典型的应用是至少有八根杆。

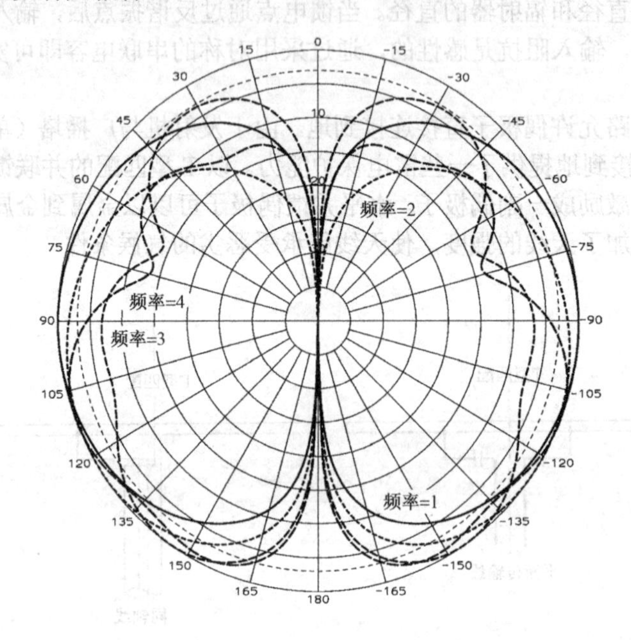

图 5-33　60° 盘锥天线在归一化频率=1、2、3 和 4 时的垂直面方向图

5.15　巴仑[21, 22]

巴仑起到将一根平衡传输线适当地连接到一根非平衡传输线的作用。对三线传输线的平衡与非平衡模式阻抗的简单论述即可解释巴仑的工作原理。将传输线的其中一根线当作地这是一种误解。传输馈电线下面的地成为了三线传输线的第三根导体。在地面上流动的电流使得馈电线上产生了不平衡电流。平衡的三线传输线模式在馈电线上载有相等的但方向相反的电流。两根线到地的单位长度的电容相同。同轴线是一种非平衡传输线结构的例子（见图 5-34）。内导体没有直接到地的电容。图 5-34 所示的双线传输线是一种平衡传输线，每条线到地的电容相等，不过我们必须通过电流来判断是不是平衡传输线，而不只是通过物理结构判断。

在分析巴仑前，必须考虑三线传输线基本的模式。图 5-35 显示了以电路表示的模式，没有显示地导体。端口 3 和 4 接相等的负载。偶模在端口 1 和 2 施加了相等的电压，从而在两导体间形成了磁壁，该壁上磁场为零，产生了实际上的开路电路。非平衡模——电流方向相同——与偶模联系在了一起。施加在端口 1 和 2 的大小相等方向相反的电压形成奇模，在两导体间建立了电壁。电壁实际上是短路电路。奇模在双线上激励大小相等方向相反的电流——平衡模。

当连接在端口 3 和 4 上的负载不相等时，根据电压来判断偶模和奇模，或者根据电流来判断平衡和非平衡。偶极子表示双线间的负载，而不是到地的。

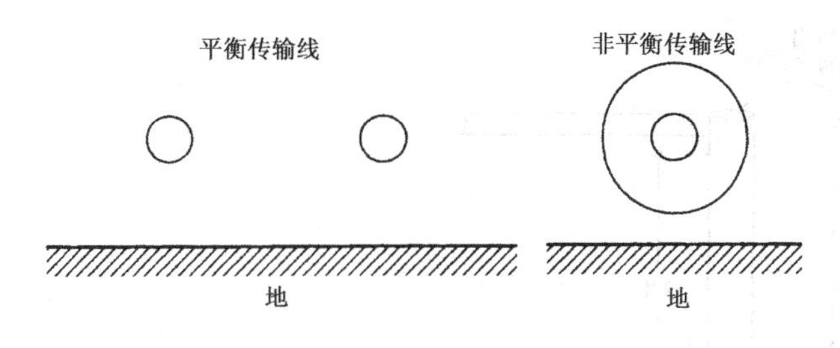

图 5-34　物理上的平衡和非平衡传输线

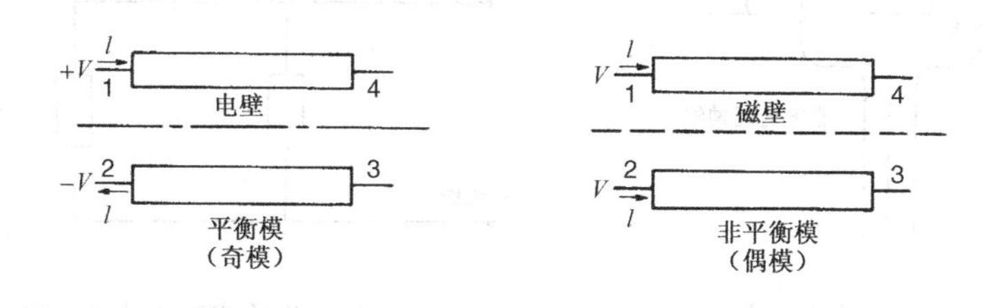

图 5-35　三线传输线上的平衡和非平衡模

非平衡模式的电路会产生辐射。只有间距很近、电流大小相等而方向相反的平衡模，馈线上的电流辐射的远场相互抵消。产生辐射的馈线增加了天线的辐射成分。这些成分会辐射非想要的极化和改变天线波束方向（波束倾斜）。在接收端，由通过的电磁波在馈线上激励起非想要的电流并到达接收机，而没有巴仑来抑制这些电流。由于互易性适用于巴仑，并同样适用于天线，因此我们根据方便性可利用发射或接收天线来分析巴仑。

我们通过方向图倾斜和交叉极化来检测平衡问题。阻抗测试装置能检测一些平衡问题。产生辐射的非平衡电流会引起阻抗的变化。当阻抗随着手指从设备开始在同轴线上移动而发生变化时，就显示了存在辐射。如果以没有巴仑的同轴线对偶极子馈电，则外导体上的电流分成了偶极子上的电流和同轴线外导体外壁上的电流。通过方向图和阻抗测试可以检测这种电流。偶极子臂上的非平衡电流和馈线上的电流引起方向图倾斜，但是辐射的交叉极化通常更受关注。

5.15.1　折叠式巴仑

折叠式巴仑（见图 5-36）可以使同轴馈线直接连接到偶极子。一根辅助的同轴外导体连接到由内导体馈电的偶极子一臂，然后顺着同轴馈线到$\lambda/4$ 处连接到地。偶极子的另一臂直接连接到同轴馈线的屏蔽层。同轴线的外导体和辅助的导体成为三线传输线的两根线，第三根线是地。可以利用平衡模（奇模）和非平衡模（偶模）来分析此种结构。在偶极子上激励的非平衡模在两根同轴线屏蔽层之间形成磁壁并通过地连接。在地的连接端，该电路简化为开路的单线。开路端通过$\lambda/4$ 传输线的变换在偶极子端变成了短路。任何在偶极子或同轴线外导体上感应的非平衡电流在输入端被短路。在偶极子上的平衡模激励形成电壁并通过地连接。两根同轴线屏蔽层构成的平衡模电路为$\lambda/4$ 短路支节，与偶极子并联连接（见图 5-37）。我们用图 5-37 来分析频率响应。巴仑的带宽虽然很窄，但超过偶极子的带宽。Roberts 巴仑[23]的设计是在折叠式巴仑的辅助同轴线内增加了一段$\lambda/4$ 长度的开路支节。同轴馈线的中心导体不是连接到辅助同轴线的屏蔽层上，而是连接到开路支节上。平衡模的等效电路包括折叠式巴仑的短路支节和开路支节。随着频率的改变，两种电抗向相反的方向偏移，从而产生双谐振点，正如我们在斯密施圆图上所看到的阻抗环。频率带宽增加到了约 3:1，这是作为宽带天线更合适的选择。

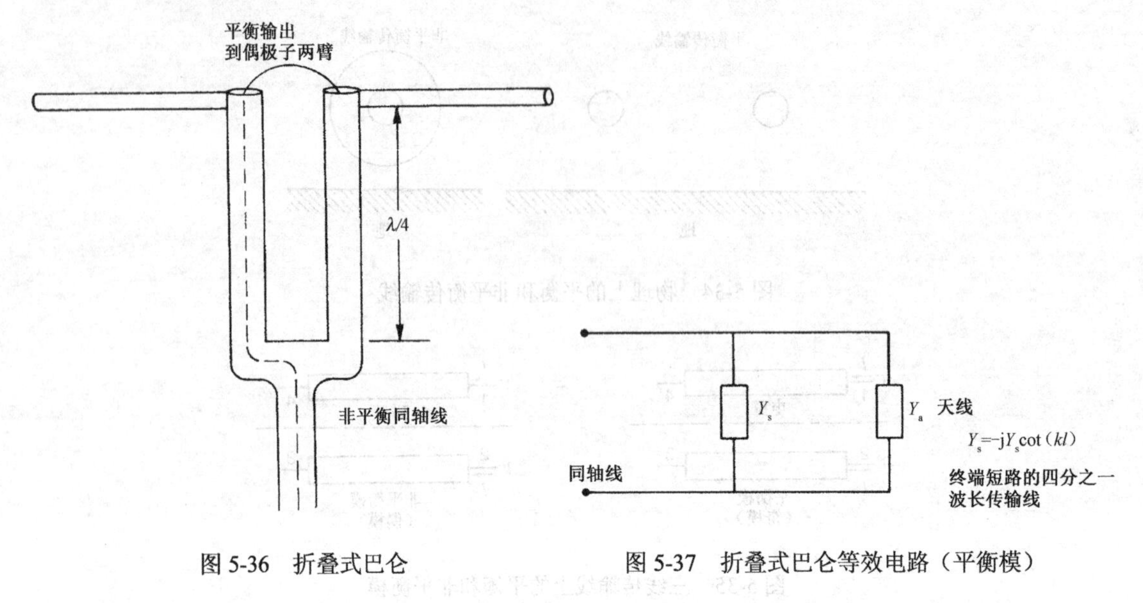

图 5-36　折叠式巴仑　　　　图 5-37　折叠式巴仑等效电路（平衡模）

5.15.2　套筒式或 Bazooka 巴仑

套筒式巴仑（见图 5-38）是在同轴馈线的外导体外增加了一个屏蔽筒。当套筒与同轴线的外导体短路时，该套筒和同轴线的外导体在同轴馈线和地之间形成了串联支节。$\lambda/4$ 支节对在套筒顶部的不平衡电流表现为高阻（见图 5-39）。第一个套筒下面的第二个套筒朝向偶极子的反方向，进一步阻止同轴线上激励起的电流到达输入端。当频率偏移时，通过套筒到地的连接方式使传输线不平衡了。这种巴仑具有固有的窄带特性。

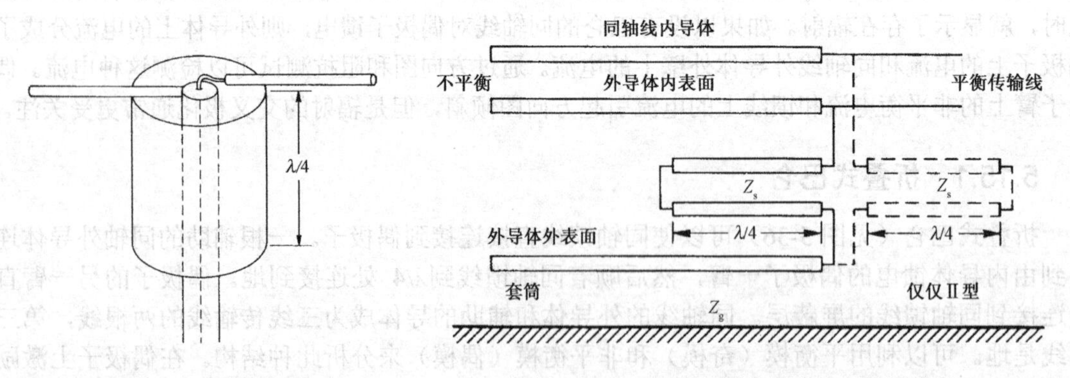

图 5-38　套筒式巴仑　　　　图 5-39　Ⅰ型和Ⅱ型套筒式巴仑的原理图

给内导体增加一个支节（见图 5-40），由于当频率改变时支节间相互跟随，因此增加了带宽。图 5-39 给出了两种类型套筒式巴仑的电路图。Ⅱ型套筒式巴仑在输出端有串联匹配支节。在全频段内该传输线保持平衡，但是支节限制了有效工作的带宽。Marchand[21]在Ⅱ型套筒式巴仑的额外的短路支节内增加了$\lambda/4$ 开路支节，并按与 Roberts 巴仑一样的方式将其连接到同轴线内导体。Roberts 巴仑是 Marchand 补偿套式筒巴仑中的一种折叠式巴仑。

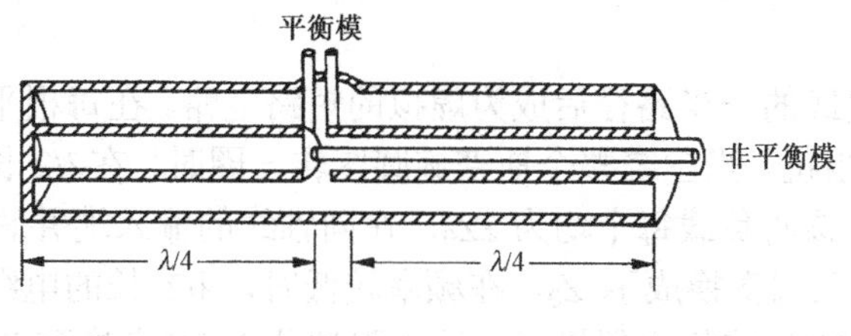

图 5-40　Ⅱ型套筒式巴仑

同轴偶极子是套筒式巴仑的变种。在图 5-38 中旋转偶极子右边的一臂到垂直位置，并去掉左边的一臂。翻转套筒并将短路的末端连接到同轴线的外导体。这样套筒就变成了偶极子的第二臂。在偶极子底部、同轴线的外导体和套筒之间的短路支节，在下臂的末端变成了开路阻抗。这阻止了电流沿同轴线向下流动。有些参考文献称这种天线为套筒偶极子，但这不能与用于展宽阻抗带宽的套筒偶极子混淆。同轴偶极子具有与套筒巴仑那样的内在窄带特性，但却是一种很方便的结构。

5.15.3　开槽同轴线巴仑[24]

开槽同轴线巴仑允许偶极子的两臂都连接到同轴线的外面屏蔽层，这保持了偶极子两臂的对称性。同轴线的刚性有助于克服振动问题。在外面屏蔽层上切割的槽（见图 5-41）使得同轴线能支持两种模式，并使其等效于三线传输线。短路线在开槽同轴线内激励起 TE_{11} 模（见图 5-42），并以平衡模式给同轴线馈电。

对开槽同轴线巴仑的分析方法类似于折叠式巴仑。缝隙的末端等效于折叠式巴仑的两根同轴线屏蔽层连接到地。在非平衡模（偶模）中，在缝隙的末端形成了虚拟的开路。这使得在偶极子端变成了短路，从而在输入口短路了非平衡模。在平衡模式中，缝隙末端的虚拟短路在输入端变成了开路。图 5-37 给出了其电路图。

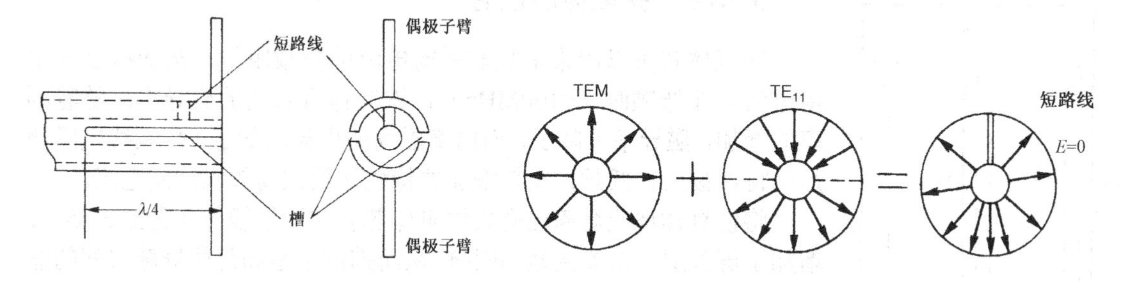

图 5-41　开槽同轴线巴仑（摘自文[24]，图 8-5，©1948McGraw-Hill）

图 5-42　开槽同轴线巴仑中的同轴传输线模（摘自文[24]，图 8-6，©1948McGraw-Hill）

开槽同轴线巴仑的对称性使得其性能比折叠式巴仑得到了提高。短路线仅仅用于激励 TE_{11} 模并馈电给偶极子臂。折叠式巴仑内导体跳线的额外长度给第二臂引入了相移，从而使波束发生倾斜。由于这个原因，开槽同轴线巴仑是一种更好的高频巴仑。跳线的相移问题也发生在对数周期天线的“无穷”巴仑中。

5.15.4　半波长巴仑

半波长巴仑（见图 5-43）是通过抵消到同轴线输入口的非平衡模电流而起作用的。从非平衡端到平衡端的阻抗变换系数为 4。在非平衡模（偶模）时，给两输出端口施加了相等的电压。当电压波在上面传输线内传输 $\lambda/2$ 后，其相位改变了 180°。该信号抵消了直接连接到同轴线中心导体的信号。

负载经过平衡模传输线的一半路径后成为虚拟的短路电路。在每根平衡模传输线上的负载为 $2Z_0$，Z_0 是同轴线特性阻抗。当围绕整个斯密施圆图转一圈时，在$\lambda/2$ 长传输线末端的负载被传输线变换成理想阻抗。该两负载每个均为 $2Z_0$，在同轴线的输入端并联后变为 Z_0。平衡模的阻抗为 $4Z_0$，在同轴线输入端变换成了 Z_0。在频率较低时，$\lambda/2$ 长的电缆可以卷起来。该巴仑通过利用 RG-59 电缆（75Ω）将折合偶极子的输入阻抗从 300Ω变换到 75Ω。

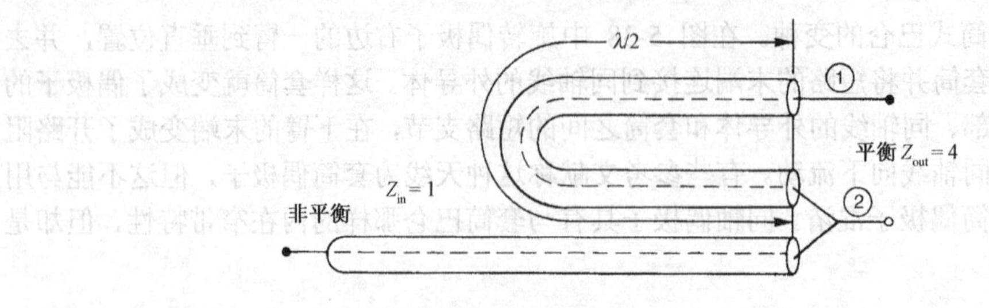

图 5-43 半波长巴仑

5.15.5 烛台形巴仑

烛台形巴仑（见图 5-44）将四倍的非平衡阻抗变换到平衡端口。同轴电缆在平衡端以串联连接，而在非平衡端以并联连接。可以将平衡阻抗一分为二，并将每一半连接到 $2Z_0$ 阻抗的传输线上。然后这些传输线在非平衡端以并联连接。非平衡电流以与折叠巴仑相同的方式在输入端短路到 $2Z_0$ 的同轴线。更多的传输线可以以串联的方式堆积起来，可以得到更高阻抗的变换，但结构上将变得更困难。

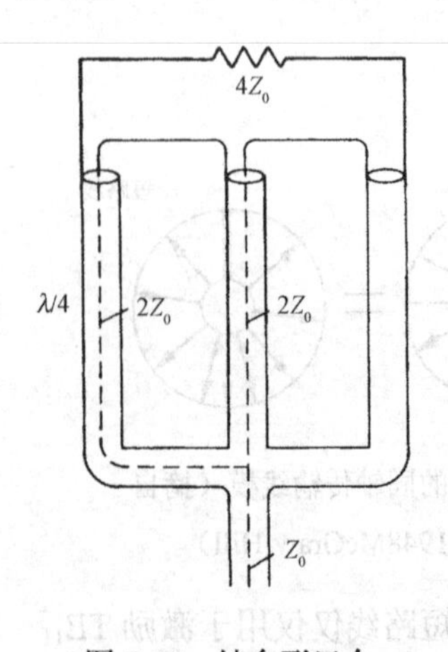

图 5-44 烛台形巴仑

5.15.6 铁氧体芯巴仑

铁氧体芯可以用来增加非平衡电流的负载阻抗，从而减小非平衡电流。在低频时（<100MHz），铁氧体具有高的磁导率。随着频率的增加，磁导率下降了，而内部磁场的损耗增加了。传输线电感增加的特性被用在低频，损耗增加的特性被用在高频以抑制电流。

将铁氧体环或套筒巴仑式铁氧体芯套在同轴线外（见图 5-45），增加了屏蔽层上电流到地的阻抗，从而抑制了地和外面屏蔽层间的非平衡电流。铁氧体巴仑能工作几十年。铁氧体材料在低频通过电感提供了高阻抗。由于铁氧体材料的阻抗随着频率的提高而下降，而套筒巴仑的传输线长接近$\lambda/4$，因此任何铁氧体芯巴仑都是由铁氧体数量控制的低频响应和由传输线长度控制的高频响应两者的折中设计结果。

双线绕在铁氧体芯上构成 1:1 巴仑（见图 5-46（a））。双线很接近于 50Ω至 100Ω特性阻抗的传输线。该巴仑能够很好的工作在 100kHz 到 1GHz 的频段内。当在线圈上有平衡电流时，在铁氧体内就没有净磁场。在非平衡模时，场在磁芯内叠加，并且由于高的电感（低频）或高的电阻（高频），从而提供了高的串联阻抗。由于铁氧体芯引起的地上的额外损耗，在端口 2（见图 5-46（a））的幅度比端口 1 小。这可以通过增加到地的额外绕组来校正（见图 5-46（b）），这就产生了Ⅱ型磁环巴仑。额外的绕组通过给端口 1 增加了损耗从而平衡了输出，但由于铁氧体的加载而在带宽上没有任何增加。

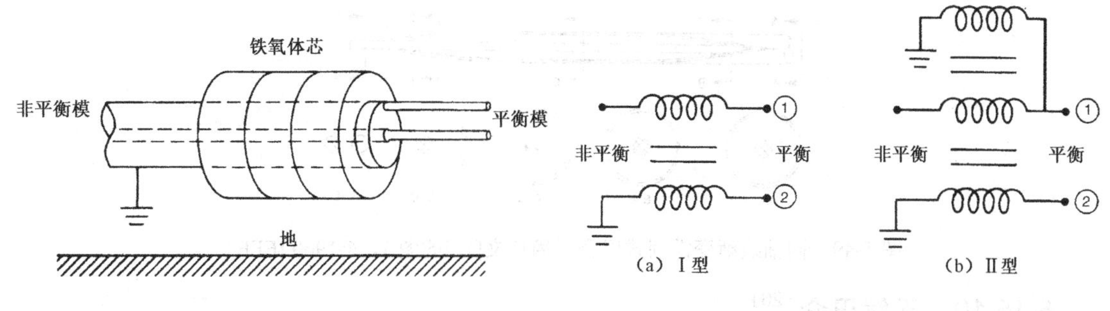

图 5-45　铁氧体芯环巴仑　　图 5-46　双线铁氧体芯巴仑

5.15.7　烛台形铁氧体巴仑

我们可以制造并联到串联的铁氧体巴仑，该巴仑将四倍的非平衡输入阻抗变换到平衡输出（见图 5-47）。对于同轴线情况，绕在磁芯上的传输线的特性阻抗必须是非平衡输入阻抗的两倍。点 3（见图 5-47）虚拟短路，有时将该点连接到地有助于平衡。两组绕组可以绕在同一个磁芯上，例如双孔磁芯。

5.15.8　变换器巴仑

变换器巴仑不能等效为传输线，它仅仅是一个变换器（见图 5-48）。平衡输出阻抗是非平衡输入阻抗的四倍。该变换器以三线绕制而成，输出圈数是输入圈数的两倍，在整个变换器内，每一输出线具有相同的到地阻抗。没有传输线能在比由绕组和铁氧体组成的变换器工作频率更高的频段起作用，不过变换器巴仑是一种好的低频器件。在铁氧体芯巴仑上用 36 号和 38 号线绕制时限制了巴仑的功率容量，从而只能用于接收。铁氧体环巴仑（见图 5-45）是在同轴线内承载能量，从而允许更高的功率等级。

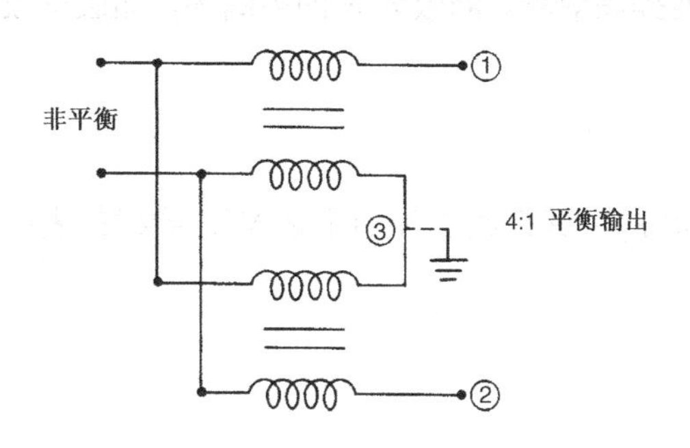

图 5-47　烛台形铁氧体芯巴仑

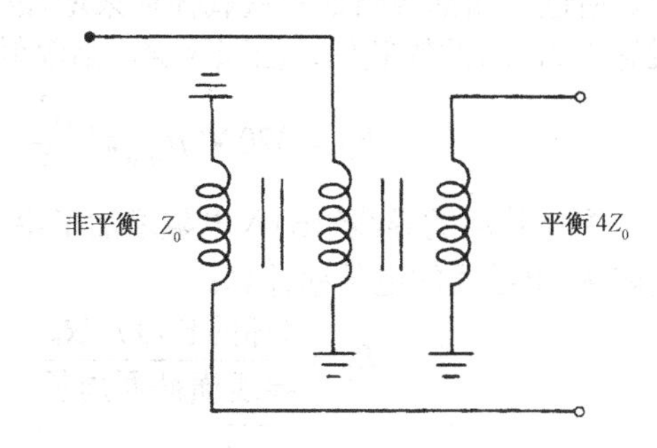

图 5-48　铁氧体变换器巴仑

5.15.9　同轴线渐变锥削式巴仑[25]

同轴线渐变锥削式巴仑从固有的非平衡同轴线开始，随着往平衡端移动，外导体切开一个槽，使内导体显露越来越多（见图 5-49）。在外导体减小到与内导体尺寸相同的点，将平衡双线连接到该两导体。从输入端到输出端的阻抗一定是增加的，这是由于双线的间距等于同轴线的半径，具有比同轴线输入端更高的阻抗。平衡性能依懒于减小变换器的反射波。任何合适的渐变变换器均可以采用，如 Dolph－切比雪夫或指数型渐变，设计的回波损耗是非平衡模的。该巴仑可以制作成微带形式。即将地面渐变到与上面导体的尺寸相同。由于渐变变换器决定了带宽，因此该巴仑可以工作于几十倍的带宽。

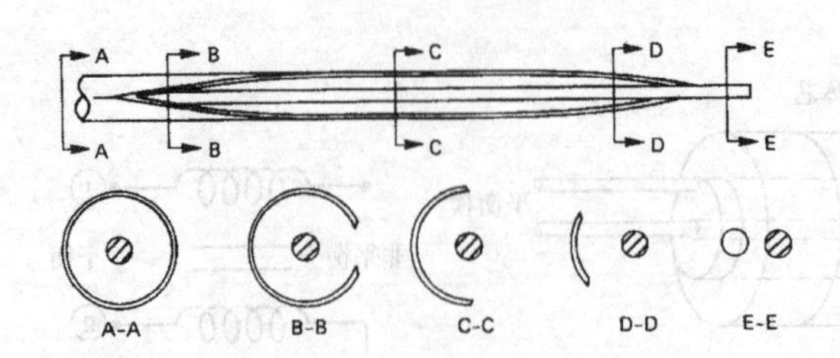

图 5-49 同轴线渐变锥削式巴仑（摘自文[16]的图 1，©1960 IEEE）

5.15.10 天然巴仑[26]

一种天然巴仑是采用同轴线馈电，同轴线顺着环天线到达馈电点，在此处，外面的屏蔽层被切开，内导体跳过间隙连接到同轴线的外面屏蔽层。在该点电流流到外面屏蔽层上并关生辐射。通过沿着同轴线移动相等的距离，直到该两半部分相遇，此处可以连接到馈电同轴线，而不会有电流流到外面。电流沿着环以相反的方向流动，并在连接点相互抵消。从电路的角度看，该连接点类似于折叠式巴仑在其连接点一样，该点对平衡模是虚拟短路的。以类似的方式，在折合偶极子上，可以连接馈电同轴线到短路偶极子的中间，从而形成天然巴仑。

我们还没有列举尽巴仑的设计方法。对数周期天线的“无穷”巴仑将作为该类天线结构的一部分进行讨论。当设计了一副宽波束天线，有时很小的波束倾斜和很小的交叉极化是可接受的，从而该天线可以不用巴仑进行馈电。

5.16 小环

在 2.1.2 节中讨论了恒定电流小环的辐射。对于小环，其电流近似恒定，因而其方向图与位于环的轴线上的短磁偶极子一样。类似于短偶极子，通过计算串联电阻和辐射电阻来计算效率。通过增加耦合圈数和铁氧体棒来增加磁场，从而提高效率。圈数为 N 的多圈环，加载有效磁导率为$\mu_{有效}$的铁氧体，面积为 A，则辐射电阻为：

$$R_{环} = 320N^2\mu_{有效}\pi^4\frac{A^2}{\lambda^4}$$

多圈数环的导线给输入电阻增加了串联损耗电阻 R_L，其正比于 N 而不是 N^2，导线的表面电阻 R_S 由导线的电导率计算：

$$R_L = \frac{(环的长度)NR_S}{导线横截面周长}$$

$$R_S = \sqrt{\frac{\omega\mu_0}{2\sigma}}$$

当圆环半径为 b，导线直径为 $2a$，该环的串联电感为：

$$L_{环} = \mu_0\mu_{有效}N^2 b\ln\frac{b}{a}$$

$$R_L = \frac{b}{a}R_s$$

利用串联损耗电阻和辐射电阻来计算该环的辐射效率：

$$\eta_e = \frac{P_r}{P_{in}} = \frac{R_{环}}{R_{环}+R_L}$$

增加圈数和铁氧体材料能增加辐射效率。

通过沿着铁氧体棒对磁芯的分布磁导率 $\mu_c(x)$ 的积分并除以棒的长度来计算平均有效磁导率[27]。下面是长度为 l 的芯棒磁导率的近似分布式：

$$\mu_c(x)=\mu_{cs}(1+0.106\bar{x}-0.988\bar{x}^2)$$

$$\bar{x}=\frac{2|x|}{l}$$

参数 μ_{cs} 依懒于铁氧体的几何结构。对于直径为 D 的圆柱棒，由下式计算 μ_{cs}：

$$\mu_{cs}=\frac{\mu}{1+(\mu-1)(D/l)^2(\ln(l/D)\{0.5+0.7[1-\exp(-\mu\times10^{-3})]\}-1)}$$

对于高度为 h、宽度为 w（$w \geqslant h$）、横截面为矩形的棒，由下式计算 μ_{cs}：

$$\mu_{cs}=\frac{\mu}{1+(\mu-1)(4wh/(\pi l^2))\{\ln[\beta l/(w+h)]-1\}}$$

$$\beta=4-0.732\left[1-\exp(-5.5\frac{w}{h})\right]-1.23\exp(-\mu\times10^{-3})$$

当环的轴线沿着 z 轴，有效高度 $\mathbf{h}$ 由面积决定：

$$\mathbf{h}=-\mathrm{j}\bar{\mu}_{有效}kA\sin\theta\,\boldsymbol{\theta}$$

铁氧体环天线可在天空噪声很高的低频作为接收天线用，由于天线的低效率而增加的噪声对总的 G/T 值没什么影响。

5.17 ALFORD 环[28]

Alford 环是将共同馈电的两偶极子弯曲成环，当环在地面上水平放置时，辐射水平极化的全向方向图。图 5-50 显示了从同轴线馈电的示意图，同轴线给两并联的平行板传输线馈电。平板偶极子和传输线的侧面中心基板分开（图中没显示）。两偶极子方向相反使它们之间产生了 180° 相移。奇模馈电时在同轴线的轴线方向产生方向图零点，这减小了同轴线外面激励起的电流，从而不需要巴仑。按使得环的周长近似为 1λ的方式放置环，并调整平行板传输线的阻抗使其将偶极子的阻抗变换到 100Ω，此处两偶极子以并联连接。

当将 Alford 环放在开缝圆柱内时可改善水平面方向图[29]。图 5-51 是圆柱接触到地面前的仰视图，显示了环在开缝圆柱内的放置情况。0.38λ直径的圆柱有四条缝，每条缝长为 0.5λ，且末端开路。切割这样的一个缺口，沿着圆周约 0.2λ，沿着圆柱轴线约 0.12λ，使得圆柱接触到地面后缝是开路的。当然，同轴线穿过地面连到接头。我们将平行板传输线指向两条缝中间的位置，因此每副曲线偶极子给两条缝馈电。图 5-52 给出了该天线在水平面上的典型方向图。这种天线是分析利用偶极子和缝相互作用来改善方向图的又一个例子。

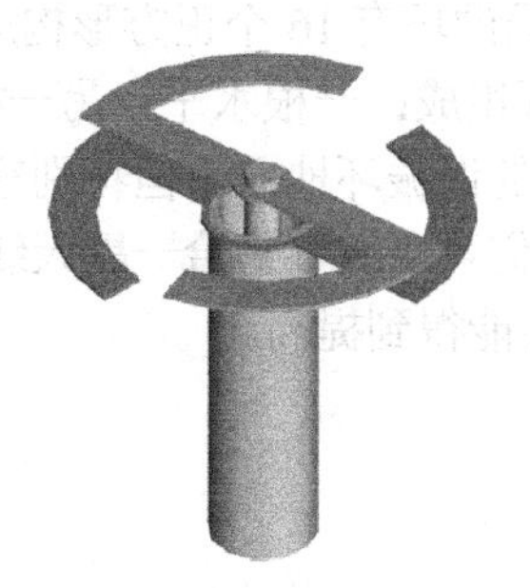

图 5-50 由同轴线给平行板传输线馈电的 Alford 环

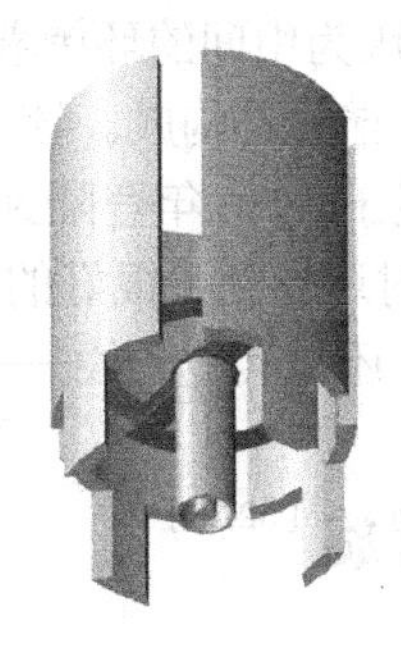

图 5-51 从接地端看 Aflord 环给开缝圆柱馈电的视图

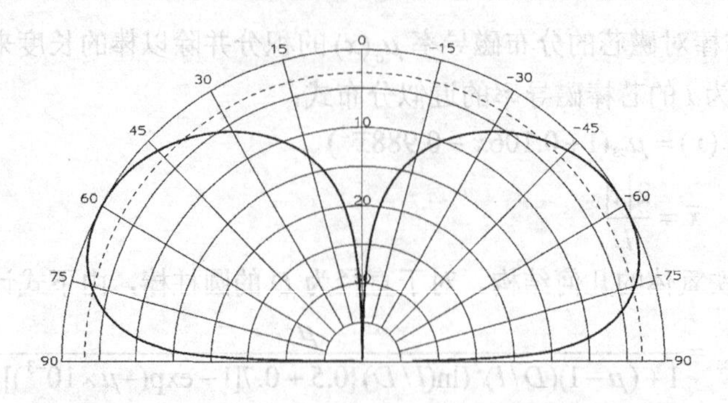

图 5-52　奥尔福德环馈电的开缝圆柱的水平极化方向图

5.18　谐振环 [19, 30]

折合偶极子的周长为一个波长，任何形状的环当其周长接近一个波长时将谐振。电流在折合偶极子上是正弦分布，在环上也是。折合偶极子具有偶极子的方向图，在电压通过馈电点的方向是方向图零点。当环相对馈电点几何对称时保持着这种方向图特性。如果环的形状在 H 面断开，则会使偶极子的 H 面方向图由正常的理想圆而发生变形，与环所在面内的方向比，在垂直于环的方向存在 3dB～4dB 的峰值。E 面的零点被交叉极化方向图填充后变成比波束最大点低约 20dB。

由于环上的电流是正弦分布的，因此与馈电点相对的点和沿着环的圆周一半的点是虚拟的短路点。电流在虚拟短路点和馈电点达到最大。由于驻波电流很大，因此可以期望得到中等的输入电阻。当圆环的周长为 1.08λ时其输入电阻约为 130Ω。如果环是平行四边形，谐振输入电阻依懒于馈电点导线间的角度，该电阻从折合偶极子的约 300Ω开始，然后随着角度的减小而减小，当导线间角度为 120° 时，电阻约为 250Ω，当角度为 60° 时，电阻下降到了 50Ω。四种通常形状的环是：①圆；②正方形（四边形）；③平行四边形；④三角形。改变形状会影响谐振的输入电阻，而谐振的周长对输入电阻的影响很小。天线的 Q 值与半波偶极子一样，增益等于全波偶极子的增益，即 3.8dB。

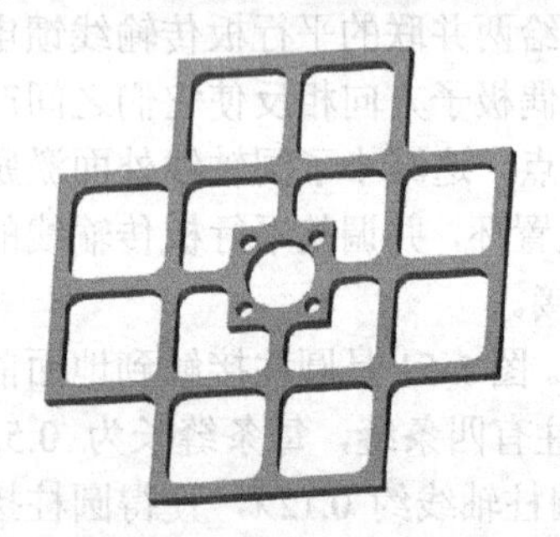

图 5-53　用于交叉偶极子的 1λ和 2λ 组合的谐振环地面，正方形边长$\lambda/8$

图 5-53 分析了一个作为偶极子地的谐振环，偶极子离环距离为$\lambda/4$。每一个正方形的边长为$\lambda/8$，中间正方形有巴仑的安装孔。因为中间的环围着 8 个正方形，而外面的环有 16 个正方形构成边长为 2λ的环，因此该地面由两个谐振环构成。该天线每一臂由两根杆组成：一根水平，另一根倾斜 30° 。两种形式的该类天线于 1976 年登陆到了火星上[31]。这样的谐振环地面不但特别轻，而且这样的地面横截面只有 1λ时还得到了很好的前后比（F/B）。我们可以很容易给一副天线增加一个谐振环——不管是偶极子还是其他天线——而且可期望天线性能得到提高。

5.19　四臂螺旋 [32,33]

四臂螺旋由绕成螺旋形状的两对互相缠绕的谐振环构成。虽然该天线可以用两个开路的 U

形导线制成，但通常用两个环来实现。当环形四臂螺旋的每一环的周长略大于一个波长时就达到谐振，这类似于平面的谐振环。馈电时产生了驻波电流分布，峰值点在馈电点和连接两螺旋线末端短路的中点。电流分布的零点发生在沿着螺旋线段一半的地方。该天线零点下面的一半可以去掉，从而形成双开路 U 形天线。四臂螺旋天线的每臂为半圈，每臂直径为 0.174λ，高度为 0.243λ，当对其等幅正交馈电时，辐射波束宽度为 120° 的圆极化方向图。

如果考虑单绕的环，z 轴指向螺旋轴线方向，通过对导线环采用 MOM 方法分析，可发现其独特的辐射特性。分析结果表明位于馈电点和短路线上的等幅反向的电流减小了靠得很近的直线段的辐射。沿着螺旋线的电流是相位渐变的行波，通过零点时产生 180° 相移除外。该行波电流辐射圆极化波。

考虑按右手准则绕成螺旋的环天线。该环天线辐射方向图的波瓣指向+z 和−z 轴，都是左旋圆极化。如果将螺旋翻转使其两端互换，则还是保持原来的状态。不管是在天线的顶部还是底部的直线段中心馈电，天线上的电流分布是一样的，方向图的极化也一样。当按左旋圆极化的移相方式（x 轴 0°，y 轴 90°）给右手螺旋方式的两个环天线馈电时，该两个环天线产生的沿 z 轴方向的两个左旋圆极化波瓣相互叠加，而沿−z 轴方向的相互抵消，这是由于沿−z 轴方向的馈电相位是右旋方式的。当然，利用左旋螺旋和右旋馈电相位产生右旋圆极化。

图 5-54 显示了左手旋向的半圈式四臂螺旋，辐射右旋圆极化波。通常采用双折叠巴仑给该天线馈电，并将两个端口连接到一个混合耦合器，从而产生圆极化。巴仑的短路处是离馈电点 $\lambda/4$ 的一个圆盘，四根同轴线均穿过该圆盘。将同轴线全部焊接到圆盘上形成折叠巴仑的结构。在馈电点增加两根跳线。如图 5-54 所示，可以利用巴仑的结构来支撑两个螺旋线。第二种结构是采用自支撑的螺旋线，在底端由双巴仑馈电。该天线工作在带外时，由于来自于两个环的相等的反射功率到了混合耦合器的负载上，因此即使该天线在混合器端口匹配良好，但还是效率很低。虽然两个螺旋间的互耦改变了输入阻抗，但每个单螺旋还是与整副天线有几乎一样的阻抗。

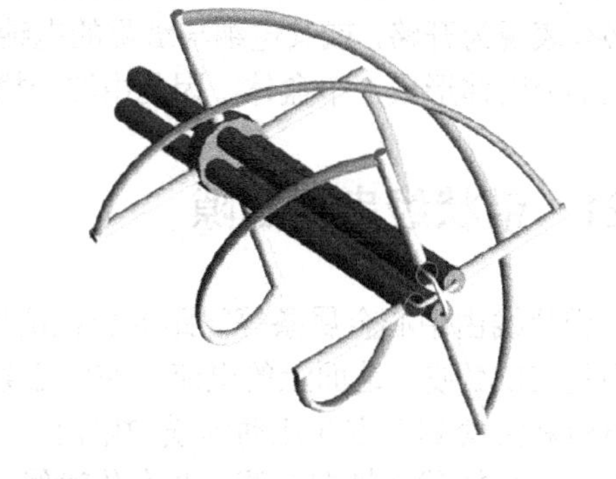

图 5-54　由两个折叠式巴仑馈电的半圈式四臂螺旋

当环的长度比谐振长度更长或更短时引起阻抗的改变而产生相位差，因此如果利用不等长度的螺旋线来产生相差，可以采用旋转场方式给四臂螺旋馈电。这是类似于 5.6 节的一种改进型，即通过所需环尺寸的改变来产生圆极化方向图。对于半圈式的螺旋其螺旋线长度决定了谐振频率：

$$\text{螺旋线长度}=\sqrt{(2\cdot H)^2+(\pi\cdot D)^2}+2\times\text{直径} \tag{5-18}$$

由 5.6 节可知，产生圆极化方向图的两螺旋线长度的比值与天线的带宽（Q）有关。如果保持两螺旋的直径（D）一致，则应改变螺旋高度（H）：

$$\frac{\sqrt{(2H_1)^2+(\pi D)^2}+2D}{\sqrt{(2H_2)^2+(\pi D)^2}+2D}=1+\frac{1}{Q} \tag{5-19}$$

当两个环都连接到位于中心的同轴线巴仑时，就可以采用开槽管巴仑进行馈电。将式（5-19）按式（5-11）的方式分开来计算两个新的高度：

$$\sqrt{(2H_x)^2+(\pi D)^2}+2D=\frac{\sqrt{(2H_0)^2+(\pi D)^2}+2D}{\sqrt{1+1/Q}} \quad (右旋圆极化)$$
$$\sqrt{(2H_y)^2+(\pi D)^2}+2D=\left[\sqrt{(2H_0)^2+(\pi D)^2}+2D\right]\sqrt{1+1/Q} \tag{5-20}$$

半圈式四臂螺旋天线，直径＝0.174λ，高度＝0.243λ，其驻波比小于 2:1 的带宽为 3.2%。利用式（5-10）来计算天线的带宽 Q，其值等于 22.1。利用式（5-10）计算未改变过的螺旋线长度等于 1.079λ。当将 Q 值和螺旋线长度代入式（5-20），可以很容易的求出两个高度：H_x=0.2248λ和 H_y=0.2608λ。这里假定该天线是左手螺旋，辐射右旋圆极化波。当以合适的尺寸制作该天线时，在交叉极化最小的频率上测得的斯密施圆图是一个小环。两个短路的环不是在与馈电点相对的点相遇，而是相互交叉。我们可以设计一种旋转场式的四臂螺旋，使两个环的高度一样，并采用式（5-20）来计算两个环的直径。

5.20 带背腔的缝隙

在地面上仅单侧辐射的缝隙是单极子的对偶天线。就像单极子的情况，将辐射限制在地面上方将使得增益加倍。通过缝隙的电压决定了场强。由于辐射的功率仅仅是向两侧辐射的缝隙的一半，而场的峰值一样，因此输入阻抗加倍了。本来已经很高的缝隙阻抗变得更高了。腔体在缝隙处必须表现为开路，或其电纳与缝隙的电纳组合后形成谐振。通常腔体取四分之一波长深度。由于大部分腔体形成一个盒体，因此由波导模决定的传播常数（波长）用来确定腔体深度。

5.21 带状线串联缝隙

带状线由中心金属条等间距的放在两地面之间而构成。在中心条带和两地面之间支持同轴线型的 TEM 波。地面上的电流与在中心条带上流动的电流匹配。波导内有沿着轴线流动的轴向电流和沿着侧壁方向流动的横向电流。由于 TEM 波没有横向电流，因此，任何在地面上切割的缝隙只能截断轴向电流，并在传输线上表现为串联负载。缝隙在传输线上表现出的负载是辐射电导和储能电纳的并联组合。低数值的感抗将功率分流到短缝隙的高电阻周围。电感随着电长度的增加而增加，并且支持更高电压通过缝隙的辐射电阻，这增加了辐射功率。电长度接近$\lambda/2$ 时，电感增加到了反谐振的数值，此时电长度进一步增加而容抗将减小。

Oliner [34] 给出了缝隙电导对带状线特性阻抗的归一化表达式。当非归一化时，为：

$$G=\frac{8\sqrt{\varepsilon_r}}{45\pi^2}\left(\frac{a'}{\lambda}\right)^2\left[1-0.374\left(\frac{a'}{\lambda}\right)^2+0.130\left(\frac{a'}{\lambda}\right)^4\right] \tag{5-21}$$

式中，a'是缝隙的长度，ε_r 是带状线基板的介电常数。在文献［35］中可得到所有串联导纳更多的完整表达式，但是接近谐振时式（5-21）足够了。

大多数带状线是蚀刻在介质基板上的。介质填充了缝隙，减小了谐振长度。缝隙内的有效介电常数为 [36]：

$$\varepsilon_r'=\frac{2\varepsilon_r}{1+\varepsilon_r} \tag{5-22}$$

缝隙长度决定了辐射电导。减小谐振长度增加了谐振时的辐射电阻。

例：在带状线电路中，由聚四氟乙烯玻璃纤维编织的介质板（ε_r =2.55）支撑的一条谐振长度的缝隙，在空气中对应谐振长度 $a'=0.48\lambda$，计算在介质板上时的谐振长度和中心馈电的辐射电导。

由式（5-22）得到有效介电常数为 1.44。有效介电常数减小了谐振长度：

$$\frac{a'}{\lambda}=\frac{0.48}{\sqrt{1.44}}=0.40$$

由式（5-21）计算得到谐振电导为 3.27mS 或电阻 306Ω。高的阻抗需要偏馈以使缝隙与带状线匹配。为减小输入阻抗而从缝隙中心偏馈的位置为：

$$\xi=\frac{a'}{2}-\frac{\lambda}{2\pi\sqrt{\varepsilon_r'}}\arcsin\sqrt{\frac{Z_{in}}{Z_c}} \tag{5-23}$$

可以确定缝隙的 50Ω和 100Ω的馈电点为：

$$50\Omega:\ \xi=\frac{0.40\lambda}{2}-\frac{\lambda}{2\pi\sqrt{1.44}}\arcsin\sqrt{\frac{50}{306}}=0.145\lambda$$

$$100\Omega:\ \xi=\frac{0.40\lambda}{2}-\frac{\lambda}{2\pi\sqrt{1.44}}\arcsin\sqrt{\frac{100}{306}}=0.119\lambda$$

在 2GHz 时，缝隙的尺寸和馈电点位置为：

$$a'=6\text{cm}:\ \xi=2.17\text{cm}(50\Omega)\quad 离边缘0.83\text{cm}$$

$$\xi=1.79\text{cm}(100\Omega)\quad 离边缘1.21\text{cm}$$

增加缝隙的宽度将减小阻抗，其阻抗低于上面给出的窄缝的结果，并将需要通过实验的方法找到确切的馈电点。测量了中心馈电的阻抗后可以利用式（5-23）来计算近似的偏馈点。

图 5-55 显示了典型的带状线馈电的缝隙。在缝隙的位置将中心条带短路到地，使得在缝隙处产生最大的电流进行馈电。超过缝隙上面的四分之一波长的开路电路在缝隙处产生相同的最大的驻波电流。方便性决了采用哪种馈电方法。缝隙仅在顶部的地面截断电流。两个地面上不相等的电流使带状线不平衡，并且在两个地之间激励起平行板模。波导壁上的缝隙也激励更高阶的模，但由于这些模低于截止频率而不能传播。平行板模是另一种 TEM 模，其没有低截止频率。这种模的能量从缝隙传播出去，并且以非想要的方式耦合到其他的缝隙，或从边缘辐射出去。

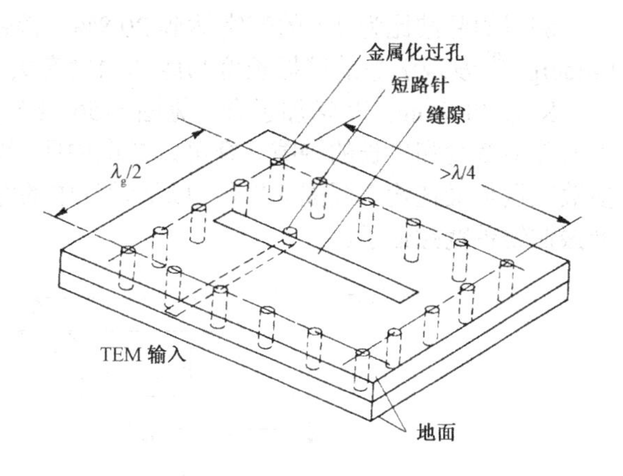

图 5-55　带状线馈电的串联缝隙

两地面间的短路针能抑制缝隙周围的平行板模。将针排成行并与缝隙的轴线平行，离缝隙的距离为四分之一波长，这些由针排成的行在缝隙处表现为开路阻抗。再加上侧面由针排成的行就构成了一个盒子，将平行板模转变为波导的 TE_{10} 模。由短路针排成的行和两地面构成的盒子形成了一个谐振腔，与缝隙的导纳并联。谐振腔使得缝隙中间成为驻波电流的零点，不产生激励作用。只有正常的带状线上的电流给缝隙馈电。

从阻抗的观点看，谐振腔是第二种平行谐振电路，它增加了天线的储能。Q 值增加而带宽减小。由于只有一部分获得的功率将由于缝隙的不连续性而转变为平行板模，因此将腔体作为通过变换器耦合到输入端的电路来分析。变换器增加了谐振腔在输入端的阻抗，并控制缝隙和谐振腔之间功率的分配。腔体电抗的斜率将带状线馈电缝隙的带宽限制为百分之几。增加波导腔体传输线的阻抗减小了由腔体引入的电抗斜率。我们通过增大地面之间的距离来增加带宽，同时增加了波导传输线的阻抗。通常，天线的体积越大则阻抗带宽越宽。

将缝隙相对于带状线馈电线旋转能减小缝隙作为传输线的负载量。波导上壁的串联缝隙间的关系［式（5-34）］适用于这种情况。当非辐射的带状线中心导体以一个角度到达缝隙时，缝隙还是保持其极化特性。为减小交叉极化，在波导上旋转的缝隙必须是成对且对称的。纵向阵列[37]可以通过将所有缝隙放在盒子内带状线的中心线上来构成。边缘镀金属或者一系列金属化过孔构成波导结构，其仅支持 TE_{10} 模。放在中心线上的缝隙（见图 5-59 中的缝隙 c）不能截断波导模电流。带状线拐弯后改变了激励，这是由于改变了缝隙和带状线中心导体间的角度。每条缝隙都是很小的负载，它激励起了很小的平行板模，这引起了不需要的缝隙耦合。由缝隙实现行波线阵和谐振线阵都是可能的。对缝隙阵的论述详见 5.26 节。

5.22 浅腔体的十字缝隙天线

对图 5-55 中缝隙的馈电，可以通过在缝隙两边的两点以奇模激励腔体来实现。为了使得能激励双极化，将缝隙一分为二，并将此两部分各向相反方向旋转 45° 形成十字形。采用正方形腔体来保持对称性，并以金属壁代替短路针［见图 5-56（c）］。由于从十字缝隙的对角面馈电，因此同时激励了两条缝隙。从两条缝隙辐射的总场沿对角面方向极化。通过将十字缝隙的长度加到最长来增加辐射，这降低了 Q 值（增加了带宽）。腔体补偿了缝隙的电纳来达到谐振。这里的十字交叉缝隙天线按以下尺寸制成：

腔体边长：0.65λ；腔体深度：0.08λ；缝隙长度：0.915λ

测得的驻波比为 2:1 的带宽达到 20.8%。该带宽超过了相同厚度的微带贴片带宽约 $\sqrt{2}$ 倍。Linderg[39] 发现缝隙的谐振长度与腔体深度有关，并需要通过实验调整。

King 和 Wong[41] 增加了脊［见图 5-56（b）］来增加带宽。加脊天线比不加脊天线需要更大的腔体宽度和更长的缝隙。脊可以是图中所示阶梯形的以增加带宽。增加脊后提供了额外的参数来调整最佳输入匹配的性能。以下设计中的脊形状不变，驻波比为 2.5:1 的带宽达到 58.7%，谐振曲线带宽翻倍了。

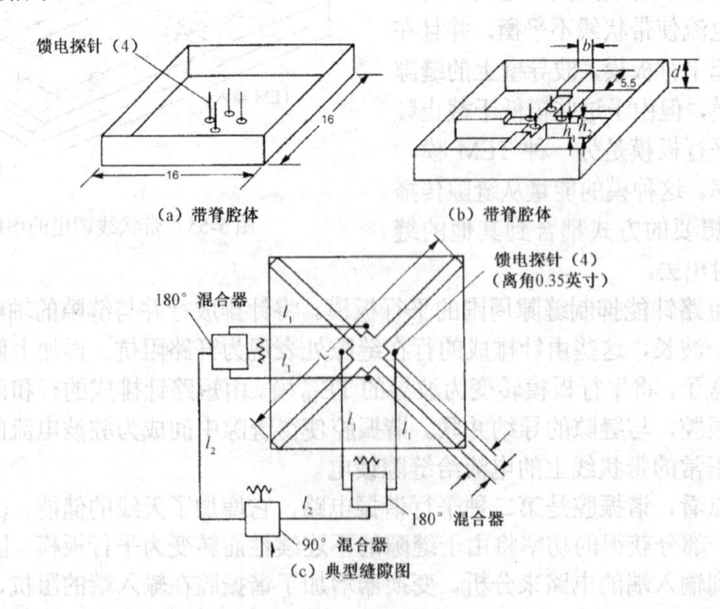

图 5-56 浅腔体十字缝隙天线。所有尺寸均为英寸（摘自文[38]的图 2，©1975 IEEE）

腔体边长	0.924λ;	缝隙宽度，W_2	0.058λ;
缝隙长度	1.3λ;	脊高度	0.076λ;
脊宽度	0.087λ;	馈线宽度，W_1	0.144λ;
腔体厚度	0.115λ		

脊和缝隙的形状都可以改变以提高性能。按图 5-56（c）方式馈电的天线沿视轴方向辐射圆极化波。在水平面（从视轴旋转 90°）附近，由于某一缝隙为方向图零点，从而变为线极化。

5.23 波导馈电的缝隙[24, 40]

波导是缝隙的理想馈电传输线。虽然其阻抗不能被唯一定义，但所有可能的选择——电压比电流、功率比电流、功率比电压——均产生高阻抗值并与半波缝隙的高阻抗值匹配。波导提供了一种具有屏蔽场作用的刚性结构。缝隙与内部场产生耦合，这样很容易制作线阵，并由波导内的行波或驻波馈电。通过控制缝隙在波导壁上的位置，可以控制对缝隙的激励幅度。

当缝隙切断波导壁上的电流时，波导内的场就激励该缝隙。当缝隙被激励后，缝隙就成为波导传输线的负载。对波导壁上的缝隙作以下假设：

（1）缝隙的宽度是窄的。当增加缝隙的宽度时，必须要么将其作为波导壁上的开口来考虑，要么假定为切割两个坐标方向的电流而对其激励。

（2）缝隙为谐振长度，且其长度接近$\lambda/2$。波导所处的环境、波导壁的厚度、缝隙在波导壁上的位置都会影响谐振长度。在大多数情况下，必须采用实验的方法来确定谐振长度。

（3）电场指向缝隙的窄边方向，沿缝隙长边方向按正弦变化，并与激励场无关。这重申了上面的假设（1）和（2）。一个口径面辐射的极化与入射场的极化一致，但谐振长度的缝隙只能被正弦电压驻波激励，因此缝隙的方向决定了极化方向。

（4）波导壁是理想导体并且无穷薄。虽然波导壁有一定厚度，但这对一般的缝隙激励公式影响很小。在谐振长度的情况下，实验确定了少量的参数值，其余参数必须通过这些值用内插法得到，或者这些参数值为更详细的模型提供常数。

5.24 矩形波导壁上的缝隙

矩形波导中的最低阶模（TE_{10}）的场如下[41]：

$$\begin{aligned} E_y &= E_0 \sin(k_c x) e^{-jk_g z} \\ H_x &= -\frac{k_g E_0}{\omega\mu} \sin(k_c x) e^{-jk_g z} \\ H_z &= -\frac{k_g E_0}{j\omega\mu} \cos(k_c x) e^{-jk_g z} \end{aligned} \tag{5-24}$$

式中，$k_c = \pi / a$，$k_g^2 = k_c^2 - k^2$，a 是波导的宽度，截止波长 $\lambda_c = 2a$。可以将矩形波导中 TE_{10} 模的场分成两个平面波，沿着与波导轴线成一个角度的方向传播，并从两窄壁产生反射。将波与波导中心线或波导窄壁的夹角表示为ξ，波导中的传播特性与该角度关系如下：

$$\xi = \arcsin(\lambda / \lambda_c) \tag{5-25}$$

在高频端，$\xi \to 0$，波的传播直接通过波导，就像波导壁不存在一样。当波长接近截止频率的波长时，$\xi \to 90°$，波在波导的侧壁之间来回反射，而不是在波导内传播。将这个角度因子代入缝隙对波导传输线的加载作用的等式中，可以与传播联系在一起：

$$波导内波长，\lambda_g=\frac{\lambda}{\cos\xi}=\frac{\lambda}{\sqrt{1-(\lambda/\lambda_c)^2}}$$

$$相速，V_{\mathrm{ph}}=\frac{c}{\cos\xi}，群速=c\cos\xi$$

$$相对传播常数，P=\frac{\lambda}{\lambda_g}=\cos\xi$$

为了分析，将在波导内反射前进的场分成纵波的 z 轴方向的场，和横波的 x 轴方向的场，横波是两窄的波导壁之间的驻波。驻波引起传输线中的电压和电流产生 90° 的相位差，如图 5-1 所示。在波导壁上激励起的电流相位相对于电场为 90°。

波导壁上的电流 $\mathbf{J}_s$ 定义为 $\mathbf{J}=\mathbf{n}\times\mathbf{H}$，$\mathbf{n}$ 是波导壁的单位法矢。当对波导壁应用该边界条件时，得到波导壁上的电流为：

侧壁：

$$J_y=-\mathrm{j}\frac{E_0k_c}{\omega\mu}\mathrm{e}^{-\mathrm{j}k_gz}$$

下壁（y=0）：

$$\mathbf{J}_s=\frac{E_0}{\omega\mu}\mathrm{e}^{-\mathrm{j}k_gz}\left[k_g\sin(k_cx)\mathbf{z}+\mathrm{j}k_c\cos(k_cx)\mathbf{x}\right] \tag{5-26}$$

上壁（y=b）：

$$\mathbf{J}_s=\frac{-E_0}{\omega\mu}\mathrm{e}^{-\mathrm{j}k_gz}\left[k_g\sin(k_cx)\mathbf{z}+\mathrm{j}k_c\cos(k_cx)\mathbf{x}\right]$$

式（5-26）显示了横波电流的相位落后电场 E_0 为 90°。随着波在波导内的传播，电流在两种类型电流间转换。在由短路引起的沿着 z 轴形成驻波的情况下，通过波导的纵波电流相位落后于电场 90°（见图 5-1）。横波电流的幅度峰值发生在与沿着 z 轴方向驻波电场的相同点，两者相位都落后于纵波电流 90°。侧壁电流 J_y 只有横波电流。上、下的宽壁既有 x 轴方向的横波电流又有 z 轴方向的纵波电流。图 5-57（a）显示了这些横波的方向和幅度分布。缝隙切断这些电流相当于给波导并联加载。在沿着 z 轴的纵波中，这些横波沿 z 轴方向传播。

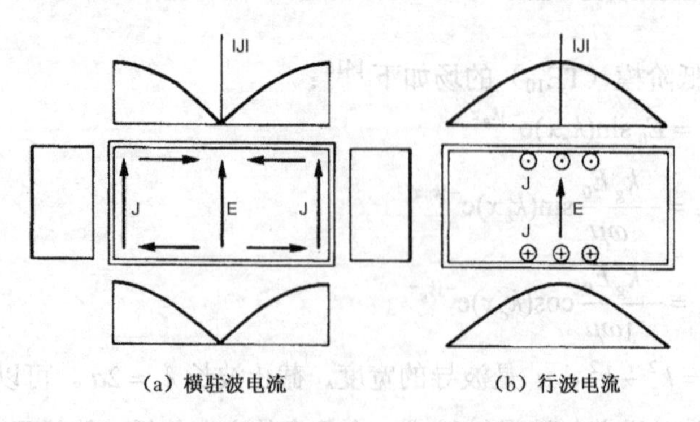

图 5-57 TE$_{10}$ 模矩形波导壁上的电流

式（5-26）显示了横波电流相位超前纵波电流 90°。图 5-58 显示了当波导终端短路时沿着 z 轴方向两种类型的电流。当测量切断横波电流的缝隙时，需要将波导的短路放在离缝隙 $\lambda_g/4$ 或 $3\lambda_g/4$ 的位置。这使得横波电流的峰值在缝隙处波导壁周围流动，如图 5-58 所示，而此处纵波电流为最小值。第二种考虑是作为波导的并联负载。波导的$\lambda_g/4$部分将波导终端的短路（对于纵波电流）变换成在缝隙处的开路。从电压的观点看短路支节的电纳为最小。对于切断纵波电流的串联加载缝隙，将短路放在离最后的缝隙$\lambda_g/2$处。这使得在缝隙处的电流最大，并使得缝隙与波导中的场产生最大的相互作用。图 5-58 显示了离开$\lambda_g/2$在波导的下一电流最大点放置下一条缝隙的位置。图 5-57（a）显示了横波电流的流动，可以看出电流流向中心线，中心线两边的电流相位为 180°。图 5-58 中的两条缝隙被相反方向的电流激励，这在缝隙之间增加了 180° 移相。这个移相值补偿了内部驻波电流由于$\lambda_g/2$的间距而产生的 180° 移相。

波导上壁和下壁上纵向缝隙切断了 x 方向的横向并联电流。中间的缝隙 c 位于电流零点，没有被激励。我们利用该无辐射的缝隙插入行波探头来测量电压驻波比 VSWR。离开中心的缝隙 d 和 e 切断了 x 方向的电流并被激励。并联电导有以下关系：

$$g = g_1 \sin^2 \frac{\pi x'}{a} \tag{5-27}$$

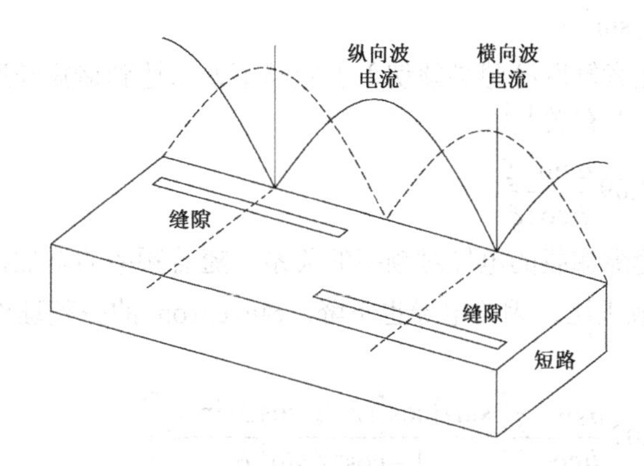

图 5-58　短路波导纵向波和横向波电流以及壁上的纵向缝隙位置

式中，x'是离开波导中心线的距离。在上壁或下壁中心线两侧的并联电流具有不同的方向（见图 5-57（a））。除了波的传播引起的相位差，缝隙 d 和 e（见图 5-59）有 180° 相位差。由于上壁所有的纵向缝隙保持相同的方向，因此不会产生交叉极化。电导峰值g_1与波在波导内的方向关系如下[41]：

$$g_1 = 2.09\frac{a}{b}\frac{\cos^2[(\pi/2)\cos\xi]}{\cos\xi} \tag{5-28}$$

式（5-28）表明，对于给定离中线的距离，电导随着频率趋于截止频率而增加，$\xi \to \pi/2$。

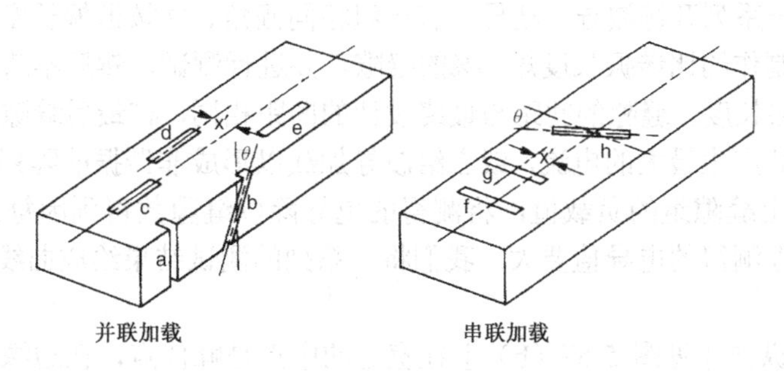

图 5-59　TE_{10}模矩形波导壁上的缝隙

我们不能利用式（5-27）和式（5-28）来进行设计，因为它们不包括波导壁的厚度，并且还需要确定准确的谐振长度。谐振长度依懒于离开中线的距离。幸运的是纵向缝隙间的耦合足够小，因此可以对单条缝隙进行测量。Elliott 推荐了一种对纵向缝隙的测试方法[3]。我们制作了一系列开缝的波导，每根波导都包含一条离中线不同距离的缝隙。七种情况就足够来形成设计曲线了。我们需要滑动短路片沿着波导滑动进行调整，直到驻波电流峰值在缝隙处，从而产生最大的辐射和电导。利用网络仪测量相对于波导阻抗的归一化电导。刚开始时，将缝隙切割地很短，测量其结果，然后利用相同的波导将缝隙切割地长一些，重新测量，直到缝隙长度超过谐振长度。

由于加工测试缝隙的代价很高，并且需要仔细得测量，因此确定缝隙参数的分析方法就变得很有吸引力了。FEM 程序可以对缝隙、波导、壁厚这些细节进行建模。类似于测试法，该程序通过几个循环的运算即可产生设计曲线。

侧壁的缝隙（见图 5-59）切断了并联横波。缝隙 a 没有切割表面电流，因此没有被激励。将缝隙倾斜成缝隙 b，就切割了电流。对于 $\theta < 30^\circ$ 的侧壁缝隙的电导为：

$$g = g_0 \sin^2 \theta \tag{5-29}$$

式中，g_0 是电导峰值。注意侧壁缝隙必须切入上壁和下壁以达到谐振长度。电导峰值与波在波导内的方向［式（5-25）］有关[1]：

$$g_0 = 2.09 \frac{a \sin^4 \xi}{b \cos \xi} \tag{5-30}$$

式（5-30）显示了缝隙加载的电导对频率的关系。随着频率的增加，角度 ξ 减小，由于电导与角度正弦的四次幂成正比，因此电导也下降。Stevenson 的完整理论给出了任意倾斜缝隙的电导[42]：

$$g = 2.09 \frac{a \sin^4 \xi}{b \cos \xi} \left[\frac{\sin\theta \cos[(\pi/2)\cos\xi \sin\theta]}{1 - \cos^2 \xi \sin^2 \theta} \right]^2 \tag{5-31}$$

为切断电流而将缝隙倾斜后，在阵列方向图中引入了交叉极化。可以通过交替改变倾斜的方向来减小交叉极化。有两种情况使得交叉极化不能被全部抵消。第一种情况，阵列的幅度渐变改变了单元间的幅度，因此交叉极化场不能相互抵消。第二种情况，阵列中的缝隙相对中心线对称并交替倾斜，单元数为偶数时，则在视轴方向没有交叉极化，但在偏离视轴方向，由于每个单元的交叉极化没有被抵消，因此有一定间距的单元对阵列的影响而产生了交叉极化方向图。

虽然式（5-29）和式（5-30）给出了缝隙的电导，但不能用于设计。它们假定波导壁无穷薄，并忽略了沿着波导壁的大量辐射。这些缝隙与相邻缝隙存在互耦。有效的电导需要包含互电导。为此制作了一系列开缝波导，波导上有一组相同倾角、并按谐振长度切割的缝隙。这意味着我们将首先要制作约比谐振长度短 5%的缝隙，并进行测试，然后不断加长缝隙进行重复测试，从而找到谐振长度。缝隙的间距与最终设计的间距相同，在最后缝隙后面的位置设为短路以使在所有缝隙处产生最大的电流，或者给波导加载以形成非谐振的阵列。利用网络分析仪来测量波导传输线上缝隙组的负载值，将测得的电导除以缝隙数得到因每条缝隙而增加的电导，该值比对单缝隙测得的电导值要大。我们将一系列的测试结果绘成曲线代替式（5-29）用于设计。

沿 z 轴方向的纵波［见图 5-57（b）］在宽边的中点是峰值点，在边缘渐变到零，在侧壁保持为零。当将横向的缝隙 f 和 g（见图 5-59）放在中心时，切断了最大电流。当将缝隙移离中心时（如缝隙 g），它们对波导的串联负载将下降：

$$R = R_0 \cos^2 \frac{\pi x'}{a} \tag{5-32}$$

最大电阻与波导中波的方向有关：

$$R_0 = 2.09\frac{a}{b}\frac{\sin^2 \xi}{\cos^3 \xi}\cos^2\left(\frac{\pi}{2}\sin\xi\right) \tag{5-33}$$

式（5-33）的计算表明，对于给定位置的缝隙，电阻随着频率接近截止频率而不断增大，对于其他缝隙的情况类似于该结果。这些串联缝隙间的互耦很强。类似于侧壁缝隙那样，我们采用逐渐增加电阻的实验方法来求实际电阻值与偏移量的关系。

旋转宽壁上的横向缝隙 h，从而减小对 z 轴方向电流的切割。当缝隙处于中心时，该缝隙切割了大小相等、方向相反的并联电流，因此该缝隙对旁路电流不表现为负载。

$$R = R_0 \cos^2 \theta \tag{5-34}$$

可以通过探针耦合到波导来激励缝隙 a 和 c。将探针穿过缝隙伸进波导，从而给缝隙馈电。探针越长，则对波导中激励缝隙的场的扰动越剧烈。当将探针放在缝隙的另一侧时，感应场的相位发生 180° 变化。

5.25 圆形波导缝隙

图 5-60 显示了圆形波导主模 TE_{11} 模的横波和纵波电流。缝隙只能放置在电流最大处，才能不影响波导内部波的极化。倾斜 45° 放置在两最大电流中间的纵向缝隙，仅仅切割并联横波。由于在圆波导内的波任何极化均有可能，为便于分析，将入射波分成两种波。一种波的极化沿着缝隙方向，另一种波的极化垂直于缝隙轴线。极化方向垂直于缝隙的波，其电流最大值在缝隙处，因而缝隙将能量从波中分离了出来。其他的波在缝隙处产生电流零点。当将两种场在经过缝隙后合成时，由于未被加载的波要大，从而合成波的极化向缝隙方向发生了旋转。圆周上的缝隙切断了纵波电流，当缝隙不是位于电场方向中心 90° 时，也会使波发生极化偏转。

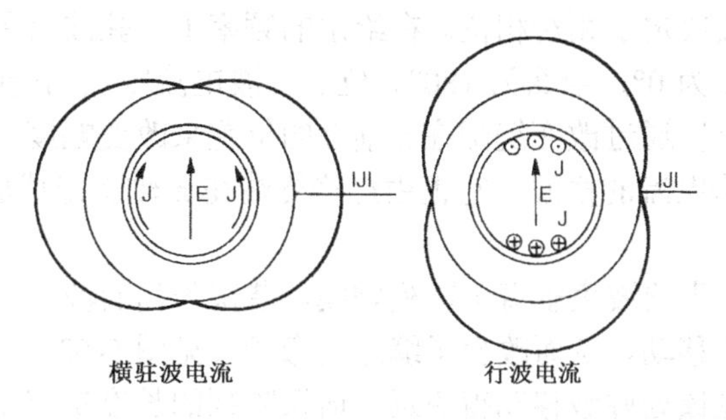

图 5-60 TE_{11} 模圆形波导壁上的电流

放置于横电流最大处的缝隙，当将其绕着波导的轴线旋转时就切割横电流。就像矩形波导侧壁上的缝隙，这些缝隙在圆周上垂直于波导轴线，对波导没有起加载作用。旋转缝隙增加了对波导的并联负载。放置于纵波最大处的缝隙切割 z 轴方向的电流。场探针通过纵向缝隙可以监测波导内部场，而不会从缝隙引起辐射。当旋转缝隙偏离轴向时，缝隙切断串联纵波电流，则缝隙对波导加载，并产生辐射。

TEM 模同轴传输线和 TM_{01} 模圆波导具有相同的外壁电流（见图 5-61）。只有切割这些纵波电流，缝隙才能被激励，成为波导的负载。在图 5-61 中，缝隙 a 没有切割电流，因而没有被激励。VSWR 测试探针利用该缝隙进行测试。缝隙 b 和 c 切割电流，成为波导的串联负载。缝隙 c 的总长度为谐振长度，由中间切割 z 轴方向电流的一小部分激励。可以对缝隙 a 以探针馈电，但该探针是波导或 TEM 同轴线的并联负载，而如果缝隙直接切割纵波电流，则该缝隙将是波导的串联负载。

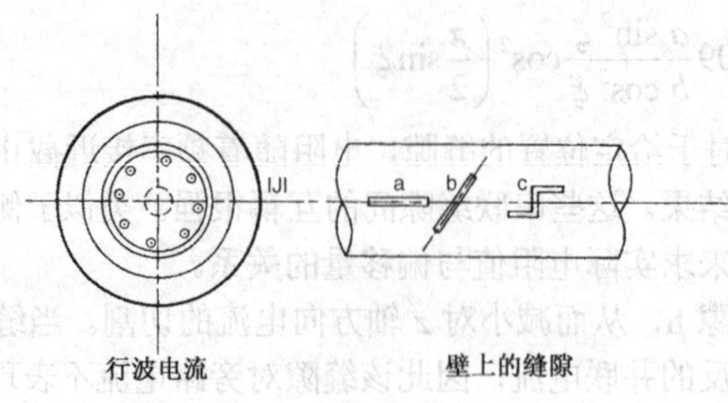

图 5-61 同轴线或 TM_{01} 模圆形波导壁上的电流和缝隙

5.26 波导缝隙阵列[4]

波导缝隙阵列能产生具有针状波束的低副瓣天线，并且口径效率高。为得到所需的幅度分布，要求阵列的制造公差非常小，因为加工中的随机误差会产生非想要的副瓣和抬高副瓣电平。制造这些阵列是一门艺术，它需要仔细分析所有缝隙的相互影响，然后由模型和测量决定缝隙的尺寸，最后还需要精密的加工和装配。

阵列由一组缝隙加载的波导构成，并连接到共同的馈电口，从而形成整个阵列。该共同的馈电口也可以是缝隙阵列，给包含辐射缝隙的单个波导馈电。口径尺寸和分布决定了各个切面的波束宽度和旁瓣。我们将缝隙阵列分为两类：由行波激励的非谐振型阵列，以驻波激励的谐振型阵列。沿着波导传播的波要么被终端负载吸收，要么被终端短路反射并在 z 轴上形成驻波（见图 5-58）。当行波经过缝隙时，行波电流就激励缝隙，缝隙可以位于相对于负载的任意位置。缝隙间距和传播常数决定了相对相位。在给定的频率上，驻波沿着波导轴线建立起固定的正弦电流。驻波相位要么为 0°，要么为 180°。位于驻波电流零点的缝隙，由于没有切割电流，因此没有被激励。我们可以通过改变缝隙在 z 轴上的位置来改变幅度。终端形式决定了阵列的类型。不要混淆产生分路电流的横波，它也由短路终端在 z 轴上形成驻波。z 轴上的行波和驻波都有分路电流。

驻波（谐振阵列）产生的波束垂直于阵列轴线。谐振阵列的波束指向随着频率的改变而保持不变，但驻波的波形会移动，从而改变了缝隙的激励（见图 5-62）。离短路端最远的缝隙幅度变化最大，这是因为在该处驻波移动得更远。谐振阵列的长度决定了波束宽度。当驻波电流移动时，由于分布和输入阻抗随着负载的改变而改变，因此方向图形状也会改变。

非谐振阵列（行波）的波束指向是激励缝隙的波的传播常数的函数。改变频率将偏移波束指向。如果终端负载反射了一部分入射波，则反射的行波将形成另一个波束。第二个波束的指向偏离轴线的角度与第一个波束相同，但从 $-z$ 轴开始测量。波第一次通过时辐射的功率和负载的回波损耗决定了第二个波束的电平。

谐振和非谐振波导缝隙阵都采用谐振长度的缝隙。在谐振阵列中，缝隙间距取 $\lambda_g/2$，如图 5-58 所示。我们将缝隙在波导宽壁中心线两边交叉放置，或者在波导侧壁交互倾斜，产生额外的 180° 相移，从而产生宽波束。谐振阵列的缝隙导纳在输入端相加，这是因为 $\lambda_g/2$ 的间距使得导纳在斯密施圆图上整整绕了一圈。在非谐振阵列中，采用行波激励缝隙，缝隙间距不是取

$\lambda_g/2$，并在波导终端加负载。在首次分析时，我们假定整套天线为一匹配系统，这适用于大多数设计方法。大多数非谐振缝隙阵列的波束均设计成背射的，波束指向较宽一侧的某个角度。

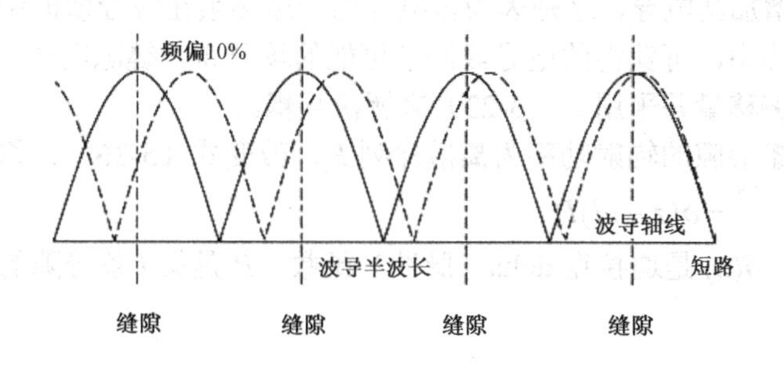

图 5-62　谐振阵列中缝隙的驻波电流和频偏 10%后的比较

5.26.1　非谐振阵列[43]

非谐振阵列是在非谐振波导的终端加载了负载的行波天线，缝隙阵中的缝隙采用谐振长度。天线辐射方向与波导表面法线的交角取决于波速和缝隙间距。我们改变沿着波导的缝隙负载，使每条缝隙将适当的剩余功率辐射出去。终端负载吸收最后的缝隙辐射后的剩余功率。如果终端负载不匹配，反射的功率向源端传播时将辐射形成第二个低幅值的波束。

在设计缝隙阵时，缝隙的加载方式要么是并联的，要么是串联的。并联缝隙辐射的功率为 $|V|^2 g_i/2$，式中 g_i 是缝隙的归一化电导。类似地，串联缝隙辐射的功率为 $|I|^2 r_i/2$，式中 r_i 是缝隙的归一化电阻。我们将电导或电阻归一化为单位长度的函数：$g(z)$ 或 $r(z)$。衰减方程式（4-78）变为：

$$\frac{1}{P(z)}\frac{\mathrm{d}P}{\mathrm{d}z}=-g(z) \quad 或 \quad -r(z) \tag{5-35}$$

式（5-35）将归一化衰减方程式（4-79）改变为[24]：

$$g(z)L=\frac{|A(z)|^2}{[1/(1-R)]\int_0^L |A(z)|^2\,\mathrm{d}z-\int_0^z |A(z)|^2\,\mathrm{d}z} \tag{5-36}$$

这里口径范围为 $\pm L/2$，R 是被终端吸收的功率与输入功率的比。$A(z)$ 是在间隔 $\pm\frac{1}{2}$ 上的归一化口径分布。对于串联加载的缝隙阵，将式（5-36）左边改为 $r(z)L$。

式（5-36）假定缝隙为轻负载，因此波导传输线在每一点都匹配。该近似随着波导长度的增加而更准确。除了一个常数以外，式（5-36）与式（4-79）相同。我们将表 4-28 或图 4-26 中的值除以 4.34 来计算并联（串联）缝隙的归一化电导（电阻），然后乘以阵列长度。在缝隙之间的间隔内，每条缝隙贡献的负载为：

$$g_i=\int_{-d/2}^{d/2} g(z)\,\mathrm{d}z \simeq g(z_i)\,d$$

式中，d 是在 z_i 处的缝隙间距。

缝隙的间距不是取 $\lambda_g/2$。若取 $\lambda_g/2$ 的间距，则从失配处（缝隙）的所有反射在输入端将同相叠加。单元间距不是 $\lambda_g/2$ 时，每条缝隙的很小失配将以各种相位角叠加，因此在一定程度上相互抵消，从而在合适的带宽内得到很好的输入匹配。当我们增加阵列长度时，不能再忽略波导的损耗，此时缝隙电导变得很小，并且辐射的功率与损耗相同量级。像式（4-79）那样改变式（5-36）以包含损耗，并增加缝隙电导以补偿波导壁上的欧姆损耗。宽壁上的纵向缝隙，其缝隙电导很小，很难增加其电导，这是因为该缝隙的一边必须在波导壁的中线上，导致结果不可预知。在缝隙波导阵中，可获得的电导限制了可能的场分布。缝隙间的互耦改变了场分布，我们必须改变缝隙的偏移量并采用式（3-23）来解决互耦。

如果我们指定每条缝隙的辐射功率为离散序列 P_i，改变式（5-36），积分变为求和，因此

$$|A(z)|^2 = \delta(z-id)P_i$$

式中，d 是缝隙间距，$\delta(x)$ 是迪拉克 delta（脉冲）函数，P_i 是第 i 条缝隙的功率系数。辐射的功率为

$$\sum_{i=1}^{N} P_i = P_{\text{in}}(1-R) = \int_0^L |A(z)|^2 \, \mathrm{d}z$$

积分 $\int_0^z |A(z)|^2 \, \mathrm{d}z$ 是前面缝隙辐射的功率。式（5-36）简化为

$$g_i = r_i = \frac{P_i}{1-\sum_{n=1}^{i-1} P_n} \tag{5-37}$$

在终端耗散更多的功率将减小 P_i 和缝隙所需的电导（电阻）范围。

为增加单元之间 180°的相移，可以改变纵向缝隙相对于宽壁中线的位置，类似的，也可沿着阵列改变侧壁缝隙的方向。在大多数情况下，增加的相移将引起波束背射。单元间距，也即行波相速决定了波束指向。对于波束顶点，在阵列因子中的相位方程变为 $kd\cos\theta + 2n\pi = Pkd - \pi$，$\theta$ 从阵列轴线开始测量，P 是相对传播常数（$P<1$），n 为任意整数。求解波束顶点方向和为得到特定的波束指向所需的间距：

$$\theta = \arccos\left[P - \frac{\left(n+\frac{1}{2}\right)\lambda}{\mathrm{d}}\right] \tag{5-38}$$

$$\frac{d}{\lambda} = \frac{n+\frac{1}{2}}{P-\cos\theta_{\max}} \tag{5-39}$$

通常采用 $n=0$，因为采用 $n>0$ 时将产生多波束。

例：计算宽度为 0.65λ 的波导上的缝隙间距，使产生的波束指向 $\theta=135°$。由波导的一般方程计算相对传播常数。

$$P = \sqrt{1-\left(\frac{\lambda}{\lambda_c}\right)^2}$$

对于 $\lambda_c = 2a$

$$P = \sqrt{1-\left(\frac{1}{1.3}\right)^2} = 0.640 = \frac{\lambda}{\lambda_g}$$

由式（5-39），并采用 $n=0$，确定在自由空间的间距：$d/\lambda = 0.371$。在波导上的间距由下式给出：

$$\frac{d}{\lambda_g} = \frac{d}{\lambda}P = 0.371(0.640) = 0.237$$

如果采用 $n=1$，则 $d/\lambda = 1.11$，这将比采用 $n=0$［式（5-38）］辐射一个额外的波束，指

向 $\theta=79^\circ$ 角度。

在 $\cos\theta=-1\,(180^\circ)$ 时波束进入可视空间，然后随着间距的增加，波束移向终端辐射（$\theta=0$）。由式（5-39）计算单波束的工作区域。d/λ 最小值发生在 $\theta=180^\circ$ 且 $n=0$ 时，最大值发生在 $\theta=180^\circ$ 且 $n=1$ 时：

$$\frac{0.5}{1+P}\leqslant\frac{d}{\lambda}\leqslant\frac{1.5}{1+P} \tag{5-40}$$

将上面的限制范围代入式（5-38）中，并采用 $n=1$ 推导出单波束工作的最小角度：

$$\theta_{\min}=\arccos\left(P-\frac{1+P}{3}\right) \tag{5-41}$$

例：确定 $P=0.6$、0.7、0.8 和 0.9 时的最小扫描角（向终端辐射），此时为单波束。将这些值代入式（5-41）中得到：

P	0.6	0.7	0.8	0.9
$\theta_{\min}$	86.2°	82.3°	78.5°	74.5°

如果扫描到 $\theta=90^\circ$，则间距变为 $\lambda_g/2$，由每条缝隙产生的失配将叠加到输入端，从而产生谐振阵列。波束前向辐射的阵列，缝隙间距大于 $\lambda_g/2$。给定 $P=0.8$ 的波导，采用式（5-39）计算波束分别指向 80° 和 100° 的缝隙间距：

$$\frac{d}{\lambda}=\frac{0.5}{0.8-\cos 80^\circ}=0.798 \quad 和 \quad \frac{d}{\lambda}=\frac{0.5}{0.8-\cos 100^\circ}=0.514$$

$$\frac{d}{\lambda_g}=\frac{d}{\lambda}P=0.639 \quad 和 \quad \frac{d}{\lambda_g}=\frac{d}{\lambda}P=0.411$$

非谐振阵列具有背射波束，随着频率（以及 P）的增加，波束向侧面扫描。Hansen [44] 给出了波束的倾斜方向随频率的变化而偏移：

$$f\frac{\mathrm{d}\sin\theta}{\mathrm{d}f}=\frac{1}{P}-\sin\theta \tag{5-42}$$

式中，f 为频率。

5.26.2　谐振阵列

在谐振阵列中，并联加载的缝隙按 $\lambda_g/2$ 的间距放置，并且在离最后的缝隙为 $\lambda_g/4$ 或 $3\lambda_g/4$ 的波导终端以短路加载。波束的辐射朝向阵列的宽边一侧。对于 N 元阵列，电压驻波比为 2:1 的带宽约为 50%/N。该天线是窄带的。所有单元的导纳在输入端叠加。为使输入端匹配，则 $\sum_{i=1}^{N}g_i=1$，式中 g_i 是缝隙的归一化导纳。如果定义 P_i 为第 i 条缝隙的归一化辐射功率，则

$$g_i=P_i\ ,\quad \sum_{i=1}^{N}P_i=1$$

5.26.3　改进的设计方法

上面给出的方法忽略了缝隙间的相互作用，以及缝隙对传输线的影响。我们可以将阵列描述为加载传输线，将缝隙间的相互作用认为是传输线的失配 [45]。由于宽壁上纵向缝隙很小，因此我们忽略其互耦，但侧壁上的缝隙具有高互耦，因此需要对有效的缝隙阻抗进行调整。当一条缝隙加到阵列中时，我们采用递增的导纳，这可从测得的导纳的变化求得，或者为阵列总的电导除以单元数。这在一定程度上计入了互耦的影响。

Elliott 和 Kurtz [46] 将宽壁上纵向缝隙的自导纳与阵列中缝隙的互导纳连系在一起，自导纳由测试或计算得到，互导纳由等效偶极子得到。他们采用巴比涅原理和等效偶极子的互阻抗来求解。为求解互耦，该方法需要求解一组 $2N$ 个关于缝隙的位置和长度的方程，从而给出所想要的激励。超过一阶模后，他们的公式忽略了缝隙在波导中的相互作用。为分析和设计非谐振阵列，Elliott 扩展了该方法 [47]。当然，我们设计平面阵列时，波导间的缝隙也存在互耦，因此也需要解决它们间的互耦。为解决这种互耦，需要对电压激励进行调整，否则将不能得到所想要的分布。

介质加载波导阵列需要进行额外的分析，这是由于像偶极子电流那样采用分段正弦分布的近似不能充分模似缝隙分布。Elliott 采用的缝隙分布为 [48]：

$$E(x)=\cos\frac{\pi x}{2b}$$

式中，b 为缝隙的长度。偶极子间的互阻抗存在错误的分布，因此不采用；相反，有用的导纳可直接由缝隙间的前向和后向散射求得。该方法仍需求解关于缝隙长度和位置的 $2N$ 个方程。

参考文献

[1] R. F. Harrington, *Time-Harmonic Electromagnetic Fields*, McGraw-Hill, New York, 1961.

[2] C. A. Balanis, *Antenna Theory, Analysis and Design*, 2nd ed., Wiley, New York, 1997.

[3] H. G. Booker, Slot aerials and their relation to complementary wire aerials, *Proceedings of IEE*, vol. 92, pt. IIIA, 1946, pp. 620–626.

[4] R. S. Elliott, *Antenna Theory and Design*, Prentice-Hall, Englewood Cliffs, NJ, 1981.

[5] V. H. Rumsey, *Frequency Independent Antennas*, Academic Press, New York, 1966.

[6] W. H. Watson, *Wave Guide Transmission and Antenna Systems*, Oxford University Press, London, 1947.

[7] R. W. Masters, Super-turnstile antenna, *Broadcast News*, vol. 42, January 1946.

[8] J. D. Kraus, *Antennas*, McGraw-Hill, New York, 1950.

[9] H. M. Elkamchouchi, Cylindrical and three-dimensional corner reflector antennas, *IEEE Transactions on Antennas and Propagation*, vol. AP-31, no. 3, May 1983, pp. 451–455.

[10] S. Maci et al., Diffraction at artificially soft and hard surfaces by using incremental diffraction coefficients, *IEEE AP-S Symposium*, 1994, pp. 1464–1467.

[11] E. L. Bock, J. A. Nelson, and A. Dome, *Very High Frequency Techniques*, McGraw-Hill, New York, 1947. Chapter 5.

[12] A. J. Poggio and P. E. Mayes, Pattern bandwidth optimization of the sleeve monopole antenna, *IEEE Transactions on Antennas and Propagation*, vol. AP-14, no. 5, September 1966, pp. 623–645.

[13] W. L. Stutzman and G. A. Thiele, *Antenna Theory and Design*, Wiley, New York, 1981.

[14] H. E. King and J. L. Wong, An experimental study of a balun-fed open-sleeve dipole in front of a metallic reflector, *IEEE Transactions on Antennas and Propagation*, vol. AP-19, no. 2, March 1972, pp. 201–204.

[15] J. L. Wong and H. E. King, A cavity-backed dipole antenna with wide bandwidth characteristics, *IEEE Transactions on Antennas and Propagation*, vol. AP-21, no. 5, September 1973, pp. 725–727.

[16] A. Kumar and H. D. Hristov, *Microwave Cavity Antennas*, Artech House, Boston, 1989.

[17] Y. Mushiake, An exact step-up impedance ratio chart of folded antenna, *IRE Transactions on Antennas and*

Propagation, vol. AP-2, 1954, p. 163.

[18] R. C. Hansen, Folded and T-match dipole transformation ratio, *IEEE Transactions on Antennas and Propagation*, vol. AP-30, no. 1, January 1982, pp. 161–162.

[19] *The ARRL Antenna Book*, American Radio Relay League, Inc., Newington, CT, 1974.

[20] R. A. Burberry, *VHF and UHF Antennas*, Peter Peregrinus, London, 1992.

[21] N. Marchand, Transmission-line conversion transformers, *Electronics*, December 1941,pp. 142–145.

[22] W. L. Weeks, *Antenna Engineering*, McGraw-Hill, New York, 1968.

[23] W. K. Roberts, A new wide-band balun, *Proceedings of IRE*, vol. 45, December 1957, pp. 1628–1631.

[24] S. Silver, ed., *Microwave Antenna Theory and Design*, McGraw-Hill, New York, 1949.

[25] J. W. Duncan and V. P. Minerva, 100 : 1 Bandwidth balun transformer, *Proceedings of IRE*, vol. 48, February 1960, pp. 156–164.

[26] B. A. Munk, Baluns, Chapter 23 in J. D. Kraus and R. J. Marhefka, *Antennas*, McGraw-Hill, New York, 2002.

[27] P. K. Park and C. T. Tai, Receiving antennas, Chapter 6 in Y. T. Lo and S. W. Lee, eds.,*Antenna Handbook*, Van Nostrand Reinhold, New York, 1993.

[28] A. Alford and A. G. Kandoian, Ultrahigh frequency loop antennas, *AIEE Transactions,*vol. 59, 1940, pp. 843–848.

[29] A. J. Fenn, Arrays of horizontally polarized loop-fed slotted cylinder antennas, *IEEE Transactions on Antennas and Propagation,* vol. AP-33, no. 4, April 1985, pp. 375–382.

[30] T. Tsukiji and S. Tou, On polygonal loop antennas, *IEEE Transactions on Antennas and Propagation*, vol. AP-28, no. 4, July 1980, p. 571.

[31] W. C. Wilkinson et al., Two communication antennas for the Viking lander spacecraft, *1974 IEEE Antennas and Propagation Symposium Digest*, vol. 12, June 1974, pp. 214–216.

[32] C. C. Kilgus, Multielement fractional turn helices, *IEEE Transactions on Antennas and Propagation*, vol. AP-16, no. 4, July 1968, pp. 499–500.

[33] C. C. Kilgus, Resonant quadrifilar helix, *IEEE Transactions on Antennas and Propagation*, vol. AP-17, no. 3, May 1969, pp. 349–351.

[34] A. A. Oliner, Equivalent circuits for discontinuities in balanced strip transmission line, *IRE Transactions on Microwave Theory and Techniques*, vol. MTT-3, March 1955, pp. 134–143.

[35] J. S. Rao and B. N. Ras, Impedance of off-centered stripline fed series slot, *IEEE Transactions on Antennas and Propagation*, vol. AP-26, no. 6, November 1978, pp. 893, 894.

[36] J. Van Bladel, Small hole in waveguide wall, *Proceedings of IEE*, vol. 118, January 1971, pp. 43–50.

[37] P. K. Park and R. S. Elliott, Design of collinear longitudinal slot arrays fed by boxed stripline, *IEEE Transactions on Antennas and Propagation*, vol. AP-29, no. 1, January 1981,pp. 135–140.

[38] H. E. King and J. L. Wong, A shallow ridged-cavity cross-slot antenna for the 240- to 400-MHz frequency range, *IEEE Transactions on Antennas and Propagation*, vol. AP-23, no. 5, September 1975, pp. 687–689.

[39] C. A. Lindberg, A shallow-cavity UHF crossed-slot antenna, *IEEE Transactions on Antennas and Propagation*, vol. AP-17, no. 5, September 1969, pp. 558–563.

[40] R. C. Hansen, ed., *Microwave Scanning Antennas*, Vol. II, Academic Press, New York, 1966.

[41] R. F. Harrington, *Time-Harmonic Electromagnetic Fields*, McGraw-Hill, New York, 1961,p. 69.

[42] A. F. Stevenson, Theory of slots in rectangular waveguides, *Journal of Applied Physics*, vol. 19, January 1948, pp. 24–38.

[43] A. Dion, Nonresonant slotted arrays, *IRE Transactions on Antennas and Propagation*, vol. AP-7, October 1959, pp. 360–365.

[44] R. C. Hansen, in A. W. Rudge et al., eds., *The Handbook of Antenna Design*, Vol. II, Peter Peregrinus, London, 1983.

[45] M. J. Ehrlich, in H. Jasik, ed., *Antenna Engineering Handbook*, McGraw-Hill, New York, 1961.

[46] R. S. Elliott and L. A. Kurtz, The design of small slot arrays, *IEEE Transactions on Antennas and Propagation*, vol. AP-26, no. 2, March 1978, pp. 214–219.

[47] R. S. Elliott, On the design of traveling-wave-fed longitudinal shunt slot arrays, *IEEE Transactions on Antennas and Propagation*, vol. AP-27, no. 5, September 1979, pp. 717–720.

[48] R. S. Elliott, An improved design procedure for small arrays of shunt slots, *IEEE Transactions on Antennas and Propagation*, vol. AP-31, no. 1, January 1983, pp. 48–53.

第 6 章 微带天线

微带天线是一种平面谐振腔，通过边缘的泄漏产生辐射。可以利用印制电路技术将天线蚀刻在柔软的基板上来生产低价的、可重复的低剖面天线。将天线制作在合适的基板上能承受严酷的冲击和振动环境。移动通信基站制造商通常将这类天线直接制作在金属板上，并用各种方法将天线安装在介质杆或泡沫塑料上，从而避免了基板和馈刻的费用。同时也消除了在用于增加带宽的厚电介质基板上激励起的表面波的辐射问题。

随着电子器件在尺寸上的不断缩小，这也推动着天线设计师要不断减小天线的尺寸。腔式天线利用了有用的内部体积，但是存在限制该天线体积就限制了阻抗带宽的矛盾。带宽随着电路损耗（材料损耗）的增加或通过有效利用有限的体积而加宽。带宽的边界可以这样确定，将天线包裹在一个球内，并将场展开成 TE 和 TM 球形模[1, 2]。每一种模都发生辐射，但随着模阶数的提高，需要越来越多的储能。减小体积就增加了每一种模的 Q 值，每一种模中能量的总和决定了总的 Q 值。有效利用球形体积和减小高阶模功率的天线具有最大的带宽。在给定包裹球尺寸的情况下，单个最低阶模确定了带宽的上限。如果高阶球形模的能量受限制，则更大的体积具有更宽带宽的潜能。增加材料损耗或增加小电阻而增加的带宽超过了单模的限制[2]。我们发现，如果嵌入式天线结构上的辐射模能保持，则增加嵌入式天线的体积就增加了阻抗带宽。更厚的基材产生更宽的带宽，但增加了激励起高阶模的可能性和表面波的损耗。当减小基板厚度时，损耗限制了带宽的下限，这是由于当效率下降到某个值时带宽保持不变。

微带线由电介质基板、基板一面上的金属条带以及另一面覆盖的地面构成。不同于带状线，微带线的单地面只屏蔽了电路的一侧，但正常封装的微带线，例如在一个接收机内，有第二屏蔽地面来减少电路间的相互作用。由于屏蔽地面位于离基板为几个基板厚度的距离处，因此电介质基板上保存了大部分的能量。在天线的应用中移开屏蔽面就会从谐振腔内发生辐射。我们也发现蚀刻在基板上的馈电电路存在一定程度的辐射，但该辐射相对较小。

天线阵列可以连同它们的馈电网络光刻在基板上，而微带线为连接到有源器件提供了便利，并且允许前置放大器或分布式发射机放置在天线单元后。二极管移相器电路蚀刻在微带线内形成了单板相控阵。微带电路使通过应用简单的光刻技术产生各种各样的天线成为了可能。

有关微带天线的大量文献集中在对天线的内部微波电路分析，用于控制内部模式。设计师通过多谐振器的耦合法增加了天线的带宽，如垂直层叠、共面耦合贴片或利用内部的缝隙和口径。这些多谐振器增加了阻抗带宽，并且在最好的情况下天线仍然辐射相同的方向图。作为天线设计师，需要首先关注获得想要的方向图，然后再来做增加阻抗带宽的工作。简单的微带天线具有比阻抗带宽更宽的方向图带宽，但是随着为提高阻抗带宽而增加更多的谐振器，这些谐振器在水平面内展开而改变了辐射方向图，因此必须返回来关注方向图。

微带贴片天线包含的金属贴片的宽度比正常的传输线要宽。贴片天线是从贴片周围的边缘场辐射的。阻抗匹配发生在贴片作为谐振腔发生谐振的时候。当匹配时，该天线的效率最高。由于正常传输线的边缘场与附近相互抵消的场相匹配，因此几乎不辐射功率。开路电路和如拐角这样的非连续部位会辐射功率，但辐射的量与相对于贴片加载在传输线上的辐射电导有关。没有合适的匹配，几乎不辐射功率。

贴片的边缘类似于缝隙，其激励依赖于腔体的内部场。任意形状贴片的一般分析方法是将贴片当成谐振腔，谐振腔由贴片的金属壁（电壁）、地面和周围的磁壁或阻抗壁构成。辐射的边缘和边缘场表现为沿着边缘的负载。在第一种分析方法中[3]，贴片有效尺寸的增加用来说明边缘场的容性电纳，计算谐振频率时忽略了辐射导纳。通过对远场的积分来计算辐射功率和等效辐射电导。第二种方法[4]是保持贴片尺寸不变，但是满足成为负载壁的边界条件，该负载由辐射和边缘场决定。如果从地面到基板存在恒定电场，对于基板的厚度就允许以 TM 模求解。边界条件决定可能的模式，并与具有电壁的波导的双 TE 模相吻合。对于坐标系中的标准形状贴片，如矩形和圆形贴片，以列表函数的方式给出解。在任意形状波导中采用的数字技术可以应用于非标准形状的贴片。这里只考虑矩形和圆形贴片。

6.1 微带天线方向图

下面从贴片的方向图特性开始讨论贴片。将方向图和内部结构分开讨论是很难的，但我们将仅仅简要讨论对方向图有影响的内部结构。微带天线的小尺寸限制了对方向图的控制特性，必须利用贴片阵列来严格控制方向图。矩形和圆形是微带天线最常用的形状，它们都辐射相似的宽方向图。当以加载腔体来减小天线尺寸时，辐射的方向图波束宽度更宽，从而降低了方向性（增益）。为增加阻抗带宽而与共面贴片相耦合的天线将辐射更窄的波束，但基本的贴片具有宽的波束。如果与更多的共面贴片耦合，则可以压窄方向图，或在工作频率范围内，以类似于不同贴片混合的模式那样改变方向图形状。

贴片由支撑在大的地面上的金属片构成。对腔体的激励可以用各种方法，这将在以后讨论。在金属片上和天线周围地面上流动的电流产生辐射。如果通过同轴线用垂直探针激励该天线，则同轴线上和探针上流动的电流也发生辐射，并叠加到方向图中。可以通过增加垂直的短路片（四分之一波长贴片）或在馈电探针附近增加短路销（集成贴片）的方法来减小天线尺寸，在这些结构上面流动的电流也发生辐射。注意，虽然电流的分布是复杂的，但贴片是从真实的电流发生辐射的。

我们利用沿着边缘的磁流来简化计算贴片辐射的问题。图 6-1 分析了以最低阶腔模激励的正方形和圆形贴片天线周围的边缘电场。箭头的大小表示场的幅度大小。正方形贴片在沿着两条宽边上具有几乎相等的场，场在沿着另两条称为谐振长度的边上是正弦变化的。在贴片一半位置的横截面上的场为零，是实际上的短路面。在短路面的两侧，场指向相反的方向。从俯视图看，沿着两条宽边的场方向指向一致。圆形贴片边缘场的分布按 $\cos\phi$ 变化，这里沿着边缘的角度 ϕ 从电场峰值开始测量。进行方向图分析时，从边缘电场导出的磁流可以代替贴片上的电流和周围的地面。图 6-2 显示了边缘的磁流分布，箭头的大小表示幅度大小。

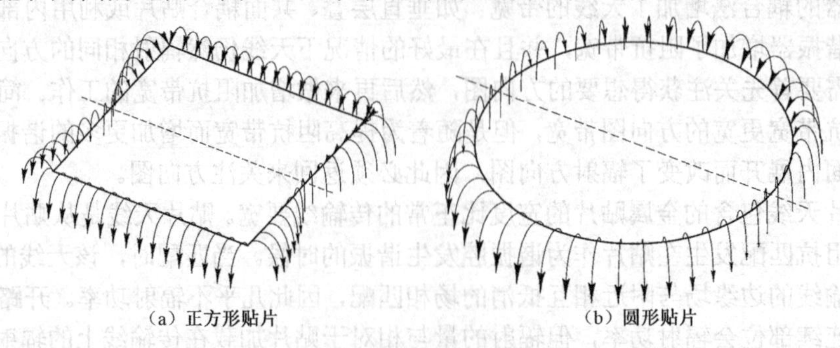

（a）正方形贴片　　（b）圆形贴片

图 6-1　微带贴片周围的边缘电场

（摘自 L. Diaz and T. A. Milligan, Antenna Engineering Using Physical Optics, Figs. 3.12 and 3.19, 1996 Artech House, Inc.）

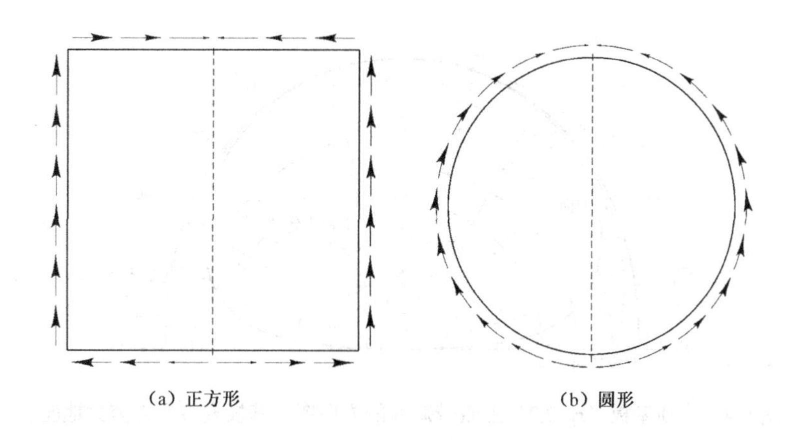

图 6-2 微带贴片周边的等效磁流

利用沿着贴片周边的磁流，可将对贴片方向图的计算简化成对等效缝隙的计算。矩形贴片等效为由缝隙构成的两单元阵列，等效的均匀磁流产生 E 面辐射。首先确定缝隙间距为 $\lambda/2\sqrt{\varepsilon_r}$ ，然后从等效的二单元阵列求得方向图。由于磁流以谐振边的中间为界在两侧方向相反，因此沿着该边的磁流相互抵消。两条侧边上的磁流也相互抵消。这些磁流的相互抵消消除了其对 E 面和 H 面方向图的贡献。缝隙的长度决定 H 面方向图。缝隙的 H 面与偶极子的 E 面方向图一致，都在沿着轴线方向产生零点。图 6-3显示了无穷大地面上贴片的方向图，介质为空气。由于单元间距为 $\lambda/2$，该两单元的缝隙阵列在 E 面沿着地面方向产生了一个零点。由于缝隙的极化特点，虚线表示的 H 面方向图表明沿着地面方向是零点。淡色的曲线给出了在对角切面上的惠更斯（Huygens）源极化（见 1.11.2 节）的方向图。从沿着谐振长边上单独磁流的组合，以及从主平面上波束宽度的不平衡，可求得在该平面上天线辐射的交叉极化（虚线）。

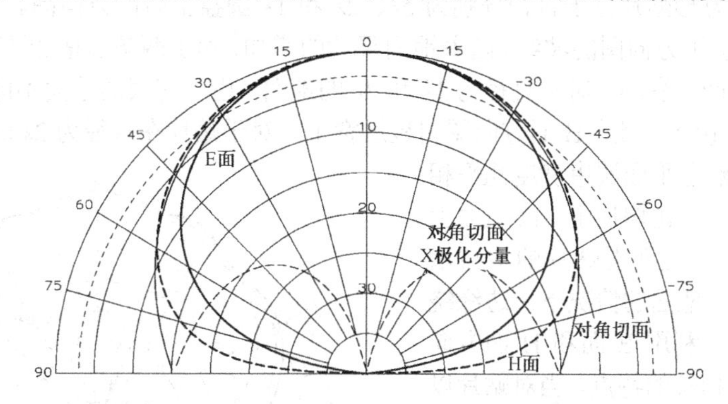

图 6-3 自由空间基板上微带贴片的方向图，基板安装在无穷大地面上

当在介质基板上设计微带贴片时，尺寸的减小使得两条缝隙间距变小，从而展宽了 E 面波束宽度，并消除了沿地面的方向图零点。图 6-4 显示了设计在 ε_r=2.2 的介质基板上的贴片的方向图。由于缝隙方向图的原因，H 面方向图在沿地面方向保持了零点。由于主切面方向图波束宽度间差异的增加，对角切面内惠更斯源的交叉极化增加了。表 6-1 给出了无穷大地面上正方形和圆形贴片通过方向图积分得到的方向系数。贴片的方向系数范围是有限的。通过增加矩形贴片的宽度，可以压缩 H 面波束宽度，从而增加了方向系数。

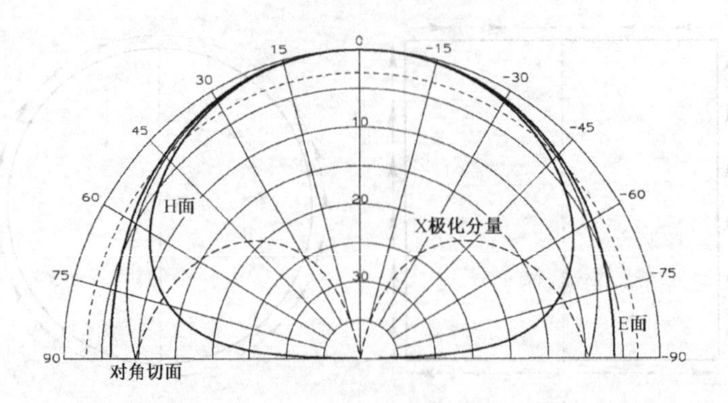

图 6-4　介质基板（ε_r=2.2）上微带贴片的方向图，基板安装在无穷大地面上

表 6-1　大的地面上的正方形和圆形贴片的估计方向系数

介电常数	正方形贴片（dB）	圆形贴片（dB）
1.0	8.4	9.8
2.0	7.7	7.6
3.0	7.2	6.7
4.0	7.0	6.2
6.0	6.7	5.8
8.0	6.5	5.5
10.0	6.4	5.4
16.0	6.3	5.1

将贴片放置在有限大地面上，可以在一定程度上控制方向图。图 6-5显示了介电常数为 2.21 的介质基板上的正方形贴片位于直径分别为 5λ、2λ 和 1λ 圆盘上时的方向图。位于 5λ 的地面上时，边缘的绕射增加了方向图的波纹。随着地面尺寸的增加，由于两条边增加了辐射阵列的尺寸，使得波纹间的角度间隔变小。对于直径为 1λ 和 2λ 的地面，由于有限的地面不能再维持使贴片边缘像缝隙一样辐射电流，因此 H 面方向图明显展宽了。对于贴片在直径为 2λ 的圆盘上和在无穷大地面上相比，虽然主平面波束宽度几乎相等，但对角面的交叉极化增加了。1λ 地面上贴片的增益比无穷大地面上贴片的增益增加了约 1dB，在 1λ 地面的情况下，边缘绕射压缩了波束宽度。利用 E 面和 H 面方向图在前半空间几乎相等的特点，当对贴片以圆极化方式馈电时，在整个半空间具有很好的圆极化方向图。图 6-6给出了当从两个点对贴片以相位相差 90° 的相等信号馈电时的圆极化方向图。在主平面内的 θ=90° 方向，交叉极化比主极化低 13dB，而在对角面内交叉极化是–7dB。如果将有限大地面放在很大地面上的 1λ或更大的基座上，则仍能保持这些优良的极化特性。

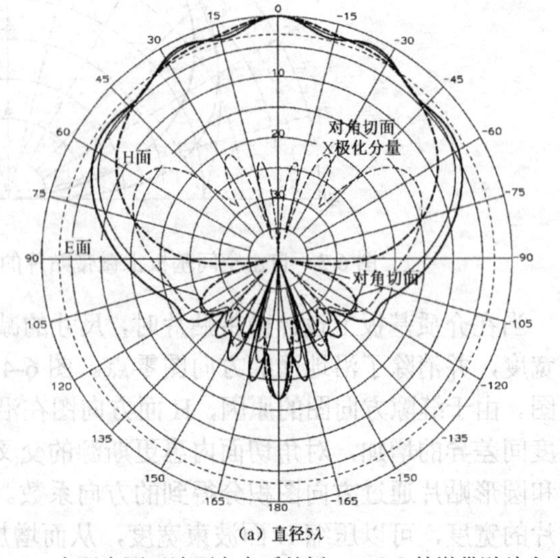

图 6-5　有限大圆形地面上介质基板 ε_r = 2.2 的微带贴片方向图

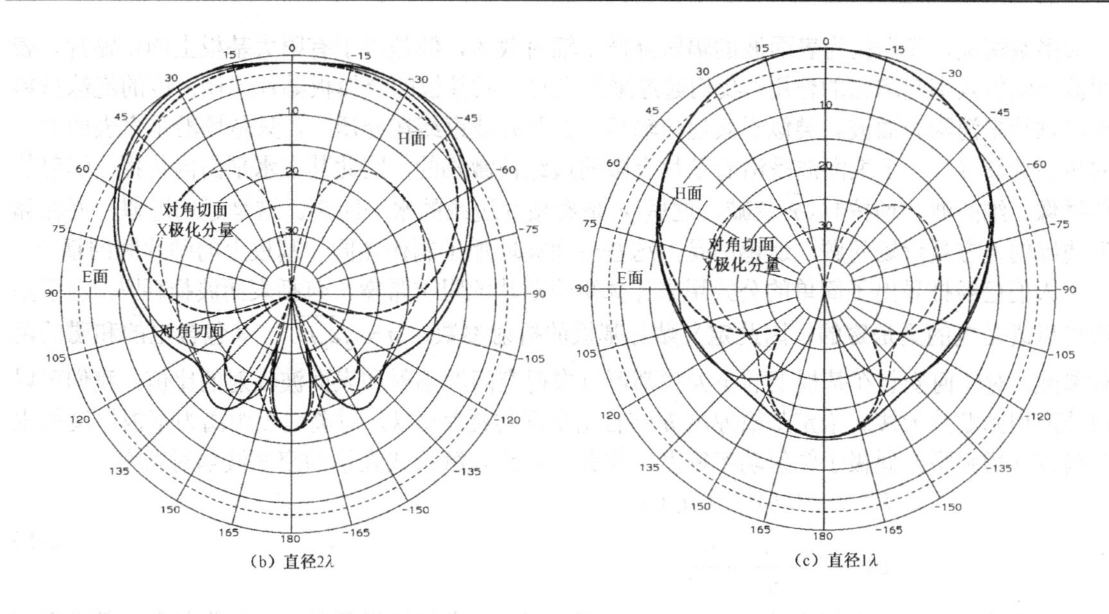

图 6-5　有限大圆形地面上介质基板 $\varepsilon_r = 2.2$ 的微带贴片方向图（续）

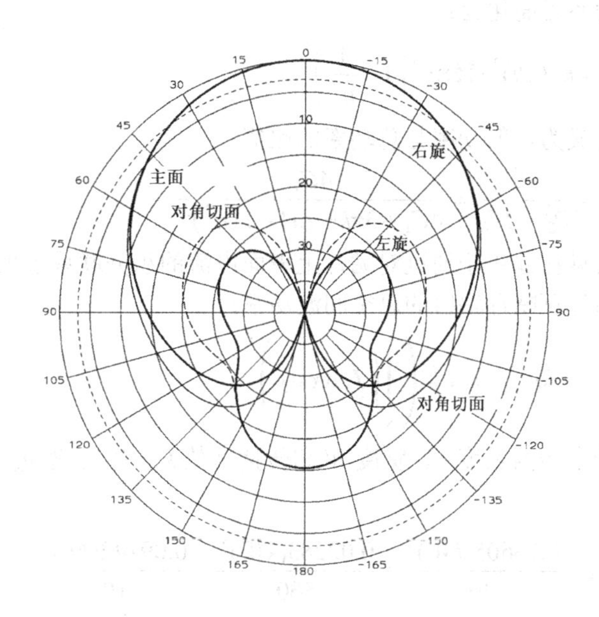

图 6-6　直径 1λ 地面上的圆极化贴片方向图

6.2　微带贴片带宽和表面波效率

微带贴片是由贴片上感应的电流或贴片周围的等效磁流，以及介质基板上感应的表面波产生辐射的。当表面波到达介质基板边缘时就发生辐射，该辐射叠加到了正常的贴片辐射内。从贴片到地面的边缘场很容易激励最低阶即 TM_0 模表面波，该模没有最低截止频率。任意厚度的基板都支持这种模。可通过限制基板面积或在基板上空的区域增加蚀刻的光子带隙来控制表面波的辐射，但表面波通常不是人们想要的。随着基板厚度或介电常数的增加，表面波所占功率的比例增加。当计算微带贴片天线的阻抗带宽时，必须包含直接辐射的功率和表面波功率。对于大多数情况，我们认为表面波的辐射降低了辐射效率，但是对于有限大基板上的单贴片，表面波对辐射效率起增强的作用。我们通过采用没有介质基板的金属板贴片或低密度的泡沫材料支撑贴片来消除表面波。类似于其他传输线，表面波被束缚在介质内，只是场沿垂直表面的方向按指数衰减。由于表面波是沿着贴片有限的边缘被激励的，因此其在水平面内传播。辐射的传播像二维的波，场按$1/\sqrt{r}$衰减，这里 r 是离贴片边缘的水平距离。这是远场近似，而在靠近边缘的地方是近场问题。遗憾的是，这些表面波增加了制作在同一基板上的贴片间的耦合。

人们已经推导出了简单的公式用来计算矩形贴片的阻抗带宽，包括表面波损耗[5]。由于基板可以既是电的又是磁的，因此定义贴片基板的折射参数：$n=\sqrt{\varepsilon_r\mu_r}$，其包含电的和磁的两种参数。对任何安装在基板上的小天线都可以求得空间波辐射和表面波辐射的比值，我们可以将此应用到贴片天线。给定基板厚度 h 和自由空间传播常数 k，对离地面距离为基板厚度的水平赫兹（增强型）偶极子辐射功率密度求积分，得到以解析式表示的空间波辐射功率：

$$
\begin{aligned}
P_R^h &\simeq k^2(kh)^2\cdot 20\mu_r^2 C_1\\
C_1 &= 1-\frac{1}{n^2}+\frac{0.4}{n^4}
\end{aligned}
\tag{6-1}
$$

将贴片上的电流表示为赫兹偶极子上电流的积分。当基板很薄时，由赫兹偶极子激励而在基板上产生的表面波功率可简化为：

$$
P_{\mathrm{SW}}^h = k^2(kh)^3\cdot 15\pi\mu_r^3\left(1-\frac{1}{n^2}\right)^3 \tag{6-2}
$$

表面波辐射效率定义为辐射功率与总功率的比值：

$$
\eta_{\mathrm{SW}}=\frac{P_r^h}{P_R^h+P_{\mathrm{SW}}^h}=\frac{4C_1}{4C_1+3\pi kh\mu_r(1-1/n^2)^3} \tag{6-3}
$$

贴片的辐射功率与赫兹偶极子通过对贴片上表面电流的积分联系起来，即看成由分布的很多小偶极子组成，从而计算贴片辐射的总空间波功率：

$$
P_R = P_R^h m_{\mathrm{eq}}^2 = P_R^h\left(\iint_S J_S\,\mathrm{d}x\,\mathrm{d}y\right)^2 \tag{6-4}
$$

对于矩形贴片，给定谐振长度 L、宽度 W 和传播常数 k，P_R 与 $P_R^h m_{\mathrm{eq}}^2$ 的比值 p 可以简单地近似为：

$$
p=1-\frac{0.16605(kW)^2}{20}+\frac{0.02283(kW)^4}{560}-\frac{0.09142(kL)^2}{10} \tag{6-5}
$$

矩形贴片驻波比 2:1 带宽与品质因素 Q 有关，Q 包含空间波和表面波的辐射：

$$
\mathrm{BW}=\frac{1}{\sqrt{2}Q}=\frac{16C_1 p}{3\sqrt{2}\eta_{\mathrm{SW}}}\frac{1}{\varepsilon_r}\frac{h}{\lambda_0}\frac{W}{L} \tag{6-6}
$$

图 6-7 画出了由式（6-6）给出的驻波比 2:1 的带宽随普通基板厚度变化的曲线，包含表面波引起的辐射，基板厚度以相对自由空间波长表示。随着基板厚度的增加或介电常数的增加，采用式（6-3）计算时的表面波辐射成为总辐射中一个重要的部分，如图 6-8 所示的表面波损耗。

对于贴片的单一谐振器电路模型，由 Q 值和允许的输入驻波比 VSWR，采用式（6-6）计算带宽：

$$\mathrm{BW}=\frac{\mathrm{VSWR}-1}{Q\sqrt{\mathrm{VSWR}}} \quad 或 \quad Q=\frac{\mathrm{VSWR}-1}{\mathrm{BW}\sqrt{\mathrm{VSWR}}} \tag{6-7}$$

应用式（6-7）来确定不同 VSWR 情况下的带宽：

$$\frac{\mathrm{BW}_2}{\mathrm{BW}_1}=\frac{(\mathrm{VSWR}_2-1)\sqrt{\mathrm{VSWR}_1}}{(\mathrm{VSWR}_1-1)\sqrt{\mathrm{VSWR}_2}} \tag{6-8}$$

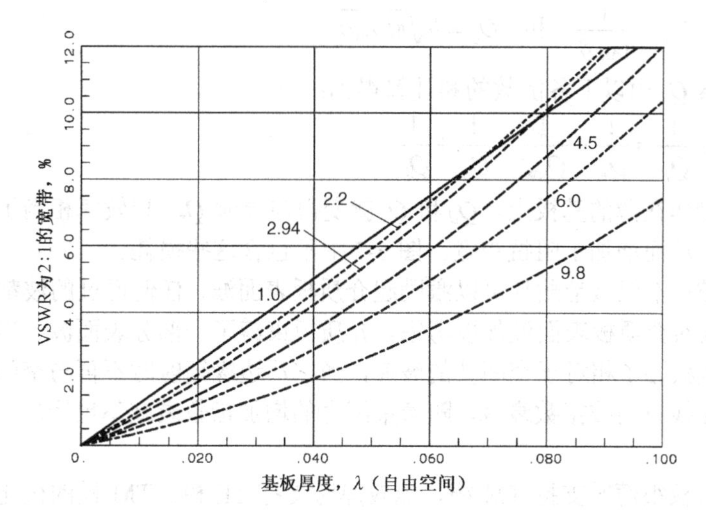

图 6-7 正方形微带贴片 VSWR 为 2:1 的带宽随基板厚度的变化曲线，厚度以自由空间波长表示，包含表面波辐射

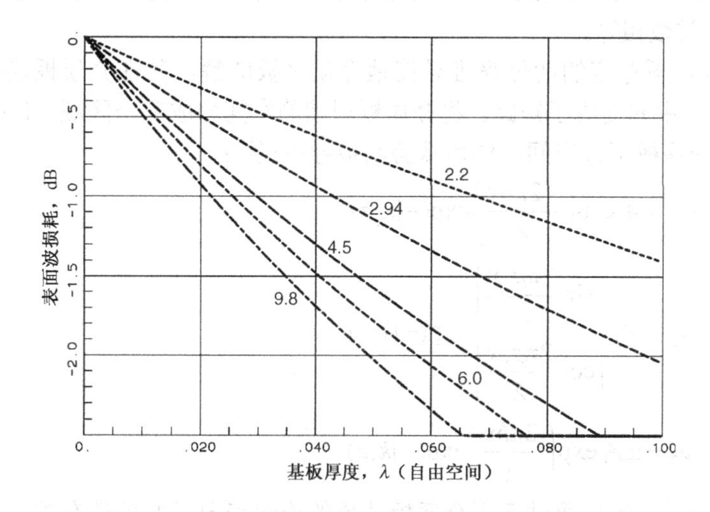

图 6-8 微带贴片的表面波损耗随基板厚度的变化曲线，基板为常用的介电常数

品质因素 Q 是另一种表示效率的方法。式（6-6）中采用的 Q 是空间波辐射的 Q_R 和表面波辐射的 Q_{SW} 的组合：

$$\frac{1}{Q}=\frac{1}{Q_{\mathrm{rad}}}=\frac{1}{Q_R}+\frac{1}{Q_{\mathrm{SW}}}=\frac{P_R+P_{\mathrm{SW}}}{\omega W_T}$$

式中，W_T 是在贴片和表面波内的储能，$\omega=2\pi f$ 为角频率，式（6-3）可以用 Q 值表示为：

$$\eta_{\mathrm{SW}} = \frac{Q}{Q_{\mathrm{R}}} = \frac{Q_{\mathrm{rad}}}{Q_R}$$

表面波不是耗散损耗，而是一种潜在的未受控制的辐射。介质和导体的损耗增加了贴片的阻抗带宽，但减小了增益。我们将这些损耗表示为 Q 来计算贴片的效率。给定介质的损耗正切 $\tan\delta$，贴片的导电率 σ，则有两项以上的 Q 项减小了以阻抗带宽表示的贴片总 Q 值：

$$Q_d = \frac{1}{\tan\delta} \quad 和 \quad Q_c = h\sqrt{\pi f \mu_0 \sigma} \tag{6-9}$$

总的品质因素 Q_T 由以下各倒数的和计算得到：

$$\frac{1}{Q_T} = \frac{1}{Q_R} + \frac{1}{Q_{\mathrm{SW}}} + \frac{1}{Q_d} + \frac{1}{Q_c} \tag{6-10}$$

如果将贴片制作在薄的基板上，Q_d 和 Q_c 就变得与辐射 Q_{rad} 和效率相当了。由于微带贴片耗散损耗的增加，从而增加了阻抗带宽。图 6-7 中不包含这些损耗。

介质板表面波：不但微带贴片可以激励起介质板表面波，任何通过的波都可以激励起介质板表面波，因此要对介质板表面波加以考虑。介质板束缚了一部分表面波，当绕射到边缘时就将其释放。表面波减慢了相对于空间波的波速，当它从边缘辐射时不再与空间波同相叠加。表面波的场沿表面法线方向按指数衰减，随着束缚力的增加指数衰减率也增加，因此波传播得更慢。

地面上的介质板很薄时支持 TM 模，当较厚时支持 TE 模。TM 模的极化垂直于介质板表面，而 TE 模的极化平行于介质板表面。TM 模需要感性表面如波纹状地面来约束波。但是波纹阻碍了缝隙间波的传播，在介质板上传播的波以相对于表面一定的角度在波纹之间来回反射。第二种表面可以是自由空间或导体。为了求解场，不但要使边界的波阻抗相等，还要使在两个区域内的转播常数相等。

以自由空间介质板厚度的两倍来推导接地介质平板的解，其在介质板侧面由奇模电场激励。对于奇模激励，中间变成了短路。将介质板周围的空间分成三个区域：1 介质板上方空间，2 介质板内部，3 介质板下方空间，然后从势函数导出场[6]：

$$\begin{aligned}
\psi_1 &= A_1 \exp\left(\frac{-2\pi bx}{\lambda}\right)\exp(-\mathrm{j}k_z z) \\
\psi_2 &= A_2 \begin{Bmatrix} \sin\dfrac{2\pi p_x x}{\lambda} \\ \cos\dfrac{2\pi p_x x}{\lambda} \end{Bmatrix} \exp(-\mathrm{j}k_z z) \\
\psi_3 &= \pm A_1 \exp\left(\frac{2\pi bx}{\lambda}\right)\exp(-\mathrm{j}k_z z)
\end{aligned} \tag{6-11}$$

式中，ψ_3 的正负符号与满足通过下面介质板边界的连续切向场的条件有关。垂直于介质板(x)的坐标的中心是介质板的中心。为使传播常数相等和 x 方向的波阻抗相等，在介质板中的横向传播常数 p_x 产生了超越方程式组：

$$\sqrt{\left(\frac{\omega a}{2}\right)^2 (\varepsilon_1\mu_1 - \varepsilon_0\mu_0) - \left(\frac{\pi p_x a}{\lambda}\right)^2} = \pm B_0 \frac{\pi p_x a}{\lambda} \begin{Bmatrix} \tan\dfrac{\pi p_x a}{\lambda} \\ \cot\dfrac{\pi p_x a}{\lambda} \end{Bmatrix} \tag{6-12}$$

式中，对于 TE 波 $B_0 = \mu_0 / \mu_1$，对于 TM 波 $B_0 = \varepsilon_0 / \varepsilon_1$，$\omega$ 是角频率（$2\pi f$），a 是介质板厚度，

ε_1 和 μ_1 分别是介质板的介电常数和磁导率。以数值或图表的方法求解 p_x [见式（6-12）]，并利用下式：

$$\frac{\pi b}{\lambda}a=\sqrt{\left(\frac{\omega a}{2}\right)^2(\varepsilon_1\mu_1-\varepsilon_0\mu_0)-\left(\frac{\pi p_x}{\lambda}\right)^2} \tag{6-13}$$

按下式确定介质板表面波的衰减常数 b 和相对传播常数 P：

$$k_z=Pk=k\sqrt{1+b^2} \quad 或 \quad P=\sqrt{1+b^2} \tag{6-14}$$

当介质板很薄时，对于 TM_0 模，不是以数值的方法求解式（6-12），而可以采用近似式来求解 P[7]：

$$P^2=1+\frac{(\varepsilon_r\mu_r-1)^2}{(\varepsilon_r\mu_r)^2}(2ka)^2 \tag{6-15}$$

对应正切和余切函数的多值性，式（6-12）有无穷多解。0 阶对应于从 0 到 90° 的正切函数，1 阶对应于从 90° 到 180° 的余切函数，等等。偶模的阶采用正切函数，奇模的阶采用余切函数。定义截止频率为 $\alpha=0$ 的频率点，即束缚波和非束缚波的转变点：

$$\lambda_c=\frac{2a}{n}\sqrt{\frac{\varepsilon_1\mu_1}{\varepsilon_0\mu_0}-1} \tag{6-16}$$

零阶模的截止频率是零。只有 TM_0 模有奇对称性，这是接地的介质板所需要的。接地介质板支持偶次 TM 模和奇次 TE 模。联合式（6-12）和式（6-13），采用数值方法求解得到表 6-2 和表 6-3。表 6-4 列出了支持 TM_0 模的介质板对于给定的 P 在自由空间中的厚度。接地介质板的厚度是表 6-2 厚度值的一半。类似地，表 6-3 列出了支持 TE_1 模的介质板厚度。式（6-16）可以求解支持 TE_1 模的最小厚度。低于该厚度，波就不束缚在表面了。

表 6-2　支持 TM_0 模的介质板厚度 [a]（λ_0）

P	介电常数				
	2.21	2.94	4.50	6.00	9.80
1.001	0.02699	0.02152	0.01831	0.01839	
1.002	0.03672	0.03041	0.02574	0.02420	
1.005	0.05792	0.04784	0.04032	0.03744	0.03446
1.01	0.08162	0.06713	0.05623	0.05195	0.04710
1.02	0.1147	0.09355	0.07746	0.07094	0.06316
1.04	0.1607	0.1289	0.1046	0.9444	0.08180
1.06	0.1956	0.1545	0.1231	0.1099	0.09331
1.08	0.2253	0.1752	0.1374	0.1215	0.1015
1.10	0.2520	0.1930	0.1491	0.1307	0.1078
1.12	0.2770	0.2088	0.1590	0.1384	0.1129
1.14	0.3012	0.2233	0.1677	0.1450	0.1171
1.16	0.3251	0.2369	0.1756	0.1508	0.1208
1.18	0.3493	0.2499	0.1827	0.1560	0.1240
1.20	0.3741	0.2625	0.1894	0.1607	0.1269
1.25	0.4426	0.2934	0.2045	0.1712	0.1329
1.30	0.5282	0.3250	0.2182	0.1803	0.1380
1.35	0.06492	0.3593	0.2314	0.1887	0.1424
1.40		0.3986	0.2444	0.1966	0.1463

a 对于地面上的介质板取厚度的一半。

在微带贴片旁边，以小喇叭或平行板传输线给这些表面馈电。使馈电的极化与介质板上的模相匹配，但是介质板只约束一部分功率，其余的直接从馈线辐射或反射到馈电输入端。给不接地介质板的馈电可以采用将其放在波导中心的方法。当决定厚度的模速在 H 面时，TE_{10} 波导模激励起 TE_0 介质板模。就像接地介质板的 TM_0 模，自由空间介质板的 TE_0 模没有截止频率。表 6-4 列出了 TE_0 模在给定相对传播常数时的介质板厚度。

表 6-3　支持 TE_1 模的介质板厚度 [a]（λ_0）

P	介电常数				
	2.21	2.94	4.50	6.00	9.80
1.001	0.4469	0.3689	0.2743	0.2260	0.1701
1.002	0.4720	0.3709	0.2774	0.2272	0.1705
1.005	0.4829	0.3765	0.2770	0.2302	0.1717
1.01	0.4961	0.3843	0.2810	0.2330	0.1736
1.02	0.5164	0.3962	0.2873	0.2373	0.1761
1.04	0.5494	0.4150	0.2968	0.2438	0.1797
1.06	0.5790	0.4313	0.3049	0.2492	0.1825
1.08	0.6078	0.4465	0.3122	0.2540	0.1851
1.10	0.6368	0.4613	0.3191	0.2585	0.1874
1.15	0.7140	0.4982	0.3356	0.2690	0.1928
1.20	0.8046	0.5372	0.3518	0.2790	0.1978
1.25	0.9182	0.5802	0.3683	0.2890	0.2026
1.30	1.0712	0.6291	0.3856	0.2992	0.2073

a 对于地面上的介质板取厚度的一半。

表面波功率由相对传播常数 P 来计算[7]：

$$P_{表面波}=\frac{15\pi k^2n^2\mu_r^3(P^2-1)}{n^2\left(\frac{1}{\sqrt{P^2-1}}+\frac{\sqrt{P^2-1}}{n^2-P^2}\right)+kh\left[1+\frac{n^4(P^2-1)}{n^2-P^2}\right]} \tag{6-17}$$

按与式（6-3）相同的方式，联立计算空间波功率的式（6-1）和计算表面波功率的式（6-17）来计算效率，其结果相似。

表 6-4　支持 TE_0 模的介质板厚度（λ_0）

P	介电常数				
	2.21	2.94	4.50	6.00	9.80
1.001	0.01274	0.00994			
1.002	0.01684	0.01174	0.00661	0.00410	0.00250
1.005	0.02649	0.01666	0.00920	0.00638	0.00364
1.01	0.03772	0.02341	0.01289	0.00905	0.00514
1.02	0.05409	0.03345	0.01846	0.01286	0.00729
1.04	0.07872	0.04823	0.02640	0.01839	0.01040
1.06	0.09935	0.06027	0.03275	0.02276	0.01284
1.08	0.1184	1.07104	0.03832	0.02656	0.01494
1.10	0.1368	0.08113	0.04343	0.03002	0.01684
1.15	0.1833	0.1051	0.05507	0.03779	0.02106
1.20	0.2348	0.12920	0.06595	0.4498	0.02483
1.25	0.2968	0.1542	0.07661	0.05168	0.02835

6.3　矩形微带贴片天线

虽然下面将给出单层矩形或圆形贴片的设计等式，但严格的设计工作需要采用可获得的优秀商用设计软件[8]。利用这些可以减少对最终设计尺寸的更改，如用小刀切割掉金属片，或粘贴金属条增大贴片。天线可以制作成带调谐支节，但是调整这些支节的工作增加了成本。对于阵列，当单元天线的输入端口不可得时，调谐支节就不适用了。当为了增加带宽而增加层数时，切割和试验的方法就变得特别困难了，这时就需要采用数值计算方法。

矩形贴片天线可以通过传输线模型[9]设计成适合中等带宽的天线。带宽小于1%或大于4%的贴片需要采用腔模分析法来得到准确的结果，但是传输线模型包含了大部分分析方法。当贴片的有效长度为半波长时，最低阶的 TM_{10} 模达到谐振。图6-9显示了沿着谐振边方向以同轴线从底部馈电的贴片。贴片从边缘的场产生辐射，这些场扩展了有效开路（磁壁）并超过了边界。扩展量由下式给出[10]：

$$\frac{\Delta}{H}=0.412\frac{\varepsilon_{有效}+0.300W/H+0.262}{\varepsilon_{有效}-0.258W/H+0.813} \tag{6-18}$$

式中，H 是基板厚度，W 是贴片非谐振边的宽度，$\varepsilon_{有效}$ 是与贴片相同宽度的微带传输线的有效介电常数。

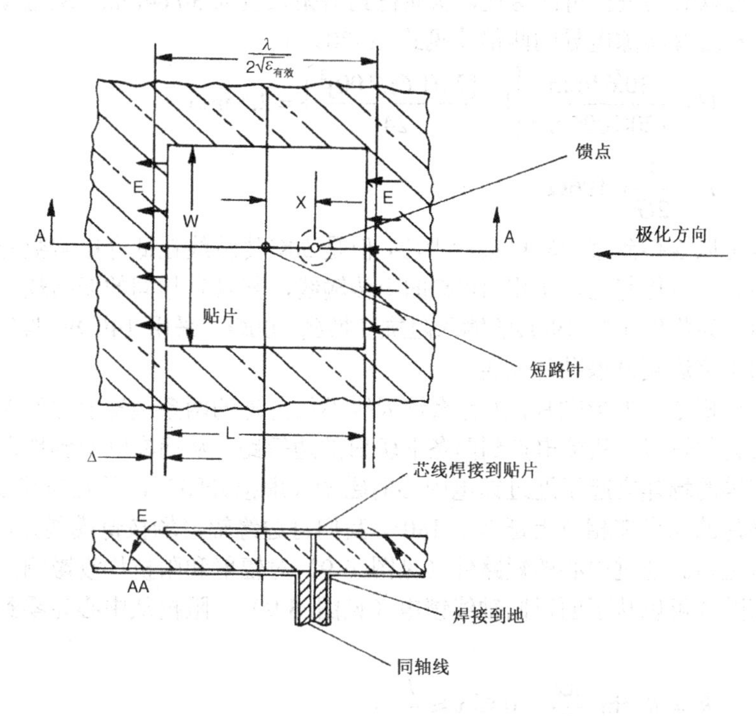

图6-9　同轴线馈电的微带贴片天线

合适的 $\varepsilon_{有效}$ 近似公式如下[11]：

$$\varepsilon_{有效}=\frac{\varepsilon_r+1}{2}+\frac{\varepsilon_r-1}{2}\left(1+\frac{10H}{W}\right)^{-1/2} \tag{6-19}$$

式中，ε_r 是基板的介电常数。传输线模型将贴片表示为低阻抗的微带线，其宽度决定了阻抗和有效介电常数。贴片的平行板辐射电导和容纳负载的组合都从边缘产生辐射。

哈林登[6]给出了平行板辐射器的辐射电导如下：

$$G=\frac{\pi W}{\eta\lambda_0}\left[1-\frac{(kH)^2}{24}\right] \tag{6-20}$$

式中，λ_0是自由空间波长。与有效条带的扩展量有关的容纳是：

$$B=0.01668\frac{\Delta}{H}\frac{W}{\lambda}\varepsilon_{有效} \tag{6-21}$$

例：设计一种工作在3GHz的正方形微带贴片天线，基板厚度1.6mm，介电常数2.55（聚四氟乙烯玻璃纤维编织板）。贴片在介质板上的长度近似为半波长。

首先假设宽度是$\lambda/2$，则：

$$W=\frac{c}{2f\sqrt{\varepsilon_r}}=31.3\text{mm}$$

根据式（6-19），$\varepsilon_{有效}$=2.405。把这些值代入式（6-18），得到每边的有效减切量Δ=0.81mm。谐振长度为：

$$L=\frac{c}{2f\sqrt{\varepsilon_{有效}}}-2\Delta=30.62\text{mm}$$

当利用该长度作为正方向贴片的宽度来计算有效介电常数时，得到有效介电常数为2.403，很接近初始值。可以对其进行再次迭代，从而得到谐振长度为30.64mm。从边缘馈电的贴片的输入电导将是某一边缘缝隙电导的两倍［见式（6-20）］：

$$G=\frac{30.64\text{mm}}{120(100\text{mm})}\left\{1-\frac{[2\pi(1.6)/100]^2}{24}\right\}=2.55\text{mS}$$

$$R=\frac{1}{2G}=196\Omega$$

微带馈电线可以连接到某一辐射边的中心，但是50Ω传输线在低介电常数的基板上由于太宽而变得不方便。为方便起见，采用100Ω的窄传输线，其具有相同的低损耗，因此在馈电网络中通常被采用。为将例子中196Ω的输入阻抗变换到100Ω，采用140Ω的四分之一波长变换器。该变换器的带宽远超过该贴片天线。

上面的例子分析了正方形贴片，为什么该天线不从另外的两条边辐射呢？因为该贴片在该两条边方向等效为传输线。从馈电点到两条非辐射的边等距，从而在贴片到地之间产生相等的场。在边缘上相等的场建立起了通过馈电中心的磁壁（虚拟开路），并且与馈线不匹配。

由于通过贴片的功率在相位上延迟了180°，我们将边缘辐射场按奇模展开。奇模在贴片的中间位置为虚拟短路。通过中心的短路针（见图6-9）对辐射和阻抗均没影响，但其使得该天线直流接地。该贴片可以从下面以同轴线馈电（见图6-9）。阻抗从中心为零到边缘的电阻近似为：

$$R_i=R_e\sin^2\frac{\pi x}{L},\quad 0\leqslant x\leqslant\frac{L}{2} \tag{6-22}$$

式中，R_i是输入电阻，R_e是在边缘的输入电阻，x是离贴片中心的距离。馈点位置不会明显影响谐振频率。根据式（6-22），由所需的输入阻抗来定位馈电点：

$$x=\frac{L}{\pi}\arcsin\sqrt{\frac{R_i}{R_e}} \tag{6-23}$$

计算上例中输入电阻为50Ω的馈点位置：

$$x = \frac{30.64}{\pi}\arcsin\sqrt{\frac{50}{196}} = 5.16\text{mm}$$

馈电针上的电流辐射成单极子方向图，并叠加到贴片天线的方向图上。图 6-10 显示了这样辐射的方向图，贴片采用自由空间基板，E 面辐射边的间距为 $\lambda/2$。图 6-10 中的方向图在 E 面沿地面方向有一个零点，但是单极子的辐射增加了沿地面方向的辐射。在一侧辐射增加了，在另一侧减小了 E 面方向图并形成零点，零点指向为沿地面倾斜向上。现在的 H 面方向图包含交叉极化。通过与中心等距而位于另一侧的第二个端口给贴片馈电，可以减小单极子的辐射。这需要额外的馈电网络，将馈电功率均分给两个端口，同时还要产生 180°相差。这种馈电方式的问题是通过贴片的等效微波电路而使得两个端口之间存在耦合。估计两端口之间的耦合为 –6dB，这导致一部分输入功率耗散到第二个端口，这时贴片效率下降 1.25dB。通过第二个短路探针给贴片耦合馈电，而不是直接馈电，可以减小单极子的辐射。调整第二个探针和贴片的间隙直到在 H 面辐射的交叉极化最小为止。这利用了微带贴片作为馈电网络的一部分，第二个探针对耗散功率不起电阻负载的作用。

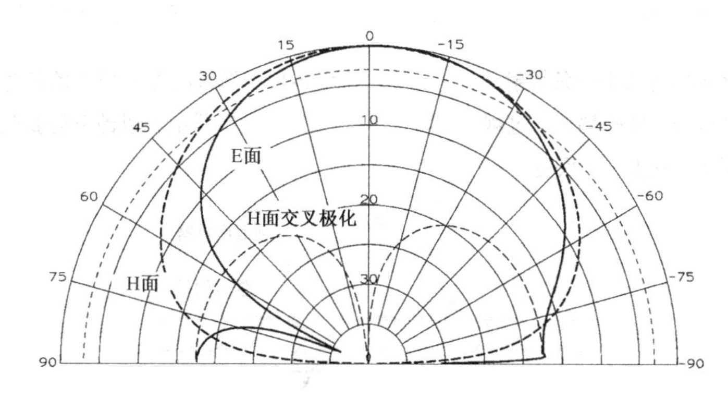

图 6-10 同轴线馈电的微带贴片方向图，包含馈电针的辐射，基板为空气

通过微带贴片基板的馈电探针在输入端表现为串联电感。由这种馈电方法在贴片上激励的高阶模给天线增加了电感分量。低于谐振频率时，该天线是感性的，电阻接近零。随着频率的增加，电感和电阻也会增加，直到达到并联谐振。在谐振频率以上，该天线是容性的，阻抗曲线在斯密施圆图中按顺时针扫描（见图 6-11），最后在短路附近回到小电感分量状态。通过改变馈电点来增加输入电阻会引起谐振频率响应圆圈在斯密施圆图中扩展，从而穿过高阻值的电阻线。左边的曲线为低耦合的情况，因为曲线弯曲后不能包含图的中心。中间的曲线是精确耦合的，右边的曲线为过耦合的情况。这些通常的阻抗响应也适用于圆形贴片。当所有的谐振曲线从任意外围的点围绕着或趋向于斯密施圆图中心时，即可应用这些术语。

图 6-12 显示了贴片包含馈电探针电感的斯密施圆图，其基板厚度为 0.05λ，介电常数为 1.1。阻抗响应轨迹位于实轴上方，并且总是感性的。通过在输入点增加一个对应中心频率电抗值为 –j50 的串联电容，可以调整该阻抗轨迹。串联电容使得阻抗轨迹向下移，直至围绕图的中心，达到过耦合响应。图 6-13 显示了一种串联电容的实现方式，即在馈电探针末端加一圆盘。探针穿过贴片上的过孔，仅仅与作为电容的圆盘连接。在多层结构中，该圆盘可以置于贴片的下方，而位于另一基板的上方。另外一种结构形式是，在贴片上的馈电点周围蚀刻出圆环作为小电容器。给该结构增加一个串联电感，并调整串联电容，就可以在很宽的频率范围内改善阻抗匹配，如图 6-14 所示，阻抗轨迹环绕着原点[12]。增加一个串联电容的贴片，可使回波损耗为 10dB 的带宽达到 9.1%，而通过调整串联电容并增加串联电感，可将阻抗带宽增加到 15.4%。匹配网络在一定程度上能增加谐振点，从而展宽阻抗匹配带宽，但是结构上会变得很

难实现。后面将讨论，通过增加天线单元可获得额外的谐振点。

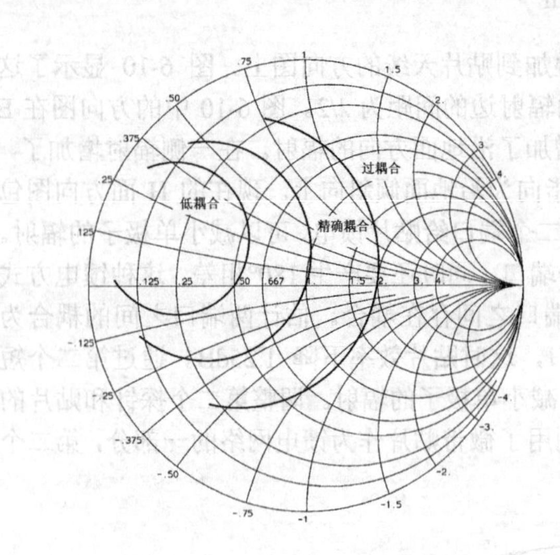

图 6-11 馈电点向矩形贴片其中一条辐射边移动时，低耦合、精确耦合、过耦合贴片的频率响应斯密施圆图

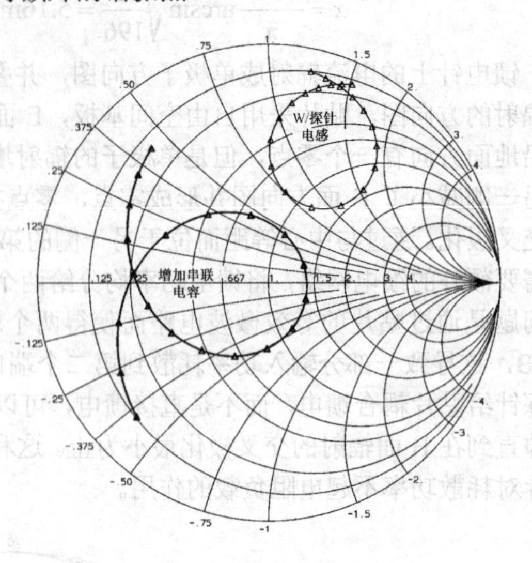

图 6-12 通过给厚基板上的贴片增加一个串联电容以改善阻抗特性

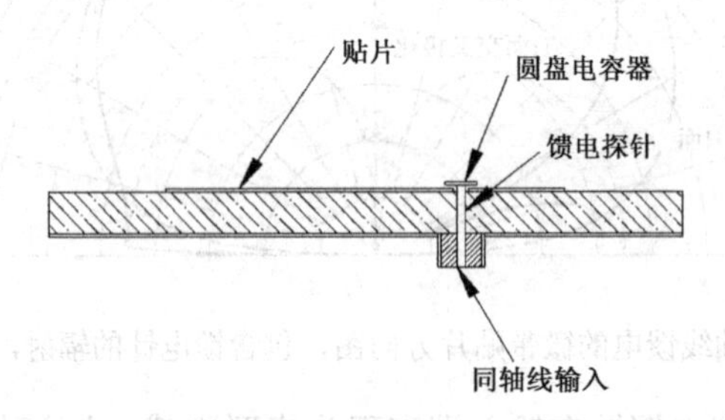

图 6-13 增加了一个串联电容的探针馈电贴片的截面图

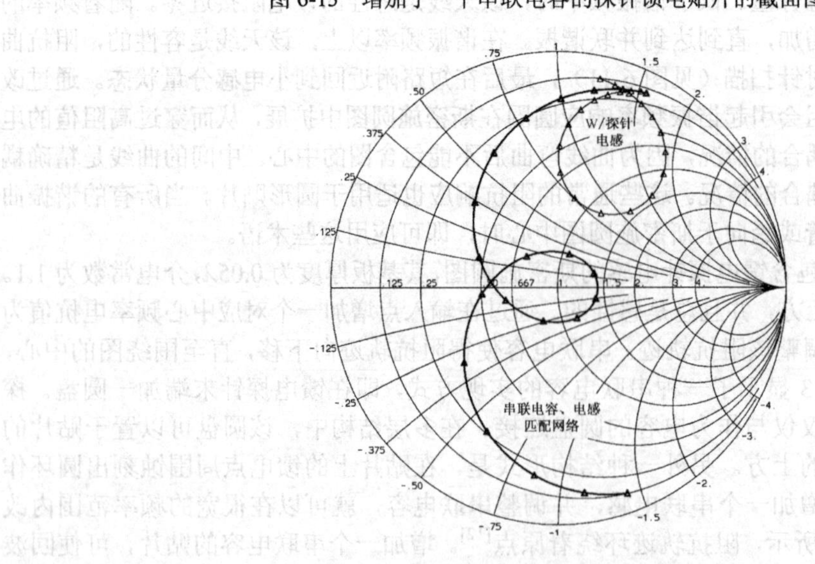

图 6-14 具有两单元匹配网络贴片的阻抗响应

可以采用嵌入式微带线从贴片的边缘馈电，微带线两侧缝隙的宽度与微带线宽度相等，如图 6-15 所示。FDTD 法分析表明嵌入式扰乱了传输线模型或腔体模型，并且与同轴探针馈电比，加剧了阻抗随距离的变化程度，对于谐振长度为 L 的贴片，馈点位置离中心为 x，则[13]：

$$R_i = R_e \sin^4 \frac{\pi x}{L},\quad 0 \leqslant x \leqslant \frac{L}{2} \tag{6-24}$$

式（6-24）是一个近似解，因为在 x=0 处，电阻是有限值。由上式采用弧度表示得到馈点位置为：

$$x = \frac{L}{\pi} \arcsin\left(\frac{R_i}{R_e}\right)^{1/4} \tag{6-25}$$

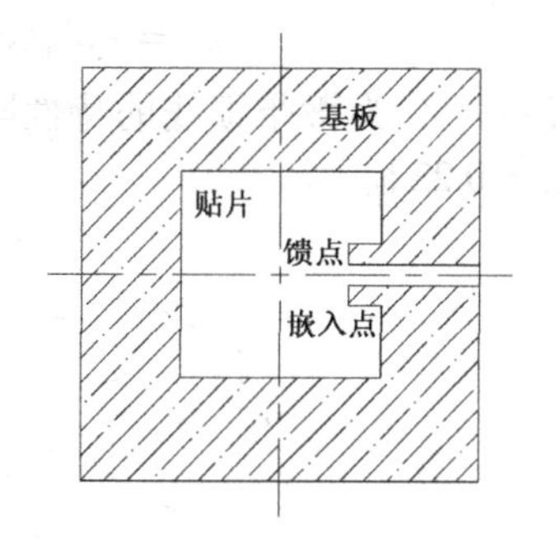

图 6-15 嵌入式馈电的方形贴片

上面例子中计算 50Ω馈点的位置为：

$$x = \frac{30.64}{\pi} \arcsin\left(\frac{50}{196}\right)^{0.25} = 7.71\text{mm}$$

嵌入的距离（7.3mm）比探针离边缘的距离（9.8mm）小。

孔缝馈电[14,15]：微带贴片是一种平面谐振腔，在其开路的侧壁以辐射的方式泄漏能量。也可以将矩形贴片设想成工作在低次模的具有终端电纳和辐射电导的低阻抗传输线。两种模型都预测了具有显著品质因素 Q 的谐振结构。谐振腔可以非常方便地由传输线通过孔缝耦合激励，或者由传输线直接馈电激励。谐振腔的 Q 值将激励场限制在了某一种模式。可以将激励展开成谐振腔模，但是最低次模通常是最重要的，并且包含了大部分储能。通常考虑贴片中的电压是这样分布的，其零点平面位于横截面上一半的位置，并通过贴片中心。不管将贴片认为是腔体还是传输线，总是有驻波电流与驻波电压相联系。该电流与电压反相，其峰值位于通过中心线的虚拟短路线上。对于最低次模，在沿着谐振长度方向，该电流呈余弦分布，并且在半个周期内，辐射边缘电流为零。在沿着贴片宽度方向电流为均匀分布。

通过在贴片中心对应的地面上开缝，改变了地面上的电流，由于此处电流为最大，从而使得通过缝隙到贴片产生最大耦合。对于一次模，电流沿着长度方向流动。这意味着要达到最大的激励，需将缝隙垂直于电流流动方向放置，这与波导中的缝隙一致（见 5.24 节）。为了激励缝隙，使微带传输线以垂直于缝隙的方式通过。这样就形成了三层结构。贴片位于最顶层；地面上包含了耦合孔缝，通常为了达到最大耦合，该孔缝位于贴片中心下方；第三层包含了微带传输线，其与贴片共用地面，位于孔缝中心下方以达到最大的耦合。图 6-16（a）显示了贴片、带孔缝的地、相对于贴片分开的微带传输线的部件分解图。图 6-16（b）给出了与孔缝有关的所有参数。虽然为达到最大的耦合，x_{os} 和 y_{os} 通常为零，不过由贴片上的电流分布可知耦合度是如何随缝隙的位置而变化的。由于沿着贴片宽度 W 方向，地面上的电流分布是均匀的，因此在缝隙与贴片边缘重叠前，耦合度与 x_{os} 无关。电流沿着谐振长度 L 方向为余弦分布，因此耦合度随着 y_{os} 离开零点而慢慢下降。由于电流分布是偶函数，因此与 y_{os} 的符号无关。在贴片中心附近的电流变化缓慢，这意味着对缝隙的位置公差要求并不严格。

微带传输线以其上的驻波激励缝隙（孔缝），该驻波电流的最大值位于缝隙处。为使驻波电流最大，可以采取两种方法，其一是从微带线到地使用一短路过孔，另一方法是采用长度为 L_s 的四分之一波长开路支节。L_s 比以微带线有效介电常数表示的四分之一波长小，这是由于开路末端存在边缘电容，而该电容必须避免微带贴片的高次模，高次模对输出端为感性负载。支节的电抗为输入端的串联负载，由下式得到：

$$Z_S = -\mathrm{j}Z_0 \cot(k_{有效} L_S)$$

式中，Z_0 为微带馈线的特性阻抗，$k_{有效}$是微带线基板上的有效传输常数，L_s 为支节长度，$L_S \approx 0.22\lambda_{有效}$。

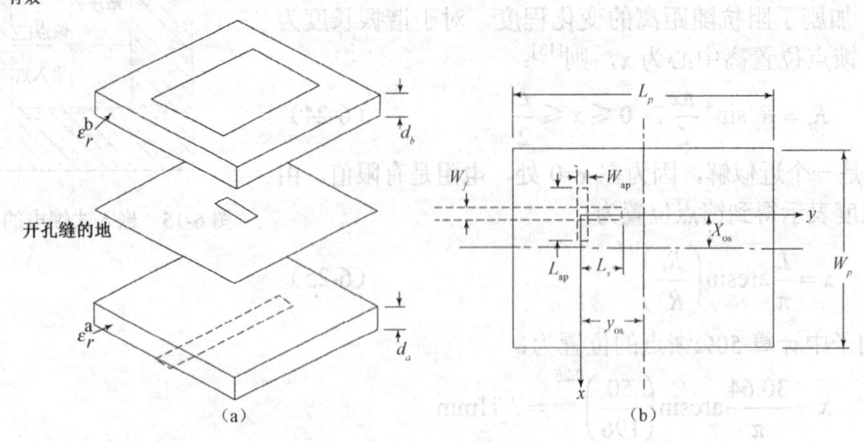

图 6-16　孔缝馈电的方形贴片（摘自文献[15]中图 1，©1986 IEEE）

通过增加孔缝尺寸，可以增加到贴片谐振腔的耦合度。图 6-17 显示了耦合度随孔缝尺寸变化的斯密施圆图，从左到右依次为欠耦合、紧耦合和过耦合。当增加带宽，就降低了 Q 值，因此必须增加耦合孔缝的尺寸。Waterhouse[8]建议，首先取缝隙的尺寸为贴片宽度的二分之一，在加工前，使用商用软件分析响应特性从而调整尺寸。通过改变开路支节的长度来控制在斯密施圆图中的旋转位置。对于λ/4 以下的更短长度，增加了容性电抗，因此耦合环将围着一个常数电阻圆旋转，其直径由孔缝尺寸决定，如图 6-18 所示。

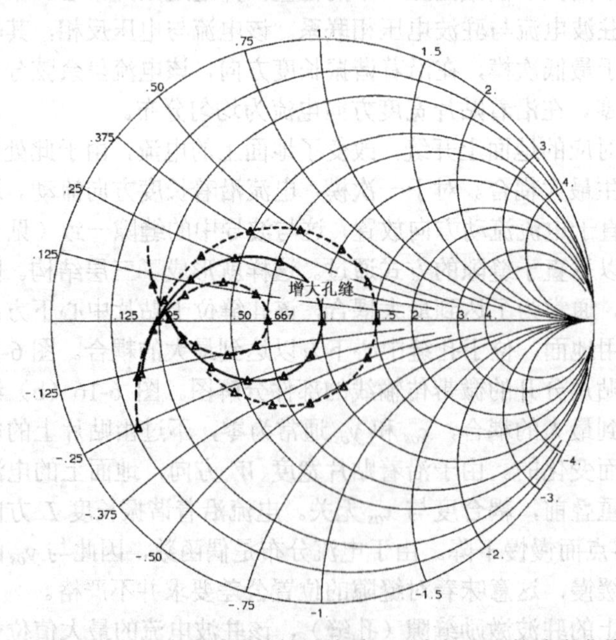

图 6-17　孔缝尺寸与耦合到贴片的效果关系，更大的开口使响应曲线往右移

图 6-19 给出了为增加耦合而采用的不同形状的孔缝。缝隙（b）比缝隙（a）的长度更长，因此增加了耦合。如（c）中所示加宽孔缝的宽度则比（a）增加了耦合。H 形缝隙在沿着水平方向分布更均匀，从而增加了耦合。从围绕着开路端的路径长度的增加考虑，蝶形领结和沙漏形孔

缝增加了耦合。沙漏形的光滑曲线减少了边缘处电流的不连续性，从而增加了耦合[16]。

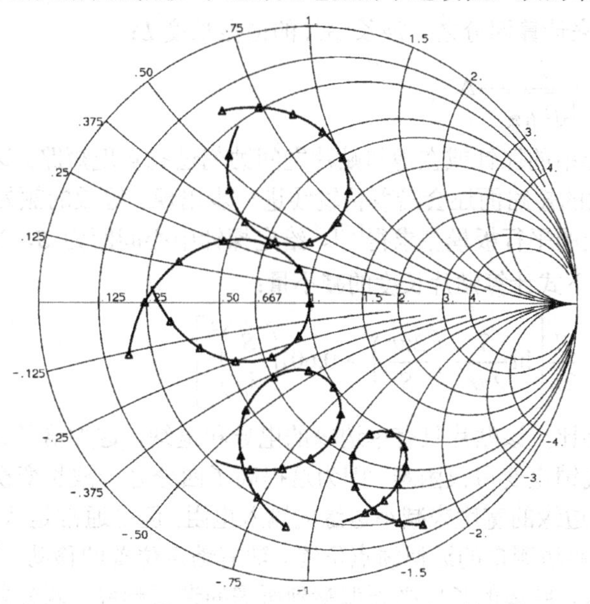

图 6-18 紧耦合的孔缝馈电贴片随开路支节长度变化的效果

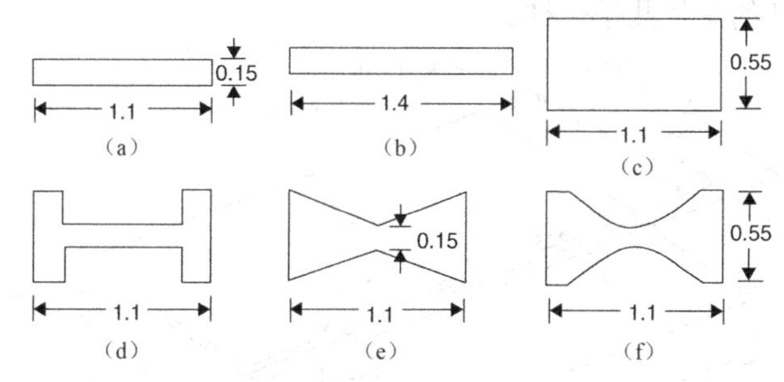

图 6-19 为增加耦合和带宽的不同形状的孔缝（摘自文献[16]中图 4-29，©2003 Artech House，Inc.）

孔缝馈电方式排除了微带贴片中垂直探针的结构，使得易于制造，但是增加了蚀刻多个层面的费用。排除了垂直探针从而也排除了附加的单极子方向图，该方向图会增加交叉极化。当贴片是边缘馈电时，不管是直接馈电还是嵌入式馈电，能使贴片产生良好辐射的基板不一定满足使微带线能良好的工作。而孔缝馈电的贴片，由于贴片和微带线相互独立，仅仅通过孔缝连接，因此每种结构都能采用自己最佳的基板。由于人们试图给宽带贴片馈电，因而将使得 Q 值减小而孔缝尺寸增加。该缝隙虽然小于谐振尺寸，但也增加了辐射，并且由于其向两边辐射而减小了前后比。解决办法之一是将微带线装在一个盒子内以阻止缝隙向后侧辐射。如果对微带线采用高介电常数的基板，则通过孔缝的耦合度仍然保持很高，但微带线的第二个地面将减小其耦合度。孔缝给贴片电路增加了一臂，这可用于展宽阻抗响应带宽。为了充分利用该臂，必须增加孔缝尺寸直至该孔缝成为重要的辐射体。

6.4 四分之一波长贴片天线

当贴片天线工作于最低次模时，在通过两辐射边缘中间的面上形成虚拟的短路。因此可以采用贴片的一半并应用短路来制作天线（见图 6-20）。此时 E 面方向图展宽至与单个缝隙相当。

谐振长度约为基板介质中波长的四分之一。利用贴片宽度为 W 的微带线的有效介电常数 ε_{eff} 和式（6-18）给出的Δ，来计算四分之一波长贴片的谐振长度 L：

$$\frac{L}{2}=\frac{\lambda}{4\sqrt{\varepsilon_{\text{有效}}}}-\Delta \tag{6-26}$$

我们可以采用一连串的探针或在地与贴片之间蚀刻过孔实现短路。这给天线的传输线模型增加了电感成分。有效的短路面还会沿着传输线进一步出现。等效的额外长度Δl 可以从由一排均匀间距的探针等效成的平行板模型求得[17]。给定探针中心间距为 S，半径为 r，介质中的波长为 $\lambda_d=\lambda_0/\sqrt{\varepsilon_r}$，由下式计算贴片长度的减小量：

$$\Delta l=\frac{S}{2\pi}\left[\ln\frac{S}{2\pi r}-\left(\frac{2\pi r}{S}\right)^2+0.601\left(\frac{S}{\lambda_d}\right)^2\right] \tag{6-27}$$

与全尺寸的贴片相比，该贴片只有单边缘的电导和电纳，这加倍了边缘的谐振电阻。这样就使得以微带线给天线馈电变得很困难，因为这提高了四分之一波长变换器的阻抗从而需要带线很窄。可以通过增加边缘的宽度来减小边缘的输入电阻，但是通常是从下面给该天线馈电的。式（6-23）给出了从短路边测量的近似馈点位置。随着馈点位置的移动，谐振频率会轻微偏离。在调谐阻抗匹配的时候，腔体的长度必须调整到所需的谐振频率。四分之一波长和全尺寸的贴片具有相同的 Q 值。半尺寸的贴片与全尺寸的贴片相比，具有一半的辐射电导，只有一半的储能。而其带宽与全尺寸的贴片几乎一样。

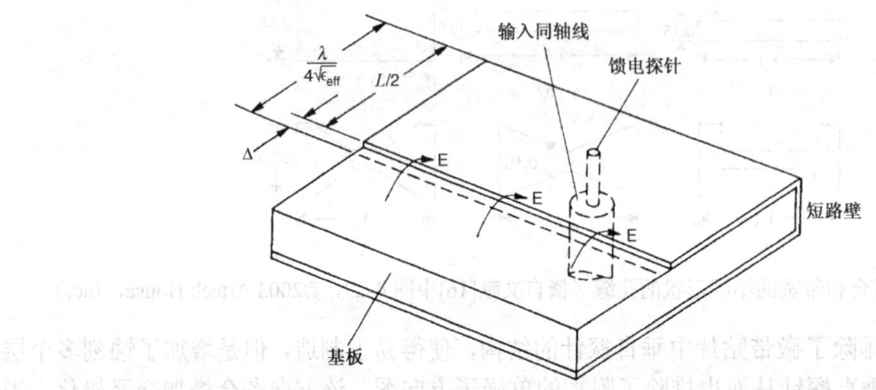

图 6-20　四分之一波长贴片

例：设计工作于 5GHz 的半尺寸贴片天线，基板厚度为 0.8mm，ε_r=2.21，辐射宽度为 0.75λ。边缘宽度为 0.75×(300mm)/5=45mm。利用式（6-19）计算腔体内的有效介电常数得：$\varepsilon_{\text{有效}}=2.16$。式（6-18）给出了边缘散射场引起的修剪量：$\Delta$=0.42mm。谐振长度为：

$$\frac{L}{2}=\frac{\lambda}{4\sqrt{\varepsilon_{\text{有效}}}}-\Delta=10.20-0.42=9.78\text{mm}$$

由式（6-20）求得单边缘的辐射电导为：

$$G=\frac{45}{120(60)}=6.25\text{mS}\qquad 或 \qquad R=160\Omega$$

由式（6-23）求得 50Ω馈点位置为：

$$x=\frac{19.56}{\pi}\arcsin\sqrt{\frac{50}{160}}=3.69\text{mm}$$

式中，x 为离短路处的距离。

该天线的短路是很关键的。微带腔体的低阻抗增大了短路处的电流。如果没有很好的低阻抗短路，该天线就将失谐并产生虚假辐射。如果该天线由机加工的腔体构成，就必须注意使上面板与腔体之间达到良好的电连接。

图6-21显示了在厚度为 0.04λ 的自由空间基板上的四分之一波长贴片，并将其放置于无穷大地板上时的计算方向图。该天线主要从与短路边相对的另一边辐射。由一根垂直探针直接给该天线馈电。E面方向图很宽，并且几乎不变。馈电探针和短路针上的电流产生的辐射增加了等效的单缝隙在正角度方向的辐射，而减小了相对方向的辐射。H面方向图（虚线）在沿着地板方向保持为零点。浅色曲线为H面的交叉极化。馈电探针和短路针上的电流产生类似于单极子的方向图。采用等效磁流的模型不能预算这些电流的主要辐射。当将四分之一波长贴片置于有限大地板上时，其展现出的特性类似于单极子。图6-22画出了将该贴片置于直径分别为 2λ 和 10λ 的地板上时的方向图。这些均显示了单极形式的方向图，其辐射容易在地板背面传播。在馈电探针和短路壁上流动的电流使E面方向图产生失真，从而导致了方向图的不对称。沿着侧缝流动的磁流不再像正方形贴片那样相互抵消，从而增加了交叉极化。

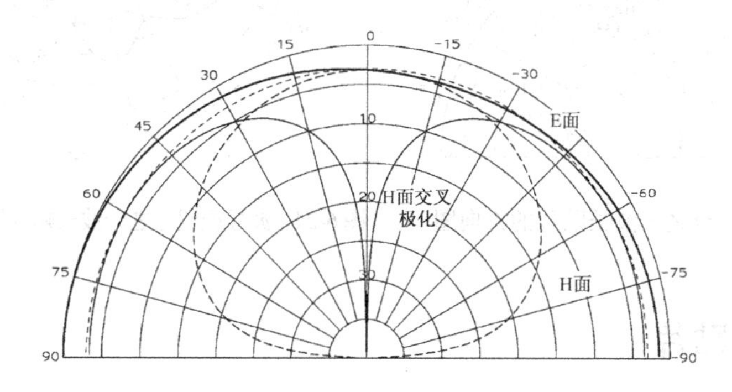

图6-21 四分之一波长贴片在自由空间基板上的方向图

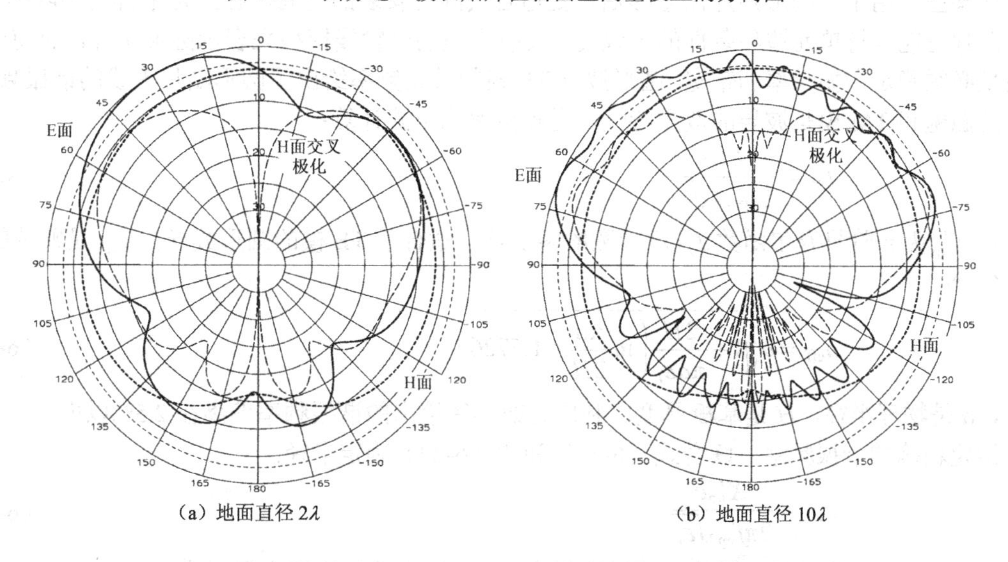

图6-22 四分之一波长贴片置于不同地面上的方向图

如果以金属壁将非辐射边缘隔离，则该金属壁即将平行板传输线转变为波导，我们可以用波导传播常数来计算四分之一波长腔体的深度。在终端缝隙场为零，从而建立起了正弦缝隙分布。

为了减小输入阻抗，可以将馈电点向后壁和侧壁偏移。电压峰值点（电流最小，电阻为峰值）发生在缝隙中心。图 6-23 显示了无穷大地板上的波导型四分之一波长贴片的方向图。侧壁降低了单极子的辐射，因此与四分之一波长贴片相比，H 面的交叉极化降低了。当置于直径为 2λ的圆盘上，馈电探针位于圆盘中心时，由于单极子的方向图被降低了，得到的方向图（见图 6-24）显示了后瓣辐射电平很低。在圆盘边缘处的辐射电平高，还导致 E 面相当可观的边缘绕射。

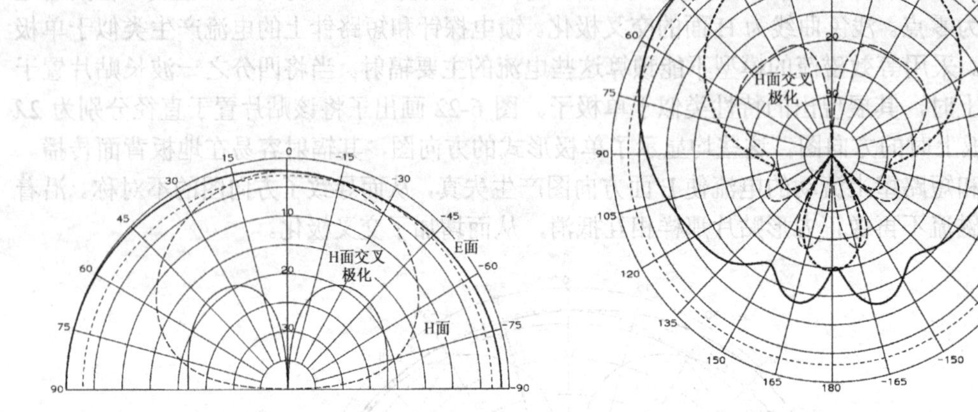

图 6-23 波导型四分之一波长贴片的方向图

图 6-24 波导型四分之一波长贴片置于直径为 2λ的圆盘上

6.5 圆形微带贴片

在某些应用中，圆形贴片比矩形贴片更适合实际可安装的空间。在三角形排列的阵列中，圆形贴片更能保持单元边界条件的一致性。没有合适的传输线模型来表示圆形贴片，而使用腔体模型必须确定谐振频率和带宽。圆形波导 TE 模的截止频率给出了圆形贴片天线的谐振频率。贴片的磁壁和 TM 模是波导的双重特性。谐振频率由下式计算：

$$f_{\mathrm{np}} = \frac{X'_{\mathrm{np}}c}{2\pi a_{\mathrm{eff}}\sqrt{\varepsilon_r}} \tag{6-28}$$

式中，X'_{np} 为 n 阶贝塞尔函数 $J_n(x)$ 导数的零次项，适合于 TE 模的圆形波导；a_{eff} 是贴片的有效半径[18]：

$$a_{\mathrm{eff}} = a\sqrt{1+\frac{2H}{\pi a\varepsilon_r}\left(\ln\frac{\pi a}{2H}+1.7726\right)} \tag{6-29}$$

式中，a 是物理半径，H 是基板厚度。利用有效半径给出的谐振频率偏离在 2.5%以内。

给定精确的谐振频率，联合式（6-28）和式（6-29）确定半径：

$$a_{\mathrm{eff}} = \frac{X'_{\mathrm{np}}c}{2\pi f_{\mathrm{np}}\sqrt{\varepsilon_r}} \tag{6-30}$$

由于 a 和 a_{eff} 几乎是一样的，可以迭代式（6-29）来计算物理半径 a[19]：

$$a = \frac{a_{\mathrm{eff}}}{\sqrt{1+2H/\pi a\varepsilon_r[\ln(\pi a/2H)+1.7726]}} \tag{6-31}$$

在式（6-31）中先利用 a_{eff} 来计算 a，其收敛很快。对最低次模 TM_{11}，利用 $X'_{11}(1.84118)$ 产

生类似于方形贴片的线极化场。对于 TM_{01} 模（$X'_{01}=3.83171$），由均匀的边缘场产生单极子形式的方向图。

例：设计工作于 3GHz 的圆形微带贴片天线（TM_{11} 模），基板厚度为 1.6mm，介电常数为 2.55（聚四氟乙烯玻璃纤维编织）。

由式（6-30）计算有效半径：

$$a_{\text{eff}}=\frac{1.84118(300\times10^{9}\,\text{mm/s})}{2\pi(3\times10^{9}\,\text{Hz})\sqrt{2.55}}=18.35\text{mm}$$

物理半径将比该值略小。在式（6-31）的分母中以 a_{eff} 代入，得到物理半径 a=17.48mm。然后将此值再次代入式（6-31）得到 a=17.45mm。由于再一次的迭代给出相同的值，因此式（6-31）经过两次迭代后就收敛到可接受的误差内。事实上，在公式计算的精度只有 2.5% 的基础上，迭代一步后给出的值精度在 0.2%以内。

TM_{11} 模的场在贴片的中心产生虚拟的短路。可以在贴片和地之间焊接探针来进行加固。放置馈电点的径向线位置决定了线极化的极化方向。沿着贴片边缘非均匀的辐射引起了比方形贴片更大的边缘阻抗。经验表明 50Ω馈电点位于离中心三分之一半径处。为确定准确的馈电点位置，需要进行实际的或数值上的实验。利用能显示斯密施圆图的网络分析仪测量输入阻抗。如果谐振圆围绕着原点，则阻抗太大了（过耦合），需将馈电点向中心移动。若显示的回波损耗为标量，则不能给出需要移动的方向。类似于矩形贴片，在中心频率使阻抗失配达到约 65Ω时可稍微增加阻抗带宽。Derneryd[20]给出了径向阻抗变化的近似表达式：

$$R_{\text{in}}=R_e\frac{J_1^2(k_\varepsilon\rho)}{J_1^2(k_\varepsilon a)} \tag{6-32}$$

式中，R_e 是边缘电阻，ρ 是径向距离，J_1 是第一类贝塞尔函数，k_ε 是基板中的传播常数，$k_\varepsilon=k\sqrt{\varepsilon_r}$。图 6-25 给出了不同基板上的圆形贴片，其 VSWR 为 2:1 的带宽作为基板厚度的函数关系。由于其体积比正方形贴片小，因此其带宽也略小。图 6-25 中的曲线包括了表面波辐射（或损耗）。

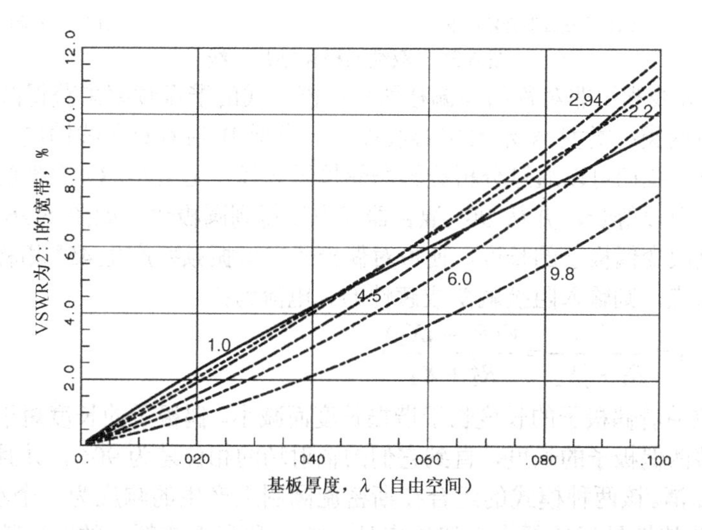

图 6-25 圆形微带贴片 VSWR 为 2:1 的带宽与基板厚度的关系曲线，基板厚度以自由空间波长表示，包括表面波的辐射

6.6 圆极化贴片天线

图 6-26 给出了正方形贴片通过双馈方式获得圆极化的方法。贴片由等幅的 90° 相位差的信号馈电。分支线混合器［见图 6-26（a）］由四条传输线连接成一个正方形而构成。图中所示的混合器（100Ω系统）在中心频率产生等幅的 90° 相位差的输出。两输入口产生的方向图的圆极化旋向相反。VSWR 和轴比带宽都远超过单馈贴片的带宽。由于贴片的失配而产生的反射返回到另一输入口。贴片对输入产生的反射，在输入口是检测不到的，并且降低了天线的效率，这与单馈贴片由于失配降低的效率相等。也可以采用耦合线混合器从天线下面的两个位置馈电，但也存在相同的效率问题。

交叉馈电天线［见图 6-26（b）］将信号分成两部分，再向贴片的两条边馈电。一条四分之一波长的传输线提供了额外的 90° 相移，从而产生圆极化。在两路信号合路前，通过在其中一路加入一个四分之一波长阻抗变换段，抵消了来自第二条传输线的部分反射，从而增加了阻抗带宽。与单馈贴片相比，阻抗带宽增加了将近一倍。6dB 轴比带宽约等于单馈正方形贴片的带宽。6dB 轴比的极化损失（0.5dB）等于 VSWR 为 2:1 的失配损失。

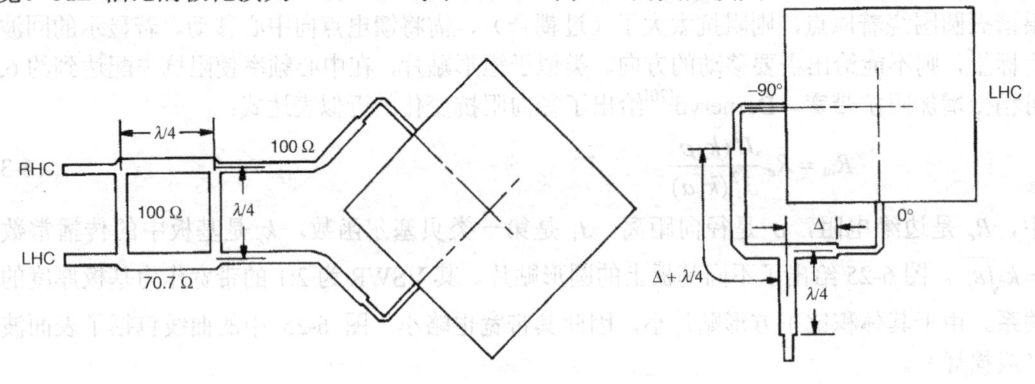

（a）分支线混合器馈电　　（b）交叉馈电贴片

图 6-26　双馈圆极化贴片天线

图 6-27 中的天线利用非对称结构偏移两种可能模式的谐振频率来获得圆极化[21]。将近似正方形的贴片分成两类：类型 A 沿着中心线馈电，类型 B 沿着对角线馈电。所有这些天线均辐射右旋圆极化波。我们可以通过分析旋转场偶极子天线（见图 6-28）来理解这些贴片的工作原理。正交偶极子可以等长，并从 90° 混合器馈电以得到圆极化，如图 6-26（a）中的贴片所示。另一种方法是改变偶极子的长度，使每对偶极子在谐振频率产生 45° 相移。如果延长偶极子的长度超过谐振点，则输入阻抗就变成感性的。电流为：

$$I = \frac{V}{R_2 + \mathrm{j}X_2} = \frac{V(R_2 - \mathrm{j}X_2)}{R_2^2 + X_2^2}$$

辐射场的相位随着偶极子的长度长于谐振长度而减小。偶极子的长度短于谐振长度时远场相位则增加。调整两偶极子的长度，直到它们的辐射场的相位差为 90°，并且两偶极子的电纳在中心频率相互抵消。该两种模式的组合在斯密施圆图上产生的响应为一个小环或扭绞线（见图 5-13）。圆极化特性最好的频点在纽结点处。低于和高于该频点的响应特性均下降。轴比带宽远比阻抗带宽窄，这是由于两种模式的组合使得在传输线上来自两种模式的反射相互抵消，从而增加了阻抗带宽。产生好的圆极化特性所需的相位变化很快。

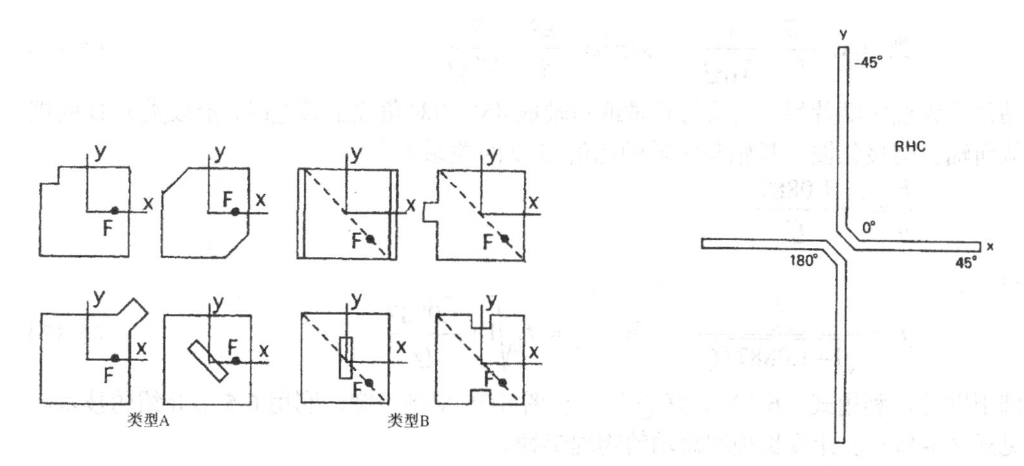

图 6-27　单馈圆极化微带贴片天线的类型

图 6-28　旋转场偶极天线（摘自 R.Garg et al., *Microstrip Patch Handbook*，Fig.8-15，© 1999 Artech House，Inc.）

对于面积为 S 的常规贴片，为获得两个谐振点而需改变的总面积以ΔS 表示，其与 Q 成比例关系。沿正方形贴片轴线馈电的类型 A 贴片比沿对角线馈电的类型 B 贴片所需改变的面积更小：

$$\text{类型A:}\ \frac{\Delta S}{S}=\frac{1}{2Q};\qquad \text{类型B:}\ \frac{\Delta S}{S}=\frac{1}{Q} \tag{6-33}$$

通过改变正方形贴片的长度与两种极化同时馈电，可以获得相同的效果。沿着对角线（类型 B）的一个输入点给所有边缘馈电，则会产生两种独立的谐振。边缘长度的比值可采用一种扰动技术[4]由 Q 值求得。重新整理式（6-33）得到长度的比值为：

$$\frac{b}{a}=1+\frac{1}{Q} \tag{6-34}$$

由式（6-34）计算两个长度对应的谐振频率：

$$f_1=\frac{f_0}{\sqrt{1+1/Q}},\ f_2=f_0\sqrt{1+\frac{1}{Q}} \tag{6-35}$$

Q 与 VSWR 带宽有关，其关系为式（6-7）。天线的 3dB 轴比带宽限制为 35%/Q，或频率 f_1 和 f_2 差值的 35%。

例：计算顶角馈电贴片在 3GHz 对应的谐振长度，基板厚度为 1.6mm，$\varepsilon_r=2.55$。

计算得到λ=100mm，基板厚度/λ=0.016，从图 6-7 得到 VSWR 为 2:1 的带宽为：1.61%。由式（6-7）计算 Q 值：

$$Q=\frac{1}{0.0161\sqrt{2}}=43.9$$

利用式（6-35）计算谐振频率：

$$f_1=\frac{3}{\sqrt{1+1/43.9}}=2.966\text{GHz}$$

$$f_2=3\sqrt{1+1/43.9}=3.034\text{GHz}$$

利用 6.3 节介绍的技术，计算谐振长度为：$a=30.27$mm，$b=31.01$mm。

所有在圆形贴片上的小面积扰动只能为类型 A 的馈电方式。扰动等式与圆形贴片的分离常数 X'_{11} (1.84118)的关系为：

$$类型A：\frac{\Delta S}{S}=\frac{1}{X'_{11}Q}；\quad 类型B：\frac{\Delta S}{S}=\frac{2}{X'_{11}Q} \tag{6-36}$$

圆形贴片变为椭圆贴片后，当从与长轴或短轴成45°的对角线上馈电时，形成类型B的馈电方式，从而辐射圆极化波。长轴与短轴的比值与Q的关系为[4]：

$$\frac{b}{a}=1+\frac{1.0887}{Q}$$

谐振频率为：

$$f_1=\frac{f_0}{\sqrt{1+1.0887/Q}} \quad 和 \quad f_2=f_0\sqrt{1+\frac{1.0887}{Q}} \tag{6-37}$$

对于圆形贴片，利用式（6-7）计算Q值，从图6-25得到带宽。利用6-5节介绍的技术，由频率［见式（6-35）］计算长轴和短轴的物理半径。

6.7 紧缩型贴片

人们期望制造小型贴片天线应用于移动通信的手机，这导致了紧缩型贴片天线的发展。理想的天线是用户不知道其所处的位置，并且尽可能小。由于到达用户的大部分信号都经过了多次反射和边缘的绕射，因此极化是随机的。这样就不需要很仔细地去控制天线的辐射方向图或极化特性，从而使得设计紧缩型贴片天线有很多可能性。将短路针靠近馈电探针放置，可以将贴片一条边的尺寸减小到约八分之一波长，但是其极化很难控制。在沿着谐振长度的路径上，如果可以强制电流经历更长的路程，则可以缩短整体尺寸。如在贴片上蚀刻槽口使电流慢传播，或在平的基板上采用不同的螺旋线网。三维的解决方案包括折叠贴片并利用其垂直方向，或缠绕在圆柱上。很多不同的方法出现在了文献中，文献［16, 22, 23］收集了一些方法。

紧挨着垂直馈电探针增加一个短路针（见图6-29）极大地降低了给定尺寸贴片的谐振频率，从而形成紧缩型贴片天线[24]。该想法是使电流从馈电点到辐射区域经过更长的路程，即在谐振腔体内将传输线折叠，使路径更长。该观念可适用于所有的紧缩型贴片天线。在这种结构中，可以由贴片的周长求得谐振波长。假定贴片的宽度为W，长度为L，基板介电常数为ε_r，则谐振波长为：

$$\lambda_0=4\sqrt{\varepsilon_r}(L+W) \tag{6-38}$$

这将正方形贴片的边长减小到了$\lambda/8$。如果使短路沿着整条边缘，则该贴片的边长和面积分别是四分之一波长贴片的一半和四分之一。圆形短路针紧缩型贴片谐振时，其直径等于$0.14\lambda_0/\sqrt{\varepsilon_r}$。将贴片制作成如此小，将产生高感性输入阻抗，这可以从以同轴探针馈电贴片的斯密施圆图中（见图6-12）看到。随着频率的增加，阻抗曲线沿顺时针旋转。在低频（或小尺寸）时贴片是高感性的。图6-12显示了采用更厚的基板来增加带宽，这使得贴片的阻抗更加感性。紧挨着馈电探针的短路针与其形成传输线，这给输入阻抗增加了容性分量，从而抵消了贴片和馈电探针的部分感性分量。在四分之一波长的贴片中，随着短路针向远离馈电针方向移动，容性减小，短路针将变成感性成分。建议短路针的位置在从中心到外边缘距离的80%至90%处，直径为0.008λ。通常馈电探针的直径为短路针的一半，为获得阻抗匹配，需要重复试探馈电探针的位置。表6-5列出了在泡沫基板（ε_r=1.07）上，获得的带宽与基板厚度的关系[25]。

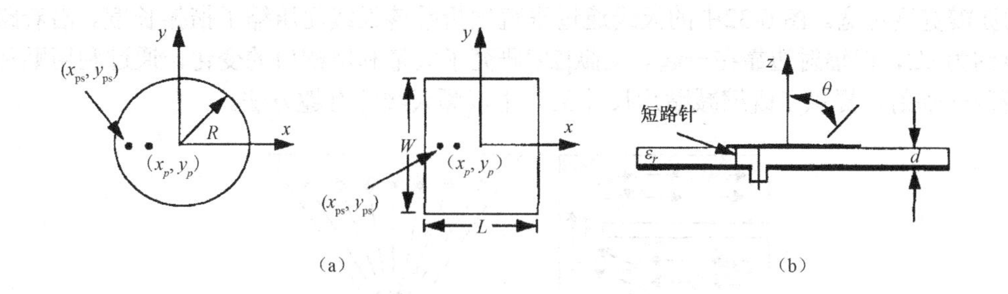

图 6-29 在馈点附近有短路针的紧缩型贴片（摘自文献[24]中图 1, © 1998 IEEE）

表 6-5 单短路针紧缩型贴片的带宽

厚度（λ_0）	VSWR 为 2:1 的带宽（%）	馈点到短路针的中心距（λ_0）
0.01	1.6	0.0071
0.02	2.2	0.0076
0.03	2.7	0.0081
0.04	3.4	0.0085
0.05	4.3	0.0101
0.06	5.7	0.0135

图 6-30 给出了短路针紧缩型贴片的理论计算方向图，贴片放置在厚度为 0.034λ的空气基板上。在与 H 面的 E_ϕ分量匹配的宽边上，宽的 E 面方向图有 10dB 的下降。由 H 面的 E_θ 辐射分量可看出，在短路针上的大电流产生了可观的单极子方向图。该小天线是顶加载单极子和贴片的组合形式。更薄的天线由于单极子更短，在基板的宽边上其方向图下降更少。

平面倒 F 天线（PIFA）在电性能上与短路针紧缩型贴片类似。将短路针移到一个角上，通常将其制作成小的短路盘。将馈电探针置于小的短路盘附近，从而又形成了传输线，其与馈电探针的电容抵消了小型贴片的电感分量。利用式（6-38）确定谐振波长。旋转坐标使短路盘和对角线位于 x 轴上，就得到了图 6-30 所示的方向图响应。由于上述两种天线在实质上没什么不同，因此表 6-5 只列出了倒 F 天线的带宽与厚度的关系[26]。

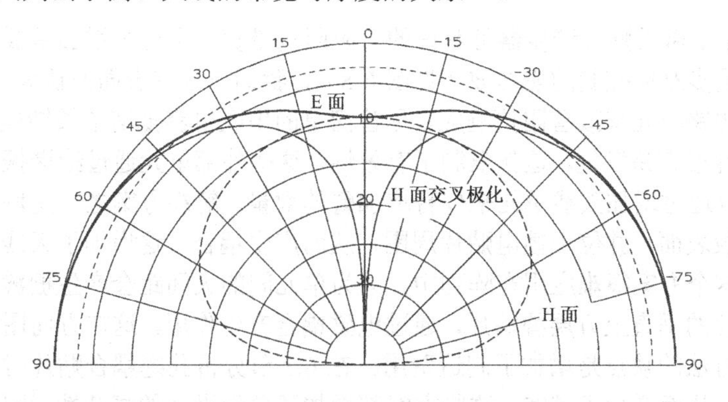

图 6-30 紧缩型贴片的方向图

通过使电流沿着谐振长度流经更远的路径可以使尺寸适当减小。图 6-31显示了两种平板天线，在其宽边上切割了凹槽，从而扰乱了谐振长度的路径，使电流慢传播。蝴蝶结贴片也使电流路径更长了。这些天线辐射正常的贴片方向图，不过由于凹槽使得辐射边靠近在一起，使得

E 面的波瓣宽度更宽。图 6-32中的天线通过垂直地折叠该天线而压缩了揩振长度。沿着路径的总长度约为$\lambda/2$，但辐射边靠在一起。文献[22]研究了大量利用槽口的变化，通过利用贴片的模式和缝隙的辐射，提供了既缩减贴片尺寸又产生双频天线的有趣方法。

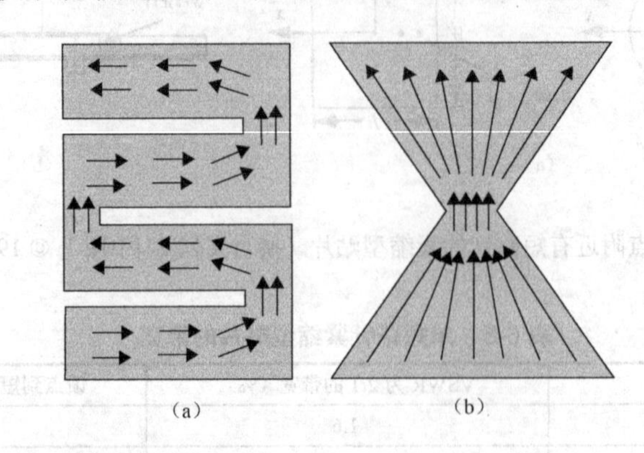

图 6-31　采用慢电流路径方法而减小尺寸的微带贴片（摘自文献[22]中图 1-3, © 2002 John Wiley & Sons. Inc.）

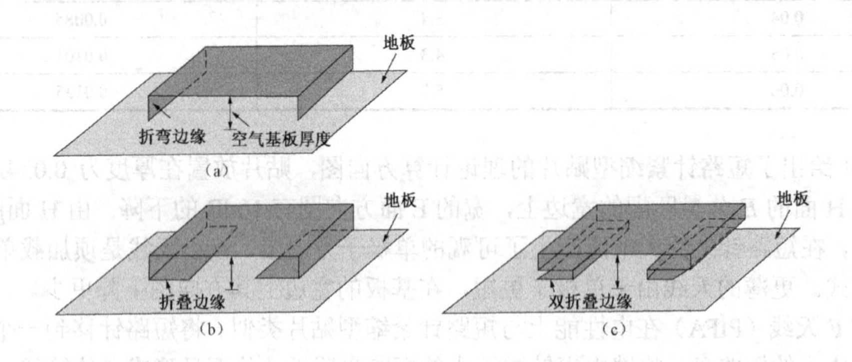

图 6-32　折叠微带贴片以减小尺寸（摘自文献[22]中图 1-4, © 2002 John Wiley & Sons. Inc.）

6.8　直接馈电的层叠型贴片

图 6-7 分析了单微带贴片谐振器可获得的有限阻抗带宽。当通过增加基板厚度来展宽带宽时，将会激励起更多难以控制的表面波（见图 6-8），我们将这些表面波认为是损耗。6.3 节中讨论了采用外部电路单元来改善阻抗响应。尽管简单的串联电容抵消了长馈电探针的感性，但高次模的感性特性很容易发生，这就限制了有效性。这些外部单元通过给谐振电路增加了臂来增加带宽。也可以通过增加天线单元来代替增加臂的数量。解决方案之一是增加的贴片与馈电贴片位于相同基板表面，并位于馈电贴片周围，从而产生耦合。这增加了天线尺寸，减小了方向图波瓣宽度。这个方案很难应用在阵列中，因为单元间的大间距会产生栅瓣。另一种解决方案是在被激励贴片的垂直上方层叠贴片，通过电磁耦合产生作用，这在方向图响应方面是最佳的解决方案。该方法的缺点是增加了制造费用。在 6.3 节分析孔缝耦合贴片时指出，大的孔缝也增加了谐振臂，从而增加了带宽。这些方案都增加了单元设计的复杂性，因此提倡采用分析工具进行设计，而不是试验的方法。

虽然在两单元层叠型贴片中可以给任一贴片进行馈电，但给下面单元馈电产生最小的馈电探针电感。通过地板的孔缝耦合馈电时，直接给下面的贴片馈电也更佳。如果采用边缘馈电方式，则要求给下面贴片馈电的输入传输线尽量窄以减小辐射。首先讨论探针馈电的层叠型贴片天线[27]。同轴探针通过地板上的孔直接在下面基板上馈电，基板厚度为 d_1，介电常数为 ε_{r1}。如图 6-12 所示，对于厚基板，馈电探针增加了电感，斯密施圆图中的谐振环位于上面的感性部分。当下面的贴片经过厚度为 d_2 且介电常数为 ε_{r2} 的基板耦合到上面的贴片后，其电路响应变得更加感性了。在没有上面贴片的时候，下面贴片的阻抗轨迹需要从容性开始。这可以采用过耦合馈电获得。图 6-11 显示了过耦合馈电贴片的阻抗轨迹绕着斯密施圆图的原点旋转。馈电探针电感使这些曲线绕着圆图的中心顺时针旋转，当曲线绕着原点旋转时，过耦合响应具有可观的容性电抗。如果使下面贴片的匹配是临界的，则由于耦合贴片的存在使得轨迹向上移动，从而将减小阻抗带宽。图 6-33 显示了这些设计进程。图 6-33（b）显示了增加下面贴片的厚度将需要更长的馈电探针，响应曲线由斯密施圆图中更加感性的区域穿过中心。相对于更薄的最佳的下面贴片，增加第二贴片不能增加带宽。上面贴片基板的厚度 d_2 控制着谐振环的紧密程度。更厚的厚度 d_2 在斯密施圆图响应中产生更紧密的环，这使得在更窄的带宽内获得更小的 VSWR。注意，由于存在多谐振点，不能利用式（6-7）确定不同 VSWR 值对应的带宽。

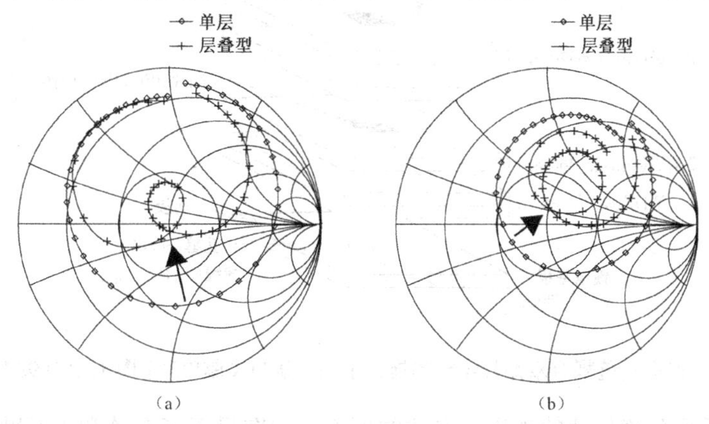

图 6-33　耦合到第二贴片的效果。（a）下面单片过耦合响应贴片与第二耦合贴片形成谐振环；（b）增加下面贴片厚度引起响应曲线在斯密施圆图中的旋转，并降低了带宽（摘自文献[27]中图 3, © 1999 IEEE）

如果上面的基板采用泡沫材料，则下面基板的介电常数和厚度决定了表面波的效率。Waterhouse[27]采用下面基板的介电常数为 2.2，厚度为 $0.04\lambda_0$，上面基板为厚度为 $0.06\lambda_0$ 的泡沫材料，在可接受的表面波损耗的情况下获得了最佳带宽。由于下面贴片过耦合，因此谐振时响应曲线通过电阻为 250Ω的点。随着频率的增加，阻抗轨迹在斯密施圆图中顺时针旋转，因此该谐振点将略低于预想频带的低频点。调整第二基板的厚度以使斯密施圆图中的谐振环在竖向移动。随着增加上面贴片的尺寸，谐振环按顺时针方向绕着圆弧旋转，利用该特性使得阻抗响应在斯密施圆图中收缩到中心，从而使带宽最优。该方法得到的阻抗带宽约为 25%。方向图带宽超过此带宽，并且我们期望在频带内方向图变化很小。

另一种成功地以同轴探针馈电的层叠型贴片是“高低结构”，下层采用高介电常数的基板（ε_{r1}=10.4），上层采用泡沫材料（ε_{r2}=1.07）[25]。上面贴片捕获了下面贴片的表面波，并将该能量向空间辐射，从而极大地提高了整体效率。虽然两贴片的尺寸不同，但保持足够的耦合，形成了阻抗带宽达到 30%的宽带天线。在该设计中，下面贴片的设计符合下面基板的高介电常数，而很少考虑上面的贴片，除非要设计成略过耦合的状态。假定以高介电常数的基板作为地板，则可以采用此基板厚度和介电常数这些参数来设计上面的贴片。当将上层贴片安装在更小的下层贴片上时，为获得 50Ω阻抗匹配，必须对尺寸进行微调。在给出的例子中，采用的下面基板厚度为 $0.032\lambda_0$，介电常数为 ε_{r1}=10.4，由图 6-8 得到表面波损耗为−1.3dB。将厚度为 $0.067\lambda_0$ 的泡沫基板上的第二贴片直接置于第一贴片上面，则在全频段内，表面波损耗减小到优于−0.7dB。

6.9 孔缝耦合层叠型贴片

在 6.3 节对孔缝馈电贴片的讨论中表明，可以利用孔缝作为另一谐振器来展宽天线的带宽。图 6-34 显示了孔缝馈电的层叠型贴片天线。这里将耦合缝隙设计成足够长，使其成为谐振器之一，这样就增加到了三个谐振器：孔缝、下面贴片和上面贴片。由于频率决定了谐振器尺寸，因此必须利用单元间距来控制耦合度。通过仔细控制参数，在斯密施圆图中的阻抗响应曲线将形成两个环，并紧紧绕在图的中心点周围[28]，如图 6-35（b）所示。我们通过耦合谐振器形成了这些环。欠耦合将产生小而紧的环；过耦合将产生大的环。

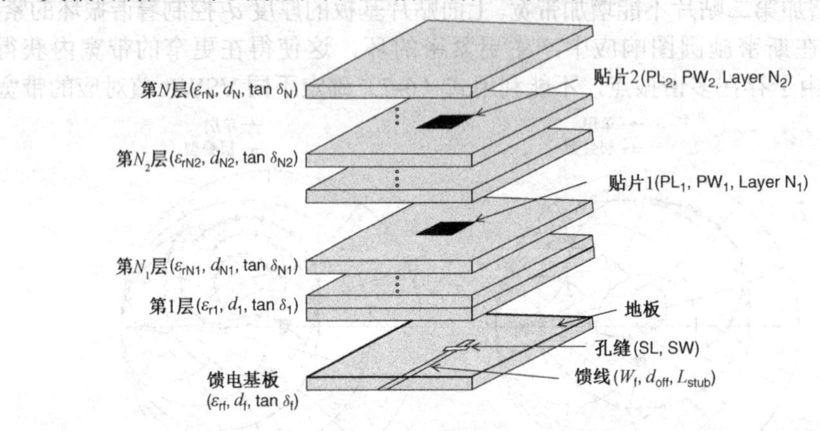

图 6-34 谐振孔缝耦合双贴片结构的展开示图（摘自文献[28]中图 1, © 1998 IEEE）

图 6-35 分析了孔缝尺寸的作用。左边的斯密施圆图显示了孔缝和下面贴片欠耦合，从而形成小的环。通过增加孔缝长度［见图 6-35（b）］或增加下面贴片的尺寸，或者减小下面贴片的厚度，都可以提高耦合。由下面贴片和孔缝决定低频环（左边）时，可以获得最佳的结果。孔缝与下面贴片过耦合时产生如图 6-35（c）所示的阻抗轨迹。通过改变上面贴片的尺寸、两贴片间的相对尺寸和上面基板的厚度可以控制上面阻抗轨迹环的尺寸。下面贴片的尺寸是一个关键参数，因为当改变中心频率时，该参数影响耦合和两种环的尺寸。当另外两个谐振器的尺寸固定不变时，减小下面贴片的尺寸就减小了与孔缝的耦合，但增加了与上面贴片的耦合。增加孔缝尺寸则增加了与孔缝的耦合，但减小了与上面贴片的耦合。只要记住一点，过耦合在斯密施圆图中产生大的阻抗轨迹环，通过观察斯密施圆图中结果的变化，并按这样的趋势改变参数，就能得到最佳的设计结果。

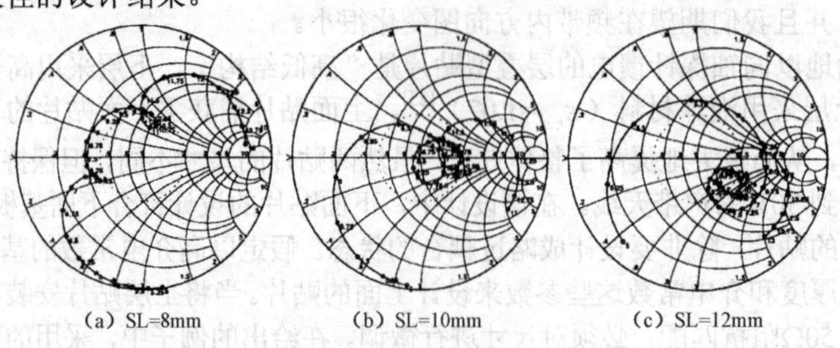

图 6-35 增加层叠型双贴片孔缝长度 SL 的作用（摘自文献[28]中 Fig.4, © 1998 IEEE）

由于孔缝是三个谐振器之一，因此不能改变其长度来确定与下面贴片间的耦合。过耦合的大缝隙在微带线输入端产生高阻。可以通过对缝隙的偏馈或采用宽的传输线来降低该阻抗。单偏馈线将在缝隙内产生不平衡的场，从而引起对贴片的不平衡激励。施加在贴片上的该不平衡激励提高了交叉极化。图 6-36 显示了双偏馈线的平衡馈电，两传输线在电抗功分器处合到一起，从而降低了电阻，并且平衡了对贴片的激励。

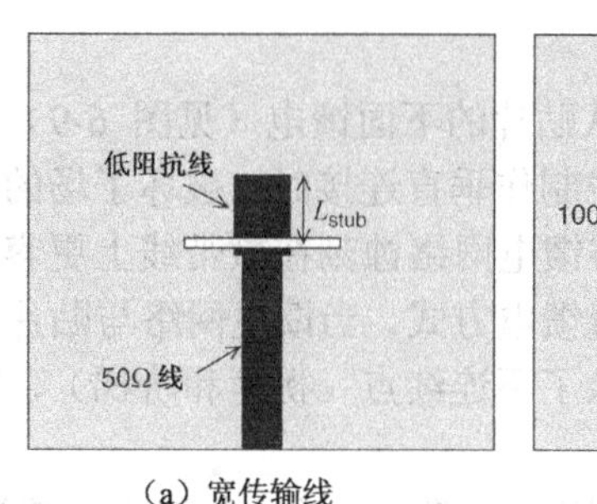

（a）宽传输线 （b）双偏置馈电

图 6-36 层叠型双贴片谐振孔缝的阻抗匹配（摘自文献[28]中图 3, © 1998 IEEE）

采用矩形贴片设计的单线极化天线可获得 67%的 2:1 电压驻波比带宽[28]。该设计唯一重要的问题是前后比差，在高频段，随着孔缝辐射的提高，前后比降到了 6dB。在微带馈线下方放置一个反射器，调整其尺寸以降低前后比，从而形成了层叠形贴片的八木天线[29]。图 6-37显示了双极化孔缝馈电层叠型贴片的展开示图。由于没有选用正方形贴片的宽度参数来优化阻抗，因此所期望的带宽缩小了。该设计的关键部分是十字馈电缝隙[30]。十字馈电缝隙位于与微带线网络共用的地板上，微带线网络分别位于缝隙的下面和上面。每个网络由一个电抗功分器构成，以提高馈线的阻抗，并为每种极化的缝隙实现偏馈。平衡馈电减小了在十字缝隙和贴片单元上都可能出现的交叉极化和两端口间的交叉耦合。这表明耦合至贴片谐振器的缝隙可以由位于缝隙上面亦或下面的微带线馈电。两微带线网络之间的地板消除了两网络之间的直接耦合，而对称馈电也减小了缝隙间的耦合。

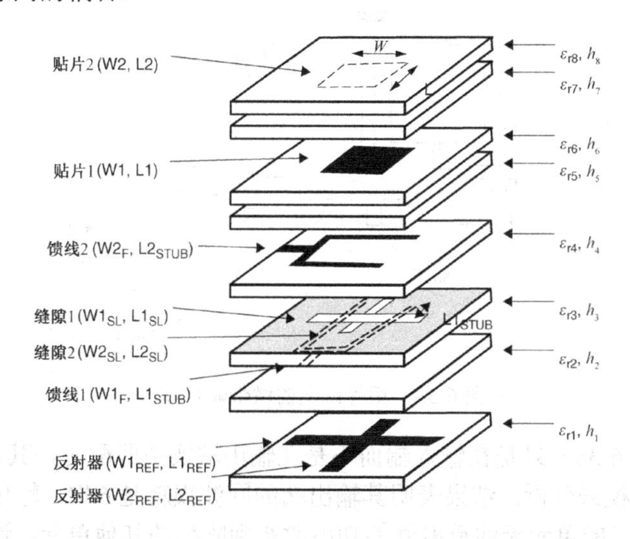

图 6-37 双极化孔缝馈电层叠型贴片结构的展开示图，采用了十字条带反射器

（摘自文献[8]中图 3.6.22, © 2003 Kluwer Academic Publishers）

由于采用长缝隙以过耦合激励的方式给下面的微带贴片馈电，因此相比较而言，上面的微

带线到下面贴片的直接耦合是很小的。采用在薄的中等介电常数（$\varepsilon_r = 2.2$）的基板上蚀刻贴片，其间采用泡沫层分隔，从而增加带宽和控制耦合。图 6-37 显示了在微带馈线下方，采用十字交叉偶极子作为反射器，用于反射十字缝隙产生的直接辐射，该直接辐射会降低前后比。

6.10 贴片天线馈电网络

贴片天线阵可以采用带状线分配网络从贴片的下面馈电（见图 6-9）。板间的连接极大地增加了装配的复杂度。从带状线的中心带线制作垂直连接时，破坏了场的平衡，并且引起平行板模。地板间的短路针可以抑制这种模。将馈电网络蚀刻在微带线上更容易，可以采用边缘馈电，或者采用馈电网络位于贴片下面的孔缝馈电方式。当馈电网络与贴片蚀刻在相同的基板上时，前者与后者相比辐射很小，这是由于除了不连续点（拐角和阶梯），微带线两侧边缘场的辐射相互抵消。

考虑相等馈电的阵列（见图 6-38）。等幅等相馈电在贴片之间产生等效的磁壁，如图所示。由于中点仍保持等效的开路，可以将贴片的边缘连在一起而没有影响，从而将分立的贴片连接成连续的条带状。为避免产生栅瓣，并且使得沿着边缘提供等幅馈电，馈电点必须靠得足够近。这些天线可以在导弹周围共形安装，从而相对于滚动轴实现全向覆盖。为消除方向图的起伏，在圆阵中馈电点的间距必须约为 0.75λ。每个谐振器馈点的电阻将是磁壁间的边缘部分产生的辐射电导的组合。

图 6-38 给出了一种相等馈电的四单元阵。从贴片开始，一个四分之一波长阻抗变换器将约 200Ω的阻抗变换到了 100Ω。两条 100Ω的传输线合路后在连接点变成 50Ω。一个 70.7Ω的四分之一波长传输线将 50Ω变回到 100Ω。对 2^N 单元的阵，按此顺序继续在连接点进行功率分配。由于从输入端开始经过了相等的路径，因此对各贴片的激励等相。阵列的单元数可能不是 2^N，但这种阵列所需的馈电网络将更复杂。由于在低介电常数的基板上 50Ω传输线太宽，因此选择了 100Ω的系统。

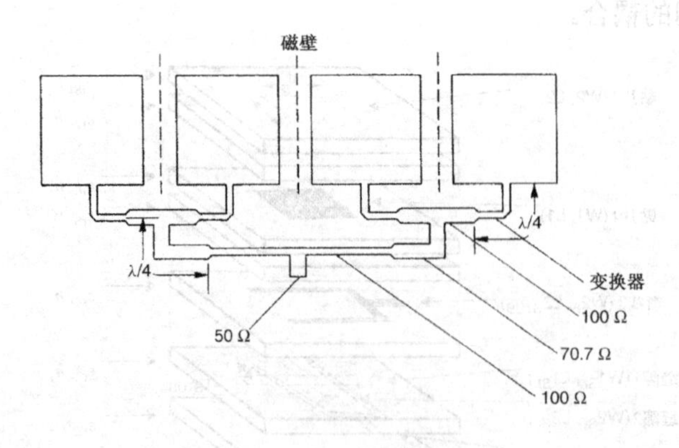

图 6-38 相等馈电的微带贴片阵

当功分器（见图 6-38）只是在输入端而不是在输出端实现匹配时，其比贴片的带宽更宽。该网络可以采用奇偶模来分析，结果表明其输出端的回波损耗是 6dB，输出端口间的隔离度只有 6dB。从一个损坏了的单元天线反射回的功率散布到阵列的其他单元，这比丢失一个单元产生的影响更大。给功分器增加一个隔离电阻可以减小该问题。

必须注意馈电网络不同部分间的耦合。我们总是想将馈电网络挤在最小的区域内，但是传输线间的耦合信号将产生不可预见的畸变。区分从馈电端口输入信号产生的直接辐射和耦合分布信号产生的辐射是很困难的。虽然耦合可以预见到，但其表现为类似于随机误差，因此不能进行完整的分析。遗憾的是微带线之间的耦合信号衰减得很慢。表6-6列出了100Ω传输线的耦合和误差极值，50Ω传输线的与此类似。可以从刻度1-8和刻度1-9读出幅度和相位误差。

表6-6 100Ω微带线（$\varepsilon_r = 2.4$）由于耦合产生的馈电误差极值

间距/基板厚度	耦合（dB）	幅度误差（dB）	相位误差（dB）
1.0	16	1.5	9.0
2.0	23	0.7	4.0
3.0	28	0.4	2.3
4.0	32	0.22	1.5
5.0	35	0.12	1.0

6.11 串馈阵

如果减小贴片的宽度，辐射电导就减小到不足以与输入端口匹配。可以采用微带贴片作为传输线，并在与贴片的馈电端相对的位置通过传输线连接到另一贴片（见图6-39）。如果将这些贴片按半波长的间距放置，那么这些贴片的阻抗在输入端将同相叠加，这是由于阻抗在斯密施圆图中在$\lambda/2$ 内旋转了一圈。用于连接的传输线的特性阻抗在中心频率不受影响。馈电传输线与贴片的连接处引入了额外的相移。在单元数很少的阵列中，该额外的相移可以忽略不计，但对于单元数很多的阵列，或者设计严格的幅度渐变阵列，则必须考虑该相移δ。当然，可以设计行波或谐振型阵列。行波阵列的频率色散特性可用于波束的频率扫描。

已经设计了各种实验的方法来测量串馈阵的参数。米特勒[31]对单元宽度一致的阵列进行了实验，以确定辐射电导和额外的相移。就如对连接网络的输入和输出端进行测量一样，测量通过阵列的传输损耗，即可得到贴片的辐射电导。得到了如下的经验等式：

$$G = 0.0162\left(\frac{W}{\lambda_0}\right)^{1.757}, \quad 0.033 \leqslant \frac{W}{\lambda} \leqslant 0.254 \tag{6-39}$$

式中，G是每个贴片总的辐射电导，每条边缘为一半。测量一致性行波阵列的波束指向，即可确定每个贴片的额外相移。

Jones等人[32]对贴片建立了传输线模型（见图6-39），由于边缘场延长了Δ，从而总长为$L+2\Delta$。由于阶梯引起的另外的额外相移，建模时作为输入馈线的延长部分（δ）。Jones通过对单个单元进行测量以确定这些长度。Δ由贴片的谐振频率计算得到：$L+2\Delta=\lambda/2\sqrt{\varepsilon_{\text{eff}}}$，这里$\varepsilon_{有效}$由式（6-19）给出。当在谐振点测得通过贴片的传输线的相位后，将超过π部分的额外相移换算成窄馈线的相移长度为：

$$2\delta = \frac{\lambda_N}{2\pi}\phi_{额外}$$

式中，λ_N为窄馈线中的波长。

当设计阵列时，改变贴片的宽度可以得到想要的幅度渐变。在每一贴片的电压分布为$V\sqrt{g}$，这里g是贴片的电导。驻波（谐振）阵列要求电导的总和与想要的输入电导相等。当通过四分之一波长变换器给阵列馈电时，则有一定的变化范围。非谐振阵列需要在终端加匹配负载，以避免形成驻波。我们必须得到耗散功率与辐射功率的比值，这是一个用于优化设计的额外参数。通过调整单元间距来得到所需的相移，从而控制波束指向。

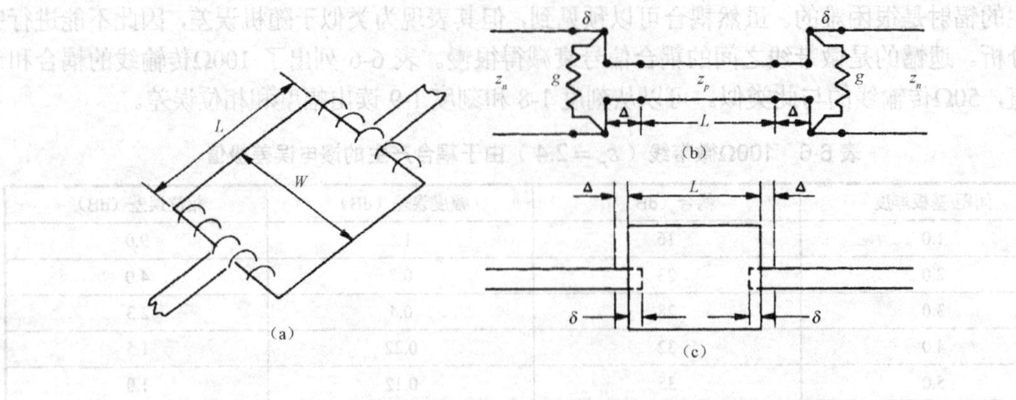

图 6-39 串馈阵和等效电路（摘自文献[32]中图 2, © 1982 IEEE）

6.12 微带偶极子

随着贴片宽度 W 的变窄，输入阻抗增加。当宽度接近微带馈线的宽度时，贴片就不能成为一谐振器，或者馈线为了变换阻抗而变得非常窄。微带偶极子通过耦合线馈电解决了这些问题。偶极子为半波长的条带，其宽度等于微带馈线的宽度。蚀刻在基板下面的传输线通过耦合给偶极子馈电［见图 6-40（a）］。等效电路［见图 6-40（b）］通过非相等的耦合线将偶极子的高阻抗进行了变换。通过改变耦合，可以将输入阻抗调整到谐振点。当重叠区达到四分之一波长时达到最佳结果，此时等效支节［见图 6-40（b）］不贡献电抗。通过改变条带之间基板的厚度或偏置下面的条带可以改变耦合。

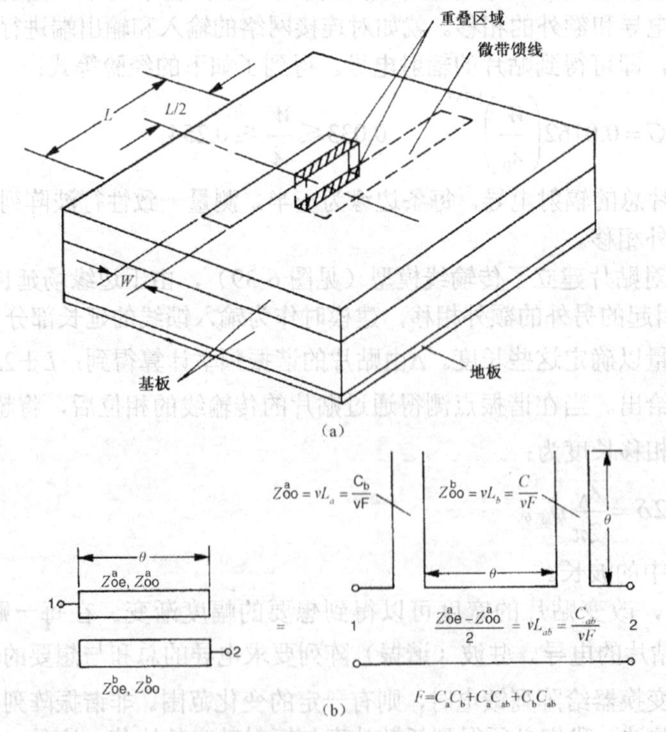

图 6-40 （a）微带偶极子；（b）等效电路。［（b）摘自 G.L.Matthaei et al., Microwave Filters, Impedance Matching *Networks, and Coupling Structures,* © 1980 Artech House, Inc.］

微带偶极子的辐射特性像窄的贴片而不像偶极子。在沿着条带的轴线方向没有出现方向图零点，但在边缘等效的磁流方向辐射更强。对于窄的条带，H 面方向图变得很宽。馈电分配电路馈刻在偶极子下面的基板上。由于馈电电路在另外的层上，这为得到想要的激励，在馈电网络的设计中提供了更大的自由度。同时，由于偶极子很小，可以采用偶极子分布密度渐变的方式。由于互耦通过改变每一偶极子的有源阻抗而改变了分布状态，因此正确的设计需要测试[34]以得到想要的效果。馈电网络必须对耦合进行补偿。

6.13 微带福兰克林阵[35]

载有驻波的电长传输线在其宽边处不能产生辐射，这是由于很多周期的辐射互相抵消。得到的是有很多零点和波瓣的方向图。将驻波电流反相的线段折叠并靠在一起，可以避免它们的辐射。其他部分则产生自由辐射［见图 6-41（a）］。福兰克林阵包括$\lambda/2$长的直线段，通过$\lambda/4$短路支节连接。直线段部分的驻波电流同相叠加。

我们可以构造微带线的形式［图 6-41（b）］。半波长的线段作为辐射器（贴片）。采用由半波长微带线折叠成支节的线段进行连接，支节上相反的驻波电流不会产生辐射。直的线段即为窄的贴片。每一条带总的辐射电导为

$$G=\frac{1}{45}\left(\frac{W}{\lambda}\right)^2 \tag{6-40}$$

式中，W 为窄的条带宽度，λ为自由空间波长。用于折叠成支节的线段的阻抗为辐射条带阻抗的两倍，这减小了不必要的内部反射。两个支节以并联的方式相加。由于该天线带宽很窄，而且贴片之间线段的长度为半波长，这些连接支臂的阻抗具有二次影响。

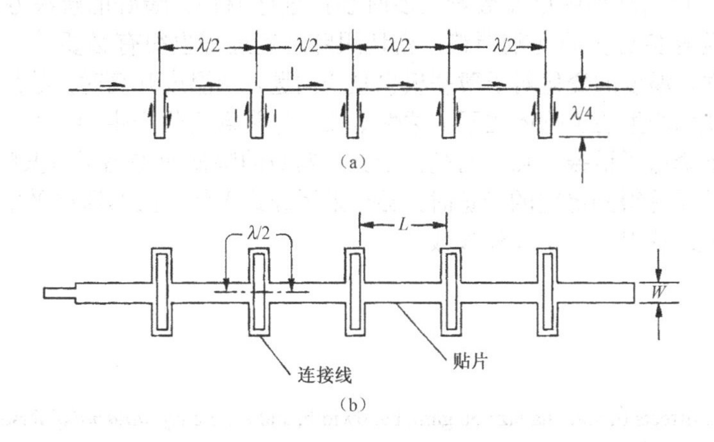

图 6-41 （a）偶极子福兰克林阵；（b）微带福兰克林阵

例： 设计一工作在 10GHz 的八波长阵列，阵列中包括 16 个贴片。

单元辐射电导叠加所需的间隔为$\lambda/2$。对于 100Ω的输入，每一贴片提供的电导为 0.01/16。求解式（6-40）得到宽度：

$$W=\lambda\sqrt{\frac{0.01(45)}{16}}=0.168\lambda$$

如果采用由串馈贴片得到的式(6-39)，则 W=0.157λ，这在经验公式的范围内。对应 10GHz，则 W=4.71mm。在 0.8mm 厚的基板（$\varepsilon_r=2.21$）上，W/H=5.89，条带辐射器的阻抗 Z_0=44.01Ω。

需要求出条带的有效介电常数以确定贴片的长度和阻抗。由式（6-19）得到$\varepsilon_r=1.97$。

利用式（6-18）计算每个末端的修剪量，Δ=0.40mm。每个辐射条带的长度为

$$L=\frac{300\times 10^9}{10^{10}(2)\sqrt{1.97}}-2(0.04)=9.88\text{mm}$$

辐射条带的阻抗为$Z_0/\sqrt{\varepsilon_{有效}}=31.3\Omega$。为获得最宽的带宽，支节连接线的阻抗需为62.6Ω。对于如此少的辐射器，可以采用 100Ω的连接臂，这对带宽的改变很小，因此更合理的连接臂的宽度为 0.71mm。

该例子表明微带福兰克林阵在高频或长阵列时工作得最好，它的单元较窄，而连接臂很细。

6.14 微带天线的机械特性

微带贴片天线具有非常理想的机械特性。其能承受巨大的冲击和振动。由于天线处于固态的基板上，贴片不能弯曲，而基板厚度的微小变化对谐振频率的影响很小。通常使用的柔性基板（聚四氟乙烯和玻璃纤维）具有良好的耐湿性。微带贴片天线已经应用于炮弹和高速火箭的遥测，这样的环境对冲击和振动的等级要求很高。贴片尺寸加工的可重复性仅仅依赖于蚀刻工艺。加工复杂的形状和馈电网络与加工单个的一样便宜。

当这种天线由与基板相同的柔性介质材料加工成的天线罩防护后，天线就能承受高温。天线罩保护了金属贴片，而对谐振频率的影响很小[36]。天线罩表面的高温或烧蚀不能改变谐振特性，因为这对天线罩本身的影响就很小。不同批次基板之间介电常数的差异会影响重复加工性。窄带天线需要对每批基板的介电常数进行测试，有时甚至对每块板进行测试，从而确定想要的中心频率。一些蚀刻防护膜可以覆盖在期望的区域。可以采用电感短路探针或电容调节螺钉对天线进行调整，但当阵列中单元数量很多时禁止进行调整。最好的解决办法是对介电常数进行仔细控制。为避免过多的切割调整，密切跟踪蚀刻过程也很有必要。

当带宽很窄时，温度的变化对于薄基板也是个问题。当温度升高时，贴片和基板的尺寸会变大，但这样的变化产生的影响还比不上柔性基板介电常数变化产生的影响。因此，不是由于贴片尺寸的增加而降低了谐振频点，而是由于介电常数的降低而提高了谐振频点。

当需要比单片贴片得到更宽的带宽时，必须采用腔式天线。虽然通过采用腔体的方式增加了天线的体积，但却获得了一个设计参数。

参考文献

[1] R. F. Harrington, Effects of antenna size on gain, bandwidth, and efficiency, *Journal of Research, NBS, D, Radio Propagation*, vol. 64D, January–February 1960, pp. 1–12.

[2] R. C. Hansen, Fundamental limitations in antennas, *Proceedings of IEEE*, vol. 69, no. 2, February 1981.

[3] Y. T. Lo et al., Study of microstrip antenna elements, arrays, feeds, losses, and applications, *Final Report, RADC-TR-81-98*, Rome Air Development Center, Rome, NY, June 1981.

[4] K. R. Carver and E. L. Coffey, Theoretical investigation of the microstrip antenna, *Technical Report PT-00929*, Physical Science Laboratory, New Mexico State University, Las Cruces, NM, January 1979.

[5] D. R. Jackson and N. G. Alexopoulas, Simple approximate formulas for input resistance, bandwidth, and efficiency of a resonant rectangular patch, *IEEE Transactions on Antennas and Propagation*, vol. 39, no. 3, March 1991, pp. 407–410.

[6] R. F. Harrington, *Time-Harmonic Electromagnetic Fields*, McGraw-Hill, New York, 1961.

[7] D. M. Pozar, Rigorous closed-form expressions for the surface wave loss of printed antennas, *Electronics Letters*, vol. 26, no. 13, June 21, 1990, pp. 954–956.

[8] R. B. Waterhouse, ed., *Microstrip Patch Antennas, A Designer's Guide*, Kluwer Academic, Boston, 2003.

[9] R. E. Munson, Conformal microstrip antennas and microstrip phased arrays, *IEEE Transactions on Antennas and Propagation*, vol. AP-22, no. 1, January 1974, pp. 74–78.

[10] E. O. Hammerstad, Equations for microstrip circuit design, *Proceedings of the 5th European Micro-strip Conference*, Hamburg, Germany, September 1975, pp. 268–272.

[11] M. V. Schneider, Microstrip lines for microwave integrated circuits, *Bell System Technical Journal*, vol. 48, May–June 1969, pp. 1421–1444.

[12] D. A. Paschen, Practical examples of integral broadband matching of microstrip antenna elements, *Proceedings of the 1986 Antenna Applications Symposium*, Monticello, IL.

[13] T. Samaras, A. Kouloglou, and J. N. Sahalos, A note on impedance variation of a rectangular microstrip patch antenna with feed position, *IEEE Antennas and Propagation Magazine*, vol. 46, no. 2, April 2004.

[14] D. M. Pozar, Microstrip antenna aperture-coupled to a microstrip-line, *Electronics Letters*, vol. 21, no. 2, January 1985, pp. 49–50.

[15] P. L. Sullivan and D. H. Schaubert, Analysis of an aperture coupled microstrip antenna, *IEEE Transactions on Antennas and Propagation*, vol. AP-34, no. 8, August 1986, pp. 977–984.

[16] G. Kumar and K. P. Ray, *Broadband Microstrip Antennas*, Artech House, Boston, 2003.

[17] J. R. James, P. S. Hall, and C. Wood, *Microstrip Antennas: Theory and Design*, Peter Peregrinus, London, 1981.

[18] L. C. Shen et al., Resonant frequency of a circular disk, printed circuit antenna, *IEEE Transactions on Antennas and Propagation*, vol. AP-25, no. 4, July 1977, pp. 595–596.

[19] I. J. Bahl and P. Bhartia, *Microstrip Antennas*, Artech House, Dedham, MA, 1980.

[20] A. G. Derneryd, Analysis of the microstrip disk antenna element, *IEEE Transactions on Antennas and Propagation*, vol. AP-27, no. 5, September 1979, pp. 660–664.

[21] J. L. Kerr, Microstrip antenna developments, *Proceedings of the Workshop on Printed Circuit Antennas*, New Mexico State University, Las Cruces, NM, October 1979, pp. 3.1–3.20.

[22] K.-L. Wong, *Compact and Broadband Microstrip Antennas*, Wiley, New York, 2002.

[23] K.-L. Wong, *Planar Antennas for Wireless Communications*, Wiley, New York, 2003.

[24] R. B. Waterhouse, S. D. Targonski, and D. M. Kokotoff, Design and performance of small printed antennas, *IEEE Transactions on Antennas and Propagation*, vol. AP-46, no. 11, November 1998, pp. 1629–1633.

[25] R. B. Waterhouse, ed., *Microstrip Patch Antennas: A Designer's Guide*, Kluwer Academic, Boston, 2003.

[26] T. Taga and K. Tsunekawa, Performance analysis of a built-in planar inverted-F antenna for 800MHz band portable radio units, *IEEE Transactions on Selected Areas in Communication*, vol. SAC-5, no. 5, June 1987.

[27] R. B. Waterhouse, Design of probe-fed stacked patches, *IEEE Transactions on Antennas and Propagation*, vol. AP-47, no. 12, December 1999, pp. 1780–1784.

[28] S. D. Targonski, R. B. Waterhouse, and D. M. Pozar, Design of wide-band aperture-stacked patch microstrip antennas, *IEEE Transactions on Antennas and Propagation*, vol. AP-46, no. 9, September 1998, pp. 1245–1251.

[29] S. D. Targonski and R. B. Waterhouse, Reflector elements for aperture and aperture coupled microstrip antennas, *IEEE Antennas and Propagation Symposium Digest*, Montreal, Quebec, Canada, July 1997.

[30] J. R. Sanford and A. Tengs, A two substrate dual polarized aperture coupled patch, *IEEE Antennas and Propagation Symposium Digest*, 1996, pp. 1544–1547.

[31] T. Metzler, Microstrip series arrays, *Proceedings of the Workshop on Printed Circuit Antennas*, New Mexico State University, Las Cruces, NM, October 1979, pp. 20.1–20.16.

[32] B. B. Jones, F. V. M. Chow, and A. W. Seeto, The synthesis of shaped patterns with seriesfed microstrip patch arrays, *IEEE Transactions on Antennas and Propagation*, vol. AP-30, no. 6, November 1982.

[33] D. A. Huebner, An electrically small dipole planar array, *Proceedings of the Workshop on Printed Circuit Antennas*, New Mexico State University, Las Cruces, NM, October 1979, pp. 17.1–17.16.

[34] R. S. Elliott and G. J. Stern, The design of microstrip dipole arrays including mutual coupling, parts I and II, *IEEE Transactions on Antennas and Propagation*, vol. AP-29, no. 5, September 1981, pp. 757–765.

[35] K. Solbach, Microstrip-Franklin antenna, *IEEE Transactions on Antennas and Propagation*, vol. AP-30, no. 4, July 1982, pp. 773–775.

[36] I. J. Bahl et al., Design of microstrip antennas covered with a dielectric layer, *IEEE Transactions on Antennas and Propagation*, vol. AP-30, no. 2, March 1982, pp. 314–318.

第7章 喇叭天线

喇叭天线的历史很悠久，在Love[1]收集的部分文献中和其他所有关于喇叭天线主题的文献中都可以追溯到。喇叭天线具有很广的应用，从小口径天线到反射面的馈源，再到由喇叭本身构成的中等增益的大口径天线。喇叭可以以任意极化激励，或多种极化的组合激励。喇叭天线可能的极化纯度和单向辐射的方向图，使其成为良好的实验室标准和反射面的理想馈源。喇叭天线也能与采用简单理论所预测的特性很好地吻合。

可以采用多种方法来分析喇叭天线。Barrow 和 Chu[2]通过在楔形内求解边界值的问题分析了扇形喇叭，即仅在一个面内张开的喇叭。他们在柱坐标系内将场以汉克尔函数展开。该场在柱面上形成一等相位面，可以利用基尔霍夫－惠更斯等效电流法［见式（2-23）］来计算方向图。类似地，Schorr 和 Beck[3]利用球汉克尔和勒让德函数来分析圆锥喇叭。积分表面由球面构成。基尔霍夫和 Friss[4]将喇叭口作为口径，将相位分布近似为二次式。两种口径理论都具有相同的方向图精确度。该方法能精确估算口径前向区域内的方向图。误差随着接近口径面而增加。预测的方向图保持了连续性，并且没有误差增加的迹象。GTD 方法[5]预测了口径后向和前向的方向图，并且给出了预测误差的评估。设计所需的大部分细节可以由口径理论得到。由于没有对喇叭天线口径外的零场作假设，因此只有 GTD 方法能精确预测旁瓣。

图 7-1 给出了一般喇叭天线的结构图。输出波导可以是矩形的，或是圆（椭圆）的。W 是矩形口径的宽度，a 是圆形口径的半径。两边缘投影线的交点到口径的距离为斜径 R。从口径沿着中心线到波导的距离为轴向长度。我们由输入波导模导出口径场的幅度，而口径面上的相位分布近似为二次式。假定口径场从两边缘投影线的交点开始以球面波辐射，与到口径中心的距离相比，沿着边缘而增加的额外距离由下式给出：

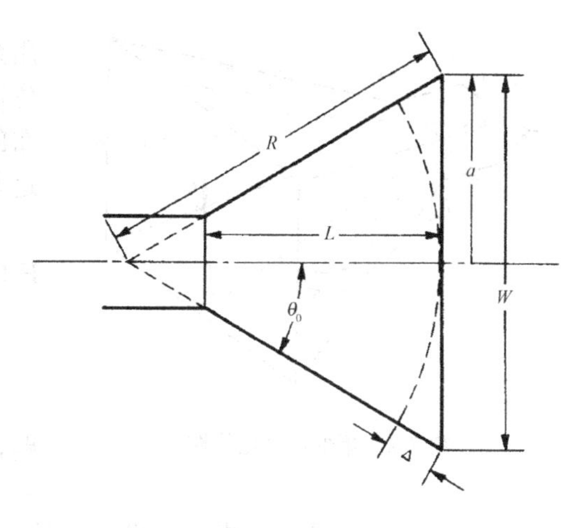

图 7-1 喇叭天线的一般结构图

$$\begin{aligned}\Delta &= R-\sqrt{R^2-a^2}\\ &= R\left(1-\sqrt{1-\frac{a^2}{R^2}}\right)\\ &\approx R\left[1-\left(1-\frac{a^2}{2R^2}\right)\right]=\frac{a^2}{2R}=\frac{W^2}{8R}\end{aligned}$$

除以波长得到二次式相位分布的无量纲的常数 S：

$$S=\frac{\Delta}{\lambda}=\frac{W^2}{8\lambda R}=\frac{a^2}{2R}=\frac{W^2}{8R} \tag{7-1}$$

由于大多数实际喇叭的半张角 θ_0 很小，可以采用二次式相位误差来近似。

7.1　矩形喇叭（锥形）

矩形喇叭由矩形或正方形波导张开，并由平的金属壁构成。图 7-2 显示了矩形喇叭的结构图。沿着侧面的斜径通常是不一样的。输入波导的尺寸为宽度 a 和高度 b。口径在 H 面的宽度为 W，在 E 面的高度为 H。每个口径坐标都有各自的二次式相位分布常数：

$$S_e = \frac{H^2}{8\lambda R_e}, \quad S_h = \frac{H^2}{8\lambda R_h} \tag{7-2}$$

最低次波导模 TE_{10} 模的场分布为：

$$E_y = E_0 \cos\frac{\pi x}{a}$$

联合这些假设，口径电场近似为：

$$E_y = E_0 \cos\frac{\pi x}{W} \exp\left\{-j2\pi\left[S_e\left(\frac{2y}{H}\right)^2 + S_h\left(\frac{2x}{W}\right)^2\right]\right\} \tag{7-3}$$

对于大口径，电场和磁场的比值接近自由空间阻抗。在这种情况下，我们采用惠更斯源近似，且仅需采用式（2-24）中的电场来求解方向图。对于小口径喇叭，电场和磁场的比值是任意的，需要采用式（2-23）求解。

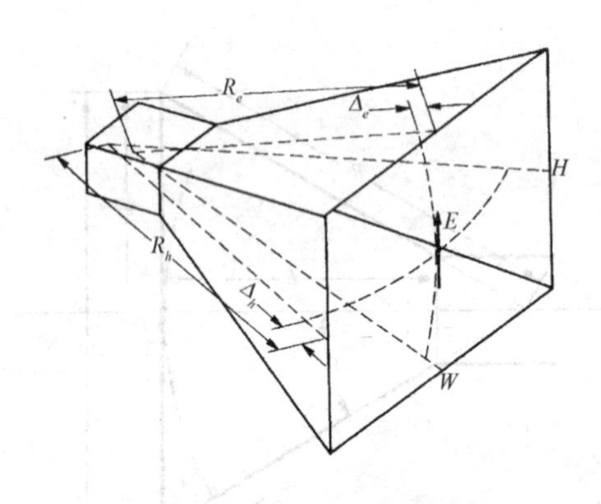

图 7-2　矩形喇叭结构图

下面采用均匀的口径分布来计算 E 面方向图，采用余弦分布来计算 H 面方向图。两者都有二次式相位误差。图 7-3 和图 7-4 绘出了 S 作为参数的泰勒分布的 E 面和 H 面在 U 空间的一般方向图。可以利用这些图来确定一般矩形喇叭的方向图。

例：根据下面测得的尺寸，计算该喇叭的 E 面和 H 面方向图在 θ=15° 处的电平。

口径：W（H 面）=28.9cm，H（E 面）=21.3cm

输入波导：宽度 a=3.50cm，高度 b=1.75cm

沿着每个张开面的中心，从口径面到波导的斜距，测得：D_h=44.8cm 和 D_e=44.1cm。由相似三角形原理计算得：

$$\frac{R_h}{D_h} = \frac{W}{W-a}, \quad \frac{R_e}{D_e} = \frac{H}{H-b} \tag{7-4}$$

斜径：R_h=50.97cm，R_e=48.05cm

频率为 8GHz（λ=3.75cm）时，利用式（7-2）计算得：S_h=0.55 和 S_e=0.31。我们采用图 7-3 和图 7-4 来确定一般的场强（电压）方向图：

$$\frac{W}{\lambda}\sin\theta = 2.0, \quad \frac{H}{\lambda}\sin\theta = 1.47$$

由图得到场为 0.27（H 面）和 0.36（E 面）。为获得正确的方向图电平，必须包含惠更斯源单元方向图的斜率因子：$(1+\cos\theta)/2$。在 θ=15° 时，斜率因子为 0.983。对由图中得到的场强与斜率因子的乘积取对数，再乘以 20，得到以分贝表示的方向图电平：

H面：-11.5dB;　　E面：-9dB

利用口径效率可以计算该喇叭的增益：

H面（余弦）(见表4-1)：0.91dB;　E面（均匀）：0dB

这些值适用于所有 TE_{10} 模激励的矩形喇叭。平方相位分布有相位误差损耗。由表 4-42 可插值出这些损耗值：

$$S_h = 0.55,\ \text{余弦分布}\quad \text{PEL=2.09dB}$$

$$S_e = 0.31,\ \text{均匀分布}\quad \text{PEL=1.50dB}$$

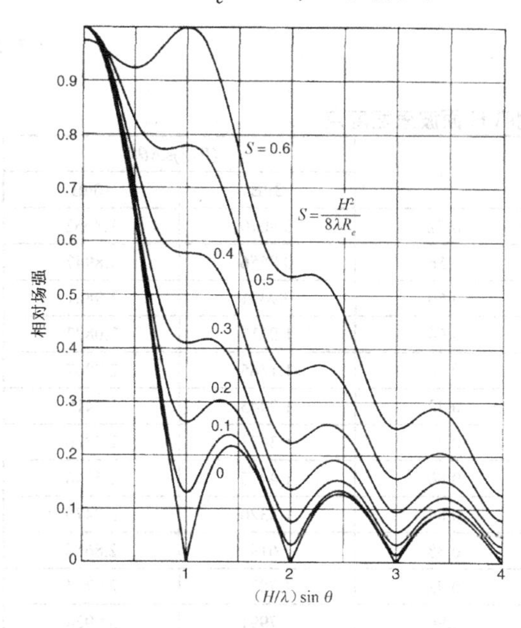

图 7-3 TE_{10} 模矩形波导的 E 面一般方向图

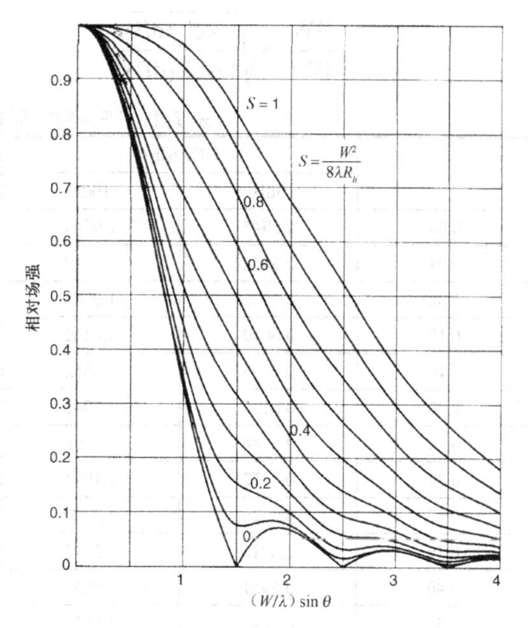

图 7-4 TE_{10} 模矩形波导的 H 面一般方向图

方向系数为：

$$\text{方向系数} = 10\log\frac{4\pi WH}{\lambda^2} - \text{ATL}_h - \text{ATL}_e - \text{PEL}_h - \text{PEL}_e = 22.9\text{dB} \tag{7-5}$$

由于 $\text{ATL} + \text{PEL}_h + \text{PEL}_e = 4.5\text{dB}$，因此口径效率为 35.5%。

由于金属壁的损耗很小，通常认为增益等于方向系统。当然，对于毫米波喇叭，必须考虑金属壁的损耗。尽管可以采用表 4-42 连同固定幅度渐变损耗 0.91dB 来确定矩形喇叭的口径效率，但是基尔霍夫和 Friss 给出了如下计算方向系数的固定公式[4]：

$$\text{方向系数}=\frac{8R_hR_e}{WH}\left\{\left[C(u)-C(v)\right]^2+\left[S(u)-S(v)\right]^2\right\}\left[C^2(z)+S^2(z)\right]$$

式中，

$$u=\frac{1}{\sqrt{2}}\left(\frac{\sqrt{\lambda R_h}}{W}+\frac{W}{\sqrt{\lambda R_h}}\right),\quad v=\frac{1}{\sqrt{2}}\left(\frac{\sqrt{\lambda R_h}}{W}-\frac{W}{\sqrt{\lambda R_h}}\right),\quad z=\frac{H}{\sqrt{2\lambda R_e}} \tag{7-6}$$

而

$$C(x)=\int_0^x \cos\frac{\pi t^2}{2}\mathrm{d}t,\qquad S(x)=\int_0^x \sin\frac{\pi t^2}{2}\mathrm{d}t$$

为菲涅耳积分。从文献[6]中可得到这些积分的闭式表达式。

7.1.1 波束宽度

可以利用图 7-3 和图 7-4 计算波束宽度。3dB 点对应图中的 0.707，10dB 点对应 0.316。表 7-1 列出了 H 面内不同的二次式相位常数 S 对应的 3dB 和 10dB 点（U 值）。类似地，表 7-2

列出了E面的点。该表比上图更方便。由于需要去掉斜率因子才能得到一般的方向图，因此必须改变由表中得到的波束宽度。首先得到波束宽度，然后在波束宽度数值上加上斜率因子。该波束宽度比标定的更适合于更低电平的方向图。由于波束宽度数值上接近，我们利用 Kelleher[7] 给出的关系能得到很好的结果：

$$\frac{\mathrm{BW}_2}{\mathrm{BW}_1}=\sqrt{\frac{\mathrm{level}_2(\mathrm{dB})}{\mathrm{level}_1(\mathrm{dB})}} \tag{7-7}$$

表 7-1　TE_{10} 模矩形喇叭 H 面波束宽度点

S	$(W/\lambda)\sin\theta$		S	$(W/\lambda)\sin\theta$	
	3dB	10dB		3dB	10dB
0.00	0.5945	1.0194	0.52	0.8070	1.8062
0.04	0.5952	1.0220	0.56	0.8656	1.8947
0.08	0.5976	1.0301	0.60	0.9401	1.9861
0.12	0.6010	1.0442	0.64	1.0317	2.0872
0.16	0.6073	1.0652	0.68	1.1365	2.2047
0.20	0.6150	1.0949	0.72	1.2445	2.3418
0.24	0.6248	1.1358	0.76	1.3473	2.4876
0.28	0.6372	1.1921	0.80	1.4425	2.6246
0.32	0.6526	1.2700	0.84	1.5320	2.7476
0.36	0.6716	1.3742	0.88	1.6191	2.8618
0.40	0.6951	1.4959	0.92	1.7071	2.9744
0.44	0.7243	1.6123	0.96	1.7991	3.0924
0.48	0.7609	1.7143	1.00	1.8970	3.2208

表 7-2　TE_{10} 模矩形喇 E 面波束宽度点

S	$(H/\lambda)\sin\theta$		S	$(H/\lambda)\sin\theta$	
	3dB	10dB		3dB	10dB
0.00	0.4430	0.7380	0.24	0.4676	1.4592
0.04	0.4435	0.7405	0.28	0.4793	1.5416
0.08	0.4452	0.7484	0.32	0.4956	1.6034
0.12	0.4482	0.7631	0.36	0.5193	1.6605
0.16	0.4527	0.7879	0.40	0.5565	1.7214
0.20	0.4590	0.8326	0.44	0.6281	1.8004

例：计算前面例子中喇叭的 3dB 和 10dB 波束宽度。

已知 S_h=0.55 和 S_e=0.31。从表 7-1和表 7-2 得到：

$$\frac{W}{\lambda}\sin\theta_{h3}=0.851,\quad \frac{H}{\lambda}\sin\theta_{e3}=0.4915$$

$$\frac{W}{\lambda}\sin\theta_{h10}=1.8726,\quad \frac{H}{\lambda}\sin\theta_{e10}=1.588$$

$$\frac{W}{\lambda}=\frac{28.9}{3.75}=7.707,\quad \frac{H}{\lambda}=\frac{21.3}{3.75}=5.68$$

$$\theta_{h3}=6.34,\quad \theta_{h10}=14.06,\quad \theta_{e3}=4.96,\quad \theta_{e10}=16.24$$

考虑这些角度上的斜率因子$(1+\cos\theta)/2$，并应用式（7-7）来减小得到的波束宽度，可得

$$\mathrm{BW}_{h3}=12.68^\circ\ \text{对应3.03dB};\quad \mathrm{BW}_{h3x}=12.62^\circ\ \text{对应3.01dB}$$
$$\mathrm{BW}_{e3}=9.92^\circ\ \text{对应3.02dB};\quad \mathrm{BW}_{e3}=9.89^\circ\ \text{对应3.01dB}$$
$$\mathrm{BW}_{h10}=28.12^\circ\ \text{对应10.13dB};\quad \mathrm{BW}_{h10}=27.94^\circ\ \text{对应10dB}$$
$$\mathrm{BW}_{e10}=32.48^\circ\ \text{对应10.18dB};\quad \mathrm{BW}_{10}=32.2^\circ\ \text{对应10dB}$$

包含斜率因子对结果影响很小，但随着波束宽度的增加（口径减小），该影响也会增加。

口径理论不适用于小喇叭天线，这是由于此时波束主要由边缘绕射决定，而不是口径场。对于小矩形喇叭，根据积累的实验数据，计算波束的公式简化成了只基于口径尺寸的简单公式[8]：

$$\mathrm{BW}_{10e}=88^\circ\frac{\lambda}{H}\quad \text{和}\quad \mathrm{BW}_{10h}=31^\circ+79^\circ\frac{\lambda}{W}$$

7.1.2 最佳矩形喇叭

矩形喇叭还有另外的参数，可以依此来设计各种不同的最佳喇叭。如给定想要的增益，可以设计出许多具有相同增益的喇叭。任何最佳设计都依赖于需求。如果没有特别要求，我们将选择E面和H面的3dB波束宽度相同的天线[9]，但是即使这样也不能完全确定设计结果。

如果选择斜径为常数，改变口径宽度，则增益随着口径宽度的增加而增加，但是二次式相位误差的损耗增加得更快，从而产生一个增益最大点。最大点发生在两个面内近似常数相位偏差的点，而与斜径无关：

$$S_h=0.40,\quad S_e=0.26 \tag{7-8}$$

在这些点，从表7-1和表7-2得到3dB点为：

$$\frac{W}{\lambda}\sin\theta=0.6951,\quad \frac{H}{\lambda}\sin\theta=0.4735$$

以上两式相除消去两个面内的常数项 $\sin\theta$，得到高度与宽度的比值，从而给出了两个面内3dB波束宽度最佳点的常数：

$$\frac{H}{W}=0.68 \tag{7-9}$$

该比值与波束宽度的电平有关。对于10dB波束宽度，

$$\frac{H}{W}=1.00 \tag{7-10}$$

这些 S 值决定了最佳喇叭的效率。对H面采用余弦分布，对E面采用均匀分布，从表4-42中得到二次式相位分布的PEL。H面分布的ATL为0.91dB。

$$\mathrm{PEL}_h=1.14\mathrm{dB},\quad \mathrm{PEL}_e=1.05\mathrm{dB},\quad \mathrm{ATL}=0.91\mathrm{dB}$$

或49%的效率：

$$\text{增益}=\frac{4\pi HW}{\lambda^2}0.49$$

由于知道 H 和 W 的比值［见式(7-9)］，对于给定的增益，可以求解 H 和 W：

$$\frac{W}{\lambda}=\sqrt{\frac{\text{增益}}{4\pi(0.68)(0.49)}},\quad \frac{H}{\lambda}=\sqrt{\frac{\text{增益}(0.68)}{4\pi(0.49)}}$$

$$\frac{W}{\lambda}=0.489\sqrt{\text{增益}},\quad \frac{H}{\lambda}=0.332\sqrt{\text{增益}} \tag{7-11}$$

联合式（7-8）和式（7-11）计算斜径：

$$\frac{R_h}{\lambda}=0.0746\times增益,\quad \frac{R_e}{\lambda}=0.0531\times增益 \tag{7-12}$$

如果给定增益，采用式（7-11）和式（7-12）来设计喇叭，那么所得的尺寸将不适用于任意的输入波导。在 E 面和 H 面内从波导到口径面的轴向长度必须相等，这样可使喇叭与波导在一个面内相交。给定波导的尺寸为 a 和 b，则轴向长度为：

$$L_h=\frac{W-1}{W}\sqrt{R_h^2-\frac{W^2}{4}},\quad L_e=\frac{H-a}{H}\sqrt{R_e^2-\frac{H^2}{4}} \tag{7-13}$$

我们可以选择保持由式（7-12）给出的 E 面或 H 面的斜径，然后强制调整其他的半径以达到相同的轴向距离。影响增益的主要因素是口径尺寸，这由式（7-11）得到。斜径是第二个影响增益的因素。我们保持 H 面的半径由式（7-12）计算得到，而改变 E 面的半径。改变 H 面的半径将给出第二种最佳设计：

$$R_e=\frac{H}{H-b}\sqrt{L^2+\frac{(H-b)^2}{4}} \tag{7-14}$$

由于不能同时利用式（7-12）中的两个式子，为得到合适的增益，必须进行反复迭代计算。通过利用式（7-11）至式（7-14）设计喇叭。根据尺寸计算增益，并由下式计算得到新设计的增益：

$$G_{d,新}=\frac{G_{需要的}G_{d,旧}}{G_{实际的}} \tag{7-15}$$

式中，$G_{需要的}$为所需要的增益，$G_{实际的}$为实际增益，$G_{d,旧}$为上一次设计的增益。

例：设计由 WR-90 波导馈电的喇叭，在 10GHz 的增益为 22dB。

波导的尺寸为 2.286cm×1.016cm（0.9in.×0.4in.），$G_{需要的}=G_d=10^{22/10}=158.5$。

代入式（7-11），计算口径尺寸：W=18.47cm，H=12.54cm。由式（7-12）和式（7-13）得：R_h=35.47cm，L=30.01cm。为在 E 面得到相同的轴向长度［见式（7-14）］，R_e=33.25cm。现在计算增益，并与所需要的增益相比。由于 S_h 是确定的，H 面内的幅度渐变损耗和相位误差损耗保持不变。

$$\mathrm{ATL}=0.91\mathrm{dB},\quad \mathrm{PEL}_h=1.14\mathrm{dB}\qquad 对应\ S_h=0.40$$

计算 S_e：

$$S_e=\frac{H^2}{8\lambda R_e}=0.197,\quad \mathrm{PEL}_e=0.60\mathrm{dB}\ （见表4\text{-}42）$$

$$G_{实际的}(\mathrm{dB})=10\log\frac{4\pi HW}{\lambda^2}-\mathrm{ATL}-\mathrm{PEL}_h-\mathrm{PEL}_e=22.45\mathrm{dB}=175.8$$

新设计的增益［由式（7-15）］：

$$G_{d,新}=\frac{158.5(158.5)}{175.8}=142.9$$

由该增益进行第二次迭代，给出了以下尺寸：

$$W=17.54\mathrm{cm},\quad H=11.91\mathrm{cm},\quad L=26.75\mathrm{cm},\quad R_h=31.98\mathrm{cm},$$
$$R_e=29.84\mathrm{cm},\quad S_e=0.198,\quad \mathrm{PEL}_e=0.60$$

$$增益=10\log\frac{4\pi HW}{\lambda^2}-0.91-1.14-0.60=22.00\mathrm{dB}$$

我们得到了期望的增益，但 3dB 波束宽度仅近似为 H 面为 13.66°和 E 面为 13.28°。

刻度尺 7-1 至刻度尺 7-3 提供了给定增益的最佳矩形喇叭的尺寸。在加工过程中，使用了外形为 2:1 的波导，该波导与接近该外形的固有尺寸很接近。设计的喇叭增益误差在 0.1dB 以内。对于低增益的天线，这些尺寸形成了短而快速张开的喇叭。在这些情况下，偏离最佳设计将更好，因为这对于给定的增益将给出最轻的喇叭，而且 S 值很小。刻度尺 7-4 至刻度尺 7-6 给出了低等增益喇叭采用的 S=0.1 的设计尺寸。

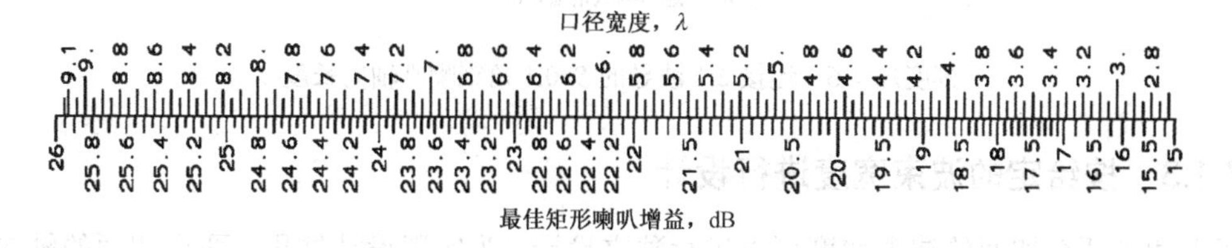

刻度尺 7-1　连接 2:1 波导的最佳角锥喇叭口径宽度

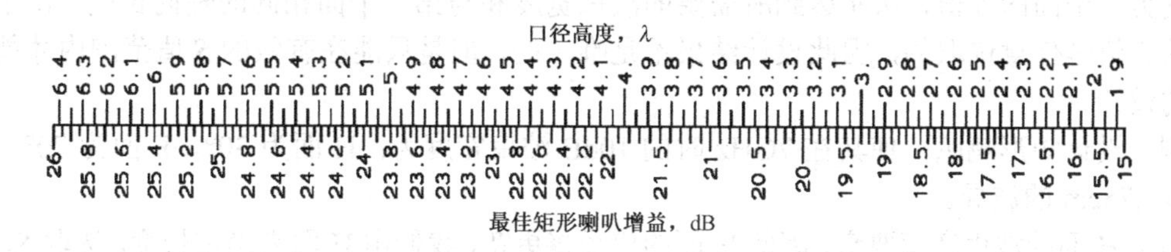

刻度尺 7-2　连接 2:1 波导的最佳角锥喇叭口径高度

口径长度，λ

23 22.5 22 21.5 21 20.5 20 19.5 19 18.5 18 17.5 17 16.5 16 15.5 15 14.5 14 13.5 13 12.5 12 11.5 11 10.5 10 9.5 9 8.5 8 7.5 7 6.5 6 5.5 5 4.5 4 3.5 3 2.5 2 1.5 1.19

26 25.9 25.8 25.7 25.6 25.5 25.4 25.3 25.2 25.1 25 24.8 24.6 24.4 24.2 24 23.8 23.6 23.4 23.2 23 22.8 22.6 22.4 22.2 22 21.5 21 20.5 20 19.5 18.5 18 16

最佳矩形喇叭增益，dB

刻度尺 7-3　连接 2:1 波导的最佳角锥喇叭轴向长度

口径宽度，λ

3.65 3.6 3.55 3.5 3.45 3.4 3.35 3.3 3.25 3.2 3.15 3.1 3.05 3. 2.95 2.9 2.85 2.8 2.75 2.7 2.65 2.6 2.55 2.5 2.45 2.4 2.35 2.3 2.25 2.2 2.15 2.1 2.05 2. 1.95 1.9 1.85 1.8 1.75 1.7 1.65 1.6 1.55 1.5

20 19.8 19.6 19.4 19.2 19 18.8 18.6 18.4 18.2 18 17.8 17.6 17.4 17.2 17 16.8 16.6 16.4 16.2 16 15.8 15.6 15.4 15.2 15 14.5 14 13.5 13 12.5 12

S=0.1 矩形喇叭增益，dB

刻度尺 7-4　连接 2:1 波导的 S=0.1 角锥喇叭口径宽度

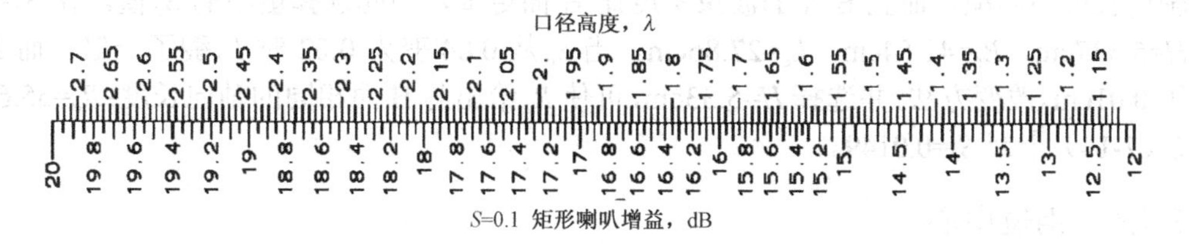

刻度尺 7-5　连接 2:1 波导的 S=0.1 角锥喇叭口径高度

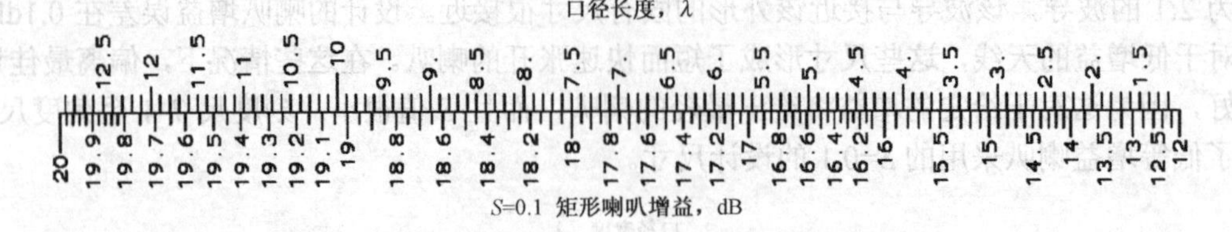

刻度尺 7-6　连接 2:1 波导的 S=0.1 角锥喇叭轴向长度

7.1.3　按给定的波束宽度进行设计

矩形喇叭两个切面的波束宽度可以进行独立设计。为实现设计结果，两个切面的轴向长度必须相等，但可以调整口径的宽度和高度以得到想要的波束宽度。我们选择一个面的 S 值，然后改变另一个面的 S 值，从而达到所需要的波束宽度和与第一个面相同的轴向长度。由于第一个面的 S 值是任意选取的，因此设计结果不是唯一的，但是只能在有限的 S 值范围内才能实现所需的设计。

例：设计矩形喇叭，使其在 7GHz 时的 10dB 波束宽度为：H 面为 30°，E 面为 70°，采用 3.5cm×1.75cm 的波导。

由于 H 面的波束宽度要窄，因此 H 面的口径将更宽，我们由 H 面来确定长度。选取 S_h=0.20（任意选取的），在 15°处的斜率因子为 0.15dB。当利用表 7-1时，必须设计比 30°更宽的波束宽度以补偿斜率因子：

$$\mathrm{BW}_d=\sqrt{\frac{10.15}{10}}(30^\circ)=30.22^\circ$$

该波束宽度对应的喇叭宽度为：

$$\frac{W}{\lambda}=\frac{1.0949}{\sin(\mathrm{BW}_d/2)}=4.200$$

$$W=18.00\mathrm{cm}\ \ （对应7\mathrm{GHz}），\qquad \mathrm{R}_h=47.25\ \ \left[见式(7-2)\right]$$

由式（7-13）确定轴向长度：L_h=L=37.36cm。由于 E 面波束宽度比 H 面更宽，因此 E 面的口径尺寸更小。我们选取比 S_h 值更小的 S_e 值作为初始值：S_e=0.04。在 35°处的斜率因子增加了 0.82dB 的方向图损耗，因而需要设计更宽的波束宽度。

$$\mathrm{BW}_d=\sqrt{\frac{10.82}{10}}(70^\circ)=72.82^\circ$$

$$\frac{H}{\lambda}=\frac{0.7405}{\sin(\mathrm{BW}_d/2)}=1.248\ （见表7-2），\quad H=5.246$$

利用式（7-2）和式（7-13）计算斜径和轴向长度：R_e=20.84cm，L_e=13.90cm。由于两个面内的轴向长度不匹配，而且 E 面的波束宽度比 H 面更窄，因此选择更小的 S_e 值。在 S_e=0.02 时，H=5.337cm，R_e=41.54cm，L_e=27.86cm。当 S_e 从 0.04 变为 0.02 时 L_e 翻了一倍，而 H 只变化了 0.01cm。改变方法，并选择 H=5.33cm，可使 R_e 给出与 H 面相同的轴向长度：R_e=55.69cm［见式（7-14）］或 S_e=0.0149。

7.1.4　相位中心

相位中心定义为这样的一个点，天线看起来像从该点辐射球面波。测试表明在一个面内相位中心很少是唯一的，但与方向图角度有关。E 面和 H 面的相位中心通常也是不同的。通常，相位中心是极端点，其在轴向上的位置在两个面之间呈椭圆形变化。即使相位中心的位置不确定，也是一个有用的点。我们将馈源的相位中心放置在抛物反射面的焦点上，以使反射面的口径相位误差损耗最小。

具有二次相位分布的口径，看起来好像从口径后面的一个点产生辐射。如果没有二次相位误差（S=0），则相位中心位于口径面上。增加 S 值，相位中心就会向喇叭的顶点移动。Muehldorf[10] 计算了相位中心的位置以 S 值为参变量的函数，表 7-3 概括了其结果。相位中心位于口径面内的位置以其与斜径的比值的形式给出。

表 7-3　矩形喇叭（TE_{10} 模）相位中心在口径后面轴向上的位置与斜径的比值

S	H 面 L_{ph}/R_h	E 面 L_{ph}/R_e	S	H 面 L_{ph}/R_h	E 面 L_{ph}/R_e
0.00	0.0	0.0	0.28	0.258	0.572
0.04	0.0054	0.011	0.32	0.334	0.755
0.08	0.022	0.045	0.36	0.418	
0.12	0.048	0.102	0.40	0.508	
0.16	0.086	0.182	0.44	0.605	
0.20	0.134	0.286	0.48	0.705	
0.24	0.191	0.413	0.52	0.808	

例：计算上例设计波束宽度的相位中心的位置。

$$S_h = 0.20,\qquad R_h = 47.25\text{cm}$$
$$S_e = 0.015,\qquad R_h = 55.69\text{cm}$$

由表 7-3，并采用内插法得到：

$$\text{H面相位中心} = 0.134(47.25\text{cm}) = 6.33\text{cm}$$
$$\text{E面相位中心} = 0.004(55.69\text{cm}) = 0.22\text{cm}$$

两个面内的相位中心位置相差 1.43λ。

如上例所示，若天线两个面内的波束宽度相差很大，则两个相位中心的间距也很大。

7.2　圆形口径喇叭

对于圆形口径喇叭，失去了对主平面的波束宽度独立控制的特性。圆形波导能支持任意场强方向，因此在喇叭中是允许任意极化的。我们采用与矩形喇叭相同的口径场方法和波导模来确定口径尺寸。喇叭的圆锥在馈电波导内投影成一点，可以设想一个点源在该点向口径面辐射。口径的相位近似为二次式的。波导的场由下式给出：

$$E_\rho = \frac{E_0}{\rho} J_1\left(\frac{x'_{11}\rho}{a}\right)\cos\phi_c$$
$$E_{\phi_c} = -\frac{E_0 x'_{11}}{a} J'_1\left(\frac{x'_{11}\rho}{a}\right)\sin\phi_c \tag{7-16}$$

式中，J_1 是贝塞尔函数，ρ是波导内径向分量，a 是半径，ϕ_c 是柱坐标。$x'_{11}(1.841)$ 是 $J'_1(x)$ 的第一个零点。式（7-16）在沿着ϕ_c =0 平面具有最大的场强。

把二次相位因子加到式（7-16）中，计算圆形口径面上的傅里叶变换以确定远场。在口径面上每一点的电场方向均不同。对于给定的方向（θ，ϕ_c），在对口径面进行积分前，必须将场投影到口径面上的 $\hat{\theta}$ 和 $\hat{\phi}$ 方向：

$$E_\theta = E_0 \int_0^{2\pi}\int_0^a \left[\frac{J_1(x'_{11}\rho/a)}{\rho}\cos\phi_c \frac{\hat{\theta}\cdot\hat{\rho}}{\cos\theta} - \frac{x_{11}}{a} J_1'\left(\frac{x_{11}\rho}{a}\right)\sin\phi_c \frac{\hat{\theta}\cdot\hat{\phi}_c}{\cos\theta}\right] \tag{7-17}$$

$$\times \rho \exp\left\{ \mathrm{j}\left[k\rho\sin\theta\cos(\phi-\phi_c) - 2\pi S\left(\frac{\rho}{a}\right)^2\right]\right\} \mathrm{d}\rho\,\mathrm{d}\phi_c$$

$$E_\phi = E_0 \int_0^{2\pi}\int_0^a \left[\frac{J_1(x'_{11}\rho/a)}{\rho}\cos\phi_c \hat{\phi}\cdot\hat{\rho} - \frac{x_{11}}{a} J_1'\left(\frac{x_{11}\rho}{a}\right)\sin\phi_c \hat{\phi}\cdot\hat{\phi}_c\right] \tag{7-18}$$

$$\times \rho \exp\left\{ \mathrm{j}\left[k\rho\sin\theta\cos(\phi-\phi_c) - 2\pi S\left(\frac{\rho}{a}\right)^2\right]\right\} \mathrm{d}\rho\,\mathrm{d}\phi_c$$

$$\hat{\theta}\cdot\hat{\rho} = \cos\theta(\cos\phi\cos\phi_c + \sin\phi\sin\phi_c)$$

$$\hat{\theta}\cdot\hat{\phi}_c = \cos\theta(\sin\phi\cos\phi_c - \cos\phi\sin\phi_c)$$

$$\hat{\phi}\cdot\hat{\rho} = \cos\phi\sin\phi_c - \sin\phi\cos\phi_c$$

$$\hat{\phi}\cdot\hat{\phi}_c = \cos\phi\cos\phi_c + \sin\phi\sin\phi_c$$

通过适当改变积分中的变量，可以得到 E 面和 H 面的一般辐射方向图（见图 7-5 和图 7-6）。两个面内 S 值的相等特性使曲线捆绑在一起。坐标轴是 k 空间的变量。对于给定的喇叭，如果给从曲线上读得的数据加上斜率因子，则可以利用这些曲线计算方向图上的几个点。

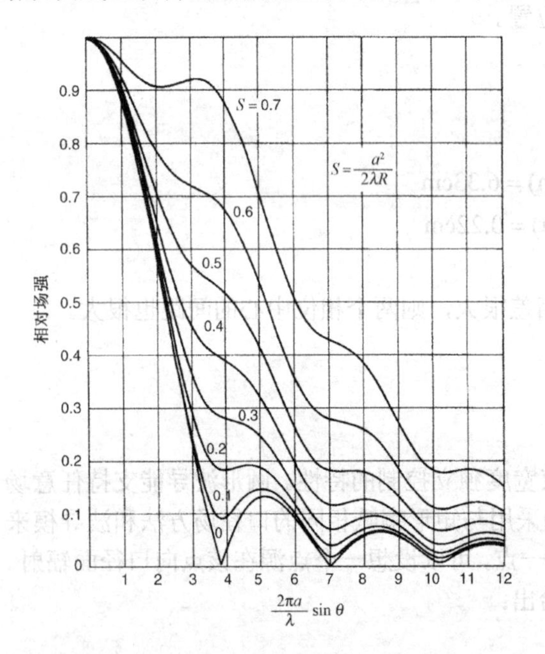

图 7-5　TE$_{11}$ 模圆波导的 E 面一般方向图（摘自 T. Milligan, Universal patterns ease circular horn design, *Microwave*, vol. 20, no. 3, March 1981, p. 84.）

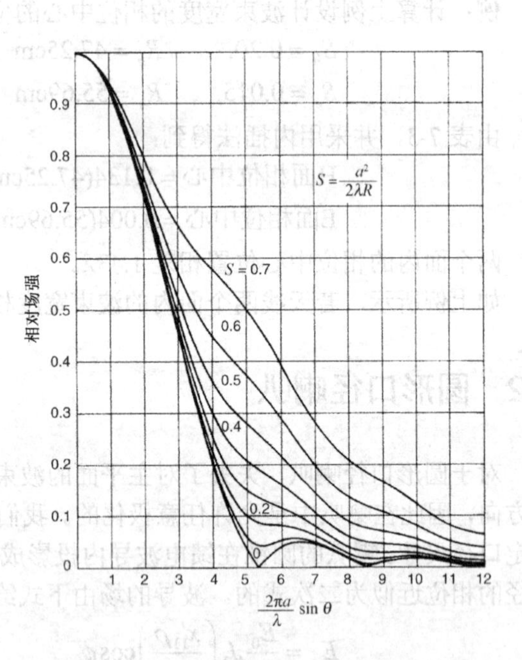

图 7-6　TE$_{11}$ 模圆波导的 H 面一般方向图（摘自 T. Milligan, Universal patterns ease circular horn design, *Microwave*, vol. 20, no. 3, March 1981, p. 84.）

例：口径半径为 12cm 的喇叭，斜径为 50cm。计算 5GHz 时在 θ=20° 处方向图的电平。由图 7-5 和图 7-6，采用插值法得到方向图电平：

H 面电平=0.18　（–14.7dB）；　E 面电平=0.22　（–13.1dB）

斜率因子为 20log[(1+cos20°)/2]= –0.3dB，20° 处的电平变为

H 面电平=–15dB； E 面电平=–13.4dB

7.2.1 波束宽度

表 7-4 列出了图 7-5 和图 7-6 中的 3dB 和 10dB 点，可以由此根据尺寸计算波束宽度。

例：计算上例中喇叭的 10dB 波束宽度。S=0.24，a=12cm，λ=6cm。

从表 7-4 读得 10dB 点 k 空间的值为：

$$\text{H面}k\text{空间的值} = \frac{2\pi a}{\lambda}\sin\theta_h = 3.6115$$

$$\text{E面}k\text{空间的值} = \frac{2\pi a}{\lambda}\sin\theta_e = 3.0024$$

$$\text{BW}_h = 2\arcsin\frac{3.6115}{4\pi} = 33.40^\circ\ ;\quad \text{BW}_e = 2\arcsin\frac{3.0024}{4\pi} = 27.65^\circ$$

必须把斜率因子加到一般性方向图 10dB 点的电平中：

$$\frac{1+\cos 16.7^\circ}{2}:\quad 0.18\text{dB}\quad (\text{H面})$$

$$\frac{1+\cos 13.8^\circ}{2}:\quad 0.13\text{dB}\quad (\text{E面})$$

$$\text{BW}_{h10} = \sqrt{\frac{10}{10.18}}33.40^\circ = 33.10^\circ;\quad \text{BW}_{e10} = \sqrt{\frac{10}{10.13}}27.65^\circ = 27.48^\circ$$

也可以根据给定的波束宽度利用表 7-4 设计喇叭，但是只能设计一个面。由于 S 是一个独立的参数，根据给定的波束宽度可以设计出很多喇叭。表 7-4 列出了圆形喇叭的幅度渐变损耗和相位误差损耗的组合作为 S 的函数。由该表可以很容易地估算给定喇叭的增益或设计给定增益的喇叭。

表 7-4 TE_{10} 模圆形喇叭波束宽度

S	$(2\pi a/\lambda)\sin\theta$				ATL+PEL (dB)
	3dB		10dB		
	E 面	H 面	E 面	H 面	
0.00	1.6163	2.0376	2.7314	3.5189	0.77
0.04	1.6175	2.0380	2.7368	3.5211	0.80
0.08	1.6212	2.0391	2.7536	3.5278	0.86
0.12	1.6273	2.0410	2.7835	3.5393	0.96
0.16	1.6364	2.0438	2.8296	3.5563	1.11
0.20	1.6486	2.0477	2.8982	3.5799	1.30
0.24	1.6647	2.0527	3.0024	3.6115	1.54
0.28	1.6855	2.0592	3.1757	3.6536	1.82
0.32	1.7123	2.0676	3.5720	3.7099	2.15
0.36	1.7471	2.0783	4.6423	3.7863	2.53
0.40	1.7930	2.0920	5.0492	3.8933	2.96
0.44	1.8552	2.1100	5.3139	4.0504	3.45
0.48	1.9441	2.1335	5.5375	4.2967	3.99
0.52	2.0823	2.1652	5.7558	4.6962	4.59
0.56	2.3435	2.2089	6.0012	5.2173	5.28
0.60	3.4329	2.2712	6.3500	5.6872	5.98
0.64	4.3656	2.3652	7.6968	6.0863	6.79
0.68	4.8119	2.5195	8.4389	6.4622	7.66
0.72	5.1826	2.8181	8.8519	6.8672	8.62

例：计算口径半径为 12cm、斜径为 50cm 的喇叭在 5GHz 时的增益。

从上例中得到 S=0.24，λ=6cm：

$$增益 = 20\log\frac{\pi D}{\lambda} - \text{GF} \qquad (这里\ \text{GF=ATL+PEL(dB)})$$
$$= 20\log\frac{24\pi}{6} - 1.54 = 20.4\text{dB} \tag{7-19}$$

例：设计在 8GHz 时增益为 22dB 的喇叭天线。

二次相位分布常数 S 是任意的。选择 S=0.20。重新整理式（7-19）求得直径为：

$$D = \frac{\lambda}{\pi}\cdot 10^{(增益+\text{GF})/20} = \frac{3.75}{\pi}\cdot 10^{(22+1.30)/20} = 17.45\text{cm}$$
$$R = \frac{D^2}{8\lambda S} = 50.77\text{cm} \tag{7-20}$$

我们可以确定一种最佳圆喇叭，使其在给定增益时斜径最小。对于固定的斜径，将增益作为口面半径的函数绘制曲线，可以发现在很宽的区域内增益为极大值。以电压增益为纵坐标，绘制一系列这样的曲线，可以看到只有对应 S=0.39 的曲线经过极大值。这就是最佳设计，GF=2.85dB（ATL+PEL）。

例：设计最佳喇叭，在 8GHz 时增益为 22dB。

由式（7-20）得：

$$D = \frac{3.75}{\pi}\cdot 10^{(22+2.85)/20} = 20.86\text{cm}$$
$$R = \frac{D^2}{8\lambda S} = \frac{20.86^2}{8(3.75)(0.39)} = 37.2\text{cm}$$

最佳设计的范围是很宽的。如果以 S=0.38 设计的喇叭，则斜径要比上述结果长 0.07cm，口面直径小 0.25cm。

7.2.2 相位中心

相位中心位于口径面后的位置是 S 参数的函数。表 7-5 列出了相位中心的位置与斜径的比值。随着 S 值的增加，相位中心向喇叭顶点移动，并且 E 面和 H 面上相位中心的间距也会增大。

表 7-5 TE_{11} 模圆形波导喇叭的相位中心在口面后的轴向位置与斜径的比值

S	H 面 L_{ph}/R_h	E 面 L_{ph}/R_e	S	H 面 L_{ph}/R_h	E 面 L_{ph}/R_e
0.00	0.0	0.0	0.28	0.235	0.603
0.04	0.0046	0.012	0.32	0.310	0.782
0.08	0.018	0.048	0.36	0.397	0.801
0.12	0.042	0.109	0.40	0.496	0.809
0.16	0.075	0.194	0.44	0.604	0.836
0.20	0.117	0.305	0.48	0.715	0.872
0.24	0.171	0.416			

例：利用表 7-5 计算前面两例中的圆形喇叭在 E 面和 H 面的相位中心位置。

R=50.77cm，　S=0.20

H 面相位中心=0.117(50.77)=5.94cm

E 面相位中心=0.305(50.77)=15.48cm

在 8GHz 时两个面内相位中心位置相差 2.5 个波长。最佳喇叭的尺寸如下：

R=37.2cm，S=0.39

H 面相位中心=0.471(37.2)=17.5cm

E 面相位中心=0.807(37.2)=30.0cm

最佳喇叭两个面内相位中心位置相差 3.3 个波长。该差值随着 S 值的增加而增大。

7.3 圆形（圆锥）波纹喇叭

常规光滑壁喇叭表现出来的问题可以通过在喇叭壁上增加波纹来消除。很多应用中需要双线极化或圆极化。喇叭的口径必须是正方形或圆形的，且在两个切面内的波束宽度不相等。当光滑壁喇叭作为反射面的馈源时，就会产生像散（在两正交面内相位中心不重合）。喇叭在 E 面的旁瓣比在 H 面的高。最后，E 面喇叭壁产生的绕射将引起后瓣。口径理论不能预测这些问题，但测试或 GTD 法分析表明存在这些情况。在喇叭壁上增加波纹可以防止所有这些问题。

图 7-7 显示了两种类型波纹喇叭的横截面图。小张角喇叭是标准波纹喇叭［见图 7-7（a）］，大张角喇叭是 Simmons 和 Kay[11]设计的标量喇叭［见图 7-7（b）］。在 Love[1]的论文集的第Ⅵ章中有很多关于波纹喇叭的论文。托马斯[12]根据很多论文的要点提出了很好的设计总结。沿圆周方向展开的波纹应按垂直于斜径刻槽，如图 7-7（b）所示，但对于图 7-7（a）所示的小张角波纹喇叭，则可以按垂直于轴线刻槽。喇叭也可以由其他形式构成，但是当垂直于轴线刻槽时，刻槽深度在喇叭壁两侧是不一样的。

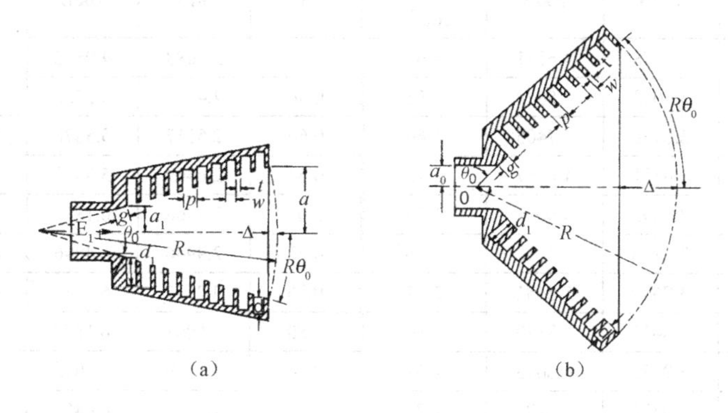

图 7-7 （a）波纹喇叭；（b）标量喇叭（摘自文献［12］，©1978 IEEE）

当波纹壁为容性的时（槽深为$\lambda/4$至$\lambda/2$），波纹壁对电场和磁场所呈现的边界条件是相同的。当在光滑壁波导和波纹壁锥体的过渡区激励时，产生的 TE_{11} 和 TM_{11} 波导模具有相等的相速。当两个模的相位相等时，这两个模的组合形成混合模 HE_{11}。当两个模的相位相差 180°时，混合模以 EH_{11} 表示。两种模的比值γ称为模比，对于平衡混合模 HE_{11} 的模比$\gamma=1$，$\gamma=0$ 对应于只有 TM_{11} 模，而$\gamma=\infty$对应于只有 TE_{11} 模。当波纹深度为$\lambda/4$时，$\gamma=1$，不过喇叭的参数随γ的改变而变化很慢。我们只讨论$\gamma=1$的情况。改变γ值对交叉极化有很大的影响[12, 14]。

当$\gamma=1$时，口径场的幅度为[15]：

$$E_\rho = J_0\left(\frac{x_{01}\rho}{a}\right)\cos\phi_c$$
$$E_\phi = -J_0\left(\frac{x_{01}\rho}{a}\right)\sin\phi_c \tag{7-21}$$

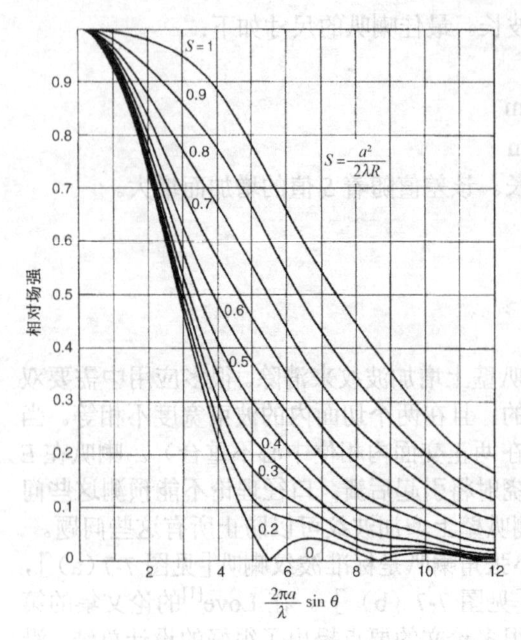

图 7-8 圆形波纹喇叭的通用方向图：HE_{11} 模

式中，x_{01}=2.405 是贝塞尔函数 $J_0(x)$=0 的第一个根。在喇叭壁上场为零，从而抑制了产生旁瓣和后瓣的边缘绕射。低阶斜率的绕射仍产生小的旁瓣和后瓣，但在所有面上均得到 H 面类型的波瓣。口径场的振幅分布是轴对称的，因而通过圆锥轴线各截面的方向图相同。

对具有二次相位分布的口径场采用惠更斯源分析的结果如图 7-8 所示，当 10dB 波束宽度小于 74°时，该图是有效的[12]。对于更大的波束宽度，小口径喇叭的法兰盘会改变两个面内的波束宽度，这时应该采用标量喇叭。表 7-6 列出了图 7-8 中 3dB、10dB 和 20dB 波束宽度点。可以利用该表求得给定喇叭的波束宽度，或设计给定波束宽度的喇叭。表 7-6 也列出了各种 S 值时的 ATL 与 PEL(GF)的和值。可以利用此表估计喇叭的增益，或设计给定增益的喇叭。

表 7-6 HE_{11} 模谐振型圆形波纹喇叭的波束宽度点$(2\pi a/\lambda)\sin\theta$

S	3dB	10dB	20dB	ATL+PEL (dB)	S	3dB	10dB	20dB	ATL+PEL (dB)
0.00	2.0779	3.5978	4.6711	1.60	0.52	2.3688	4.9532	7.9936	4.04
0.04	2.0791	3.6020	4.6878	1.62	0.56	2.4411	5.2720	8.4261	4.44
0.08	2.0827	3.6150	4.7405	1.66	0.60	2.5317	5.5878	8.9472	4.86
0.12	2.0887	3.6371	4.8387	1.73	0.64	2.6469	5.8913	9.4352	5.31
0.16	2.0974	3.6692	5.0061	1.73	0.68	2.7966	6.1877	9.8514	5.79
0.20	2.1088	3.7129	5.3052	1.96	0.72	2.9946	6.4896	10.2337	6.30
0.24	2.1234	3.7699	5.8451	2.12	0.76	3.2597	6.8134	10.6250	6.83
0.28	2.1415	3.8433	6.3379	2.30	0.80	3.6061	6.1877	11.0735	7.39
0.32	2.1637	3.9372	6.6613	2.52	0.84	4.0189	7.6042	11.6356	7.96
0.36	2.1906	4.0572	6.9179	2.76	0.88	4.4475	8.0852	12.2658	8.54
0.40	2.2231	4.2112	7.1534	3.04	0.92	4.8536	8.5773	12.8236	9.13
0.44	2.2624	4.4090	7.3939	3.34	0.96	5.2331	9.0395	13.3059	9.72
0.48	2.3103	4.6578	7.6633	3.68	1.00	5.5984	9.4701	13.7706	10.29

例：计算圆锥波纹喇叭的 10dB 波束宽度，喇叭口面半径为 12cm，斜径为 50cm，频率为 5GHz。

$$S=\frac{a^2}{2\lambda R}=\frac{12^2}{2(6)(50)}=0.24$$

对应 S=0.24，从表 7-6 得到 10dB 的 k 空间的值为：

$$\frac{2\pi a}{\lambda}\sin\theta=3.7699 \quad 或 \quad \theta=17.46^\circ$$

考虑斜率因子，由于在 $\theta=17.46^\circ$ 的方向图损耗比 10dB 点更大：

$$(1+\cos 17.46°)/2:-0.20\text{dB};\quad \text{BW}_{10}=\sqrt{\frac{10}{10.20}}34.92°=34.57°$$

相同尺寸的光滑壁喇叭具有类似的 H 面波束宽度（33.4°）。

由口径场分布损失和口径面积计算喇叭增益：

$$\text{GF}=\text{ATL}+\text{PEL}=2.12\text{dB};\qquad 增益=20\log\frac{\pi D}{\lambda}-\text{GF}=19.86\text{dB}$$

光滑壁喇叭的增益比上述值高约 0.5dB（20.4dB）。

例：设计圆形波纹喇叭，在 8GHz 时的增益为 22dB。

利用式（7-20），其中喇叭增益由表 7-6 得到。选择 S=0.20（任意的）：

$$D=\frac{3.75\text{cm}}{\pi}\cdot 10^{(22+1.96)/20}=18.83\text{cm}$$

$$R=\frac{D^2}{8\lambda S}=59.10\text{cm}$$

相位中心和其他喇叭相似，当 S=0（R=∞）时相位中心在口径面上，随着 S 值的增加向顶点移动。表 7-7 列出了相位中心的位置与斜径的比值。由于口径场分布沿着口径的所有径向线上是相同的，因此在包含喇叭轴线的所有切面内的相位中心位置也是相同的。测量得到的一些变化是由于各模之间的不完全平衡，以及出现了高阶模所致。对于长喇叭（小 S 值），相位中心在频带内移动很小。大张角喇叭的相位中心在顶点上，因而以标量喇叭来叙述更好。

表 7-7　圆形波纹喇叭（HE_{11} 模）的相位中心在口面后的轴向位置与斜径的比值

S	L_p/R	S	L_p/R
0.00	0.0	0.36	0.386
0.04	0.005	0.40	0.464
0.08	0.020	0.44	0.542
0.12	0.045	0.48	0.614
0.16	0.080	0.52	0.673
0.20	0.124	0.56	0.718
0.24	0.178	0.60	0.753
0.28	0.240	0.64	0.783
0.32	0.310	0.68	0.811

7.3.1　标量喇叭

标量喇叭具有大的半张角，其波瓣宽度与半张角有关。由于口径上的相位分布范围大，因此对于给定张角的喇叭存在最佳的直径。表 7-8 列出了不同张角的最佳直径。最佳喇叭的波束宽度近似为半张角 θ_0 的线性函数：

$$\begin{aligned}\text{BW}_{3\text{dB}}&=0.74\theta_0\\ \text{BW}_{10\text{dB}}&=1.51\theta_0\\ \text{BW}_{20\text{dB}}&=2.32\theta_0\end{aligned}\tag{7-22}$$

作为反射面的馈源，标量喇叭具有比小张角波纹喇叭更宽的带宽，这是因为其相位中心固定在喇叭顶点上。

表 7-8 标量喇叭的最佳直径

半张角θ_0（度）	口面直径（λ）	半张角θ_0（度）	口面直径（λ）
15	10.5	45	3.5
20	8.0	50	3.0
25	6.4	55	2.8
30	5.2	60	2.6
35	4.5	65	2.4
40	3.9	70	2.3

7.3.2 波纹的设计

波纹对通过的波呈容性电抗。当波纹表面是感性的时，它将维持表面波。波纹槽的深度必须介于$\lambda/4$和$\lambda/2$之间，小于$\lambda/4$或大于$\lambda/2$都呈感性。在$3\lambda/2$和λ之间时又将呈容性，但该第二通带很少被利用。四分之一波长槽深使两个模平衡，因而能得到最好的结果。在口径处槽深只需要$\lambda/4$，而在口径内，我们发现更深的槽更好。在TE_{11}模产生TM_{11}模的过渡区内，四分之一波长深度的波纹槽会使喇叭失配，而深度接近$\lambda/2$时对匹配的影响最小。

为了在特定的频带内进行设计，要求在约 1.5:1 的带宽内达到良好匹配，可以采用锥变槽深进行设计。在口径处的槽深设计为低频的$\lambda/4$。在喇叭颈处的槽深设计为略小于高频的$\lambda/2$。沿着喇叭斜径，每一波长内至少需要 4 个槽。高频端决定了槽距。起始的几个槽用来使喇叭与波导匹配，可以通过改变槽的宽度来改善匹配[14]。槽的宽度需要与实际允许的间距一样宽。从机械性能方面考虑，比如冲击和振动，将决定最小间距的限制，但波纹槽极大地增强了喇叭的强度。

喇叭的圆形结构改变了HE_{11}平衡模所需的波纹深度，而不是$\lambda/4$。槽深可由下面的经验公式来计算[17]：

$$d=\frac{\lambda}{4}\exp\left(\frac{1}{2.5ka}\right),\quad ka>2 \tag{7-23}$$

在喇叭口径面上，可以略增加槽深。

7.3.3 塞形喇叭

可以在小口径喇叭的法兰盘上刻波纹，从而设计出具有良好方向图对称性和低交叉极化的宽波瓣天线。塞形喇叭（见图 7-9）是标量喇叭的张角张开到θ_0=90°时的极限情况。波纹由口径面上的一组同心圆环构成，槽深通常为四分之一波长。波纹环的最佳位置不一定与口径共面，而是稍靠后，如文献[18,19]中描述的f/D=0.3 的反射面的馈源。

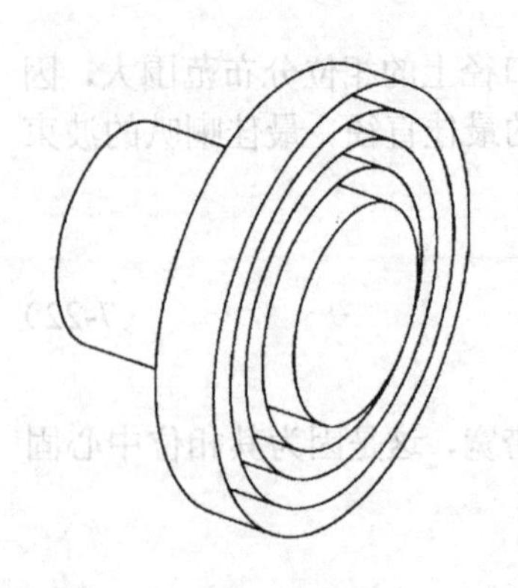

图 7-9 塞形喇叭

文献[18]中设计的反射面馈源采用了四个波纹环。James[20]和 Kuma[21]表明仅用一个波纹就很有效了。更多的波纹环可以改善设计性能，但也仅改善一点点。小口径喇叭需要波纹环来减小 E 面和 H 面的对角线面内的交叉极化，该面内的交叉极化最大。

我们通常假设在喇叭口面上有一惠更斯源。当减小口面以得到宽波束时，这种近似就会失效。在小口面的限制下，我们仅仅以磁流等效电场来分析缝隙。惠更斯源假设电场和磁场的比值与自由空间的波阻抗相等，而在缝隙中，磁场被忽略不考虑。波导具有高波阻抗的特性，这意味着磁场很小。为了计算远场，必须使用式（2-23）而不是式（2-24），式（2-23）是利用了口面上实际场强的比值，而式（2-24）采用惠更斯源近似。由于减小体积会增加 Q 值，因此为获得宽波束而减小口径尺寸将会限制带宽和交叉极化隔离度。

7.3.4　矩形波纹喇叭

我们也可以设计具有波纹壁的矩形喇叭，不过为了在 E 面内产生余弦分布，仅需在 E 面喇叭壁上刻波纹槽。只有当需要双极化工作时，才需在 H 面喇叭壁上刻波纹槽。我们以两个面内具有 H 面的分布（余弦分布）来分析喇叭，并利用 7.1 节的结果。对于大口径尺寸的喇叭，在对角面内的波束宽度会略微减小，不过矩形喇叭始终能给出可接受的设计结果。两个面内均存在 0.91dB 的线性幅度渐变损耗。采用表 4-42 中的余弦分布栏作为二次相位误差损耗，采用表 7-1 来设计波束宽度。使正方形喇叭在两个面内的分布相等，从而使得相位中心重合，具体由表 7-3 给出（H 面）。

例：计算正方形波纹喇叭在 5GHz 时的增益，其口径宽度为 24cm，斜径为 50cm。

由式（7-1）得：

$$S=\frac{W^2}{8\lambda R}=\frac{24^2}{8(6)(50)}=0.24$$

采用表 4-42 中的余弦分布栏作为二次相位误差损耗：$\mathrm{PEL}_x=\mathrm{PEL}_y=0.42$（余弦）。两个面内的幅度渐变损耗相等：0.91dB。

$$\begin{aligned}\text{增益}&=10\log\frac{4\pi W^2}{\lambda^2}-\mathrm{ATL}_x-\mathrm{ATL}_y-\mathrm{PEL}_x-\mathrm{PEL}_y\\&=23.03-0.91-0.91-0.42-0.42=20.4\mathrm{dB}\end{aligned}$$

口面直径与上例中方形喇叭宽度相等，且斜径也相等的圆形波纹喇叭，其增益为 19.9dB，即比方形喇叭小 0.5dB。方形喇叭比圆形喇叭更大的口径面积增加了其增益。

7.4　波纹地面

当波纹表面（见图 7-10）的槽深小于$\lambda/4$ 时（感性），支持表面波（TM 波）。正如波纹喇叭，假定在沿着波的传播方向，每个波长范围内有很多缝隙。在波纹末端上方的表面波场强按指数衰减。我们从势函数导出波纹上方的场强：

$$\psi=A_1\exp\left(\frac{-2\pi bx}{\lambda}\right)\exp(-\mathrm{j}k_z z)\tag{7-24}$$

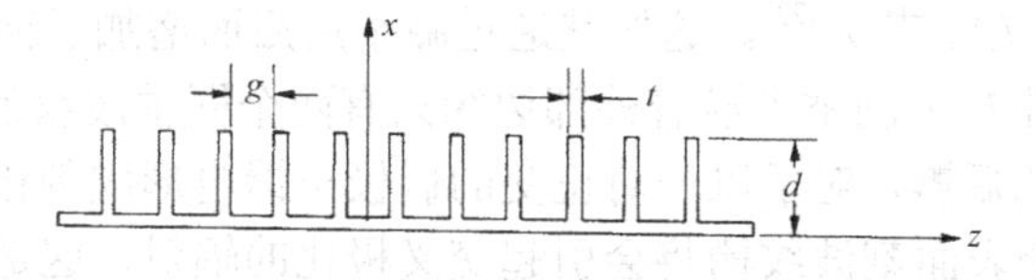

图 7-10　波纹地面

式中，A_1 是幅度常数，x 是离开波纹的距离，$\alpha(=2\pi b/\lambda)$是波纹上方场强的衰减常数。我们将场强展开，取 z 方向的电场与 y 方向的磁场的比值，得到波纹表面的波阻抗：

$$E_z = \frac{1}{\mathrm{j}\omega\varepsilon_0}(k^2 - k_z^2)\psi = -\left(\frac{2\pi b}{\lambda}\right)^2 \frac{A_1}{\mathrm{j}\omega\varepsilon_0}\exp\left(-\frac{2\pi b}{\lambda}\right)\exp(-\mathrm{j}k_z z)$$

$$H_y = -\frac{\partial\psi}{\partial x} = \frac{2\pi b}{\lambda}A_1\exp\left(-\frac{2\pi b}{\lambda}\right)\exp(-\mathrm{j}k_z z)$$

$$Z_{-x} = \frac{E_z}{H_y} = \frac{\mathrm{j}(2\pi b/\lambda)}{\omega\varepsilon_0} = \frac{\mathrm{j}(2\pi b/\lambda)\sqrt{\mu_0}}{\omega\sqrt{\varepsilon_0\mu_0}\sqrt{\varepsilon_0}} = \frac{\mathrm{j}(kb)}{k}\eta = \mathrm{j}b\eta \tag{7-25}$$

式中，η是自由空间波阻抗，b与α有关［式（7-24）］。此种结构对于波必定表现出这样的阻抗。对于E_z，波纹面是平行板传输线，其每单位长度的阻抗为

$$Z_c = \mathrm{j}\eta\tan(kd) \tag{7-26}$$

式中，d是波纹槽深度。使式（7-25）和式（7-26）相等，得到常数b:

$$b = \tan(kd) \tag{7-27}$$

将式（7-27）代入式（10-16）中，得到相对传播常数：

$$P = \sqrt{1+b^2} = \sqrt{1+\tan^2(kd)} \tag{7-28}$$

我们考虑波纹厚度的影响，取平行板阻抗和沿着波纹边缘的零阻抗的平均，则式（7-28）变为：

$$P = \sqrt{1+\left(\frac{g}{g+t}\right)^2\tan^2(kd)} \tag{7-29}$$

式中，g是缝隙间距，t是波纹厚度。随着深度d接近$\lambda/4$，P增加到无限大。场变成紧贴在表面上，并且在波纹上方很快衰减到零——正如在波纹喇叭的E面壁上，法向电场消失了。根据下式设计波纹槽深度：

$$d = \frac{\lambda}{2\pi}\arctan\frac{g+t}{g\sqrt{P^2-1}} \tag{7-30}$$

当波纹槽深度接近$\lambda/4$时，式（7-26）表示的表面阻抗接近无穷大，表面上的切向磁场消失，从而对沿着z轴方向极化的波产生了虚拟的PMC面（见2.3节）。其反射系数是+1，而不是PEC面的−1。沿着y轴方向极化的波遇到紧密排列的波纹，近似产生PEC面，其反射系数为通常金属壁的反射系数−1。圆极化入射波经PEC面反射后，变为相反旋向的圆极化波，而虚拟的PMC面（软面）[22]对入射波反射后极化指向相同。我们可以利用这些表面来改变宽波束圆极化天线的方向图，压窄波瓣宽度而不产生相反指向的极化分量，而金属壁会产生相反指向的极化分量。

对于安装于地面中心的单极子天线（见图5-23），边缘绕射会产生很大的后瓣，而以槽深为$\lambda/4$的同轴圆形波纹覆盖的地面，可以减小边缘绕射。虚拟的软壁减小了圆周上的磁场，这与GTD绕射有关（见2.7.11节）[23]。这样就通过减小后瓣而增加了前向增益。我们不需要对整个上表面刻波纹槽。图7-11例举了沿着外部边缘只有两个同轴波纹的表面。这些波纹减小了安装在地面上的单极子的后瓣，对于以一对正交的偶极子馈电形成圆极化的辐射，也不会产生显著的交叉极化。对整个表面刻波纹槽将会引起交叉极化的辐射，这是由于偶极子向下方的区域辐射相反旋向的圆极化波。波纹表面反射与入射波相同旋向的圆极化波。PEC表面的反射波反转了圆极化波的旋向，从而使得两个波叠加。波纹槽只能减小后瓣。塞形喇叭使用了相同类型的波纹槽来减小从小直径喇叭口面产生辐射的后瓣。

波纹槽可以通过采用短路的径向传输线，放置在地面下方沿径向方向处（见图7-12），这也可以减小后瓣。我们从下式计算外环的电抗，该式使用了贝塞尔和诺曼函数：

$$X = \mathrm{j}\frac{\eta b}{2\pi r}\frac{N_0(kr)J_0(kr_0) - J_0(kr)N_0(kr_0)}{J_1(kr)N_0(kr_0) - N_1(kr)J_0(kr_0)}$$

短路壁位于半径 r_0 处，盘之间的间距为 b。随着 r 接近于谐振尺寸，电抗 X 增加得很快。对于很大的外环半径，$r-r_0$ 的差值接近$\lambda/4$，而对于小的半径，该值更小。表 7-9 给出了半径随着谐振外径而变化的情况。

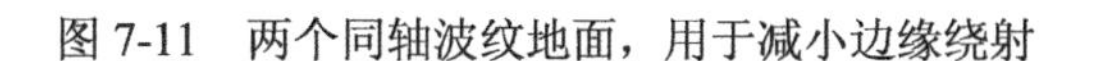

图 7-11　两个同轴波纹地面，用于减小边缘绕射

图 7-12　短路径向传输线型波纹地面

表 7-9　塞形径向传输线波纹槽在谐振尺寸时的深度

外半径（λ）	深度（λ）	外半径（λ）	深度（λ）
0.25	0.188	0.70	0.230
0.30	0.199	0.80	0.233
0.35	0.208	1.0	0.236
0.40	0.213	2.0	0.243
0.50	0.222	4.0	0.247
0.60	0.227		

上表面的波纹槽比径向波纹槽更有效，但径向线塞形结构更易安装在小地面的后面。在这两种情况下，当频率低于其对应的波长小于达到$\lambda/4$ 的谐振深度对应的频率时，由于沿着波纹方向产生了表面波，两者都增强了地面后向的辐射。波纹表面是有用的结构形式，因为可以用来增强或减小辐射，具体情况与槽深有关。

7.5　高斯波束

波纹喇叭和简单反射面馈源的方向图可以用高斯波束来近似。x–y 面内的无限大圆对称高斯分布口面，在沿着 z 轴方向辐射高斯波束。高斯分布的径向指数项决定了波沿着 z 轴方向传播。我们利用该分布来计算辐射方向图，然后增加惠更斯源（见 2.2.2 节）来产生极化。具体分析分为远场和近场近似。近场近似包括近轴波。当利用自由空间的亥姆霍兹方程时，高斯波束满足麦克斯韦方程，并且应用物理光学（PO）法能求得正确的方向图。

自由空间格林函数满足亥姆霍兹方程：$\mathrm{e}^{-\mathrm{j}kR}/R$。我们从点源求得高斯波束，该点源放置在沿着 z 轴的复数位置上：$z_0=-\mathrm{j}b$。该位置上的点源在 $z=0$ 面内产生高斯分布。

$$\exp\left(\frac{-\rho^2}{W_0^2}\right),\ \rho^2 = x^2 + y^2$$

W_0 是幅度下降到 1/e 处的波束腰围半径。波束腰围半径 W_0 与位置 b 的关系如下[24]：

$$W_0^2 = \frac{2b}{k},\ k = \frac{2\pi}{\lambda}$$

当波沿着 z 轴传播时，波的幅度在径向ρ保持高斯分布，但波束腰围扩展为：

$$W^2(z)=W_0^2\left[1+\left(\frac{z}{b}\right)^2\right]$$

波束腰身表面为双曲面，位于 z=0 面内的焦点在半径 b 处。波幅的减小比例为腰围与径向高斯分布的组合：

$$\frac{W_0}{W(z)}\exp\left[-\frac{\rho^2}{W^2(z)}\right]$$

近轴（近场）波的相位包含两项。第一项为标准的 z 轴方向波的相位 $\exp(-\mathrm{j}kz)$，第二项为二次相位项，该项由位于复数位置 $z_0=-\mathrm{j}b$ 处的点源引入。二次相位项的斜径依赖于沿着 z 轴方向的位置：

$$R_c(z)=z\left[1+\left(\frac{b}{z}\right)^2\right]$$

近轴高斯波束还有额外的变动相位项：$\zeta(z)=\arctan(z/b)$。近轴高斯波束的相位项是以上各项的总和：

$$\exp\left[-\mathrm{j}kz-\mathrm{j}k\frac{\rho^2}{2R_c(z)}+\mathrm{j}\zeta(z)\right]$$

双曲面幅度表面间的恒相位（eikonal）表面是椭圆体，其位于 z=0 面内的焦点在半径 b 处。在 z=0 处恒相位表面是平面。组合幅度和相位项得到完整的近轴高斯波束方程：

$$-\mathrm{j}E_0\cos^2\frac{\theta}{2}\frac{W_0}{W(z)}\exp\left[-\frac{\rho^2}{W^2(z)}\right]\exp\left[-\mathrm{j}kz-\mathrm{j}k\frac{\rho^2}{2R_c(z)}+\mathrm{j}\zeta(z)\right] \tag{7-31}$$
$$\times(\hat{\theta}\cos\phi-\hat{\phi}\sin\phi)$$

在式（7-31）中加入了 x 轴方向波的惠更斯源极化［见式（1-38）］和斜率因子［见式（2-14）］。对于给定输入功率的高斯波束，我们通过使近轴波束和远场表达式的辐射相等来确定常数 E_0。为使该两表达式相等，推荐的距离为 $z=200W_0^2/\lambda$。

将点源位置代入 $\mathrm{e}^{-\mathrm{j}kR}/R$ 来计算远场高斯波束，并以远场表达式近似 R[25]：

$$R=\sqrt{x^2+y^2+z^2-b^2+\mathrm{j}2bz}=\sqrt{r^2-b^2+\mathrm{j}2br\cos\theta} \tag{7-32}$$

对于远场，可以忽略 b^2 项，将式（7-32）按泰勒级数展开并保留前两项，从而将 $\mathrm{e}^{-\mathrm{j}kR}/R$ 简化为 $\mathrm{e}^{kb\cos\theta}\mathrm{e}^{-\mathrm{j}kr}/r$。将该项结合惠更斯源的辐射来产生远场高斯波束等式，对于口径上 x 方向的线极化辐射波，在 θ=0 方向按方向系数进行归一化：

$$\mathbf{E}(r,\theta,\phi)=\sqrt{\frac{P_0\cdot 方向系数\cdot\eta}{4\pi}}\cos^2\frac{\theta}{2}\mathrm{e}^{kb(\cos\theta-1)}\left(\hat{\theta}\cos\phi-\hat{\phi}\sin\phi\right)\frac{\mathrm{e}^{-\mathrm{j}kr}}{r} \tag{7-33}$$

方向系数由式（7-33）表示的方向图积分得到：

$$方向系数=\frac{4(2kb)^2}{2(2kb)-2+1/(2kb)-\mathrm{e}^{-2(2kb)}/(2kb)} \tag{7-34}$$

刻度尺 7-7 给出了高斯波束的增益与 10dB 波束宽度的关系。

假设给出了在已知电平 L(dB)处的波束宽度(BW)，求解式（7-33）可得到复平面上点源的位置 b：

$$b=\frac{2\log\left[\cos(\mathrm{BW}/4)\right]+\left|L/20\right|}{k\left[1-\cos(\mathrm{BW}/2)\right]\log\mathrm{e}} \tag{7-35}$$

刻度尺7-8给出了高斯波束的半焦距 b 与10dB波束宽度的关系，刻度尺7-9给出了最小腰围直径与10dB波束宽度的关系。

对于小角度情况，可对上述高斯波束表达式进行简化，即通过将 $\cos\theta$ 按泰勒级数展开成 $\cos\theta \approx 1-\theta^2/2$，这样就将式（7-33）简化为：

$$\mathbf{E}(r,\theta,\phi)=E_0\cos^2\frac{\theta}{2}\mathrm{e}^{-(\theta/\theta_0)^2}\left(\hat{\theta}\cos\phi-\hat{\phi}\sin\phi\right)\frac{\mathrm{e}^{-\mathrm{j}kr}}{r} \tag{7-36}$$

10dB 波束宽度（度）

180. 170. 160. 150. 140. 130. 120. 110. 100. 90 85 80 75 70 65 60 55 50 45 40 35 30 25 20 18 16 14 12 10 9. 8. 7. 6. 5.

7. 7.5 8. 8.5 9. 9.5 10 10.5 11 11.5 12 12.5 13 14 15 16 17 18 19 20 21 22 23 24 25 26 27 28 29 30 33 35

高斯波束增益，10dB

刻度尺7-7 高斯波束增益与10dB波束宽度的关系

半焦距b, λ

.5 1.5 2. 4. 6. 8. 10 15 20 25 30 35 40 45 50 60 70 80 90 100. 120. 140. 160. 180.

130. 100. 80 60 45 40 35 25 20 18 16 14 12 9.5 9. 8.5 8. 7.5 7. 6.5 6. 5.8 5.6 5.4 5.2 5.

10dB 波束宽度（度）

刻度尺7-8 高斯波束半焦距 b 与10dB波束宽度的关系

最小腰围直径，λ

0.35 0.4 0.5 0.6 0.7 0.8 0.9 1. 1.2 1.4 1.6 1.8 2. 2.5 3. 3.5 4. 4.5 5. 5.5 6. 6.5 7. 7.5 8. 9. 10 11 12 13 14 15

170. 150. 130. 100. 90 80 70 60 50 45 40 35 30 25 20 18 16 14 12 10 9. 8. 7.5 7. 6.5 6. 5.5 5.

10dB 波束宽度（度）

刻度尺7-9 高斯波束最小腰围直径与10dB波束宽度的关系

角度θ_0是波束张角[24]，由下式给出：

$$\theta_0=\frac{2}{kW_0}=\sqrt{\frac{2}{kb}}$$

当角度超过θ_0时，式（7-36）就不再适用，这是由于该式是基于小角度时近似得到的。

我们可以采用高斯波束来近似波纹喇叭的方向图[26]。最小腰围位置位于喇叭口面后 L_p 处，给定口面半径 a 和斜径 R，则相位中心的距离为：

$$L_p=\frac{R}{1+\left[2R/k(0.644a)^2\right]^2} \tag{7-37}$$

L_p 是高斯波束在 z=0 时所处的位置。最小的腰围半径 W_0 由下式给出：

$$W_0=\frac{0.644a}{1+\left[k(0.644a)^2/2R\right]^2}, \quad b=\frac{W_0^2k}{2} \tag{7-38}$$

对于 22dB 增益的波纹喇叭，式（7-38）产生的高斯波束增益与 S=0.134 的喇叭一致。对于不同的 S 值，式（7-38）仅给出了近似的高斯波束与波纹喇叭的增益匹配。高斯波束的 10dB 波束宽度为 27.5°，而波纹喇叭对应的波束宽度为 27.2°。由式（7-37）给出的高斯波束相位中心在口面后 2.44λ处，而实际喇叭的相位中心在 0.89λ处。利用高斯波束近似可以求得波纹喇叭的近场方向图，这是由于其包含有限腰围尺寸的波束，而不是假定在喇叭的相位中心为一个点源。物理光学（PO）分析法利用口面上的等效电流[27]也能求得近场方向图，但是需要很大的计算量。

7.6 脊波导喇叭

在波导的 E 面增加脊，其与相同宽度的波导比可以降低截止频率。增加脊后提高了后续两个高次模的截止频率，从而使波导的工作频率范围超过 10:1。如果我们采用这种波导作为喇叭的输入波导，并且将脊锥削到对喇叭口面不产生遮挡，则该种喇叭辐射的方向图与光滑壁喇叭相似。随着频率的提高，在口面附近，该喇叭能支持很多更高次的波导模。脊波导喇叭会产生一些高次模成分的场，这会在很窄的频率范围内使方向图产生畸变，但对于大多数的应用，这种畸变是可以接受的。初始的设计[28]采用了双脊实现单线极化，后来的设计将脊的数量增加到了 4（四脊），从而实现了双线极化（或圆极化）。

设计工作集中在输入波导的尺寸方面。我们应用波导的横向谐振来计算波导的截止频率。电场平行于窄壁的矩形波导可以看做平行板传输线，波在两窄壁之间传播，窄壁在截止频率时为短路（见 5.24 节）。高度为 b（单位为 m）的平行板传输线的阻抗为ηb。普通矩形波导最低次模的截止频率发生在宽度 $a=\lambda/2$。横向谐振法考虑传输线的一半宽度，对于 TE_{N0} 模，截止频率发生在中心线的阻抗是开路（奇次模）或短路（偶次模），即 $a/2=N\lambda/4$ 时。当然，由于平行板传输线的阻抗是一致的，所以可以忽略。

图 7-13（a）显示了双脊波导的横截面。图中绘出了以穿过其中一脊中心的同轴线给波导馈电的情况。同轴线的内导体延长并穿过间隙馈电到第二脊。内导体的探针不需要接触到第二脊，而是通过电容耦合。由于存在阶梯，双脊喇叭用于确定截止频率的横向谐振电路，由带有旁路电容的两条传输线段组成。电容量与高度的比值$\alpha=b_2/b_1$ 有关，这里 $b_2<b_1$[29]：

$$C=\frac{\varepsilon_0}{\pi}\left(\frac{\alpha^2+1}{\alpha}\operatorname{arcosh}\frac{1+\alpha^2}{1-\alpha^2}-2\ln\frac{4\alpha}{1-\alpha^2}\right) \tag{7-39}$$

对于双脊波导，我们分析时假设在波导中间横穿过波导 E 面时有一地面，这就将波导分成了两条半高度的波导。然后考虑阻抗，波导的总阻抗是这两条半高度波导阻抗的串联。给定波导的宽度 a_1，高度 $2b_1$，脊的宽度 a_2，脊的间隙 $2b_2$，在两条半高波导的过渡点，我们采用导纳的经验等式来求解截止频率。奇次 TE 模在脊的中心为虚拟的开路，在壁上为短路。截止发生在 $k_c=2\pi/\lambda_c=2\pi f_c/c$，$c$ 为光速[30]：

$$\frac{\tan(k_c a_2/2)}{\eta b_2}+k_c cC-\frac{\cot\left[k_c(a_1-a_2)/2\right]}{\eta b_1}=0 \tag{7-40}$$

采用数值方法求解式（7-40）可求得奇次模的 k_c。偶次模在脊的中心为虚拟的短路，这就导致求解截止波数 k_c 具有相似的等式：

$$-\frac{\cot(k_c a_2/2)}{\eta b_2}+k_c cC-\frac{\cot\left[k_c(a_1-a_2)/2\right]}{\eta b_1}=0 \tag{7-41}$$

对于给定的尺寸，采用式（7-40）来计算 TE_{10} 和 TE_{30} 模的截止波长，采用式（7-41）来计算 TE_{20} 模的截止波长。

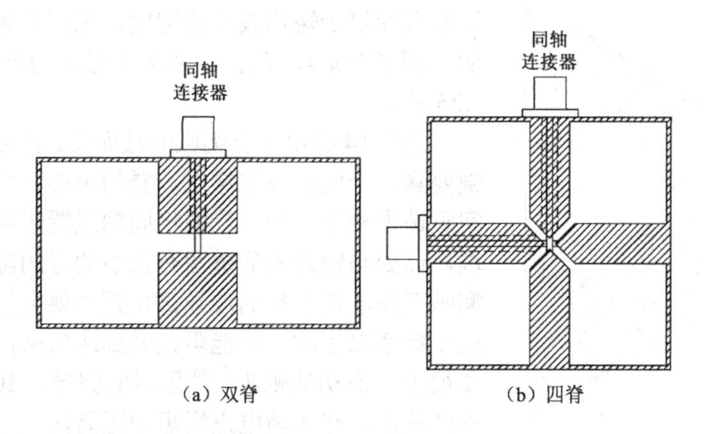

图 7-13 同轴馈电的脊波导

我们设计具有合适的低截止频率的波导，并使其阻抗与馈电同轴线相等，同轴线的外导体与一脊相连，中心导体跨过间隙馈电到另一脊。无穷大频率对应的阻抗由下式给出：

$$Y_{\infty}=\frac{1}{k\eta b_2}\left\{\frac{ka_2}{4}+\frac{\sin ka_2}{4}+\frac{b_2}{b_1}\frac{\cos^2(ka_2/2)}{\sin^2(ka_1/2)}\left(\frac{ka_1}{4}-\frac{\sin ka_1}{4}\right)+\frac{2b_2}{\lambda}\ln\left[\csc\left(\frac{\pi}{2}\frac{b_2}{b_1}\right)\cos^2\frac{ka_2}{2}\right]\right\}$$

$$Z_{\infty}=\frac{1}{Y_{\infty}} \tag{7-42}$$

有限大频率对应的阻抗增大为：

$$Z_0=\frac{Z_{\infty}}{\sqrt{1-\left(f_c/f\right)^2}} \tag{7-43}$$

双脊间隙的近似值可以从微带线的阻抗求得。无穷大频率的阻抗略小于微带线阻抗的两倍，微带线宽度等于双脊间隙的一半。脊的边缘之间形成的额外的边缘电容使得阻抗比微带线的更小。可以利用微带线设计程序来求得近似的间隙，再利用式（7-42）进行很少的计算来确定合适的间隙。设计 Z_{∞}是由于根据式（7-43）当频率增大时阻抗很快就接近 Z_{∞}，而且脊喇叭工作在很宽的频带范围内。

图 7-13（b）显示的四脊波导，其对喇叭的馈电需要进行修改。为得到 $Z_{\infty}=50\Omega$，脊的间隙必须减小，并且脊的外形为屋顶状，以使脊之间能较好地相互配合。形成一种极化的双脊之间的电容，是产生第二种极化的两个脊与该两脊之间形成的两个电容的串联。与分析双脊波导类似，我们利用沿着中心线通过第二组脊的地面将四脊波导分开，从而只需分析单脊波导了。假设正方形波导的宽度为 w，脊宽度为 s，不同极化的脊的间隙为 g，则等效的单脊波导的参数由下式给出：

$$\begin{aligned}&a_1=w+s\left(\sqrt{2}-1\right), \qquad a_2=s\sqrt{2}\\&b_1=w-s/2, \qquad b_2=g\end{aligned} \tag{7-44}$$

四脊波导的无穷大频率对应的阻抗比微带线阻抗的四倍略小，微带线的宽度等于具有一半间隙的等效脊的宽度 a_2。我们在式（7-39）至式（7-43）中代入式（7-44）的参数来求解四脊波导的参数。图 7-13（b）显示了其中之一同轴线的馈电探针横跨过另一探针，从而减小相互间的耦合。两同轴线到波导的短路壁的不同距离产生两种不同的输入阻抗。

我们可以采用上面的表达式来分析圆波导。设计圆波导的直径等于矩形波导的宽度。无穷大频率对应的阻抗的缩小因子为π/4，截止频率为等效正方形波导截止频率的1.25倍。

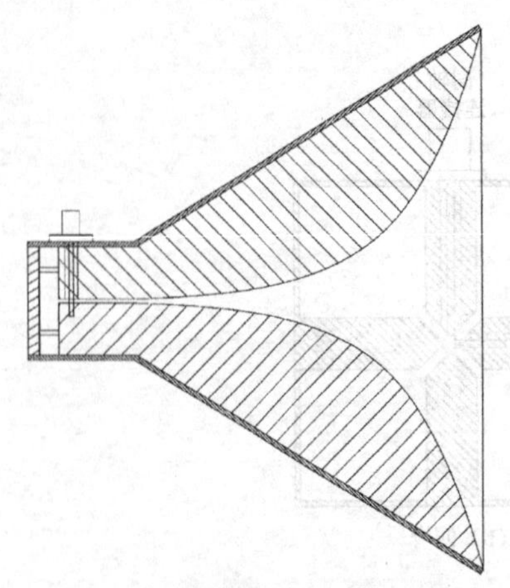

图 7-14　双脊波导喇叭的截面图

图 7-14 给出了脊喇叭的截面图，并且展示了设计的关键要素。一同轴馈线穿过一脊的中心，中心导体跨过脊的间隙馈电到第二脊。我们将同轴线置于靠近脊截断处的末端，该处与短路的后壁留有很小的脊间隙。如果没有脊，喇叭工作区域末端的波导截止频率就会很低。波导工作于截止频率以下时，不能阻止波到达后壁，这是由于该处距离很小。最初的喇叭[28]采用的波导，其最低频率在馈电点处截止。在离馈电点很短的距离内，通过将侧壁渐变减小可以使波导工作在截止频率以上，因此波可传播到该区域。截止仅指波不能在很长的波导内传播，波沿着波导的传播会衰减。图 7-14 显示了在后壁和脊之间有可选择的短路探针。这可以防止额外的阻抗谐振，谐振频点为当单脊的高度接近λ/2对应的频率点。不是所有的设计都需要这些探针。

调整脊的间距可使所形成的传输线与输入端的馈电同轴线相匹配。横截面一致的脊波导延伸到喇叭的喉结处。图 7-14 中显示的喇叭，采用了指数渐变的脊，另外根据经验还增加了斜率为 0.02 的线性渐变部分[28]，从而改善了阻抗匹配。设计传统的渐变阻抗变换器似乎能提供更好的阻抗匹配，而实际上简单的指数渐变提供了更优良的阻抗匹配。由于脊喇叭激励起了多种模并且展宽了波瓣宽度，因此其增益达不到相当的开口喇叭的增益。在双脊喇叭中，能量集中在 E 面内的双脊之间，因而可以用少量的金属杆代替 H 面的侧壁。我们将金属杆放置得足够近，以阻止低频的辐射，而允许高频通过间隙辐射。由于高频时场集中在双脊之间，因此 H 面的侧壁对方向图影响很小。四脊喇叭需要固面侧壁。

我们测试了一种圆形四脊喇叭，该喇叭作为卡塞格伦反射面的馈源，工作在 6～18GHz。喇叭的口面直径为 13.2cm，斜径为 37.6cm，工作频段范围为 2~18GHz。图 7-15 绘制了实测的 E 面和 H 面的 10dB 波束宽度，同时也绘制了相同尺寸的光滑壁和波纹壁喇叭的 E 面和 H 面的 10dB 波束宽度。光滑壁和波纹壁喇叭都不能设计成工作于这么宽的带宽；图 7-15 中所示只是为了进行比较。四脊喇叭与其他喇叭相比，在两个面内的波束宽度都要宽。这就减小了其增益，如图 7-16 所示。四脊喇叭与波纹喇叭类似，也工作于多种模。利用物理光学法分析测得的方向图，可以确定圆形波导辐射的模。以一平面波对圆形口面照射，等同于放置在平均相位中心的源对实际喇叭口面的照射。以方向图电平和 $\sin\theta$进行加权的每个平面波，由式（2-33）可知，在覆盖口面的贴片上激励起惠更斯源电流。我们将该电流归一化为 1W，并将圆波导喇叭每一种模对应的电流投射到入射波电流，通过在口径面上积分，确定它们的激励电平 b_m：

$$b_m = \iint_S \mathbf{J}_a \cdot \mathbf{J}_m^* \, \mathrm{d}S \tag{7-45}$$

在式（7-45）中采用了口面电流 $\mathbf{J}_a$ 和模式电流 $\mathbf{J}_m$，我们采取与极化运算（见 1.11 节）相同的方式投射复共轭矢量。对于惠更斯源，由于磁场电流与电场电流成比例，因此只对电场电流进行运算。图 7-17 绘出了 TE_{11}、TM_{11} 和对角朝向的 TE_{21} 模的电平曲线。TE_{11} 和 TM_{11} 模也可在波纹喇叭中被激励，但 TM_{11} 模的电平约比 TE_{11} 模的电平低 5dB。对喇叭的进一步测试结果表明，频率低至 2.7GHz，在 TE_{11} 模和 TM_{11} 模中始终具有近似相等的功率。低于该频率后，喇叭口面将不再维持 TM_{11} 模，方向图回归到只由 TE_{11} 模产生，这样波束宽度将变窄。分析结果表明，对角朝向的 TE_{21} 模，在从脊开始绕着脊旋转一半角度的方向达到极大值，从而在交叉面内提高了交叉极化。E 面和 H 面的波束宽度不匹配也会增加对角面内惠更斯源的交叉极化（见 1.11.2 节）。正方形四脊喇叭有相类似的模式。测试口径为 63.5cm^2、斜径为 140cm 的喇叭所得 TE_{10} 模和 TM_{12} 模的电平近似相等，这与 TE_{11} 和 TM_{11} 圆形模的场分布相似。TE_{10} 模和 TM_{12} 模的相位近似相同。该喇叭在频段的高频端辐射 TE_{12} 模，这会在很窄的频率范围内引起方向图畸变。TM_{12} 模和 TE_{12} 模都是由脊之间的电场激励的。这三种模的相互影响引起波瓣形状随着频率的改变而快速改变。当该喇叭的三种模以功率近似相等存在时，在频带的高频端展示了这些改变。像正方形四脊喇叭辐射的那样，减少到相同的三种主模的双脊喇叭，对其方向图进行测试，可得到类似的结果。

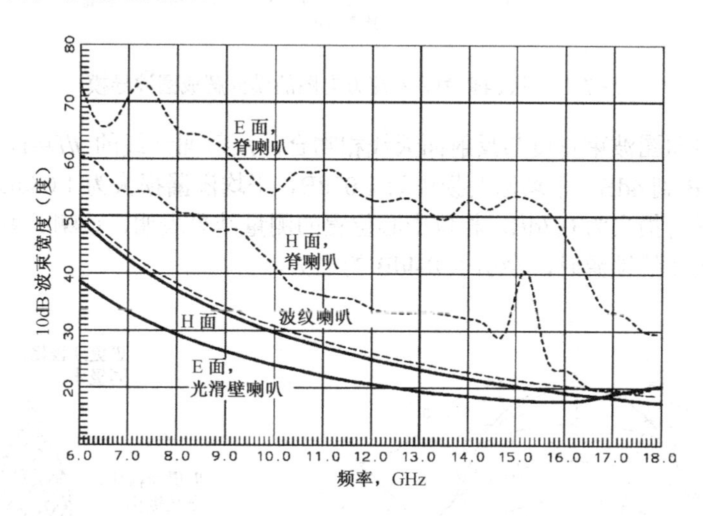

图 7-15　圆四脊喇叭的实测 10dB 波束宽度与光滑壁和波纹壁喇叭的计算波束宽度的比较

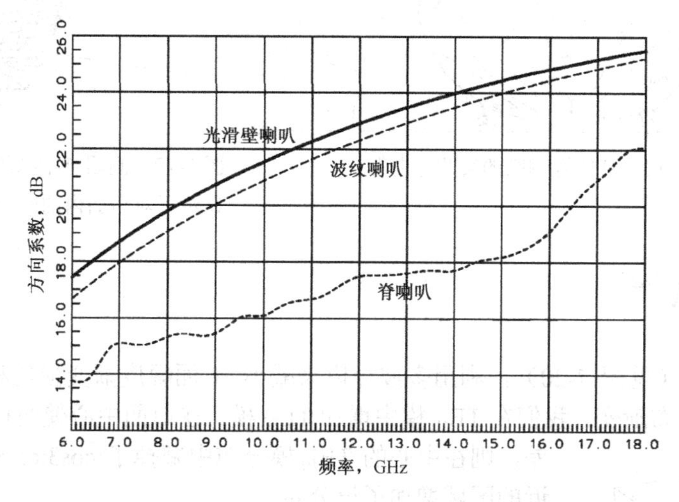

图 7-16　圆四脊喇叭的实测方向系数与光滑壁和波纹壁喇叭的比较

对于以波长表示的口径很小的四脊喇叭，采用口径电流计算得到的 10dB 宽度的波束，与测得的方向图不是很吻合。如果我们在物理光学分析法中包含了沿着喇叭外面激励的电流，则计算结果与测得的方向图吻合得更好。这说明了喇叭天线的方向图不仅只由口径场决定，也与流出喇叭的电流有关。图 7-18 显示了测得的 E 面和 H 面方向图，以及对角面的交叉极化。图 7-19 绘出了 6GHz 时的三维实测方向图，图中显示了对角面内的四个交叉极化波瓣。

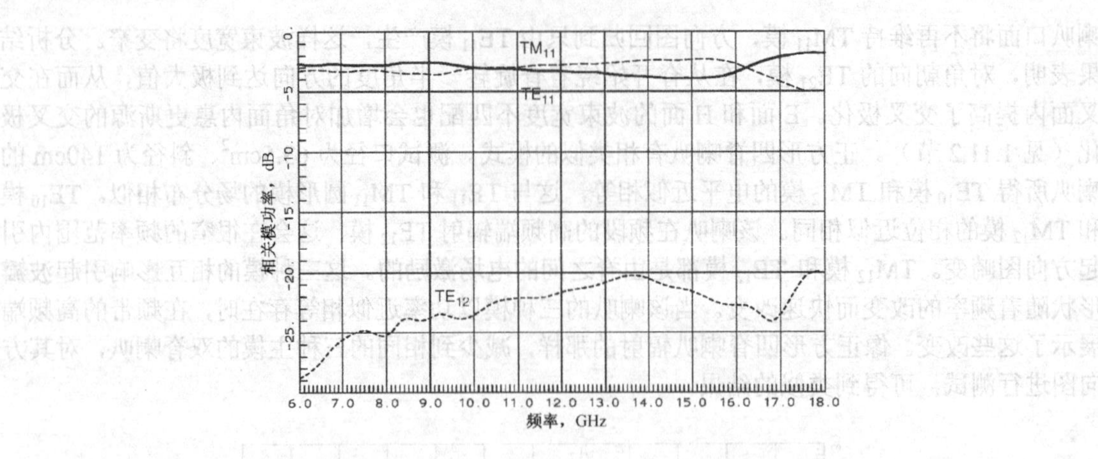

图 7-17 圆四脊喇叭实测方向图的模分解成圆波导模

该天线平均方向图波束宽度与反射面天线相吻合，反射面天线的 f/D=1，平均照射损失为 3dB，范围从 2.5dB 到 4dB。平均渐变损失为 1.07dB，平均溢漏损失为 1.08dB。图 7-19 显示的交叉极化引起的平均损失为 0.7dB。相位中心位置的测量结果表明，该喇叭像散超过 2λ，将该喇叭作为反射面天线的馈源时，会引入 0.4dB 的损失。

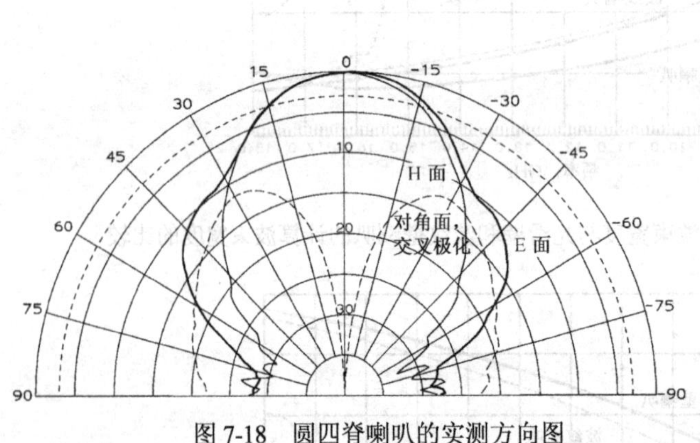

图 7-18 圆四脊喇叭的实测方向图

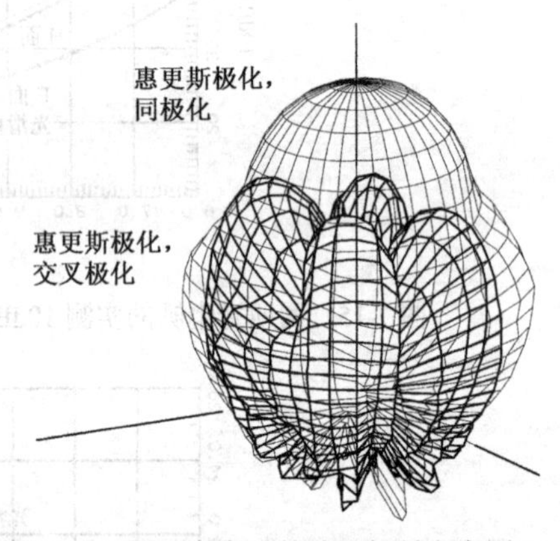

图 7-19 圆四脊喇叭的球形辐射方向图，显示了对角面内的四个对称交叉极化波瓣

7.7 盒形喇叭[32]

对于盒形喇叭（见图 7-20），利用多波导模来减小 H 面幅度渐变损耗和轴向长度。为了减小 H 面的余弦分布渐变，我们在 TE_{10} 模中增加 TE_{30} 模。在口面中心使两种模产生 180°的相差，则在中心的 TE_{10} 模分布中减掉了 $\cos 3\pi x$ 分布，而在边缘附近的区域增加了该分布。

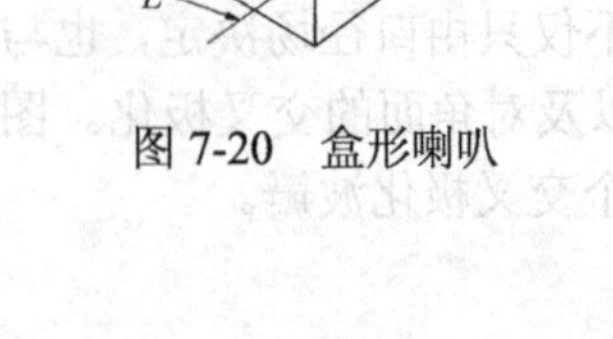

当以 TE_{10} 模馈电时，波导宽边上的阶梯将产生 TE_{N0} 模。未被波导截止的任何模都将传播到口面。如果保持喇叭对波导轴是对称的，则将只产生奇次模（TE_{30}、TE_{50} 等）。超过阶梯后的波导的宽度 W（见图 7-20）决定了可传播的模：$\lambda_c=2W/N$，这里 N 为模数。如果在口面上仅限有 TE_{10} 和 TE_{30} 模，则 TE_{50} 模的截止波长决

H
L
W

图 7-20 盒形喇叭

定了最大的宽边尺寸：W_{max}=2.5λ。TE_{30}模的截止波长确定了最小的宽边尺寸：W_{min}=1.5λ。在此范围内，可以设计出具有良好口径效率的短喇叭。我们可以张开E面来增加口径（见图7-20），但为了不至于产生过大的相差损失，有限的轴向长度限制了喇叭的张角。H面也可以张开，但会使得对适当长度L的设计复杂化。阶梯产生的高次模的幅度随N的增加而减小。由于高次模的幅度很小，因此少量的高次模（TE_{50}、TE_{70}等）仅在一定程度上减小效率。

由于高次模的峰值必在中心，并且在较大尺寸波导的后壁，可将其从TE_{10}模的场中减掉，因此阶梯产生的模与输入的TE_{10}模同相。口面分布是TE_{10}模和TE_{30}模的和：

$$E_y(x)=a_1\cos\frac{\pi x}{W}\exp(-\mathrm{j}k_{10}L)+a_3\cos\frac{3\pi x}{W}\exp(-\mathrm{j}k_{30}L) \tag{7-46}$$

式中，k_{10}和k_{30}是两种模的传播常数。如果这两种模之间的相位相差180°，则H面内的幅度分布将会更均匀。由阶梯处开始传播的各种模的相速不同，相速与截止频率有关。调整长度L，使二模之间产生180°的相位差：

$$(k_{10}-k_{30})L=\pi$$

式中，$k_{10}=k\sqrt{1-(\lambda/2W)^2}$，$k_{30}=k\sqrt{1-(3\lambda/2W)^2}$。按下式求解长度：

$$L=\frac{\lambda/2}{\sqrt{1-(\lambda/2W)^2}-\sqrt{1-(3\lambda/2W)^2}} \tag{7-47}$$

由阶梯产生的两种模的比值，可以从与口径宽度为a的输入波导相匹配的模求得：

$$\frac{a_N}{a_1}=\frac{\int_{-a/2}^{a/2}\cos(\pi x/a)\cos(N\pi x/W)\mathrm{d}x}{\int_{-a/2}^{a/2}\cos(\pi x/a)\cos(\pi x/W)\mathrm{d}x} \tag{7-48}$$

式中，a_N是TE_{N0}模的幅度。表7-10列出了按给定模比设计所需的阶梯尺寸。当模比a_3/a_1=0.32时，幅度渐变损耗最小。单TE_{10}模可能的3dB波束宽度范围为20～44°。

表7-10 盒形喇叭的特性

TE_{30}/TE_{10}（电压）	输入波导与口面的比值	线性ATL_{10}（dB）	（W/λ）$\sin\theta$	
			3dB	10dB
0.00	1.000	0.91	0.594	1.019
0.05	0.940	0.78	0.575	0.981
0.10	0.888	0.67	0.558	0.947
0.15	0.841	0.58	0.544	0.917
0.20	0.798	0.52	0.530	0.890
0.25	0.758	0.48	0.518	0.866
0.30	0.719	0.46	0.507	0.844
0.35	0.682	0.46	0.496	0.824
0.40	0.645	0.47	0.487	0.806
0.45	0.609	0.50	0.479	0.790
0.50	0.573	0.54	0.471	0.775
0.55	0.537	0.60	0.463	0.761
0.60	0.500	0.66	0.456	0.749
0.65	0.462	0.74	0.450	0.737
0.70	0.424	0.82	0.444	0.726

例：设计 H 面的 10dB 波束宽度为 50°的盒形喇叭。

选取模比 a_3/a_1=0.35。从表 7-10 查得$(W/\lambda)\sin\theta$=0.824。在 25°的倾斜因子时增加了 0.42dB 的损耗。因此我们必须设计比 10dB 波束宽度更宽的波束。这在口面内只产生两个模所允许的范围内。利用式（7-47）计算使两个模产生 180° 相位差的长度：L=1.451λ。该喇叭的长度比口面宽度更小。

7.8　T 形棒馈电的缝隙天线

T 形棒馈电的缝隙天线（见图 7-21）看起来更像开路波导到同轴线的变换，而不像缝隙。其方向图类似于缝隙很宽时的情况。人们已经通过实验的方法设计了该天线[33]，这些尺寸提供了一个好的设计开端。表 7-11 列出了参照图 7-21 的两种设计参数[33]。口面导纳是辐射导纳和容性电纳的组合。在馈电点后面，短路波导的长度增加了感性电纳，该电纳随频率的减小而增大。水平棒在输入端产生容性电纳以抵消后壁的电纳。这些电纳随频率的变化而变化，通过减小每种电纳来保持总的接近谐振状态。

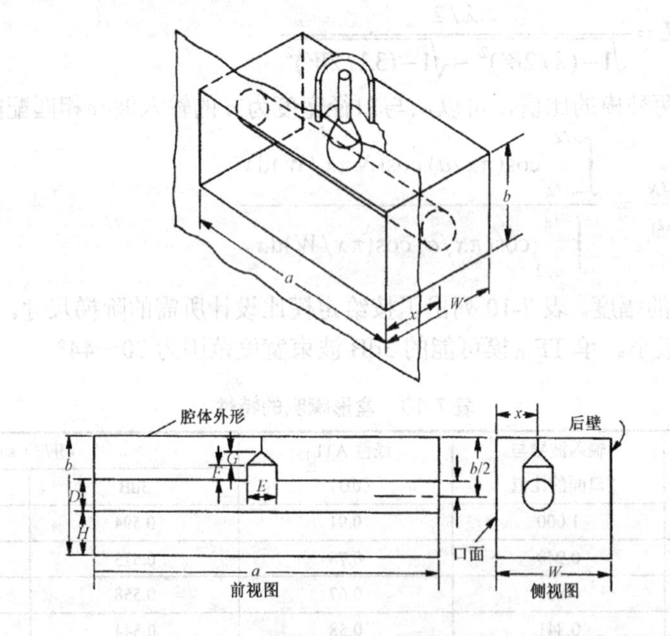

图 7-21　T 形棒馈电的腔体缝隙天线（摘自文［34］，© 1975 IEEE）

表 7-11　两种天线设计的尺寸

设计参数	天线 1	天线 2
b/a	0.323	0.226
W/a	0.323	0.295
x/a	0.118	0.113
D/a	0.118	0.090
I/a	0.059	0.045
E/a	0.118	0.090
F/a	0.057	0.045

后来的实验工作[34]进一步显示了这种天线的特性。对天线1的测试结果表明，VSWR为2:1的带宽，低端对应a=0.57λ，高端对应a=0.9λ。带宽达到1.6:1。文献［33］报导了天线2比天线1的带宽更窄。当以扁平条代替圆棒，且横穿波导部分的宽度与圆棒的直径一致时，能够得到几乎一样的结果。我们可以有所选择。扁平条更容易制作，但圆棒具有更好的机械支撑性，能承受所有轴向的冲击和振动。

扁平条增加了设计的自由度。当I保持为常数而减小H时，潜在的带宽将增加。纽曼和泰勒[34]发现，当H减小时，标称阻抗将增加。在斯密施圆图中绘出阻抗曲线，则曲线轨迹围绕着高阻值。在输入口增加一个宽带阻抗变换器，可以获得更宽的潜在带宽。纽曼和泰勒获得了VSWR接近2:1的带宽为从a=0.52λ到a=1.12λ，即2.3:1的带宽。

7.9 多模圆形喇叭[35]

圆形波导的直径发生阶梯变化就会产生TM_{11}模以满足边界条件。在E面的口径面边缘处，TM_{11}模的场产生移相后抵消了TE_{11}模产生的场。口面上场的渐变降低了E面的旁瓣，同时展宽了波束宽度。使E面和H面内场的分布相等，有助于使两个面内的相位中心靠在一起。

圆形波导的直径阶梯变化产生的模比盒形喇叭产生的模更复杂。对称性避免了产生非想要的模：TM_{01}，TE_{21}和TE_{01}。突变的过渡区使TM_{11}模相对于TE_{11}模产生相移[36]。由于波导模具有不同的相速，因此可以通过移相在口径面处产生想要的场。虽然计算的信息对设计是有用的，但设计必须完全基于经验。为使场抵消而需要进行移相，这限制了带宽，但作为窄带应用，阶梯喇叭比波纹喇叭更便宜。

Satoh[37]在圆锥喇叭的张开处加载圆锥形电介质的阶梯，来产生TM_{11}模。对称性避免了激励起不需要的模。他将阶梯放置在TM_{11}模能传播的直径处。使用两个阶梯可以增加带宽，这是由于可以通过调整长度在两个频点上产生理想的模式抵消。从理论上讲，我们可以金属阶梯代替电介质圆锥，两者都能产生TM_{11}模，因此在多频点上获得好的结果。

7.10 双锥喇叭

双锥喇叭包括共用一个顶点的两个圆锥。两圆锥母线的角度从相同的轴线开始测量。常规天线圆锥顶角的角度之和为180°。以球形模表示圆锥之间的场，但我们也可用很好的结果来近似。圆锥之间的最低次模是TEM模，该模很容易由同轴馈线激励。同轴线的外导体连接到一个圆锥，第二个圆锥与内导体相连。TEM模电场的极化方向沿着轴线方向。第一个高次模的电场和磁场在轴线方向循环出现。双锥喇叭可以由TE_{01}模的圆波导激励，也可由圆柱上的缝隙阵激励。在TE_{01}双锥模的激励点，两个圆锥之间的距离至少为$\lambda/2$。

我们将零阶模，即TEM模沿着轴线方向近似为均匀分布；将第一阶模，即TE_{01}模沿着轴线方向近似为余弦分布，利用口径分布损耗来计算增益。以两个参数来表示该喇叭，即沿着母线的斜径和圆锥末端之间的高度。如果采用了常相位面，以球形模展开时则需要在口径的球冠上积分。该天线是关于z轴旋转对称的，这就将方向系数限制为$2L/\lambda$。利用线性分布特性来计算方向系数（增益）：

$$\text{增益} = 10\log\frac{2L}{\lambda} - \text{ATL}_x - \text{PEL}_x \tag{7-49}$$

TEM模具有均匀分布的特性，因此可以采用表4-42中“均匀”栏来计算相位误差损耗。

第一阶模的余弦分布要求 ATL=0.91dB，并采用表 4-42 中余弦分布的二次相位误差损耗。假定圆锥末端之间的高度为 H，斜径为 R，则可由下式求得二次相位分布常数：

$$S=\frac{H^2}{8\lambda R} \tag{7-50}$$

例：计算双锥喇叭的增益，斜径为 10λ，锥顶角分别为 75°和 105°。

$H=2R\cos75°=5.176\lambda$，$S=0.33$。

从表 4-42 读得

$\text{PEL}_{\text{TEM}}=-1.76\text{dB}$，$\text{PEL}_{\text{TE-01}}=-0.79\text{dB}$

垂直模 TEM：增益=10log[2(5.176)]+PEL_{TEM}=10.15dB−1.76dB=8.4dB

水平模 TE01：增益=10log[2(5.176)]+$\text{PEL}_{\text{TE-01}}$+$\text{ATL}_{\text{余弦}}$=10.15dB−0.79dB−0.91dB=8.45dB

我们可以利用矩形喇叭的结果来计算波束宽度，角度从 θ=90°处开始测量，即为双锥喇叭的余角。

例：计算上述喇叭的 3dB 波束宽度。S=0.33，$H=5.176\lambda$。

TEM 模　利用表 7-2，α为从θ=90°处开始测量的角度：

$$\frac{H}{\lambda}\sin\alpha=0.5015\ ,\quad \alpha=5.56°$$

忽略倾斜因子。

HPBW=11.1°　　TEM 模

TE_{01}模　利用表 7-1：

$$\frac{H}{\lambda}\sin\alpha=0.6574,\quad \text{HPBW}=14.6°\quad \text{TE}_{01}\text{模}$$

两种模的增益几乎一样，但 TE_{01} 模的波束宽度更宽。查阅图 7-3 和图 7-4，可以发现 TEM 模喇叭旁瓣电平为 7dB，而 TE_{01} 模喇叭实际上没有旁瓣。虽然 TEM 模的波束宽度更宽，但旁瓣降低了其增益。

参考文献

[1] A. W. Love, ed., *Electromagnetic Horn Antennas*, IEEE Press, New York, 1976.

[2] W. L. Barrow and L. J. Chu, Theory of electromagnetic horn, *Proceedings of IRE*, vol. 27, January 1939.

[3] M. C. Schorr and E. J. Beck, Electromagnetic field of the conical horn, *Journal of Applied Physics*, vol. 21, August 1950, pp. 795–801.

[4] S. A. Schelkunoff and H. Friis, *Antenna Theory and Practice*, Wiley, New York, 1952.

[5] P. M. Russo et al., A method of computing *E*-plane patterns of horn antennas, *IEEE Transactions on Antennas and Propagation*, vol. AP-13, no. 2, March 1965, pp. 219–224.

[6] J. Boersma, Computation of Fresnel integrals, *Mathematics of Computation*, vol. 14, 1960, p. 380.

[7] K. S. Kelleher, in H. Jasik, ed., *Antenna Engineering Handbook*, McGraw-Hill, New York, 1961.

[8] D. G. Bodnar, Materials and design data, Chapter 46 in R. C. Johnson, ed., *Antenna Engineering Handbook*, 3rd ed., McGraw-Hill, New York, 1993.

[9] E. H. Braun, Gain of electromagnetic horns, *Proceedings of IRE*, vol. 41, January 1953, pp. 109–115.

[10] E. I. Muehldorf, The phase center of horn antennas, *IEEE Transactions on Antennas and Propagation*, vol. AP-18, no. 6, November 1970, pp. 753–760.

[11] A. J. Simmons and A. F. Kay, The scalar feed: a high performance feed for large paraboloid reflectors, Design and Construction of Large Steerable Aerials, *IEE Conference Publication* 21, 1966, pp. 213–217.

[12] B. M. Thomas, Design of corrugated conical horns, *IEEE Transactions on Antennas and Propagation*, vol. AP-26, no. 2, March 1978, pp. 367–372.

[13] T. S. Chu and W. E. Legg, Gain of corrugated conical horn, *IEEE Transactions on Antennas and Propagation*, vol. AP-30, no. 4, July 1982, pp. 698–703.

[14] G. L. James, TE11 to HE11 mode converters for small angle corrugated horns, *IEEE Transactions on Antennas and Propagation*, vol. AP-30, no. 6, November 1982, pp. 1057–1062.

[15] P. J. B. Clarricoats and P. K. Saha, Propagation and radiation of corrugated feeds, *Proceedings of IEE*, vol. 118, September 1971, pp. 1167–1176.

[16] A. W. Rudge et al., eds., *The Handbook of Antenna Design*, Vol. 1, Peter Peregrinus, London, 1982.

[17] G. L. James and B. M. Thomas, TE11-to-HE11 corrugated cylindrical waveguide mode converters using ring-loaded slots, *IEEE Transactions on Microwave Theory and Techniques*, vol. MTT-30, no. 3, March 1982, pp. 278–285.

[18] R. Wohlleben, H. Mattes, and O. Lochner, Simple small primary feed for large opening angles and high aperture efficiency, *Electronics Letters*, vol. 8, September 21, 1972, pp. 474–476.

[19] A. D. Olver et al., *Microwave Horns and Feeds*, IEEE Press, New York, 1994.

[20] G. L. James, Radiation properties of 90° conical horns, *Electronics Letters*, vol. 13, no. 10, May 12, 1977.

[21] A. Kumer, Reduce cross-polarization in reflector-type antennas, *Microwaves*, March 1978, pp. 48–51.

[22] P.-S. Kildal, *Foundations of Antennas*, Studentlitteratur, Lund, Sweden, 2000.

[23] S. Maci et al., Diffraction at artificially soft and hard edges by using incremental theory of diffraction, *IEEE Antennas and Propagation Symposium*, 1994, pp. 1464–1467.

[24] B. A. Saleh and M. C. Teich, *Fundamentals of Photonics*, Wiley, New York, 1991.

[25] K. Pontoppidan, ed., *Technical Description of Grasp 8*, Ticra, Copenhagen, 2000 (selfpublished and available at www.ticra.com).

[26] P. F. Goldsmith, *Quasioptical Systems*, IEEE Press, New York, 1998.

[27] L. Diaz and T. A. Milligan, *Antenna Engineering Using Physical Optics*, Artech House, Boston, 1996.

[28] J. L. Kerr, Short axial length broadband horns, *IEEE Transactions on Antennas and Propagation*, vol. AP-21, no. 5, September 1973, pp. 710–714.

[29] J. R. Whinnery and H. W. Jamieson, Equivalent circuits for discontinuities in transmission lines, *Proceedings of IRE*, vol. 32, no. 2, February 1944, pp. 98–114.

[30] S. B. Cohn, Properties of ridge waveguide, *Proceedings of IRE*, vol. 35, no. 8, August 1947.

[31] M. H. Chen, G. N. Tsandoulas, and F. W. Willwerth, Modal characteristics of quadrupleridged circular and square waveguide, *IEEE Transactions on Microwave Theory and Techniques*, vol. MTT-21, August 1974.

[32] S. Silver, ed., *Microwave Antenna Theory and Design*, McGraw-Hill, New York, 1949.

[33] A. Dome and D. Lazarno, Radio Research Laboratory Staff, *Very High Frequency Techniques*, McGraw-Hill, New York, 1947, pp. 184–190.

[34] E. H. Newman and G. A. Thiele, Some important parameters in the design of T-bar fed slot antennas, *IEEE Transactions on Antennas and Propagation*, vol. AP-23, no. 1, January 1975, pp. 97–100.

[35] P. D. Potter, A new horn antenna with suppressed sidelobes and equal beamwidths, *Microwaves*, vol. 6, June 1963, pp. 71–78.

[36] W. J. English, The circular waveguide step-discontinuity mode transducer, *IEEE Transactions on Microwave Theory and Techniques*, vol. MTT-21, no. 10, October 1973, pp. 633–636.

[37] T. Satoh, Dielectric loaded horn antenna, *IEEE Transactions on Antennas and Propagation*, vol. AP-20, no. 2, March 1972, pp. 199–201.

第 8 章　反射面天线

反射面天线的重要性怎么描述都不过份。大口径天线只能采用反射面或阵列来构造，但反射面天线比阵列天线简单得多。在许多应用中，阵列天线提供了比实际所需的更多的自由度。在空间足够且低速扫描的情况下，反射面天线比阵列天线更佳。当然，在应用中可能会有很多正确的理由采用阵列天线，但总是还需考虑反射面天线。阵列天线需要复杂的馈电网络，而反射面天线采用简单的馈源和自由空间作为其馈电网络。

大多数反射面天线的设计需要结合馈源的全部性能进行大量的计算。因此，人们开发了很多分析方法。正如喇叭天线，Love[1]收集了许多有关反射面天线的重要论文。Silver[2]在他的经典著作中，给出了基于口径理论和物理光学的分析法（反射面上的感应电流）。口径理论或物理光学法简称口径理论，在大多数设计中一直采用该方法。Rusch 和 Potter 完整开发了口径和物理光学理论，用来设计和分析主焦点和双反射面（卡塞格伦）天线[3]。开发的其他方法，要么为了增加有效方向图的范围，要么为了减少方向图的计算时间，从而可以应用优化技术。Wood[4]收集了一些设计思想，即采用球面波展开，仅采用很少的几项，即可对系统进行全面优化。几何绕射理论方法（GTD 方法）[5, 6]作为适用于除视轴外对整个方向图进行分析计算的方法，正在获得日益广泛的应用。采用口径场开发了计算二次方向图的改进方法，如 FFT 法[7]和雅可比—贝塞尔级数法[8]。在文献[9]中总结了这些方法中的大部分和反射面计算工具。虽然所有这些方法都是可以用的，但口径理论和物理光学法仍然是反射面天线设计和分析的主要方法。

8.1　抛物反射面的几何

图 8-1 显示了抛物反射面的几何关系。将抛物线绕着其轴线旋转形成抛物反射面，或者沿着垂直纸面的轴线移动形成柱形反射面。由于柱形反射面需要线源馈电，因此它不如以点源馈电的圆对称反射面重要。抛物反射面将位于其焦点的馈源辐射的球面波转换为平面波。虽然馈电波从焦点扩散开后，其幅度会减小，但根据几何光学可知经反射面反射后的平面波其幅度保持不变。由于场经过平面波束的反射边界时必须是连续的，而只有在经过物理边界时可以是不连续的，因此反射波不会保持为平面波，而会扩散开。不管怎样，我们将根据投影的直径并利用口径理论来预算其性能。由于反射的射线是平行的，因此可以将口径面放在轴线上的任意位置，不过在靠近反射面的前面更好。反射面的表示式如下：

$$r^2 = 4f(f+z) \quad (\text{直角坐标}), \qquad \rho = \frac{f}{\cos^2(\psi/2)} \quad (\text{极坐标}) \tag{8-1}$$

式中，f 是焦距，D 是直径，ρ 是焦点到反射面的距离，ψ 是从负 z 轴开始的馈源张角。反射面的深度是从边缘到中心的距离，为 $z_0=D^2/16f$。

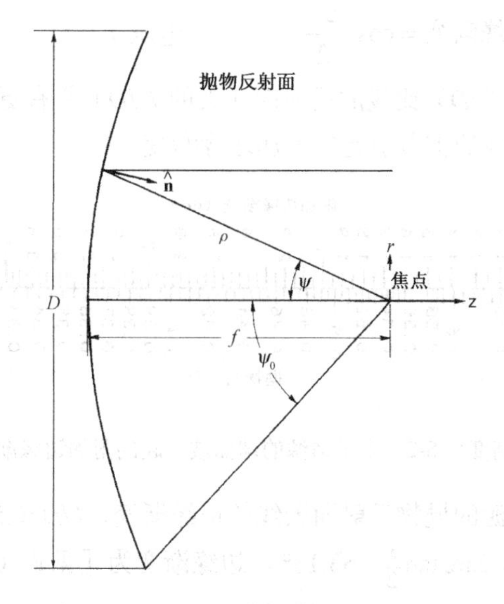

图 8-1　抛物反射面的几何关系

可以利用比值 f/D 来减少反射面的参数。反射面的半张角 ψ_0 与 f/D 的关系为：

$$\psi_0 = 2\arctan\frac{1}{4f/D} \tag{8-2}$$

刻度尺 8-1 是由反射面的 f/D 计算得到的馈源总张角。当我们将口径面置于焦点时，射线路径变为：

$$\rho + \rho\cos\psi = 2\rho\cos^2\frac{\psi}{2} = 2f$$

刻度尺 8-1　抛物线的 f/D 与馈源总张角的关系

所有射线路径都相等，此口径面即为等相位面（eikonal）。

反射面上某一点（r，z）到馈电点张角的标准单位矢量表示为：

$$\hat{\mathbf{n}} = -\sin\frac{\psi}{2}\mathbf{r} + \cos\frac{\psi}{2}\mathbf{z}$$

在该点，我们需要应用从曲面反射的式（2-77）来求得主面的弯曲半径：R_1 在 r-z 面，R_2 在 ϕ-z 面。

$$R_1 = \frac{2f}{\cos^3(\psi/2)} \quad 和 \quad R_2 = \frac{2f}{\cos(\psi/2)}$$

球面波从馈源以 $1/\rho$ 扩散。在反射面的表面，曲面波变换为平面波，然后以相等的幅度传播到口径面。在口径面上，扩散的球面波为馈源的分布乘以馈源分布因子［式（8-1）］$\cos^2(\psi/2)$。因而

$$附加边缘渐变 = \cos^2 \frac{\psi_0}{2} \quad （电压） \tag{8-3}$$

更深的反射面（小的 f/D）比浅的反射面（大的 f/D）具有更大的边缘渐变。刻度尺 8-2 提供了快速计算由于球面波的扩散引起的附加边缘渐变。

附加边缘渐变（dB）

0.55 0.6 0.7 0.8 0.9 1. 1.1 1.2 1.3 1.4 1.5 1.6 1.7 1.8 1.9 2. 2.2 2.4 2.6 2.8 3. 3.2 3.4 3.6 3.8 4. 4.2 4.4 4.6 4.8 5. 5.2 5.4 5.6 5.8

1. 0.95 0.9 0.85 0.8 0.75 0.7 0.65 0.6 0.58 0.56 0.54 0.52 0.5 0.48 0.46 0.44 0.42 0.4 0.39 0.38 0.37 0.36 0.35 0.34 0.33 0.32 0.31 0.3 0.29 0.28 0.27 0.26 0.25

抛物线 f/D

刻度尺 8-2　由于馈源的球面波引起的附加边缘渐变

例：计算各向同性馈源的抛物反射面天线的边缘渐变，f/D=0.5。

由式（8-2）得，$\psi_0 = 2\arctan\frac{1}{2} = 53.13°$。边缘渐变为［见式（8-3）］：

$$边缘渐变 = 20\log\cos^2\frac{53.13°}{2} = -1.94\text{dB}$$

如果馈源方向图的 10dB 点指向反射面边缘，口径的边缘渐变为 11.9dB。

8.2　抛物反射面天线的口径分布损失

我们改变式（4-2）以减少计算 ATL 的参数，并将馈源方向图引入积分中，则：

$$\text{ATL} = \frac{\left[\int_0^{2\pi}\int_b^a \left|E_a(r',\phi')\right| r'\,\mathrm{d}r'\,\mathrm{d}\phi'\right]^2}{\pi a^2 \int_0^{2\pi}\int_b^a \left|E_a(r',\phi')\right|^2 r'\,\mathrm{d}r'\,\mathrm{d}\phi'} \tag{8-4}$$

式中，a 是口径半径，b 为中心遮挡半径，$E_a(r',\phi')$ 为口径上的场。将下式代入式（8-4）中：

$$\begin{aligned} r' &= \rho\sin\psi = 2\sin\frac{\psi}{2}\cos\frac{\psi}{2}\frac{f}{\cos^2(\psi/2)} = 2f\tan\frac{\psi}{2} \\ \mathrm{d}r' &= f\sec^2\frac{\psi}{2} = \rho\,\mathrm{d}\psi \end{aligned} \tag{8-5}$$

口径场与馈源方向图的关系为

$$E_a(r',\phi') = \frac{E(\psi',\phi')}{\rho}$$

在式（8-4）中代入这些式子后为

$$\text{ATL} = \frac{\left[\int_0^{2\pi}\int_{\psi_b}^{\psi_0} |E(\psi,\phi)|\tan(\psi/2)\,\mathrm{d}\psi\,\mathrm{d}\phi\right]^2}{\pi[\tan^2(\psi_0/2)-\tan^2(\psi_b/2)]\int_0^{2\pi}\int_{\psi_b}^{\psi_0}|E(\psi,\phi)|^2\sin\psi\,\mathrm{d}\psi\,\mathrm{d}\phi} \tag{8-6}$$

式中，ψ_b=2arctan[$b/(2f)$]。当我们将式（8-5）中的关系式代入式（4-9）中以消除积分中的参数时，就获得只有馈源方向图的表达式：

$$\text{PEL} = \frac{\left| \int_0^{2\pi} \int_{\psi_b}^{\psi_0} E(\psi, \phi) \tan(\psi/2)\, \mathrm{d}\psi\, \mathrm{d}\phi \right|^2}{\left[\int_0^{2\pi} \int_{\psi_b}^{\psi_0} |E(\psi, \phi)| \tan(\psi/2)\, \mathrm{d}\psi\, \mathrm{d}\phi \right]^2} \tag{8-7}$$

PEL 是视轴上的效率。如式（4-3），当扫描波束给出偏离视轴值时，需要修改式（8-7）。

式（8-6）中的幅度渐变效率（ATL）和式（8-7）中的相位误差效率，没有考虑口径面总的方向系数损耗。反射面没有截获馈源辐射的所有能量，有部分能量从边缘溢漏了。由于一般的馈源后瓣很小，溢漏部分除了增加副瓣而对方向图几乎没有影响。我们将溢漏的能量看作损耗（SPL）：

$$\text{SPL} = \frac{\int_0^{2\pi} \int_{\psi_b}^{\psi_0} |E(\psi, \phi)|^2 \sin\psi\, \mathrm{d}\psi\, \mathrm{d}\phi}{\int_0^{2\pi} \int_0^{\pi} |E(\psi, \phi)|^2 \sin\psi\, \mathrm{d}\psi\, \mathrm{d}\phi} \tag{8-8}$$

该表达式包含了中心遮挡的散射部分，但不包含潜在口径的损耗。我们将剩余部分包含在方向系数的计算中。

以上忽略了馈源辐射的交叉极化。定义交叉极化效率（XOL）为：

$$\text{XOL} = \frac{\int_0^{2\pi} \int_0^{\pi} |E_C(\psi, \phi)|^2 \sin\psi\, \mathrm{d}\psi\, \mathrm{d}\phi}{\int_0^{2\pi} \int_0^{\pi} (|E_C(\psi, \phi)|^2 + |E_X(\psi, \phi)|^2) \sin\psi\, \mathrm{d}\psi\, \mathrm{d}\phi} \tag{8-9}$$

式中，E_C 是共极化场，E_X 是交叉极化场。这些极化符合 Ludwig [10] 对交叉极化的第三定义。当惠更斯源投射到口径面时，就在反射面上产生连续的表面电流。包括交叉极化效率的所有辐射给出了实际的平均辐射强度，如式（1-17）所示。

如果以比值的形式来表示效率，则方向系数由下式求得：

$$\text{方向系数} = \left(\frac{\pi}{\lambda}\right)^2 (D_r^2 - D_b^2)\text{SPL} \cdot \text{ATL} \cdot \text{PEL} \cdot \text{XOL} \qquad （比值） \tag{8-10}$$

式中，D_r 是反射面直径，D_b 是中心遮挡直径。式（8-10）包含了潜在口径未散射的遮挡损耗。式（8-10）以分贝表示为：

$$\text{方向系数} = 10\log\left[\left(\frac{\pi}{\lambda}\right)^2 (D_r^2 - D_b^2)\right] + \text{SPL(dB)} + \text{ATL(dB)} + \text{PEL(dB)} + \text{XOL(dB)} \tag{8-11}$$

显然，所有以分贝表示的效率的比值都是负值，总的方向系数是以面积计算的方向系数减去所有这些效率。

当测试实际馈源时，可以忽略交叉极化功率。我们需要测量作为方向系数和增益差异的效率。实际效率包括平均辐射强度中的同极化和交叉极化。如果忽略交叉极化，则测得的效率会由于交叉极化损耗而减小，这是由于测得的和真实的方向系数因这些损耗而不同。如果想要计算交叉极化的二次方向图（经反射面后的），则必须测量馈源的交叉极化方向图。当不需要交叉极化方向图时，我们只测量馈源的共极化方向图，从而节省了时间而不影响精度。

式（8-8）和式（8-9）不是唯一的表达式。我们可以把交叉极化功率包含在对溢漏的计算中参见［式（8-8）］，并将式（8-9）中的积分界限限制在反射面上。当这些表达式用来说明馈源辐射的所有功率时，这一系列效率的关系都是正确的。当使用计算的馈源方向图时，由于我们只能估算材料损耗，因此必须确定交叉极化效率。测量结果中不能包含交叉极化效率，因而式（8-8）和式（8-9）中关于交叉极化功率的区分是任意的。

8.3 溢漏的近似和幅度渐变的折中

馈源的方向图采用 $\cos^{2N}(\psi/2)$来近似。当然，如果能得到实际的馈源方向图，则可采用式（8-6）至式（8-9）。将该近似方向图代入式（8-6）至式（8-9），得到闭式表示式。忽略所有中心遮挡，得到：

$$\text{溢漏效率} = 1 - u^{2(N+1)} \tag{8-12}$$

$$\text{幅度渐变效率} = \frac{4(N+1)(1-u^N)^2}{N^2\left[1-u^{2(N+1)}\right]}\cot^2\frac{\psi_0}{2} \tag{8-13}$$

式中，$u=\cos(\psi_0/2)$。联立式（8-12）和式（8-13），并绘出它们的组合以找到最小损耗对应的波束宽度。图 8-2 绘出了对应不同 f/D 值时，损耗与 10dB 波束宽度的关系曲线。虽然馈源波束宽度较窄时，从反射面边缘溢漏的功率很少，但反射面没有得到充分的照射。随着波束宽度的增加，照射的充分性增加，但同时也增加了溢漏。当馈源的 10dB 波束宽度与反射面的张角接近时，达到最大的效率。图 8-2 显示了对给定的 f/D，最大效率范围比较宽。在最大效率附近，波束宽度的小变化对反射面天线的增益没有实际上的影响。对于典型天线，在给定反射面边缘方向上馈源方向图的电平时，刻度尺 8-3 给出了平均照射损耗的变化情况。

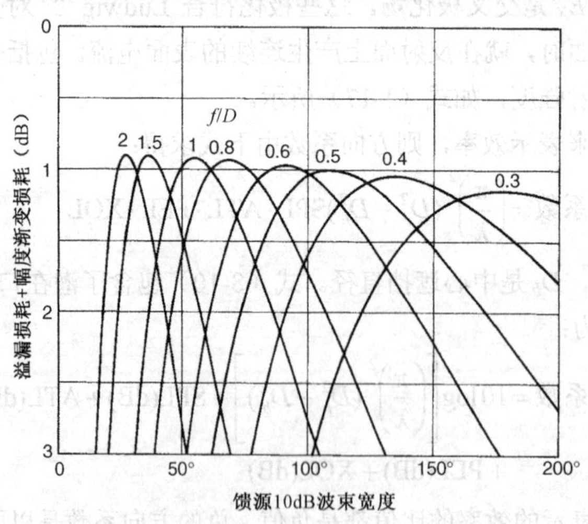

图 8-2 溢漏和幅度渐变损耗的和与馈源 10dB 波束宽度的关系

在边缘方向上的馈源电平，dB

20 19.8 19.6 19.4 19.2 19 18.8 18.6 18.4 18.2 18 17.8 17.6 17.4 17.2 17 16.8 16.6 16.4 16.2 16 15.8 15.6 15.4 15.2 15 14.8 14.6 14.4 14.2 14 13.5 13 12.5 12 11.5 11 10.5 10

0.85 0.8 0.75 0.7 0.65 0.6 0.55 0.5 0.45 0.4 0.38 0.36 0.34 0.32 0.3 0.28 0.26 0.24 0.22 0.2 0.18 0.16 0.14 0.12 0.1 0.08 0.06 0.04 0.02 0

平均照射损耗的变化（f/D:0.3～0.6）(dB)

刻度尺 8-3 给定反射面边缘方向上馈源方向图的电平时，平均照射损耗的变化

例：估算 f/D=0.5 的反射面天线的幅度渐变损耗，馈源边缘渐变为 10dB。

比较圆形高斯分布和单参数汉森分布的损耗：$\psi_0 = 2\arctan\frac{1}{2} = 53.13°$，则馈源的 10dB 波束宽度为 106.26°。变换式（1-20）计算近似馈源方向图 $\cos^{2N}(\psi/2)$的指数 N：

$$N = \frac{\log 0.1}{2\log\cos(106.26°/4)} = 10.32$$

由式（8-13）得，u=cos(53.13°/2)=0.894

$$\text{ATL(dB)} = \frac{4(1-0.894^{10.32})(11.32)}{10.32^2(1-0.894^{22.64})}\cot^2(53.13°/2) = 0.864$$

$$= 10\log 0.864 = -0.63\text{dB}$$

从馈源到反射面的边缘比到中心多出的距离增加了 1.94dB 的渐变，因此口径幅度渐变增加到了 11.94dB。圆形高斯分布利用表 4-29，单参数汉森分布利用表 4-30，我们采用内插法求得以下数据：

高斯分布	汉森分布
ATL(dB) = −0.62dB	ATL(dB) = −0.57dB
旁瓣电平 = 26.3dB	旁瓣电平 = 24.7dB
波束宽度因子 = 1.142	波束宽度因子 = 1.136

将式（4-83）乘以波束宽度因子来估算反射面天线的波束宽度：

$$\text{HPBW} = 67.3°\frac{\lambda}{D} \quad 和 \quad \text{HPBW} = 67°\frac{\lambda}{\text{D}}$$

这些结果与抛物反射面近似的 $\text{HPBW} = 70°\lambda/D$ 很吻合。利用远场方向图进行口径分布的积分得到以下结果：

$$\text{HPBW} = 67.46°\frac{\lambda}{D}\text{，旁瓣电平} = 27\text{dB}$$

8.4　相位误差损耗和轴向散焦

所有从反射面焦点出发的射线经过反射面反射到口径面时经过的路程相等。口径面是位于反射面前的任意一平面，其法线是反射面的轴线。如果我们制造一个有唯一相位中心的馈源，并将其置于理想抛物面的焦点，则由于在口径面上相位相等，因此可以消除口径面上的相位误差损耗。馈源、馈源位置以及反射面表面都对相位误差损耗有贡献。

前面已讨论了喇叭天线在不同平面内获得唯一相位中心的方法。波纹喇叭与光滑壁喇叭不同，在包含其轴线的所有平面内可以有相同的相位中心，不过它们的位置会随频率的改变而移动。测量馈源方向图的分布（幅度和相位）可以预算馈源对总效率的贡献。根据这些测量，我们定义馈源上的一点为实际相位中心，当将该点置于焦点时，产生最小的相位误差损耗。随机相位误差和系统相位误差的贡献，可以直接测量馈源，然后利用式（8-7）数值计算得到。

馈源相位中心不能总是位于焦点。相位中心的位置随着频率的变化而移动，因而在任何宽带应用中，可以预料会发生轴向散焦。如对数周期天线的相位中心位置随着频率的增加而向顶点移动。图 8-3 为由于轴向散焦引起的相位误差损耗曲线。每个馈源的 10dB 波束宽度与反射面的张角相等。轴向散焦对深反射面（小的 f/D）的影响比对浅反射面的影响更大。可以通过利用口径上的二次相位分布来近似，从而估算轴向散焦相位误差损耗。假定 z 为轴向散焦距离，在一个周期内最大偏离的相位为：

$$S=\frac{z}{\lambda}\left[1-\cos\left(2\arctan\frac{1}{4f/D}\right)\right] \tag{8-14}$$

联立该式与圆形高斯分布的二次相位误差损耗即可估算轴向散焦相位误差损耗。由 $z=\lambda$得到了式（8-14）中给定 z 时 S 的比例因子（见刻度尺 8-4）。比例因子随着 f/D 的增加而减小。

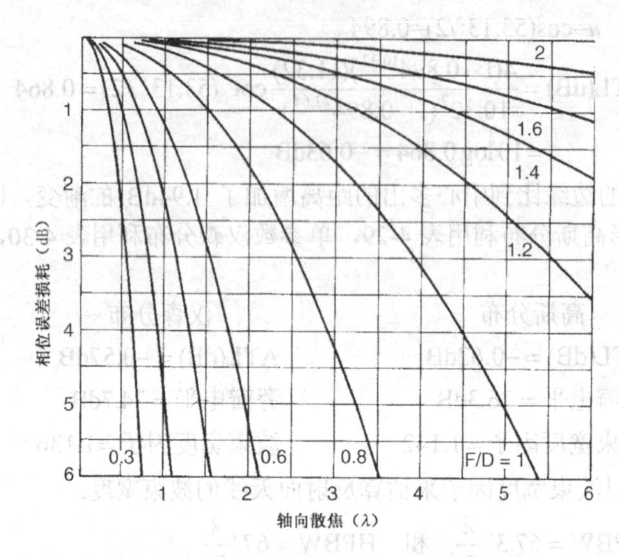

图 8-3 馈源的轴向散焦引起的抛物面天线的相位误差损耗

轴向散焦二次相位因子，S

0.06 0.07 0.08 0.09 0.1 0.12 0.14 0.16 0.18 0.2 0.22 0.24 0.26 0.28 0.3 0.32 0.34 0.36 0.38 0.4 0.45 0.5 0.55 0.6 0.65 0.7 0.75 0.8 0.85 0.9 0.95

1.5 1.4 1.3 1.2 1.1 1 0.95 0.9 0.85 0.8 0.75 0.7 0.65 0.6 0.58 0.56 0.54 0.52 0.5 0.48 0.46 0.44 0.42 0.4 0.38 0.36 0.34 0.32 0.3 0.29 0.28 0.27 0.26 0.25

抛物线 f/D

刻度尺 8-4 抛物面天线轴向散焦的二次相位因子 S

例：当 f/D=0.6，馈源的 10dB 波束宽度等于反射面的张角，估算 $z=2\lambda$时的相位误差损耗。由刻度尺 8-4 得到，S=0.3(2)=0.60。利用式（8-3）计算边缘渐变：

$$\psi_0=2\arctan\frac{1}{2.4}=45.2°$$

$$边缘渐变=20\log\cos^2\frac{\psi_0}{2}=-1.4\text{dB}$$

等效的截边高斯口径分布的渐变为

$$10\text{dB}+1.4\text{dB}=11.4\text{dB}\quad,\quad \rho=\frac{11.4}{8.69}=1.31$$

利用式（4-118）计算截边高斯分布的相位误差效率：PEL=0.305 或 PEL(dB)=−5.2dB。这与图 8-3 中根据对实际分布的积分得到的数值相吻合。由最佳馈源波束宽度得到平均口径边缘渐变为 11.8dB。刻度尺 8-5 是由式（4-118）计算的这种渐变。

我们通过反射面天线的方向图来检测轴向散焦。轴向散焦填补了方向图旁瓣之间的零点。调整馈源位置使零点深度最大，但是天线的误差范围和接收机灵敏度限制了消除散焦的能力。

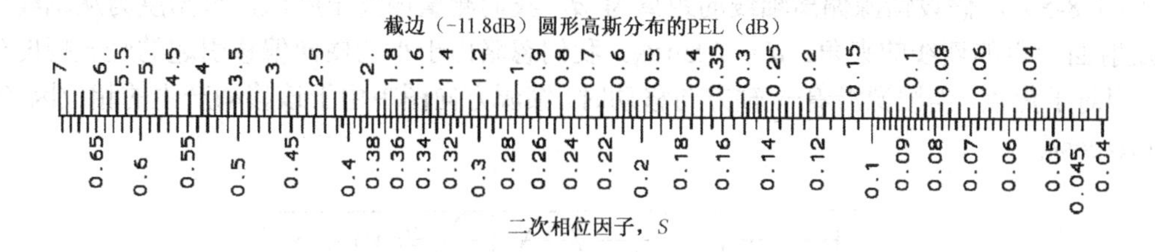

刻度尺 8-5　截边为圆形高斯分布（-11.8dB 渐变）在给定 S 时的相位误差损耗

8.5　像散[11]

馈源和反射面都有像散：在不同的面内相位中心不同。对馈源本身的测量可找出它的像散。当馈源安装到反射面上后，我们通过不同方向图切面内零点的深度来检测像散。通过一系列的测试可以分开馈源和反射面的像散，不过测试中馈源必须能沿着反射面的轴线移动，并且能作 90°的旋转。沿着轴线移动馈源以找到能得到最大零点深度的位置。反射面焦点的该极值点位置不一定在 E 面和 H 面内，因此还需要在其他面内查找。在这一点上我们不能从反射面的像散中分离出馈源的像散。因此还需旋转馈源并重复测试，以及移动馈源相位中心的位置，而反射面的焦点保持不变进行测试。对两次测得的数据进行简单处理即可分离出两个源的像散。通过调整反射面，或者使馈源的相位中心与反射面的焦点相匹配可以消除其像散。图 8-4 显示了由于馈源像散引起的相位误差损耗值。由于在两个切面内馈源的相位中心均在反射面的焦点，因此像散损耗没有轴向散焦损耗严重。正如轴向散焦损耗，深的反射面比浅的反射面对像散损耗影响更大。

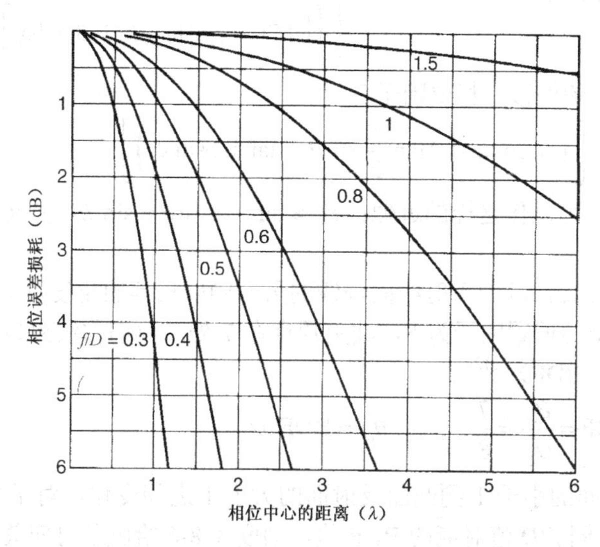

图 8-4　像散引起的抛物面天线的相位误差损耗

8.6　馈源扫描

将馈源相位中心偏离轴线横向移动，反射面天线的波束可以在一定范内扫描，而不会产生严重的方向图问题。图 8-5 显示了馈源扫描对 k 空间方向图的影响。图中显示了 coma（三次相位误差）对旁瓣的影响，视轴一侧的旁瓣增加了，而另一侧减小了。虽然没有产生新的波瓣，但我们还是把这些称作慧瓣。实际上，随着扫描角的增大，我们看到了一个正在消失的退化波瓣（见图 8-5）。假设馈源偏离轴线的距离为 d。我们测量偏离角度ψ_S，该角度为从轴线到馈源与反射面顶点的连线的夹角：$d = f\tan\psi_S$。我们忽略由于小的横向偏移引起的轻微幅度分布变化。相对于焦点，当馈源沿着$-x$轴方向移动时，馈源方向图中由于该移动产生的相位因子为：$-kd\sin\psi\cos\phi_c$。

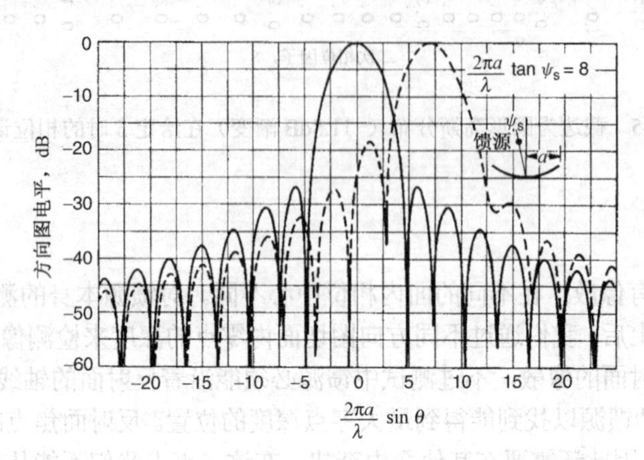

图 8-5 抛物面天线的馈源扫描，f/D=0.5，馈源波束宽度=60°

式（8-7）只预算视轴上相位误差损耗。如式（4-3），为了确定在方向图顶点的损耗，我们必须在任意角度计算相位误差效率：

$$\mathrm{PEL}(\theta,\phi)=\frac{\left|\int_0^{2\pi}\int_0^{\psi_0}E(\psi,\phi_c)\tan(\psi/2)\mathrm{e}^{\mathrm{j}k2f\tan(\psi/2)\sin\theta\cos(\phi-\phi_c)}\,\mathrm{d}\psi\,\mathrm{d}\phi_c\right|^2}{\left[\iint|E(\psi,\phi_c)|\tan(\psi/2)\,\mathrm{d}\psi\,\mathrm{d}\phi_c\right]^2}\tag{8-15}$$

如果包括沿ϕ=0 面的偏移，相位因子变为

$$\exp\left[\mathrm{j}kf\cos\phi_c\left(2\tan\frac{\psi}{2}\sin\theta-\tan\psi_S\sin\psi\right)\right]$$

对于大的反射面，可以作这样的近似：$\psi_S\approx\tan\psi_S$ 和$\theta\approx\sin\theta$。方向图比例因子和偏移相位因子变为 $ka\theta$和 $ka\psi_S$。

平面金属板将对偏置馈源的入射线向轴线的另一侧以相等的角度反射，但曲面反射面的情况略有不同。图 8-5 中的偏置因子为 8，波束顶点在 7 处。我们称波束最大位置与偏移角度的比值为波束偏移因子（BDF）[12]：

$$\mathrm{BDF}=\frac{\theta_m}{\psi_S}=\frac{7}{8},\qquad \theta_m=\mathrm{BDF}\cdot\psi_S$$

BDF 从凹面反射面的小于 1 到凸面反射面的大于 1 之间变化。对于平板反射面，BDF 等于 1。表 8-1 列出了不同f/D值对应的 BDF 值，刻度尺 8-6 给出了对应关系。当f/D趋近无穷大时（平板），BDF 趋近 1。BDF 的近似表达式为

$$\mathrm{BDF}=\frac{(4f/D)^2+0.36}{(4f/D)^2+1}\tag{8-16}$$

馈源扫描增加了相位误差损耗。当波束宽度以扫描角度归一化后，对应每个f/D值可以绘出一条损耗曲线（见图 8-6）。扫描也提高了旁瓣电平。对于给定的扫描损耗，表 8-2 给出了峰值慧瓣的近似电平，该值几乎与f/D值无关。

表 8-1　馈源扫描抛物反射面天线的波束偏移因子（BDF）

f/D	BDF	f/D	BDF
0.30	0.724	0.80	0.945
0.35	0.778	0.85	0.951
0.40	0.818	0.90	0.957
0.45	0.850	1.00	0.965
0.50	0.874	1.10	0.970
0.55	0.893	1.20	0.975
0.60	0.908	1.40	0.981
0.65	0.921	1.60	0.986
0.70	0.930	1.80	0.989
0.75	0.938	2.00	0.991

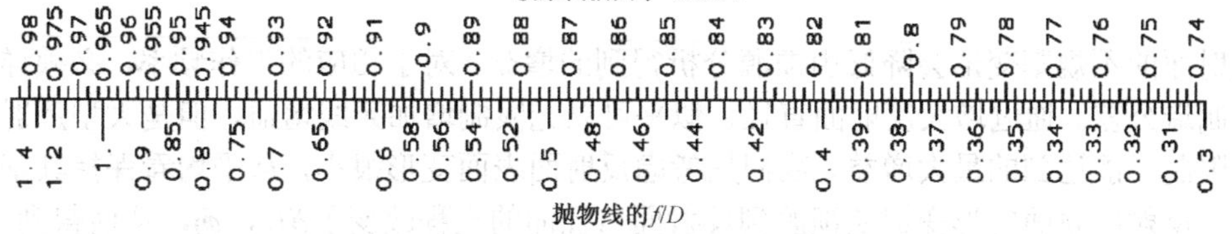

刻度尺 8-6　馈源扫描反射面天线的波束偏移因子与 f/D 值的对应关系

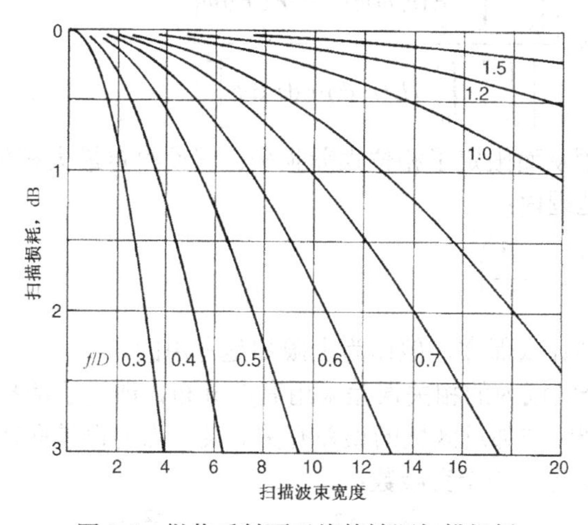

图 8-6　抛物反射面天线的馈源扫描损耗

表 8-2　馈源扫描抛物反射面天线的旁瓣电平

扫描损耗（dB）	旁瓣电平（dB）	扫描损耗（dB）	旁瓣电平（dB）
0.50	14.1	1.75	10.1
0.75	12.9	2.0	9.7
1.00	11.9	2.5	9.0
1.25	11.2	3.0	8.5
1.50	10.6		

例： 直径为 50λ的反射面天线，馈源扫描角为 6°。计算 f/D=0.6 时的偏移距离与扫描损耗。利用近似式 HPBW=70°λ/D=1.4°。该天线扫描了 6/1.4=4.3 波束宽度：

扫描损耗（图 8-6）=0.4dB

旁瓣电平（见表 8-2）=14.6dB

轴线与馈电点到顶点连线之间的夹角必须扫描角，由于反射面为凹面，因此：

$$\psi_S = \frac{\theta_S}{\text{BDF}} = \frac{6°}{0.908} = 6.61° \quad （见表 8-1）$$

偏移距离为 $f \tan 6.61° = 0.6\,(50\lambda)\tan 6.61° = 3.48\lambda$。

本节的标量分析只给出了近似结果。大角度馈源扫描会产生更高次的偏差，而不是三次的[13-15]。对于比波长大很多的反射面，最佳增益点偏离了焦平面，但不遵循光学法确定的曲线[14]。反射面的 f/D 值和辐射渐变决定了馈源扫模反射面天线的最大增益曲线。矢量分析提高了计算结果和测量结果的吻合程度[15]。

8.7 随机相位误差

反射面的不规则变形会降低由馈源分析得到的增益。对于相应的工作频率，必须详细列出合适的制造公差。通过增大反射面直径，似乎可以无限制增加天线增益，但是大型反射面的公差问题限制了能达到的最大增益。我们只考虑反射面表面变形很小，从平均看保持其基本形状的情况。反射面表面的形变把从馈源到反射面口径面的光程改变了 $\delta(r,\ \phi)$，从而得到

$$\text{PEL} = \frac{\left|\int_0^{2\pi}\int_0^{a} E(r,\phi)\mathrm{e}^{\mathrm{j}\delta(r,\phi)} r\,\mathrm{d}r\,\mathrm{d}\phi\right|^2}{\left[\int_0^{2\pi}\int_0^{a} |E(r,\phi)| r\,\mathrm{d}r\,\mathrm{d}\phi\right]^2} \tag{8-17}$$

Cheng[6] 采用积分限从而限定了相位误差损失。假设给定最大相位误差为 m（弧度），则增益变化就限制在以下范围内：

$$\frac{G}{G_0} \geqslant \left(1 - \frac{m^2}{2}\right)^2 \tag{8-18}$$

虽然该增益损失的估计太保守，但作为上限却是有用的。

Ruze[17] 通过对整个区域内的相关误差采用高斯分布，改进了随机表面误差损耗的估算方法。反射面上的凹痕或裂痕与邻近区域的误差有关。某一点的误差取决于相关区域内邻近各点的位置。相位误差效率变为一个无穷级数：

$$\text{PEL} = \exp(-\overline{\delta}^2) + \frac{1}{\eta}\left(\frac{2C}{D}\right)^2 \exp(-\overline{\delta}^2)\sum_{n=1}^{\infty}\frac{(\overline{\delta}^2)^n}{n \cdot n!} \tag{8-19}$$

式中，C 是相关距离，D 是直径，η 是口径效率（ATL）。$\overline{\delta}^2$ 是均方相位偏差，由下式给出。

$$\overline{\delta}^2 = \frac{\int_0^{2\pi}\int_0^{a} |E(r,\phi)|\delta^2(r,\phi) r\,\mathrm{d}r\,\mathrm{d}\phi}{\int_0^{2\pi}\int_0^{a} |E(r,\phi)| r\,\mathrm{d}r\,\mathrm{d}\phi} \tag{8-20}$$

如果包含相关距离，PEL 会减小，无穷级数［见式（8-19）］收敛很快。当相关距离比直径小时，相位误差效率变为：

$$\text{PEL} = \exp\left(\frac{-4\pi\varepsilon_0}{\lambda}\right)^2 = \exp(-\overline{\delta}^2) \tag{8-21}$$

式中，ε_0 是反射面的有效公差。这里采用 4π而不是 2π，是由于波传至反射面并从反射面反射

回来，使得产生相位差的距离是反射面公差的两倍。从式（8-20）求得有效均方根（RMS）公差为：

$$\varepsilon_o^2 = \frac{\int_0^{2\pi}\int_0^a |E(r,\phi)|\varepsilon^2(r,\phi) r\,\mathrm{d}r\,\mathrm{d}\phi}{\int_0^{2\pi}\int_0^a |E(r,\phi)| r\,\mathrm{d}r\,\mathrm{d}\phi} \tag{8-22}$$

Ruze 给出了以 z 轴的偏差Δz 和表面的法向偏差Δn 来表示的距离ε：

$$\varepsilon = \frac{\Delta z}{1+(r/2f)^2} \quad ; \quad \varepsilon = \frac{\Delta n}{\sqrt{1+(r/2f)^2}} \tag{8-23}$$

计算式（8-21）中的常数并转换为分贝：

$$\mathrm{PEL(dB)} = -685.8\left(\frac{\varepsilon_0}{\lambda}\right)^2 \tag{8-24}$$

例：在 30GHz 时，将表面均方根公差相位误差损失限制在 1dB 内，计算所需的反射面公差。

利用式（8-24），得到

$$\frac{\varepsilon_0}{\lambda} = \sqrt{\frac{1}{685.8}} = 0.038$$

在 30GHz 时，λ=1cm，ε_0=0.38mm。

我们也可以利用式（8-18），该式给出了表面误差损失的上限：

$$m = \frac{4\pi\varepsilon_0}{\lambda} = \sqrt{2\left(1-\sqrt{\frac{G}{G_0}}\right)} = 0.466 \quad （对应1\mathrm{dB}）$$

在 30GHz 时，ε_0=0.037λ，或ε_0=0.37mm。

在该例子中，以上两种方法得出了基本一致的解。

Zarghamee[18] 扩展了公差理论，使其包含了表面误差分布的影响。有些天线在某些区域具有良好的支撑和结构，因而在这些区域更精确。这提高了反射面的性能。Zarghamee 定义了第二类表面偏差的变量：

$$\eta_0^4 = \frac{\int_0^{2\pi}\int_0^a |E(r,\phi)|[\varepsilon^2(r,\phi)-\varepsilon_0^2] r\,\mathrm{d}r\,\mathrm{d}\phi}{\int_0^{2\pi}\int_0^a |E(r,\phi)| r\,\mathrm{d}r\,\mathrm{d}\phi}$$

相位误差效率变为：

$$\mathrm{PEL} = \exp\left(\frac{-4\pi\varepsilon_0}{\lambda}\right)^2 \exp\left(\frac{\pi\eta_0}{\lambda}\right)^4$$

随机误差的相关性增大了旁瓣电平。旁瓣电平随着相关间隔尺寸的增大而增大，随着口径面直径的增大而减小。由于增大分布的幅度渐变在某种程度上等效于减小口径面直径，因此增大渐变使得口径方向图更易受随机误差旁瓣的影响。遮挡和馈源绕射也限制了反射面天线可得到的旁瓣电平。简单的馈源不能精细控制低旁瓣电平所需的口径分布。汉森[19] 详细论述了随机相位误差对旁瓣电平的限制。

抛物反射面可以制造成伞状，伞骨为抛物线形，金属网在伞骨之间展开[20]。三角的形状会引起相位误差损失，而且它们的周期性排列会产生额外的旁瓣。假设三角形的数量为 N_G，伞骨的焦距为 f_r，则表面的表达式为：

$$f(\psi)=f_r\frac{\cos^2(\pi/N_G)}{\cos^2\psi}$$

式中，ψ从伞骨之间的中心线开始测量。我们通过对半角π/N_G的三角形积分然后除以π/N_G计算得到平均焦距：

$$f_{\text{av}}=f_r\frac{\sin(2\pi/N_G)}{2\pi/N_G} \tag{8-25}$$

假设给出了反射面的平均焦距，可以利用式（8-25）来计算伞骨的焦距。

由于周期性三角形而产生的最大旁瓣在角度θ_p处，该角度与三角形的数量和直径D的关系为：

$$\theta_p=\arcsin\left(1.2N_G\frac{\lambda}{\pi D}\right) \tag{8-26}$$

给定反射面的f/D，由以下近似式确定三角形内相位偏差峰-峰点的间隔：

$$\Delta=\frac{800-500(f/D-0.4)}{N_G^2}\frac{D}{\lambda} \tag{8-27}$$

刻度尺 8-7 列出了馈源边缘渐变 10dB 的相位误差损耗。由于是三角形的结构，增加馈源渐变将减小相位误差损耗。当采用 20dB 的馈源渐变时，相位误差损耗比刻度尺 8-7 给出的值小，对应 0.5dB 的损失减小 0.16dB，1dB 减小 0.31dB，1.5dB 减小 0.45dB。由于馈源的 20dB 边缘渐变使得不充分照射引起的增益损失要超过这些值。

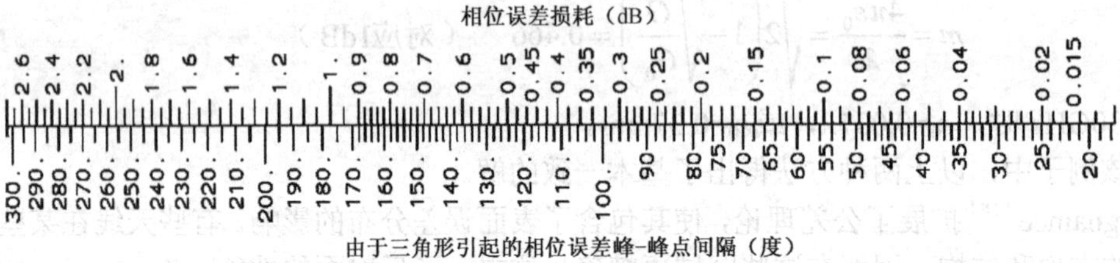

相位误差损耗（dB）

2.6 2.4 2.2 2. 1.8 1.6 1.4 1.2 1. 0.9 0.8 0.7 0.6 0.5 0.45 0.4 0.35 0.3 0.25 0.2 0.15 0.1 0.08 0.06 0.04 0.02 0.015

300. 290. 280. 270. 260. 250. 240. 230. 220. 210. 200. 190. 180. 170. 160. 150. 140. 130. 120. 110. 100. 90 80 75 70 65 60 55 50 45 40 35 30 25 20

由于三角形引起的相位误差峰-峰点间隔（度）

刻度尺 8-7　抛物反射面的三角形结构引起的相位误差损耗

例：反射面天线的D/λ=35，f/D=0.34，由于三角形结构引起的损失上限为 0.5dB，从刻度尺 8-7 求得允许的相位误差峰-峰点间隔为 124°。利用式（8-27），求得伞骨数量为：

$$N_G^2=\frac{830}{124}35=234 \qquad \text{或} \qquad N_G=16$$

利用式（8-26）计算由于三角形而产生的最大旁瓣的位置角度，θ_p=10.0°。式（8-27）表明相位偏差Δ与频率成正比。如果频率增加 1.5 倍，则根据式（8-27），124° 增加到 186°，从刻度尺 8-7 读得损耗为 1.1dB，由于三角形而产生的最大旁瓣的位置角度变为θ_p=6.7°。

8.8　焦平面的场

如果我们使馈源场与焦平面场相匹配，则可提高反射面天线的效率和方向图响应。几何光学法（GO）假定焦点为一个点，但一个实际的焦点是展开的。可以从焦平面上场的匹配程度来确定反射面和馈源的效率。当反射面f/D的值很大时，可以采用圆形口径的绕射方向图，Airy 函数为：

$$E = \frac{J_1(kr\psi_0)}{kr\psi_0} \tag{8-28}$$

式中，ψ_0 是反射面的半张角（弧度），r 是径向坐标，k 是传播常数，J_1 是贝塞尔函数。

在更准确的方法中，采用反射面上的感应电流（$2\mathbf{n}\times\mathbf{H}$）和磁矢势来计算焦平面的场。随着 f/D 的减小，反射面上的电流相互影响，从而改变了它们的分布，但这是二次影响[21]。使用迭代的物理光学分析法（见 2.4 节）可以求得这些电流的变化。我们从焦平面场（$\mathbf{E}_1$，$\mathbf{H}_1$）和馈源场（$\mathbf{E}_2$，$\mathbf{H}_2$）两种场的匹配程度，利用 Robieux 定理[4]计算反射面天线的效率：

$$\eta = \frac{\left|\iint_S (\mathbf{E}_1 \times \mathbf{H}_2 - \mathbf{E}_2 \times \mathbf{H}_1) \cdot \mathrm{d}S\right|^2}{4P_1P_2} \tag{8-29}$$

式中，P_1 和 P_2 是产生场的输入功率，η是效率。式（8-29）是式（2-35）中幅度的平方，将等效电抗方程代入式(1-55)中，可求得两天线间的耦合 S_{21}。馈源的有限尺寸会引起溢漏。两种场之间幅度和相位的失配程度决定了效率。以交叉极化波照射反射面时，可以通过其场的匹配计算交叉极化辐射电平［见式（8-29）］。

当馈源场与焦平面场共轭匹配时，效率最大［见式（8-29）］。通过将焦平面场以喇叭的轴向混合模展开和模式匹配来设计波纹喇叭。Wood[4]将反射面和馈源的场以球谐函数展开，并使它们在边界上匹配。这些场可以仅采用很少的几项表达式而得到很好的近似，该方法除了可以求解轴对称主焦点反射面天线外，还可以求解双反射面和偏置反射面天线系统。

我们可以采用阵列对反射面进行馈电，从而与焦平面场匹配[24−26]。阵列可对焦平面场采样，然后与之共轭匹配，因而使得能量同相叠加。阵列可以形成多波束，也能纠正反射面的形变[24]。通过采用阵列这样的多馈源形式，波束扫描时可以降低慧瓣并提高效率。然而，阵列单元的位置、激励、幅度和相位的量化降低了效率并提高了旁瓣电平[27]。

我们应用式（1-55）求解两天线间的耦合来确定阵列的馈电系数，该阵列给反射面馈电。假设反射面上入射场的分布包括入射波的方向和反射面的理想口径分布，我们利用物理光学法计算反射面表面的感应电流。如果反射面具有相当大的曲率，以致反射面的表面成了面对面的了，可用叠代物理光学法求解它们的相互影响。在反射面表面计算每个馈源辐射的场，然后利用式（1-55）计算耦合。该方法适用于利用馈源方向图进行的计算，而不适用于焦平面求解中的点匹配。类似阵列的扫描，我们采用馈源阵列单元的共轭匹配来产生所需的波束。对任何复合反射面口径分布，包括控制旁瓣的口径分布或包括多波束，该方法可以确定阵列单元馈电的幅度和相位。对于给定的阵列，该方法将慧瓣降低到了最小。

通过分析可求得所需的阵列分布，但并不能仅仅通过设计馈电网络来产生这些幅度和相位，从而获得这样的分布，这是因为馈电单元间存在相当大的互耦。当计算互耦时，我们需要考虑抛物反射面的影响，这是由于某个馈电单元辐射的场在反射面上感应出电流，该电流会耦合到其他的馈电单元。下面将会给出随着反射面直径的增加，反射面的影响将减小。不管是直接的互耦还是反射面引起的互耦，只要互耦相当大，我们需要应用 3.11 节给出的修正来调整阵列的馈电系数。

8.9　反射面引起的馈源失配

馈源接收到一些本身辐射的功率，该功率是从抛物面反射回来的，并在馈源终端处产生失配。我们利用表面电流和磁矢势计算馈源处的反射场。有作用的部分仅仅是这样的区域，在该区域反射面的法线指向馈源。在其他区域，反射场的相位变化很快并相互抵消，因此只需考虑相位恒定的点。由下式计算每一相位恒定点的反射[2]：

$$\Gamma = -\mathrm{j}\frac{G_f(\rho_0)}{4k\rho_0}\sqrt{\frac{\rho_1\rho_2}{(\rho_1+\rho_0)(\rho_2+\rho_0)}}\mathrm{e}^{-\mathrm{j}2k\rho_0} \tag{8-30}$$

式中，Γ是反射系数，ρ_0 是到相位恒定点的距离，$G_f(\rho_0)$是ρ_0 方向的馈源增益，ρ_1 和ρ_2 是反射面在ρ_0 点的曲率半径。抛物反射面的顶点是唯一恒定相位的点：$\rho_1=\rho_2=-2f$，$\rho_0=f$。式（8-30）简化为：

$$\Gamma = -\mathrm{j}\frac{G_f(0)}{2kf}\mathrm{e}^{-\mathrm{j}2kf} \tag{8-31}$$

例：假设反射面的 f/D=0.40。馈源的 10dB 波束宽度等于反射面的张角，计算反射面引起的馈源失配。

半张角为［见式（8-2）］$\psi_0=2\tan(1/1.6)=64°$。利用馈源的近似式 $\cos^{2N}(\theta/2)$，得到：

$$N=\frac{\log 0.1}{2\log\cos(64°/2)}=6.98$$

视轴上馈源增益为 N+1［参见式（1-20c）］：

$$|\Gamma|=\frac{8\lambda}{4\pi f}=1.59\frac{\lambda}{D}$$

增加反射面的直径，可减小反射面对馈源的影响。例如，假设反射面直径为 3m，在 4GHz 时，计算得到反射面的反射系数为 0.04，或 VSWR=1.08。

我们可以将抛物反射面的反射表示为

$$|\Gamma|=V\frac{\lambda}{D} \tag{8-32}$$

然后计算刻度尺 8-8 中 V 与 f/D 的关系，馈源的 10dB 波束宽度等于反射面张角。从馈源端看，馈源增益的增加比反射面面积的减小更快，因此 f/D 值更大的反射面产生更大的馈源反射。

对这些反射面的窄带修正可以这样设计，采用具有顶点的反射盘（Silver[2]），或在反射面上设计一些同心波纹环（Wood [4]）。这些环可以在不止一个频率点与馈源匹配。通过这些方法，馈源的自由空间失配可以被修正，但是，为了补偿反射面的影响，馈源本身会产生失配。

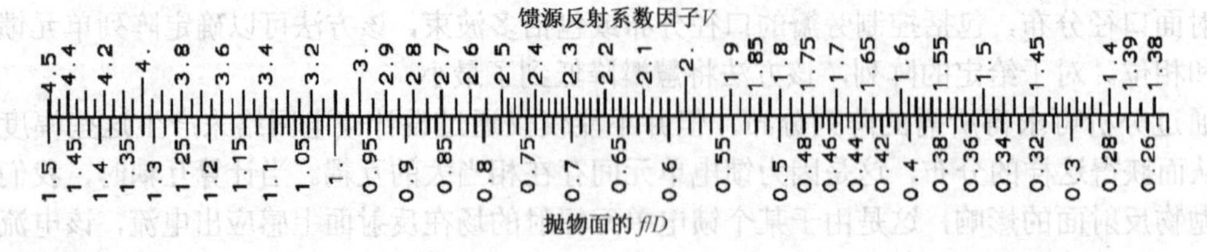

刻度尺 8-8　馈源反射系数因子 V 与 f/D 的关系

8.10　前后比

图 2-9 给出了抛物反射面天线的方向图响应，图中显示了沿着轴线在反射面顶点后面的方向图。从边缘上各点产生的绕射在轴线上同相叠加，从而形成方向图的顶点。我们可以采用翻

卷边、锯齿边或城墙边来减小边缘绕射。用线性吸波覆盖物以圆柱形包裹馈源将极大的减小后向辐射和溢漏，并可以减小陆上近距离放置的微波天线的交调。

对于常规截剪的圆形反射面边缘，给定反射面天线的增益 G，馈源渐变 T 和馈源增益 G_f [28]，利用下式估算前后比：

$$F/B = G + T + K - G_f \quad \text{dB} \tag{8-33}$$

常数 K 由刻度尺 8-9 给出，与 f/D 的关系如下：

$$K = 10\log\left[1+\frac{1}{(4f/D)^2}\right] \tag{8-34}$$

前后比增加因子K，dB

3 2.8 2.6 2.4 2.2 2 1.9 1.8 1.7 1.6 1.5 1.4 1.3 1.2 1.1 1.05 1 0.95 0.9 0.85 0.8 0.75 0.7 0.65 0.6 0.55 0.5 0.48 0.46 0.44 0.42 0.4

0.26 0.27 0.28 0.29 0.3 0.32 0.34 0.36 0.38 0.4 0.42 0.44 0.46 0.48 0.5 0.52 0.54 0.56 0.58 0.6 0.62 0.64 0.66 0.68 0.7 0.72 0.74 0.76 0.78 0.8

抛物线f/D

刻度尺 8-9 抛物反射面天线前后比增加因子 K 与 f/D 的关系

例：估算 f/D=0.34 和增益为 40dB 的反射面天线的前后比 F/B。

从刻度尺 8-1 读得馈源张角为 143°。由刻度尺 1-2 求得边缘渐变为 10dB 的馈源增益约 8.1，由式（8-33）可得，F/B=40+10+1.9−8.1=43.8dB。

8.11 偏馈反射面天线

将馈源移到口径面以外，可以消除轴对称反射面天线的某些问题。如遮挡的损失、绕射形成的后瓣和交叉极化都将消失。可以增加馈源结构的尺寸，并且在馈源中包含即使不是全部也将是大部分的接收设备。例如，反射面可以从卫星上展开，而馈源安装在主卫星体上。

图 8-7 显示了偏馈反射面天线的几何结构。我们从很大的抛物面上取出一片作为偏馈反射面。每片抛物反射面将从焦点发出的球面波转换为平行于其轴线的平面波。我们使馈源指向反射面的中心以减小溢漏，而馈源相位中心仍放置于反射面的焦点。虽然反射面边缘的形状为椭圆，但口径面的投影为圆。ψ_0 是从抛物线的轴线到反射面的锥顶中心线的角度，反射面对该中心线两边的张角为 $2\psi_e$。给出口径面的直径为 D，中心高度为 H，可求得下边缘偏离了 $D'=H-D/2$。从这些参数，可以确定边缘锥顶中心线与 z 轴的夹角：

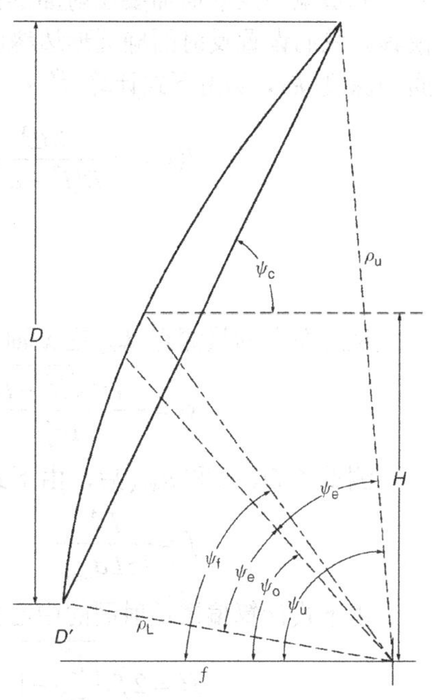

图 8-7 偏馈抛物反射面天线的参数

$$\psi_0 = \arctan\frac{16fH}{16f^2+D^2-4H^2} = \arctan\frac{2f(D+2D')}{4f^2-D'(D+D')} \tag{8-35}$$

半锥顶角限定了边缘：

$$\psi_e = \arctan\frac{8fH}{16f^2+4H^2-D^2} = \arctan\frac{2fD}{4f^2+D'(D+D')} \tag{8-36}$$

从 z 轴到投影直径的中心与馈源连线的夹角为 ψ_f，该角与边缘锥顶轴线与 z 轴的夹角 ψ_0 不同：

$$\psi_f = 2\arctan\frac{H}{2f} = 2\arctan\frac{2D'+D}{4f} \tag{8-37}$$

反射面边缘位于相对于 z 轴角度为 ψ_c 的平面内：

$$\psi_c = \arctan\frac{2f}{H} = \arctan\frac{4f}{2D'+D} \tag{8-38}$$

反射面边缘在该平面内的投影为椭圆，长轴和短轴分别为：

$$a_e = \frac{D}{2\sin\psi_c} \quad 和 \quad b_e = \frac{D}{2} \tag{8-39}$$

偏离角度改变了反射面的 f/D 值：

$$\frac{f}{D} = \frac{\cos\psi_e + \cos\psi_0}{4\sin\psi_e} \tag{8-40}$$

计算边缘到锥角的偏离量为：

$$D' = 2f\tan\frac{\psi_0-\psi_e}{2} \tag{8-41}$$

制造偏馈反射面需要反射面的技术要求，将反射面的边缘位于 x-y 平面内，从而可以加工模具。我们设置反射面椭圆形边缘的主轴 $L=2a_e$ 沿着 x 轴，副轴 D 沿着 y 轴。在该位置，反射面的深度 $d(x, y)$由下式计算[29]：

$$d(x,y) = \frac{2fL^3}{D(L^2-D^2)}\left[\sqrt{1+\frac{xD^2\sqrt{L^2-D^2}}{fL^3}+\frac{D^2(L^2-D^2)}{4f^2L^4}\left(\frac{D^2}{4}-y^2\right)} -1-\frac{xD^2\sqrt{L^2-D^2}}{2fL^3}\right] \tag{8-42}$$

反射面上的最深点 $d_{\max}$ 在 x 轴上的 x_b 处：

$$x_b = -\frac{D^2\sqrt{L^2-D^2}}{16fL},\quad d_{\max} = \frac{D^3}{16fL} \tag{8-43}$$

测量了 D、L 和 $d_{\max}$ 后，由下式计算偏馈反射面的焦距：

$$f = \frac{D^3}{16Ld_{\max}} \tag{8-44}$$

由下式计算偏馈反射面的中心高度：

$$H = 2f\sqrt{\frac{L^2}{D^2}-1} \tag{8-45}$$

我们通过焦距 f、椭圆长轴 L 和短轴 D，计算反射面的半锥角 ψ_e 和锥轴线与 z 轴的夹角 ψ_0：

$$\begin{bmatrix}\psi_e\\ \psi_0\end{bmatrix} = \arctan\left(\sqrt{\frac{L^2}{D^2}-1}+\frac{D}{4f}\right) \mp \arctan\left(\sqrt{\frac{L^2}{D^2}-1}-\frac{D}{4f}\right) \tag{8-46}$$

由于反射面中心的偏离量 H 不容易辨别，因此可以采用反射面边缘主轴与 z 轴的夹角 $\psi_c=\arcsin(D/L)$，以及反射面边缘的底部与顶部到偏离面的径向距离，作为调整反射面的参数。

$$\begin{bmatrix}\rho_U\\ \rho_L\end{bmatrix}=\frac{fL^2}{D^2}+\frac{D^2}{16f}\pm D\left(\frac{L^2}{D^2}-1\right) \tag{8-47}$$

我们采用与分析轴对称反射面天线相同的方法来分析偏馈反射面天线：口径场法、物理光学法和 GTD。反射面相对于馈源不对称的几何结构将引入不同于常规的情况。由于馈源必须倾斜，因此惠更斯源存在交叉极化。对称结构可以阻止在包含 x 轴的平面内产生交叉极化（见图 8-8），但在包含 y 轴的平面内（对称面），线极化的交叉极化随着 f/D 的减小而增加（见图 8-9）。Condon 波瓣（慧星形旁瓣）从对角面移入了包含 y 轴的平面内。由于球面波传播到反射面的上边缘比下边缘更远，因此由对称馈源产生的振幅分布在沿着 x 轴方向是不对称的渐变分布。偏馈反射面天线的几何结构使在对称面（y 轴）内的圆极化方向图顶点偏离而不产生交叉极化（见图 8-10）。偏离角的近似公式为[9]：

$$\psi_S=\arcsin\frac{\lambda\sin\psi_0}{4\pi f} \tag{8-48}$$

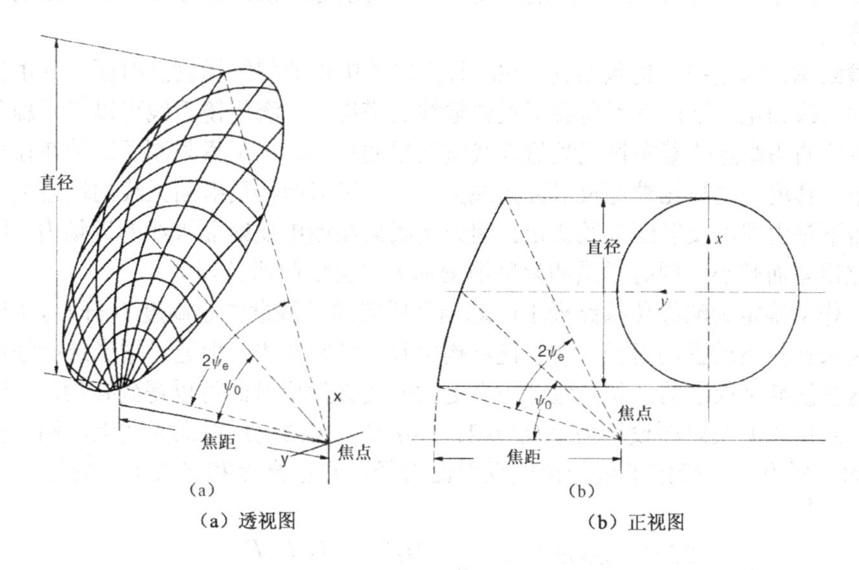

（a）透视图　（b）正视图

图 8-8　偏馈抛物反射面天线的几何结构

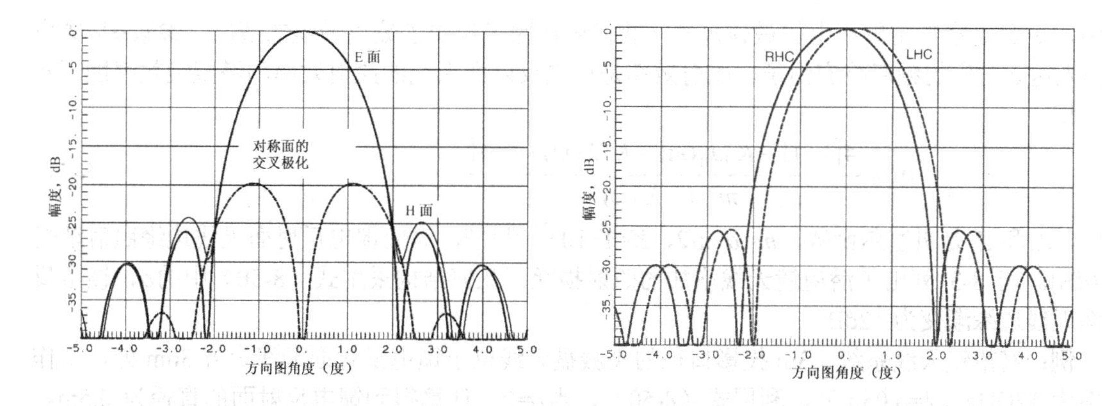

图 8-9　馈源为线极化的偏馈反射面天线方向图　图 8-10　馈源为圆极化的偏馈反射面天线方向图

式中，ψ_S 是偏离角。相反旋向的圆极化向相反方向偏离，这对于双圆极化馈电系统将会产生问题。在所有情况下，增加 f/D 或通过副反射面增加有效的 f/D 可减小这些问题。副反射面必须位于主反射面的口面以外。将馈源在与馈源视轴垂直的直线上（由ψ_0定义该直线）横向移动，即可实现偏馈反射面天线的馈源扫描。我们必须修正波束偏移因子（BDF）：

$$\mathrm{BDF}_{偏馈}=\mathrm{BDF}_{中心馈电}\frac{(f/D)_{偏馈}}{(f/D)_{中心馈电}} \tag{8-49}$$

例：偏馈反射面天线的ψ_0=45°，ψ_e=40°，计算波束偏移因子。

由式（8-49）[（编者注：应是式（8-40），原书可能有误)]:

$$\left(\frac{f}{D}\right)_{中心馈电}=\frac{\cos 40°+1}{4\sin 40°}=0.687$$

$$\left(\frac{f}{D}\right)_{馈馈}=\frac{\cos 40°+\cos 45°}{4\sin 40°}=0.573$$

由表 8-1 并采用内插法得到 BDF $_{中心馈电}$=0.928，将这些值代入式（8-49）计算得到 BDF $_{偏馈}$=0.774。为了获得同样的扫描效果，偏馈反射面天线馈源的横向偏移要比中心馈电反射面天线馈源的偏移大。

潜望镜结构：潜望镜结构包括ψ_0 =90°且具有长焦距的偏馈抛物反射面，并由位于焦点的抛物反射面天线馈电。这样就不需要铺设传输线到塔楼上。潜望镜天线可以采用扁平的反射面来制造，而长的焦距意味着抛物飞溅盘天线偏离平面很小。扁平盘限制了即使在盘面很大且最优的情况下，其增益也只比馈源反射面天线大 6dB。偏馈抛物反射面天线的增益由飞溅盘的直径决定，而不是由馈电反射面天线决定。因为飞溅盘在馈电反射面天线的近场内，因此其增益会由于相位误差而减小，同时溢漏和幅度渐变损失也会引起增益损失。

设计工作从确定为清除传播路径上的遮挡而所需的飞溅盘中心高度 H 开始。由所需的增益和波束宽度来计算飞溅盘的直径。潜望镜结构引起了增益损失，但通过适当选择馈电抛物反射面天线，这些损耗是很小的，并且通过采用更大的飞溅盘反射面可以得到补偿。飞溅盘反射面直接高架，对应于源反射面设计为 f/D_p=0.25，f=H/2。在馈电反射面天线上，利用径向抛物面口径分布的分析方法，确定了最佳馈电反射面直径，它由高度和飞溅盘反射面口径投影直径 D_s 的比值求得[30]：

$$D_f=\frac{2\lambda H}{D_S}=\frac{\alpha\lambda H}{D_S} \quad 或 \quad \alpha=\frac{D_S D_f}{\lambda H}=\frac{D_S D_f F}{Hc} \tag{8-50}$$

式中，α=2 是在特定频率上的最佳尺寸，我们由该因子说明了偏离最佳的情况。参数α是频率 F 和光速 c 对应的频率响应因子。照射效率是馈电反射面天线的照射效率和潜望镜效率因子η_p的乘积：

$$\eta_p=\frac{4\left[1-(1-K)J_0(m)-K(2/m)J_1(m)\right]}{m^2(1-K/2)^2} \tag{8-51}$$

式中，J_0 和 J_1 是贝塞尔函数，$m=\alpha\ \pi/2$，$K=1-10^{-[\mathrm{ET(dB)}/20]}$，对应馈电反射面天线边缘照射渐变 ET(dB)。表 8-3 列出了潜望镜天线增加的照射损耗，几何结构采用式（8-50）中的α，馈电反射面天线边缘渐变为 12dB。

例：潜望镜天线系统，3m 投影口径的飞溅盘天线位于馈电反射面天线上方 30m 处，工作频率为 12GHz（λ=0.05m）。利用式（8-50），当α=2，计算得到馈电反射面的直径为 0.5m。如果假设馈电反射面天线的效率为 60%（−2.22dB），飞溅反射面天线的效率为−2.6dB，则：

$$增益(\mathrm{dB})=20\log\frac{\pi D_S}{\lambda}-2.6=20\log\frac{3\pi}{0.05}-2.6=42.9$$

表 8-3 潜望镜天线增加的照射损耗，几何结构采用式（8-50）中的α，馈电反射面天线边缘渐变为 12dB

α	η_p	α	η_p
1.0	3.17	2.2	0.45
1.2	2.06	2.4	0.68
1.4	1.28	2.6	1.04
1.6	0.77	2.8	1.52
1.8	0.48	3.0	2.11
2.0	0.38	3.2	2.79
		3.4	3.53

飞溅反射面的焦距 f 为 $H/2$=15m。由于飞溅反射面边缘倾角为 45°，$L=D_S/\sin(45°)$=4.24m。利用式（8-43）确定反射面的最大深度为 2.65cm，位于偏离中心 2.65cm。飞溅反射面天线相对于馈电反射面天线的增益增加了 7.4dB。

8.12 圆锥曲面的反射

我们采用圆锥面而不是抛物面作为副反射面。椭圆和双曲线绕着它们的轴旋转形成反射面，将入射的球面波反射成具有不同焦散面（焦点）的球面波。将这些图形沿直线平移形成的反射面将改变柱面波的焦散面。这里只考虑球面波的情况，而对于改变柱面波则只需采用圆柱反射面。

所有圆锥曲面反射面将从一个焦点发出的球面波改变为指向另一焦点的球面波。椭圆在其图形内有两个焦点。当我们让其中一个焦点趋于无穷大时，椭圆就变为抛物线。如果让该焦点向负轴方向趋于无穷大，则图形将变为位于两个焦点之间的双曲线。图 8-11显示了轴对称圆锥曲面反射面的射线轨迹。位于一个焦点上的源发出的球面波被反射面反射到第二个焦点，尽管在有些情况下这是虚的（未实际达到）。

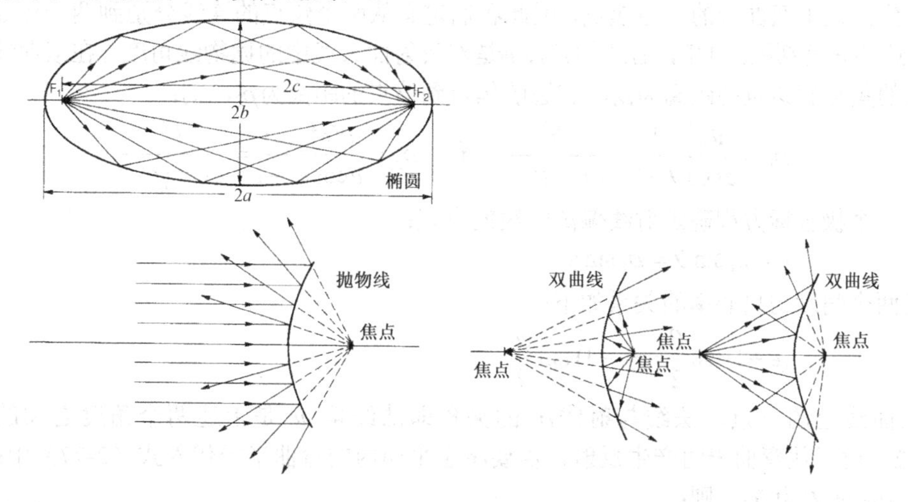

图 8-11 从圆锥曲面反射面形成的反射

我们以相同的极坐标方程来描述所有圆锥曲面：

$$\rho=\frac{eP}{1-e\cos\theta} \tag{8-52}$$

式中，P 是原点（焦点）到准线的距离（见图 8-12）。离心率 e 是原点到曲线上一点的距离与该点到准线的距离之比：$R_1=e\,R_2$。对于椭圆，$e<1$；对于抛物线，$e=1$；对于双曲线，$e>1$。焦点间距离为：

$$2c=\frac{2Pe^2}{1-e^2} \tag{8-53}$$

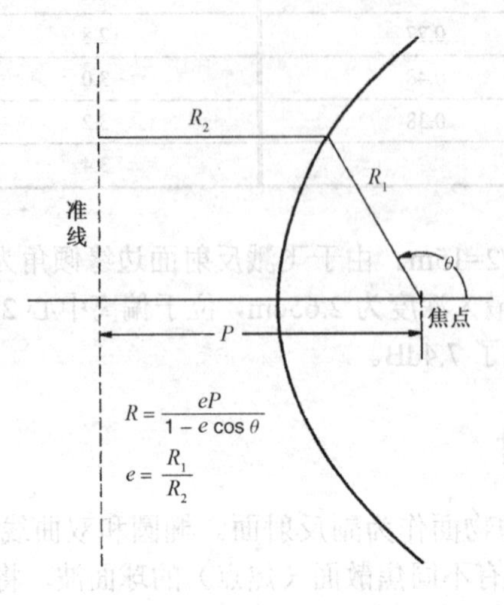

图 8-12　圆锥曲面几何图

双曲线的轴线沿着 z 轴，两个焦点在轴线上，并位于$\pm c$ 处，双曲线与 z 轴相交于$\pm a$，满足以下方程：

$$\frac{z^2}{a^2}-\frac{r^2}{b^2}=1\text{，其中}\quad b^2=c^2-a^2\quad\text{和}\quad e=\frac{c}{a}>1 \tag{8-54}$$

我们取双曲线沿$+z$ 轴方向的部分，该部分与轴线相交于$+a$，因为我们将馈源放在左边焦点，而抛物线焦点位于双曲线的右边焦点，因此我们定义从两个焦点的连线分别到两个焦点射线的角度。左边的角度θ是馈电角，右边的角度ψ是双反射面天线中的抛物线角度。在双曲线上取一点，左边的焦点到该点的距离为ρ_1，右边的焦点到该点的距离为ρ_2，则：

$$\rho_1=\frac{a(e^2-1)}{e\cos\theta-1}=\frac{b^2}{e\cos\theta-1}\quad\text{和}\quad\rho_2=\frac{a(e^2-1)}{e\cos\psi-1}=\frac{b^2}{e\cos\psi-1} \tag{8-55}$$

由任一个极坐标方程确定射线偏离轴线的位置：

$$r=\rho_1\sin\theta=\rho_2\sin\psi \tag{8-56}$$

上述两个角度与离心率的关系如下：

$$(e+1)\tan\frac{\theta}{2}=(e-1)\tan\frac{\psi}{2} \tag{8-57}$$

在双曲线上的一点，法线与射线ρ_1 的夹角即法线角 u 是上述两个角度之和的一半，$u=(\theta+\psi)/2$。对于从弯曲表面产生反射，需要将主平面内的弯曲半径代入式（2-77）中：r-z 面内为 R_1，ϕ-z 面内为 R_2，则：

$$R_1=\frac{b^2}{a\cos^2 u}\quad\text{和}\quad R_2=\frac{b^2}{a\cos u} \tag{8-58}$$

当双曲面天线偏馈时，用一个圆锥即可确定边缘，该边缘位于平面椭圆上。类似于偏馈抛物面天线，将圆锥中心置于离轴线θ_0角度处，并以半馈电边缘角θ_e来定义该圆锥。我们计算从焦点沿着边缘椭圆的主轴到边缘的上端和下端的距离：

$$\rho_L = \frac{b^2}{e\cos(\theta_0 - \theta_e) - 1} \quad 和 \quad \rho_U = \frac{b^2}{e\cos(\theta_0 + \theta_e) - 1}$$

由两边ρ_L和ρ_U，夹角为 $2\theta_e$ 构成的三角形，确定椭圆形边缘主轴直径（$2a_e$）：

$$2a_e = \sqrt{\rho_L^2 + \rho_U^2 - 2\rho_L\rho_U\cos 2\theta_e} \tag{8-59}$$

副轴直径（$2b_e$）由下式给出：

$$2b_e = \sqrt{(2a_e)^2 - (\rho_L - \rho_U)^2} \tag{8-60}$$

椭圆面也可用作双反射面天线的副反射面。其方程与双曲面相似：

$$\frac{z^2}{a^2} + \frac{r^2}{b^2} = 1 \quad 和 \quad b^2 = a^2 - c^2, \quad e = \frac{c}{a} < 1 \tag{8-61}$$

在双反射面天线中，我们将椭圆使其主轴沿着 z 轴放置，并采用与+z 轴相交的部分。在椭圆的左焦点放置馈源，抛物面的焦点置于右焦点。到两个焦点的径向距离由以下方程给出：

$$\rho_1 = \frac{a(e^2 - 1)}{1 - e\cos\theta} = \frac{b^2}{1 - e\cos\theta} \quad 和 \quad \rho_2 = \frac{a(e^2 - 1)}{1 + e\cos\psi} = \frac{b^2}{1 + e\cos\psi} \tag{8-62}$$

椭圆采用式（8-56），而式（8-57）不作改变，但法线与矢量ρ_1的夹角 u 是上述两个角度之差的平均值，$u=(\theta - \psi)/2$。利用该新的角度 u，式（8-58）给出了椭圆面上该点处的主弯曲半径。

当以偏置的圆锥与椭圆面相交来确定偏置椭圆面的边缘时，采用式（8-61）中的左边方程来表示长短半径的关系。边缘为一平面椭圆，其主、副直径由式（8-59）和式（8-60）来计算，式（8-52）既定义了椭圆又定义了双曲线。

8.13　双反射面天线

仿照光学望远镜的原理，可以得到双反射面天线，即卡塞格伦和格里高利天线。每种天线都增加了有效焦距。卡塞格伦双反射面天线中采用了双曲面作为副反射面（见图 8-13），卡塞格伦双反射面天线中采用了椭圆面作为副反射面（见图 8-14）。将副反射面的一个焦点置于主抛物反射面的焦点上，将副反射面的第二个焦点置于馈源天线的相位中心处。副反射面改变从一个焦点来的波的曲率，而成为由副反射面的第二个焦点散焦的波。

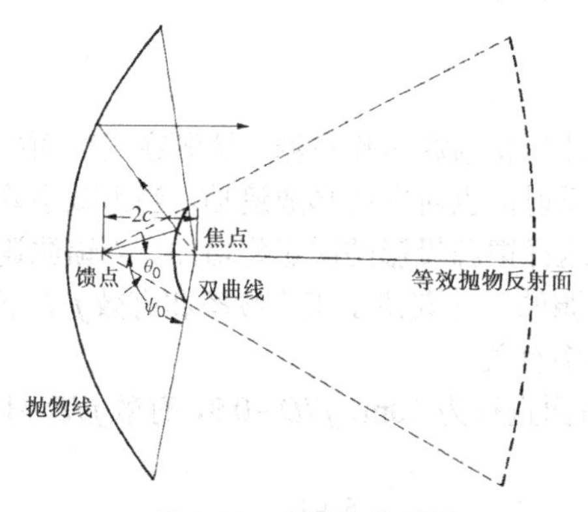

图 8-13　卡塞格伦天线

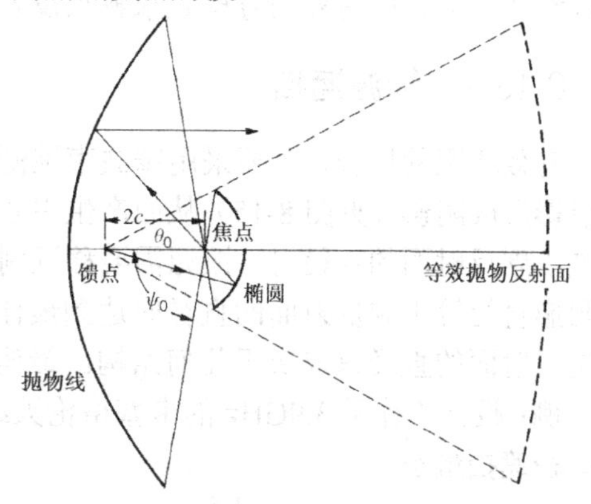

图 8-14　格里高利天线

人们设计的卡塞格伦天线数量要超过格里高利天线数量。这是由于格里高利天线的副反射面离主反射面的顶点较远，因此设计时需要很大的副反射面支撑结构。副反射面的弯曲边缘增加了绕射，并且对入射到主反射面的场更不易调整，但通过调整卡塞格伦天线副反射面的形状，可以增加总的效率。格里高利反射面天线中对场的反演使该过程复杂化。

在图 8-13 和图 8-14 中，主反射面张角为 $2\psi_0$，但馈电点的有效张角为 $2\theta_0$。从这些角度可以计算副反射面的离心率：

卡塞格伦天线 格里高利天线

$$e=\frac{\sin\frac{1}{2}(\psi_0+\theta_0)}{\sin\frac{1}{2}(\psi_0-\theta_0)} \qquad e=\frac{\sin\frac{1}{2}(\psi_0-\theta_0)}{\sin\frac{1}{2}(\psi_0+\theta_0)} \tag{8-63}$$

可以利用以副反射面的张角 $2\theta_0$ 得出的等效抛物面（见图 8-13 和图 8-14）来分析双反射面系统。将等效焦距与主反射面的实际焦距的比值定义为放大因子：$M=f_e/f$ 。副反射面的离心率可以由 M 计算得到：

卡塞格伦天线 格里高利天线

$$e=\frac{M+1}{M-1} \qquad e=\frac{M-1}{M+1} \tag{8-64}$$

式（8-53）给出了副反射面两个焦点的间距：

卡塞格伦天线 格里高利天线

$$2c=\frac{2Pe^2}{e^2-1} \qquad 2c=\frac{2Pe^2}{1-e^2} \tag{8-65}$$

我们得到设计参数 P，以该参数可自由设计馈源位置。由焦点的间距 $2c$ 很容易求解长度 P：

卡塞格伦天线 格里高利天线

$$P=\frac{2c(e^2-1)}{2e^2} \qquad P=\frac{2c(1-e^2)}{2e^2} \tag{8-66}$$

副反射面的直径根据参数 P 而改变：

$$D_s=\frac{2eP\sin(\pi-\psi_0)}{1-e\cos(\pi-\psi_0)} \tag{8-67}$$

对于卡塞格伦和格里高利反射面天线，很容易通过几何方法求得从主反射面顶点到馈电焦点的距离 L_m 和从馈电焦点到副反射面的距离 L_S。$L_m=f-2c$，$L_S=a+c=c(1+1/e)$。对于不同的输入参数，可采用另外的方程式求解双反射面天线的几何结构 [31] 。

8.13.1 馈源遮挡

有效焦距的增长，需要采用窄波束馈源，因此不能再将馈源看作点源。馈源在反射面中心的投影形成阴影（见图 8-15）从而产生中心遮挡。副反射面也对中心形成遮挡。当为减小遮挡而减小副反射面的直径时，馈源需要移近副反射面，这样馈源投影的阴影将增加。当馈源遮挡的阴影直径等于副反射面的直径时达到最佳状态。馈源的尺寸取决于工作频率和有效 f/D 值，而副反射面的直径只取决于几何结构。最佳状态与频率有关。

例：设计工作于 3.9GHz 的卡塞格伦天线，主反射面直径为 10m，$f/D=0.3$，有效 $f/D=1.5$。使口径遮挡最小。

$$M=\frac{1.5}{0.3}=5 \quad \text{［见式（8-64）］}, \qquad e=\frac{5+1}{5-1}=1.5$$

由式（8-2）：

$$\theta_0 = 2\arctan\frac{1}{4(1.5)} = 18.9°$$

以 10dB 波束宽度等于副反射面的张角的圆形波纹喇叭作为馈源。采用 7.3 节的方法设计该喇叭。考虑波纹厚度，计算得到喇叭的直径为 0.415m。确定遮挡角（见图 8-15）：α= arctan (0.415/4c)。由式（8-56）得：2c=3.6P。由抛物线参数 P_0 和α，并利用式（8-67）计算馈源遮挡的投影直径：

$$P_0 = 2\frac{f}{D}D = 6\text{m}，\quad \frac{0.415}{4c} = \frac{0.0577}{P}$$

$$D_{\text{fb}} = \frac{2P_0\sin(\pi-\alpha)}{1-\cos(\pi-\alpha)} = \frac{12\sin[\arctan(0.0577/P_0)]}{1+\cos[\arctan(0.0577/P_0)]}$$

副反射面的遮挡也由式（8-67）计算得到：

$$\psi_0 = 2\arctan\frac{1}{4(0.3)}$$

$$D_s = \frac{2(1.5)P_0\sin(\pi-\psi_0)}{1-1.5\cos(\pi-\psi_0)} = 2.322P_0$$

令以上两种遮挡相等，以数值方法求超越方程中的 P：

$P_0 = 0.385\text{m}$

$D_s = 0.894\text{m}$　　（副反射面直径）

$2c = 1.386\text{m}$　　（副反射面焦点间距）

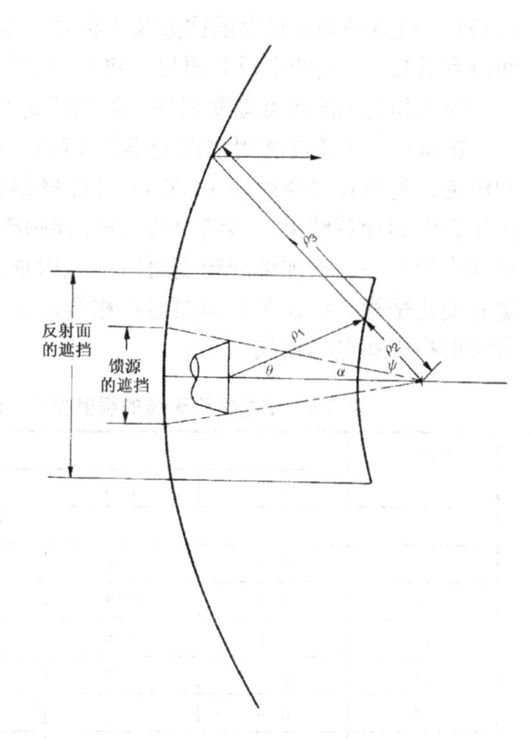

图 8-15　卡塞格伦天线的中心遮挡

采用高斯分布，从表 4-40 查得遮挡损失为 0.14dB。按以上步骤设计的格里高利副反射面直径要大 6cm，遮挡损失要大约 0.02dB。

由于大部分喇叭天线的相位中心位于喇叭内并在轴线上，若将馈源喇叭移向副反射面，则将增加馈源在主反射面上的遮挡阴影。令馈源阴影和副反射面遮挡相等，并通过求解二次方程得到相位中心间距 D_{pc} 和馈源喇叭直径 D_f，即可求得反射面系统的参数。假设主反射面直径为 D，焦距为 f，副反射面的半张角为θ_0，求解二次方程的根 X_1 [32]：

$$\left[8fD - \sigma\tan\theta_0\left(16f^2 - D^2\right)\right]X_1^2 - 16D_{\text{pc}}\tan\theta_0 fDX_1 - 16D_f f^2 D\tan\theta_0 = 0$$

对于卡塞格伦双反射面天线，参数σ等于−1，格里高利系统则取+1。利用 X_1 求解圆锥曲线副反射面的焦距 c：

$$c = X_1\frac{8fD - \sigma\tan\theta_0(16f^2 - D^2)}{32fD\tan\theta_0}$$

可由有效 f/D 值得到的放大因子计算 e［见式（9-64）］，或由馈源半张角为θ_0和主面半张角为ψ_0［见式（9-63）］来计算 e。双反射面天线的其余参数可由这些参数得出。双反射面天线的几何结构可以由其他不同的参数求解 [32]。

8.13.2　绕射损失

减小副反射面尺寸以减小中心遮挡会引起其他问题。副反射面的设计是基于几何光学法

（GO），该方法假定反射面比波长大很多。根据 GO 法，所有的溢漏都归于副反射面，而主反射面没有溢漏。有限的副反射面尺寸将产生引起主反射面溢漏的绕射、副面的交叉极化反射、相位误差损失和附加的幅度渐变损失。我们将这些额外的损失都归并到绕射损失项内。

Rusch[3,33] 通过利用物理光学法（PO）的矢量绕射理论来求解这些损失，并计算了副面上的电流。利用几何绕射法（GTD）可计算得到相似的结果[6]。表 8-4 列出了采用 GTD 法对圆极化馈源的计算结果。该结果与 TE_{11} 模圆喇叭馈源给出的结果相似[9]。该损失与有效焦距和副面直径有关。增加馈源渐变可减小绕射损失，不过在约 12dB 边缘渐变时，最佳状态的范围宽且变化平稳。使馈源和副面遮挡相等，并不一定能得到最佳设计（最大增益）。我们必须权衡绕射损失和遮挡损失。

表 8-4　卡塞格伦天线的绕射损失（dB），馈源边缘幅度渐变为 10dB 和 15dB

副面直径（λ）	有效 f/D					
	0.75	1.00	1.5	2.0	2.5	3.0
10dB 渐变						
6	0.67	0.81	1.02	1.43	1.85	2.28
8	0.55	0.68	0.78	1.09	1.41	1.75
10	0.48	0.58	0.64	0.89	1.14	1.40
12	0.43	0.51	0.55	0.76	0.97	1.17
14	0.39	0.46	0.48	0.67	0.84	1.01
16	0.36	0.42	0.43	0.60	0.75	0.88
20	0.31	0.37	0.36	0.50	0.62	0.72
30	0.24	0.27	0.25	0.37	0.45	0.49
40	0.20	0.24	0.20	0.30	0.36	0.39
60	0.16	0.20	0.12	0.22	0.27	0.28
100	0.11	0.15	0.09	0.17	0.20	0.22
15dB 渐变						
6	0.53	0.66	0.91	1.29	1.72	2.17
8	0.42	0.54	0.68	0.96	1.29	1.64
10	0.36	0.45	0.55	0.77	1.02	1.30
12	0.32	0.39	0.46	0.65	0.85	1.07
16	0.26	0.31	0.36	0.49	0.63	0.78
20	0.22	0.27	0.29	0.40	0.51	0.62
50	0.12	0.15	0.13	0.19	0.22	0.24
100	0.07	0.10	0.11	012	0.14	0.14

例：直径为 10m 的卡塞格伦双反射面天线工作于 3.9GHz，优化绕射损失和遮挡损失的总和。

副面直径为 0.894m，或 11.62λ。我们可以在不会影响上例中结果的情况下增加副面直径，从而馈源遮挡将比副面遮挡小。由表 4-40 和表 8-4 得到表 8-5。在直径约为 15λ或 1.154m 时达到最佳。表中显示了很宽的最佳范围，直径在±λ范围内变化时没有实际上的影响。将馈源后移以照射更大的副面：

$$2c = 3.6P = \frac{3.6D_s}{2.322} = 1.789\text{m}$$

表 8-5　副面直径的权衡比较

直径（λ）	遮挡（dB）	绕射损失（dB）	合计（dB）
11.6	0.14	0.57	0.71
14.0	0.20	0.48	0.68
16.0	0.26	0.43	0.69
18.0	0.33	0.40	0.73

Kildal[34] 推导了优化副面尺寸以使遮挡和绕射损失总和最小的简单公式：

$$\frac{d}{D}=\left[\frac{\cos^4(\theta_0/2)}{(4\pi)^2\sin\psi_0}E\frac{\lambda}{D}\right]^{1/5}$$

式中，d 是副面直径，D 是主反射面直径，E 是照射到副面边缘的功率（10dB 为 0.1）。在最佳的 d/D 时效率（遮挡和绕射）的近似值为：

$$\eta\approx\left\{1-C_b\left[1+4\sqrt{1-\frac{d}{D}}\right]\left(\frac{d}{D}\right)^2\right\}^2$$

式中，$C_b=-\ln\sqrt{E}/\left(1-\sqrt{E}\right)$。上式给出了很好的首次估算合适的副尺寸与相关损失的解析式。超出几何光学法（GO）的设计规则，把卡塞格伦天线的副面直径从 1λ扩大到 2λ，尽管遮挡损失会增加，但能明显减小绕射损失。绕射损失的减小值比遮挡损失的增加值更大。格里高利天线由于其副面为凸面，绕射损失已经很小了，因此该方法不适用于格里高利天线。

8.13.3　卡塞格伦天线的公差[9, 35]

为了计算馈源移动的影响，可以利用放大因子 M 和主反射面的 f/D 值来减小影响。结果是减小了主反射面（f/D 值小)通常所要求的严格的位置公差。对于馈源扫描，我们必须以放大因子乘以主反射面所需的偏移来计算所需的横向偏移。双曲面的移动近似等效于虚拟馈源的移动，但减小了$(M-1)/M$ 倍。转动副面使虚拟馈源横向偏移了 $2c\beta/(M+1)$倍，$2c$ 是从馈源到虚拟馈源的距离，β 转动角度（弧度）。由于上述所有因子均很小，可以把它们都加在一起。

副反射面的表面公差如主反射面那样增加了另一相位误差损失项。由于双曲面的入射角度要大，因此其公差损失因子比抛物面要小[36]。格里高利天线椭圆反射面的损失更大。每种反射面的损失表示为：

$$\text{PEL}=e^{-A(4\pi\Delta\varepsilon/\lambda)^2}\tag{8-68}$$

式中，$\Delta\varepsilon$是相对于标准反射面的均方根（RMS）偏差，A 是与反射面的离心率和主面的 f/D 有关的常数。该因子列在了表 8-6 中。主反射面的 e=1（抛物面）。与式（9-24）相对应的式子是：

$$\text{PEL(dB)}=-685.8A\left(\frac{\Delta\varepsilon}{\lambda}\right)^2\tag{8-69}$$

因子$\Delta\varepsilon$是由于表面偏差引起的射线路程的变化量［参见式（9-23）］。副面法向的表面偏差是很容易确定的。表 8-7 给出了表面法向偏差的比例因子。

表 8-6　双反射面天线的均方根表面偏差比例因子

离心率 e	主反射面，f/D					
	0.25	0.30	0.35	0.40	0.45	0.50
0.5	1.259	1.183	1.136	1.105	1.083	1.068
0.6	1.203	1.143	1.107	1.082	1.066	1.053
0.7	1.148	1.105	1.078	1.060	1.048	1.039
0.8	1.096	1.068	1.051	1.039	1.031	1.026
0.9	1.046	1.033	1.024	1.019	1.015	1.012
1.0	1.000	1.000	1.000	1.000	1.000	1.000
1.2	0.919	0.941	0.956	0.965	0.972	0.977
1.5	0.821	0.868	0.900	0.921	0.937	0.948
2.0	0.707	0.780	0.830	0.865	0.891	0.910
2.5	0.632	0.718	0.780	0.824	0.857	0.882
3.0	0.580	0.674	0.743	0.794	0.832	0.860

摘自文献[36]

表 8-7　双反射面天线的随机表面法向偏差Δn 的比例因子

离心率 e	主反射面，f/D					
	0.25	0.30	0.35	0.40	0.45	0.50
0.5	0.872	0.898	0.918	0.933	0.944	0.953
0.6	0.834	0.868	0.894	0.914	0.929	0.940
0.7	0.796	0.839	0.871	0.895	0.913	0.928
0.8	0.759	0.811	0.849	0.877	0.899	0.915
0.9	0.725	0.784	0.828	0.860	0.885	0.904
1.0	0.693	0.759	0.808	0.844	0.872	0.893
1.2	0.637	0.715	0.772	0.815	0.847	0.872
1.5	0.569	0.660	0.727	0.778	0.816	0.846
2.0	0.490	0.592	0.671	0.730	0.777	0.812
3.0	0.402	0.512	0.600	0.670	0.725	0.768

8.14　馈源和副反射面支撑杆的辐射

馈源或副反射面的支撑杆会对中心馈电的反射面天线口径产生遮挡，从而降低了增益。由于经过支撑杆的波会在其上感应出电流而产生辐射，因此支撑杆的影响比其面积对应的影响更大。细的支撑杆类似于细偶极子，具有像天线那样很大的有效面积。支撑杆的辐射产生旁瓣和交叉极化，降低了反射面天线的方向图。对支撑杆的分析方法，要么采用由于感应电流而增加它们的有效面积法，要么采用物理光学法，在方向图中加入感应电流的影响，要么采用如 GTD 法这样的射线光学法求解总的方向图。

严格设计的反射面天线，其支撑杆损失和杂散辐射均应很小，但结构上的考虑能达到的效果比理想电性能构造的效果要差。如果有可能，要将支撑杆固定在反射面的外边缘。当将支撑杆一半安装在辐射范围外时，可以以更细的部件支撑馈源或副面，但它们仍遮挡馈源（或副面）的辐射，并在主面上形成投射阴影。当然，当支撑杆穿过主反射面时，可将其安装在位于反射面后的更小的支撑框架上，最终的设计将是折中的结果。指向对称的支撑杆可以降低视轴方向的交叉极化。对于线极化，采用四根平行排列的支撑杆，并且垂直于极化矢量，可以降低所有方向的交叉极化。彻底的分析要考虑由于馈源辐射而在支撑杆上感应的电流。因为支撑杆的主要影响是遮挡主面辐射的近似平面波，因此这些支撑杆电流连同馈源一起照射主面或副面。

Kay[37]引入了感应场比（IFR）来分析空间金属结构的天线罩。IFR 假设支撑杆上感应的电流与平面波照射的无限长支撑杆上感应的电流一样。这样就将问题简化为二维。细支撑杆上感应的电流，以 IFR 因子倍增加了有效遮挡面积。我们将投影到口径面上的这些遮挡面积不考虑相位全部叠加。IFR 是从入射到相同面积（即口径面）上的平面波的辐射中分离出来的前向散射场。这将支撑杆的复杂辐射简化为一个简单的遮挡面积。IFR 与入射波的极化有关，并且由于是二维的问题，因此只有 TM 波（电场平行于支杆轴线）或 TE（磁场平行于支杆轴线）波。

TM 波感应的电流沿着支杆轴线，我们可采用具有闭式解的规范问题进行计算，或采用具有入射平面的矩量法计算。在支杆横截面 $\rho(\phi')$ 上，假设面电流密度为 $J_s(\phi)'$，即为与入射平面波的夹角 ϕ' 的函数，TM 波的 $\mathrm{IFR_E}$ 可以从围绕支杆周长的积分求得：

$$\mathrm{IFR_E} = -\frac{\eta}{2wE_0}\int_{S_1} J_s(\phi')\mathrm{e}^{-\mathrm{j}k\rho(\phi')}\rho(\phi')\,\mathrm{d}\phi' \tag{8-70}$$

垂直于入射平面波的支杆投影宽度为 w，电场 E_0，η是自由空间波阻抗。

TE 波感应的电流围绕着支杆周长。我们以支杆上 z 方向的磁场来表述该电流。假设单位矢量 $\mathbf{a}_f$指向前向方向，表面法矢 $\mathbf{n}(\phi')$，IFR_H可以从围绕支杆的积分求得：

$$\mathrm{IFR}_H = \frac{1}{2wH_0}\int_{S_1}[\mathbf{a}_f\cdot\mathbf{n}(\phi')]H_z(\phi')\mathrm{e}^{-\mathrm{j}k\rho(\phi')}\rho(\phi')\,\mathrm{d}\phi' \tag{8-71}$$

我们通过支杆在口面上的投影面积乘以 IFR 来计算支杆的有效遮挡面积，其中损失的计算采用式（4-111）。对于与支杆的投影成γ_i角的线极化波，采用椭圆和求面积：

$$\text{面积} = \sum_{i=1}^{N}\omega_i(\mathrm{IFR_{E\mathit{i}}}\cos^2\gamma_i + \mathrm{IFR_{H\mathit{i}}}\sin^2\gamma_i) \tag{8-72}$$

对于圆极化波，采用平均值 $\mathrm{IFR_M}=(\mathrm{IFR_E}+\mathrm{IFR_H})/2$。差值 $\mathrm{IFR}_D=(\mathrm{IFR}_E-\mathrm{IFR}_H)/2$ 用于估算旁瓣和交叉极化是一个很有用的量。

假设反射面的半径为 r_0，对称放置了 N 根支杆，这些支杆降低了交叉极化，定义支杆因子 A_{co}为一根支杆的投影面积与反射面的比值的 IFR 倍：

$$A_{\mathrm{co}} = |\mathrm{IFR}_i|\frac{N_p\omega' r_0}{\pi r_0^2} \tag{8-73}$$

其中，$\omega' = \omega\sin\theta_0$，为沿着平面波的投影宽度，

$$N_p = \begin{cases} 1 & N\text{为奇数} \\ 2 & N\text{为偶数} \end{cases}$$

以及

$$|\mathrm{IFR}_i| = \begin{cases} |\mathrm{IFR}_M| & \text{圆极化} \\ |\mathrm{IFR}_M - \mathrm{IFR}_D\cos 2\gamma_i| & \text{线极化} \end{cases}$$

由于支杆辐射的方向图很宽，其对同极化旁瓣的遮挡变成了渐变电平[38]：

$$\text{旁瓣}(\mathrm{dB}) = \begin{cases} 20\log(A_{\mathrm{co}}) & \text{均匀口径} \\ 20\log(A_{\mathrm{co}}) - 2 & -20\mathrm{dB}\text{渐变口径} \end{cases} \tag{8-74}$$

3dB 波束宽度内的最大交叉极化可以从差值 IFR_D 求得。定义交叉极化的支杆因子为：

$$A_{\text{xp}} = \left|\text{IFR}_D\right| \frac{N_p w' r_0}{\pi r_0^2}$$

对于三根支杆的情况，交叉极化(dB)=20 log(A_{xp})+2.5；对于四根支杆的情况，均匀分布时，交叉极化(dB)=20 log(A_{xp})－8.5，当 20dB 口径渐变时，交叉极化(dB)=20 log(A_{xp})-7 [38]。

圆形支杆计算 IFR 的闭式等式，与支杆轴线和入射平面波的夹角θ_0有关，支杆半径为 a，传播常数为 k:

$$\text{IFR}_E = -\frac{1}{ka\sin\theta_0}\sum_{n=0}^{\infty}\varepsilon_n \frac{J_n(ka\sin\theta_0)}{H_n^{(2)}(ka\sin\theta_0)}$$

$$\text{IFR}_H = \frac{1}{ka\sin\theta_0}\sum_{n=0}^{\infty}\varepsilon_n \frac{J_n'(ka\sin\theta_0)}{H_n^{(2)\prime}(ka\sin\theta_0)} \tag{8-75}$$

$$\varepsilon_n = \begin{cases} 1 & n = 0 \\ 2 & n > 0 \end{cases}$$

式中，J_n 是贝塞尔函数，$H_n^{(2)}$ 是第二类汉克尔函数，J_n' 是 J_n 的导数。表 8-8 列出了两种极化对应的这些参数随支杆半径变化的关系。

表 8-8　圆形支杆的 IFR_E 和 IFR_H

$\alpha\sin\theta_0$	Re(IFR$_E$)	Im(IFR$_E$)	Re(IFR$_H$)	Im(IFR$_H$)
0.005	−5.148	14.088	−0.0001	−0.0198
0.010	−3.645	6.786	−0.0005	−0.050
0.020	−2.712	3.964	−0.004	−0.103
0.050	−1.982	2.003	−0.054	−0.272
0.10	−1.641	1.225	−0.292	−0.448
0.20	−1.414	0.758	−0.552	−0.374
0.50	−1.215	0.381	−0.781	−0.258
1.00	−1.145	0.255	−0.858	−0.188
2.00	−1.092	0.160	−0.914	−0.126

只采用物理光学法（PO），可以精确确定直径大于 3λ的支杆的遮挡效果。PO 法只在可视的一半支杆上激励电流。对于直径很小的支杆，电流会爬行到另一侧，从而会改变结果。不管支杆有多细，都会在支杆上激励起电流并影响方向图。物里光学法分析双反射面天线时包括了在支杆上激励的各种电流。假设天线为发射天线，馈源照射副面和支杆，支杆上激励的电流的辐射场也照射副面。如果支杆遮挡了馈源和副面之间的路径，PO 分析法采用支杆电流来计算该遮挡。在这一点上，我们利用副面上的电流来计算在支杆上激励起的额外电流。这些电流加到第一种支杆电流中。副面的辐射、支杆上所有的电流以及馈源的散射全部叠加并照射主面。主面上电流产生的辐射在副面上激励起额外的电流，在支杆上激励起第三种电流。我们对所有电流的总和应用远场格林函数来计算方向图。

为了说明细枝杆上的爬行波电流，需要改变 PO 法中的电流。我们将 PO 法中的支杆电流乘以感应电流比（ICR），得到适合预算的等效电流。因子 ICR 包含支杆电流分布和一个复数值：

$$\mathbf{J}_s = 2\mathbf{n} \times \mathbf{H}_{\text{inc}} \cdot \text{ICR}(a, \theta_0, \phi') \tag{8-76}$$

ICR 与支杆半径 a 有关，入射角θ_0相对于支杆的轴线，围绕支杆的角度ϕ'是从平面波的方向和入射波的极化开始测量。在平面波刚到支杆的点上的入射磁场为 $\mathbf{H}_{入射}$，利用在该点处激励的电流计算围绕支杆的环行电流。记住，支杆的主要影响是遮挡主反射面的辐射，在支杆位置的近场处该辐射近似为平面波。

我们通过考虑支杆横截面对平面波的二维散射来求解 ICR。对二维散射的问题应用矩量法，可以求解任意横截面的支杆上的电流分布，但这里仅考虑具有闭式解的圆形支杆[40]。为简化问题，考虑位于 z 轴上的支杆。对于实际的分析，需要旋转支杆到一个位置，并旋转入射波到支杆坐标系，利用 ICR 计算电流分布。在二维空间，入射波是相对于 z 轴的 TM 波或 TE 波。TM 波的电场在包含支杆轴线的平面内。TE 波的磁场在该平面内。由平面波形成的散射在 TM 波的情况有下列等式：

$$\mathrm{ICR}_E\mathbf{z} = \mathrm{ICR}_{\mathrm{TM}}(a,\theta_0,\phi')\mathbf{z} = \frac{\mathbf{z}\mathrm{e}^{-\mathrm{j}ka\cos\phi'}}{\pi ka\sin\theta_0}\sum_{m=0}^{\infty}\frac{\mathrm{j}^m\varepsilon_m(\cos m\phi')}{H_m^{(2)}(ka\sin\theta_0)} \tag{8-77}$$

相位因子 $\mathrm{e}^{-\mathrm{j}ka\cos\phi'}$ 将参考面从支杆中心移到了接触点的位置。式（8-77）将围绕支杆的电流以 $\cos(m\phi')$ 项傅里叶级数展开。由于 $H_n^{(2)}$ 是复数，因此 ICR_E 是复数。随着支杆半径 a 的增加，在 $\phi'=0$ 的位置 ICR 趋近 1。对于实际的应用，当 $a/\lambda>1.5$ 时，ICR 取 1。

式（8-77）给出了与在入射平面波和支杆的初始接触点激励的电流相关的圆形支杆上的电流分布。表 8-9 列出了当 $\phi'=0$ 时计算得到的 ICR_E。随着 $a\to 0$，常数项增长很快，而其虚部比实部增长更快，这是由于它近似于细电流元的矢势，电流和场之间相差-j 因子[参见式(2-1)]。小的支杆围绕其外围的电流接近常数。随着支杆直径的增加，式（8-77）需要更多的项，最后，一个简单的物理光学法的解能得到相同的结果。表 8-9 列出了 ICR 因子随支杆半径变化的情况。

表 8-9 圆形支杆 $\phi'=0$ 时的 PO 电流乘数 ICR_E 和 ICR_H

$a\sin\theta_0$	$\mathrm{Re(IFR}_E)$	$\mathrm{Im(IFR}_E)$	$\mathrm{Re(IFR}_H)$	$\mathrm{Im(IFR}_H)$
0.002	3.660	−7.932	0.500	0.003
0.004	2.735	−4.530	0.500	0.013
0.01	2.018	−2.228	0.499	0.033
0.02	1.687	−1.353	0.500	0.071
0.05	1.376	−0.751	0.546	0.195
0.10	1.200	−0.479	0.748	0.275
0.50	1.030	−0.140	0.948	0.109
1.00	1.010	−0.076	0.982	0.068
1.50	1.005	−0.052	0.991	0.049

圆柱对 TE 入射波的散射产生相同的结果，不过包括同极化和交叉极化项：

$$\mathrm{ICR}_H = \mathrm{ICR}_{\mathrm{TE}}(a,\theta_0,\phi')\hat{\boldsymbol{\phi}} = \frac{\mathrm{j}\hat{\boldsymbol{\phi}}\mathrm{e}^{-\mathrm{j}ka\cos\phi'}}{\pi ka\sin\theta_0}\sum_{m=0}^{\infty}\frac{\mathrm{j}^m\varepsilon_m\cos m\phi'}{H_m^{(2)\prime}(ka\sin\theta_0)} \tag{8-78}$$

式（8-78）与式（8-77）形式相同，如式（8-77）那样以偶函数 $\cos(m\phi')$ 展开，系数采用汉克尔函数的导数。

当入射波到达支杆时的角度为 θ_0 而不是 90°时，支杆对 TE 入射波散射成交叉极化：

$$\mathrm{JCR}_H = \mathrm{JCR}_{\mathrm{TE}}\mathbf{z} = \frac{\mathrm{j}\cos\theta_0\mathbf{z}\mathrm{e}^{-\mathrm{j}ka\cos\phi'}}{(ka\sin\theta_0)^2}\sum_{m=-\infty}^{\infty}\frac{m\mathrm{j}^m\mathrm{e}^{\mathrm{j}m\phi'}}{H_m^{(2)\prime}(ka\sin\theta_0)} \tag{8-79}$$

JCR_H（编者注：原文是 JFR_H，有误）是关于支杆周长的奇函数，第零项为零。可以将式（8-79）以 $\sin(m\phi')$ 项展开：

$$\begin{aligned}\mathrm{JCR}_H &= \frac{-2\mathrm{j}\cos\theta_0\mathbf{z}\mathrm{e}^{-\mathrm{j}ka\cos\phi'}}{(ka\sin\theta_0)^2}(I_1'\sin\phi' + \mathrm{j}2I_2'\sin2\phi' - 3I_3'\sin3\phi' - \cdots)\\ I_m' &= \frac{1}{H_m^{(2)\prime}(ka\sin\theta_0)}\end{aligned} \tag{8-80}$$

考虑平面波以与直支杆的轴线成θ_0角度入射。当波扫描经过支杆时，激励起沿支杆轴线相速为$c/\cos\theta_0$的电流。这与波导的情况相同，在波导的侧壁之间存在前行波和反射波两种波，从而产生中心相速大于c（见5.24节）。围绕其周围为恒电流分布的细支杆辐射锥形方向图，方向图的最大点角度由电流相速决定。该电流是一种快速或漏波辐射器，在与轴线夹角为θ_0方向辐射形成圆锥形波束，而以波长表示的支杆长度，决定了辐射波瓣的宽度。随着支杆直径的增加，外围的电流分布改变了圆锥周围的辐射电平，但沿着圆锥的最大辐射点由入射角决定。

我们利用平面波入射来推导出支杆的遮挡和散射，然后改变表达式以适用于球面波入射。首先将支杆分成小段。从某一点入射的波，我们从该点射线跟踪通过一给定的小段到支杆轴线。在该射线与支杆的交点上确定入射磁场并计算表面电流密度。交点在$\phi'=0$处，应用ICR_E、ICR_H和JCR_H计算小段周围的电流。因为不是平面波入射到支杆上，因此该近场不会辐射支杆的圆锥形方向图。随着支杆直径的增加，该方法直接变为适用于支杆散射的PO表达式。

8.15 双反射面天线的*G*/*T*（增益/噪声温度）

Collins[4]开发了计算接近水平指向的卡塞格伦天线的噪声温度的程序。首先计算馈源和副面组合的绕射方向图。然后将其他绕射计入主反射面的溢漏。在低仰角，天线的溢漏约有一半指向地面。它是主要的噪声温度源，为$\frac{1}{2}(1-\text{SPL})T_G$，式中$T_G$是大地温度，SPL是溢漏效率（比值）。遮挡引起的散射部分产生宽角度的旁瓣，其中一半指向地面。增益因溢漏损失而减小，假设遮挡为均匀分布（ATL=1），则噪声温度为：

$$\frac{1}{2}\frac{S_b}{S_a}(\text{SPL})T_G$$

式中，S_b是遮挡面积，S_a是总口径。主波束指向天空，接收到的噪声为$\text{SPL}\eta_b\eta_m T_s$，其中$\eta_b$是遮挡效率，$\eta_m$是主瓣功率与最初几个旁瓣的比值（$\eta_m \approx 0.99$），$T_s$是天空温度。还应包括一些次要的噪声温度：

$$\frac{1}{2}(1-\text{SPL})T_s, \quad \frac{1}{2}\frac{S_b}{S_a}(\text{SPL})T_s, \quad \frac{1}{2}\text{SPL}\eta_b(1-\eta_m)(T_G+T_s)$$

当温度分布已知时，可以用式（1-56）来计算，Collins的程序计算的结果虽然略显保守，但却是很好的结果。参考1.15节计算接收系统的增益噪声温度。

8.16 偏轴双反射面天线

偏轴双反射面天线采用环焦抛物面作为主反射面，它将顶点变为一个环。从主抛物面反射的GO射线偏离副反射面，从而将遮挡损失减小在非激励区内，而不是散射遮挡。这种反射面天线通过利用副反射面获得了高的口径效率，该副反射面在抛物面的外边缘视轴上指向更高的馈源辐射，该处的微分面积最大。

现在，以二维的方式来分析图8-14的格里高利双反射面天线。抛物线和椭圆保持着它们的反射特性，因为可以将它们伸展到纸面外形成柱形反射面，然后采用线阵作为馈源。想象一下，移去抛物线的下半部分和椭圆的上半部分。从左边的椭圆焦点（馈点）发出的射线，被保留着的下半部分椭圆反射到上半部分抛物线，从而将射线转变为平面波。如果将右边的椭圆焦点固定在抛物线的焦点上，可以围绕右边焦点旋转椭圆轴线，而不会改变从左边焦点的馈源发出的射线的路径。这里采用由保留着这一半抛物线的边缘依据射线跟踪来确定的椭圆中略微不同的部分。

在椭圆的下边缘放置一水平轴线，然后旋转椭圆轴线直至馈电焦点在该轴线上。将上述二维图围绕该水平轴旋转形成三维反射面，成为了偏轴双反射面天线。主反射面的焦点和顶点都变成了环形。副面有一对应的环焦，直径与主面的顶点环相同，一个焦点在馈点处（见图 8-16）。现在，射线从副反射面的上面部分反射到抛物面的上面部分。从副面中心反射的射线在主反射面外边缘终止，而副面外边缘将射线反射到主反射面的顶点环上[42]。

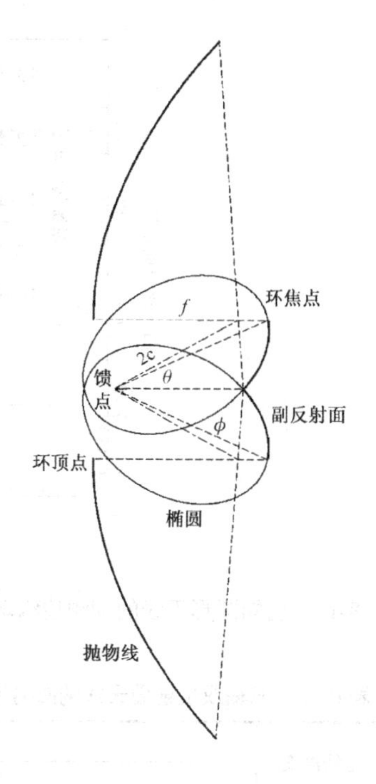

图 8-16　偏轴反射面天线

反射面的几何结构以闭式求得[43]。假设主反射面直径为 D，焦距 f，副反射面直径 D_s，馈源半张角 θ_0，沿着反射面轴线从顶点到馈源的距离 L_m 为：

$$L_m=\frac{fD}{D-D_s}-\frac{D_s}{4}\frac{\cos\theta_0+1}{\sin\theta_0} \tag{8-81}$$

将椭圆的轴线倾斜 ϕ 角，使焦点环压缩到馈点处的一个点：

$$\tan\phi=\frac{2}{(\cos\theta_0+1)/\sin\theta_0-4f/(D-D_s)} \tag{8-82}$$

椭圆的参数由下式给出：

$$c=\frac{D_s}{4\sin\phi} \qquad 和 \qquad a=\frac{D_s}{8}\left(\frac{\cos\theta_0+1}{\sin\theta_0}+\frac{4f}{D-D_s}\right) \tag{8-83}$$

主反射面的半张角 ψ_0 根据普通抛物面求得［见式（8-2）］，即移去副反射面并将环焦压缩到一点后成为普通抛物面：

$$\psi_0=2\arctan\frac{D-D_s}{4f}$$

由几何结构计算馈源和副反射面沿着轴线的距离 L_s[45]：

$$L_s=2c\cos\phi+\frac{D_s}{2\tan\psi_0}$$

通过从馈源射线跟踪到主反射面半径为 r' 的口面上，然后使微分区域内功率相等，即可确定口面上的功率分布 $A(r')$：

$$P(\theta)\sin\theta d\theta=A(r')dr' \tag{8-84}$$

图 8-17 给出了偏轴反射面天线的口面分布，设计的主反射面 $f/D=0.27$，对于不同馈源边缘渐变的馈源，有效的 $f_{\text{eff}}/D=1.2$（$\theta_0=23.54°$）。图中显示了在半径很大时，增加馈源边缘渐变，口面功率也增加，但中心的幅度减小。口面直径 20%的中心区域没有被激励，但这只对应 4%的面积损失，或损失 0.18dB。当计算幅度渐变损失时［见式（4-8）］，可以采用总的半径 $a=D/2$，其中计入了口面中心区域的损失。表 8-10 列出了该反射面天线的照射损失。该天线包括遮挡损失的口面效率，$D_s/D=0.2$ 时为 88.2%，$D_s/D=0.1$ 时为 91.8%。由于副反射面和主反射面尺寸比波长大很多，因此这些数字不包括绕射损失或支杆的遮挡。与卡塞格伦天线类似，增加副面直径超过 GO 设计值一至二个波长，可以减小绕射损失。

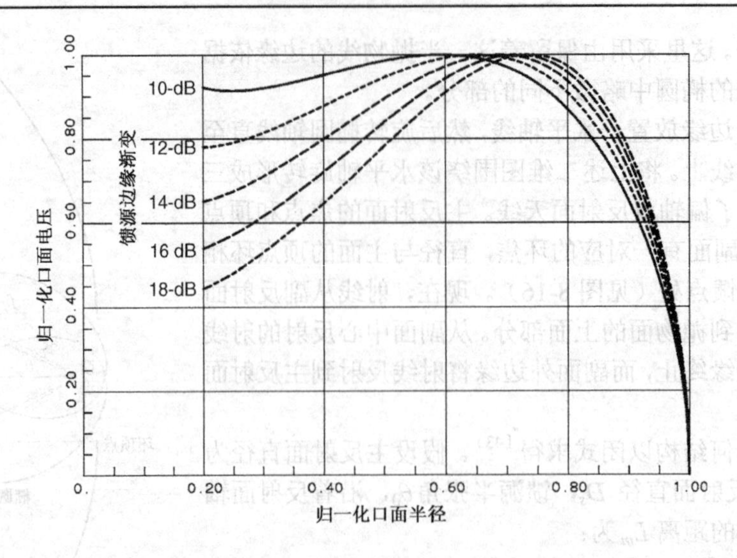

图 8-17 已知圆形天线的馈源边缘渐变，偏轴反射面天线的口面分布（摘自文献［43］，图 3，©1997 IEEE）

表 8-10 偏轴双反射面天线的照射损失与馈源边缘渐变的关系，f/D=0.27，f_{eff}/D=1.2，D_s 分别为 0.2D 和 0.1D

边缘渐变（dB）	D_s/D(%)							
	20				10			
	SPL(dB)	ATL(dB)	合计(dB)	旁瓣	SPL(dB)	ATL(dB)	合计(dB)	旁瓣
10	0.434	0.476	0.910	15.2	0.434	0.411	0.845	18.3
11	0.341	0.455	0.796	14.9	0.341	0.377	0.718	17.8
12	0.268	0.442	0.710	14.5	0.268	0.350	0.619	17.3
13	0.212	0.434	0.646	14.2	0.212	0.330	0.542	16.8
14	0.167	0.432	0.600	14.0	0.167	0.316	0.483	16.4
15	0.132	0.436	0.568	13.7	0.132	0.308	0.440	16.0
16	0.105	0.444	0.548	13.5	0.105	0.304	0.409	15.6
17	0.083	0.456	0.539	13.3	0.083	0.306	0.388	15.3
18	0.066	0.472	0.537	13.1	0.066	0.311	0.377	14.9
19	0.052	0.491	0.543	12.9	0.052	0.320	0.372	14.6
20	0.041	0.513	0.555	12.7	0.041	0.333	0.374	14.3

图 8-17 显示了口面的边缘电压达到 0 时的完整渐变。将天线主反射面的有效直径设计得比实际直径略大，并以增加主反射面的溢漏为代价形成有限口径边缘渐变，这样可以略微提高口面效率。表 8-11 列出了天线的照射损失，该天线的设计参数与表 8-10 相同，只是有效主反射面要大 2%。

已经由格里高利和卡塞格伦天线衍生出了四个版本的偏轴反射面天线[44]。另一情况是双偏置卡塞格伦天线，由于交叉了馈源照射，因此视轴上的馈源幅度反射到了主反射面的外边缘。该天线与上述的例子相似，具有高的口径效率，而另外两种则具有中等口径效率。可获得描述所有四种天线的等式[45]。普通的偏轴双反射面天线与普通的卡塞格伦或格里高利天线相比，对馈源的轴向散焦不敏感，但对馈源的横向偏移更敏感[46]。

表 8-11　偏轴双反射面天线的照射损失与馈源边缘渐变的关系，f/D=0.27，f_{eff}/D=1.2，D_s分别为 0.2D 和 0.1D（有效主反射面直径为实际的 102%）

边缘渐变（dB）	D_s/D(%)							
	20				10			
	SPL(dB)	ATL(dB)	合计(dB)	口径渐变(dB)	SPL(dB)	ATL(dB)	合计(dB)	口径渐变(dB)
10	0.455	0.371	0.816	10.6	0.443	0.304	0.746	13.5
11	0.352	0.352	0.705	10.4	0.350	0.271	0.621	12.5
12	0.280	0.340	0.621	10.1	0.278	0.246	0.524	11.5
13	0.225	0.335	0.559	9.9	0.222	0.227	0.449	10.6
14	0.181	0.334	0.515	9.6	0.178	0.215	0.393	10.4
15	0.147	0.339	0.486	9.5	0.144	0.208	0.352	10.2
16	0.120	0.349	0.469	9.3	0.117	0.206	0.323	10.0
17	0.099	0.363	0.462	9.1	0.096	0.209	0.305	9.8
18	0.083	0.380	0.463	9.0	0.079	0.216	0.295	9.7
19	0.070	0.401	0.471	8.8	0.066	0.227	0.293	9.5
20	0.060	0.425	0.485	8.7	0.056	0.241	0.297	9.4

8.17　偏馈双反射面天线

当对双反射面天线进行偏馈时，可以消除卡塞格伦或格里高利天线的副面对中心的遮挡。这种设计增加了在给定的空间内更便于包装的设计参数，例如在飞行器上。更重要的是，通过将偏馈反射面天线的副面轴线相对于主反射面轴线旋转，可以极大地降低交叉极化，或减小双圆极化馈源偏馈反射面天线的波束倾斜。

图 8-18 说明了偏馈卡塞格伦天线的几何结构，图 8-19 说明了偏馈格里高利天线的几何结构。参考图 8-7 偏馈反射面天线的参数，可以将馈源指向副面中心以减小溢漏，并使主反射面口面内的幅度分布相等。类似于偏轴双反射面天线，将连接副面焦点的轴线相对于主反射面轴线倾斜β角（在 Ticra［48，App.B］中为α）。对副面轴线很小的倾斜，将双反射面天线的等效抛物面转变成了轴对称结构[47]。

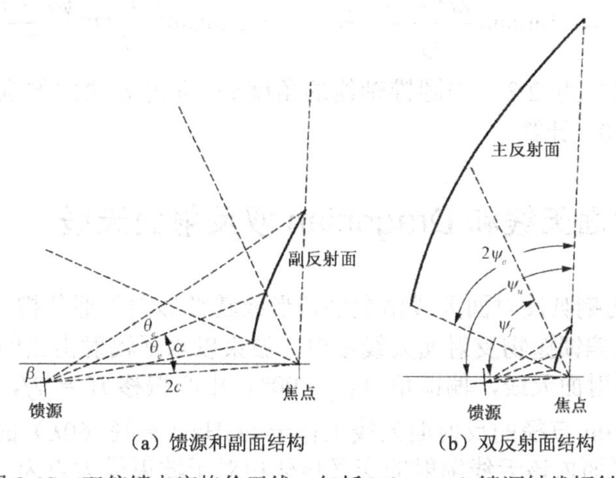

（a）馈源和副面结构　（b）双反射面结构

图 8-18　双偏馈卡塞格伦天线，包括 Mizugutch 馈源轴线倾斜

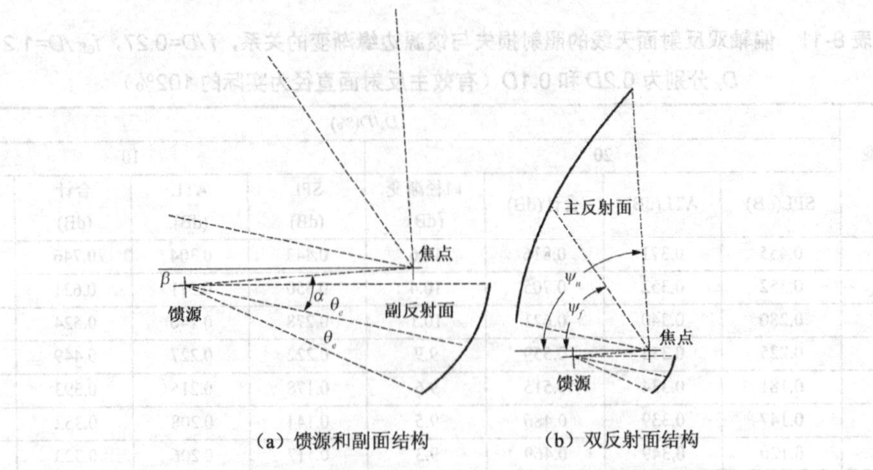

图 8-19　双偏馈格里高利天线，包括 Mizugutch 馈源轴线倾斜

需要五个参数来说明上述天线，所需的 Mizugutch 角应用到馈源相对于副面轴线的倾斜角 α（Ticra 采用ψ_0），该倾斜角由放大因子 M 决定，而 M 由副面的离心率 e 得到［见式（8-64）］：

$$M\tan\frac{\beta}{2}=\tan\frac{\alpha}{2}\quad 或\quad \left(M\tan\frac{\alpha}{2}=\tan\frac{\psi_0}{2}\right)^{\dagger}\quad 对应\ M=\frac{e+1}{e-1} \tag{8-85}$$

式（8-85）中求 M 的等式适用于卡塞格伦天线和格里高利天线。由于主反射面的直径 D 决定了增益和波束宽度，因此设计工作首先从设计主反射面的直径 D 开始。Ticra[48] 采用了主反射面的焦距 f、副面两焦点间距的一半 c、副面离心率 e 和副面轴线倾角β这些参数。Granet[49, 50] 提出了根据五个输入参数的 17 种不同组合来计算反射面尺寸的方程。这些方程组可以直接应用于各种结构上或电性能上有约束的设计工作，如对副面尺寸的约束以限制绕射损失。所有的 Granet 方程组都应用了 Mizugutch 关系，因为该小变化应该应用于所有的设计中。

通过反射面跟踪射线，可求得中心偏移值 H 为：

$$H=-2f\frac{\tan(\beta/2)-M\tan(\alpha/2)}{1+M\tan(\beta/2)\tan(\alpha/2)} \tag{8-86}$$

已知 H、D 和 f，由式（8-35）至式（8-47）计算主反射面的参数。通过以馈电角ψ_U和α跟踪射线到主反射面的上边缘，计算馈源的半张角θ_e：

$$\psi_U=-2\arctan\frac{2H+D}{4f}\quad 和\quad \theta_e=\left|2\arctan\left(\frac{1}{M}\tan\frac{\psi_U-\beta}{2}\right)-\alpha\right| \tag{8-87}$$

馈源对副面的张角为 $2\theta_e$。由圆锥轴线的角度α和锥角θ_e 决定的副面边缘的椭圆，利用式（8-59）和式（8-60）计算。

8.18　喇叭反射面天线和 Dragonian 双反射面天线

图 8-20 中显示的喇叭反射面天线由金字塔形或圆锥形输入部分构成，分别以矩形或圆形波导模激励，这可给偏馈抛物反射面天线馈电。波束以水平辐射出去的。喇叭反射面天线的结构形式上为偏馈反射面天线，偏馈角为$\psi_0=90°$，中心偏移 $H=2f$，这与潜望镜的结构相同。图 8-21 给出了 3m 直径的反射面天线工作于 6GHz（直径=60λ）的方向图，$f=3.215$m（$\psi_e=15°$）。在水平面内该天线辐射的交叉极化相对于波束最大点为−23dB。该天线不能应用于不同极化的双通道系统，因为类似于所有的偏馈反射面天线，在该水平面内，圆极化波

束会向右和向左倾斜。在水平面内，该天线在偏离视轴 90°方向辐射的旁瓣相当大，该旁瓣可以采用锯齿边进行控制[51]。

Dragonian 双反射面天线采用双曲面作为副面，其在卡塞格伦天线系统中向主反射面弯曲。这样形成的双反射面天线放大因子 $M<1$，而且需要比主反射面的有效馈电所需的波束宽度更宽的馈源天线。主反射面采用长焦距，这使主反射面更平坦，因此馈源波束可以保持较小。Jones 和 Kelleher[52] 将这种卡塞格伦天线的布局应用于喇叭反射面天线，并将馈电喇叭置于抛物主反射面的中心。Dragone[53] 推导出了适用于多反射面天线的一般的 Mizugutch 准则，并且说明了可应用于这种卡塞格伦天线系统以消除交叉极化。图 8-22 显示了 Dragonian 双反射面天线，由波纹喇叭馈源馈电，馈源位于抛物反射面边缘上方，抛物反射面代替了 3m 喇叭反射面。方向图的分析结果与图 8-21 中的曲线相同，只是消除了该水平面内的交叉极化。

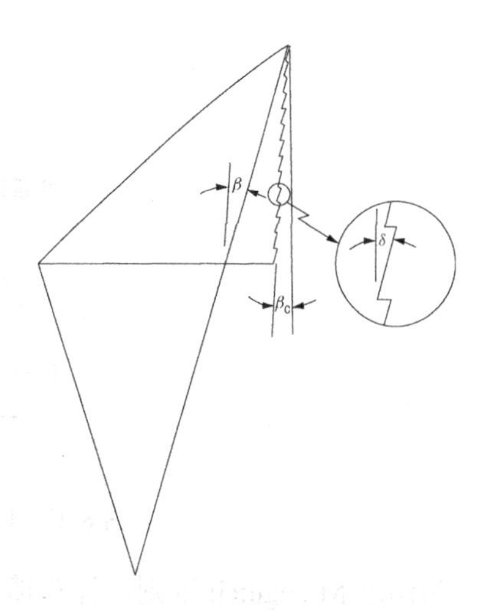

图 8-20 锯齿边的喇叭反射面天线
（摘自文献［51］的图 3，©1973 IEEE）

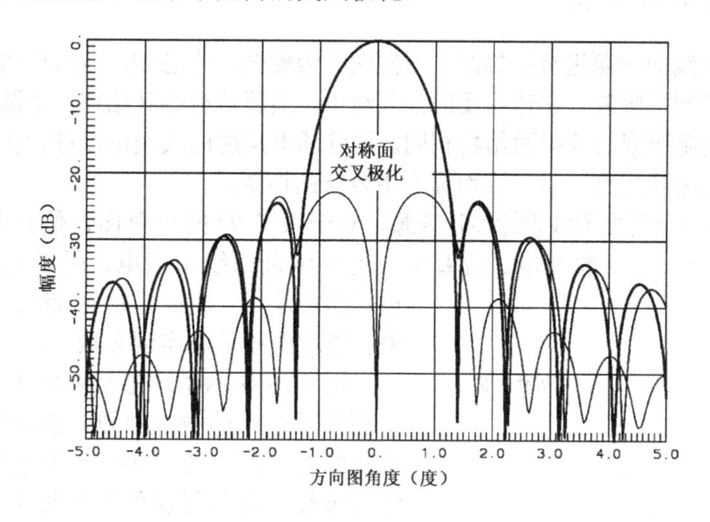

图 8-21 3m 喇叭反射面天线在 6GHz 的方向图

图 8-22 给出的设计结果为：$f=9.8\text{m}$，$D=3\text{m}$，θ_e=20°，副面轴线倾斜−73°，主反射面和副反射面位于不同的象限。根据关于副面轴线和馈源倾斜的 Mizugutch 准则，馈源轴线位于相对于主反射面轴线−97.5°，而相对于副面轴线−24.5° 处。对反射面的参数进行调整，使从主反射面发出的平面波避开波纹喇叭馈源和副反射面。由用于说明双反射面天线的五个输入参数的不同组合，并利用上述方程组[54] 可以求得所有的尺寸。利用这些方程，发现双曲副反射面的边缘是长短轴分别为 2.6m 和 2.05m 的椭圆。采用了双曲面靠近馈源的结构形式，规定负的离心率和双曲面向主反射面弯曲的等式。类似地，当离心率为负时，由求放大因子的等式得到小于 1 的值。已知图 8-22 中反射面的 $e=-1.832$，则：

$$M=\frac{e+1}{e-1}=\frac{-1.832+1}{-1.832-1}=0.2938$$

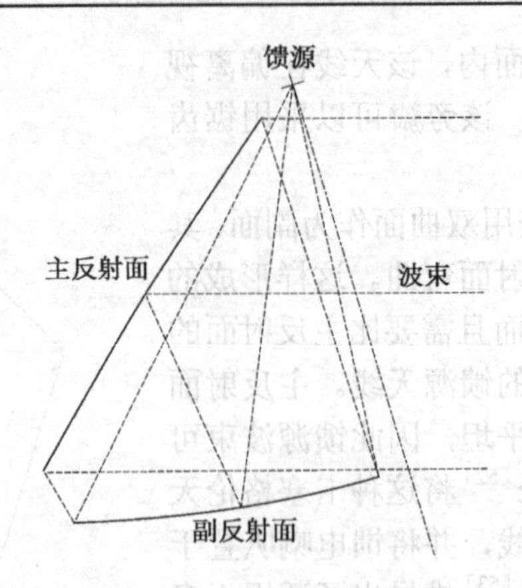

图 8-22 Dragonian 双反射面天线的几何结构

为满足 Mizugutch 准则，计算馈源相对于副面轴线的倾斜角：

$$\alpha = 2\arctan\left(M\tan\frac{\beta}{2}\right) = 2\arctan\left(2.938\tan\frac{-73}{2}\right) = -24.5°$$

8.19 球形反射面天线

当对抛物面天线的馈源进行扫描时，方向图的旁瓣会产生慧瓣，波瓣形状会发生畸变。因此馈源扫描范围受到了限制。在球形反射面天线中，馈源从球心开始在一个圆弧内移动，如果忽略边缘影响，馈源所视的反射面结构相同。尽管球形反射面天线可以进行更大范围扫描，但它不能将入射平面波聚焦到一点，因而需要更复杂的馈源。

我们可以为球形反射面天线设计多种馈源。对于大 f/D 的反射面，假设其为一变形抛物面[55, 56]，可以用一个点源馈电。沿着轴向场可以采用线源馈电。用修正后的副面可以修正球面相差[58]。就像抛物面天线，可以设计阵列[24]来补偿球面相差和实现多波束。

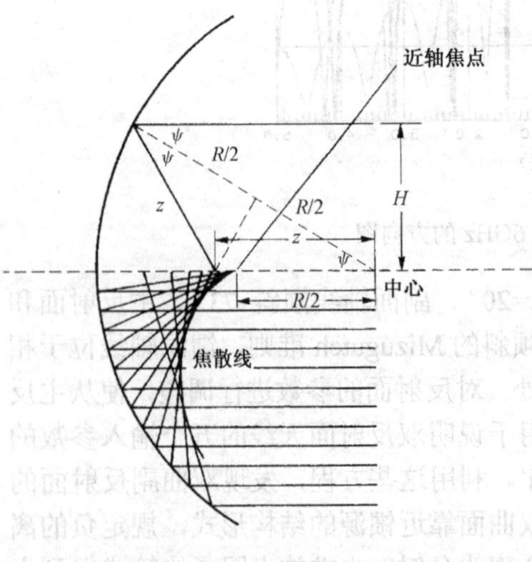

图 8-23 球形反射面的射线轨迹

图 8-23 显示了球形反射面天线的几何结构和平面波照射时的射线轨迹。由于球形反射面对所有轴线均为圆对称，因此所有射线与球面的径向线（轴线）在入射波的方向相交。图中所示为射线通过靠近顶点的轴线到达反射面的外部的轨迹，射线并不是从靠近轴线的区域反射的。球形反射面为线形聚焦。线形聚焦的变形抛物面呈现球面相差，这是因为焦距取决于离反射点轴线的径向距离。球形反射面有一尖状散焦点，在该点用几何光学法求得的场为无穷大。图 8-23 中的另一侧只显示了一条射线轨迹。很容易求解等腰三角形得到以下结果：

$$z = \frac{R/2}{\sqrt{1 - H^2/R^2}} \tag{8-88}$$

$$H^2 = R^2\left(1-\frac{R^2}{4z^2}\right) \tag{8-89}$$

式中，z 是已知射线的焦点位置。当 H 趋近于 0，即射线更靠近轴线，则反射线经过近轴焦点（$z=R/2$）。

根据能量守恒，利用式（8-89）来求轴线上的功率分布。平面波微分面元内的功率反射到轴线上以微分线元表示：$\mathrm{d}A=2\pi H\mathrm{d}H$。对式（8-89）求微分：

$$2H\mathrm{d}H = \frac{R^2}{2z^3}\mathrm{d}z$$

沿轴线的功率分布为：

$$P_z = \frac{P_0 R^3}{8z^3} \tag{8-90}$$

式中，P_0 是近轴焦点处的功率。在近轴焦点处功率最大，而顶点处功率下降为八分之一（−9dB）。由反射面照射区的旋转角 ψ 可确定线形馈源所需的长度：

$$\text{馈源长度} = \frac{R(1/\cos\psi - 1)}{2} \tag{8-91}$$

例：如果照射区的半旋转角为 30°，由式（8-91）得到馈源长度为 $0.0774R$。则幅度的减小为：

$$\frac{P_z}{P_0} = \frac{R^3}{8(R/2+0.0774R)^3} = 0.65 \quad (-1.9\text{dB})$$

与轴线相交的射线不是等相位的。从口径面到反射面原点的路径长度为：

$$\text{路径长度} = \frac{R^2}{2z} + z \tag{8-92}$$

如果馈源长度很短，可以用线性函数来近似式（8-92）。

例：馈源长度为 $0.0774R$；计算沿着馈源所需的相位变化。

馈源从近轴焦点处（$z=R/2$）开始，路径长度为：

$$\text{路径长度} = \frac{R^2}{R} + \frac{R}{2} = 1.5R$$

在 $z=R/2+0.0774R$ 处，路径长度=$1.443R$。相位的变化为 $(2\pi/\lambda)R(0.0566)$。如果我们绘出馈源区域内的相位变化，则可以用线性函数来很精确的近似。

当 f/D 很大时，球形反射面可以由点源馈电[55]。反射面的中心区域近似为抛物面。最佳焦点为

$$f = \frac{1}{4}\left[R + \sqrt{R^2 - (D/2)^2}\right] \tag{8-93}$$

最大路径长度误差为[56]：

$$\frac{\Delta L}{\lambda} = \frac{1}{2048}\frac{D}{\lambda}\frac{1}{(f/D)^3} \tag{8-94}$$

近似增益损失为：

$$\frac{\Delta G}{G} = 3.5092\left(\frac{\Delta L}{\lambda}\right)^2$$

或

$$\text{PEL(dB)} = 10\log\left[1 - 3.5092\left(\frac{\Delta L}{\lambda}\right)^2\right] \tag{8-95}$$

路径长度偏差 0.25λ，增益减小 1.08dB。

例：使直径为 50λ的反射面的ΔL 限制到 1/16λ，求球形反射面的 f/D 值。

整理式（8-94）得到：

$$\frac{f}{D}=\frac{16(50)}{2048}=0.73$$

8.20 赋形反射面天线

赋形反射面天线传播柱面或球面波，并根据几何光学原理形成所需的方向图。赋形反射面天线辐射的方向图与几何光学法描述的不完全一致。在所有情况下，我们必须应用如口径绕射、感应电流或几何绕射理论（GTD）等方法来计算实际方向图。虽然分析需要更复杂的方法，但在设计中我们只考虑第一阶几何光学项。

我们利用两个原理来设计赋形反射面天线。首先是将几何光学反射表示为一个微分方程。第二是射线管内能量守恒，这可表示为馈源与反射方向图的微分面元项或整个区域内的积分。我们为几何光学反射方程定义两个角度。馈源指向反射面，从指向反射面的轴线开始测量的馈源方向图角度ψ。反射面将馈源入射的方向图反射辐射形成远场方向图，该方向图的角度θ从背离反射面的轴线开始测量。反射的微分方程为[2]：

$$\tan\frac{\theta+\psi}{2}=\frac{\mathrm{d}\rho}{\rho\mathrm{d}\psi} \tag{8-96}$$

式中，ρ 是反射面离馈源的距离。反射面的边缘由从馈源轴线开始测量的角度ψ_1和ψ_2定义，反射方向为θ_1和θ_2。对此方程积分来求解：

$$\ln\frac{\rho(\psi)}{\rho_0(\psi_1)}=\int_{\psi_1}^{\psi}\tan\frac{\theta(\psi)+\psi}{2}\mathrm{d}\psi \tag{8-97}$$

式中，ψ_1是馈源的初始角，$\rho(\psi_1)$是反射面在ψ_1处的初始矢径。

采用零波长近似的几何光学，在任何尺寸下都是适用的。所有抛物反射面天线，不管尺寸如何，都将从馈源辐射的球面波变成平面波。仅考虑绕射或反射面上的感应电流就可计算出天线的增益和波束宽度。

例：由式（8-97），已知$\theta(\psi)$=0，求反射面。

$$\ln\frac{\rho(\psi)}{\rho_0(\psi_1)}\int_{\psi_1}^{\psi}\tan\frac{\psi}{2}d\psi=-2\left(\ln\cos\frac{\psi}{2}-\ln\cos\frac{\psi_1}{2}\right)$$

由对数函数的特性得到：

$$\ln\frac{\rho(\psi)}{\rho_0(\psi_1)}=\ln\frac{\cos^2(\psi_1/2)}{\cos^2(\psi/2)}$$

上式两边取指数，得到反射面的极坐标方程为：

$$\rho(\psi)=\rho_0(\psi_1)\frac{\cos^2(\psi_1/2)}{\cos^2(\psi/2)}$$

令ψ_1=0，并使$\rho(\psi)=f$，即可得到抛物线的方程［见式（8-1）］。

反射面的微分方程表明，对入射角ψ，仅由局部的反射面形状产生θ方向的反射。我们还需求出各个方向的功率密度。微分面元的比给出了这些功率密度。已知馈源的方向图为$G_f(\psi,\ \theta)$，反射方向图为$P(\theta,\ \phi)$，则

$$KP(\theta,\phi)\,\mathrm{d}A(\theta,\phi)=G_f(\psi,\phi)\,\mathrm{d}A_f(\psi,\phi) \tag{8-98}$$

式中，$\mathrm{d}A(\theta,\phi)$ 是反射方向图的微分面元，$dA_f(\psi,\phi)$ 是馈源方向图的微分面元，K 是常数，由

总的入射和反射功率相等求得。式（8-98）基于假设反射与馈源的方向图为 1:1。

8.20.1 柱形反射面天线的综合

我们以线源给柱形反射面馈电。反射面决定了一个面内的波束形状，而另一面的波束形状由线源分布决定。将问题简化为设计一个二维曲线并沿轴线移动，从而定义了反射面。馈源辐射的功率为 $G_f(\psi)\mathrm{d}\psi$。反射面将该功率反射后在角度 θ 方向的功率密度为 $P(\theta)\mathrm{d}\theta$。这些数值成比例关系［式（8-98）］：

$$KP(\theta)\,\mathrm{d}\theta = G_f(\psi)\,\mathrm{d}\psi \tag{8-99}$$

受反射面的限制，馈源的角度 ψ_1 和 ψ_2 对应反射角度 θ_1 和 θ_2。令每种方向图的功率相等来计算常数 K：

$$K = \frac{\int_{\psi_1}^{\psi_2} G_f(\psi)\mathrm{d}\psi}{\int_{\theta_1}^{\theta_2} P(\theta)\mathrm{d}\theta} \tag{8-100}$$

通常采用数值法对式（8-99）积分得到有效解。联立式（8-99）和式（8-100）消去 K，得到：

$$\frac{\int_{\theta_1}^{\theta} P(\theta)d\theta}{\int_{\theta_1}^{\theta_2} P(\theta)d\theta} = \frac{\int_{\psi_1}^{\psi} G_f(\psi)\mathrm{d}\psi}{\int_{\psi_1}^{\psi_2} G_f(\psi)\mathrm{d}\psi} \tag{8-101}$$

由已知的馈源方向图 $G_f(\psi)$ 和所需的方向图函数 $P(\theta)$，利用式（8-101）建立关系 $\theta(\psi)$。将 $\theta(\psi)$ 代入反射的微分方程［参见式（8-97）］，从而求得以 ψ 为函数的径向距离：

$$\rho(\psi) = \rho_0(\psi_1)\exp\left[\int_{\psi_1}^{\psi} \tan\frac{\theta(\psi)+\psi}{2}\,\mathrm{d}\psi\right] \tag{8-102}$$

由式（8-102）计算反射面的坐标，且限定在比例因子 $\rho_0(\psi_1)$ 内。

8.20.2 圆对称反射面天线的综合

圆对称反射面天线的综合很容易简化为一个二维问题。我们必须假定馈源的方向图也是轴对称的。以 $G_f(\psi)$ 来表示馈源方向图，以 $P(\theta)$ 来表示反射面天线方向图。微分面元分别为 $\sin\psi\mathrm{d}\psi$ 和 $\sin\theta\mathrm{d}\theta$。式（8-98）变为

$$KP(\theta)\sin\theta\,\mathrm{d}\theta = G_f(\psi)\sin\psi\,\mathrm{d}\psi \tag{8-103}$$

对式（8-103）积分求函数 $\theta(\psi)$

$$\frac{\displaystyle\int_{\theta_1}^{\theta} P(\theta)\sin\theta\,\mathrm{d}\theta}{\displaystyle\int_{\theta_1}^{\theta_2} P(\theta)\sin\theta\,\mathrm{d}\theta} = \frac{\displaystyle\int_{\psi_1}^{\psi} G_f(\psi)\sin\psi\,\mathrm{d}\psi}{\displaystyle\int_{\psi_1}^{\psi_2} G_f(\psi)\sin\psi\,\mathrm{d}\psi} \tag{8-104}$$

由包含 $\theta(\psi)$ 的反射面微分方程，利用式（8-102）来确定反射面天线的极坐标方程。以一个例子能更好地解释赋形反射面天线的设计方法。柱形反射面天线的综合也按这些步骤。

例：设计一种反射面天线，将图 8-24（a）所示的馈源方向图转变为图 8-24（b）所示的方向图。

所需的方向图从 50° 到 0° 下降了约 9dB。我们将用 4° 到 54° 的馈源方向图，并设计具有环形散焦面的反射面。在 4° 处的馈源方向图反射到 50°，而 54° 处的馈源方向图反射到 0°。几何光学射线在反射面前的某处相交。具有以下限制：

馈源：$\psi_1 = 4°, \psi_2 = 54°$

反射面：$\theta_1 = 50°, \theta_2 = 0°$

将图 8-24中的方向图代入式（8-104）的两边，并计算该积分的比值。表 8-12 给出了关于θ和ψ 的积分按式（8-104）归一化的结果。已知ψ，由积分相等在表中求θ。例如，沿着$\psi = 28°$（馈源）到其积分值的指示线，由积分值相等，确定反射面的角度$\theta = 42°$。用内插法可以求得许多对应值，从而产生表 8-13 所示由已知的馈源角度得到反射面角度$\theta(\psi)$。

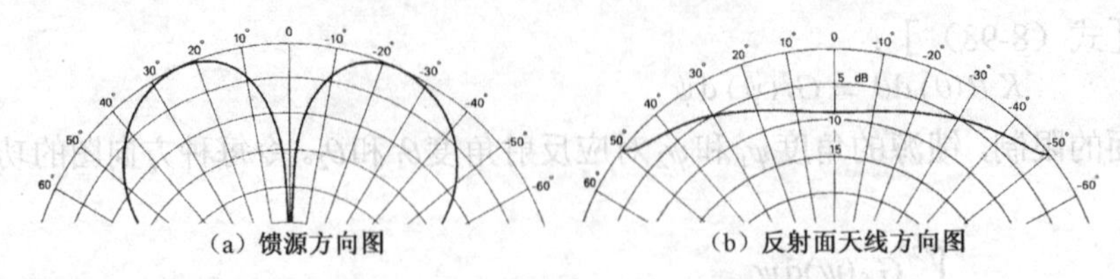

（a）馈源方向图　　（b）反射面天线方向图

图 8-24　轴对称反射面天线的方向图转变

在式（8-102）的积分中采用表 8-13 中的$\theta(\psi)$ 值，来计算反射面天线的归一化极坐标方程，结果列于表 8-14 中。图 8-25 显示了反射面的形状，即轴对称赋形反射面的几何结构。由于以上方法不能确定中心区域，因此在反射面的中心有一个孔。表 8-12 表明，不管反射面中心区域多大，为得到所需的高增益，必须反射 50°附近的射线。重复以上例子，设计没有环形散焦面的反射面，将馈源 54°附近的射线反射到 50°处，将得到更扁的反射面。

表 8-12　在赋形反射面综合中，利用馈源和功率方向图的归一化积分求$\theta(\psi)$

馈源角度ψ（度）	馈源归一化分值	反射面归一化分值	反射面角度θ（度）
4	0.000	0.000	50
6	0.002	0.143	48
8	0.006	0.259	46
10	0.016	0.360	44
12	0.031	0.449	42
14	0.054	0.527	40
16	0.086	0.596	38
18	0.128	0.657	36
20	0.178	0.711	34
22	0.237	0.757	32
24	0.302	0.798	30
26	0.373	0.833	28
28	0.445	0.864	26
30	0.518	0.889	24
32	0.590	0.911	22
34	0.658	0.930	20
36	0.720	0.946	18
38	0.777	0.959	16
40	0.827	0.970	14
42	0.869	0.978	12
44	0.905	0.985	10
46	0.934	0.991	8
48	0.958	0.995	6
50	0.976	0.998	4
52	0.999	0.999	2
54	1.000	1.000	0

表 8-13　赋形反射面综合中，已知馈源角度对应的反射面角度 $\theta(\psi)$

馈源角度ψ（度）	反射面角度θ（度）	馈源角度ψ（度）	反射面角度θ（度）
4	50.0	30	40.2
6	50.0	32	38.2
8	49.9	34	36.0
10	49.8	36	33.6
12	49.6	38	31.1
14	49.3	40	28.4
16	48.8	42	25.6
18	48.2	44	22.6
20	47.4	46	19.5
22	46.4	48	16.2
24	45.2	50	12.6
26	43.7	52	8.4
28	42.1	54	0.7

表 8-14　赋形反射面综合中，反射面的归一化极坐标方程 $\rho(\psi)$

馈源角度ψ（度）	归一化半径ρ	馈源角度ψ（度）	归一化半径ρ	馈源角度ψ（度）	归一化半径ρ
4	1.000	22	1.208	40	1.503
6	1.018	24	1.238	42	1.539
8	1.038	26	1.268	44	1.575
10	1.058	28	1.299	46	1.611
12	1.080	30	1.332	48	1.648
14	1.103	32	1.365	50	1.684
16	1.128	34	1.398	52	1.719
18	1.153	36	1.433	54	1.753
20	1.180	38	1.468		

由于绕射的影响而展宽了方向图，我们可以通过设计使波束指向围绕轴线的圆锥内的反射面，来近似图 8-24（b）中的方向图。令式（8-97）中的 $\theta(\psi)=\theta_0$ 为一个常数，则得到表面方程：

$$\rho(\psi)=\rho_0\frac{\cos^2[(\psi_0+\theta_0)/2]}{\cos^2[(\psi+\theta_0)/2]} \tag{8-105}$$

例：直径为 40λ，按式（8-105）赋形的反射面天线，在 $\theta_0=50°$ 圆锥内扫描，估算其方向系数。

每一边只使用了直径的一半。有效扫描口径宽度变为 $(40\lambda/2)\cos 50°=12.8\lambda$。如果假设口径分布为幅度均匀分布，则得到上限结果。由式（4-83），半功率波瓣宽度 $\text{HPBW}=59°/12.8=4.6°$。利用式（1-24）估算方向系数：

$$方向系数=\frac{2}{\cos(50°-2.3°)-\cos(50°+2.3°)}=32.5 \quad (15\text{dB})$$

均匀分布口径的轴向增益为 42dB。将反射展宽成一圆锥形时，大大减小了增益。而上述的赋形反射面天线由于边缘渐变很大，因此其方向系数将更小。

8.20.3 形成赋形波束的双曲反射面天线

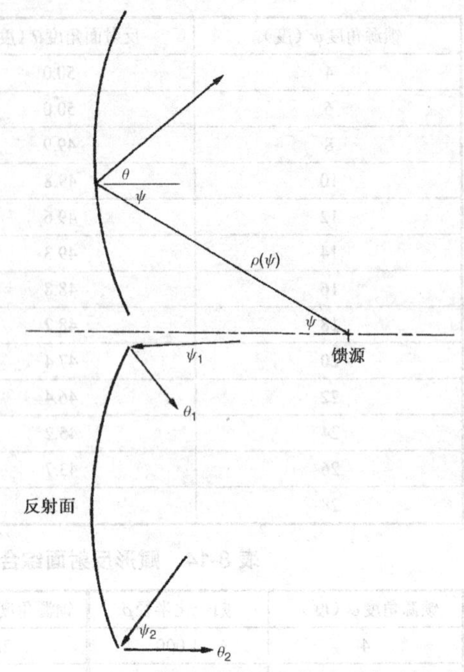

图 8-25 以焦散反射面设计的圆对称反射面

普通的雷达要求在一个面内为窄波束，而在另一面内为赋形波束。这种波束可以采用赋形柱形反射面得到，但以单馈源代替线源是更简单的方法。在赋形方向图的坐标中，我们规定仅由θ_V来表示主平面内的方向图，以θ_H表示针状波束[2,59]。同样，规定以ψ_V和ψ_H来表示馈源的方向图。对于给定的馈源角ψ_V，反射波角是θ_V。只有θ_H值允许为零。反射面将波在水平面内反射成平行波。像这样的反射成平行波则要求在水平面内由抛物曲线构成的对称面作为反射面。因此仅需设计通过反射面中心的垂直曲线。

对于给定的馈源角ψ_V（图 8-26（a）），所有以θ_V角入射的射线必被反射到馈源。在图 8-26 中入射的射线形成 x-z'面，反射面在该平面内的抛物线将入射线汇聚到馈源。我们称该抛物线为反射面的一根肋。图 8-26（b）显示了 x-z'面和该平面内以θ_V角入射的波被反射到馈源的两条射线。到达焦点的波束，其射线光程相等：

$$\overline{\mathrm{BP}}+\overline{\mathrm{PO}}=\overline{\mathrm{AN}}+\overline{\mathrm{NO}} \tag{8-106}$$

式（8-106）建立于 x-z'面内的肋曲线为抛物线，其焦距为：

$$f=\rho_c(\psi_V)\cos^2\frac{\theta_V(\psi_V)+\psi_V}{2} \tag{8-107}$$

焦点位于z'轴上。利用抛物线肋将问题简化为设计中心曲线$\rho_c(\psi_V)$。

用反射的和馈源的功率密度将式（8-98）变为：

$$KP(\theta_V)\mathrm{d}\theta_V\rho_c(\psi_V)\,\mathrm{d}\psi_H=G_f(\psi_V)\,\mathrm{d}\psi_V\,\mathrm{d}\psi_H \tag{8-108}$$

对式（8-108）积分，并以总功率进行归一化：

$$\frac{\int_{\theta_1}^{\theta_V}P(\theta_V)\,\mathrm{d}\theta_V}{\int_{\theta_1}^{\theta_2}P(\theta_V)\,\mathrm{d}\theta_V}=\frac{\int_{\psi_1}^{\psi_V}[G_f(\psi_V)/\rho_c(\psi_V)]\,\mathrm{d}\psi_V}{\int_{\psi_1}^{\psi_2}[G_f(\psi_V)/\rho_c(\psi_V)]\,\mathrm{d}\psi_V} \tag{8-109}$$

除了馈源方向图积分值与到中心肋的径向距离有关外，式(8-109)与式(8-101)和式(8-104)相似。确定$\theta_V(\psi_V)$值须先知道$\rho_c(\psi_V)$值，需要由反射微分方程［式（8-102）］来计算$\rho_c(\psi_V)$值。然后只通过迭代法就能得到解。

我们须先假定一个$\rho_c(\psi_V)$值，求解$\theta_V(\psi_V)$值，然后由该结果计算一个新的$\rho_c(\psi_V)$值。通过几步迭代后，$\rho_c(\psi_V)$值即收敛了。我们将归一化值ρ_c用于前述的积分比例中。从抛物线开始设计：

$$\frac{\rho_c(\psi_V)}{\rho_c(\psi_1)}=\frac{\cos^2(\psi_1/2)}{\cos^2(\psi_V/2)}$$

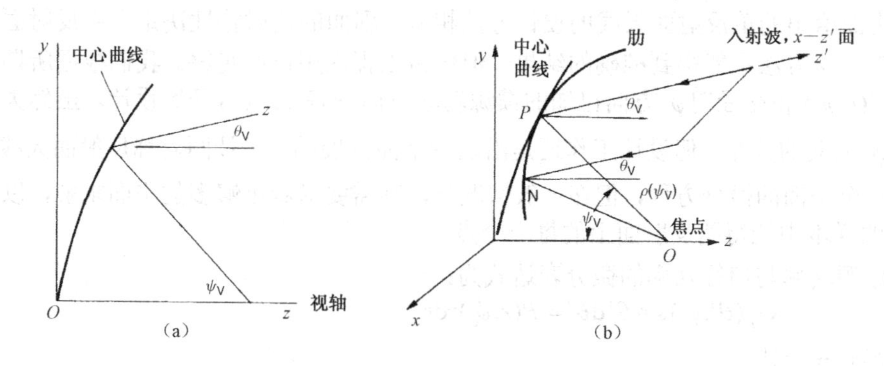

图 8-26 双弯曲赋形反射面

根据下述方法得到的表面并不是唯一的。选取反射面在水平面的宽度为常数。下面以一系列连续的抛物线来确定表面，每条抛物线在 x-z' 面内并且由反射角 θ_V 确定，反射角沿着中心肋而不断改变方向。我们须绘出边缘垂直坐标和 ψ_V 的关系曲线，以查看是否为单调。如果曲线中有环状线，则表面不是唯一定义的。

已知宽度 x，根据下述计算边缘的垂直坐标。肋在中心曲线上的位置为 $\rho_c(\psi_V)\sin\psi_V$。肋在 x-z' 面内为抛物线，其焦距由式（8-107）给出。边缘的 z' 坐标为 $z' = x^2/4f(\psi_V)$。通过将该点投影到 y 轴上求出垂直方向尺寸：$y = \rho_c(\psi_V)\sin\psi_V$。Elliott[60] 指出，根据该方法，不能在所有点得到适当的斜度用于反射，但当由针状波束来设计，且只有很小的偏差时，将得到所期望的方向图。表面可以用或不用与边缘反射角有关的散焦线来设计。用边缘反射的散焦线来设计的反射面更易具有唯一性[60]。Carberry[61] 描述了一种包括物理光学的分析方法。在应用这些方法时，由于电流的相位随着反射面的位置变化很快，我们须将反射面细分成很多片，而且还要不断进行细分，直到结果收敛为止。

8.20.4 双赋形反射面天线

在设计双反射面天线时，可以通过对两个反射面赋形设计，从而在口径面上产生任意相位和幅度分布。Galindo[62]通过在两个表面同时利用能量守恒和反射微分方程，导出了两个以口径半径表示的微分方程。Runge-Kutta 或其他合适的数字方法，可以用来求解该联立微分方程，而不是对功率方程积分。Williams[63]通过功率方程的积分，在口径面上等幅等相的限制下，求得了卡塞格伦天线的解。由于赋形主反射面和抛物面之间的差异很小，Collins[64]考虑采用抛物面作为主反射面。为此，他得容忍口径面上的二次相位误差。以赋形副反射面对现有的大型反射面天线进行改进，可以提高其性能。根据其工作原理，馈源需要为如波纹喇叭这样的轴对称馈源。

Galindo-Israel 和 Mittra[65]利用一对相互偏置的反射面，将馈源发出的球面波转变为改变了方向图幅度的二次球面波。这种一个馈源和两个反射面的组合，可以用来照射主焦点的抛物面或卡塞格伦系统，而不需改变现有的反射面表面。例如，可以由普通方向图的源实现 $\sec^4(\theta/2)$ 的方向图，从而提高整个反射面系统的效率。反射面天线使所有射线保持相等的路径，但从虚拟焦点发出的所期望的方向图幅度只能保持近似相等。通过对微分方程进行数值计算，可以确定反射面天线沿着径向线的分布。从简化假设而得到的方程与由第二反射面引入的额外的自由度有关。虽然该方法并不准确，但在大多数情况下，这些方程的解得到了有用的设计参数。

Lee et al.[66]开发了一种对偏馈双反射面天线进行赋形的方法，该方法减少了微分方程的解，这与上面给出的单反射面天线的设计方法相似。副面的反射特性决定了主反射面的幅度分布为一阶的。该方法不能得到准确的结果，但作为工程应用已经足够。我们根据所期望的口径功率分布$P(r,\phi_c)$和在径向ϕ_c方向已知的馈源功率方向图$G_f(\theta',\phi_c)$开始设计。虽然大多数情况下采用与ϕ_c无关的分布，但设计工作还是沿这些平面开展的。设计圆对称反射面天线时，只需求解沿着一个平面的微分方程，但在一般情况下，则需要沿着足够多的平面求解，以使得在沿着坐标ϕ_c的样本中能得两反射面上的每一个点。

联系馈源功率与口径功率的微分表达式为：

$$G_f(\theta',\phi_c)\sin\theta'\mathrm{d}\theta' = P(r,\phi_c)r\mathrm{d}r$$

由此得到积分比：

$$\frac{\int_{-\theta_e}^{\theta} G_f(\theta')\sin\theta'\,\mathrm{d}\theta'}{\int_{-\theta_e}^{\theta_e} G_f(\theta')\sin\theta'\,\mathrm{d}\theta'} = \frac{\int_{R_1}^{R} P(r')r'\,\mathrm{d}r'}{\int_{R_1}^{R_2} P(r')r'\,\mathrm{d}r'} \tag{8-110}$$

式（8-110）包含了一般情况，偏馈副反射面的功率指向从低角度$-\theta_e$到偏置半径R_1随着平面ϕ_c改变而改变。设计圆对称反射面天线时，$-\theta_e=0$，$R_1=0$。虽然很多设计工作试图为主反射面产生均匀口径分布，但是我们也可以代入其他的分布，如采用圆形泰勒分布将旁瓣控制在式（8-110）内。给定口径分布和馈源方向图，我们对每个平面ϕ_c计算类似表8-12的表格，表中给出了馈源角作为口径半径的函数。在该表格中采用插值法可以确定每个值。

我们从副面中心开始设计，该中心相对于以馈电焦点为中心的副面轴线的球坐标为$(\rho_0, 0, 0)$。副面轴线相对于主面轴线可以倾斜。副面的直角坐标为（$\rho\sin\theta\cos\phi_c$，$\rho\sin\theta\sin\phi_c$，$\rho\cos\theta$）。入射波反射到主面上的点为：（$H\pm R\cos\phi_c$，$\pm R\sin\phi_c$，z），卡塞格伦天线用+，格里高利天线用−。我们计算副面上的一点与主面之间的单位矢量。副面上的法向矢量以微分表示为：

$$\mathbf{n} = \frac{1}{\Delta}\left(\mathbf{a}_\rho - \frac{1}{\rho}\frac{\partial\rho}{\partial\theta}\mathbf{a}_\theta - \frac{1}{\rho\sin\theta}\frac{\partial\rho}{\partial\rho_c}\mathbf{a}_{\phi_c}\right) \tag{8-111}$$

式中

$$\Delta = \sqrt{1+\left(\frac{1}{\rho}\frac{\partial\rho}{\partial\theta}\right)^2+\left(\frac{1}{\rho\sin\theta}\frac{\partial\rho}{\partial\phi_c}\right)^2}$$

我们对副面应用Snell准则［参见式（2-67）］的两个方程，并整合各项形成两个微分方程：

$$\frac{\partial\rho}{\partial\theta} = \frac{QV}{Q^2+U^2} \quad 和 \quad \frac{\partial\rho}{\partial\phi_c} = \frac{UV\sin\theta}{Q^2+U^2} \tag{8-112}$$

式（8-112）中的各项由下式给出：

$$\begin{aligned}
Q &= \frac{a\cos\theta\cos\phi_c + b\sin\theta\sin\phi_c - c\sin\theta}{\rho}\\
U &= \frac{b\cos\phi_c - a\sin\phi_c}{\rho}\\
V &= L + a\sin\theta\cos\phi_c + b\sin\theta\sin\phi_c + c\sin\theta\\
a &= H\pm R\cos\phi_c - \rho\sin\theta\sin\phi_c\\
b &= \pm R\sin\phi_c - \rho\sin\theta\sin\phi_c\\
c &= z - \rho\cos\theta
\end{aligned} \tag{8-113}$$

其中矢量(a, b, c)是从副面到主面，并且$L=\sqrt{a^2+b^2+c^2}$。

在口径面上取$z=0$，并且沿着每条射线路径相等。这就给出了主反射面z坐标位置的方程：

$$\overline{\mathrm{OL}}=\rho_0+L_0-z_0=\rho+L-z$$

求解z：

$$z=\frac{a^2+b^2}{2(\rho\cos\theta-\rho+\overline{\mathrm{OL}})}+\frac{1}{2}(\rho\cos\theta-\rho+\overline{\mathrm{OL}}) \tag{8-114}$$

为了求解反射面的表面，我们需要选取一个起始点，通常以到达反射面中心的射线作为从馈源到副面的第一条射线，并计算副面和主面之间的初始距离L_0来求路径。我们选择极坐标平面ϕ_c，并求解式（8-112）左边的微分方程，对主面和副面均利用 Runge-Kutta 数值方法求解。我们对足够多数量的平面ϕ_c重复上述方法，从而确定整个表面。如果天线是圆对称的，则对上述方程只求解一次。对于偏置双反射面天线，可以通过利用最少的方块来计算等效副面从而提高交叉极化，以及利用其离心率来计算 Mizugutch 副面轴线的旋转。

8.21 赋形和多波束反射面天线的优化综合

Silver[2]论述了采用线阵馈源对抛物面天线的波束进行赋形。该方法是基于经验的，并且包括许多偏离波束的叠加。类似的方法也用在了三维雷达中，但馈源保持分立，因此在给定的时间内，多波束可以扫描很大的区域。在大多数情况下，阵列馈源提供了波束赋形最好的解决方法。阵列单元数将变量数量限制在有限范围内，因此可以采用优化方法。

第二种方法是采用优化方法对反射面进行赋形，也可能对副面进行赋形。这需要反射面的变形函数。首先采用二次截面的反射面，然后增加变形。这些变形可以是定义在整个表面上的完全 Zernike 函数，或是局部函数，如 B-splines[67]。B-spline 采用反射面上的栅格点，但是 spline 系数只应用于有限的区域内。在两种情况下，都得到一组用于优化算法的系数。我们可以选择将这些系数组合起来，或者在不同系数组之间进行叠代。优化是一门艺术。

由于反射面天线是一种口面天线，我们在$(u,v)=(\sin\theta\cos\phi,\sin\theta\sin\phi)$空间选择一组方向来计算方向图。选择的点数应超过系数的数量，并且间距足够近，这样才能完全描述主波束方向图：

$$\Delta u \text{ 和 } \Delta v \ \sim \frac{0.5\lambda}{D} \text{ 到 } \frac{0.25\lambda}{D} \tag{8-115}$$

在这些点上计算功率方向图$P_m(u,v)$，并采用合适的价值函数将这些方向图与所期望的方向图$P_m^d(u,v)$比较。对每个方向图的方向加权ω_m，并利用梯度最小法的累计价值[68]，得到：

$$F(\mathbf{x})=\sum_{m=1}^{M}\left|\omega_m(P_m(u_m,v_m))-P_m^d(u_m,v_m)\right|^2 \tag{8-116}$$

第二种选择是极小－极大优化法[69]。该算法将最大误差最小化：

$$\max\left[\omega_m(P_m(u_m,v_m))-P_m^d(u_m,v_m)\right] \tag{8-117}$$

如果我们对反射面形状进行优化，将变形表示为由通过口径面均匀间距的点确定的 B-splines，数量由最大方向图角度$\theta_{\max}$和反射面直径D决定[69]：

$$N_x=N_y=\frac{\pi D\sin\theta_{\max}}{\lambda}+2 \tag{8-118}$$

给定 Zernike 多项式展开，最大方位角模展开为$M_{\max}$和最大极坐标模指数为$N_{\max}$，可以得到所需的相似模数：

$$M_{\max}=N_{\max}=\frac{\pi D\sin\theta_{\max}}{\lambda}+2 \tag{8-119}$$

赋形设计从抛物主反射面开始，其波束宽度可能太窄，以致于一部分已确定的$u-v$空间区域可能位于旁瓣区域。在这种情况下，由于当发生改变时，对主波束区域的影响为正，对副瓣区域的影响为负，从而优化不能满足该区域，因此优化会受到限制。我们在开始优化前必须先对主反射面进行变形[69]。首先，以中心点在(u_0,v_0)的椭圆包围$u-v$空间的区域内确定的点，椭圆的长轴和短轴分别为ω_1和ω_2，倾角为α。给定抛物面的直径为 D，焦距为 f，中心偏离(x_0,y_0)，我们在口径面上定义旋转坐标：

$$x'=(x-x_0)\cos\alpha+(y-y_0)\sin\alpha$$
$$y'=-(x-x_0)\sin\alpha+(y-y_0)\cos\alpha$$

利用这些坐标，我们改变反射面z轴的位置：

$$\Delta z=-\left(\frac{1}{2}+\frac{x^2+y^2}{8f^2}\right)\left[\frac{\omega_1 x'^2+\omega_2 y'^2}{D}+u_0(x-x_0)+v_0(y-y_0)\right] \tag{8-120}$$

由于ω_1和ω_2可能为正，也可能为负，因此要进行选择。正值使反射面更扁，而负值将得到焦散反射面，并展宽了波束宽度。

参考文献

[1] A. W. Love, *Reflector Antennas*, IEEE Press, New York, 1978.

[2] S. Silver, ed., *Microwave Antenna Theory and Design*, McGraw-Hill, New York, 1949.

[3] W. V. T. Rusch and P. D. Potter, *Analysis of Reflector Antennas*, Academic Press, New York, 1970.

[4] P. J. Wood, *Reflector Antenna Analysis and Design*, Peter Peregrinus, London, 1980.

[5] C. A. Mentzer and L. Peters, A GTD analysis of the far-out sidelobes of Cassegrain antennas, *IEEE Transactions on Antennas and Propagation*, vol. AP-23, no. 5, September 1975, pp. 702–709.

[6] S. W. Lee et al., Diffraction by an arbitrary subreflector: GTD solution, *IEEE Transactions on Antennas and Propagation*, vol. AP-27, no. 3, May 1979, pp. 305–316.

[7] A. D. Craig and P. D. Simms, Fast integration techniques for reflector antenna pattern analysis, *Electronics Letters*, vol. 18, no. 2, January 21, 1982, pp. 60–62.

[8] V. Galindo-Israel and R. Mittra, A new series representation for the radiation integral with application to reflector antennas, *IEEE Transactions on Antennas and Propagation*, vol. AP-25, no. 5, September 1977.

[9] A. W. Rudge et al., eds., *The Handbook of Antenna Design*, Vol. 1, Peter Peregrinus, London, 1982.

[10] A. C. Ludwig, The definition of cross polarization, *IEEE Transactions on Antennas and Propagation*, vol. AP-21, no. 1, January 1973, pp. 116–119.

[11] J. R. Cogdell and J. H. Davis, Astigmatism in reflector antennas, *IEEE Transactions on Antennas and Propagation*, vol. AP-21, no. 4, July 1973, pp. 565–567.

[12] Y. T. Lo, On the beam deviation factor of a parabolic reflector, *IEEE Transactions on Antennas and Propagation*, vol. AP-8, no. 3, May 1960, pp. 347–349.

[13] J. Ruze, Lateral-feed displacement in a paraboloid, *IEEE Transactions on Antennas and Propagation*, vol. AP-13, no. 5, September 1965, pp. 660–665.

[14] W. V. T. Rusch and A. C. Ludwig, Determination of the maximum scan-gain contours of a beam scanned paraboloid and their relation to the Petzval surface, *IEEE Transactions on Antennas and Propagation*, vol. AP-21, no. 2, March 1973, pp. 141–147.

[15] W. A. Imbriale, P. G. Ingerson, and W. C. Wong, Large lateral feed displacements in a parabolic reflector, *IEEE Transactions on Antennas and Propagation*, vol. AP-22, no. 6, November 1974, pp. 742–745.

[16] D. K. Cheng, Effect of arbitrary phase errors on the gain and beamwidth characteristics of radiation pattern, *IEEE Transactions on Antennas and Propagation*, vol. AP-3, no. 4, July 1955, pp. 145–147.

[17] J. Ruze, Antenna tolerance theory: a review, *Proceedings of IRE*, vol. 54, no. 4, April 1966, pp. 633–640.

[18] M. S. Zarghamee, On antenna tolerance theory, *IEEE Transactions on Antennas and Propagation*, vol. AP-15, no. 6, November 1967, pp. 777–781.

[19] R. C. Hansen, ed., *Microwave Scanning Antennas*, Academic Press, New York, 1964.

[20] W. V. T. Rusch and R. D. Wanselow, Boresight gain loss and gore related sidelobes of an umbrella reflector, *IEEE Transactions on Antennas and Propagation*, vol. AP-30, no. 1, January 1982, pp. 153–157.

[21] W. H. Watson, The field distribution in the focal plane of a paraboloidal reflector, *IEEE Transactions on Antennas and Propagation*, vol. AP-12, no. 5, September 1964, pp. 561–569.

[22] T. B. Vu, Optimization of efficiency of reflector antennas: approximate method, *Proceedings of IEE*, vol. 117, January 1970, pp. 30–34.

[23] B. M. Thomas, Theoretical performance of prime focus paraboloids using cylindrical hybrid modes, *Proceedings of IEE*, vol. 118, November 1971, pp. 1539–1549.

[24] N. Amitay and H. Zucker, Compensation of spherical reflector aberrations by planar array feeds, *IEEE Transactions on Antennas and Propagation*, vol. AP-20, no. 1, January 1972, pp. 49–56.

[25] V. Galindo-Israel, S. W. Lee, and R. Mittra, Synthesis of laterally displaced cluster feed for a reflector antenna with application to multiple beams and contoured patterns, *IEEE Transactions on Antennas and Propagation*, vol. AP-26, no. 2, March 1978, pp. 220–228.

[26] B. Popovich et al., Synthesis of an aberration corrected feed array for spherical reflector antennas, *IEEE/APS Symposium Digest*, May 1983.

[27] V. Mrstik, Effect of phase and amplitude quantization errors on hybrid phased-array reflector antennas, *IEEE Transactions on Antennas and Propagation*, vol. AP-30, no. 6, November 1982, pp. 1233–1236.

[28] C. M. Knop, On the front to back ratio of a parabolic dish antenna, *IEEE Transactions on Antennas and Propagation*, vol. AP-24, no. 1, January 1976, pp. 109–111.

[29] M. Uhm, A. Shishlov, and K. Park, Offset-paraboloid geometry: relations for practical use, *IEEE Antennas and Propagation Magazine*, vol. 38, no. 3, June 1996, pp. 77–79.

[30] R. F. H. Yang, Illuminating curved passive reflector with defocused parabolic antenna, *1958 IRE Wescon Convention Record*, August 1958, pp. 260–265.

[31] C. Granet, Designing axially symmetric Cassegrain and Gregorian dual-reflector antennas from combinations of prescribed geometric parameters, *IEEE Antennas and Propagation Magazine*, vol. 40, no. 2, April 1998, pp. 76–82.

[32] C. Granet, Designing axially symmetric Cassegrain and Gregorian dual-reflector antennas from combinations of prescribed geometric parameters, part 2: minimum blockage condition while taking into account the phase-center of the feed, *IEEE Antennas and Propagation Magazine*, vol. 40, no. 3, June 1998.

[33] W. V. T. Rusch, Phase error and associated cross polarization effects in Cassegrainian-fed microwave antennas, *IEEE Transactions on Antennas and Propagation*, vol. AP-14, no. 3, May 1966, pp. 266–275.

[34] P.-S. Kildal, The effects of subreflector diffraction on the aperture efficiency of a conventional Cassegrain antenna: an analytical approach, *IEEE Transactions on Antennas and Propagation*, vol. AP-31, no. 6, November 1983, pp. 903–909.

[35] A. M. Isber, Obtaining beam-pointing accuracy with Cassegrain antennas, *Microwaves*, August 1967.

[36] W. V. T. Rusch and R. Wohlleben, Surface tolerance loss for dual-reflector antennas, *IEEE Transactions on Antennas and Propagation*, vol. AP-30, no. 4, July 1982, pp. 784–785.

[37] A. F. Kay, Electrical design of metal space frame radomes, *IEEE Transactions on Antennas and Propagation*, vol. AP-13, no. 2, March 1965, pp. 188–202.

[38] P.-S. Kildal, E. Olsen, and J. A. Aas, Losses, sidelobes, and cross polarization caused by feed-support struts in reflector antennas: design curves, *IEEE Transactions on Antennas and Propagation*, vol. AP-36, no. 2, February 1988, pp. 182–190.

[39] W. V. T. Rusch et al., Forward scattering from square cylinders in the resonance region with application to aperture blockage, *IEEE Transactions on Antennas and Propagation*, vol. AP-24, no. 2, March 1976.

[40] G. T. Ruck, ed., *Radar Cross Section Handbook*, Vol. 1, Plenum Press, New York, 1970.

[41] G. W. Collins, Noise temperature calculations from feed system characteristics, *Microwave Journal*, vol. 12, December 1969, pp. 67–69.

[42] B. E. Kinber, On two-reflector antennas, *Radioengineering and Electronics*, vol. 7, no. 6, 1962.

[43] A. P. Popov and T. A. Milligan, Amplitude aperture-distribution control in displaced-axis two reflector antennas, *IEEE Antennas and Propagation Magazine*, vol. 39, no. 6, December 1997, pp. 58–63.

[44] S. P. Morgan, Some examples of generalized Cassegrainian and Gregorian antennas, *IEEE Transactions on Antennas and Propagation*, vol. AP-12, no. 6, November 1964, pp. 685–691.

[45] C. Granet, A simple procedure for the design of classical displaced-axis dual-reflector antennas using a set of geometric parameters, *IEEE Antennas and Propagation Magazine*, vol. 41, no. 6, December 1999.

[46] T. A. Milligan, The effects of feed movement on the displaced-axis dual reflector, *IEEE Antennas and Propagation Magazine*, vol. 40, no. 3, June 1998, pp. 86–87.

[47] Y. Mizugutch, M. Akagawa, and H. Yokoi, Offset dual reflector antenna, *IEEE Symposium on Antennas and Propagation Digest*, 1976, pp. 2–5.

[48] P. H. Nielson and S. B. S鮠ensen, *Grasp8 Software Users Manual*, Ticra, Copenhagen, 2001.

[49] C. Granet, Designing classical offset Cassegrain or Gregorian dual-reflector antennas from combinations of prescribed geometric parameters, *IEEE Antennas and Propagation Magazine*, vol. 44, no. 3, June 2002.

[50] C. Granet, Designing classical offset Cassegrain or Gregorian dual-reflector antennas from combinations of prescribed geometric parameters, part 2: feed-horn blockage conditions, *IEEE Antennas and Propagation Magazine*, vol. 45, no. 6 December 2003, pp. 86–89.

[51] D. T. Thomas, Design of multiple-edge blinders for large horn reflector antennas, *IEEE Transactions on Antennas and Propagation*, vol. AP-21, no. 2, March 1973, pp. 153–158.

[52] S. R. Jones and K. S. Kelleher, A new low noise, high gain antenna, *IEEE International Convention Record*, March 1963, pp. 11–17.

[53] C. Dragone, Offset multireflector antennas with perfect pattern symmetry and polarization discrimination, *Bell System Technical Journal*, vol. 57, no. 7, September 1978, pp. 2663–2684.

[54] C. Granet, Designing classical dragonian offset dual-reflector antennas from combinations of prescribed geometric parameters, *IEEE Antennas and Propagation Magazine*, vol. 43, no. 6, December 2001.

[55] T. Li, A study of spherical reflectors as wide-angle scanning antennas, *IEEE Transactions on Antennas and Propagation*, vol. AP-7, no. 4, July 1959, p. 223–226.

[56] R. Woo, A multiple-beam spherical reflector antenna, *JPL Quarterly Technical Review*, vol. 1, no. 3, October 1971, pp. 88–96.

[57] A. W. Love, Spherical reflecting antennas with corrected line sources, *IEEE Transactions on Antennas and Propagation*, vol. AP-10, no. 5, September 1962, pp. 529–537.

[58] F. S. Bolt and E. L. Bouche, A Gregorian corrector for spherical reflectors, *IEEE Transactions on Antennas and Propagation*, vol. AP-12, no. 1, January 1964, pp. 44–47.

[59] A. S. Dunbar, Calculation of doubly curved reflectors for shaped beams, *Proceedings of IRE*, vol. 36, no. 10, October 1948, pp. 1289–1296.

[60] R. S. Elliott, *Antenna Theory and Design*, Prentice-Hall, Englewood Cliffs, NJ, 1981. 61. T. F. Carberry, Analysis theory for the shaped beam doubly curved reflector antenna, *IEEE Transactions on Antennas and Propagation*, vol. AP-17, no. 2, March 1969, pp. 131–138.

[61] V. Galindo, Design of dual reflector antennas with arbitrary phase and amplitude distributions, *IEEE Transactions on Antennas and Propagation*, vol. AP-12, no. 4, July 1964. pp. 403–408.

[62] W. F. Williams, High efficiency antenna reflector, *Microwave Journal*, vol. 8, July 1965, pp. 79–82.

[63] C. Collins, Shaping of subreflectors in Cassegrainian antennas, *IEEE Transactions on Antennas and Propagation*, vol. AP-21, no. 3, May 1973, pp. 309–313.

[64] V. Galindo-Israel and R. Mittra, Synthesis of offset dual shaped subreflector antennas for control of Cassegrain aperture distributions, *IEEE Transactions on Antennas and Propagation*, vol. AP-32, no. 1, January 1984, pp. 86–92.

[65] J. J. Lee, L. I. Parad, and R. S. Chu, A shaped offset-fed dual-reflector antenna, *IEEE Transactions on Antennas and Propagation*, vol. AP-27, no. 2, March 1979, pp. 165–171.

[66] M. E. Mortenson *Geometric Modeling*, Wiley, New York, 1985.

[67] C. C. Han and Y. Hwang, Satellite antennas, Chapter 21 in Y. T. Lo and S. W. Lee, eds., *Antenna Handbook*, Van Nostrand Reinhold, New York, 1993.

[68] H.-H. Viskum, S. B. S 鲵 ensen, and M. Lumholt, *User's Manual for POS4*, Ticra, Copenhagen, 2003.

第9章　透镜天线

对于透镜，如抛物反射面，我们都利用自由空间作为馈电网络来激励大的口径。由于馈电可放置于口径背面，这样的布局消除了口径遮挡并可以将馈源与发射机或接收机直接相连。当频率高于微波频段时，该馈电方法去掉了引起系统噪声增加的有耗传输线。

透镜只有反射面公差要求的一半，因为波只异常通过透镜一次。在反射面中，波的路径偏离了两倍的距离，即波到达和被反射面反射。在微波频率的低端，透镜是非常重的，但通过分区和使用人造介质可减轻这一问题。分区和使用人造介质会出现机械稳定性问题并使带宽变窄。

透镜根据可用的自由度来设计。均匀介质构成的单面透镜有两个表面，相当于一个双反射器，因为每个面都是一个自由度。首先讨论了单面透镜，这种透镜通过使第二表面与入射波和出射波匹配而去掉了一个自由度。这样成型的两表面我们只校正一个透镜的异常，或通过消除彗星差来提高馈源的扫描特性或将给定的馈源方向图设计转换为所需的口径分布。靴带（Bootlace）透镜有三个可能的自由度，该透镜由两侧电缆连接的背靠背阵列构成。通常，我们利用靴带透镜的自由度来增加焦点。为简化机械布局，许多设计中放弃了一些自由度。最后，讨论了可变折射率在伦伯透镜中的应用。

我们基于几何光学设计透镜。透镜并没有固有的频率带宽限制，如抛物面反射器。它只受限于馈源和大尺寸的机械问题。由光学原理，透镜在高频段有潜在优势。

9.1　单面透镜

单面透镜在一个表面上通过折射变换波型，如球面到平面。波型的等相位面（程函）确定透镜第二表面的形状。常见的透镜将入射的球面或柱面波变换为平面波。柱面波的变换需要线性馈源和柱面透镜，球面波使用点源和轴对称面变换。就像反射面一样，利用几何光学（GO）将来源于馈源的球面波变换为平面波，远场方向图由口径的绕射确定。

考虑第二表面或非折射表面。如果面对馈源的表面转换波型，波以平面波出射第二表面，那么第二表面就是一个平面。同样，当远离馈源的表面将入射波转换为平面波时，朝向馈源的内表面遵循圆柱形或球面入射波的程函方程。图9-1显示了两种类型的单折射面透镜。折射表面的形状可由这两种不同的方法来确定。将斯内尔定律应用于折射面，表面斜坡由各馈电角确定。同样，我们可以运用费马原理使从馈源通过透镜到达口径面的光程相等。这种设计很容易获得[1,2]。对于图9-1（a）有：

$$\rho(\psi)=\frac{(n-1)f}{n\cos\psi-1} \tag{9-1}$$

式中，n是折射率：

$$n=\sqrt{\varepsilon_r\mu_r} \tag{9-2}$$

式中，ε和μ是透镜媒质的相对磁导率和相对介电常数。当$n>1$时，式（9-1）为馈源在某个焦点的双曲线。沿着轴线，馈源到双曲线的距离为f。双曲线的渐近线限制了馈源辐射的准直部分：

$$\psi_a = \arccos\frac{1}{n} \tag{9-3}$$

由于渐近线意味着口径孔径无限大，所以我们必须限制透镜的边缘角小于ψ_a。类似抛物面反射器，也存在馈源溢出，这可以被认为是副瓣。除非这种情况，比如透镜放置于无溢出的喇叭口径上。透镜直径为：

$$D = 2\rho\sin\psi_e = \frac{2(n-1)f\sin\psi_e}{n\cos\psi_e - 1} \tag{9-4}$$

式中，ψ_e是受式（9-3）限制的边缘角。在图9-1（b）中，透镜表面的极坐标方程为：

$$\rho_1 = \text{constant} \quad , \quad \rho_2(\psi) = \frac{(n-1)f}{n-\cos\psi} \tag{9-5}$$

内表面必须是圆柱面（圆柱透镜）或球形（轴对称镜头）。对于$n>1$，外表面$\rho_2(\psi)$表示椭圆。圆和椭圆的交点确定出极限馈点角：

$$\cos\psi_e = n - \frac{(n-1)f}{\rho_1} \tag{9-6}$$

当然我们可以在两条曲线相交前把透镜截断。式（9-6）也给出了在透镜边缘ρ_1的极限值。

$$\rho_1 \leqslant \frac{(n-1)f}{n-\cos\psi_e} \tag{9-7}$$

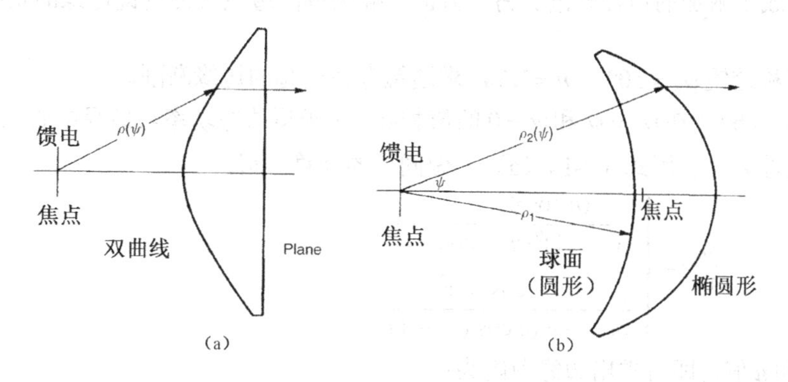

图9-1 单面透镜

例：计算$D=10\lambda$，$n=1.6$（聚苯乙烯）和$\psi_e=50°$的椭圆透镜（图9-1（b））边缘处的f和ρ_1。f/D由式（9-5）求解得：

$$\frac{f}{D} = \frac{n-\cos\psi_e}{2\sin\psi_e(n-1)} \quad , \quad f = 10.41\lambda \tag{9-8}$$

$$\rho_1 \leqslant \frac{D}{2\sin\psi_e} \tag{9-9}$$

若ρ_1对透镜中心来说保持一个常数，则透镜的厚度为3.88λ。在窄带应用中，可通过分区将多个波长的厚度去掉，从而减轻重量和减低介质材料的损耗。

透镜的存在改变了口径面上馈源的幅度分布。我们可通过微分面元上的功率守恒来说明馈源方向图与口径分布的关系。对于轴对称透镜，有：

$$\underset{\text{（馈源功率）}}{F(\psi,\phi)\sin\psi\,\mathrm{d}\psi\,\mathrm{d}\phi} = \underset{\text{（口径功率）}}{A(r,\phi)r\,\mathrm{d}r\,\mathrm{d}\phi} \tag{9-10}$$

式中，ψ是馈电角，r即$\rho\sin\psi$是口径径向长度；$F(\psi,\phi)$是馈源功率方向图，$A(r,\phi)$是口径功率分布：

$$\frac{A(r,\phi)}{F(\psi,\phi)}=\frac{\sin\psi}{r}\frac{d\psi}{dr} \tag{9-11}$$

对圆柱透镜，也同样使微分面积与馈源或口径功率的相乘相等，则：

$$F(\psi,y)\,d\psi\,dy=A(r,y)\,dr\,dy$$

$$\frac{A(r,y)}{F(\psi,\phi)}=\frac{d\psi}{dr} \tag{9-12}$$

将式（9-11）和式（9-12）代入式（9-1），可求得双曲透镜口径分布相对于馈源功率方向图关系。

轴对称　　　　圆柱形

$$\frac{A(r,\phi)}{F(\psi,\phi)}=\frac{(n\cos\psi-1)^3}{f^2(n-1)^2(n-\cos\psi)},\quad \frac{A(r,y)}{F(\psi,y)}=\frac{(n\cos\psi-1)^2}{f(n-1)(n-\cos\psi)} \tag{9-13}$$

场分布应为式（9-13）的平方根。

对于椭圆透镜，将式（9-11）和式（9-12）代入式（9-13），得：

轴对称　　　　圆柱形

$$\frac{A(r,\phi)}{F(\psi,\phi)}=\frac{(n-\cos\psi)^3}{f^2(n-1)(n\cos\psi-1)},\quad \frac{A(r,y)}{F(\psi,\phi)}=\frac{(n-\cos\psi)^2}{f(n-1)(n\cos\psi-1)} \tag{9-14}$$

双曲透镜和椭圆透镜以不同的方式聚焦了口径功率。双曲透镜减少了馈源直接射向其边缘的功率，并形成了附加的口径渐削。另一方面，椭圆单面透镜又使透镜边缘的功率相比中心点功率增加了。

例：轴对称透镜$\psi_e=50°$，$n=1.6$，求透镜存在引起的边缘渐削。

用式（9-13（b））在$\psi_e=\psi$和$\psi=0$的值相除，可求得边缘功率与口径中心点功率之比（假设馈源各向同性）。利用式（9-14（a））做同样的计算，得：

$$\frac{A_e}{A_c}=\begin{cases}\dfrac{(n\cos\psi_e-1)^3}{(n-1)^2(n-\cos\psi_e)} & (9\text{-}15)\\[2ex] \dfrac{(n-\cos\psi_e)^3}{(n-1)^2(n\cos\psi_e-1)} & (9\text{-}16)\end{cases}$$

代入ψ_e和n值，即可求出边缘渐削为：

双曲透镜：0.038（−14.2dB）；椭圆透镜：7.14（8.5dB）

增加双曲透镜的渐削可降低副瓣，而椭圆透镜则通过对一些馈源天线方向图的渐削的补偿，使口径分布更加均匀，从而提高了口径效率。

9.2 分区透镜

由 9.1 节所述方法设计的透镜，其带宽限制只受限具有不变性的介质常数。分区透镜通过分区去掉了多个波长的路径长度，从而减轻重量，降低透镜对幅度渐削的敏感性或使透镜变薄。利用波长改变透镜尺寸的做法意味着使频率带宽变窄。

对透镜分区可以在非折射表面或折射表面进行。对非折射表面阶梯化分区（见图 9-2(a, b)）效果最差。与波平行的阶梯边缘存在绕射，导致口径场有一些变化，但几何光学并不能预测这一结果。折射表面阶梯化分区则或因错误方向的馈源功率辐射（图 9-2（c, d））或存在未激励口径（图 9-2（e, f））而引入损耗。但由于各分区焦距的变化，阶梯化折射表面减低了透镜对口径渐削的敏感性。图 9-2 显示两类型折射表面阶梯化分区各自的极限，我们可以在有馈电溢出和存在未激励口径这两个方面折中。

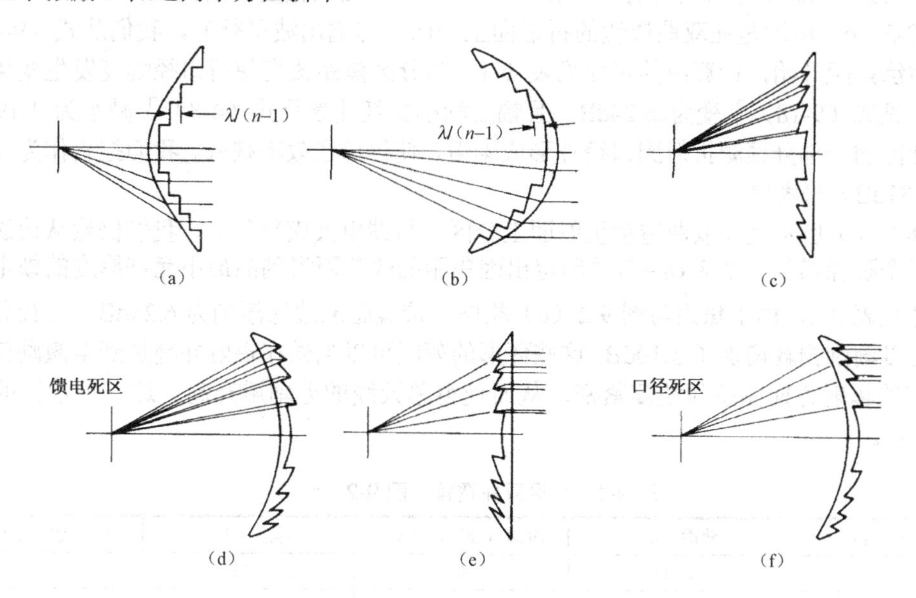

图 9-2　单面分区透镜

我们可以很容易地计算出图 9.2（a）和（b）中阶梯化分区的尺寸。沿阶梯介质内和介质外的路径长度相差一个Δ或几个整数波长λ：

$$n\Delta = \Delta + \lambda$$

内　　外

则阶梯厚度Δ为：

$$\Delta = \frac{\lambda}{n-1} \tag{9-17}$$

在图 9-2（c～f）中，我们以焦距的变化量来代替阶梯尺寸。分区影响透镜中心的光程长度。因此，可以以不分区的情况来计算边缘焦距。对于双曲透镜的每一个阶梯，其焦距长度按式（9-17）增加。对于椭圆透镜的每一个阶梯，其焦距按同样的大小减少。对轴对称透镜有：

$$\frac{A(r,\phi)}{A_c} = \begin{cases} \dfrac{f_c^2(n\cos\psi - 1)^3}{f^2(n-1)^2(n-\cos\psi)} & \text{双曲面} \quad (9\text{-}18) \\[2ex] \dfrac{f_c^2(n-\cos\psi)^3}{f^2(n-1)^2(n\cos\psi - 1)} & \text{椭圆面} \quad (9\text{-}19) \end{cases}$$

式中，f_c是中心处的焦距，f是馈电方向ψ处的焦距，A_c是中心的幅度。

例：设计图 9-2 所示的三种分区类型的轴对称双曲透镜（n=1.6），口径直径为 30λ，最大馈电角为 35°，馈源 10dB 波束宽度 70°。

设透镜边缘厚为 0.3λ，最小可允许厚度为 0.5λ。通过几何方法可获得下面的尺寸：

阶梯数	1	2	3	4
口径半径	12.418	10.009	7.403	4.256

如图 9-2（a）所示，非折射表面分区透镜，计算出阶梯厚度$=\lambda/(n-1)=1.67\lambda$。

对 10dB 馈源边缘渐削，由式（8-12）估计馈源溢出损耗为 0.41dB。由于折射表面未分区，由式（9-15）求出边缘渐削为 9.72dB。考虑到 10dB 的馈源边缘渐削，可得到在口径面上有

19.72dB 幅度渐削。对于轴对称分布，由式（4-8）计算出的幅度渐削损耗为 1.8dB。

图 9-2（c）所示是在双曲透镜的折射面上分区（与输出波平行），我们从式（9-4）的变换得出边缘焦距开始，计算出的尺寸见表 9-1。各分区焦距改变使得口径幅度发生变化。边缘渐削［参见式（9-18）］变为 6.24dB，且幅度渐削损耗［参见式（4-8）］减小为 1.19dB。直接进入死区的一部分馈源折射到口径外形成副瓣，使得口径效率减低。我们把它作为二次溢出损耗（0.81dB）来考虑。

图 9-2（e）所示是在双曲透镜折射面上分区（与馈电波束平行），我们仍然从边缘焦距开始，对每个阶梯增加一个 $\lambda/(n-1)$ 并确定出因焦距的改变而得到的最小允许厚度的馈电角。获得的尺寸见表 9-2。由于焦距与图 9-2（c）相同，透镜感应边缘渐削为 6.24dB。口径分布的死区使得幅度渐削损耗增加了 3.10dB。这些环形的死区可以当做在辐射并叠加到全激励口径方向图。它们的辐射方向图空间波瓣紧密，从而使得总天线的近副瓣升高。这三种设计的比较如表 9-3 所示。

表 9-1 分区双曲透镜（图 9-2（c））

分 区	焦距（λ）	阶梯口径半径（λ）	厚度（λ）	馈电死区角（度）
1	20.21	0	1.52	
2	18.54	5.12	2.09	13.57-14.02
3	16.87	8.42	1.98	21.64-23.10
4	15.21	10.84	1.90	27.06-28.68
5	13.54	12.89	1.83	31.28-32.95

表 9-2 分区双曲透镜（图 9-2（e））

分 区	焦距（λ）	馈电角（度）	厚度（λ）	馈电死区角（度）
1	20.21	0	1.51	0
2	18.54	13.57	2.25	47.0-5.12
3	16.87	21.64	2.41	7.66-8.42
4	15.21	27.06	2.60	9.77-10.84
5	13.54	31.28	2.83	11.48-12.89

表 9-3 三种双曲透镜的口径照射损耗（图 9-2）

图 9-2 的设计	SPL（dB）	ATL（dB）	总计（dB）
（A）	0.41	1.80	2.21
（B）	1.22	1.19	2.41
（C）	0.41	3.10	3.51

例：与上例相类似，设计分区椭圆轴对称透镜，该透镜具有同样的馈电角或口径死区的问题。

椭圆透镜的边缘渐削抵消了部分馈源渐削，减低了幅度渐削损耗。对于这些设计，各种损耗列于表 9-4 中。

表 9-4 三种椭圆透镜的口径照射损耗（图 9-2）

图 9-2 的设计	SPL（dB）	ATL（dB）	总计（dB）
（b）	0.41	0.06	0.47
（d）	1.43	0.14	1.57
（f）	0.41	1.43	1.84

分区减小了频带宽度。在中心频点，分区数为 K，则中心射线和边缘射线之间光程差为 K-1。通常馈源到口径的路径最大允许偏差是 0.125 λ，这导致带宽为：

$$B \simeq \frac{25\%}{K-1} \tag{9-20}$$

在上面五个分区的透镜例子中，由式（9-20）得到 6%的带宽。我们通过在馈源到口径平面做射线追踪来确定带宽边缘的损耗，然后采用式（4-9）计算相位误差损耗。所有设计在带宽边缘损耗约 0.3dB。若允许有一个更大的相位误差损耗，则式（9-20）计算的带宽就太保守了。1dB 相位误差损耗带宽为 45%/（K–1）。

9.3 一般两表面透镜

光学透镜用平面或球面来设计，这是对长焦距的一个近似。这里，我们对透镜进行精确设计。在 9.1 节中，我们讨论了只在一个表面射线折射的透镜，那两种透镜的形状曲线很容易推导出来。在这一节中我们挑选一种曲线作为透镜的一个表面，第二表面用数值查找出构成曲面的 (r,z) 表值。由表生成三次样条函数，并使用它计算出表面的法线向量和制造过程中有用的曲率半径。初始数值搜索产生通过透镜的射线路径，从而生成馈点角与口径半径关系的列表。在生成包括导数信息的三次样条函数后，应用式（9-11）可计算出口径分布。

如果给定馈源一边的表面，我们从馈源开始并跟踪射线到内表面。由于内表面给定，其法线矢量已知。给定入射媒质的折射率 n_i，透镜内折射率为 n_0，表面单位法线 $\mathbf{n}$ 指向透镜和入射射线单位矢量 $\mathbf{S}_i$，计算透镜内的射线方向。首先确定射线是否会离开入射射线媒质，因为如果 $n_i > n_0$，它可作为棱镜，并具有全反射特性：

$$R_a = n_o^2 - n_i^2[1-(\mathbf{S}_i \cdot \mathbf{n})^2]$$

若 $R_a < 1$，射线全反射。对于 $R_a < 1$，由下面的操作确定输出射线单位矢量 $\mathbf{S}_0$ 的方向：

$$\gamma = \sqrt{R_a} - n_i\ (\mathbf{n} \cdot \mathbf{S}_i) \qquad \text{求出矢量}\ \mathbf{t} = n_i \mathbf{S}_i + \gamma \mathbf{n}\ , \quad \mathbf{S}_o = \frac{\mathbf{t}}{|\mathbf{t}|} \tag{9-21}$$

由于透镜关于轴对称，法向矢量，入射和折射射线处于二维空间 (z,r)。首先，给定从馈源到透镜外环的 z 轴距离，初始半径和沿初始内部射线方向的边缘厚度。馈源这边透镜的位置为 (z_1,r_1)。应用式（9-21）并沿着矢量 $\mathbf{t}$ 跟踪到 (z_2,r_2) 点，从而给出边缘厚度为 t_r 的透镜的外表面点。既然透镜使波束平行，那么我们可跟踪射线到平面 $z=z_3$，该平面法线为 z 轴。图 9-3 显示了球形内表面透镜的边缘和内部射线路径。

计算从位于 $z=z_f$ 的馈源到输出平面的电路径，包括通过折射率为 n 的透镜的射线长度（PL）和输入输出射线长度，则：

$$\text{PL} = \sqrt{r_1^2 + (z_1 - z_f)^2} + n\sqrt{(r_2 - r_1)^2 + (z_2 - z_1)^2} + (z_3 - z_2) \tag{9-22}$$

设计包含几个步骤，在 r_1 点跟踪射线到透镜内部表面，由式（9-21）计算内部射线方向，并由式（9-22）减去初始路径长度为零时确定出厚度 t_r。根据等路径长度的费马原理，外表面折射方向增加到内表面折射产生平行的输出射线。这个过程会生成一个 (z_2,r_2) 的表并将它转换为三次样条函数。利用此三次样条函数可生产一个均匀间隔的 (z_2,r_2) 表用于加工，如果有必要，由二阶导数生成的曲率半径表用于辅助加工。下一步就是算出在口径半径r_2和馈点角ψ之间形成的三次样条函数，因为口径功率分布的输出含$\mathrm{d}\psi/\mathrm{d}r_2$。重新整理式（9-11），计算给定馈源功率方向图的口径功率分布：

$$A(r_2,\phi)=\frac{F(\psi,\phi)\sin\psi\,\mathrm{d}\psi}{r_2\quad\mathrm{d}r_2} \tag{9-23}$$

外表面给定的透镜的设计步骤也类似，除了射线跟踪是从输出平面向后到馈电点。重新来一次这一过程，从透镜边缘开始，用$-z$方向的射线和与行进方向垂直的已知表面，沿着这条射线透过边缘厚度进入内表面，由式（9-21）计算内部射线方向。式（9-22）给出了该透镜的路径电长度。重复上述求根程序，通过路径电长度相等确定表面上一系列点(z_1,r_1)，并生成相同系列的三次样条函数以获得加工尺寸，用式（9-23）求得口径分布的$\mathrm{d}\psi/\mathrm{d}r_2$。图 9-4 给出了各种不同透镜的口径分布，其焦点位于半径的 1.5 倍处。这些曲线包含 9.1 节介绍的透镜。

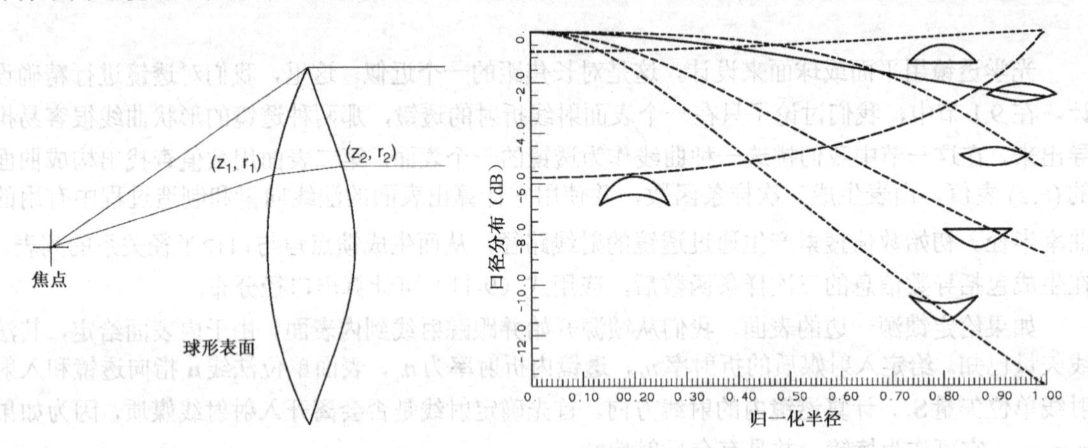

图 9-3 具有球形内表面的单表面透镜的射线追踪　　　图 9-4 $f/D=1.5$的各种单面透镜的口径分布

焦斑并不像用几何光学画在图上那样是一个奇异点，而会因有限的波长而扩散。我们用高斯波束计算焦斑的大小。对于平行输出的透镜，假设输出端辐射到自由空间的高斯波束的最小束腰直径与透镜直径相等，即$2W_0=D$，馈源一边的匹配高斯波束渐变到焦平面。透镜将一个高斯波束转换成另一个高斯波束。焦距$f=z_f$，由透镜的F数$F_\#=f/D$[4]确定焦斑直径$2W_0'$和半焦深b：

$$2W_0'=\frac{4\lambda}{\pi}F_\#=\frac{4\lambda}{\pi}\frac{f}{D},\quad b=\frac{8\lambda}{\pi}F_\#^2 \tag{9-24}$$

对式（9-22）做小小的修改，使得透镜设计能在轴上$z=z_3$点有第二个焦点，则：

$$\mathrm{PL}=\sqrt{r_1^2+(z_1-z_f)^2}+n\sqrt{(r_2-r_1)^2+(z_2-z_1)^2}+\sqrt{r_2^2+(z_3-z_2)^2} \tag{9-25}$$

我们遵循上述设计相同的步骤，除了需要生成在给定相对于z轴的输出射线角的下的馈电角列表。图 9-5 图示这一典型设计和射线追踪。

上述透镜的设计使波束宽度变窄。我们通过使用位于透镜输出表面后的虚焦点，设计透镜使波束展开，如图 9-6 所示。因为射线向后追踪到虚焦点，改变式（9-25）最后一项的符号，则有：

$$\mathrm{PL}=\sqrt{r_1^2+(z_1-z_f)^2}+n\sqrt{(r_2-r_1)^2+(z_2-z_1)^2}-\sqrt{r_2^2+(z_3-z_2)^2} \tag{9-26}$$

由于凹透镜外层厚度大，迭代设计过程应该修改为从透镜中心开始。透镜焦距f可由该镜头的两个焦点距离计算出，得：

$$\frac{1}{f}=\frac{1}{z_f}+\frac{1}{z_3} \tag{9-27}$$

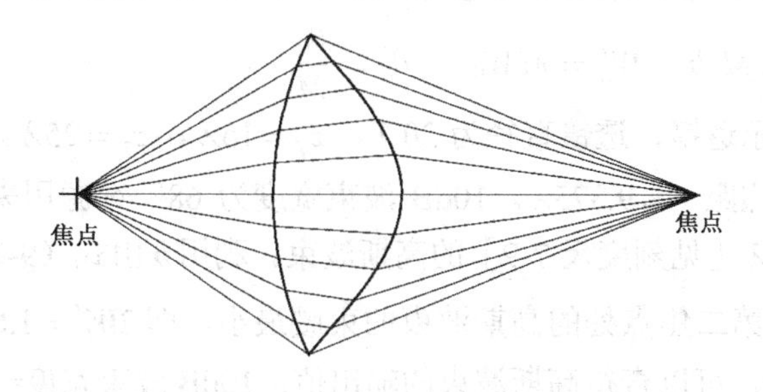

图 9-5　两个有限焦点透镜设计的射线追踪

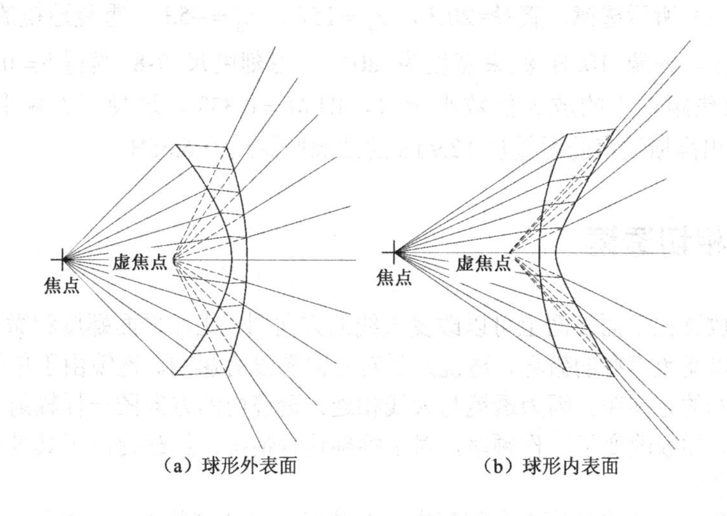

图 9-6　具有虚焦点的宽波束透镜设计

为了计算方向图，我们追踪穿过透镜的射线到透镜输出边的一个平面或实际表面。通过馈源角和口径位置之间的三次样条函数，计算波束展开后的幅度［见式（9-23）］。将场用电流代替，用物理光学计算方向图。第二个简单的方法是使用高斯波束近似计入电尺寸的透镜。在透镜平面上输入和输出高斯波束有相同的束腰。每个高斯波束以双曲线减低使相位中心或焦点的束腰最小。输出并不通过窄的焦散曲面，如图 9-5 所示，但可以实现与馈源波束宽度和透镜直径相关的有限束腰直径。

在这一点上，我们按照波长比例来设计透镜。给定馈源波束宽度，由式（7-35）计算半焦深。与输入波束的束腰相比，输出波束的束腰被透镜放大了 M 倍。首先，计算输入放大因子 M_r：

$$M_r=\left|\frac{f}{z_f-f}\right| \tag{9-28}$$

以波长给定 b，计算 b 与馈源相对焦点的偏移量的比值为：

$$r=\frac{b}{z_f-f} \tag{9-29}$$

合并式（9-28）和式（9-29）求出透镜的放大倍数 M：

$$M = \frac{M_r}{\sqrt{1+r^2}} \tag{9-30}$$

输出高斯波束从第二个焦点传播，新参数为b'，半焦深，束腰W_0'和发散角θ_0'[4]：

$$b' = M^2 b\ ,\ W_0' = MW_0\ ,\ \theta_0' = \frac{\theta_0}{M} \tag{9-31}$$

例：设计图 9-5 所示透镜，透镜直径为 20λ，$z_f = 15\lambda$，$z_3 = 25\lambda$。

由式（9-27）求出焦距 $f = 9.375\lambda$。10dB 波束宽度为 68° 馈源用来近似 $b = 0.99\lambda$［见刻度尺 7-8］，$2W_0 = 1.12\lambda$［见刻度尺 7-9］的高斯波束。利用 b 由式（9-28）～式（9-30）求得放大倍数 $M = 1.64$。在第二焦点处的高斯波束的束腰最小，即 $2W_0' = 1.64(1.12) = 1.84\lambda$。利用刻度尺 7-7～刻度尺 7-9，可以查得高斯波束的输出值：10dB 波束宽度=42°（增益 18.4dB）。刻度尺 7-7 给出的馈源增益为 14.3dB。半焦深从 0.99λ 增加到 3.39λ。

例：图 9-6（a）所示透镜，直径=20λ，$z_f = 15\lambda$，$z_3 = -5\lambda$，重复透镜的计算过程。

算出 $f = -7.5$。馈源 10dB 波束宽度为 80°，用刻度尺 7-8 读得 $b = 0.7\lambda$，束腰直径 $2W_0 = 0.94\lambda$。负焦距产生的放大倍数小于 1，即 $M = 0.333$。这使得 b 减小到 0.0775λ，$2W_0 = 0.314$。输出高斯波束的增益从 12.9dB 的馈源增益跌为 6.6dB。

9.4 单面或相切透镜

将透镜直接放置在平面表面上可以改变天线的方向图，比如平面螺旋和微带贴片。透镜离开一个小的距离以避免潜在的破坏，透镜几乎对方向图没有影响。透镜由于单输出表面的折射而改变了天线原始的方向图。因为透镜与天线相连，透镜内的方向图一样辐射到自由空间，除了介质加载天线。加载改变了工作频率，对于螺旋这种情况，加载提高了其效率、展宽了波束宽度（见 11.5.1 节）。

首先在馈电角ψ和输出角度θ之间建立一个映射来设计这些天线。这个映射可能是简单的$\theta(\psi)$ = 常数或产生赋形波束的函数，以同样的方式作为赋形反射器（见 8.20 节）。$\theta(\psi)$的关系能使外表面上每一点的曲面法线都能够算出。曲面法线可由径向矢量的梯度求得，在半径r和馈电角ψ之间让两个值相等构成微分方程。给定馈电角和透镜一点上的输出角度，则曲面法线为$\mathbf{n} = n\mathbf{S}_i - \mathbf{S}_o$，这里$n$为折射指数，$\mathbf{S}_i$为入射单位矢量，$\mathbf{S}_o$为出射射线单位矢量。归一化$\mathbf{n}$到矢量$\mathbf{v}$。梯度的$r(\psi)$给出了法线矢量的另外一种表达式：

$$\nabla r(\psi) = \mathbf{a}_r + \mathbf{a}_\psi \frac{1}{r(\psi)} \frac{\partial r(\psi)}{\partial \psi} \tag{9-32}$$

式中，$\mathbf{a}_\psi$的系数是法线矢量与径向向量（入射射线）夹角α的正切。正切值由单位矢量$\mathbf{v}$和入射射线单位矢量$\mathbf{S}_i$求出：

$$\tan\alpha = \frac{(\mathbf{S}_i \times \mathbf{v})}{\mathbf{S}_i \cdot \mathbf{v}} = \frac{1}{r(\psi)} \frac{\partial r(\psi)}{\partial \psi} \tag{9-33}$$

由于入射射线和曲面法线位于x-y平面，因此入射射线与单位矢量$\mathbf{v}$的叉积只有z轴分量。通过求解微分方程（9-33）来设计透镜表面。当我们从一个馈电角和任意一个透镜半径和馈电角步进开始时，采用数值技术，比如龙格-库塔方法等，很容易求解该方程。这种方法只能确定透镜的形状和一个任意尺寸，通过比例将该尺寸变换到所要求的直径。

图 9-7 给出了将馈电角在 0° 到 60° 之间的所有射线重定向输出到 30° 的相切透镜设计的

形状。对于直径3λ，馈源12dB波束宽度为120°的透镜，透镜展宽了波束，并形成了平顶状的输出波束，如图9-8所示。相切透镜可以极大的修改带电小透镜馈源的辐射。

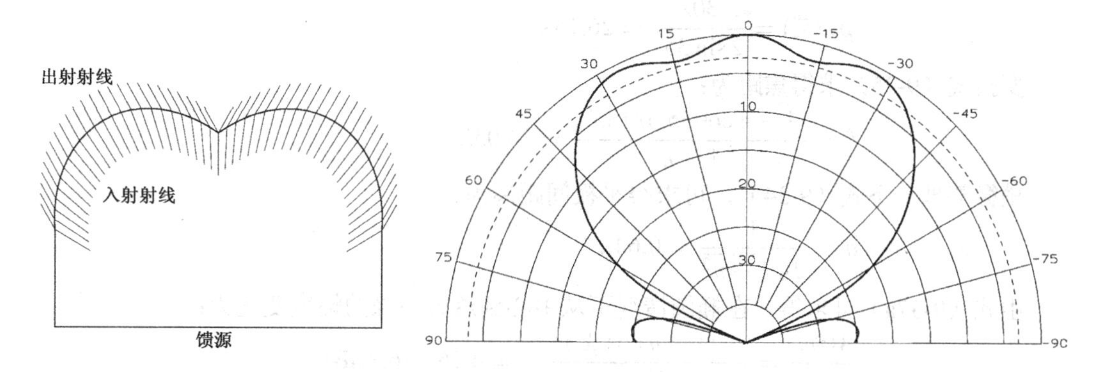

图9-7 波束对准30°圆锥面的相切透镜设计 图9-8 馈源12dB波束宽度为120°，直径3λ的相切透镜的方向图

9.5 金属平板透镜

在波导中波的相速超过了波在自由空间的相速，这样波导相当于一个有效折射率小于1的介质。我们可以用分隔开的平行金属板构成微波透镜，并用极化方向与金属板平行的波馈电。板间距离为a的折射率为：

$$n=\sqrt{1-\left(\frac{\lambda}{2a}\right)^2} \tag{9-34}$$

式中，λ为平板间介质的波长。折射率和频率相关。通过正交金属板形成鸡蛋板箱，这样透镜就与极化无关了。因为我们可以将任意极化分解为与每一套板垂直的正交极化。

若将式（9-34）的n代入式（9-1），就可以得到单表面透镜照明面的方程：

$$\rho(\psi)=\frac{(1-n)f}{1-n\cos\psi} \tag{9-35}$$

式（9-35）是一个椭圆方程，f是由椭圆远焦点到透镜照明面中心的距离。该表面折射与轴平行的波并决定了第二个表面为一平面。平行板束缚与轴平行的波，且妨碍了外层单表面透镜的设计。

截止波长$2a$及可能产生的高次模限制了折射率n的取值范围。当$\lambda=a$时，二阶高次模截止，这把n限制到0.866［参见式（9-34）］。在截止波长$\lambda=2a$时，n等于零。因此，合理的n值位于0.3和0.7之间。

n与频率的变化关系限制了透镜的带宽。当口径面上相位的变化限定到$\lambda/8$时，带宽近似为：

$$\mathrm{BW}(\%)=\frac{25n}{1-n}\frac{\lambda}{(1-n)t} \tag{9-36}$$

椭圆表面使得边缘的口径分布增加。将式（9-35）代入式（9-11）和式（9-12），可得到口径幅度分布和馈源功率方向图的关系为：

$$\frac{A(r,\phi)}{F(\psi,\phi)}=\frac{(1-n\cos\psi)^3}{f^2(1-n)^2(\cos\psi-n)} \quad 轴对称 \tag{9-37a}$$

$$\frac{A(r,y)}{F(\psi,y)}=\frac{(1-n\cos\psi)^2}{f(1-n)(\cos\psi-n)} \quad 圆柱形 \tag{9-37b}$$

例：设计一个轴对称的平行板金属透镜，透镜直径为 30 λ，最大馈电角为 35°，$n=0.625$，最小厚度为 λ。

$$\rho(35^\circ)=\frac{30\lambda}{2\sin 35^\circ}=26.15\lambda$$

变换式（9-35）求得焦距为：

$$f=\frac{(1-n\cos 35^\circ)\rho(35^\circ)}{1-n}=34.03\lambda$$

稍微整理一下式（9-34），可求得平板间距离为：

$$a=\frac{1}{2\sqrt{1-n^2}}=0.64\lambda$$

由式（9-37a）可求得，在椭圆情况下从中心到透镜边缘的幅度变化为：

$$\frac{A(\psi_e)}{A(0)}=\frac{(1-n\cos\psi_e)^3}{(1-n)^2(\cos\psi_e-n)}=4.26 \quad (6.3\,\text{dB})$$

当馈源的 10dB 波束宽度等于透镜的对向角时，透镜口径上将产生-3.7dB 的边缘渐削。边缘厚度为：

$$t=f+1-\rho(35^\circ)\cos(35^\circ)=13.61\lambda$$

由式(9-36)算得带宽为 1.9%。追踪通过透镜的射线做详细的分析且在 n 随着频率变化时，在带宽边缘的损耗为 0.2dB；1dB 带宽约 4.5%。

分区平板透镜通过限制最大厚度使其带宽增加，因为由 n 的改变引起的光程变化超过了分区引起的光程变化。图 9-9 给出了三种可能的分区类型的中心曲线。图 9-9（a）透镜只由边缘绕射产生损耗，其他两种分区透镜［见图 9-9（b，c）］在口径上有死区。这些死区产生额外的幅度渐削损耗，并使靠内的副瓣提高。

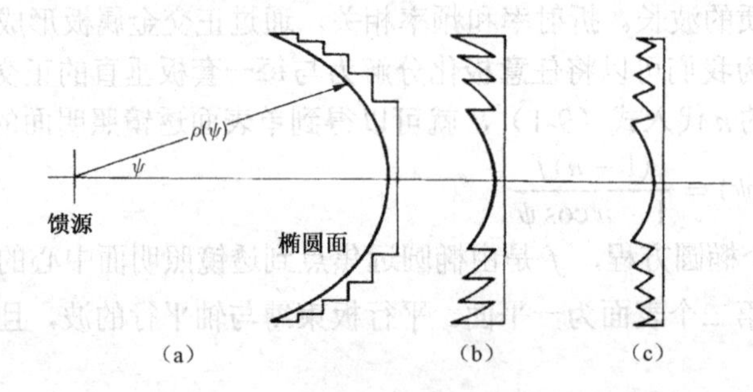

图 9-9　分区平行金属板透镜的中心截面

馈电这边分区后，每个分区都有不同的焦距。而外层分区，其焦距与非分区透镜一样保持不变。内分区后的焦距在每个阶梯上以 $\lambda/(1-n)$ 减低，而且由于 f 的变化，分区减小了透镜的幅度渐削：

$$\frac{A(\psi)}{A(0)}=\frac{f_c^2(1-n\cos\psi)^3}{f^2(1-n)^2(\cos\psi-n)} \tag{9-38}$$

式中 f_c 是中心的焦距，f 是 ψ 方向上对应椭圆的焦距。分区透镜的带宽近似为[1]：

$$\text{BW}=\frac{25\%}{K-1+[(1+n)(1-n)t/n]} \tag{9-39}$$

式中，K 为分区数，t 是最大厚度。式（9-39）是可接受损耗下带宽的保守估计。

例：将上述例子的透镜按照图 9-9（a）和（c）分为五个区，最大厚度为 3.4λ。用式（9-39）求得带宽为 3.4%。若用追踪通过透镜射线的方法和利用式（4-9）计算相位误差损耗，在 1dB 损耗的情况下带宽为 10%。

非折射表面的分区对口径分布没有影响，除了边缘绕射使场稍微有点变化。而折射表面的分区会产生口径死区，减低透镜的感应幅度渐削。在边缘处椭圆焦距仍然是 34.03λ。而中心处椭圆焦距从边缘椭圆的焦距以 $4\lambda/(1-n)$ 减小，变为 23.36λ。边缘渐削［见式（9-38）］变为 2.01（3dB）。因此，口径死区使得损耗增加了 2dB。

平行板透镜的带宽可以通过将透镜组合为双合透镜的方法增加其带宽[5]。我们这样制作透镜，在输入输出表面之间接长度相等的波导，并在每路中放置移相器来补偿光学路径差，这样就会在口径面上产生一种光程函数。如果我们把一个折射面波导透镜与一个微分移相透镜结合起来，这样就可以在两个频率上使口径相位匹配。这种匹配的宽带天线就像光学消色差双合透镜一样。

9.6 表面失配和介质损耗

波垂直入射到一个介质表面上的反射系数为：

$$\Gamma = \frac{1-n}{1+n} \tag{9-40}$$

这对介质透镜和金属透镜都是适用的。任何射线的实际反射系数取决于入射角和极化。透镜的两个表面都有反射，且相互影响形成真实的反射。对于平面表面，如有些天线罩，可以用失配传输线等效分析反射的叠加。由于从第二表面的反射不可能再返回入射波入射时的同一点，这可能是曲面散焦距离的变化引起的，两个表面的传输线模型对透镜将不再适用。式（9-40）给出了预期失配的合理近似值。对单折射表面透镜，因其中一个面与从馈源来的入射波垂直，所以入射波将反射回馈源，而第二表面并不能聚焦功率到馈源，造成轻微的影响。

例：对 $n=1.6$ 或 $n=0.625$ 的透镜，能聚焦到馈源的这一表面的反射系数幅度为 0.23［参见式（9-40）］。这使馈源产生失配，且对 $n(n>1)$ 或 $1/n(n<1)$ 结果都一样。失配损耗为 $1-|\Gamma|^2=0.95(0.2\text{dB})$。

$$\text{VSWR} = \frac{1+0.23}{1-0.23} = 1.6$$

波可由一个折射率为 $n^{1/2}$ 的四分之一波长的变换器与表面匹配，但增加匹配变换器使得带宽变窄。把功率反射回馈源的这个表面应该首先匹配，因为第二个表面对馈源失配只有轻微的影响。另外，主反射面与入射波垂直，并不需要改变厚度去匹配偏离法线入射的波。用于匹配偏离法线入射的波的变换器对极化敏感。

一些简单的方法可用来减小因透镜引起的馈源失配[2]。将透镜倾斜使得反射不能到达馈源。半个透镜偏移 $\lambda/4$ 使得两个半透镜的反射抵消。透镜倾斜并不会减小失配损耗且会在方向图中产生后瓣。同样，双曲面的反射功率也会形成副瓣。这些反射都降低了天线效率，使其低于只用口径理论预测的值。

Cohn 和 Morita[2,6]给出了通过将一些介质去掉四分之一波长对透镜表面匹配的方法。表面可以为皱纹式的孔眼阵或柱阵。用此方法，透镜可由单个介质板制成。这种设计取决于入射波的角度和波的极化。透镜的损耗功率可有由材料的衰减常数给出：

$$\alpha = \frac{27.3 n \tan\delta}{\lambda} \text{ dB/m} \tag{9-41}$$

式中，$\tan\delta$ 为介质的损耗正切。波导损耗减小了通过金属平板透镜的传输功率。分区去掉了一些材料和与它相关的损耗，从而提高了效率，但对于大多数材料来说，这个影响是小的。

人造介质[2]可减轻透镜质量和材料损耗。我们在介电常数接近 1 的泡沫中嵌入金属颗粒或电镀微球体做成人造介质。由金属箔制成金属颗粒可能是条带或圆形状。同样地，实心金属颗粒也可以是空心的。由于有效介电常数取决于与波长有关的金属颗粒的尺寸，因此，如果颗粒大，那么由人造介质制成的透镜将是窄带的，但若用电镀微球体，使其分散在泡沫中，可弱化这个问题。

9.7 双曲透镜的馈源扫描

当用电偶极子做馈源时，双曲透镜没有交叉极化。Kreutel[7]分析了偏离轴线的电偶极子馈源对双曲透镜方向图的影响。对透镜来说，在同样的扫描情况下，彗星差比抛物反射面增加的更快。就像抛物反射面一样，双曲面镜头波束扫描比馈源相对于顶点和轴线的偏差角小，并存在波束偏差因子（见表 9-5）。扫描损耗（见表 9-6）随 n 的增加而减小。最大彗星形波瓣（见表 9-7）限制了无法使用的方向图出现以前可能的扫描范围。在同样的彗星差下，抛物反射面可进一步扫描（见表 8-2）。

表 9-5 馈源扫描双曲透镜的波束偏差因子

f/D	$n=\sqrt{2}$	n=2	f/D	$n=\sqrt{2}$	n=2	f/D	$n=\sqrt{2}$	n=2
0.8	0.75	0.84	1.4	0.86	0.91	2.0	0.93	0.95
1.0	0.80	0.87	1.6	0.89	0.92	2.5	0.95	0.96
1.2	0.83	0.89	1.8	0.92	0.94	3.0	0.94	0.98

表 9-6 双曲透镜的扫描损耗（dB）

扫描波束宽度	$n=\sqrt{2}$		n=2	
	f/D=1	f/D=2	f/D=1	f/D=2
0.5	0.03	0.00	0.01	0.00
1.0	0.06	0.01	0.04	0.01
1.5	0.12	0.03	0.07	0.02
2.0	0.23	0.05	0.12	0.04
2.5	0.36	0.09	0.28	0.06
3.0	0.51	0.13	0.37	0.08
3.5	0.69	0.19	0.49	0.11
4.0	0.90	0.24	0.60	0.14
4.5	1.09	0.31	0.75	0.18
5.0		0.38		0.22
5.5		0.44		0.25

表 9-7 扫描双曲透镜的彗星副瓣电平（dB）

扫描波束宽度	$n=\sqrt{2}$		n=2
	f/D=1	f/D=2	f/D=1
0	20.9	18.5	19.5
1	17.6	17.5	17.6
2	15.2	16.5	15.7
3	13.1	15.5	14.2
4	11.3	14.8	12.9
5	9.8	14.0	11.5
6	8.8	13.3	10.4

9.8 双表面透镜

透镜的第二个表面提供了一个额外的自由度，它可以用来控制方向图特性。Ruze[8]研究了减小馈源扫描圆柱形金属平板透镜彗星差的方法，即把波限制得和轴平行。透镜的两个表面都要满足聚焦的要求。我们将研究在小馈源偏移情况下，轴对称介质透镜消除彗星差的方法。在第二个设计中，我们用第二个表面外形来控制口径面的幅度分布来实现。

9.8.1 无彗星差轴对称介质透镜

无彗星差轴对称介质透镜天线的设计可归纳为数值求解带边界条件的一个微分方程，从而获得一个平行波束且该解满足阿贝（Abbe）正弦条件[10]。一个成功的设计需要大量的迭代，因为透镜最终的形状在很大程度上取决于初始条件。微分方程求解有时候会发散，这使得设计不能实现或不能继续满足边界条件。

对于馈源离轴线有一个小偏差时，满足阿贝正弦条件的透镜是无彗星像差的。偏差会产生高阶像差，最终使连续扫描波束失真，但彗星差确被消除了。对于聚焦在无穷远的透镜，阿贝正弦条件要求的是这样一个表面，即折射后波与轴线平行的透镜表面必须是球面，且它的中心位于透镜的有效焦点上。介质透镜折射后波在外表面（远离馈源的面）与轴线平行。给定口径径向分量r为：

$$r = f_e \sin\psi \tag{9-42}$$

式中，f_e是有效焦距，ψ是馈电角。由于波导平板束缚波与轴线平行使得波在透镜内平行与轴线，因此，波导平板透镜通过球面内表面来满足阿贝正弦条件[6]。

第二个表面必须在口径面上产生等相位面。波导平板透镜仅要求路径相等。而在介质透镜中，内表面必须在适当的方向上折射电磁波使其满足阿贝正弦条件，而且还应放置在从馈源到口径面的路径长度相等的位置上。沿轴线的两个面的位置应可变，以使路径长度相等。

图 9-10 显示了无彗星差介质透镜的坐标。极坐标方程$\rho(\psi)$表示内表面，ψ'是折射波与轴线的夹角，从馈源到透镜内表面中心的距离为f，T是厚度。坐标(r,z)表示透镜外表面，z为坐标轴，r是口径径向分量。斯内尔（Snell）定理将内表面的微分方程简化为：

$$\frac{\mathrm{d}\rho}{\mathrm{d}\psi} = \frac{n\sin(\psi-\psi')\rho}{n\cos(\psi-\psi')-1} \tag{9-43}$$

式中，

$$\tan\psi' = \frac{r-\rho\sin\psi}{z-\rho\cos\psi} \tag{9-44}$$

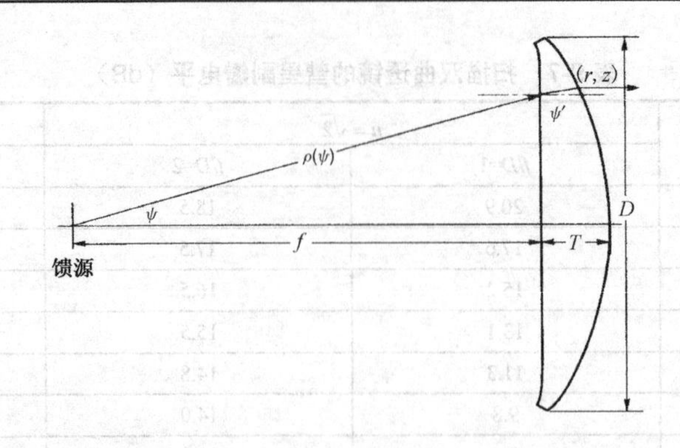

图 9-10　彗星差校正的双表面轴对称透镜（$n=1.6, D=35, f=45, T=4.5, f_e=49$）

应用式（9-24），上式变为：

$$\tan\psi' = \frac{(f_e-\rho)\sin\psi}{z-\rho\cos\psi} \tag{9-45}$$

等光程达到口径的要求确定了关于 z 的二次方程为：

$$Az^2+Bz+C=0 \tag{9-46}$$

$$A=n^2-1$$

$$B=2(\rho-K)-2n^2\rho\cos\psi$$

$$C=n^2\rho^2\cos^2\psi+n^2(f_e-\rho)^2\sin^2\psi-(\rho-K)^2$$

$$K=T(n-1)$$

$$z=\frac{-B+\sqrt{B^2-4AC}}{2A}$$

设计就是数值求解微分方程（9-43），约束条件为式（9-45）和式（9-46）。可实现的解取决于初始条件。多数求解失败问题都出现在式（9-46）中，这个式子满足等口径相位的要求。

例：图 9-10 是一个可实现的设计，$n=1.6$，焦距 $f=45$，直径 $D=35$，中心厚度 $T=4.5$，有效焦距 $f_e=49$。表 9-8 列出了由龙格-库塔（Runge-Kutta）法数值求解微分方程（9-43）所得到解的一些点。

表 9-8　图 9-10 所示的无彗星差透镜设计 r

馈电角 ψ(°)	内表面 $\rho(\psi)$	水平距离 z	半径（R）	沿射线的厚度（T）
0	45.00	51.50	0	6.50
5	45.18	51.19	4.27	6.20
10	45.70	50.27	8.51	5.29
15	46.59	48.71	12.68	3.77
20	47.63	46.28	16.76	1.59
20.92	47.61	45.40	17.50	1.06

上面的例子只是相对尺寸。其解是大小且和频率无关，因为它是由几何光学得到的。我们可以在给定频率上通过沿射线路径切割对透镜分区。每个阶梯为 $\lambda/(n-1)$。就像上面的例子一样，表 9-8 确定了通过透镜的射线路径。分区将会产生馈电或口径死区。质量的减小必须和效率的损失折中考虑。由于我们用了第二个表面的自由度来满足阿贝正弦条件，因此不能通过透镜表面来控制口径分布。多数实际的设计在馈源相近这边产生一个幅度渐削。若必须要求低副

瓣，则必须使馈源渐削照射。在设计中，馈源方向图没有考虑，这样对幅度渐削来说给了我们一个自由度。设计并制造了直径为 32 个波长的天线[9]，在±2° 的波束宽度范围内扫描没有彗星差。像抛物反射面一样，给定直径，增加焦距则允许更大的扫描，且没有明显的彗星差。

9.8.2 给定口径分布的轴对称介质透镜[11]

我们用所要求的口径幅度分布来确定口径半径 r 和馈电角 ψ 之间的关系。前面所说的阿贝条件可以确定这种关系。给定馈源功率方向图 $F(\psi)$ 和所要求的口径分布 $A(r)$，通过微分面积将二者联系起来：

$$F(\psi)\sin\psi\,\mathrm{d}\psi = A(r)r\,\mathrm{d}r$$

这里假设方向图为轴对称的。就像 8.20 节那样，通过归一化积分，导出 ψ 和 r 之间的关系：

$$\frac{\displaystyle\int_0^{\psi} F(\psi)\sin\psi\,\mathrm{d}\psi}{\displaystyle\int_0^{\psi_m} F(\psi)\sin\psi\,\mathrm{d}\psi} = \frac{\displaystyle\int_0^{r} A(r)r\,\mathrm{d}r}{\displaystyle\int_0^{r_m} A(r)r\,\mathrm{d}r} \tag{9-47}$$

在任何一个特定的设计中，我们生成类似表 8-12 那样的一个表，表中列出了馈电角与它的归一化方向图积分函数，口径半径与它的归一化口径分布积分函数之间的关系。给定馈电角 ψ，我们使归一化积分相等，从而计算出相应的口径半径。采用插值技术生成口径半径与馈电角之间的关系表，就像表 8-13 一样。整个设计与馈源方向图紧密相关，因为改变馈源方向图就会改变这个表。低副瓣口径分布要求公差很小且有一个好的馈源方向图。

一旦获得了 ψ 和 r 之间的关系，设计就可以按照类似于设计满足阿贝正弦条件的透镜的步骤来进行。数值求解微分方程（9-43）。由将馈源方向图变换为口径分布所得表来确定口径半径。通过透镜的等路径长度要求确定外表面在轴线上的位置。

$$\begin{aligned}
&Ax^2 + Bx + C = 0 \qquad x = z - f\\
&A = n^2 - 1\\
&B = 2[n^2(f - \rho\cos\psi)] + \rho - K - f\\
&C = [n(\rho\cos\psi - f)]^2 + (r - \rho\sin\psi)^2 - (f + K - \rho)^2\\
&K = T(n-1) \qquad z = f + \frac{-B + \sqrt{B^2 - 4AC}}{4A}
\end{aligned} \tag{9-48}$$

式中，T 为中心厚度，f 是轴焦距。

一个成功的设计需要以不同的初始条件进行大量的迭代。对差的初始条件，微分方程的解将发散，所得形状并不能满足等路径长度的要求。每种设计都在一个窄的范围内满足初始条件。在大多数情况下，增加厚度会增大成功设计的机会。

例： 设计透镜将圆锥波纹喇叭的馈源方向图转换为具有 40dB 副瓣（$\overline{n}=8$）的圆形泰勒分布。初始条件是：$n=1.6$，直径 $D=32$，焦距 $f=35$，中心厚度 $T=9$，最大馈电角 $\psi_m=20°$。

列表给出关于馈电角和它的归一化功率方向图的积分，口径半径和它的归一化功率方分布的积分的关系。进而从归一化积分相等获得馈电角和相应口径半径的表。这个表与透镜的厚度无关，但是与馈源方向图有关。

利用口径半径的表和由等光程的式（9-48）得到的条件，用龙格-库塔（Runge-Kutta）法数值求解微分方程（9-43）。图 9-11 显示了对一个 10dB 波束宽度为 36° 的馈源喇叭（馈电边缘渐削 12dB）的设计。喇叭的尺寸为：口径半径=1.90λ，最大二次相差 $S=0.2$ 下的斜面半径=9λ。设计的的几个点列于表 9-9 中。馈源方向图波束宽度有小许变化的其他天线的设计表明，在中心厚度不变时透镜边缘附近的形状会有大的变化。轴对称介质透镜可以被设计成与频率无关，因为只是确定相对尺寸。透镜往往是厚的，以使空间能满足等光程的要求。

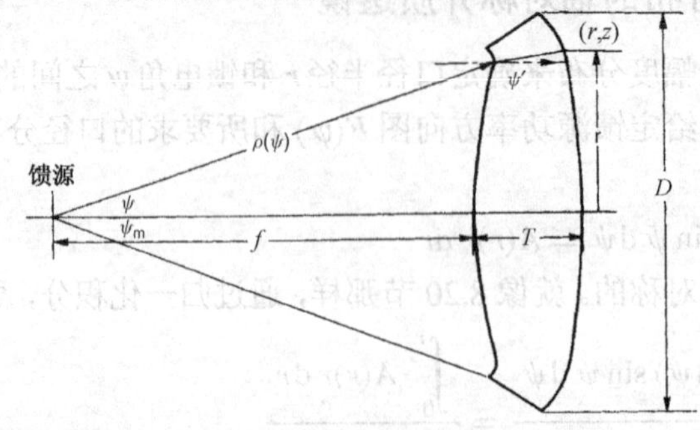

图 9-11 圆形泰勒口径分布（40dB，$\overline{n}=8$）的双表面透镜：$n=1.6$，$D=32$，$f=35$，$T=9$，$\psi_m=20°$；馈源：圆锥波纹喇叭，10dB 波束宽度 36°，$S=0.2$

表 9-9 图 9-11 所示的给定口径分布的轴对称介质透镜设计

馈电角 ψ(°)	内表面 $\rho(\psi)$	水平距离(z)	半径(r)	沿射线的厚度(T)
0	35.00	44.00	0	9.00
5	35.31	43.95	3.27	8.78
10	36.14	43.67	6.59	8.08
15	37.69	43.25	10.11	6.86
20	38.71	40.58	16.00	5.03

分区透镜减轻了质量，但也减小了频带宽度。低副瓣设计本质上就是窄带的，因为馈源波束宽度小的变化就能改变口径分布和副瓣电平。分区可能也不会减少带宽太大。用上述技术设计和试验天线揭示了许多设计要求[12]。副瓣电平超出设计要求主要有三个原因。首先，馈源方向图设定为 $\sin(\pi U)/(\pi U)$，对于实际的馈源方向图这过于简单了，必须用实际的馈源方向图，因为馈源方向图一个小的变化就需要重新来设计。第二，表面为避免反射必须要用四分之一波长的截面来匹配，这并没有在设计中考虑，从而改变了口径分布。第三，边缘绕射影响了口径分布。增加口径直径或用低边缘照射馈源可以减小这些影响。

按照设计，当横向偏置的馈源扫描时，透镜呈现出严重的彗星差。由于大多数透镜很厚，因此在内表面上分区被用于近似阿贝正弦条件。透镜通过内表面将多数射线折射的使其与轴线平行。如果平均来说分的区近似为球面，对扫描波束来说，彗星差将减低。当每个波束由偏置的馈源馈电时，这些彗星差校正透镜在多波束应用中是有用的。

9.9 靴带透镜

靴带（Bootlace）透镜由一组在表面上的接收天线通过电缆连接到第二个表面上的一套发射天线而构成（见图 9-12）。电缆通过透镜对路径进行了限制。这种透镜有三个自由度：① 输入表面；② 输出表面；③ 电缆长度。我们可以不断变化通过在输入和输出辐射器之间的线路上放置移相器和/或衰减器来改变透镜的特性。输入输出表面是天线阵列，通过在用透镜几何所确定的焦距弧线上放置不止一个馈源来形成多波束。

最简单的靴带透镜由一个球形的输入表面被等长度的电缆连接到一个平面输出表面而构成。这种透镜将馈源辐射的球面波在输出表面变换成平面波。这种透镜具有实时时延，因此消除了带宽限制。大多数靴带透镜是线源或由线源馈电的二维透镜。一般透镜可以有四个焦点[13]，置于对称结构的对称轴上。当馈源偏离焦点放置时，选择通过焦点的焦距弧线可使散焦最小化。沿着焦距弧线的每个点上的馈源在不同的方向产生一个输出波束。由于每个馈源都是全口径，因此，在波束方向实现的全排列增益小于口径长度投影的损耗。

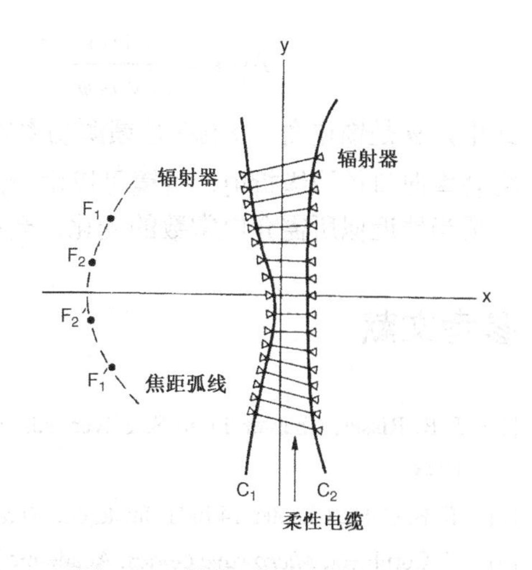

图 9-12 靴带透镜（来源于[13]，图 3 ©1965 IEEE）

当透镜被进一步约束时，焦点数减少到 3 个。Ruze 设计的金属平板透镜[8]有三个焦点，这是因为各表面间波导以直线传输。它有一个中心轴焦点和两个对称放置的焦点。Rotman[14]透镜由于输出表面被限制为直线，使其失去一个可能的焦点。在 Rotman 透镜中，平行板结构使可能的馈源位置变为了馈源侧面，在平行板波导中，这种结构通常由探针激励。透镜是可产生多波束的馈电网络，波束方向取决于馈源在焦距弧线上的位置。虽然该透镜只在三个点实现完美聚焦，但在它们之间的这些点的相位误差损耗是很小的。因为 Rotman 透镜馈电网络属于实时时延阵列馈电网络，因此利用它可实现大于一个倍频程的带宽。

Rao[15]将靴带透镜设计扩展到三维，且表面焦点不可能超出 4 个。因为透镜并不对称，它在正交平面具有不同的扫描能力。Rao 设计了焦线上分别有 2，3，4 个焦点的透镜。在给定相位误差电平的情况下，减少某个平面的焦点数量，其正交平面的扫描能力会增加。

9.10 伦伯透镜[16]

伦伯（Luneburg）透镜，变折射率的球对称透镜，可以在任何方向辐射波束，且馈源位于波束的对面的位置。我们将馈源的相位中心置于透镜的表面或离开表面一段短距离。在多个地点对透镜馈电，就可以形成多波束。唯一所受的限制是由于其他馈源或支撑结构的存在造成遮挡。在球面周围快速移动重量轻的馈源或在多个馈源之间切换，就可以进行快速波束扫描。

当在球的外表面放置馈源时，所需的折射率为：

$$n=\sqrt{2-\left(\frac{r}{a}\right)^2} \tag{9-49}$$

式中，a 是透镜的外半径，r 是内半径。介电常数 n^2 必须在 2 和 1 之间变化，在球心为 2，在球外表面上为 1。一些馈源都有自己的相位中心面，可以靠着球安装。通过改变折射率式（9-49）的变化，我们可以把馈源远离该表面，但需要中心折射率随着馈源远离透镜表面而减小。折射率的变化可由积分方程算出，这些曲线的形状与式（9-49）曲线相符。当馈源距离与球半径比为 1.1 时，合理的中心介电常数为 1.83，并平稳的变化到透镜表面的 1。同样，当馈源与球半径比为 1.2 时，中心介电常数从 1.68 开始。

与馈源相比，透镜改变了口径上的幅度分布。设定馈源半径与透镜半径之比为 r_i，则口径面的功率分布为：

$$A(r) = \frac{F(\psi)}{r_1^2 \cos\psi} \tag{9-50}$$

式中，ψ 是馈电角，$F(\psi)$ 是馈源功率方向图，$A(r)$ 是口径功率分布。式（9-50）表明，透镜将功率向口径边缘折射。透镜可以由一系列同心球壳构成，每层球壳的介电常数都为常数。为了适当地近似所需介电常数的变化，至少需要 10 层球壳。

参考文献

[1] J. R. Risser, Chapter 11 in S. Silver, ed., *Microwave Antenna Theory and Design*, McGraw-Hill, New York, 1948.

[2] S. B. Cohn, Chapter 14 in H. Jasik, ed., *Antenna Engineering Handbook*, McGraw-Hill,New York, 1961.

[3] S. Cornbleet, *Microwave Optics*, Academic Press, London, 1976.

[4] B. E. A. Saleh and M. C. Teich, *Fundamentals of Photonics*, Wiley. New Yok. 1911.

[5] A. R. Dion. A broadband compound waveguide lens, *IEEE Transactions on Antennas and Propagation*, vol. AP-26, no. 5. September 1978. Pp. 751-755.

[6] T. Morita and S. B. Cohn. Microwave lens matching by simulated quarter-wave transformers, *IEEE Transactions on Antennas and Propagation*, vol. AP-4, no. 1, January 1956, pp. 33-39.

[7] R. W. Kreulel. The hyperboloidal lens with laterally displaced diple feed, *IEEE Transactions on Antennas and Propagation*, vol. AP-28, no. 4. July 1980, pp. 443-450.

[8] J. Ruze, Wide-angle metal-plate optics. *Proceedings of IRE*. vol. 38, no. 1. January 1950. pp. 53-59.

[9] J. J. Lee, Numerical methods make lens antenas practical. *Microwaves*, vol. 21. no. 9, September 1982, pp. 81-84.

[10] R. Kingslake. *Lens Design Fundamentals*, Academic Press, New York. 1978.

[11] J. J. Lee, Dielectric lens shaping and coma-correcting zoning. Part I: analysis, *IEEE Trans-actions on Antennas and Propagation*, vol. AP-31, no. 1, January 1983, pp. 211-216.

[12] J. J. Lee and R. L. Carlise. A coma-corrected multibeam shaped lens antenna, part II: experiments, *IEEE Transactions on Antennas and Propagation* vol. AP-31, no. I, January 1983, pp. 216-220.

[13] M. L. Kales and R. M. Brown, Design considerations for two dimensional symmetric bootlace lenses, *IEEE Transactions on Antennas and Propagation*. vol. AP-13, no. 4, July 1965, pp. 521-528.

[14] W. Rotman and R. F. Turner, Wide-angle microwave lens for line source applications, *IEEE Transactions on Antennas and Propagation*. vol. AP-11, no. 6. November 1963, pp. 623-632.

[15] J. B. L. Rao, Multifocal three-dimensional bootlace lenses. *IEEE Transactions on Antennas and Propagation*, vol. AP-30. no. 6, November 1982. pp. 1050-1056.

[16] R. S. Elliott, *Antenna Theory and Design*, Prentice-Hall, Englewood Cliffs. NJ, 1981.

第10章 行 波 天 线

行波天线由能够辐射的传输线结构组成。端射线天线的大部分性能由天线的长度和其上的传播常数决定，已逐步建立了此类天线的一整套理论。首先，天线长度决定了天线的增益和带宽；其次，天线结构的尺寸和形状会影响天线的极化和波束宽度。大部分这种结构的天线是慢波传输结构，波被约束在这种结构中，并从不连续处辐射。表面波结构辐射端射波束，而漏波结构辐射与线源轴线成一定夹角的斜射波束。两种情况均有平面结构的应用。本章关注细长结构形式的天线。漏波线源辐射器（如开槽矩形波导）组成平面阵时，线源保持原有的结构形式。

行波天线也可以由导波结构组成。表面波结构将功率约束在传输线上并在天线结构不连续处辐射，如弯角和尺寸变化的地方。某些情况下，表面波就像整根传输线至始至终辐射的情形。两种方法均能说明问题的本质。漏波天线的波在内部运行，如波导，并在开口处辐射，向空间释放功率。虽然两种方式的辐射机理不同，但可以用相似的数学方法进行描述。由于天线结构类似，变化很小，有时要区分是哪种辐射模式是有难度的，有些天线可以辐射两种模式中的任一种模式。行波天线与其他类型天线的区别在于，行波天线存在沿其结构行进的波，大部分的功率朝向单一方向传播。

我们可以通过结构区分天线：线形的和面形的。在分析平面结构时，通常认为与波的传播方向垂直的平面结构是无限大的。相似地，在初始分析时，往往忽略线源的直径。尽管直径在决定模结构时是重要的，但是对于初步分析而言，因为线源的长度和传播常数决定了天线的方向图和带宽，在计算方向图时用细的线源进行分析即可。平面结构的宽度决定了该平面的波束宽度。加粗线源直径将减小波束宽度并提高增益，但这不是主要的。仅当过渡到缝隙型结构，要考虑引起末端辐射时，才必须包括天线直径的影响。

本章我们要仔细研究各种特殊的传输线结构。合理设计天线尺寸，对于慢波天线，提供合适的相速以形成单一端射波束，或者对于漏波天线，可以确定波束的指向。我们通过解析方法计算了部分天线尺寸（一个可不断扩充的数据列表），同时也可以通过测量相速和波的泄漏情况进行设计。

10.1 行波天线概述

单向行进的波，其场可表示为：

$$E = E_0(z)\mathrm{e}^{-kPz} \tag{10-1}$$

式中，z 是传播方向，k 是自由空间传播常数（波数）$2\pi/\lambda$，P 是相对传播常数。$E_0(z)$代表振幅的变化：

$$\begin{aligned} &P>1 \quad 表面波 \\ &P<1 \quad 漏波 \end{aligned} \tag{10-2}$$

对于一个 y-z 面上的平面结构，用分离变量表示的场分布为：

$$E = E_0(z)E_1(y)\mathrm{e}^{-\mathrm{j}kPz}$$

方向图可由下式求得：

$$f=\int_0^L\int_{-a}^{a}E_0(z)E_1(y)\mathrm{e}^{-\mathrm{j}kPz}\mathrm{e}^{\mathrm{j}k_z z}\mathrm{e}^{\mathrm{j}k_y y}\mathrm{d}z\,\mathrm{d}y \tag{10-3}$$

式中，$k_z=k\cos\theta$。相似地，对于以圆柱坐标表示的分离变量场分布为：

$$E=E_0(z)E_1(\phi)\mathrm{e}^{-\mathrm{j}kPz}$$

及

$$f=\int_0^L E_0(z)\mathrm{e}^{-\mathrm{j}kPz}\mathrm{e}^{\mathrm{j}k_z z}\mathrm{d}z\int_0^{2\pi}E_1(\phi_c)a\mathrm{e}^{\mathrm{j}ka\sin\theta\cos(\phi-\phi_c)}\mathrm{d}\phi_c \tag{10-4}$$

式中，a 是半径。第二个积分表示环形孔径场在远场投影分量的矢量点积（见 7.2 节）。我们只分析沿 z 轴方向的项，场在其他坐标的方向图响应可以另外考虑。则方向图响应为：

$$f=\int_0^L E_0(z)\mathrm{e}^{-\mathrm{j}k_z(P-\cos\theta)}\mathrm{d}z \tag{10-5}$$

我们把第 4 章的结果和这些分离变量表达式结合使用。最大增益出现在均匀分布时，并随锥削分布的幅度渐变效率而减小。在式（10-3）中，y 轴的分布情况和尺寸决定了对应孔径大小的增益因子。式（10-4）有一项独立ϕ分量场分布，这样方向性系数可用乘积表示。现在我们忽略这些因素，关注 z 轴方向图和相应的方向性系数。偶极子天线因其ϕ方向的场分布及半径的增大，实际杆状天线的方向性系数会提高。

均匀分布的行波天线的方向图可表示为：

$$\frac{\sin(\psi/2)}{\psi/2} \tag{10-6}$$

式中，$\psi=kL(P-\cos\theta)$，θ为偏离 z 轴的角度。y 或者ϕ的分布决定了其他坐标方向的方向图。对于慢波，$P>1$，当 $P\to1$ 时，其波束最大值趋于$\theta=0$ 的方向。对于端射方向图的峰值，长度限定了 P 的变化范围。对于漏波，$P<1$，方向图的峰值出现在 $P=\cos\theta$，后者表示为：

$$\theta_{\max}=\arccos P \tag{10-7}$$

当 $P\to1$ 时，方向图峰值趋近于端射方向（$\theta=0$）。P 增大并大于 1 后，随 P 的值增大方向性系数提高并达到最大值，P 与长度的关系为[1]：

$$P=1+\frac{0.465}{L} \tag{10-8}$$

式（10-8）是长端射结构天线提高方向性系数的汉森-伍德亚德（Hansen and Woodyard）准则，通常用以下近似公式表示[2]：

$$P=1+\frac{1}{2L} \tag{10-9}$$

对于具有均匀分布的长线结构天线，根据式（10-9），沿其长度方向相位增加 180° 时可得到最大方向性系数。对于大部分的表面波系统（$P>1$），幅度分布的最大值靠近输入端，其幅度的锥削分布对增益的损失可通过幅度锥削效率［式（4-8）］进行计算。式（10-8）给出的用天线长度表示的相对传播常数可简化为：

$$P=1+\frac{1}{RL} \tag{10-10}$$

式中，R 的取值与 L 有关，当 $L=\lambda$时，R=6；当 L 从 3λ增加到 8λ，R 逐渐减小到 3；而当 L=20λ时，R 趋于 2［见式（10-9）］。Zucker[4]对输入端幅度峰值相差 3dB 的所有长度天线，幅度分布的 R 取 6。式（10-8）和式（10-10）给出的增益设计结果相差很小。

P 的值决定了可视区域的一端边界。令 P=0 使可视区域对于$\psi=0$ 对称。端射出现在 P=1 时。当 P 增大到远大于 1 时，随ψ分布的波峰进入不可视区，旁瓣增大。随着 P 增大，一系列的旁瓣形成波峰，旁瓣之间的幅度差将减小，这是因为 P 超过了式（10-9）给出的数值，方向图恶化，旁瓣增大。

图 10-1 给出了具有均匀幅度分布的轴对称行波天线方向性系数随 P 的变化情况。对于边射（P=0）和 P 取值接近端射时，方向性系数不随波束扫描而变化，是一个常数：

$$方向性系数 = \frac{2L}{\lambda} \tag{10-11}$$

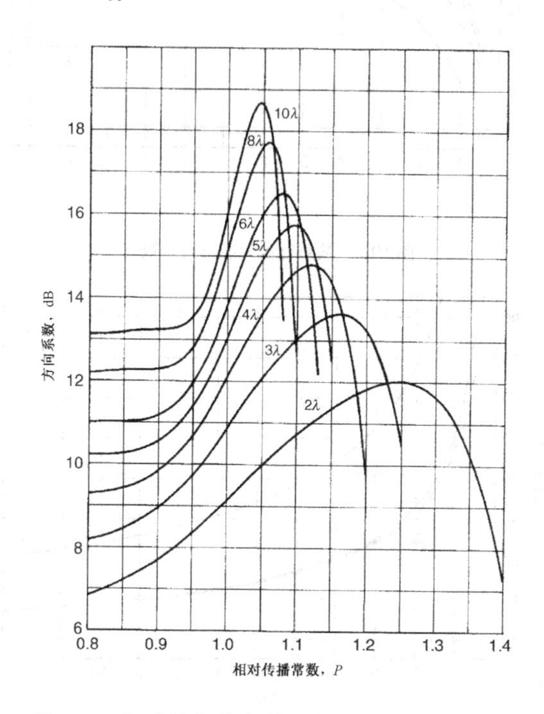

图 10-1 幅度均匀分布轴对称行波天线方向系数

边射的锥形波束扫描至波束锥体形成单一的端射波束时，方向系数增大。对于 P=1 的端射情况：

$$方向性系数 = \frac{4L}{\lambda} \quad（端射） \tag{10-12}$$

当 P 取式（10-8）给出的值时，方向性系数最大值为：

$$方向性系数 = \frac{SL}{\lambda} \tag{10-13}$$

L/λ	2	4	6	10	20
S	7.92	7.58	7.45	7.33	7.25

图 10-2 给出了端射结构天线方向性系数随天线长度的变化情况。对于 P=1 的情况，方向系数的曲线由式（10-12）给出。正如图 10-2 所示的，汉森-伍德亚德准则提高了极细直径结构天线的方向性系数。有限直径的轴向模螺旋天线的方向性系数大于汉森-伍德亚德准则的方向性系数。线极化螺旋天线的混合模也提高了方向性系数，其初始方向图在垂直于行波轴线方向具有偶极子一样的零点。图 10-3 给出了这些天线相应的波束宽度。图 10-2 给出的是给定长度的细小直径端射行波天线方向性系数可能达到的上限值。

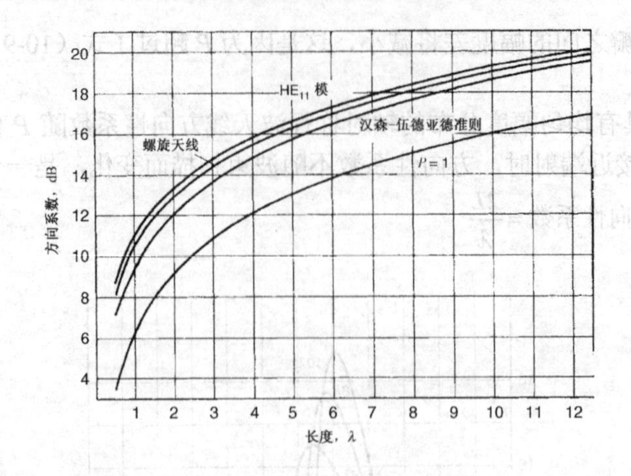

图 10-2 端射行波天线方向系数

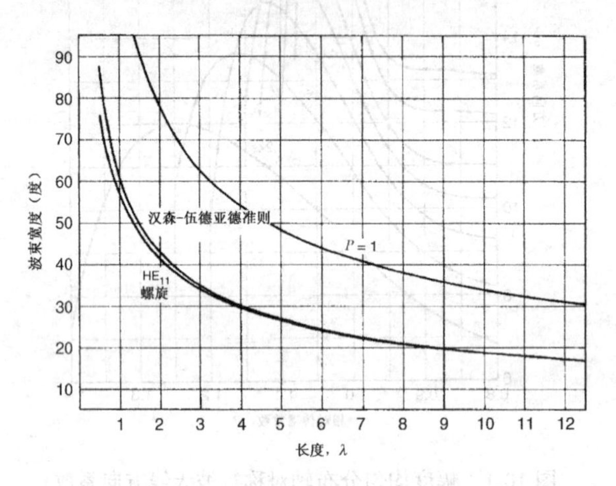

图 10-3 行波端射天线波束宽度

10.1.1 慢波

开放传输线结构中之所以存在慢波，是通过减慢行进中波的速度并将其导向传输线结构方向，将波束缚在传输线上。同样的道理，透镜将波导向更高折射率（增强波的减慢效果）的区域。若以 x 轴表示与平面结构慢波垂直的方向，径向 ρ 表示与圆柱结构慢波垂直的方向，在电磁学教科书上，各方向传播常数之间的关系可以表示为[5]：

$$k_z^2+k_x^2=k^2 \text{ 或 } k_z^2+k_\rho^2=k^2 \tag{10-14}$$

由于 x（或 ρ）是无界的，波一离开天线表面就按指数衰减：

$$\alpha=\mathrm{j}k_x \text{ 或 } \alpha=\mathrm{j}k_\rho \tag{10-15}$$

则 z 方向传播常数变为：

$$k_z^2=k^2+\alpha^2=P^2k^2$$

式中：

$$P=\sqrt{1+\frac{\alpha^2}{k^2}}=\sqrt{1+(\frac{\lambda\alpha}{2\pi})^2} \tag{10-16}$$

相对传播常数 P 可用来度量波约束到慢波结构表面的程度，式（10-16）也可以表示为：

$$\alpha = \frac{2\pi}{\lambda}\sqrt{P^2-1}\ (\mathrm{Np}/\lambda)$$
$$= 8.63\frac{2\pi}{\lambda}\sqrt{P^2-1}\ (\mathrm{dB}/\lambda)$$

当 P 增大时，波更靠近表面。图 10-4 所示为表面波结构到相对于 P 的等场强线之间的法向距离，可见，场沿天线结构表面的法线方向快速衰减。当 $P\to 1$ 时，慢波结构只衍射通过它的平面波而没有捕获功率，这意味着这种结构存在截止频率。

大部分表面波天线包含三个区域。馈电区在天线结构中发射波，P 在 1.2 到 1.3 之间[4]。馈电结构是一个短截线，其长度是渐变的，直到与 P 值相适应。设计天线长度以达到给定的相移，例如，天线长度应确保天线上的波相对于自由空间行波有额外 180° 相移［见式（10-9）］。靠近天线终端，有时要让天线结构锥削以减小终端反射，文献[4]给出的反射近似值为 P^2-1（功率），终端锥削的天线结构可以很短，也能获得满意的结果。

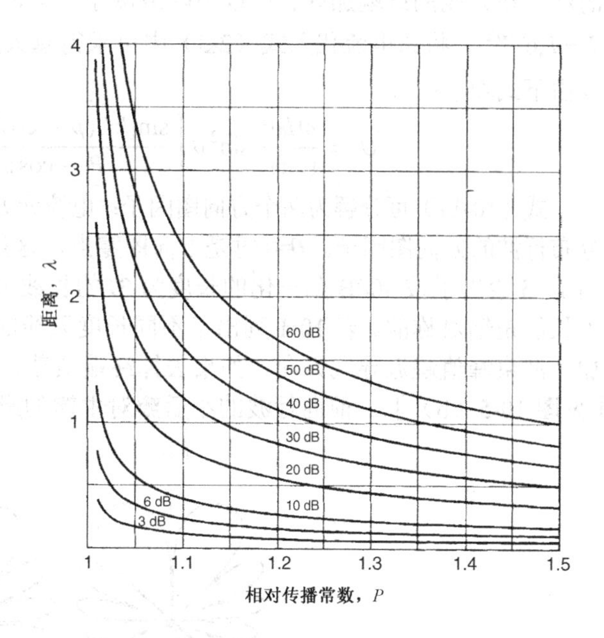

图 10-4 表面波结构等场强线与表面之间的距离关系

10.1.2 快波（漏波结构）

只有封闭结构（如波导）才能形成快波。要形成快波，开放结构要求式（10-16）中的α为负数，意味着随离开天线结构的距离增加，波的幅度按指数增加，这不符合物理事实。开放结构将很快辐射所有的功率，不再沿结构导引功率。对限定α的漏波，可以延伸辐射结构长度。在计算漏波结构波的最大辐射方向时，通常要考虑 z 轴传播常数中由于波的泄漏带来的衰减，但当α很小时可以忽略：$\theta_{\max} = \arccos(k_z/k)$。

例：一个 TE_{10} 模矩形波导的 $k_x = 2\pi/2a$，这里 a 是波导宽度。z 方向传播常数可由下式求得：

$$k_z = \sqrt{k^2 - \left(\frac{\pi}{a}\right)^2}$$

也即

$$P = \sqrt{1-(\frac{\lambda}{2a})^2} = \cos\theta_{\max}$$

波导的传播常数决定了从波导中慢速泄漏的行波的辐射方向。由下式求得给定辐射方向的波导宽度：

$$a = \frac{\lambda}{2\sqrt{1-\cos^2\theta_{\max}}}$$

10.2 长线天线

一种最简单的行波天线是长单导线天线，天线终端带有负载。驻波可分解为两个相向传输的波。在天线的终端加载，可以消除或减小反射波及其辐射。导线上均匀电流传输可表示为 $I = I_0 e^{-jkPz}$ 。将该电流代入式（2-3）中可求得磁矢量势，用式（2-1）可以求得电场。辐射强度由下式表示：

$$U = \frac{\eta |I_0|^2}{(2\pi)^2} \sin^2\theta \left[\frac{\sin[kL(p-\cos\theta)/2]}{P-\cos\theta} \right]^2 \tag{10-17}$$

式（10-17）可分解为两个方向图因子：电流元方向图因子 $\sin^2\theta$ 和由式（10-6）给出的均匀分布行波的方向图因子。θ=0 时是方向图零点，这是由于电流元导致波束峰值偏离行波轴线。图 10-5 给出了按 40dB 归一化的长度为 3λ的长线天线的行波和驻波电流方向图。方向图相对于长线是轴对称的。表 10-1 列出了不同长度天线的波束峰值方向和方向性系数。随着长度增加，波束峰值趋近导线方向。如果去掉终端负载，从终端反射的波在相反方向形成波束峰值［见图 10-5（b）］。前向行波的小后瓣对主瓣的影响小于反向行波的影响。

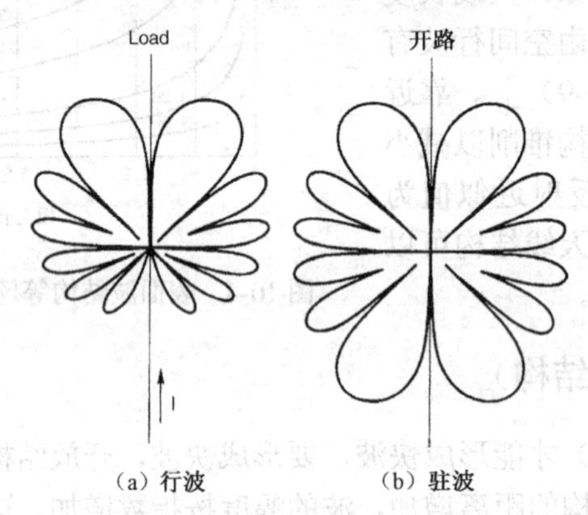

图 10-5 长线天线方向图（3λ）

表 10-1 直导线上行波电流的天线特性

长度/λ	方向性系数（dB）	波束峰值（度）	长度/λ	方向性系数（dB）	波束峰值（度）
0.5	3.55	64.3	5.5	11.32	20.2
1.0	5.77	47.2	6.0	11.61	19.4
1.5	7.06	38.9	6.5	11.88	18.7
2.0	8.00	33.7	7.0	12.13	17.9
2.5	8.71	30.1	7.5	12.37	17.4
3.0	9.30	27.5	8.0	12.59	16.8
3.5	9.81	25.2	8.5	12.80	16.3
4.0	10.25	23.8	9.0	13.00	15.8
4.5	10.64	22.3	9.5	13.18	15.4
5.0	11.00	21.3	10.0	13.35	15.0

10.2.1 贝弗利天线[6]

贝弗利天线是平行于地面的细线，离地面的距离相比波长很小（见图 10-6）。天线必须从地面馈电，水平极化导线的镜像抵消了天线大部分的远场辐射。表 10-1 给出了天波辐射时天线辐射角和天线长度的关系。由于很大一部分功率被负载吸收，天线尽管有很好的方向性系数，但是效率很低。

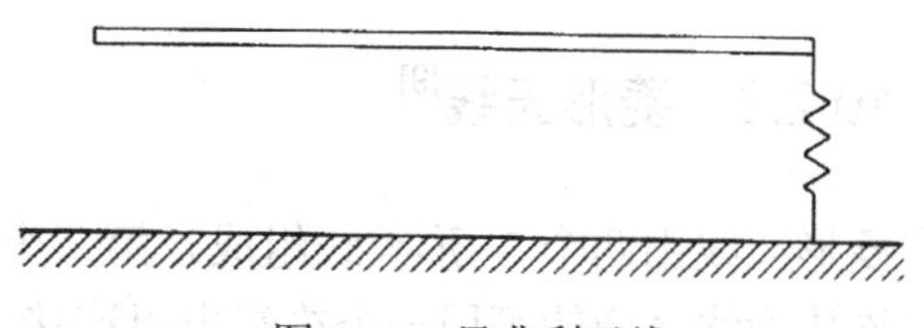

图 10-6　贝弗利天线

将馈电点抬高（如安装在塔上），导线倾斜连接到地面的负载，可以制成一个垂直极化的贝弗利天线。当给定长度的导线的安装倾角和表 10-1 对应的波束峰值方向角度相等时，导线和其镜像的波束叠加形成水平波束。由于土壤对水平极化波的反射比垂直极化波更好，垂直极化天线需要更大导电率的地面。天线波束指向角可以通过改变导线的倾角进行调整，但是导线及其镜像形成的波束不再是相加的关系。由于馈电点相对于地面是抬高的，对倾斜天线的馈电是困难的。

10.2.2　V 形天线

两个贝弗利天线按照一定角度布置，以平衡传输线馈电就形成一个 V 形天线。当该角度为表 10-1 中所给角度的两倍时，两根独立导线的波束峰值叠加。由于输入端采用平衡传输线，天线不再依靠地面进行馈电，缓减了贝弗利天线的馈电难题。将输入端放置在一个绝缘高塔上，并将导线倾斜连接到地面（如图 10-7 所示），就可产生一个波束。当导线倾角和表 10-1 给出的波束峰值指向角相同时，波束是水平的，通过改变导线倾角来改变波束的仰角。平衡馈电使天线形成水平极化，减小了对地网的要求。天线阻抗约 800Ω。天线方向图包含有大副瓣，天线总体上是低效率的，但是终端接地天线带宽接近一个倍频程。

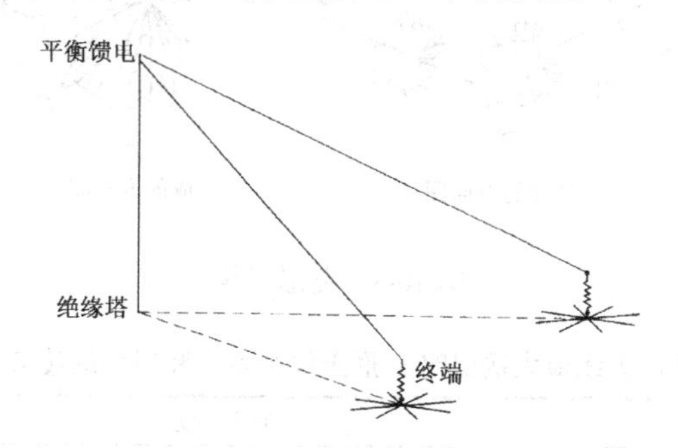

图 10-7　倾斜 V 形天线

我们也可以制作终端不接地的 V 形天线。一种方法是在 V 形天线负载通常接地的末端连接$\lambda/4$ 的金属棒，方向与 V 形天线导线的延伸方向相同[7]。在有限带宽内，开路$\lambda/4$ 导线对负载来说，是一个短路器。尽管 V 形天线终端负载不接地，终端电阻器也可以减小 V 形天线的后瓣。第二种方法是用矩量法设计两根导线之间的角度以优化处于两根导线中间的波束的方向性系数[8]，该角度可用一个多项式表示：

$$\alpha(\text{度})=-149.3\left(\frac{L}{\lambda}\right)^3+603.4\left(\frac{L}{\lambda}\right)^2-809.5\frac{L}{\lambda}+443.6,\quad 0.5\leqslant\frac{L}{\lambda}\leqslant 1.5$$

或

$$\alpha(\text{度})=13.36\left(\frac{L}{\lambda}\right)^2-78.27\frac{L}{\lambda}+169.77,\quad 1.5\leqslant\frac{L}{\lambda}\leqslant 3 \tag{10-18}$$

式中，L 是每臂的长度。由式（10-18）给出的α，最大方向性系数为：

$$\text{方向性系数}=2.94\frac{L}{\lambda}+1.15\quad(\text{dB}) \tag{10-19}$$

10.2.3　菱形天线[9]

菱形天线由两个 V 形天线组成。第二个 V 形天线将两边的导线往回连接在一起，这样两根对称传输线之间就可用一个终端电阻连接（见图 10-8）。尽管菱形天线终端电阻吸收了一半以上的发射功率，但是该终端电阻消除了 V 形天线发射时终端负载的接地问题。图 10-8 给出了菱形天线在自由空间条件下各辐射导线单独的方向图和水平面的合成方向图，遗憾的是天线有大的副瓣。当张角α近似为各独立辐射导线波束峰值角度的两倍时，菱形天线方向图形成波束峰值。表 10-2 列出了平行于地面安装的天线，对应给定的仰角，天线具有最大输出时的α值。通过抬高天线离地面的高度 H，可以控制天线波束仰角：

$$H = \frac{\lambda n}{4\sin\Delta} \qquad n = 1,3,5,\ldots \tag{10-20}$$

式中，Δ是从水平面算起的仰角，n 是奇整数。波束的仰角是天线自身和其地面的镜像共同作用形成的。由于天线辐射水平极化波，对地网的要求不高。

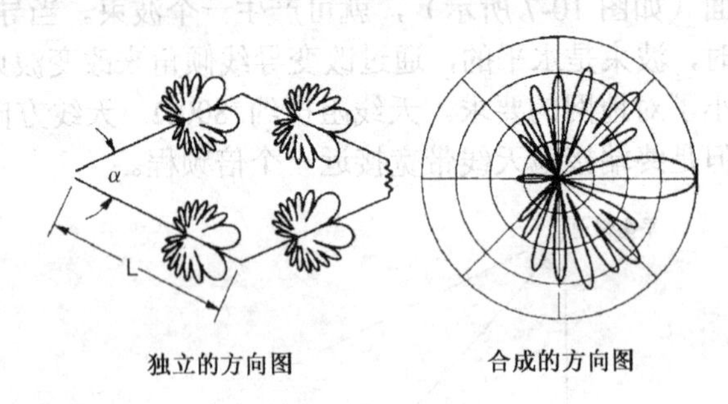

图 10-8　菱形天线

表 10-2　菱形天线最大输出时 V 形天线张角α 和对应的波束仰角的关系

臂长 L/λ	仰角（度）						
	0	5	10	15	20	25	30
1.5	90	89	88	86	84	80	76
2.0	77	76	75	73	70	66	60
2.5	69	68	66	64	60	56	48
3.0	62	61	60	57	52	48	40
3.5	58	57	55	52	47	42	34
4.0	54	53	50	47	42	36	28
4.5	51	50	47	43	38	32	24
5.0	48	47	44	40	35	28	20
6.0	44	43	40	36	30	22	14
7.0	41	38	36	32	25	18	8
8.0	38	37	34	28	22	14	
10.0	34	32	29	23	16		
15.0	28	26	22	15			
20.0	24	22	17				

来源：文献[9]

菱形天线的终端电阻应为600Ω左右，在一个倍频程内，输入阻抗在600～900Ω之间变化，输入阻抗的实际值和频率、高度和终端电阻值有关。在弯角位置将多根导线扩散开可以减小频带内阻抗的变化，并提高细线的功率承受能力。将菱形天线的一半安装在地面上可以形成一个反转V形天线。用一个独立的绝缘塔，并控制导线相对于地面的倾角，可以将导线及其地面镜像波束共同合成一个水平波束。反向V形天线的输入端和终端负载均连接到地面。由于天线是垂直极化的，必须提供一个性能良好的地网。户外应用时，天线通过转换器进行接地和馈电，达到防雷并实现与天线高输入阻抗的匹配。

10.3 八木–宇田天线[10]

八木-宇田天线（一般简称八木天线）利用各驻波电流单元的相互耦合产生一个单向辐射的行波天线，利用馈电振子前后的无源振子作为反射器和引向器形成端射波束。由于天线可以用慢波结构进行分析[11]，当考虑振子的方向图因素时，行波天线的方向性系数（见图10-2）是有限的。最大方向性系数由沿波束方向的天线长度而不是振子的数量确定。

对于前后平行放置的两个偶极子，相互之间的电流关系可以通过互阻抗矩阵表示：

$$\begin{bmatrix} V_1 \\ V_2 \end{bmatrix} = \begin{bmatrix} Z_{11} & Z_{12} \\ Z_{12} & Z_{22} \end{bmatrix} \begin{bmatrix} I_1 \\ I_2 \end{bmatrix} \tag{10-21}$$

由于对称关系，对角线上的参数是相等的。如果一个振子馈电，另一个振子接负载，可以求出馈电振子的输入阻抗：

$$Z_{\text{in}} = \frac{V_1}{I_1} = Z_{11} - \frac{Z_{12}^2}{Z_{22} + Z_2} \tag{10-22}$$

式中，Z_2是第二个振子上所接负载，将第二个振子短路（$Z_2=0$）以得到最大的驻波电流并消除功率损耗：

$$Z_{\text{in}} = Z_{11} - \frac{Z_{12}^2}{Z_{22}} \tag{10-23}$$

随着振子相互靠近，前后平行放置的振子之间的互阻抗（Z_{12}）趋近于Z_{11}，由式（10-23）给出的输入阻抗也趋于0。

式（10-21）中的第二个方程表示两个振子中的短路振子的电流关系：

$$0 = Z_{12}I_1 + Z_{22}I_2 \quad \text{或} \quad I_2 = -\frac{Z_{12}I_1}{Z_{22}} \tag{10-24}$$

既然$Z_{12} \approx Z_{22}$，短路振子上的电流和馈电振子上的电流是反相的，感应电流减小了振子周围的辐射场。考虑到无源振子上的电流，我们可以通过阵列技术求解远场。假设振子间距为d，无源振子在z轴上，馈电振子位于坐标原点，则辐射场的经典表述为：

$$E = 1 + I_r \mathrm{e}^{\mathrm{j}(kd\cos\theta + \delta)}$$

式中，$I_r \mathrm{e}^{\mathrm{j}\alpha} = I_2 / I_1$是无源振子相对于馈电振子的电流。$\theta = 0°$和$\theta = 180°$的功率方向图的差值为：

$$|\Delta E|^2 = -2I_r \sin\delta \sin(kd) \tag{10-25}$$

情况1：$\delta = 180°$，$\Delta E = 0$，天线前后向有相同的方向图，在$\theta = 90°$有零点。

情况2：$180° < \delta < 360°$，$\Delta E > 0$，无源振子是引向器，天线在$\theta = 0°$方向的辐射大于$\theta = 180°$方向。

情况 3：0° <δ<180°，ΔE<0，无源振子是反射器，天线在θ=180° 方向的辐射大于θ=0° 方向。比较振子的电流相位可以确定无源振子是引向器还是反射器。

不同结构的振子之间的互阻抗可以用方程式表示[12-16]。利用这些方程式，一个半波长偶极子和一个不同长度、间距的无源振子之间的互阻抗的相位变化如图 10-9 所示。给定长度的无源振子既可以成为引向器也可以是反射器，这要视其与馈电振子之间的间距而定。通常，相对于馈电振子，引向振子要短一些，而反射振子要长一些。如果缩短馈电振子的长度或增加振子的直径，无源振子成为引向器或反射器的分界线将往上移。图 10-9 也显示在过渡点上，振子长度缩短，则间距要增加。图 10-10 所示为在馈电振子前后各有一个反射器和一个引向器的三单元八木天线。天线的各项性能是折中设计的。以下给出了源为 50Ω时天线的性能：

增益 G=7.6dB	前后比 F/B=18.6dB
输入阻抗 Z_{in}=33−j7.5	驻波比 VSWR=1.57（50Ω系统）
E 面波束宽度=64°	H 面波束宽度=105°

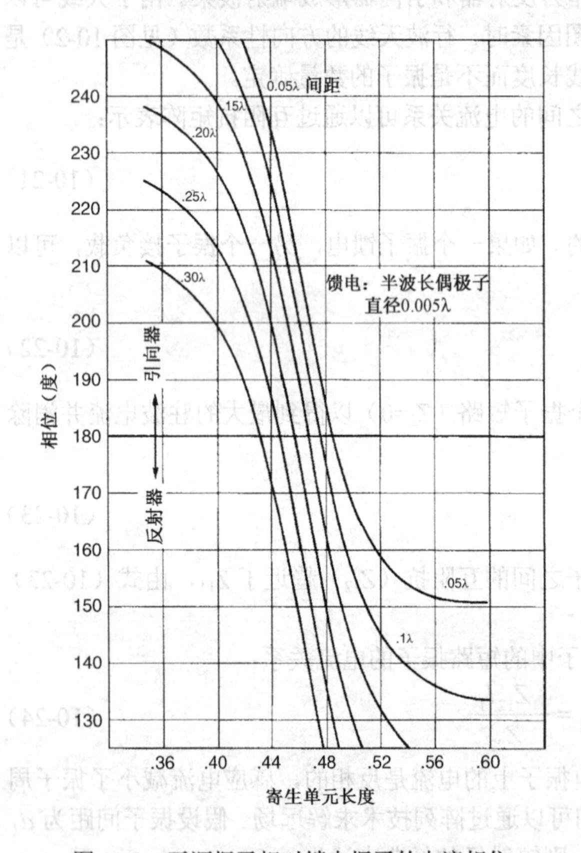

图 10-9　无源振子相对馈电振子的电流相位

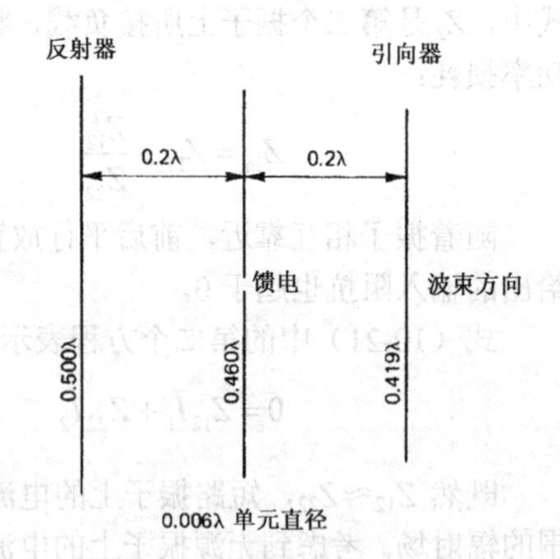

图 10-10　三单元八木天线

输入端匹配时增益可以提高 0.2dB。3dB 增益带宽为 15%，1dB 增益带宽为 10%。在 3dB 增益带宽的边缘，前后比 F/B 下降到 5.5dB。在很多设计中，增益最大值并不出现在前后比 F/B 最大的频率点。对于 50Ω系统，在前后比 F/B 最大的频率高 3%的频率上，增益提高 0.2dB（50Ω系统）。最大增益（8.6dB）出现在比中心频率高 7%的频率上。振子的排列方式压窄了 E 面波束宽度，并在从轴线算起的 90° 位置形成零点。行波仅形成了 H 面波束。增益优化设计中，沿各振子的相位分布关系应符合式（10-10）对短行波天线的要求。此三单元偶极子阵在 0.6λ长的孔径中离散分布。图 10-3 给出了此最优设计的 H 面波束宽度约 80° 。只有三单元的偶极子阵的相位分布很难达到要求，前后比 F/B 也低。

可以用矩量法分析八木天线性能[17]。首先计算互阻抗矩阵：

$$[V]=[Z][I] \tag{10-26}$$

输入电压矢量$[V]$只有一个非零项（馈源），通过求解式（10-26）的线性方程，可以计算每个振子的电流。假设每个振子上的电流为式（5-1）表示的正弦分布，可以求解振子组成的阵列方向图。用矩量法可计算阵列的输入阻抗，在已知输入功率且振子上的电流值保持不变的情况下，可以直接计算增益。

矩量法能快速计算天线的性能，所以可以用于天线性能的优化。Cheng 和 Chen[18,19]将振子间距和长度交替进行微调的技术找到一种快速收敛的优化设计方法，对每一个微调值进行单循环运行。没有哪种优化技术能确保天线的整体优化，各种设计方法都是局部达到最优。通过限制搜索变量数，Cheng 和 Chen 的方法某种程度上避免了局部优化。由于波的相对传播常数随频率的升高而增大，大部分以高增益为设计目标的单一频率的优化结果，其增益随频率的升高而快速下降。图 10-1 的增益曲线显示，在增益峰值之后增益快速降低而旁瓣则增大。所有行波端射天线的增益都符合这一图形。

Kajfez[20]提出了一种一定带宽内的优化方法，即减小峰值增益以展宽带宽并在容许范围内降低其他一些要求，在 f_1 和 f_2 频率范围内，优化一个包括平均方向性系数及其波动范围在内的复合价值函数。最大方向性系数：

$$C=D_{\text{avg}}-wd \tag{10-27}$$

式中，D_{avg} 是平均方向性系数，d 是方向性系数相对于 D_{avg} 的均方根误差（RMS），w 是带宽加权因子：

$$\begin{aligned} D_{\text{avg}} &= \frac{1}{f_2-f_1}\int_{f_1}^{f_2} D(f)\mathrm{d}f \\ d &= \sqrt{\frac{1}{f_2-f_1}\int_{f_1}^{f_2}[D(f)-D_{\text{avg}}]^2\mathrm{d}f} \end{aligned} \tag{10-28}$$

式中，$D(f)$是方向性系数函数（比值，不是 dB）。通过改变 w 可以得到高方向性系数或比较平坦的方向性系数。如果 w 取值比期望的方向性系数大 2 倍或更大，将优化得到平坦的方向性系数曲线。可以采用只要求少量方向图赋值（5 到 8 个）的高斯-勒让德积分来求解上述积分。

八木天线的反射器通常只有一个。尽管可以用多个，但是贡献很小。两单元组合——一个馈电振子和一个反射器——的增益从振子间距为 0.15λ的宽主瓣开始逐步增加，到大约 0.2λ达到最大，间距再增大时则缓慢减小。反射器主要影响前后比 F/B。反射器靠近馈电振子，则天线的阻抗将减小。反射器的直径对天线性能的影响要比引向器的小，天线设计改变时，反射器的长度只需略作调整。

通过增加引向器的数量以加长天线可以提高天线增益。只要振子电流相位分布合理，则天线的增益取决于天线的轴向长度而不是振子的数量。间距在 0.3λ～0.4λ时，引向器之间耦合减弱，减小了对引向器电流相位的控制。改变引向器直径的同时，也要改变振子的长度，可以重新调整天线。一种方法是，计算机优化程序可通过改变尺寸来实现部分功能的优化。馈电振子和第一根引向器的长度对增益影响最大。如果我们用梯度搜索的方法，可以发现大部分的设计都是关注振子的长度变化上。具有大量引向器的长天线，按照梯度搜索方法，发现远离馈电振子的这些引向器的长度和最靠近馈电振子的引向器长度的差别很小。我们同样也可以调整长度以满足诸如式（10-10）给出的振子电流相位分布要求。实际调整时，要求首先调整最靠近馈电振子的两个振子，然后是每个引向器，最后是馈电振子。

通过调整天线长度［见式（10-27）、式（10-28）］以达到尽可能宽的带宽，应以给定的源阻抗对天线增益进行优化设计。点频天线可以针对任意合适的阻抗进行优化设计，并可以设计一个匹配网络，但是对于宽带天线，试图达到要求的增益，其匹配网络设计是困难的。矩量法分析表明峰值增益出现在共轭匹配时，不过对于给定的源阻抗 Z_S，电压增益可以通过以下的乘式获得：

$$\frac{2\sqrt{\mathrm{Re}(Z_I)\mathrm{Re}(Z_S)}}{|Z_I+Z_S|} \tag{10-29}$$

式中，Z_I是天线输入阻抗。式（10-29）可用于对给定源阻抗的天线进行优化设计。

表 10-3 给出了用式（10-27）和式（10-28）进行最大增益设计的天线尺寸，其源阻抗为 50Ω［见式（10-29）］，其频率范围相对于中心频率通常为 0.95～1.05，均方根误差（RMS）d 的加权因子 w 为 15。

表 10-3　6 单元八木偶极子天线（振子直径为 0.01λ）

振子类型	振子长度（λ）	沿杆的安装位置（λ）
反射器	0.484	0
馈源	0.480	0.250
引向器	0.434	0.400
	0.432	0.550
	0.416	0.700
	0.400	0.850

表 10-4 给出了计算得到的天线性能。同大多数设计一样，增益在频带高端快速下降。在该例子中，最大增益事实上出现在前后比 F/B 最大的时候。均匀分布行波天线的方向图计算结果，符合汉森-伍德亚德准则，最大前后比 F/B 出现在λ/4 的奇数倍的地方，八木天线就是一个例子。

表 10-4　表 10-3 八木偶极子天线的归一化频率响应

归一化频率	增益，50Ω源（dB）	最大增益（dB）	F/B(dB)	输入阻抗（Ω）	VSWR，50Ω源
0.90	4.8	6.3	1.4	29.6－j45.2	3.36
0.92	7.0	7.7	3.6	32.5 － j30.8	2.29
0.94	8.4	8.7	6.5	39.3 － j19.6	1.65
0.96	9.0	9.2	9.9	42.7 － j13.2	1.39
0.98	9.4	9.5	14.4	39.5 － j7.6	1.34
1.00	9.7	10.0	22.7	31.2＋j2.8	1.61
1.02	9.5	10.6	21.1	22.0＋j19.8	2.70
1.04	8.1	11.1	12.2	15.2＋j42.5	5.79
1.06	5.5	10.8	7.2	12.9＋j69.1	11.4
1.08	2.5	8.9	3.7	16.0＋j97.2	15.2

6 单元八木偶极子天线可以获得更高增益，Chen 和 Cheng[19]实现了 13.4dB，但只是在有限的带宽内。通过限制增益来达到带宽要求，将振子一根根地增加以改善较高增益时的平坦度。Kajfez 展示了采用不同设计方法得到的带宽内增益几乎恒定的天线产品。表 10-3 设计中采用的

梯度搜索法，对初始条件敏感，并通常只对一个参数进行最优设计，而不是进行整体优化，因为这种方法只能针对局部优化。一种新方法可以获得更好的设计结果。

表 10-5 给出了 16 单元八木偶极子天线的设计结果。在该例中，最优化的操作程序是将 4 到 16 的振子作为一个整体，将不同尺寸振子的数量减少到 4 种。该技术降低了加工成本，可能带来的性能损失则很小。既然最后的少数几根引向振子对总的增益贡献不大，优化程序的大部分迭代不是针对这些振子，而是用于激励振子附近的振子参数的改变。通过调节反射振子、馈电振子和第一根引向振子，实现振子等间距分部的均匀表面波结构。

表 10-5　16 单元八木偶极子天线（振子直径为 0.006λ）

振子	单元长度（λ）	单元间距（λ）
反射器	0.4836	0.2628
馈电振子	0.4630	0.2188
1 号引向器	0.4448	0.2390
2～13 号引向器	0.4255	0.2838

按照该天线的总长度，在表 10-6 给出的带宽内，天线峰值增益与图 10-2 混合模的相等。与多数八木偶极子天线一样，该天线输入阻抗较低（30Ω）。天线增益在低于谐振频率时随频率升高而逐渐增加，而高于谐振频率后则快速下降，正如图 10-1 所预测的一个均匀平面波结构天线的增益与相对传播常数的关系。

八木偶极子天线的振子直径会影响其长度的优化结果。许多优化设计的不同总长度的八木偶极子天线，用不同直径的振子制作，通过调整重新获得最佳性能[21]。表 10-7 给出了引向振子长度随不同直径振子的变化量。同样，表 10-8 给出了反射振子长度的变化量。表 10-7 和表 10-8 要求馈电振子长度变化很小或不变以重新获取优化设计。当振子直径变化时，我们可以用这些表对振子长度进行修正，振子长度公差为 0.003λ。用来固定振子的支撑杆也会影响优化设计得到的振子长度。表 10-9 给出了相对于支撑杆直径的振子直径增加量。

表 10-6　16 单元八木偶极子天线归一化频率响应

归一化频率	增益，30Ω源（dB）	F/B(dB)	输入阻抗（Ω）	VSWR，30Ω源
0.95	12.1	12.2	26.7 − j36.1	3.34
0.96	13.4	12.2	28.4 − j 26.4	2.40
0.97	14.4	12.2	31.6 − j17.7	1.77
0.98	15.0	13.3	34.3 − j 12.1	1.49
0.99	15.5	17.3	34.3 − j7.3	1.28
1.00	15.9	35.1	27.0 + j3.4	1.17
1.01	15.2	15.6	27.3 + j20.8	2.05
1.02	14.0	10.6	40.4 + j33.0	2.61
1.03	13.7	11.8	36.0 + j23.5	2.06
1.04	8.2	16.4	22.8 + j 51.5	5.77
1.05	5.4	4.7	54.1 + j 68.2	5.03

表 10-7 八木偶极子天线引向振子长度随振子直径的变化情况

偶极子直径（λ）	偶极子长度变化量（λ）	偶极子直径（λ）	偶极子长度变化量（λ）
0.001	0.030	0.008	0.006
0.0012	0.029	0.009	0.002
0.0015	0.027	0.010	0.000
0.002	0.025	0.012	−0.004
0.0025	0.023	0.015	−0.010
0.003	0.021	0.020	−0.018
0.004	0.017	0.025	−0.024
0.005	0.014	0.030	−0.029
0.006	0.011	0.040	−0.038
0.007	0.008		

来源：文献[21]

表 10-8 八木偶极子天线反射振子长度随振子直径的变化情况

偶极子直径（λ）	偶极子长度变化量（λ）	偶极子直径（λ）	偶极子长度变化量（λ）
0.001	0.011	0.008	0.002
0.002	0.008	0.010	0.000
0.003	0.006	0.020	−0.003
0.004	0.005	0.030	−0.005
0.006	0.003	0.040	−0.006

来源：文献[21]

表 10-9 八木偶极子天线相对于支撑杆直径的振子长度增加情况

支撑杆直径（λ）	偶极子长度变化量（λ）	支撑杆直径（λ）	偶极子长度变化量（λ）
0.002	0.0010	0.022	0.0158
0.004	0.0022	0.024	0.0173
0.006	0.0034	0.026	0.0189
0.008	0.0048	0.028	0.0205
0.010	0.0064	0.030	0.0220
0.012	0.0084	0.032	0.0236
0.014	0.0095	0.034	0.0252
0.016	0.0111	0.036	0.0265
0.018	0.0127	0.038	0.0283
0.020	0.0142	0.040	0.0299

来源：文献[21]

例：按照表 10-5 设计的天线，当振子直径为 0.002λ时，计算振子长度的调整要求。

从表 10-7 可知，当振子直径为 0.006λ时振子长度的变化量为 0.010λ，而当振子直径为 0.002λ时，振子长度的变化量为 0.025λ。由于振子直径不同，引向振子的长度要增加 0.015λ。同样，从表 10-8 可知，反射振子长度要增加 0.005λ。从表 10-9 可知，当支撑杆直径为 0.02λ 时，所有振子的长度要增加 0.0142λ。

10.3.1　多馈八木天线

通过直接对一个以上振子进行馈电可以进一步改善八木天线性能。八木天线的一个便利条件是单馈电点。具有多个馈电点的对数周期偶极子天线（见 11.12 节）可以实现更宽的带宽。图 10-11 就是一个具有交叉馈电振子的四单元天线设计方案，表 10-10 给出了该天线的计算结果。该天线是长度只有 0.3λ的短天线，其交叉馈电偶极子沿天线长度方向引入 180° 相移，形成快波的背射方向图，在整个带宽内不仅有良好的前后比（*F*/*B*）和电压驻波比（VSWR），而且增益平坦。

表 10-10　具有双振子交叉馈电的四单元八木偶极子天线性能（图 10-11）

归一化频率	增益，50Ω源（dB）	*F*/*B*(dB)	输入阻抗（Ω）	VSWR，50Ω源
0.90	7.0	12.1	30.1 + j14.0	1.82
0.92	7.1	17.5	42.6 + j4.0	1.20
0.94	7.0	21.9	44.0 − j3.0	1.15
0.96	6.9	25.9	4.39 − j5.8	1.20
0.98	7.0	21.3	44.4 − j7.3	1.22
1.00	7.0	53.0	45.2 − j9.4	1.25
1.02	7.1	30.7	44.8 − j13.5	1.35
1.04	7.2	23.6	40.0 − j18.8	1.60
1.06	7.0	19.0	29.0 − j20.5	2.12
1.08	6.5	15.3	16.5 − j14.2	3.29
1.10	5.0	11.9	8.0 − j2.3	6.30

图 10-12 是只有两个交叉馈电偶极子单元的简易天线。象多数八木偶极子天线一样，该天线可以与低阻抗源（25Ω）实现最好的匹配。尽管该天线的增益和带宽（见表 10-11）小于双馈的四单元天线，但其带宽仍好于同样的单馈天线。沿支撑杆的天线长度决定了天线增益，背射交叉馈电改善了前后比（*F*/*B*）。

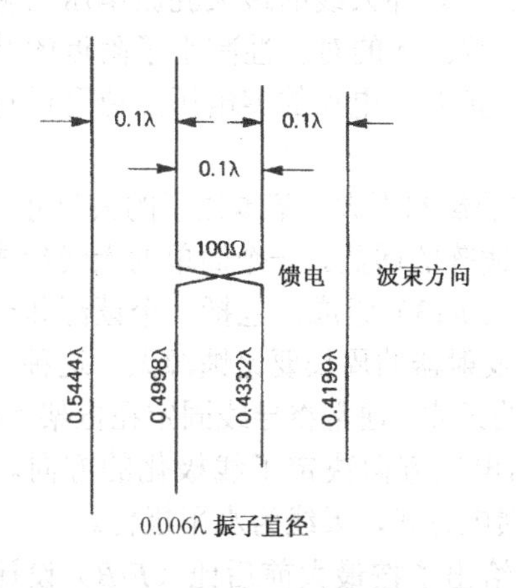

图 10-11　双馈八木偶极子天线

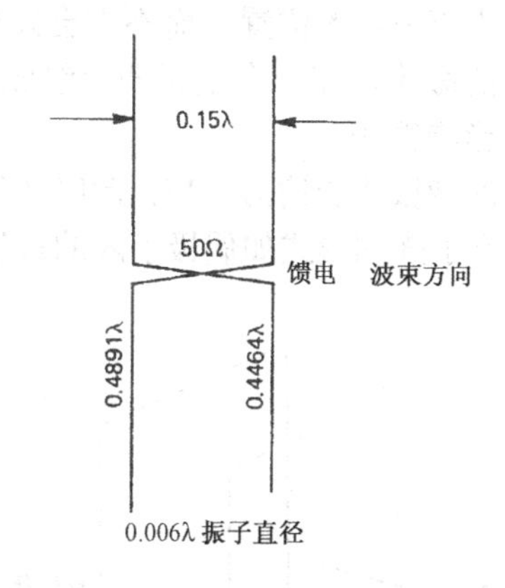

图 10-12　两单元偶极子背射天线

对于多馈天线，不再只用式（10-26）的互阻抗矩阵方程对其进行分析。将该互阻抗公式进行转换，加上一个 2×2 导纳矩阵，该矩阵代表位于偶极子中心的传输线馈源，则可以得到下式：

$$[I] = [Y_a + Y_f][V] \tag{10-30}$$

表 10-11 两单元交叉馈电天线性能

归一化频率	增益，25Ω源（dB）	F/B(dB)	输入阻抗（Ω）	VSWR，25Ω源
0.95	5.0	13.1	12.8 − j1.6	1.96
0.96	5.2	14.8	13.6 − j 0.5	1.84
0.97	5.4	17.0	14.4+ j0.8	1.74
0.98	5.6	20.0	15.2+ j2.3	1.67
0.99	5.8	24.6	16.0+j3.9	1.62
1.00	5.9	34.1	17.0+ j 5.9	1.61
1.01	6.0	29.0	18.2+ j 8.2	1.64
1.02	6.1	22.0	19.7+ j 10.8	1.71
1.03	6.1	18.1	21.7+ j 14.0	1.84
1.04	6.1	15.3	24.3+ j 17.6	2.02
1.05	6.1	13.2	27.9+ j 22.0	2.36

式中，Y_a为偶极子互导纳矩阵；Y_f为馈源导纳矩阵。

既然大多数单元是短路的，可以将式（10-30）的矩阵进行简化，只保留那些非短路单元项，通过电流矢量来求得输入电压。用式（10-30）得到电压矢量后，再回到式（10-26），计算偶极子的基电流。

双馈方式同样可以减小旁瓣。一个反向波激励阵（交叉馈源）对八木偶极子天线进行馈电可以减小天线旁瓣[22]。额外增加的馈电点在一定程度上增加了设计自由度，可不必考虑单元数量因素。

10.3.2 谐振环八木天线

我们可以用谐振环单元［见 5.18 节］制作八木天线。环辐射的最大信号垂直于环平面（也即沿环的轴线），且极化方向与通过馈电点的电压方向相同。1942 年，在厄瓜多尔的高海拔地区建立了一个两单元环寄生阵列，用于消除电晕问题[23]。环天线的最大驻波电压出现在环上距馈电点$\lambda/4$ 的位置，而不在会发生空气击穿的另一端。环的对称性减小了附近的结构件对天线的影响，在一个金属杆上组成的共轴阵，可以在正对馈电点的零电压点位置进行安装固定，影响很小。

环的谐振周长约为 1.1λ，此时环的形状对输入阻抗的影响不大。基本振子的大尺寸（和增益）提高了阵列形式如偶极子阵的寄生（八木天线）天线阵的增益。一个简单的天线形式由两个方环（见图 10-13）组成，包括一个馈源和一个寄生的反射器。反射器的周长要比馈源大。这种一般称为“立方体”的天线，通常将导线固定在框架上制成。通过馈电点的电压方向决定了线极化的方向。如图 10-13 所示的馈电方式，天线为水平极化。

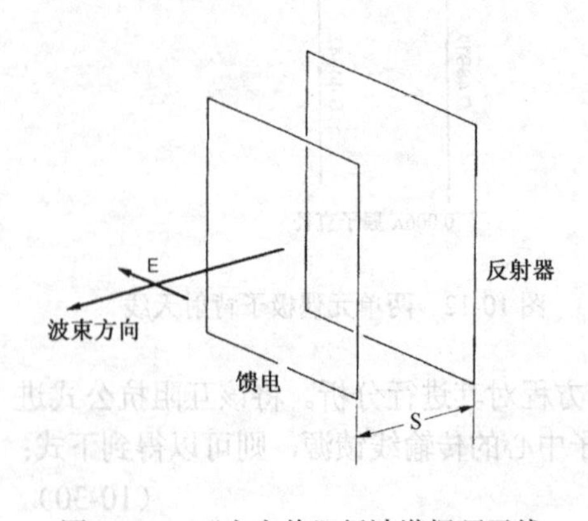

图 10-13 “立方体”行波谐振环天线

表 10-12 给出了按最大前后比（F/B）设计的谐振（电抗为零）天线尺寸，导线半径为 0.0002λ。最大前后比（F/B）出现在环间距为 0.163λ。表 10-13 给出了环间距为 0.15λ的天线性能。和八木偶极子天线一样，要通过调节环的线径以获得需要的频率响应。表 10-14 给出了按对数比例变化的设计结果，比较大

的变化发生在反射器的周长上。在设计的最后阶段，分别调整反射器以获取最大前后比（F/B），调整馈源使其处于谐振状态，两者相互影响很小。

表 10-12　线径为 0.0002λ谐振"立方体"天线性能

单元间距（λ）	馈电周长（λ）	反射器周长（λ）	增益（dB）	F/B(dB)	输入电阻
0.10	1.000	1.059	7.2	17.5	76
0.15	1.010	1.073	7.1	32.8	128
0.16	1.013	1.075	7.1	46.1	137
0.163	1.014	1.0757	7.1	59.6	140
0.17	1.016	1.077	7.1	38.1	145
0.18	1.018	1.079	7.0	31.0	153
0.20	1.025	1.082	6.9	24.6	166

表 10-13　间距为 0.15λ的"立方体"天线性能

归一化频率	增益（dB）	F/B(dB)	输入阻抗（Ω）
0.96	7.3	2.9	38.5 − j140.9
0.98	7.8	11.0	72.9 − j 55.4
0.99	7.5	17.9	100.5 − j 22.4
1.00	7.1	32.8	128.0
1.01	6.8	19.9	150.7+ j 13.3
1.02	6.8	14.8	167.0+ j 24.2
1.03	6.2	12.1	178.0 + j 35.1
1.04	6.0	10.4	185.4 + j 47.3
1.06	5.7	8.2	195.0 + j 77
1.08	5.5	6.8	202.0 + j 113.4

表 10-14　不同线径时"立方体"天线的调整参数

线径（λ）	反射器周长变化量（λ）	馈电振子周长变化量(dB)
0.00005	−0.013	−0.002
0.0001	−0.007	−0.001
0.0002	0	0
0.0004	0.009	0.002
0.0008	0.019	0.003
0.0016	0.033	0.005
0.0032	0.052	0.008

共轴环阵行波天线的设计很快就可完成了。表 10-15 给出了无限大环阵的行波相对传播常数。对于给定的阵列长度，我们用式（10-8）或式（10-10）确定给定模式的相对传播常数以获取最大增益。

例：一个长度为 2λ，环间距和环半径比例为 0.5 的共轴环阵，为获取最大增益，计算环的数量。

利用式（10-10），R 取 4.5，计算得到 P=1+1/9=1.111。利用式（10-15），则 $2\pi b/\lambda$=0.84，b =0.134λ。环间距为 0.5(0.134)=0.0668λ，则 2λ的天线长度需要 30 个环天线。

表 10-15 给出的是环距为密距的情况，更多的数据表明[25]，环距达到 0.3λ也是可能的。对一个反射器与馈源（周长为 1.05λ）间距为 0.1λ的天线，可通过调节馈源周长使天线达到谐振。

表 10-15 圆环共轴阵相对传播常数

圆周长度 $2\pi b/\lambda$	S/b		
	0.25	0.50	1.00
0.74	1.05	1.03	1.01
0.76	1.06	1.04	1.016
0.78	1.08	1.05	1.02
0.80	1.09	1.06	1.03
0.82	1.12	1.08	1.04
0.84	1.14	1.11	1.06
0.86	1.17	1.13	1.07
0.88	1.20	1.16	1.09
0.90	1.24	1.20	1.12
0.92	1.30	1.26	1.16
0.94	1.37	1.32	1.23
0.96	1.47	1.40	1.32
0.98	1.60	1.55	1.44

在前面的设计中，并没有用到适用相对传播常数以获取最大增益的汉森-伍德亚德准则。图 10-1 中的增益随着 P 增大（频率升高）而快速下降，而设计时所取的 P 为小于最大增益时的数值，则可获得更好的方向图带宽。当增加天线长度以获取更大增益时，如图 10-1 所示，天线增益带宽可能缩小。这是所有行波端射结构的基本特性。类似的情况，随着频率的升高也就是 P 的增大，漏波天线（$P<1$）的波束扫向端射方向。

我们可以在一个阵中将环和偶极子混合使用。在一些设计中，偶极子用作置于环前面的远端引向器。类似地，相比偶极子或交叉偶极子，寄生环是更好的反射器。一个周长为 1.15λ的环，与长度为 0.47λ的谐振偶极子的间距为 0.25λ组成的天线，可将增益提高到 5.9 dB（前后比为 21.7 dB）。

10.4 波纹杆（雪茄）天线

波纹杆行波天线由固定在一根金属杆上的多个圆盘组成，金属杆穿过圆盘中心（见图 10-14）。杆的这种安装方式实现一种轴对称的 TM 模，参数很容易计算[2]，方向图零点在轴线上。混合模 HE_{11}［见 7.3 节］在杆上传播，产生峰值在杆上的线极化方向图。混合模包含 TE_{11} 模和 TM_{11} 模，表面波辐射场以指数方式衰减。

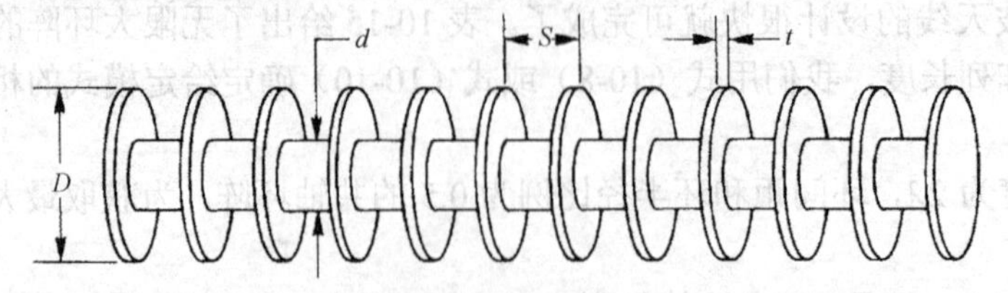

图 10-14 波纹杆（雪茄）行波结构

通过测量沿激励结构的相速，以经验为主进行这种天线的设计。增益首先由长度决定，随直径的增大略微有所增加。表 10-16 给出了圆盘间距从 0.15λ到 0.21λ范围的相对传播常数测量值。在这个范围，圆盘间距对波速的影响微不足道。当天线长度给定时，我们用这个表确定要求的相对传播常数 P。

表 10-16　波纹杆（雪茄）天线相对传播常数测试结果

$(D\text{-}d)/\lambda$	P	$(D\text{-}d)/\lambda$	P
0.15	1.03	0.275	1.23
0.175	1.05	0.30	1.31
0.20	1.08	0.325	1.47
0.225	1.12	0.35	1.67
0.25	1.16	0.375	1.92

注：来源为文献[26]

$0.15\leqslant$盘距$/\lambda\leqslant0.21$；$0.15\leqslant$中心杆直径$/\lambda\leqslant0.21$；$0.018\leqslant$盘厚$/\lambda\leqslant0.025$

可以有多种方式对波纹杆进行激励。渐变接入传播 TE_{11} 模的圆波导可在杆上激励产生混合模 HE_{11}[26]。带有一个合适大小的圆环或圆盘作为反射器的谐振环可对杆进行激励。Wong 和 King[27]用开路套筒偶极子［见图 5-28］对杆进行激励。杆的长度决定了方向图的波束宽度，馈电结构决定了阻抗。每一种激励方式一定程度上均可分别进行调整。

杆上的行波圆盘辐射旁瓣高达 10dB，可以将其置于圆锥内以减小旁瓣[27]。杆的长度超过圆锥的长度并延伸到圆锥末端外面约 0.72λ。该天线的波纹杆长度为中心频率的 3.39λ，圆锥直径为 2.94λ，高度为 2.58λ。根据前面的条件，杆的直径为 0.074λ，圆盘的平均直径为 0.311λ。用这个刻度尺，读取 $P=1.139$，该数值接近与杆的长度对应的最佳值 1.137。当圆盘间距为 0.24λ 时，可不受上面所给条件的限制制成天线，且刻度尺仍可继续使用。当波纹杆置于圆锥内时，旁瓣下降到−30dB，如用图 5-28 的圆盘套筒偶极子进行馈电，则天线在驻波比小于 2:1 时带宽可达 34%。天线的峰值增益达到 16.5dB，比同样长度的行波天线大了约 1dB，但比喇叭天线要小约 1dB。表 10-16 被制成刻度尺 10-1 用于波纹杆天线的设计。

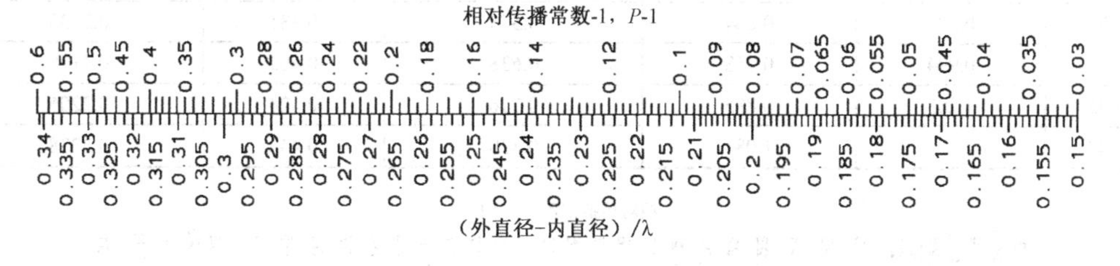

刻度尺 10-1　给定天线尺寸时波纹杆相对传播常数 P

例：设计工作于 10GHz（波长为 30mm）、长度为 4λ的波纹杆天线。

相对传播常数 P 由式（10-8）计算得到，$P=1+0.465/4=1.116$，再由式（10-13），计算得到方向性系数$=7.58\times4=30.32$ 或 14.8 dB。在刻度尺 10-1 中，由 P-1 对应查到中心杆直径和圆盘直径的差值：$(D-d)/\lambda=0.2224$。如果我们选择尺寸范围的中心值，则得到波纹杆尺寸：圆盘间距 $S=0.18\lambda=5.4$ mm，中心杆直径 $d=0.18\lambda=5.4$ mm，圆盘外径 $D=0.2224\lambda+0.18\lambda=0.4024\lambda=12.07$ mm，圆盘厚度 $t=0.022\lambda=0.66$ mm。波纹杆在馈电点的 P 取值从 1.3 开始，读取$(D-d)/\lambda=0.2973$，计算得到圆盘外径 $D=(0.2973+0.18)\lambda=14.32$ mm。最小圆锥长度取三个圆盘之间的长度。最后，减小末端反射的一个好办法是逐渐减小最后几个圆盘的尺寸。

10.5 介质杆（聚苯乙烯杆）天线

介质杆天线用来导引 HE_{11} 混合模。杆内部的场可用贝塞尔函数 J_n 来描述。杆外部的场以指数方式衰落，可用修正贝塞尔函数 K_n 来描述。混合模包含 TE_{11} 模和 TM_{11} 模。为了确定模速，杆内部和外部波的传播常数视为相等。这个等式包含了两个常数，由边界处的径向直射波阻抗相等可将其中一个常数消除。结果是一个超越方程，必须用图解或数值方法进行求解[2]。表 10-17 是普通介质的计算结果。采用内插法，该表可以制成刻度尺 10-2 和刻度尺 10-3，用于介电常数为 3.1 的聚四氟乙烯和聚甲醛树脂介质杆天线的设计。

表 10-17 导引 HE_{11} 模介质杆天线直径（λ）

P	介质常数				
	2.08	2.32	2.55	3.78	10
1.01	0.345	0.316	0.296	0.240	
1.02	0.378	0.345	0.322	0.257	0.1780
1.03	0.403	0.366	0.340	0.270	0.1824
1.04	0.425	0.384	0.356	0.279	0.1860
1.05	0.444	0.400	0.369	0.287	0.1888
1.06	0.462	0.414	0.381	0.294	0.1912
1.07	0.479	0.427	0.393	0.300	0.1933
1.08	0.495	0.440	0.404	0.306	0.1951
1.10	0.527	0.465	0.424	0.317	0.1983
1.12	0.559	0.489	0.444	0.327	0.2010
1.14	0.592	0.513	0.463	0.336	0.2034
1.16	0.627	0.538	0.482	0.344	0.2055
1.18	0.663	0.563	0.501	0.353	0.2074
1.20	0.703	0.590	0.521	0.361	0.2092
1.25	0.823	0.664	0.575	0.381	0.2133
1.30	0.994	0.758	0.638	0.402	0.2170
1.35	1.283	0.885	0.716	0.424	0.2205
1.40		1.081	0.820	0.448	0.2238

刻度尺 10-2 聚四氟乙烯杆 HE_{11} 模相对传播常数

刻度尺 10-3 聚甲醛树脂杆 HE_{11} 模相对传播常数

图 10-15 给出的是介质天线的常用馈电方式。杆从传输 TE_{11} 模的圆波导中外伸，在杆上激励起混合模 HE_{11}。在波导口设置与波导口等直径的圆杆，其 P 的取值在 1.2 到 1.3 之间，这样可以将波紧紧束缚在杆上。馈电波导有一段长度为 $\lambda/4$ 的扼流装置可以减小波从转换阶段到直接辐射过程中的背瓣[28]。扼流装置可以向外展开成一个短喇叭[29]。

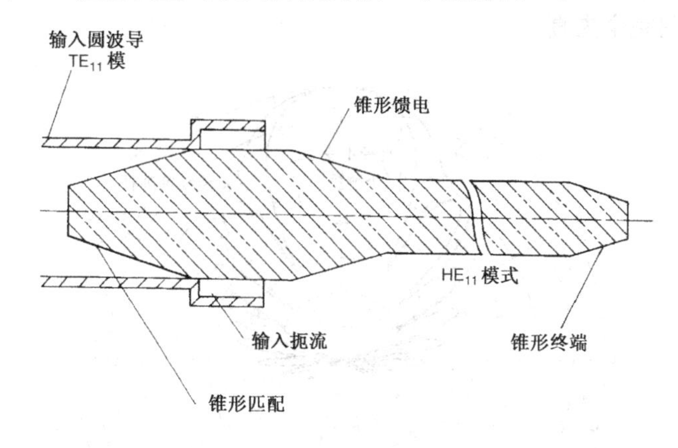

图 10-15　介质杆（聚苯乙烯棒）天线

杆的第二部分是锥形渐变段，如连接到等直径杆则可产生最大增益，如连接到锥削杆则可减小旁瓣。在天线末端让杆快速锥削以使表面波的相对传播常数接近 1，减小终端反射。通过推算波导内的相对传播常数 P，调节均匀段的直径或锥削部分的长度，使总的相移量满足最大端射辐射条件。

例：设计一副长为 5λ 的聚四氟乙烯介质杆天线并与聚甲醛树脂介质杆天线进行比较。

根据式（10-8）计算得到相对传播常数 $P=1+0.465/5=1.093$，可见峰值增益所对应的相对传播常数与天线材料无关。用刻度尺 10-2 和刻度尺 10-3，读取杆的直径为 0.516λ（聚四氟乙烯）和 0.356λ（聚甲醛树脂）。在介质杆与波导口的连接处，合适的相对传播常数是 1.25，则从刻度尺 10-2 和刻度尺 10-3 中，读取的介质杆直径为 0.822λ（聚四氟乙烯）和 0.456λ（聚甲醛树脂）。这些直径与自由空间中的波长，而不是与杆中的波长成比例。

聚甲醛树脂的损耗角正切为 0.005，而聚四氟乙烯只有 0.0012；我们必须考虑天线内部的损耗。波在介质中传播的损耗由下式给出：

$$\frac{20\pi\sqrt{\varepsilon_r}\tan\delta}{\lambda\ln 10}=\frac{27.3\sqrt{\varepsilon_r}\tan\delta}{\lambda}\qquad \text{dB}/\lambda$$

考虑到只有部分功率在介质中传播，可以用有效介电常数来确定减小损耗的填充系数：

$$\text{填充系数}=\text{QF}=\frac{1-1/\varepsilon_{\text{eff}}}{1-1/\varepsilon_r}$$

将有效介电常数用 P 表示，则 $\varepsilon_{\text{eff}}=P^2=(1.093)^2=1.195$，得到：

$$\text{损耗（dB）}=27.3\text{QF}\sqrt{\varepsilon_r}\tan\delta\quad\left[\text{长度}(\lambda)\right]$$

填充系数很容易计算：QF=0.3138（聚四氟乙烯），QF=0.2405（聚甲醛树脂）。用填充系数来计算损耗：0.074 dB（聚四氟乙烯），0.29dB（聚甲醛树脂）。如果波全部在波导中传输，填充系数可减小损耗：0.24 dB（聚四氟乙烯），1.20 dB（聚甲醛树脂）。由于很大一部分功率在杆外部传播，用有耗介质制作天线是有道理的。

图 10-16 给出了长度为 5λ 的聚四氟乙烯杆天线的两种设计方向图。实线方向图表述的天线

为：长度为 0.4λ的初始锥削（直径从 0.822λ到 0.516λ），中间是直径 0.516λ的杆，而末端是长度为 0.15λ的锥削（直径从 0.516λ到 0.42λ）。虚线方向图表述的天线为：沿杆的长度连续锥削，直径 0.822λ到 0.42λ。可以看出，连续锥削的方向图第一个零点消失，波束宽度增大。聚甲醛树脂杆天线有相似的设计结果。短介质杆天线可以用连续锥削方式制作，长度为 6λ的连续锥削介质杆天线的方向图完全失真。

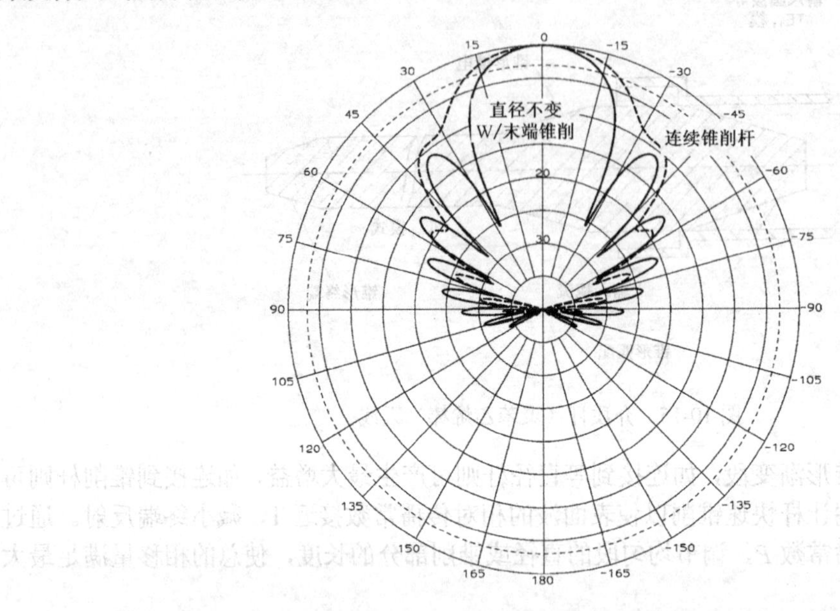

图 10-16　聚四氟乙烯杆天线：末端短锥削的等直径杆（实线）、连续锥削杆（虚线）

10.6　螺旋线天线[13]

对一个绕成螺旋状，螺旋周长约一个波长的单导线进行激励，可产生沿轴线方向的端射方向图。螺旋线的轴向波束是圆极化。增益不高时，天线工作带宽可达 1.7:1，随着增益提高，带宽减小，这一结果从描述任何行波天线特性的图 10-1 就可看出。图 10-17 给出了螺旋天线的参数，包括螺距角α、螺距 S 和直径 D，这些参数是相互关联的。

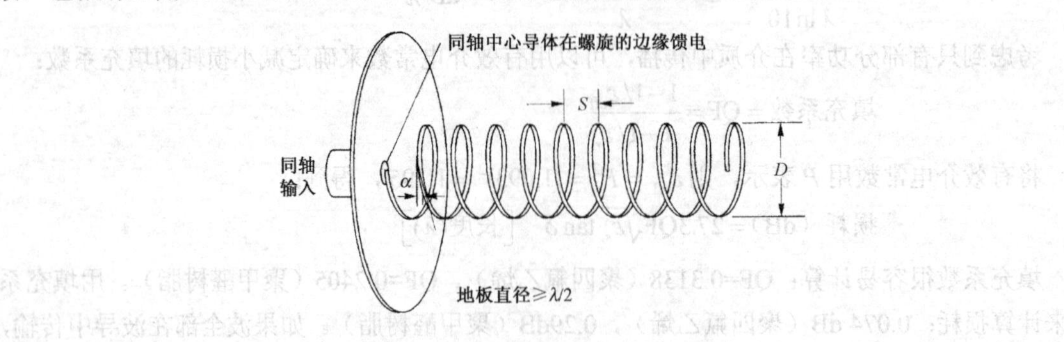

图 10-17　轴向模螺旋线天线（RHC）

$$C = \pi D$$

$$\tan\alpha = \frac{S}{C} = \frac{S}{\pi D} \tag{10-31}$$

$$L = \sqrt{S^2 + C^2} = \frac{\pi D}{\cos\alpha}$$

式中，C 为螺旋周长；L 为螺旋一圈的长度。

10.6.1 螺旋模式

下面就从螺旋传输线的模式来理解该天线的工作方式。螺旋直径相对于波长很小时，波以 T_0 模式按自由空间速度沿线传播。该模式下各圈具有等相位点。行波管放大器就是以这种模式从电子束中耦合功率的。螺旋天线中波的轴向速度以 $\sin\alpha$方式减小。

第二种模式是 T_1 模，产生于螺旋线周长接近一个波长时。在螺旋线的一圈内完成整个相位变化周期。线上的波速随周长而调整。在一定的螺距角范围内，这种调整使波速的轴向分量更加符合提高端射天线方向性系数的汉森-伍德亚德准则。

第三种螺旋传输线模式是 T_2 模，每圈两个相位周期。和 T_1 模相比，波速减慢，但周长接近一个波长时，T_1 模占主导地位。模分布通常用 $I_m e^{\pm jm\phi}$ 表示，m 是整数，ϕ是螺旋的极角，而符号决定极化方式（“－”表示右旋极化）。

T_1 模的波束最大值在轴线上。T_0 模辐射法向模，类似偶极子辐射的方向图，就像沿线排列的小环和短偶极子的结合，在窄频带内产生圆极化。T_2 模辐射类似于行波天线（见图 10-5（a））的方向图，零点在轴线上。

10.6.2 轴向模

天线辐射 T_1 模具有良好的轴比和带宽，并在窄频带内有高增益。在方向图中可以发现诸如馈电和螺旋终端激励起其他螺旋传输线模式的情况，但合适的结构可降低这些异常现象。可以用螺距为 S 的单圈螺旋天线组成的线阵分析这种天线的方向图，从 $I_m e^{\pm jm\phi}$ 可以得到每个圆环的电流为 $I_1 e^{\pm j\phi}$。天线总的方向图可将天线看作单圈螺旋组成的等幅线阵通过方向图乘积得到：

$$E_0 \frac{\sin(N\psi/2)}{N\psi/2} \tag{10-32}$$

式中，$\psi = kS\cos\theta + \delta$，$\delta$是天线单元之间的相移，$N$ 是圈数。螺旋一圈的周长在 0.78λ到 1.33λ范围时，天线电流分布满足汉森-伍德亚德准则。对长度小于 2λ的短螺旋天线，可在上述整个带宽内激励起 T_1 模，但是对于长螺旋天线只能获得有限带宽。汉森-伍德亚德准则确定轴向相移为$-\delta = kS + (\pi/N)$。既然波在螺旋线上周而复始进行传输，加上 2π以与 T_1 模匹配。在螺旋线上有：

$$PkL = Pk\sqrt{C^2 + S^2} = kS + \frac{\pi}{N} + 2\pi \quad \text{或} \quad \frac{PL}{\lambda} = \frac{S}{\lambda} + 1 + \frac{1}{2N} \tag{10-33}$$

将 $L = \pi D/\cos\alpha = C/\cos\alpha$，并用 C_λ代表 C/λ，代入式（10-33），得到经实验验证的螺旋线上的相对传播常数：

$$\frac{PC_\lambda}{\cos\alpha} = C_\lambda \tan\alpha + \frac{2N+1}{2N}$$

$$P = \sin\alpha + \frac{[(2N+1)/2N]\cos\alpha}{C_\lambda} \tag{10-34}$$

单圈螺旋的方向图决定了沿轴向的极化，而阵列决定了方向图的形状。图 10-18 给出的是一个由 5 圈螺旋线构建的、具有 T_1 行波电流分布的螺旋天线上的单圈螺旋线的方向图，对比两种极化情况，在轴向的交叉极化小于 25dB，但其前后比较小。图 10-19 给出的是 5 圈端射阵列方向图。5 圈螺旋天线具有和单圈相同的轴向极化，随着圈数增多，轴向的轴比也改善了，见下式：

$$\text{轴比(AR)}=\frac{2N+1}{2N} \tag{10-35}$$

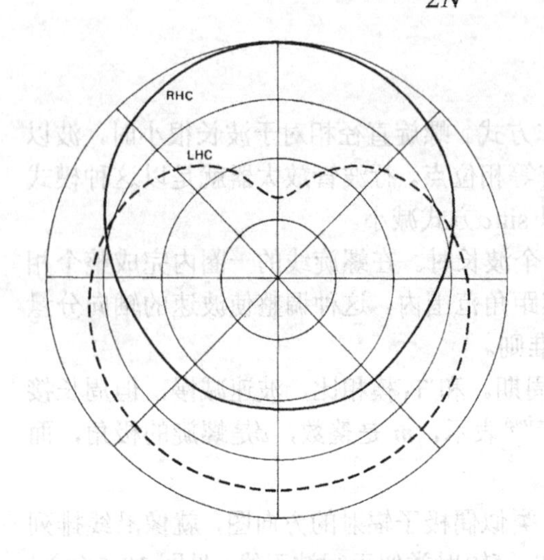

图 10-18 单圈螺旋天线方向图（周长为 0.9λ，螺距角α为 13°，相对传播常数 P 为 1.416）

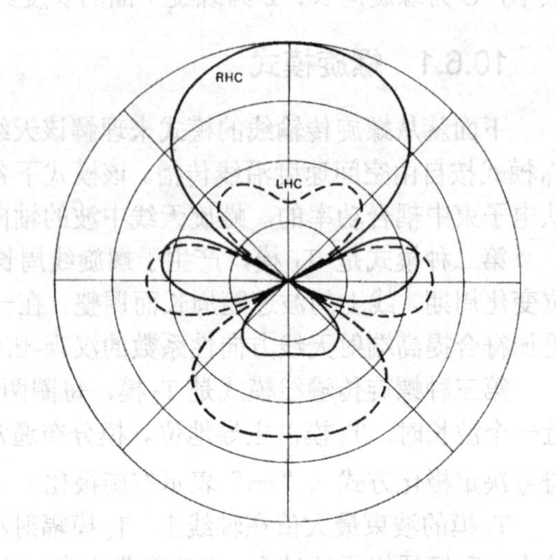

图 10-19 5 圈螺旋天线方向图（周长为 0.9λ，螺距角α为 13°，相对传播常数 P 为 1.416）

天线上的电流分布遵循提高天线方向性系数的准则。电流沿螺旋线按角频率以近似圆极化波向前滚动传输。螺旋天线辐射特性与其单元相似。从一个辐射右旋圆极化（RHC）的螺旋天线的波束峰值方向看向螺旋天线，其电流是反时针旋转的。

在以下条件下，螺旋天线工作状态最佳：

- 螺距角：$12°\leqslant\alpha\leqslant18°$；
- 周长/λ：$0.78\leqslant C_\lambda\leqslant1.33$。

螺旋天线的制作可以不受螺距角α的限制。螺旋直径对方向性系数影响不大，决定 T_1 模螺旋天线方向性系数的主要是螺旋的长度。图 10-2 中就包括了螺旋天线的方向性系数。随着长度增加，激励单一的 T_1 模变得困难，因为在馈电区会激励起其他螺旋传输线模式。

10.6.3 螺旋天线的馈电

短螺旋天线可通过安装在接地面上的同轴线馈电，接地面直径不小于$\lambda/2$ 以实现良好的馈电转换。五圈螺旋天线没有接地面，方向图并不依赖于接地面实现良好的前后比。螺旋天线可以用扭曲成螺旋状的同轴电缆馈电，同轴电缆的外导体象第 5.5.19 节的同轴渐变线平衡-不平衡转换器一样以锥削方式逐渐变小，直到同轴电缆的芯线对螺旋天线进行馈电，并获得良好的前后比[30]。同轴电缆的馈电位置在螺旋天线的边缘，而不是在螺旋天线的轴线上，这样可以避免额外长度对直径转换的影响。当螺旋线弯曲到轴线上时，螺旋天线会产生附加模式。

Kraus[13]给出了螺旋天线阻抗的近似公式：$R=141C_\lambda$。实际测试值也是围绕上述数值波动。从螺旋天线馈电位置开始沿线焊接扁平带状线可降低阻抗[31]。带状线和接地面的组合——就像紧贴接地面放置的平行板带状线——形成一个渐变阻抗变换器以产生宽频带低输入阻抗。经验表明，将最底部半圈螺旋线紧贴接地面以直角弯转形成锥形过渡线，就像平板带状线一样可以与 50Ω阻抗实现匹配。在接地面上采用带状传输线也可以实现阻抗变换。为与输入阻抗 Z_0 匹配，在文献[32]中给出了所需的介质厚度 h 和线的宽度 w：

$$h=\frac{w}{(377/\sqrt{\varepsilon_r}Z_0)-2}$$

对窄带应用，可以用第 5.13 节中的伽马形匹配方式以提高整体性能。长螺旋天线通常是接地的且采用边馈方式。通过接收装置进行放电可以阻止在天线上产生静电。伽马形匹配的天线是窄带的，天线的作用就像一个滤波器。

馈电结构形式会产生除满足边界条件的 T_1 模外的其他模。同样的，螺旋天线终端情况会产生额外的模。将螺旋天线最后两圈螺旋渐变至螺旋直径的 65%可降低因终端产生的模[33]。将螺旋天线中间部位的直径进行渐变同样可以控制天线特性。

10.6.4　长螺旋天线

长螺旋天线可以实现如图 10-2 所示的有限带宽内的方向性系数。有限带宽与其说是受到图 10-1（因为螺旋传输线上的波速在其长度上通过耦合进行调节）的约束，还不如说是因为馈电的结构。馈电结构产生的其他模的辐射极大降低了方向性系数。通常的平面接地板馈电方式限于长度小于 2λ的螺旋，超过这个长度，这种馈电就产生 T_0 模，在θ=90° 方向形成宽波束辐射。

一个环绕馈电点的圆杯形接地面（见图 10-20）极大地减小了不期望模的激励。杯形接地面的尺寸由经验确定。表 10-18 给出的尺寸是经过验证并报道过。两种情况下，方向性系数较图 10-2 的汉森-伍德亚德准则给出的曲线下降 0.2dB。杯形接地面不能完全消除螺旋天线上其他模的产生，由于这些其他模的辐射，方向图较预测值减小了 0.5dB。35 圈螺旋天线的带宽为 15%，50 圈螺旋天线带宽只有 10%。

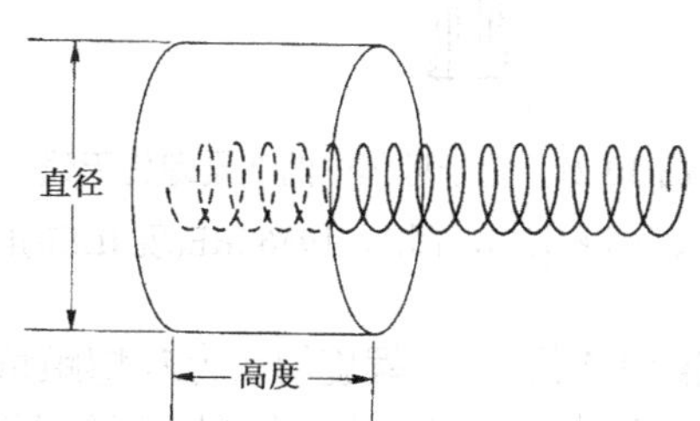

图 10-20　杯形馈电的轴向模长螺旋天线

表 10-18　长螺旋天线杯形馈电尺寸

N	α	C	L	杯直径	杯高度
35	12.8°	12.8°	10.7λ	8.5λ	0.82λ
50	14°	0.90λ	11.2λ	0.97λ	0.85λ

随着长度的增加，不能保证螺旋天线在整个 C_λ范围内都符合汉森-伍德亚德准则的相位要求。低 C_λ保持这种性能，随着圈数的增加可接受的范围缩小。如果螺旋趋于无穷长，可接受的 C_λ约为 0.78[35]。螺距角为 13° 的 50 圈螺旋天线，在 0.78≤C_λ≤1.0 范围内有合适的相位速率。

基于经验数据，最大增益可用近似公式表示[34]：

$$G_p = 8.3\left(\frac{\pi D}{\lambda_p}\right)^{\sqrt{N+2}-1}\left(\frac{NS}{\lambda_p}\right)^{0.8}\left(\frac{\tan 12.5°}{\tan\alpha}\right)^{\sqrt{N}/2}$$

最大增益出现在$\pi D/\lambda$约为 1.135 时，如 G/G_p 表示天线增益与最大增益之比，则用高/低频率之比表示的天线工作频率范围可用以下经验公式给出：

$$\frac{f_h}{f_l}=1.07\left(\frac{0.91}{G/G_p}\right)^{4/(3\sqrt{N})}$$

已有经验公式给出螺旋天线的波束宽度[36]：

$$\mathrm{HPBW}=\frac{K_B[2N/(N+5)]^{0.6}}{(\pi D/\lambda)^{\sqrt{N}/4}(NS/\lambda)^{0.7}}\left(\frac{\tan\alpha}{\tan 12.5^\circ}\right)^{\sqrt{N}/4}$$

通常螺旋天线的 K_B 为常数 61.5°，但用介质杆作为螺旋天线结构支撑件时，因介质降低了螺旋天线上波的速度，要求用另外的常数。

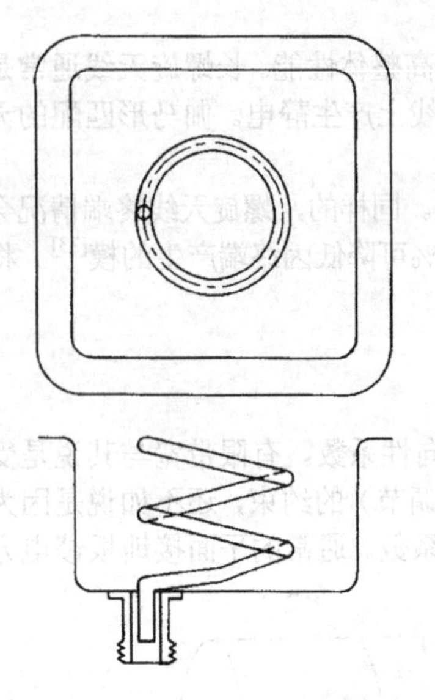

图 10-21 置于腔体中的 2 圈螺旋天线

[来自文献[37]，图.1，1956 IRE(现 IEEE)]

10.6.5 短螺旋天线[37]

将一个短螺旋置于一个方形腔中就做成了一个共形天线，如图 10-21 所示，螺旋只有 2 圈，腔体深度正好足够容纳螺旋的高度。方向图与螺旋圈数的多少关系不大，主要取决于腔体的深度。当腔体宽度为 0.5λ，螺距角在 12 到 14° 之间时，螺旋天线有最佳性能。螺旋天线方向图的轴比随腔体的加大而提高，并在天线置于平面接地面上时达到最佳。当腔体宽度为 0.75λ时可得到良好性能，螺旋天线的波束宽度在 45 到 60° 之间。

在最底端的直角回转将螺距角减小到 2 到 6°，形成渐变转换器以便与 50Ω阻抗匹配。和长螺旋天线一样，馈电点置于螺旋圆周周界上。与在中心轴上馈电相比，阻抗匹配和方向图轴比均有改善。当螺旋周长为λ时，电压驻波比 VSWR 和方向图带宽从设计频率的 0.9 倍增大到约 1.7 倍。一个螺旋周长为λ，螺距角为 12° 的 2 圈螺旋天线，其腔体深度为 2λtan12° =0.425λ。该天线有时比第 6 章中提到的天线要粗大一些，但是尺寸的增大可使带宽增加到约 1 个倍频程。

10.7 短背射天线

短背射天线由一个直径约 2λ、边环宽度为λ/4 的圆盘，离圆盘约λ/4 的偶极子（或交叉偶极子），另一个离下面的圆盘距离λ/2、直径约λ/2 的小圆盘组成[38]。小圆盘的作用就像半透明物体，将来自偶极子的部分辐射反射回去。大圆盘再将来自小圆盘的信号反射回去，大小圆盘之间的这种响应增加了天线的有效长度，这使天线增益提高到 12 至 14dB。通常背射结构包括一个安装在反射面上的慢波辐射器，辐射器和反射器之间会引起响应，八木偶极子天线就是这样的一个例子。不幸的是，短背射天线的带宽只有 3%~5%。将平面状的大圆盘变成浅的圆锥体并保留边环，可以增加带宽但增益有所减小[39]。增加另一个引向圆盘可在更宽的带宽内实现阻抗匹配。

图 10-22 给出了普通的和圆锥形的短背射天线的侧视图。通常，偶极子用套筒进行馈电，套筒安装在用于支撑引向圆盘的中心管上。我们将巴仑置于管内对一个或二个偶极子进行馈电。套筒不能增加带宽，但提高了输入阻抗。类似于八木偶极子天线，引向圆盘和反射圆盘降低了输入阻抗。圆锥形反射器提高了输入阻抗，这是因为圆锥体通过减小其中的一个反射从而减小了两个圆盘之间的相互影响。

我们可以将圆锥形反射面近似为抛物面，并以此对其工作方式进行解释。但是引向圆盘太小，对偶极子还不足以成为有效的反射面。图 10-23 给出了图 10-22（a）的普通短背射天线的方向图，天线用交叉偶极子馈电，形成右旋圆极化，波束指向引向器方向。交叉偶极子向直径为 2.05λ的反射器（有边环）辐射左旋圆极化波，反射器将左旋圆极化波转换为右旋圆极化波再次辐射。如图 10-23 所示，带有直径为 2.05λ反射器的天线，最大增益为 14.2dB，窄波束，前后比（后瓣为左旋圆极化）为 12dB，低副瓣。圆锥形反射器（15° 锥角，图 10-22（b））的方向图（见图 10-24）和图 10-23 一样具有相同的波束宽度，但是有更高的旁瓣和更大的左旋圆极化后瓣辐射，方向性系数减小了 2dB。图 10-25 给出了圆锥形短背射天线的史密斯圆图，两次谐振实现了 29%的带宽，驻波比小于 1.6:1。作为比较，考虑一个直径为 0.8λ的圆盘用作馈电偶极子反射面的情形。图 10-26 给出了用作比较的旋转抛物面天线方向图，抛物面直径为 2λ，用置于直径为 0.8λ圆盘上的交叉偶极子进行馈电。从表 5-1 得到对应给定波束宽度的合适反射器 f/D（0.34），并将该反射器置于距接地面 0.12λ的相位中心上。由于馈源和反射器的这种组合会辐射大的旁瓣并有大的交叉极化，天线增益下降为 10.8dB，但其波束宽度和短背射天线相当。

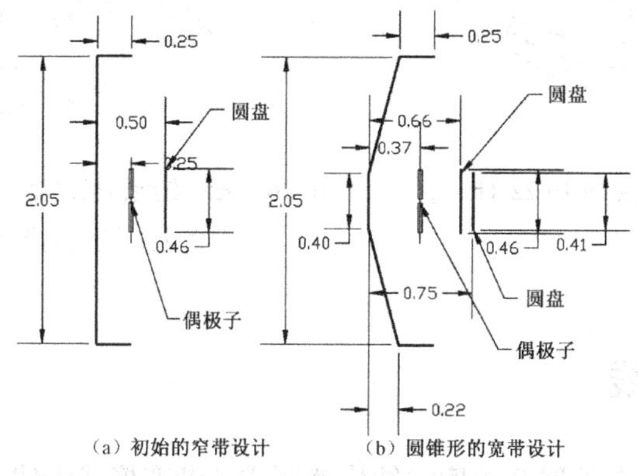

图 10-22　短背射天线（图中尺寸单位为λ）

我们不能通过改变短背射天线参数而使其方向图发生显著变化。我们可以通过将天线组阵来提高增益，但是不能使阵列实现波束扫描，因为单元天线波束很窄，一扫描其增益就迅速降低。当然，带有大尺寸接地面的阵列可减小后瓣，从图 10-23 看出这只使增益减小了 0.28dB。结构简单是这种天线的优势。

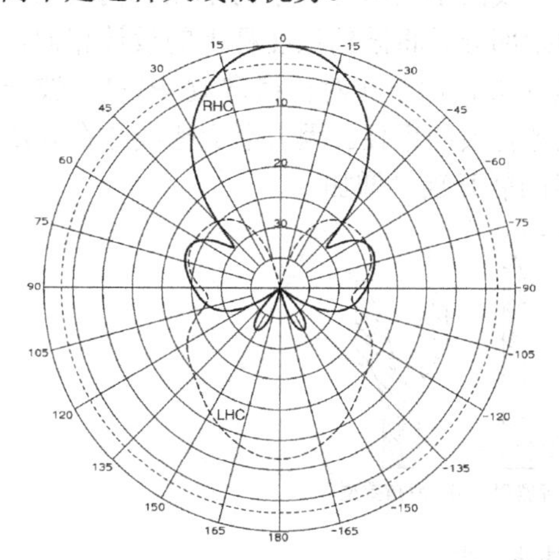

图 10-23　采用右旋圆极化交叉偶极子馈电的图 10-22（a）短背射天线方向图

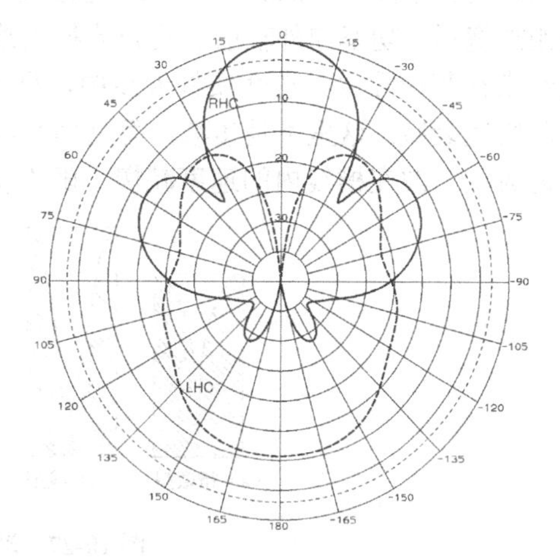

图 10-24　采用右旋圆极化交叉偶极子馈电的图 10-22（b）圆锥短背射天线方向图

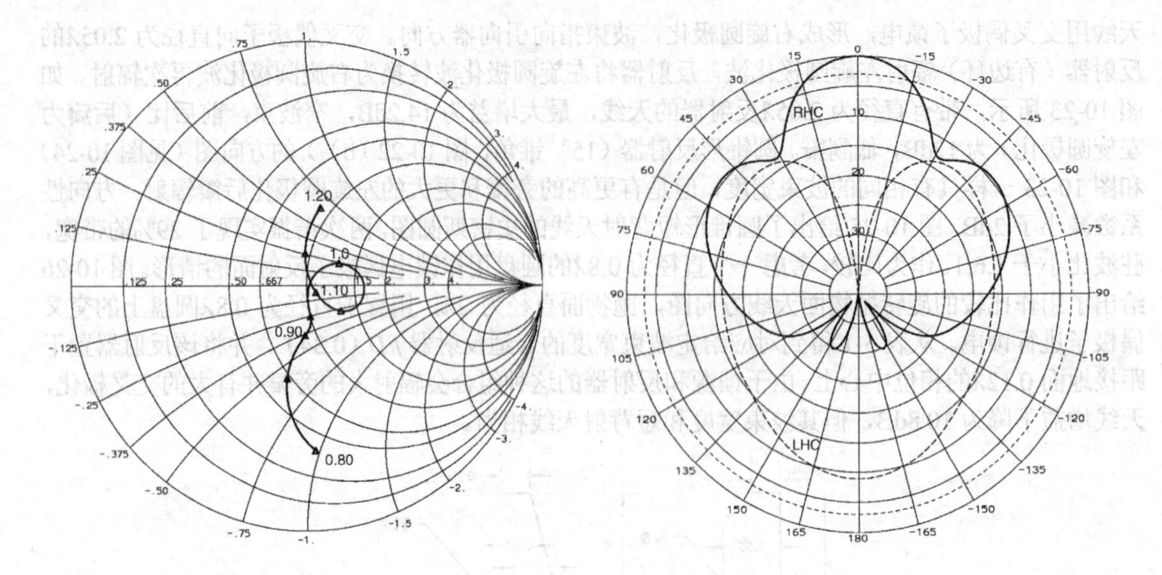

图 10-25　圆锥形短背射天线［见图 10-22（b）］的归一化阻抗特性

图 10-26　采用右旋圆极化交叉偶极子（置于直径为 0.8λ的圆盘上）馈电的抛物面天线方向图（$f/D = 0.34$）

10.8　渐变槽线天线

在介质基板上蚀刻出向外展开的槽线结构就制成了渐变槽线天线，由表面波产生端射方向图。单个天线可在宽频带上辐射端射方向图。如果将数量众多的这种天线组阵且密集排列，天线之间的相互耦合可改善天线的阻抗匹配。这一独特性能允许构建既有好的阻抗特性又能抑制栅瓣的宽频带阵列。

图 10-27 给出了四种形式的渐变槽线天线。图中所示天线的输入位于底部，要么是同轴-槽线转换，要么是波导内的鳍线对槽线进行馈电。槽线的小空隙将功率约束在传输线上，当传输线间距加宽后，功率向外辐射。同介质杆天线初始部分是将波约束在杆上的设计相似，槽线则将波约束在其空隙内。在介质杆天线中，杆上是慢波，由于相对传播常数 $P>1$，波一旦离开表面就快速衰减。这里不是慢波，而是用窄的空隙将波约束住。因为渐变槽线是在介质基板上蚀刻而成的，波在槽线内的速度减慢，随着槽线的展开辐射增加。

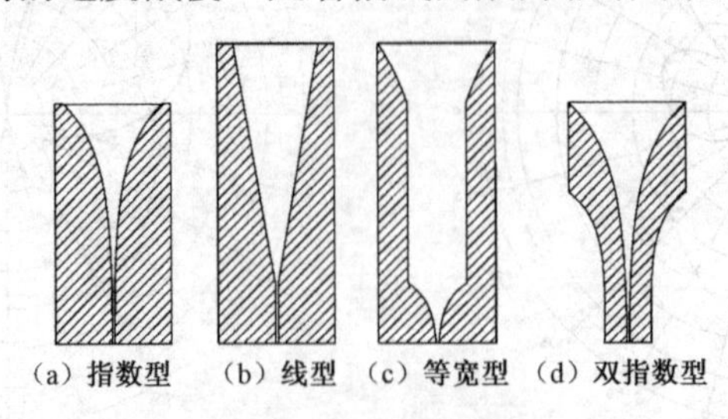

图 10-27　渐变槽线天线

一种指数型渐变槽线天线（ETSA）[40]，也称为韦尔弟（Vivaldi）天线，其方向图的 E 面和 H 面波束宽度接近相等，随频率增加变化很小。当槽宽度≥λ/2 时开始向外辐射且输入阻抗匹配良好。对一个蚀刻在氧化铝基板上的指数型槽天线，其最低工作频率对应的天线长度为

0.72λ。天线孔径为$\lambda/2$时，方向图的 H 面波束宽度为 180°，E 面波束宽度为 70°。天线孔径为λ时，方向图的 H 面波束宽度为 70°，E 面波束宽度为 60°。天线孔径为 1.5λ及以上时，两个面的波束宽度基本上是相同的：

韦尔弟（Vivaldi）天线波束宽度（氧化铝基板）

孔径(λ)	1.5	2	2.5	3	3.5	4	4.5	5	5.5	6
波束宽度(度)	50	42	38	33	31	30	30	30	32	35

包括基板在内的有效辐射区域的长度决定了这种慢波结构的 H 面波束宽度。因介质致波速减慢的 1.5λ孔径、2.2λ长度天线，图 10-2 给出的波束宽度为 50°，而没有介质的慢波结构的波束宽度为 75°。随着频率升高，方向图变得平坦且波束宽度变大，表明辐射区域在缩小，这意味着大的槽线宽度在未到槽线终端前就辐射了全部功率。

天线的 E 面有约-5dB 的大旁瓣，这是由于天线在介质基板上产生表面波，由于交叉极化很大，该表面波包含了 20～30%的辐射功率，最大的交叉极化出现在斜切面上。去除槽线区域的介质基板可以改善交叉极化，但波束宽度要增加，因为没有介质基板来减慢波速。即使去除一部分介质基板，比如刻出一个矩形区域，也是有帮助的。

可以用微带-槽线转换器对这种渐变槽线天线进行激励。在槽线平面的反面蚀刻穿越槽线的微带传输线，将该传输线与另一面的槽线平面连接或者与一个具有宽带短路特性的扇形结构连接。扇形结构是蚀刻出来的，可以降低制造成本。槽线的开路终端是产生宽带辐射的圆形开路结构。不幸的是，由于馈电和接地面之间的不平衡，这种连接在介质基板上产生辐射交叉极化的表面波。

线型渐变槽线天线（LTSA）比 ETSA 天线有更高的增益，可依靠长度来压窄波束[41]。天线的张角范围在 5～12°之间。我们可以在第 10.1 节的基础上来确定其增益和波束宽度。介质基板降低了槽线上的波速，提高了天线的增益。可以用下式计算有效介质厚度：

$$\frac{t_{\text{eff}}}{\lambda}=\left(\sqrt{\varepsilon_r}-1\right)\frac{t}{\lambda}$$

t_{eff}/λ的最优范围在 0.005～0.03。介质基板太薄形不成足够的慢波要求，而过厚的介质基板却会适得其反，使主波束开裂。图 10-28 给出了渐变区域带和不带介质基板时的 LTSA 天线的方向图。带介质基板的天线方向图开裂并有大旁瓣，去除介质基板后旁瓣减小，波束宽度增大。

等宽槽线天线［CWSA］，类似于介质杆天线。初始的短锥形结构将槽线张开，形成一个等宽度的区域，辐射主要在该区域。有时该等宽度区域在槽线的终端展开为更宽的区域（见图 10-27）。和设计介质杆天线一样，根据要求的增益确定天线的长度。对于给定长度，该天线是渐变槽线天线中波束最窄、增益最高的天线。

图 10-27 中最后一种是双指数渐变槽线天线（DETSA），可改善阻抗匹配。这种兔耳形天线在 0.5～18GHz 的带宽内电压驻波比可达 2:1[42]。该天线用平衡槽线馈电以减小交叉极化。平衡槽线在介质基板的两面蚀刻出相同的形状。馈电区域包括一个带状线转换器，穿过槽线两边并终止于产生短路特性的扇形结构的中心。这种平衡结构阻止介质基板上产生表面波。窄条状的槽线接地面改善了阻抗匹配。在辐射区域，无论是接地面还是槽的宽度都增大了。该天线的尺寸和外形与韦尔弟天线相似，而互耦因介质基板上表面波的消除而减小。

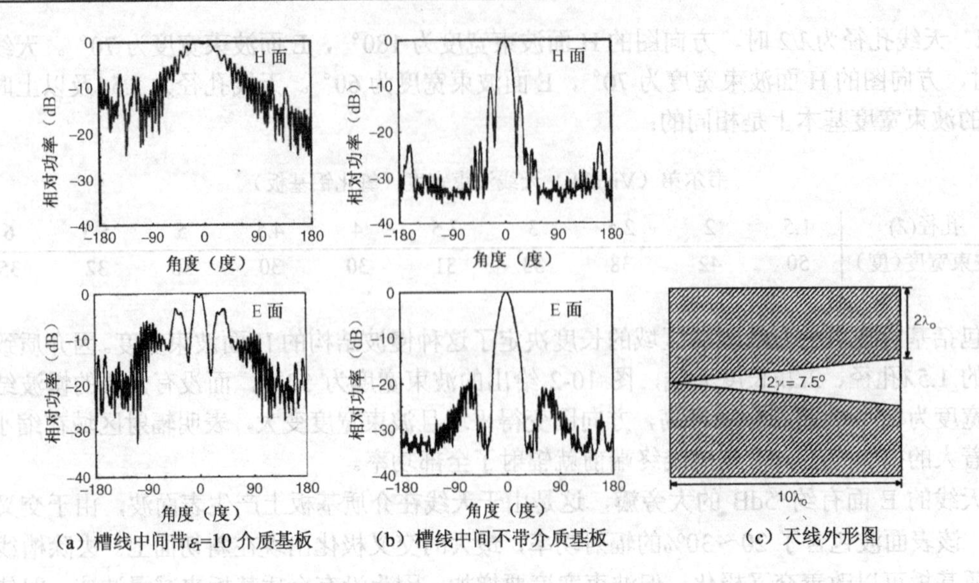

（a）槽线中间带ε_r=10 介质基板　（b）槽线中间不带介质基板　（c）天线外形图

图 10-28　线型渐变槽线天线（LTSA）方向图（来自文献[41]，图 5，1989 IEEE）

渐变槽线天线的其他馈电结构包括对跖韦尔弟天线[43]和平衡对跖天线[44]。这些天线不是槽线天线，只是在外形和性能上与韦尔弟天线相似。对跖天线将韦尔弟的两条指数渐变线设置在基板的两面。我们直接用微带线对其中的一面进行馈电，而将接地面快速渐变形成对称双线。类似于兔耳天线，为了形成辐射区域，对称双线展开进入两个指数型辐射体中。不幸的是，两个辐射面之间的偏移产生了不可忽视的交叉极化，大于刻蚀在基板上的韦尔弟天线。该天线的优点是便于从微带线到辐射体的转换。用带状线对平衡对跖天线进行馈电，可以在保有这一简单结构的情况下减小交叉极化。这种三层结构可从中心导体得到一个“耳朵”，而对称的两个“耳朵”位于每个接地面的顶部。这一设计可在中心导体展宽前对两个接地面渐变直到形成平衡三线，其中接地面是按双指数型方式设计。这种平衡结构可将交叉极化减小 15 到 20dB。

渐变槽线天线在宽带阵列方面具有良好的独特性能。尽管单元辐射体要求槽线的开口至少$\lambda/2$，而在阵列中由于互耦效应允许该数值减小到 0.1λ[45]。在带宽 5.9:1 范围内，扫描角为 50°时，扫描阻抗的测试结果表明可得到低电压驻波比的阵列。图 10-29 所示是由渐变槽线天线以存放鸡蛋的结构形式构建的阵列天线，辐射双线极化波。为了阻止栅瓣，在最高工作频率，阵列中的单元尺寸必须比独立天线所需的$\lambda/2$ 更小。记住，天线的长度并不会提高单元增益，这是因为相互连接的每个单元的有效区域不会超越到其他单元。天线的长度就是改善阻抗匹配，增强较小槽线宽度时的互耦。

图 10-29　由 64 个渐变槽线天线组成的方形阵列（来自文献[45]，图.1，2000 IEEE）

图 10-30 所示为阵列中的指数型渐变槽线天线（ETSA）示意图，用平衡槽线结构对基板两面的槽线进行匹配。带状传输线在基板两面中间位置对两个槽线进行馈电，传输线的终端是产生短路效应的扇形结构。槽线终端是蚀刻在槽线两面的圆形开路结构。带状线馈源是一个在 50Ω输入到 82Ω对称槽线之间转换的渐变转换器。在对称槽线两边引入过孔可抑制槽线边界和带状线馈源附近因单元之间互耦而在阵列中产生的窄带谐振。

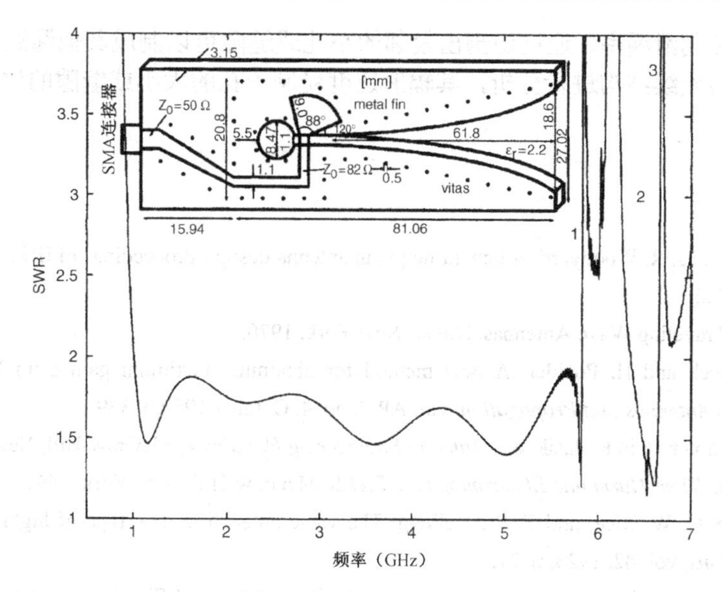

图 10-30 一个由图示单元组成的无限大阵列在 H 面扫描 50° 时的电压驻波比数值计算结果，第一个栅瓣出现在 6.29GHz（来自文献[45]，图 3，2000IEEE）

10.9 漏波结构

漏波结构允许将幅度分布和波束指向分开叙述。通过调整相对传播常数 P［见式（10-7）］来设置波束指向。表面波结构在端射时仅允许幅度分布有很小的修正。均匀幅度分布的轴对称漏波结构的方向性系数为 $2L/\lambda$，与扫描角无关，直到波束接近端射。接近端射时，锥形波束相互连接在一起产生高方向性系数。图 10-1 所示为这种情形下（$P\to 1$）的方向性系数修正值。在 P=0.9 以下时，天线长度为 8λ 和 10λ 的方向性系数接近常数。

根据幅度渐变效率公式［式（4-6）］，渐变幅度分布减小了方向性系数。沿结构上的相对传播常数确定了波束指向［式（10-7）］，每单位长度有小的衰减。在式（4-44）中，用 $\cos\theta_{\max}$ 代替 $\sin\theta_{\max}$，可计算针对天线上不同 P 的相位误差效率：

$$\mathrm{PEL}=\frac{\left|\int_0^L E(z)\mathrm{e}^{\mathrm{j}k\cos\theta_{\max}z}\mathrm{d}z\right|^2}{\left[\int_0^L |E(z)|\mathrm{d}z\right]^2} \tag{10-36}$$

式中，$E(z)$是线源上的电压分布。可以将式（10-36）中的 $\theta_{\max}$ 用数值代替，从而估算出任何 θ 的方向图。当将数量众多的漏波线源连接而成平面阵列，波束扫描会减小有效孔径长度。增益的减小情况可以通过在波束扫描方向天线孔径长度的投影来确定。

快波结构是有截止频率的，相对传播常数可修正为：

$$P=\sqrt{1-\left(\frac{f_c}{f}\right)^2}=\sqrt{1-\left(\frac{\lambda}{\lambda_c}\right)^2} \tag{10-37}$$

式中，f_c 表示截止频率，λ_c 是截止波长。随着频率增大，P 趋近 1，扫描波束指向端射方向。通过在波导壁上开口对壁电流进行切割，波导可以制作成漏波天线。举个例子，位于矩形波导宽壁中心的缝隙并不向外辐射，这是因为缝隙没有对电流进行切割。如果改变连续缝隙与中心线的间距则可以控制泄漏率。通过切割出紧邻的小孔或缝隙可以制成其他漏波天线。我们将这些分立辐射体作为连续结构进行分析，其辐射速度受制于孔的大小或缝隙的位置。

参考文献

[1] W. W. Hansen and J. R. Woodyard, A new principle in antenna design, Proceedings of IRE,vol. 26, no. 3, March 1938, pp. 333–345.

[2] C. H. Walters, Traveling Wave Antennas, Dover, New York, 1970.

[3] H. W. Ehrenspeck and H. Poehler, A new method for obtaining maximum gain from Yagi antennas, *IRE Transactions on Antennas and Propagation*, vol. AP-7, no. 4, October 1959,p. 379.

[4] F. J. Zucker, Chapter 16 in H. Jasik, ed., *Antenna Engineering Handbook*, McGraw-Hill, New York, 1961.

[5] R. F. Harrington, *Time-Harmonic Electromagnetic Fields*, McGraw-Hill, New York, 1961.

[6] H. H. Beverage, C. W. Rice, and E. W. Kellogg, The wave antenna: a new type of highly directive antenna, *AIEE Transactions*, vol. 42, 1923, p. 215.

[7] K. Lizuka, The traveling-wave V-antenna and related antennas, *IEEE Transactions on Antennas and Propagation*, vol. AP-15, no. 2, March 1967, pp. 236–243.

[8] G. A. Thiele and E. P. Ekelman, Design formulas for vee dipoles, *IEEE Transactions on Antennas and Propagation*, vol. AP-28, no. 4, July 1980, pp. 588–590.

[9] A. E. Harper, *Rhombic Antenna Design*, Van Nostrand, New York, 1941.

[10] H. Yagi, Beam transmission of ultra short waves, *Proceedings of IRE*, vol. 26, June 1928, pp. 715–741.

[11] R. J. Mailloux, Antenna and wave theories of infinite Yagi–Uda arrays, *IEEE Transactions on Antennas and Propagation*, vol. AP-13, no. 4, July 1965, pp. 499–506.

[12] P. S. Carter, Circuit relations in radiating systems and applications to antenna problems, *Proceedings of IRE*, vol. 20, 1932, p. 1004.

[13] J. D. Kraus, *Antennas*, McGraw-Hill, New York, 1950.

[14] R. C. Hansen, ed., *Microwave Scanning Antennas*, Vol. II, Academic Press, New York, 1966.

[15] H. E. King, Mutual impedance of unequal length antennas in echelon, *IRE Transactions on Antennas and Propagation*, vol. AP-5, July 1957, pp. 306–313.

[16] J. H. Richmond, Coupled linear antennas with skew orientation, *IEEE Transactions on Antennas and Propagation*, vol. AP-18, no. 5, September 1970, pp. 694–696.

[17] C. A. Thiele, Analysis of Yagi–Uda type antennas, *IEEE Transactions on Antennas and Propagation*, vol. AP-17, no. 1, January 1969, pp. 24–31.

[18] D. K. Cheng and C. A. Chen, Optimum element spacings for Yagi–Uda arrays, *IEEE Transactions on Antennas and Propagation*, vol. AP-21, no. 5, September 1973, pp. 615–623.

[19] C. A. Chen and D. K. Cheng, Optimum element lengths for Yagi–Uda arrays, *IEEE Transactions on Antennas and Propagation*, vol. AP-23, no. 1, January 1975, pp. 8–15.

[20] D. Kajfez, Nonlinear optimization extends the bandwidth of Yagi antenna, *IEEE Transactions on Antennas and Propagation*, vol. AP-23, no. 2, March 1975, pp. 287–289.

[21] P. P. Viezbicke, Yagi antenna design, *NBS Technical Note 688*, U.S. Department of Commerce/National Bureau of Standards, December 1976.

[22] W. K. Kahn, Double ended backward-wave Yagi hybrid antenna, *IEEE Transactions on Antennas and Propagation*, vol. AP-29, no. 3, May 1981, pp. 530–532.

[23] J. E. Lindsay, A parasitic endfire array of circular loop elements, *IEEE Transactions on Antennas and*

Propagation, vol. AP-15, no. 5, September 1967, pp. 697–698.

[24] L. C. Shen and G. W. Raffoul, Optimum design of Yagi array of loops, *IEEE Transactions on Antennas and Propagation*, vol. AP-22, no. 6, November 1974, pp. 829–831.

[25] A. Shoamanesh and L. Shafai, Design data for coaxial Yagi array of circular loops, *IEEE Transactions on Antennas and Propagation*, vol. AP-27, no. 5, September 1979, pp. 711–713.

[26] S. A. Brunstein and R. F. Thomas, Characteristics of a cigar antenna, *JPL Quarterly Technical Review*, vol. 1, no. 2, July 1971, pp. 87–95.

[27] J. L. Wong and H. E. King, A wide-band low-sidelobe Disc-o-Cone antenna, *IEEE Transactions on Antennas and Propagation*, vol. AP-31, no. 1, January 1983, pp. 183, 184–.

[28] V. C. Smits, Rear gain control of a dielectric rod antenna, *Microwave Journal*, vol. 11, no. 12, December 1968, pp. 65–67.

[29] S. Kobayashi, R. Mittra, and R. Lampe, Dielectric tapered rod antennas for millimeter applications, *IEEE Transactions on Antennas and Propagation*, vol. AP-30, no. 1, January 1982, pp. 54–58.

[30] B. A. Munk and L. Peters, A helical launcher for the helical antenna, *IEEE Transactions on Antennas and Propagation*, vol. AP-16, no. 3, May 1968, pp. 362–363.

[31] J. D. Kraus, A 50-ohm input impedance for helical beam antennas, *IEEE Transactions on Antennas and Propagation*, vol. AP-25, no. 6, November 1977, p. 913.

[32] J. D. Kraus and R. J. Marhefka, *Antennas for All Applications*, 3rd ed., McGraw-Hill, New York, 2003.

[33] J. L. Wong and H. E. King. Broadband quasi-taper helical antennas, *IEEE Transactions on Antennas and Propagation*, vol. AP-27, no. 1, January 1979, pp. 72–78.

[34] H. E. King and J. L. Wong, Characteristics of 1 to 8 wavelength uniform helical antennas, *IEEE Transactions on Antennas and Propagation*, vol. AP-28, no. 3, March 1980, pp. 291–296.

[35] T. S. M. Maclean and R. G. Kouyoumjian, The bandwidth of helical antennas, *IRE Transactions on Antennas and Propagation, Symposium Supplement*, vol. AP-7, December 1959, pp. S379–S386.

[36] J. L. Wong and H. E. King, Empirical helical antenna design, *Digest of the International Symposium on Antennas and Propagation*, 1982, pp. 366–369.

[37] A. Bystrom and D. G. Berntsen, An experimental investigation of cavity-mounted helical antennas, *IRE Transactions on Antennas and Propagation*, vol. AP-4, no. 1, January 1956, pp. 53–58.

[38] H. W. Ehrenspeck, The short backfire antenna, *Proceedings of IEEE*, vol. 53, no. 4, August 1965.

[39] S. Ohmori et al., An improvement in electrical characteristics of a short backfire antenna, *IEEE Transactions on Antennas and Propagation*, vol. AP-31, no. 4, July 1983, pp. 644–646.

[40] P. J. Gibson, The Vivaldi aerial, *Proceedings of the 9th European Microwave Conference*, Brighton, East Sussex, England, 1979, pp. 101–105.

[41] K. S. Yngvesson et al., The tapered slot antenna: a new integrated element for millimeterwave applications, *IEEE Transactions on Microwave Theory and Techniques*, vol. 37, no. 2, February 1989, pp. 365–374.

[42] J. J. Lee and S. Livingston,Wide band bunny-ear radiating element, *IEEE AP-S Symposium*, 1993.

[43] E. Gazit, Improved design of the Vivaldi antenna, *IEE Proceedings*, vol. 135, pt. H, no. 2, April 1988.

[44] J. D. S. Langley, P. S. Hall, and P. Newham, Novel ultrawide-bandwidth Vivaldi antenna with low cross polarization, *Electronics Letters*, vol. 29, no. 23, November 11, 1993, pp. 2004–2005.

[45] H. Holter, T. -H. Chio, and D. H. Schaubert, Experimental results of 144-element dualpolarized endfire tapered-slot phased arrays, *IEEE Transactions on Antennas and Propagation*, vol. 48, no. 11, November 2000, pp. 1707–1718.

第11章　非频变天线

从模型测量中使用的频率缩比原理，我们导出了自缩放或非频变天线的概念。当波长减小（频率增大）时，模型的尺寸按同样的比例减小。要构建宽带天线，需要一种可以从本身缩放模型获得的结构。获得这种结构的第一种方法是，天线的结构只由角度量来确定，而不取决于任何特殊的尺寸。这种方法可得到连续缩比螺旋天线。第二种方法是组成天线的各部分都是在离散频率间隔点上准确地对天线缩比而成的。我们按对数地缩放这些部件，理想缩放的频率间隔随频率增加。这些对数周期缩放的天线在缩比点之间的特性是变化的。当比例常数接近1（连续缩放）时，它们的变化减小，但天线部件数量却增加了。

一个连续的或对数周期的缩比结构是没有端点的。我们必须将这种非频变结构截断成非频变天线，而不对天线方向图产生很大的影响。自缩比天线必定是一个传输结构，将功率传送到工作区。我们在高频端馈电，此时天线的高频部分对于低频部分相当于一个传输线。在辐射工作区之后天线的电流必须衰减，以使该结构可以截断而不会对天线的性能产生很大影响。我们通过用于刻画设计尺寸的截断常数来确定有限的工作区。尽管螺旋天线在有限工作区内辐射大部分输入功率，通过臂端加载以避免反向电流的辐射并接受损耗，可以改善方向图性能。

对于一个特定频率，功率的大部分都是在工作区辐射的。一个真正的非频变天线在它整个带内具有恒定的波瓣宽度，尽管我们认为在准确缩比（对数周期）频率之间有一个小的变化。只有当工作区尺寸随着波长缩放，才能获得不变的波束宽度。截断的要求影响了方向图。自缩放天线在扩展方向是不能辐射的。如果天线在那个方向上辐射，这部分结构在超过正常截断点的高阶模式会被激发。对数周期和圆锥对数螺旋朝着馈点的方向辐射。

我们可以制作具有沿着传输线对数缩比辐射部件的结构，但仍然不能获得成功的宽带天线。部件间不仅仅通过馈线连接，还必须电磁地耦合。将对数周期偶极天线的偶极子紧靠在一起以产生快速衰减所需的耦合。类似地，将螺旋的拐弯靠近，以便使臂发生耦合，而且在沿着臂辐射的工作区有足够的长度。通常，通过考虑单模辐射中的功率损耗来对电流的快速衰减作出解释。

成功的非频变天线结构应满足下列要求[2]：

（1）天线包含它自己的缩比模型（连续的或离散的），其缩比模型能够缩比到无限小。

（2）天线在一个有限的工作区中将大部分功率辐射掉，以便它能截断而末端效应最小。

（3）从高频端馈电，对低频端来说，天线必须是一条携带功率的传输线。

（4）工作区的大小必须和波长成比例。

（5）天线在其结构的扩展方向没有辐射。

（6）天线与传输线馈线必须有显著的直接耦合。

螺旋天线　螺旋天线由刻蚀在基板上的薄金属弯绕螺旋图案组成，通常从中心馈电，且置于一腔体上面。刻蚀包含至少有两个臂的对称图案，而我们往往构建有更多臂的螺旋天线以辐射多种模式，或抑制不想要的模式。双臂螺旋可以使用一个简单的巴仑平衡线来馈电。随着臂的增加，需要一个被称作波束形成器的馈电网络，其中包含了每一个旋臂的输出端口和每个螺旋模式独立的输入端口。这个网络将功率理想地分成具有线性相位的等幅输出。每个螺旋模式的相位旋绕 1 周或多周，每一组模式电压的复数和等于零。所有相位的完整转动周数等于模式数；模式 1 转 1 周，2π 弧度；模式 2 转 2 周，4π 弧度；以此类推。

图 11-1 画出了八臂等角螺旋工作于模式 1 时的实测方向图。该方向图是从单臂测量加上理想馈电网络（波束形成器）获得的。方向图显示右旋圆极化是主极化，而左旋圆极化则作为交叉极化。这是最常用的模式。当改变臂的数目并以模式 1 给它合适地馈电时，可以获得相似的方向图。额外的臂有助于提高方向图的对称性，因为它们可以抑制高阶模式的辐射，以免让这些模式扭曲了方向图。通过构建多于两个臂的螺旋，可以有意地激发高阶模式的辐射。图 11-2 给出了当从理想波束形成器馈电时八臂螺旋辐射模式 2 的方向图。当画模式 3 的方向图时，除了波束峰位出现在离宽边更远的角度上外，与模式 2 类似。螺旋的所有高阶模式具有与模式 2 类似的波束轮廓，除了波束峰位角度继续随着模数增加外。

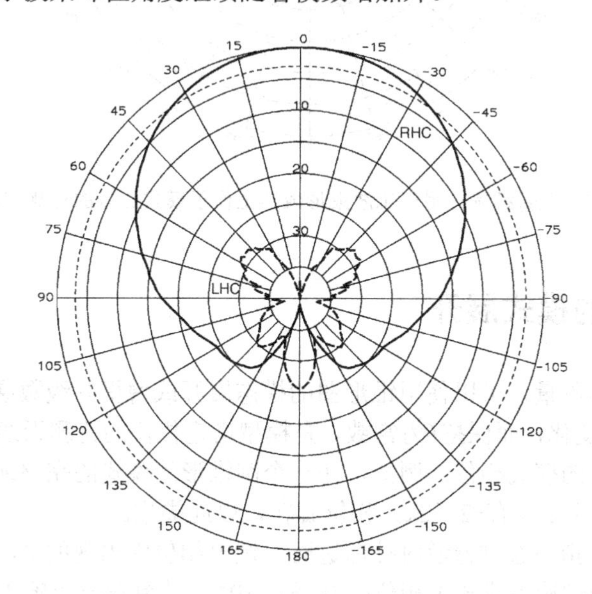

图 11-1　八臂螺旋使用理想波束形成器工作于模式 1 时的实测方向图

对于圆锥方向图，每个螺旋模式的辐射都有一个完整的 2π 弧度周期的相位旋转，这等于模式数目。一个圆锥方向图测量以螺旋平面的法线为轴旋转ϕ，而保持θ不变。例如，在图 11-1 和图 11-2 所示方向图的高阶模式的峰位附近，可以测量θ=45° 时的方向图。我们通过相位斜率来确定辐射模式。当ϕ增加时，右旋圆极化产生负的斜率［逆时针旋转］。我们约定，正模式辐射右旋圆极化，而负模式辐射左旋圆极化，并将符号放在模式表达式中。对于辐射相位来说，增加角度与增加距离类似。在相邻模式中激发螺旋，当一个模式为相位测量提供参考信号时，它们之间的相位差可以用来决定ϕ到达角。

在到达角度（AOA）测向系统中，可以使用螺旋上的多种模式，通过比较两种模式，来确定角度。模式 1 和模式 2 之间的幅度差决定了偏离螺旋平面轴的角度。偏轴，则高阶模式辐射，我们测量等于模式的一个相位步进；例如，当我们在圆锥图中旋转天线一圈，模式 2 辐射变化 720°。给定模式数目 m，一圈中相位变化$-m\times360°$。如果我们用模式 1 作为相位参考，绕螺旋轴转一圈时，模式 2 相对于它的相位改变-360°。通过使用幅度和相位，可以确定两个到达角。尽管三臂螺旋可以支持 AOA 所需的模式 1 和模式 2，我们使用四臂螺旋，因为它采用更简单的馈电网络。

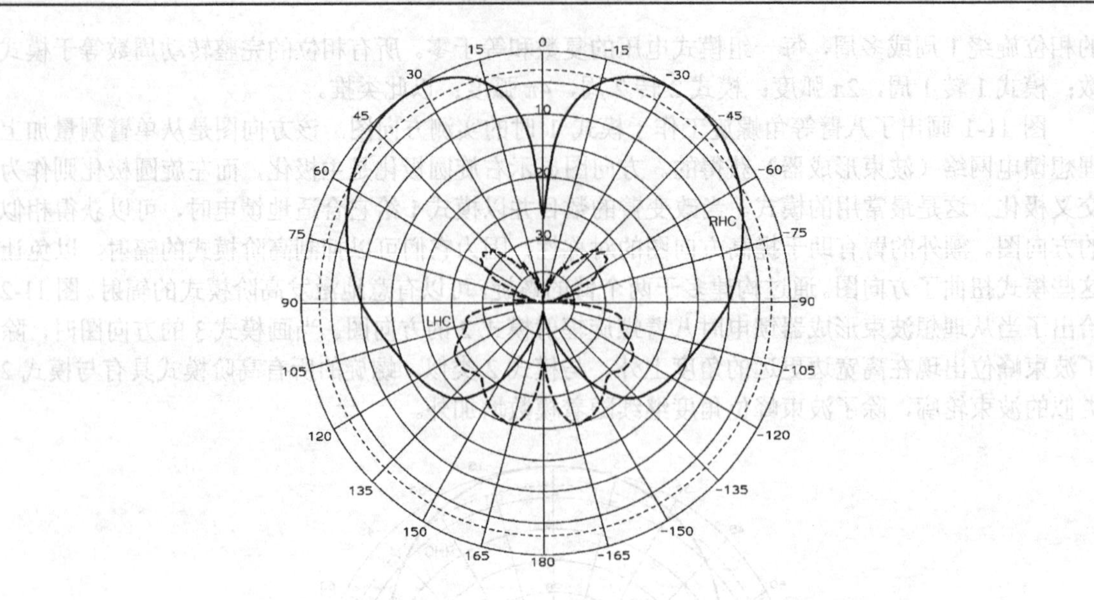

图 11-2　八臂螺旋使用理想波束形成器工作于模式 2 时的实测方向图

11.1　天线模式的模式展开

对于螺旋的分析和测量，可以使用锥形图的模态展开或傅里叶级数展开。在球坐标系中，一个圆锥形方向图的ϕ变化，而保持θ为常数，是模型塔定位仪的待测天线或头轴。展开式中的每一项包括圆极化信号的模式相位。例如，在一个圆锥形的模式的完整逆时针旋转中，模式 1 相位具有-2π 旋转，模式 2 具有-2（2π）相位旋转，以此类推。

螺旋模式数目，是指当通过臂逆时针前进时，馈电相位中出现的 2π（弧度）或 360°（角度）的周期数。在双臂螺旋中模式 1 相位是 0° 和 180°。旋到第一个输入又增加了一个 180°，沿整个螺旋臂得出 360°。逆时针移动时两臂相位差可以从模数 m 和臂数 N 得出：

$$\text{相位} = -\frac{2\pi m}{N} \quad \text{或} \quad -\frac{360^\circ m}{N} \tag{11-1}$$

使用式（11-1）中的符号表示时，对于 m=1，螺旋辐射右旋转圆极化波。

例如，当我们将一个螺旋端口馈电相位与模式的相位旋转相匹配时，可以辐射轴对称天线模式。我们必须添加旋臂来给高阶模式馈电。模式 1 和-1 在双臂螺旋的馈电点产生相同的相位：0° 和 180°，螺旋绕向决定了辐射的极化。所有的奇数阶模式（…，-3，-1，1，3，5，…）在两个馈电点上具有相同的相位，这意味着如果电流在螺旋周长是波长的整数倍的臂上流动时，双臂螺旋能有效辐射这些模式。臂的数目等于独立模式的个数，尽管零模式难于应用。对不同的臂数和模式数，应将式（11-1）展开。螺旋绕向和电流流动方向决定了圆极化的旋向。在 N 臂结构中，模式循环变化，因此，例如，四臂螺旋的模式 3 相位与模式-1 相等（亦即，模式 1 左旋圆极化）。换句话说，模式是以 4 为模的，模式 3 与模式-1 相等。当从中心处以模式 3 给右手四臂螺旋馈电时，螺旋不能从流出旋臂的电流中产生辐射，因为每一臂辐射右旋圆极化波而馈电相位是左旋圆极化的，因而相互抵消。螺旋充当了圆极化滤波器的作用。这些电流从开路臂的末端反射后朝里流动，辐射左旋圆极化波。在双臂螺旋中，每当周长是波长的奇整数倍时，电流产生辐射。臂数从二增加到四时，辐射模式数目减少了，因为模式 3，7，等，相位不再与臂的馈电相位相匹配。仅仅模式 5，9，…的相位才与模式 1 相匹配。

当对八臂螺旋应用式（11-1）时，你会发现对于一个五周期的旋转（模式 5），端口之间相位移动-225° 等于模式-3 的 135°，并且显示出模式的模数特性。八臂螺旋具有如下的对等性：模式-3=模式 5，模式-2=模式 6，模式-1=模式 7。尽管我们能将 N 臂螺旋上的馈电电压分为 N 个正交模式，天线能够辐射任何一个模式。例如，如果我们以模式 1 从中心给双臂螺旋馈电，当它的周长是 1λ时，它将辐射很大部分的功率。当周长是 2λ时，螺旋将辐射模式 2，除了两臂间 180° 相位差抵消这种辐射。如果馈电电压平衡性和馈电相位不理想，天线在模式 2 会辐射部分功率。当周长等于 3λ时模式 3 辐射，并在两个旋臂上辐射部分剩余功率，因为臂上的馈电相位不会抵消。如果螺旋足够大以至周长达到 5λ，模式 5 会从双臂螺旋中辐射。模式 4 辐射被臂的相位抵消。给定一个 N 臂的螺旋，当以理想的波束形成器网络馈电时，具有显著辐射的模式是臂数的倍数：

$$m_{\text{radiated}} = m + kN \qquad k = \cdots,\ -2, -1, 0, 1, 2, \cdots \tag{11-2}$$

假定螺旋周长足够大以支持特定模式，N 臂螺旋抑制可能模式间的 $N-1$ 个模式。例如，以模式 1 激发的 6 臂螺旋，将辐射模式 1，7，13，…，-5，-11，…而以模式 2 激励时，它将辐射模式 2，8，14，…，-4，-10，…，以此类推。如果天线在低阶模式中辐射足够的功率，剩下给高阶模式辐射的将很少，方向图将会很好。增加臂的数目会减少螺旋辐射模式的个数。

给定圆锥方向图 $F(\varphi)$，用模式的傅里叶级数展开并容易地在实测方向图中用数值积分计算出展开系数：

$$F(\phi) = \sum_{m=-\infty}^{m=\infty} E_m \mathrm{e}^{-\mathrm{j}m\phi} \quad , \qquad E_m = \frac{1}{2\pi}\int_0^{2\pi} F(\phi)\mathrm{e}^{\mathrm{j}m\phi}\,\mathrm{d}\phi \tag{11-3}$$

每一个圆锥图对每个极化都有它自己的一组模式系数 $E_m(\theta)$。极化是正交极化对，如（E_θ，E_ϕ）或（E_{RHC}，E_{LHC}）。当测试或分析螺旋天线时，可以应用这些模式系数作为衡量天线性能的标准。我们使用在整个辐射球上的积分来确定每一模式的相对功率：

$$P_m = \frac{\displaystyle\int_0^{\pi}\left[\left|\int_0^{2\pi} E_{\text{RHC}}(\theta,\phi)\mathrm{e}^{\mathrm{j}m\phi}\,\mathrm{d}\phi\right|^2 + \left|\int_0^{2\pi} E_{\text{LHC}}(\theta,\phi)\mathrm{e}^{\mathrm{j}m\phi}\,\mathrm{d}\phi\right|^2\right]\sin\theta\,\mathrm{d}\theta}{\displaystyle\int_0^{\pi}\int_0^{2\pi}\left[|E_{\text{RHC}}(\theta,\phi)|^2 + |E_{\text{LHC}}(\theta,\phi)|^2\right]\sin\theta\,\mathrm{d}\phi\,\mathrm{d}\theta} \tag{11-4}$$

式（11-4）是以 RHC 和 LHC 的形式来表达的，也可以换上任意其他正交极化对，使用同一个公式。分母正比于天线辐射的总功率。

11.2　阿基米德螺旋[4, 5]

虽然阿基米德和指数螺旋有不同的方程定义，实践表明，它们的特点不是差别太大。阿基米德旋臂的长度可以很长而在低频产生较高的电路损耗。阿基米德螺旋的包角从中心处的高值变化到外边的低值。在中心的高包角率在高频处激发出更多高阶模式。外径的低包率改善低频处方向图的形状。虽然指数螺旋在整个频率范围内具有更均匀的特性，阿基米德螺旋仍然是有用的。

阿基米德螺旋的半径随角度的变化均匀地增加：

$$r = r_0 + a\phi \tag{11-5}$$

式中，r_0 是起始半径，a 是螺旋增长率。我们不能像非频变天线所要求的那样，用式（11-5）将其结构缩比到无限小。图 11-3 显示了两种阿基米德螺旋的形状。我们通常使天线具有互补性——即让金属带宽度等于金属带之间的间距。对于一个自互补结构，由 Babinet-Booker 原理

（见第 5.3 节）可求得双臂无限大结构具有 188Ω 的阻抗。

若用一根平衡线从中心给螺旋馈电，那么馈电附近，由几乎大小相等、方向反向的电流产生的辐射会在远场处相互抵消。增加的螺旋臂将电流分开。当臂圈的周长接近一个波长时，P 和 Q 处（见图 11-3）的反相电流，在点 P 和 P′ 处变成同相电流，因而其电流辐射在远场处不再抵消。这个条件起始于 1λ点前的某处，延续到它后面一定距离处。为了有效辐射，在最低工作频率处，天线应该具有 1.25λ的周长。上限工作频率取决于馈点间隔尺寸，其间距必须小于$\lambda/4$，尽管为了减少高阶模式的辐射，它们应该近一些。对于高阶模式，将外径增加到（m+0.25）λ/π，馈点间的距离可以增加到 $m\lambda/4$。

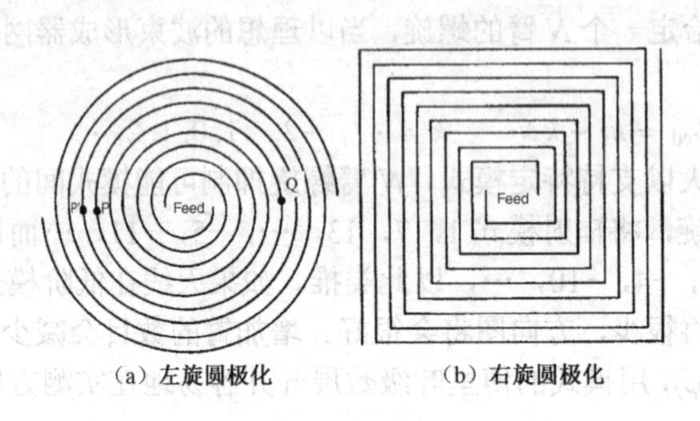

（a）左旋圆极化　　（b）右旋圆极化

图 11-3　阿基米德螺旋

螺旋在一面辐射右旋圆极化波，在另一面辐射左旋圆极化波。可以在天线一边安装一个反射腔，以消除不希望的极化，获得单向辐射。为双臂螺旋产生平衡馈电的巴仑，可安装在腔内。它从一个同轴输入转换到天线，以避免方向图倾斜，并限制高阶模式辐射。可以用左右手规律来确定圆极化方向。让四指顺着螺旋方向（指尖朝半径增加的方向），此时拇指指向最大辐射方向。

11.3　等角螺旋

Rumsey 指出，一个完全由角度决定形状的天线，将是频率无关的，因为它的比例因子不变化。双圆锥天线满足角度要求，但并不满足非频变天线的截断要求，由于天线上电流沿长度方向保持不变。由下式定义的等角螺旋天线（见图 11-4）

$$r = r_0 \mathrm{e}^{a\phi} \tag{11-6}$$

只由角度决定，因为它的内径与一个角度相关 $r_0 = e^{a\phi_0}$，满足天线完全由角度决定的要求。包角α（见图 11-4）和螺旋增长率的关系为：

$$a = \frac{1}{\tan\alpha} \tag{11-7}$$

作为曲线的另一种表示方式，扩展因子（EF）表示绕一圈后半径增长的比例，它类似于增长率。与几何形状的直接关系使得它很容易确定：

$$a = \frac{\ln(\mathrm{EF})}{2\pi} \quad 或 \quad \mathrm{EF} = \mathrm{e}^{2\pi a}$$

$$\mathrm{EF} = \left(\frac{r_o}{r_i}\right)^{1/\mathrm{turns}} \quad 或 \quad \mathrm{Turns} = \frac{\ln(r_o/r_i)}{\ln(\mathrm{EF})} \tag{11-8}$$

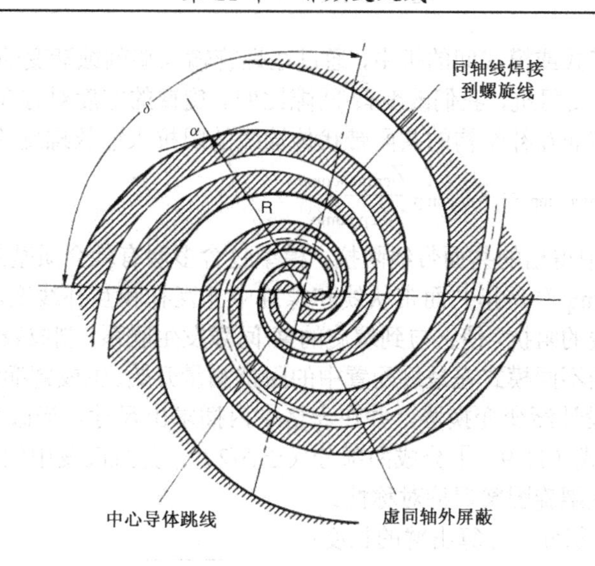

图 11-4　无限巴仑馈电的等角螺旋（右旋圆极化）

角度也决定了臂的宽度。我们通过将螺旋旋转δ生成其他旋臂的边缘。将角度ϕ转过 180°（π）来形成第二臂。我们也可以用臂/间隙比例来描述螺旋臂，所以可以使用非互补臂来作为一个阻抗变换器。对于δ弧度（若是度，用 360° 替换 2π）的 N 臂螺旋，可以推导出两者间简单的公式：

$$\delta = \frac{2\pi}{N\,(1+\mathrm{gap}/\mathrm{arm})} \quad 或 \quad \frac{\mathrm{gap}}{\mathrm{arm}} = \frac{2\pi}{N\delta} - 1 \tag{11-9}$$

天线的输入阻抗取决于臂的数目和工作的模式。对于互补臂，或臂/间隙=1，Babinet-Booker 原理的推论确定了自由空间螺旋的阻抗为[6]：

$$Z_m = \frac{\eta_0/4}{\sin\left(\pi|m|/N\right)} \tag{11-10}$$

式（11-10）用了η_0=376.73Ω，正 m 是模式数，其中 m=1, 2, …, N−1，无论是左旋还是右旋圆极化波。表 11-1 列出了自由空间中 N 臂多终端互补结构的特征阻抗。

表 11-1　自由空间 N 臂多终端互补结构的特征阻抗

臂数	模式 1	模式 2	模式 3	模式 4	模式 5	模式 6	模式 7
2	94.2						
3	108.8	108.8					
4	133.2	94.2	133.2				
5	160.2	99	99	160.2			
6	188.4	108.8	94.2	108.8	188.4		
7	217.1	120.5	96.6	96.6	120.5	217.1	
8	246.1	133.2	101.9	94.2	101.9	133.2	246.1

表 11-1 给出的不是一个真实螺旋天线的阻抗，因为它会安装在一个金属腔上，或是空的或是部分填充多层片状吸收器。其次，刻蚀螺旋用的介质基板减慢了臂上的波速，并将阻抗减小到$1/\sqrt{\varepsilon_{r,\mathrm{eff}}}$。尽管这些因子改变了阻抗，该表格仍然表明了不同模式下阻抗的相对幅度。我们需要测量螺旋在该模式的最终配置下的输入阻抗，这可以使用单臂测量 S_{11} 和与其他臂的耦合 S_{21}。该方法的具体内容请参见 11.6 节。

我们可以为单一模式或模式间的折中，通过在螺旋输入端刻蚀渐变的变换器的方法对天线阻抗进行匹配。为了改变阻抗，我们改变臂/间隙比例。旋臂的宽度对方向图只有轻微影响。这种设计方法使用互补和非互补结构的共面带状传输线的阻抗来缩放螺旋的阻抗[7]：

$$Z_{m,\mathrm{noncomp}} = Z_{m,\mathrm{comp}} \frac{Z_{\mathrm{cp,noncomp}}}{Z_{\mathrm{cp,comp}}} \tag{11-11}$$

Z_{cp}是从一个模型中得出的共面带线阻抗，模型包含多层有耗介质基片，如吸收片[8, 9]。下标“noncomp”和“comp”是指共面带状线和螺旋中非互补和互补线宽。通过改变带线宽度/间隙并计算共面带状线的阻抗，使它与到螺旋的臂/间隙发生联系，制成表格，来确定等效阻抗。这种方法从互补螺旋的不同模式在最终配置中的阻抗测量开始。生成臂/间隙和螺旋阻抗的关系表格后，用标准技术设计渐变变换器，并在表格中内插求出尺寸。当改变沿螺旋臂方向的臂/间隙比例时，将δ［见式（11-9）］分成两部分（$\pm\delta/2$），并且改变中间曲线［见式（11-6）］的带线两边，以使刻蚀螺旋图案保持对称性。

对式（11-6）进行积分，计算出臂的长度：

$$L = (r - r_0)\sqrt{1 + \tan^2\alpha} = (r - r_0)\sqrt{1 + \frac{1}{a^2}} \tag{11-12}$$

我们通过建模估计在螺旋中的损耗，将臂建模为共面传输线并计算传输线损耗，包括有限电导率、基板的介质损耗角正切和腔中的最近的吸收层[8]。增加基板和第一吸收层之间的间隙会减少传输线损耗。一些使用多层模型[9]的计算将为该设计确定一个合适的间隙。从外界给螺旋馈电，辐射方向相反圆极化，一个双极化设计，能产生一个设计，长传输线长度，对高频率处有高损耗，其工作区出现在螺旋的中央。增加扩展系数将降低螺旋的传输线损失。

11.4 螺旋天线的模式分析

螺旋模式的测量结果表明，螺旋平面上没有一个零点，正如电流片模型的预测，而天线在上半球辐射交叉极化。一个简单的分析模型是采用自由空间的行波环。这种电流分布在环上具有恒定的幅度，但其相位在整数周期上沿着环线性推进。不管实际环的周长，模式 1 电流转过-360°（右旋圆极化）而模式 2 电流相位改变-720°，总的说来，对于沿着环逆时针的运动，模式 m 电流转过$-m\times360°$。当电流以自由空间速度传播时，模式 1 在周长为 1λ时从环上辐射，一般模式在周长为 $m\lambda$时从环上辐射。环的大小决定方向图波束宽度，而当螺旋被基片衬底或介质砖（透镜）介质加载时，环的有效尺寸减小，而其波束宽度增加。

行波环模型只辐射一个模式，因为在圆锥图案上右旋圆极化和左旋圆极化信号都走过整数周期。模型方向图上的模式展开未能显示实际螺旋的交叉极化水平，其中我们用主极化信号功率的积分与两种极化的功率之和的比例，来确定交叉极化损耗。我们需要一个更好的模型来表示这种特征，以及一种能预测更高阶模式辐射的方法。

螺旋的矩量法（MOM）模型使用线元，如 NEC，可以预测螺旋的多模辐射。模型中的线直径对方向图的预测影响不大。因为在矩量法中，很难为吸收器加载腔建模，无法得到准确的阻抗值，而通过实际制作天线找到阻抗是划算的。可以利用码的旋转对称性，将模型简化到一个单臂输入，从而将矩阵简化 N 倍（N 为臂的数目）。将模型置于自由空间，将腔模拟为理想吸收的，并只考虑上半球。

图 11-5 给出了两套双臂和四臂螺旋的外观，它们设计工作在超过 10:1 的频率范围。内径是 0.254λ。左边双臂螺旋包含五个圈，扩展因子 EF=1.66（α= 85.4°），而右边松绕的螺

旋有 2.1 圈，其 EF=3.32（α= 79.15°）。当减少包角（增加 *EF*），螺旋外周长必须增加以支持最低频率。为了说明外周长的影响，表 11-2 列出了五圈（EF = 1.66）螺旋的模态响应与外周的关系，而表 11-3 列出了 2.1 圈（EF =3.32）的螺旋的相应结果。刻度尺 1-7 显示出，为获得 6 dB 的轴比，模式 1 和模式−1 之间的差值必须为 9.6 dB。为达到这个值，在最低频率处，5 圈螺旋所需外周长约为 1.4λ，而 2.1 圈螺旋则需 1.9λ。松卷绕的螺旋需要更大的直径以达到相同的低频轴比。这些螺旋具有开路旋臂。通过臂的末端加载，可以减少轴比。因为负载对旋臂的阻抗不匹配，引入的回波损耗减少了反射模式辐射。效率降低了，但是轴比改善了。

表 11-2　EF=1.66（α = 85.4°），5 圈的双臂指数螺旋模式响应

周长（λ）	模式 1（dB）	模式−1（dB）	周长（λ）	模式 1（dB）	模式−1（dB）
1.00	−1.96	−4.40	1.60	−0.16	−14.52
1.20	−1.09	−6.55	1.80	−0.05	−19.82
1.40	−0.46	−10.00	2.00	−0.04	−20.60

表 11-3　EF=3.32（α = 79.16°），2.1 圈的双臂指数螺旋模式响应

周长（λ）	模式 1（dB）	模式−1（dB）	周长（λ）	模式 1（dB）	模式−1（dB）
1.00	−2.34	−3.82	1.80	−0.53	−9.44
1.20	−1.81	−4.69	2.00	−0.34	−11.26
1.40	−1.25	−6.02	2.20	−0.21	−13.38
1.60	−0.82	−7.68	2.40	−0.12	−16.07

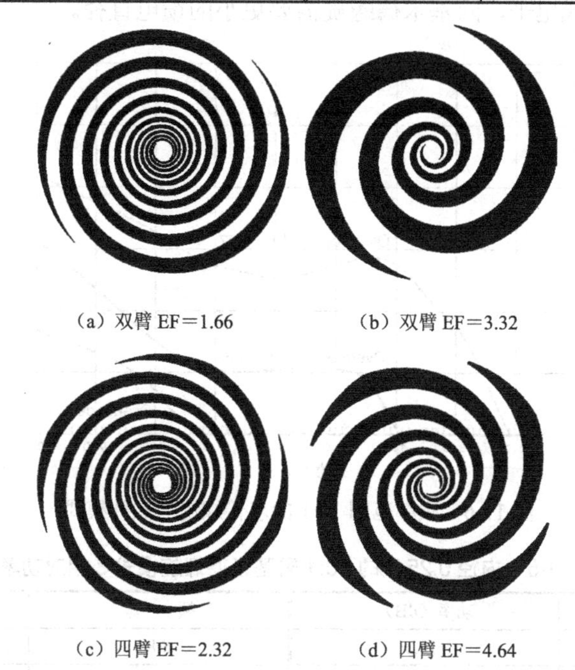

图 11-5　不同扩展因子的等角螺旋

10.5 圈的阿基米德螺旋同样覆盖 10:1 的频率范围。表 11-4 给出了模式响应。外径附近螺旋的紧绕，减少了产生较低的轴比设计所要求的直径。一个 1.17λ的外周长足以产生 6 dB 轴比。由于传输线的损耗，额外的旋臂长度会降低低频端的效率。

表 11-4　10.5 圈的双臂阿基米德螺旋模式响应

周长（λ）	模式 1（dB）	模式-1（dB）	周长（λ）	模式 1（dB）	模式-1（dB）
1.00	−1.81	−4.68	1.20	−0.31	−11.68
1.05	−1.36	−5.70	1.25	−0.14	−14.92
1.10	−0.94	−7.13	1.30	−0.05	−19.34
1.15	−0.57	−9.11	1.35	−0.02	−24.04

增加圈数将减少额外模式辐射电平。双臂螺旋抑制偶数模式，但允许模式 3，5，7，…的辐射［见式（11-2）］。矩量法分析预测的额外模式电平，如图 11-6 所示。高阶模式的出现，是因为在更高频率处，天线足够大以支持这些模式，但是在较低频率上却不行。模式 1 在 1λ 周长附近区域没有辐射的功率沿臂继续传播，直到它到达 3λ和 5λ周长时辐射出去。额外模式引入振幅和相位纹波，改变锥形方向图。相位纹波被加到单 360° 线性分布模式中。模式 3 在模式 1 的锥形方向图上增加了单个周期纹波，而模式 5 将在单个模 3 周期的顶部增加两个周期纹波。对于 EF = 3.32，在归一化频率 9.5 处，模式 3 相对于模式 1 为-10 dB，产生的平均峰-峰值为 5.7 dB 的纹波（刻度尺 1-8），而-23 dB 的模式 5 产生 1.2 dB 的纹波。在大多数应用中，幅度和相位纹波不是重要的问题，因为我们不能使用不带双模的 AOA 系统天线。表 11-5 列出了阿基米德螺旋上模式 3 的幅度，它表明我们必须减少内径来限制额外模式的电平。例如，要限制到-16.4dB（2.6 dB 的纹波），就需要将内径减小到 0.254λ的 80%（0.20λ）。与指数螺旋相比，对于同样的额外模式电平，阿基米德螺旋需要更小的馈电直径。

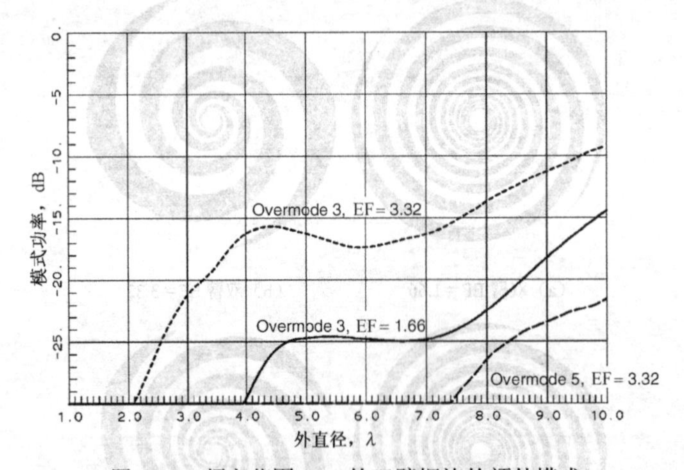

图 11-6　频率范围 10:1 的双臂螺旋的额外模式

表 11-5　内径 0.254λ的 10:1 阿基米德螺旋模式 3 相对功率

频　率	功率（dB）	频　率	功率（dB）
7.2	−19.3	8.8	−14.0
7.6	−17.8	9.2	−13.0
8.0	−16.4	9.6	−12.0
8.4	−15.2	10.0	−11.0

四臂螺旋的两个例子表现出与双臂螺旋类似的结果。降低扩展系数，降低了高阶模式，而馈电网络的相位，消除了额外的模式。四臂螺旋以相对于总功率-13dB 的水平辐射模式 5，额外的信号与模式 1 的辐射相加减，将曲线的四向对称性产生方向图偏离。当两个模式相互作用

时，方向图纹波数等于两个模式的模数差。-13dB 的额外辐射导致 4dB 的幅度波动（刻度尺 1-8）和峰-峰值为 13° 的相位变化（刻度尺 1-9）。模式 6 对模式 2 激发了相似水平的方向图纹波，如图 11-7 所示。AOA 系统使用两种模式之间的相对相位和幅度，而这些额外的信号会导致方向图的变化，当频率变化时，旋转一个角位置。如果我们不控制额外模式的水平，AOA 精度将受到影响。在其他应用中，方向图波动是可以接受的。表 11-6 列出了一个四臂指数螺旋模式 2 馈电的模式响应，并给出了抑制辐射交叉极化的模式-2 所需的大小。

表 11-6 EF=2.07（$\alpha = 83.4°$），3.5 圈模式 2 馈电的四臂指数螺旋模式响应

周长（λ）	模式 2（dB）	模式-2（dB）	周长（λ）	模式 2（dB）	模式-2（dB）
2.00	-1.91	-4.49	2.80	-0.25	-12.6
2.20	-1.33	-5.78	3.00	-0.13	-15.4
2.40	-0.82	-7.64	3.20	-0.07	-18.1
2.60	-0.46	-10.0	3.40	-0.04	-20.3

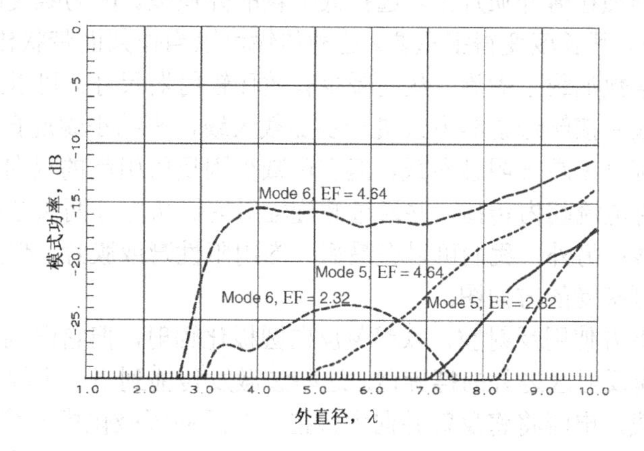

图 11-7 频率范围 10:1 的四臂螺旋的额外模式

在一定程度上，我们可以给臂外端馈电以辐射反向极化波。信号在达到低阶模辐射的周长之前，先达到高阶模式辐射的周长。螺旋在高阶模式上辐射很大的功率，从而降低了向内传播至低阶模辐射周长的信号。我们增加臂数，通过馈电网络所产生的相位抵消，以抑制高模辐射。图 11-8 显示了不同的臂数时模式-1 的辐射水平。在模式-1 的最低频率处，外周长为 1λ。可以看到双臂螺旋模式-1 的初始效率损失。高阶模有更多的受限频率区域。

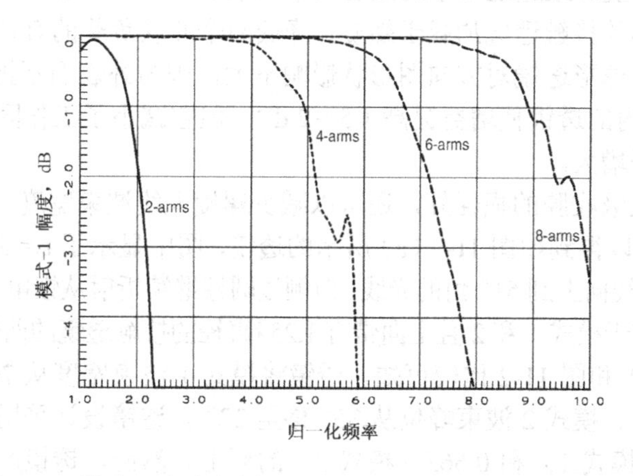

图 11-8 模式-1 频率范围 10:1 的不同臂数螺旋的外臂馈电效率

将螺旋线放在一个接地平面上方，一定程度上模拟了一个反射腔天线，但它不包含圆柱壁的影响。从接地平面的反射波，将激发在螺旋更远处的更高模电流，这将增加方向图的模式内容并限制天线的可用频带。例如，初始深度为$\lambda/8$、模式 1 馈电的双臂螺旋，当腔体深度为$\lambda/2$时，将有-8dB 水平的模式 3。当腔深度为$\lambda/2$时，模式 1 方向图在宽边有一个零点。要制作一个更宽带宽的天线，我们需要一个较浅的腔。更靠近的接地平面增加了反射到更高的模式的功率，加剧了额外模式的问题。可以通过增加臂的数量，利用臂间馈电相位关系来抵消模式，从而减少额外模式。

11.5 螺旋构建和馈电

11.5.1 螺旋构建

我们将螺旋图案刻蚀在薄介质片上。选择低损耗的介质板。因为螺旋的两臂起传输线的作用，对于紧绕螺旋而言，其长度变得很重要。这种传输可以当作共面带状传输线来分析其损耗，而传输线的等效介电常数加载于螺旋，从而减少有效环辐射器尺寸。可以通过将介质片置于螺旋上方或在螺旋面上放置接触透镜等方式进一步加载天线，来缩小螺旋直径。

虽然不是必须在旋臂末端加阻性负载，但它可减少因反射引起的反向圆极化辐射，提高在低频率的极化率。反射电流朝内传播，并通过螺旋辐射区。从内外两头馈电的螺旋包括加载在每一臂上的传输线馈线；另外，我们可以在最后一圈用阻性膏或膜片，但是天线有可能在臂上不加负载时就能产生可接受的方向图。

我们可以在螺旋下方使用反射腔，以避免反向圆极化辐射，但它限制了带宽。从腔底反射回来的波，耦合进低模反射区之外的螺旋臂。这些波激发传播到下一个辐射区或末端负载的螺旋电流。没有这些负载，电流将将反射并向内传播，在反向圆极化模的第一工作区辐射。

我们用吸收材料铺设在腔底，为实现一个宽带天线。一个渐变或台阶状铺设的吸收体，在一个宽频带上避免了反射。应该让吸收器远离螺旋面，以使它不显著地加载螺旋臂的传输线。这里将吸收体负载当作元件来分析，该元件加载在包含多个有耗介质层的共面带状传输线上。吸收器和螺旋电路板之间泡沫或介质蜂窝隔离器，保证板的热及机械应力的传导。

简单分析表明，一半的功率将被辐射进入吸收腔从而使增益降低 3 dB。不幸的是，吸收器腔的波阻抗远小于自由空间波阻抗。在自由空间和腔中的辐射的导纳模型中，功率在这两个区域间分配。较低的腔阻抗导致超过一半的发射功率耗散在腔中，从而进一步降低了增益。我们可以通过用一个半球形的接触透镜加载于螺旋，降低两个并联负载的有效辐射阻抗，从而重获一些这失去的功率。半球形透镜对方向图形状影响不大，因为外表面不折射正常通过的射线。介电常数范围在 2~3 内的透镜使增益提高 1.5～2 dB，但它减小了工作区辐射效率，并导致交叉极化和额外模式水平增大。

接触透镜除了降低吸收腔的损耗外，还可以减少螺旋天线波束宽度。通过应用 9.4 节的技术和求解透镜表面，可以得到如图 11-9（a）所示的透镜，图中显示了 $\varepsilon_r = 2.55$ 的射线折射轨迹。透镜表面只能折射从直线向上到 51° 角的光线，但侧边圆柱继续折射从馈电端向上的光线。图 11-9（b）和（c）显示出工作于模式 1 和 2 且上面带有 1.25λ直径的接触透镜的四臂螺旋的实测方向图。将这些方向图与图 11-1 和图 11-2 比较可知，透镜将模式 1 波束宽度从 70° 减小到 32°，将模式 2 从 42° 减小到 25°。模式 2 波束峰位从 35° 移至 22°。透镜设计采用了点源，但是螺旋辐射在直径约为 0.33λ（模式 1）和 0.66λ（模式 2）的环上。然而，透镜产生显著的结果，在半直径处，产生模式 2 环电流。随着频率的增加，透镜不断缩小波束宽度，呈线性关系。半球形透镜升在螺旋上方的情形报道了类似的结果[3]。这个例子表明，小透镜对天线方向图却有显著的效果，而该尺寸的反射器是没用的。

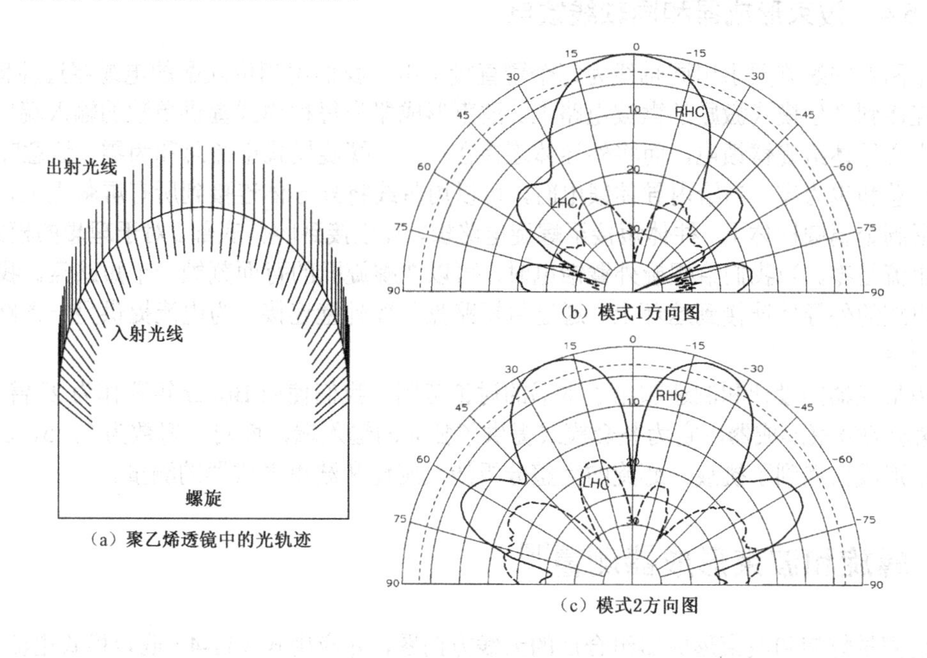

（a）聚乙烯透镜中的光轨迹

（b）模式1方向图

（c）模式2方向图

图 11-9 安装于螺旋上方直径为 1.25λ的接触透镜实测方向图

11.5.2 巴仑馈电

我们用平衡线给双臂螺旋馈电，而更多臂的螺旋则需要一个波束形成网络来馈电。当用巴仑馈电时，一个平衡线馈线包含大小相等而方向相反的电流。对于螺旋，两种常见的巴仑是 Marchand 巴仑，一种补偿套筒巴仑（见 5.15.2 节），和 Roberts 巴仑的 Bawer 和 Wolfe[11]版本（见 5.15.1 节），一种补偿折叠巴仑。我们将 Marchand 巴仑置于腔下面，将平衡线输出置于中心位置，用穿过腔体的双线给螺旋馈电。我们将 Marchand 巴仑的套筒并行放置于腔的底部。Bawer 和 Wolfe 巴仑制作在印刷电路板的两面，沿垂直轴方向。平衡输出与馈电点只有很小的距离，我们给通到螺旋刻蚀电路板上的两根导线馈电。印刷电路板在腔中会引起小的非对称性，必须将板周围的吸收材料去除，不让它与板接触。由于模式 1 阻抗大于 50Ω，我们可以使用一个类似于分束同轴巴仑的渐变微带巴仑给双臂螺旋馈电。

11.5.3 无限巴仑

我们可以利用螺旋中电流在工作区以外迅速衰减的截断性质来制作巴仑。巴仑防止同轴线外边激发的电流到达输入点。在图 11-4 中，我们将同轴馈线焊接到其中一臂。由于天线在臂扩展的方向不辐射，在工作区之外，它在结构中不激发起电流；反过来，没有从工作区之外结构中激发的电流到达输入端。同轴馈线的外屏蔽壳成为天线的一部分。我们将“哑”同轴线焊接到第二臂上以保持对称性。

由于巴仑对天线电流使用工作区限制，它的带宽与天线带宽相匹配。因为类似的截断要求可以用来形成巴仑，我们在对数周期偶极子天线上使用相同的巴仑结构。这种结构要求用宽的螺旋导带条以便焊接，这在长的臂长上难于运用。为了缩短臂长，可以使用低包角的螺旋，但其辐射特性很差。

11.5.4 波束形成器和同轴线馈电

多于两臂的螺旋要求用同轴线为每个臂直接馈电。我们用相位匹配的电缆穿过腔体馈电，并将其连接到产生模式激励的微波电路上。波束形成器为每种模式提供单独的输入端口。同轴电缆的中心导体给旋臂馈电，而将外导体连接在一起。螺旋模式电流总和为零，这意味着外导体的电流总和也为零。当给内导体馈电时，可以用带线将外导体连接到所有屏蔽壳上，或者借助电缆通到金属圆柱体上。柱体短接至螺旋电路板，且连接到腔体底部。对于理想的模式馈电，柱上的电流是零。当我们给螺旋外臂馈电时，可以在螺旋面的背面刻蚀一个短路盘。我们将每个同轴电缆的外导体连接到这环上。通过将短路盘与腔外壁连接，为电流提供另一条路径，使之总和为零。

波束形成器的设计和制造超出了本书的讨论范围。我们使用 Butler 矩阵作为 2^N 臂（2，4，8 等）螺旋的波束形成器，它为整套模式提供了独立的输入端，而对于臂数为 3，5，6 等的螺旋，波束形成器遇到了挑战。螺旋的完整分析涉及旋臂和波束形成器的测量。

11.6 螺旋和波束形成器测量[12]

我们测量螺旋和波束形成器组合后的天线方向图，并应用式（11-4）确定模式电流。当然，可以从测量中提取方向图基本参数，如增益，波束宽度，波束指向，交叉极化，可能的话还有相位中心。最终的天线可以在多种模式辐射，而波束形成器的 N_{arm} 个输出只能在 N_{arm} 个模式中工作。在构造过程中，我们加深认识并且可以通过对螺旋的单臂测量和波束形成器的单端口测量来纠正问题。

波束形成器输出可展开为 N_{arm} 种模式，其中每种模式在输出端都有相等的幅度和以 2π 弧度为周期的不同相位值。对于模式 m，第 N 臂的馈电系数由下式给出：

$$V_N = \frac{\exp[-\mathrm{j}2\pi m(N-1)/N_{\text{arm}}]}{\sqrt{N_{\text{arm}}}} \tag{11-13}$$

其中，我们面对螺旋正面，逆时针地为臂编序。计算模式展开系数时，用网络分析仪测量臂的响应 b_n，乘上方程（11-13）的复共轭，并对各臂求和。这是天线方向图所用方程（11-4）的求和形式：

$$b_m = \sum_n V_{n,m}^* b_n \tag{11-14}$$

我们对波束形成器的每个螺旋模式重复这些测量并将其用式（11-14）给出的模式来展开，以检测波束形成器构建中的问题。

我们为每一螺旋臂单独地测量天线方向图，而在其他端口上加上电阻性负载。这就是共置阵列中每一臂的扫描（有源）方向图。

密的臂间距产生高的相互耦合，即使只有一臂是被馈电的，互耦在所有臂上激励起电流。使用自动化方向图系统的测量，将所有方向图的数字存储。使用实测的波束形成器输出或理想的波束形成器的结果可以用来确定最终的方向图。对组合单臂测量结果使用式（11-4）为每个输入模式计算辐射的模式电平。除了 ϕ 旋转，所有单臂测量应该是相同的。我们对每一臂的构建获得深入理解，通过复制单臂测量来产生 N_{arm} 份拷贝然后将其中的 N_{arm}-1 份旋转，应用理想的或实测的波束形成器响应，并计算由此产生的方向图，以确定模式特性。臂间构建差异变得很明显。当然，开发过程中，可以通过测量单臂并假设臂间的理想构建，来减少初始测量的工作。测量时其他臂必须存在，以让单臂与它们耦合，并在其中激励起电流。

***S* 参数和阻抗测量**　我们使用网络分析仪来测量每个臂的输入反射以及与其他臂的耦合。我们通过将其他臂带负载时每一臂的反射系数（S 参数）和每一单臂与其他臂的互耦（以模式电压为权重）相结合来计算每种模式的输入阻抗［见式（11-13）］。我们将多臂螺旋当作阵列来分析，允许扫描阻抗的使用。如果我们最初假定构型具有对称性，我们只需测量一个臂作为输入的情况。如果这是最终的构型，我们对螺旋臂的输出端进行加载；否则的话，让它们终端开路。由此产生的反射系数由下式给出：

$$\Gamma_1=\frac{b_1}{a_1}=S_{11}+S_{12}\frac{a_2}{a_1}+S_{13}\frac{a_3}{a_1}+\cdots+S_{1N}\frac{a_N}{a_1} \tag{11-15}$$

系数 a_i 是臂的模式系数，其幅度平方和等于 1，而 S_{ij} 是互耦值。

对于臂末端带负载的螺旋，我们将负载换成连接器并测量从输入到负载的耦合。在每个负载上消耗的功率取决于模式。沿着逆进针方向的顺序，将臂的输出端用 $N_{\mathrm{arm}}+1$ 到 $2N_{\mathrm{arm}}$ 来表示，然后测量每个臂的输出波：

$$\begin{aligned}
b_{N+1}&=S_{N+1,1}a_1+S_{N+1,2}a_2+S_{N+1,3}a_3+\cdots+S_{N+1,N}a_N\\
b_{N+2}&=S_{N+2,1}a_1+S_{N+2,2}a_2+S_{N+2,3}a_3+\cdots+S_{N+2,N}a_N\\
&\vdots\\
b_{2N}&=S_{2N,1}a_1+S_{2N,2}a_2+S_{2N,3}a_3+\cdots+S_{2N,N}a_N
\end{aligned} \tag{11-16}$$

在对一个给定的模式应用模式系数 a_i 之后，对 b_{N+1} 到 b_{2N} 的幅度平方求和来计算耗散在的负载上的功率［式（11-16）］。式（11-15）计算反射功率 $1-|\Gamma|^2$，而式（11-16）确定在负载中消耗的功率。可以将天线输入功率分成下列几项：① 反射，② 负载功耗，③ 辐射，④ 电路损耗，⑤ 腔吸收功率。腔吸收功率和电路损耗对频率只有很小的依赖关系。前两项的总和将指示天线具有高效辐射所需正确尺寸的频率范围，而我们可以用这些基本测量来确定截断常数。

11.7　馈电网络和天线相互作用[8, 13]

上述分析假设有一个理想的馈电网络，其输出端口和天线阻抗匹配端口及旋臂之间有理想的隔离，但实际的馈电网络隔离度是有限的，而且天线端口通常是失配的。在处理相控阵时，将遇到同样的问题，因为当我们扫描波束的时候，每个阵元的输入阻抗会变化。我们使用子域增长方法来解决这些问题。天线 N 个端口和输出馈电网络中相同数量的端口相匹配。我们测量 $N\times N$ 的天线互耦矩阵 S_{RR} 和馈电网络输出端口之间完整的 S 参数矩阵 S_{QQ}，它也是 $N\times N$ 的。输入端和馈电网络输出端之间的正常连接矩阵 S_{PQ} 是 $1\times N$ 的；在 11.6 节中的分析使用了该矩阵。我们测量输入反射系数 S_{PP}，只有一个元素的矩阵，然后将矩阵组合成一个$(2N+1)\times(2N+1)$的矩阵：

$$\begin{bmatrix} b_P\\ b_Q\\ b_R\end{bmatrix}=\begin{bmatrix} S_{PP} & S_{PQ} & [0]\\ S_{PQ}^{\mathrm{T}} & S_{QQ} & [0]\\ [0] & [0] & S_{RR}\end{bmatrix}\begin{bmatrix} a_P\\ a_Q\\ a_R\end{bmatrix} \tag{11-17}$$

式中，[0]是一个 $N\times N$ 的空矩阵。

用一个 $N\times N$ 的单位矩阵$[I]$，可以形成一个天线端口 R 和馈电网络输出端 Q 之间的 $2N\times 2N$ 的连接矩阵：

$$\begin{bmatrix} -S_{QQ} & [I] \\ [I] & S_{RR} \end{bmatrix}$$

通过矩阵分块对这个矩阵求逆，并得到矩阵：

$$\begin{bmatrix} S_{RR}(I-S_{QQ}S_{RR})^{-1} & (I-S_{RR}S_{QQ})^{-1} \\ (I-S_{QQ}S_{RR})^{-1} & S_{QQ}(I-S_{RR}S_{QQ})^{-1} \end{bmatrix} = \begin{bmatrix} M_{11} & M_{12} \\ M_{21} & M_{22} \end{bmatrix} \tag{11-18}$$

由于我们没有到天线单元的直接输入，分析简化为：

$$[a_Q] = M_{11}S_{QP}a_P\ ,\quad [a_R] = M_{21}S_{QP}a_P\ ,\quad [a_Q] = [b_R] \tag{11-19}$$

元素 a_P 是到馈电网络的输入，而$[a_R]$和$[a_Q]$是到天线输入端口和馈电网络输出端口的输入。我们计算到天线单元的输入电压矢量为$[V]=[a_R]+[b_R]=[a_R]+[a_Q]$。到阵元的输入功率是$P=[a_R]^T[a_R]^*-[a_Q]^T[a_Q]^*$，而输入反射是$b_P=S_{PP}+S_{PQ}[a_Q]$。当使用这些激励来计算方向图的时候，使用这种方法，我们可以确定非理想馈电网络对螺旋或相控阵方向图的影响。

11.8　调制臂宽螺旋[3, 14]

对右手绕向的螺旋，难于在外端馈电来获得极化相反的左旋圆极化，因为这需要很多的臂以在很大的带宽上抑制不希望的辐射（见图 11-8）。模式-2 和-3 有一个更严格的带宽，因为电流在到达一个特定模式的内周长之前已到达更高阶模式辐射点，从而产生辐射。调制臂宽（MAW）螺旋解决了这些问题。假设螺旋是右手绕向的，我们从中心给天线馈电以获得负的模式。如果用左手模式给右手螺旋馈电，电流通过螺旋几乎不辐射，而在一个正常的螺旋里，电流从开路臂末端反射，然后向内流动。在螺旋中向后流动，在波长的整数倍处，电流辐射左旋圆极化波，没有被多臂的相位所抑制。不幸的是，电流通过螺旋到臂的末端然后返回到辐射区的整个行程，增加了天线的传输线损耗。

图 11-10 显示了这种天线 4、6、8 臂的结构。调节臂的宽度，形成一个带阻电抗器（滤波器），它反射中心波长与螺旋直径相同速率增加的电流。绕螺旋一圈的调制周期数等于臂的数目。为了便于分析，在非辐射区将螺旋看作传输线，它的臂/间隙的比例决定其特征阻抗。当调制节的长度接近$\lambda/4$ 的时候，一个不连续性的阻抗失配和下一个加在一起，从而大量的反射组合起来形成带阻响应，它随着线宽比的增加而增加。当这些台阶之间的距离显著小于$\lambda/4$ 时，反射不能相干叠加，而是互相抵消。

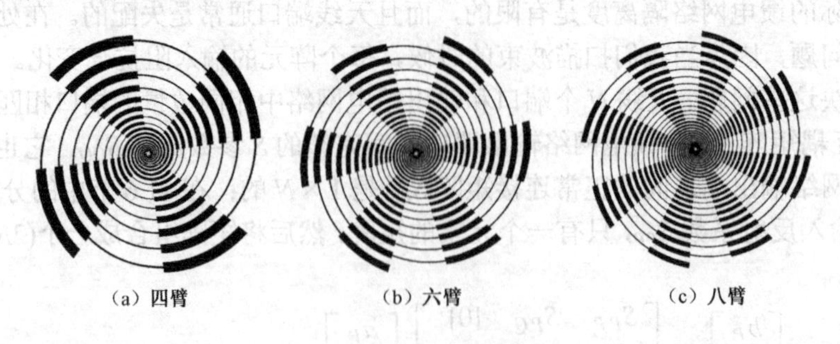

（a）四臂　　（b）六臂　　（c）八臂

图 11-10　调制臂螺旋

一个四臂 MAW 螺旋在一圈上有 8 个台阶，在 2λ周长处有大反射点。如果我们以模式 3 给四臂螺旋中心馈电，这等于模式-1（左旋圆极化），在右手绕向螺旋中，电流向外流动而几乎不辐射。在螺旋周长为 2λ处，由于电流到达 3λ周长之前带阻扼流，电流反射从而返转到 1λ周长处，此处它以模式-1 辐射左旋圆极化波。另一方面，在达到 2λ周长带阻区之前，模式 1

从电流辐射，调制的影响不大。当然，经过第一辐射区之后留在螺旋中的剩余功率引起随频率变化的方向图纹波，但带阻扼流圈减少了模式 2 从四臂 MAW 螺旋的辐射，因为电流在 2λ辐射区域的中间处反射。

以类似的方式，一个六臂 MAW 螺旋在 3λ周长处反射电流，而八臂 MAW 螺旋在 4λ处反射。六臂螺旋，其反射点在 3λ周长处，可以支持模式-1（5）和-2（4）。当我们以模式-1（5）给六臂螺旋馈电时，无论是六臂的馈电相位还是 3λ周长处的带阻扼流圈都抑制模式-3 辐射。MAW 螺旋在 2λ周长处，在电流到达 3λ带阻滤波区前，辐射模式 2。虽然普通的六臂螺旋可以辐射模式 3，MAW 螺旋却削减其辐射，因为带阻区出现在 3λ周长处，正好是有源工作区的中间。在这个周长处，模式 3 和模式-3 都存在并辐射，从而产生一个线性极化波。以类似的方式，八臂螺旋，有着 4λ周长带阻滤波器，可以支持模式 1，2，3，-1（7），-2（6），（-3）5。当以模式 7（-1）馈电时，虽然电流通过 3λ周长点，八臂馈电却抑制了模式-3 的辐射［见式（11-2）］。

看起来我们似乎必须构建一个更大的天线来支持这些反射模式的辐射。四臂螺旋仅仅有效辐射模式 1 和-1，而 2λ周长处出现在带阻区。在波段的低频端，我们可以使用臂末端开路的反射而不用带阻滤波器。没有必要在螺旋中心就开始调制臂宽，而在临近最高频率的带阻滤波区。这简化了构建难题，并允许在中心处与很多臂的正常连接。我们也可以通过改变其臂/间隙的比例用该中心部分来构造一个渐变变换器以达到阻抗匹配。

11.9　圆锥对数螺旋天线[15, 16]

当我们在圆锥上构造等角螺旋天线时，天线主要朝着顶点辐射，对波束宽度获得一定程度的控制。投射到圆锥上的天线继续满足截断条件：辐射沿着结构减少。通过改变锥角θ_0和包角δ（见图 11-11），可以改变波束宽度。从处于高端直径的馈点到工作区，天线是个慢波结构，但在工作区天线变成一个快波结构，从而辐射朝向锥顶点的背射方向图。由于锥体上的螺旋辐射单一方向的方向图，它减少了一个圆极化方向的辐射。平面螺旋在两边同样地辐射，但是，在结构变大的方向，方向图有一个零点，我们将它向锥体弯曲，从而减少了一个圆极化方向的辐射。图 11-12 显示了一个圆锥形螺旋的计算方向图，并说明了被圆锥形状减小的背瓣和交叉极化。

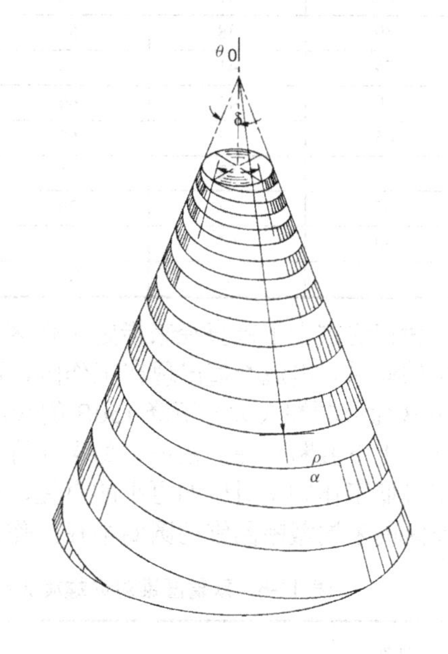

图 11-11　双臂圆锥对数螺旋天线（右旋圆极化）

我们用离圆锥顶点的半径来描述螺旋臂：

$$\rho = \rho_0 e^{b\phi} \quad , \quad b = \frac{\sin\theta_0}{\tan\alpha} \tag{11-20}$$

用相对于沿锥的半径ρ来衡量螺角α。角δ决定了的带线宽度，因为式（11-20）描述了螺旋的偏移角ϕ内的每个边缘，螺旋带线边缘的长度是：

$$L = (\rho - \rho_0)\sqrt{1 + \frac{1}{b^2}} = (\rho - \rho_0)\sqrt{1 + \frac{\tan^2\alpha}{\sin^2\theta_0}} \tag{11-21}$$

当θ_0趋近$\pi/2$（90°）时，就得到了平面等角螺旋。

可以使用扩展因子来描述圆锥螺旋。离轴半径r的方程与离虚顶点的半径ρ相同：

$$r = \rho_0 \sin\theta_0 e^{b\phi} = r_0 e^{b\phi}$$

用扩展因子来表示，可以得到：

$$b = \frac{\sin\theta_0}{\tan\alpha} = \frac{\ln(\mathrm{EF})}{2\pi} \quad \text{或} \quad \mathrm{EF} = \exp\left(\frac{2\pi\sin\theta_0}{\tan\alpha}\right)$$

重新整理这些方程来计算包角α和圈数：

$$\alpha = \arctan\frac{2\pi\sin\theta_0}{\ln(\mathrm{EF})} \quad \text{和} \quad \mathrm{turns} = \frac{\tan\alpha\ln(r_o/r_i)}{2\pi\sin\theta_0}$$

为确定圆锥对数螺旋天线的特性，Dyson[16]测量了大量的天线，我们将其结果归纳为设计表。表11-7给出了圆锥螺旋的平均波束宽度。如果我们增大螺旋角（更紧凑的螺旋）或减少锥角（更长的天线），那么波束宽度会减小而方向性会增加。当我们减小螺旋角以增加波束宽度时，通过圆锥顶点不同切面方向图的波束宽度偏离增大，因为圈数太少，由于无效工作区引起的非工作模式，使之不能保持方向图的对称性。

表 11-7　双臂圆锥对数螺旋天线（δ=90°）平均半功率波束宽度

螺旋角	两倍圆锥角					
	$2\theta_0$=2°	$2\theta_0$=5°	$2\theta_0$=10°	$2\theta_0$=15°	$2\theta_0$=20°	$2\theta_0$=30°
90	36	49	55	60	65	70
85	37	50	58	64	68	74
80	38	53	63	70	74	81
75	41	56	70	78	86	90
70	44	60	79	88	95	103
65	47	65	89	100	108	119
60	52	71	102	114	127	139
55	57	79	115	132		
50	63	89				
45	69	106				

我们通过上下锥直径来指定工作区。Dyson发现了频带边缘和近场探测电流的电平之间有一定的联系。电流峰值出现在工作区，而在设计上，我们可以去掉那些在高频（小）端电流下降3dB而低频端（大）下降15dB的天线部分，而不影响其性能。这些近场电流的位置给了我们设计上下截断直径的依据。如果允许低频端波束宽度有微小的变化，我们可以用10dB点来确定最低工作频率对应的更小的直径，从而制作一个较小的天线。表11-8和表11-9列出了在工作区的末端截断圆锥的圆圈半径，作为包角和锥角的函数，用于调整设计。

表 11-8　双臂圆锥对数螺旋天线工作区电流从峰值下降3dB处的上端半径a_3^-/λ

包角	两倍圆锥角						
	$2\theta_0$=2°	$2\theta_0$=5°	$2\theta_0$=10°	$2\theta_0$=15°	$2\theta_0$=20°	$2\theta_0$=30°	$2\theta_0$=45°
85	0.119	0.111	0.106			0.091	
80	0.101	0.096	0.090	0.084	0.080	0.071	0.067
75	0.089	0.084	0.078	0.074	0.069	0.067	
70	0.078	0.074	0.069	0.066	0.060	0.057	
65	0.071	0.067	0.062	0.058	0.052	0.053	
60	0.063	0.059	0.054	0.050	0.045	0.046	
55	0.057	0.053	0.049	0.043	0.039		
50	0.052	0.048	0.043	0.035	0.036		
45	0.046	0.043		0.031	0.032		

表 11-9　双臂圆锥对数螺旋天线工作区电流从峰值下降 10 dB 处的下端半径 a_{10}^{+}/λ

螺旋角	两倍圆锥角					
	$2\theta_0$=2°	$2\theta_0$=5°	$2\theta_0$=10°	$2\theta_0$=15°	$2\theta_0$=20°	$2\theta_0$=30°
85	0.136	0.144	0.150			0.174
80	0.117	0.128	0.132	0.147	0.156	0.164
75	0.106	0.120	0.132	0.144	0.156	0.172
70	0.100	0.118	0.130	0.144	0.159	0.185
65	0.096	0.117	0.131	0.145	0.168	0.215
60	0.095	0.116	0.132	0.150	0.178	0.250
55	0.095	0.116	0.134	0.156	0.186	
50	0.096	0.116		0.166	0.200	
45	0.098	0.117		0.180	0.215	

例：设计锥角为 10°，包角为 75° 的圆锥对数螺旋，工作频率为 1～3GHz。

$2\theta_0$= 20°。由表 11-8，高端截断常数 $a_3^{-}/\lambda = 0.069$；由表 11-9，低端低截断常数 $a_{10}^{+}/\lambda = 0.156$。使用 3GHz 半径 a_3^{-}/λ 来确定锥的高端直径，而 1GHz 半径 a_{10}^{+}/λ 来确定锥体低端直径：

高端直径= 1.38 cm，低端直径＝9.36 cm

从投影中央梯形计算锥体高度：

$$\text{height} = \frac{D_L - D_u}{2\tan\theta_0} = 22.63\,\text{cm}$$

我们对朝着顶点的辐射用左右手定则，根据螺旋在（θ_0= 90°）平面的投影，决定圆极化方向。我们采用与平面螺旋相同的模式理论来描述辐射模式。双臂圆锥螺旋辐射从模式 1，峰值在视轴（轴）上。表 11-10 列出了圆锥螺旋的平均前后比，在 10:1 的频率范围上作平均，结果显示，长而薄的圆锥产生最佳的 *F/B* 值。

表 11-10　频率范围 10:1 给定锥角和包角的圆锥螺旋平均前后比(dB)

圆锥角	螺旋角（度）								
	60	62.5	65	67.5	70	72.5	75	77.5	80
20	13.5	15.7	17.7	19.6	21.5	23.0	24.5	26.3	28.7
30	6.1	6.6	7.0	10.1	10.2	11.6	13.1	15.0	17.1
40					5.3	6.5	7.8	9.1	10.5

抛物面反射器馈电　我们可以将一个圆锥对数螺旋天线用作抛物面反射器的宽带圆极化馈源。当频率变化时，相位中心沿着锥轴移动，但由相位误差带来的照射损失是较小的。对一些可能的馈源分析表明，相位中心位置几乎完全依赖于圆锥几何形状，而不依赖于包角。最佳位置轻微依赖于反射器的 f/D，而由表 11-11 给出的位置是接近最佳的。更平的圆锥具有在 1λ周长附近的相位中心，当我们将圆锥变窄时，它朝着虚顶点移动。图 11-12 圆锥螺旋具有比图 11-1 平面螺旋更宽的波束宽度，因为圆锥螺旋的相位中心出现在 0.88λ周长处，而平面螺旋工作区集中在 1λ。这个圆锥螺旋的工作区具有很小的轴向长度，这确实减小了长薄形天线的波束宽度（见表 11-7）。

表 11-11　模式 1 圆锥螺旋相位中心相对虚顶点的位置

圆锥角 $2\theta_0$（度）	离虚顶点轴向距离（λ）	周长（λ）
20	0.746	0.826
30	0.522	0.880
40	0.408	0.933

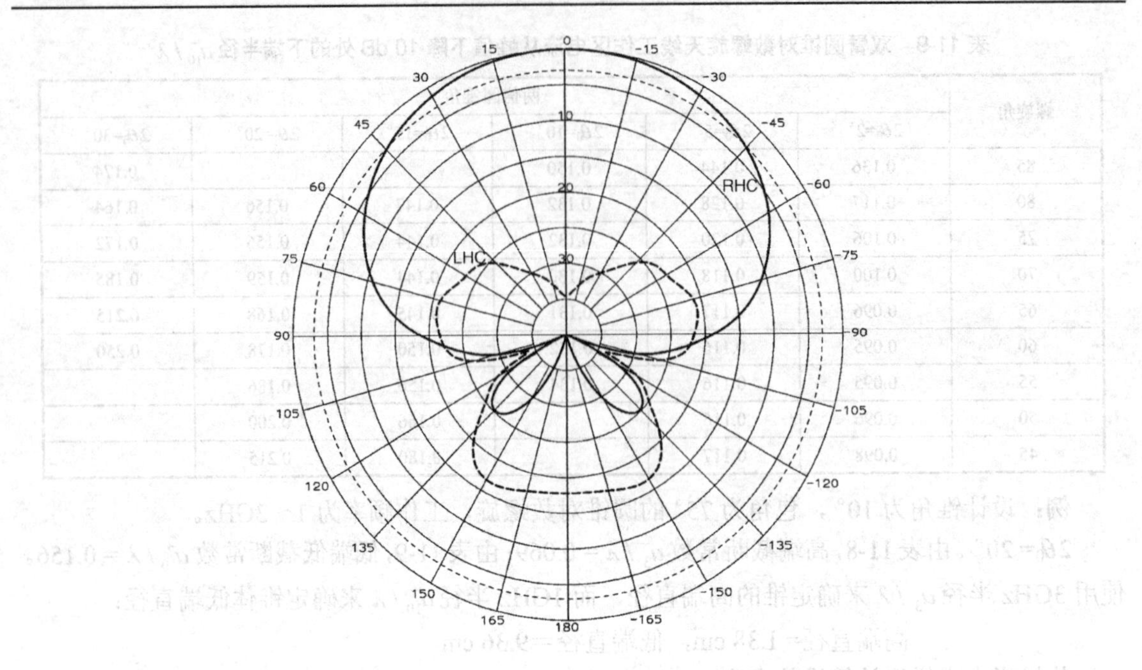

图 11-12 总锥角 30°，α =80°，11 圈的双臂圆锥螺旋的计算方向图

表 11-12 列出了工作在模式 1 的三个锥形螺旋的参数，这些螺旋作为覆盖 10:1 频率范围的抛物面馈源设计，产生最低的平均照射损耗。每个设计采用 80° 螺旋角以在频率范围内减少方向图偏差，并增加 *F*/*B* 的比例以减少外溢损失。除了在最低的频率范围外，天线波束宽度几乎是恒定的，并产生几乎恒定的外溢损耗和幅度锥削损耗。表 11-13 表明，改变反射器的 *f*/*D* 对总的平均损耗具有缓慢变化的影响。

表 11-12 用于 10:1 频率范围抛物面反射器的最佳圆锥螺旋模式 1 馈源

圆锥角 $2\theta_0$（度）	*f*/*D*	相位误差损耗（dB）		Taper Loss (dB)	Spillover Loss (dB)	Cross-Polarization Loss (dB)	Average Total (dB)
		平均值	最大值				
20	0.46	0.36	1.00	0.43	0.54	0.09	1.42
30	0.42	0.22	0.60	0.52	0.63	0.16	1.45
40	0.38	0.19	0.55	0.50	0.60	0.28	1.56

表 11-13 反射器 *f*/*D* 对表 11-12 设计的总平均照射损耗的影响（dB）

圆锥角 $2\theta_0$（度）	反射器 *f*/*D*								
	0.34	0.36	0.38	0.40	0.42	0.44	0.46	0.48	0.50
20	2.24	1.97	1.76	1.61	1.51	1.44	1.42	1.42	1.44
30	1.68	1.55	1.48	1.45	1.45	1.47	1.53	1.60	1.68
40	1.63	1.58	1.56	1.58	1.63	1.70	1.79	1.89	2.00

图 11-13 给出了三个反射器馈源的频率响应。与较宽的圆锥相比，较窄的 20° 的设计在一个较窄的频率范围内产生更好的反射器照射。因为天线采用表 11-9 的截断常数来设计，其中场强下降 10 dB 而非 15 dB，低频方向图有所恶化。

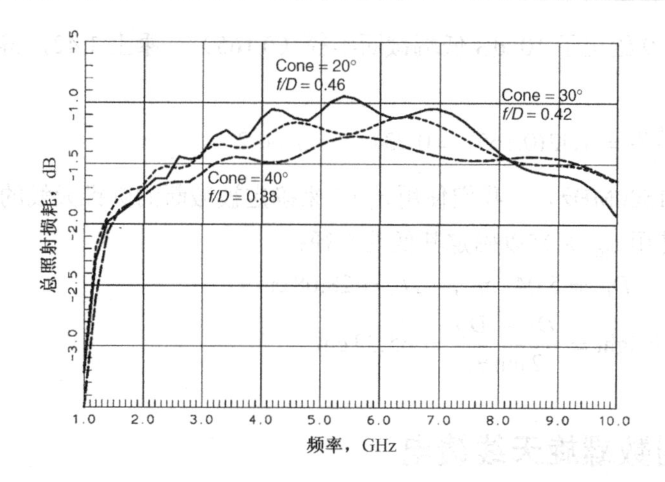

图 11-13　用表 11-8 和表 11-9 设计用于给抛物反射器馈电的 1～10 GHz 双臂螺旋总照射损耗

11.10　模式 2 圆锥对数螺旋天线

圆锥对数螺旋天线适用的设计资料很少[17, 18, 19]。偏轴的波束的半功率波束宽度范围为 48°～60°。更大的螺旋角和更小的锥角都使波束宽度变小，但还是在这有限的范围内。我们不能增加工作区的轴向长度，超过某一点将会使增益下降。虽然对波束宽度的控制有限，但是我们可以通过螺旋角来控制波束方向。表 11-14 列出了圆锥对数螺旋天线锥角为 10° 时，对给定的螺旋角，波束峰值的近似波束指向。锥角范围在 $2\theta_0$=20°～40° 的天线也很好地符合表 11-14。

表 11-14　$2\theta_0$= 20° 圆锥对数周期天线模式 2 的波束方向

螺旋角 α（度）	波束峰位 θ（度）	螺旋角 α（度）	波束峰位 θ（度）
38	82	62	58
42	80	66	52
46	76	70	46
50	74	74	41
54	70	78	38
58	64		

按双臂模式 1 锥形对数螺旋的计算结果，必须增大模式 2 四臂螺旋的底部和顶部直径。从 Dyson 的结果（见表 11-8 和表 11-9）中，如果将低端截断直径乘上 1.42，可以得到一个合适的低端截断常数来计算四臂螺旋。高端截断常数的乘数由 4（α= 65°）线性地变化到 2.3（α=80°）。由于天线顶部一点额外长度不会显著恶化方向图或增加高度，我们对所有设计采用较低值。

例：在锥角为 10° 的圆锥上，设计模式 2 的四臂圆锥对数螺旋天线，频率范围 500～1500 MHz，波束指向 50°。

表 11-14 确定了扫描波束至 50° 对应的螺旋角，α= 67°。表 11-8 给出了双臂模式 1 螺旋的高端截断半径（0.055），乘上 2.3 得到模式 2 螺旋的值：

$$\frac{a_3^-}{\lambda} = 2.3(0.055) = 0.126 \qquad \text{mode 2}$$

同样地，表 11-9 给出了 10 dB 低端截断半径（0.165），乘上 1.42，得到模式 2 螺旋的低端截断半径：

$$\frac{a_{10}^{+}}{\lambda} = 1.42(0.165) = 0.234 \qquad \text{mode 2}$$

对最高频率（1500MHz），我们使用 a_3^- / λ 来确定被截断的圆锥天线的高端半径，对最低频率（500MHz）使用 a_{10}^+ / λ 来以确定其低端半径：

$$D_U = 5.04\,\text{cm} \ , \quad D_L = 28.08\,\text{cm}$$

$$\text{height} = \frac{D_L - D_U}{2\tan\theta_0} = 65.33\,\text{cm}$$

11.11 圆锥对数螺旋天线馈电

我们必须用平衡线给双臂模式 1 螺旋馈电。由焊接到螺旋线圈的同轴线组成的无限巴仑，利用天线的截断特性，可以避免同轴电缆外导体的感应电流传到输入端。为保持对称性，我们将在顶部的同轴线的中心导体连接到第二个臂线圈上焊接的假同轴线上。同轴线长度以及相应损耗成为许多螺旋天线的问题。我们利用一个沿锥轴线分股的渐变同轴巴仑来缩短同轴线长度，并通过其带宽和天线带宽相匹配来解决。

很难说一个四臂模式 2 圆锥螺旋天线是否需要巴仑。轴向的方向图零点减小了同轴线外导体的感应电流，不用巴仑我们也能实现满意的方向图。在某些情况下，由于电缆外屏蔽层电流和高阶模式的相互作用，会导致窄频带内的方向图变形。这些相互作用引起在波瓣最大值附近的旋转面（θ为常数）上的方向图起伏。我们可以用沿轴线放置的四个同轴线给天线馈电。我们分别给每个螺旋线馈电，四根屏蔽线焊接在一起，使其上的电流抵消。

Dyson 表示，互补天线（间隙等于导带线宽度）具有最好的方向图。Babinet-Booker 原理（见第 5.3 节）预计平面双臂互补螺旋天线阻抗为 188Ω，而四臂螺旋天线阻抗则为 94Ω。构建的圆锥螺旋的天线阻抗要低些。双螺旋输入阻抗约为 150Ω，而四臂螺旋则为 85Ω。像在平面螺旋上一样，我们可以通过改变带线宽度来匹配天线，而对方向图仅有轻微影响。

对数周期天线 所有连续缩比的天线都辐射圆极化波。随着频率变化，保持波束宽度不变。我们可以只用在一些离散频率间隔点上缩比的结构，来建立线极化的非频变天线。在精确的缩放频率之间，方向图特性会波动，但是对间隔紧密的缩比，天线实际上是频率无关的。

每个对数周期结构有一个基本的缩比单元，在整个天线上，用一个常数去缩比每一个尺寸：

$$\frac{f_1}{f_2} = \frac{\lambda_2}{\lambda_1} = \tau \text{，缩比常数 } \tau < 1$$

天线将精确地在频率序列上缩比：$f_n = f_0/\tau^n$。我们将天线频率按对数周期规律从一个单元到下一个单元元，每个尺寸被 τ 缩比。

对数周期天线是在 20 世纪 50 年代末发展起来的，它是从由角度确定圆锥螺旋天线的概念引出来的。我们将抛开历史的发展过程，先讨论对数周期偶极天线。

11.12 对数周期偶极天线[20-23]

对数周期天线的设计将分成两个步骤。第一，期望的方向图特性决定了工作区所需单元的数量和单元间距。第二，在给定的频率范围内，从天线上的电流幅度找到截断点以确定所需单元的数量。像圆锥螺旋一样，因为口径长度的限制，天线的增益受到了限制。

图 11-14 显示了带交叉馈线的对数周期偶极天线。我们将最长的偶极子长度记作 L_1，偶极子单元末端沿着线摆放，连线在虚顶点处相交。我们将从虚顶点到偶极子的距离用 R_n 来表示。单元之间的距离是 d_n。给定初始尺寸为 L_1，R_1，和 d_1，就可以用比例常数 τ 算出所有其他尺寸：

$$L_2 = \tau L_1 \quad , \quad R_2 = \tau R_1 \quad , \quad d_2 = \tau d_1 \quad , \quad L_3 = \tau L_2 = \tau^2 L_1 \qquad \text{etc.}$$

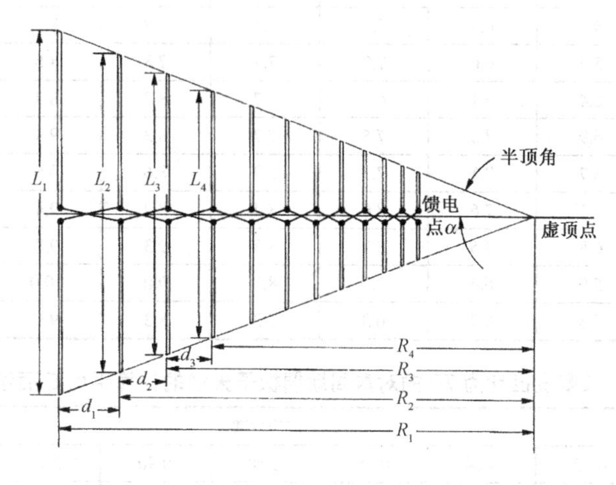

图 11-14　对数周期偶极子天线

一般地，

$$L_n = \tau^{n-1} L_1 \quad , \quad R_n = \tau^{n-1} R_1 \quad , \quad d_n = \tau^{n-1} d_1 \tag{11-22}$$

注意：d_n 不是独立变量，因为

$$d_n = R_n - R_{n+1} = R_n(1 - \tau) \tag{11-23}$$

偶极子端点和中心线之间的角度（即半顶角）α，由下式给出：

$$\alpha = \arctan \frac{L_n}{2R_n} \tag{11-24}$$

Carrel 引入间距常数 σ 作为第二个常数来描述天线：

$$\sigma = \frac{d_n}{2L_n} \tag{11-25}$$

我们通过常数 τ 和 σ 来指定对数周期偶极子天线。可以由 τ 和 σ 计算半顶角 α：

$$\alpha = \arctan \frac{1 - \tau}{4\sigma} \tag{11-26}$$

一个结合偶极子和传输线网络之间耦合的矩量分析方法（见 10.3.1 节）[23]被用来计算许多设计的频率响应。这些结果在工作频率被平均，以获得下面表中的值。对数周期偶极子响应包含方向图扭曲的窄频率范围，而分析汇总时不考虑这些区域。然而，天线响应显著变化。表 11-15 列出了长度/单元直径比为 70 时的平均增益。单元直径以 τ 缩比以保持在整个天线上相同的（L/D）比例。表 11-16 和表 11-17 列出了 τ 和 σ 在合适的参数范围内时 E 和 H 面的平均波束宽度。波束宽度在缩比频点间会变化。我们用表 11-15～表 11-17 来确定合适的设计常数。虽然这些表格给出增益和波束宽度平均值，围绕平均值上下有相当大的起伏，起伏随着 τ 的减小而增大。

表 11-15　长度半径比为 70 的对数周期偶极子天线的计算平均增益

α	比例常数								
	080	0.82	0.84	0.86	0.88	0.90	0.92	0.94	0.96
0.06	6.0	6.5	6.0	6.0	6.9	7.2	7.9	8.6	9.7
0.07	5.2	6.1	6.9	6.8	6.9	7.6	8.2	9.0	10.1
0.08	5.5	5.6	6.7	7.2	7.1	7.8	8.4	9.2	10.4
0.09	6.0	5.7	6.0	7.3	7.7	7.8	8.8	9.6	10.7
0.10	6.6	6.4	6.1	6.5	7.7	8.2	8.8	9.7	10.9
0.12	6.5	6.9	7.3	7.5	7.7	8.3	9.3	10.1	11.4
0.14	6.3	6.7	7.1	7.5	8.0	8.6	9.5	10.4	11.7
0.16	6.7	7.1	7.6	8.0	8.4	8.7	9.4	10.6	11.9
0.18	6.3	6.8	7.5	8.1	8.8	9.3	9.8	10.6	12.1
0.20	5.7	5.9	6.4	7.2	8.1	9.0	10.0	10.8	12.1
0.22	5.3	5.3	5.7	6.3	7.2	8.3	9.6	10.8	12.1

表 11-16　长度直径比为 70 的对数周期偶极子天线的计算平均 E 面波束宽度

α	比例常数								
	0.80	0.82	0.84	0.86	0.88	0.90	0.92	0.94	0.96
0.06	60	59	86	78	61	69	66	62	58
0.07	76	61	57	73	69	67	64	61	56
0.08	83	76	61	63	71	61	64	60	55
0.09	75	83	72	60	62	69	62	58	54
0.10	57	76	81	72	63	62	62	58	53
0.12	66	61	60	63	69	65	59	57	51
0.14	73	69	67	65	63	63	61	54	50
0.16	64	65	64	63	62	63	61	54	49
0.18	69	66	66	64	60	58	56	55	48
0.20	78	80	80	76	71	64	57	53	48
0.22	81	81	86	84	79	71	62	55	48

表 11-17　长度直径比为 70 的对数周期偶极子天线的计算平均 E 面波束宽度

α	比例常数								
	0.80	0.82	0.84	0.86	0.88	0.90	0.92	0.94	0.96
0.06	157	127	118	150	118	120	104	92	78
0.07	171	146	111	122	124	107	97	87	74
0.08	166	156	123	101	122	98	98	83	70
0.09	115	159	135	106	96	108	90	80	68
0.10	103	124	142	122	99	100	88	77	65
0.12	108	99	95	106	113	95	82	74	62
0.14	121	115	107	99	95	100	82	71	59
0.16	107	106	100	96	95	92	82	68	58
0.18	121	109	99	90	82	77	74	70	56
0.20	135	131	123	111	98	86	73	66	56
0.22		149	136	126	116	100	82	67	56

结合所需的工作频率范围和用τ和σ确定的上下截断常数来计算最长单元的长度及单元数量。最长单元的长度由下式给出：

$$L_1 = K_1\lambda_L \tag{11-27}$$

其中，λ_L是最长工作波长，K_1是下截断常数。

由经验公式确定K_1[22]：

$$K_1 = 1.01 - 0.519\tau \tag{11-28}$$

式（11-28）算出的K_1，在$\tau > 0.95$时有些过高，而频带下边缘将稍微扩展。这里由另一个经验公式计算上截断常数：

$$K_2 = 7.08\tau^3 - 21.3\tau^2 + 21.98\tau - 7.30 + \sigma(21.82 - 66\tau + 62.12\tau^2 - 18.29\tau^3) \tag{11-29}$$

最短单元的长度是$L_u=K_2\lambda_U$，其中λ_U是最短工作波长。我们用截断常数和频率宽度来确定天线中偶极子的数量：

$$N = 1 + \frac{\log(K_2/K_1) + \log(f_L/f_U)}{\log\tau} \tag{11-30}$$

对于一个给定的频率，$f_L=f_U=f$，用式（11-30）计算工作区的单元数量：

$$N_a = 1 + \frac{\log(K_2/K_1)}{\log\tau} \tag{11-31}$$

增大工作区中的单元数量将会提高增益。结合式（11-23）和式（11-25），可以确定虚顶点距离：

$$R_n = \frac{2L_n\sigma}{1-\tau} \tag{11-32}$$

天线轴向长度是R_1和R_N的差值：

$$\text{length} = R_1 - R_N = R_1(1-\tau^{N-1}) = \frac{2L_1\sigma(1-\tau^{N-1})}{1-\tau} \tag{11-33}$$

通过对偶极子数［见式（11-30）］取整数，从上述公式计算天线的尺寸。

例：用$\tau=0.9$和$\sigma=0.15$设计一个工作在 100～1000 MHz 的对数周期偶极子天线。

由表 11-16 和表 11-17 估算 E 面和 H 面的平均波束宽度：

$$\text{E 面 beamwidth} = 63^\circ\ ,\quad \text{H 面 beamwidth} = 96^\circ$$

用式（11-28）和式（11-29）计算截断常数：$K_1=0.54$，而$K_2=0.32$。用K_1和最低工作波长计算L_1［见式（11-27）］：$L_1=K_1\lambda_{100\text{MHz}}=162$ cm。由式（11-30）确定单元数量：$N=28$，将N代入式（11-33）可以确定总长度为 457.7 cm。重新整理式（11-25），计算第一个间距，$d_1=2\sigma L_1=48.6$ cm。由式（11-32）计算虚顶点的距离：

$$R_1 = \frac{2L_1\sigma}{1-\tau} = 486\,\text{cm}$$

由这些尺寸和比例常数，用式（11-22）迭代，计算剩下的天线尺寸。例如，

$$L_2 = \tau L_1 = 145.8\,\text{cm}\ ,\quad R_2 = \tau R_1 = 437.4\,\text{cm}\ ,\quad d_2 = \tau d_1 = 43.74\,\text{cm}$$

我们可以由工作区的长度来估算增益。由式（11-26）计算出半顶角：9.46°。工作区的轴向长度为$(K_1-K_2)/\tan\alpha=1.32\lambda$，用式（10-12）计算直线端射天线的方向性：

$$\text{directivity} = \frac{4L}{\lambda} = 5.28\ (7.2\,\text{dB})$$

单元的偶极子方向图降低了平均辐射强度而方向性增加了 1.4 dB，小于偶极子的 2.1 dB，因为有效辐射长度已经使方向图基本成形。我们从表 11-15 读出增益值为 8.6 dB。

表 11-15 列出具有类似增益的很多点。工作区的长度决定了增益，但增加单元数量降低了

频率响应中的纹波。还可以通过增加单元直径，或者等价地，通过采用扁平的梯形齿代替薄偶极子作为单元来减少纹波。我们用平的带线替代偶极子，使用等于带线宽度一半的直径，设计了三副天线，以覆盖 100～1000 MHz 的频率范围：（1）$\tau = 0.8$，$\sigma = 0.1$，$L/D = 140$；（2）$\tau = 0.8$，$\sigma = 0.1$，$L/D = 25$；（3）$\tau = 0.9$，$\sigma = 0.06$，$L/D = 140$。前两个设计包含 16 个单元，臂架长度为 1.78m，而第三个设计沿着 1.96 米长的臂架，共有 26 个单元。

图 11-15 画出了三个设计的增益频率响应。这三个图都显示出窄的频率范围，原因是不良耦合和馈电网络的联合作用造成增益下降。这个分析忽略了产生额外下降区的馈线感应电流。当我们用低端截断常数来设计最长单元时，天线在较低频率边缘有满增益。实线和长虚线的曲线绘出了 $\tau = 0.8$ 和 $\sigma = 0.1$ 的天线响应，表现出了类似的纹波期，而更多单元的设计（$\tau = 0.9$ 和 $\sigma = 0.06$），用短画线绘制，几乎没有显示出纹波。薄单元的天线设计产生超过 1 dB 的增益纹波。较厚的单元，也减小了频率响应中的增益下降水平。

图 11-16 给出了情况 1 在正常频率（180MHz，实线）以及一个下降区频率（210MHz，虚线）的 E 和 H 面方向图。由于偶极子，E 面方向图在 90° 处有一个的零点。H 面方向图展宽，不再具有沿着工作区单元相位推进的行波，产生了显著的前后比。该方向图几乎约化为单一偶极子的方向图。在对数周期天线的相位推进问题上，前后比是一个比视轴增益更能说明问题的指标。在工作区使用薄偶极子和少数几个单元的天线，有很多响应差的区域。增加单元直径能提高 F/B 比。增加 τ 既提高了 F/B 又增加了方向图起伏率。

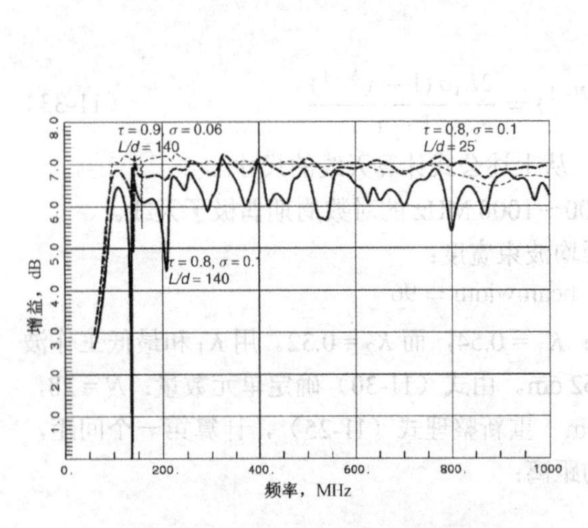

图 11-15 频率范围 10:1 的 16 元对数周期

图 11-15 频率范围 10:1 的 16 元对数周期偶极子天线的频率响应

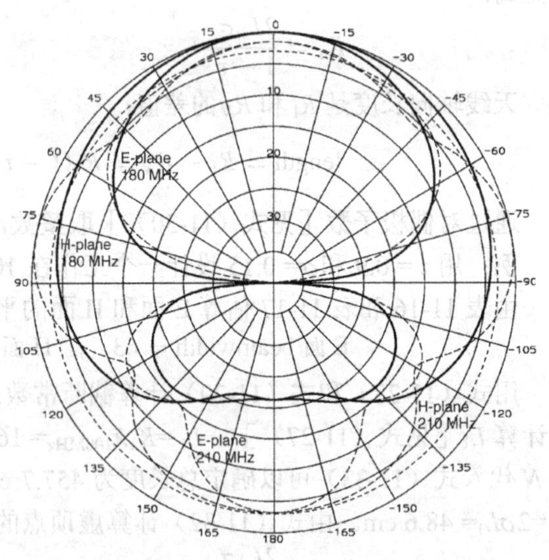

图 11-16 $\tau = 0.8$ 和 $\sigma = 0.1$ 的 16 元对数周期偶极子天线方向图

11.12.1 对数周期偶极天线馈电

图 11-14 所示的天线必须用平衡线来馈电，即在 HF 频段设计的天线使用的馈电形式。如果我们能将电缆沿着天线中心布置，就可以用无限巴仑。在同轴馈线和假同轴线的外屏蔽层上交叉地改变振子方向（见图 11-17）。同轴馈线和虚同轴电缆的结合，形成了双线传输线（集合线）给偶极子馈电。天线的截止特性，抑制了从输入端到工作区之间因馈电引起的感应电流。

我们使用交叉馈线，是为了增加工作区馈线上的相速度，使天线向短振子方向产生单向辐射。如果在偶极子之间直接馈线，相位延迟就等于馈线电流方向端射所需的相位。这将使方向图指向结构增加的方向而破坏了截断条件。在振子之间附加 180° 相移，使在工作区产生背射快波，方向图将指向短振子方向。

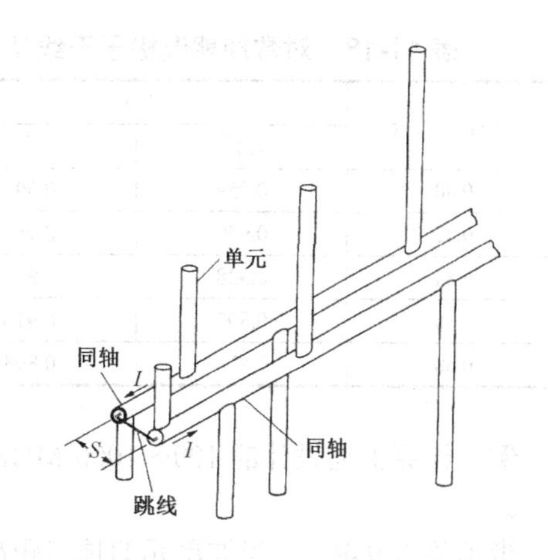

图 11-17　无限巴仑馈电的对数周期偶极子天线

工作区之前的区域是用开路短截线(偶极子)加载的集合线。这些容性负载使双线的有效特征阻抗减小。每个短的偶极子容抗为：

$$Z = -\mathrm{j} Z_a \cot \frac{kL_i}{2} \tag{11-34}$$

其中，L_i 是第 i 个偶极子总长，k 为波数（$2\pi/\lambda$），而 Z_a 是偶极子的平均特征阻抗：

$$Z_a = 120 \left(\ln \frac{L_i}{2a} - 2.25 \right) \tag{11-35}$$

式中，a 为偶极子半径。用一个不变的长度/直径比，将式（11-35）代入式（11-34）中，计算由非谐振偶极子引起的沿馈线单位长度的有效附加电容。经过稍微处理，将此简化为一个用对数周期偶极子天线参数表示的表达式。等效馈线阻抗 R_0 与无载双线阻抗 Z_0 的关系为：

$$R_0 = \frac{Z_0}{\sqrt{1 + (\sqrt{\tau} Z_0)/\sigma Z_a}} \tag{11-36}$$

如果偶极子的长度与直径之比保持不变，沿天线的长度 R_0 是恒定的。即使有一个不断变化的 Z_0 或 Z_a，馈线仍充当一个渐变传输线变换器。可以预期，阻抗随着式（11-36）的标称值以 τ 周期变化。馈线上的电流会辐射，但由于它们离得足够近，而且几乎大小相等而方向相反，因而在远场互相抵消。馈线电流和馈线处的跳线将交叉极化响应限制到约 20dB，随频率变化产生起伏。

在高频时，同轴馈线的中心导体和虚同轴电缆之间跳线会使波束朝虚同轴线偏转。可以将跳线当作传输线上的串联电感，而这种跳线连接带来的构造困难限制了对数周期偶极子天线的高频特性。

11.12.2　相位中心

我们希望天线相位中心在工作区的中间处。如果天线由许多个谐振在单一频率上的半波长偶极子构成，可以将该给定频率的$\lambda/2$ 长看作相位中心。在前面的例子中，工作区偶极子范围从 0.32λ到 0.54λ。因为工作区大多数振子比$\lambda/$ 2 短，可以预计相位中心在$\lambda/2$ 单元之前（或位置沿着一个可能单元的单元末端的三角形）。

表 11-18 列出了从虚顶点到$\lambda/2$ 振子测得的 E 面和 H 面近似的相位中心位置。在一个给定的频率上，可能没有一个$\lambda/2$ 单元；但是给定由顶角决定的单元包络，可以求得合理的振子的位置。表 11-18 显示了天线的相位偏差，该天线的 H 面相位中心在 E 面相位中心之后。从虚顶点到相位中心的距离随着λ线性地增大。

表 11-18 对数周期偶极子天线从虚顶点相对于一个$\lambda/2$单元测量的相位中心 R_p

比例常数，τ	R_P/R_S		比例常数，τ	R_P/R_S	
	E 面	H 面		E 面	H 面
0.80	0.959	0.997	0.90	0.862	0.874
0.82	0.939	0.968	0.92	0.849	0.859
0.84	0.928	0.941	0.94	0.842	0.849
0.86	0.897	0.916	0.96	0.840	0.844
0.88	0.878	0.893			

例：计算上述设计的 100～1000 MHz（$\tau = 0.9$）天线，在 600 MHz 时 E 面和 H 面的相位中心。

半顶角为 9.46°，半波单元的顶点距离为：

$$R_g = \frac{\lambda}{4\tan\alpha} = \frac{50}{4\tan 9.46^\circ} = 75.02\,\text{cm}$$

从表 11-18 中，可以读出 R_p / R_g（E 面）= 0.862，而 R_p / R_g（H 面）= 0.874。

从虚顶点到相位中心的距离为

$$R_p(\text{E 面}) = 64.67\,\text{cm}\ ,\ R_p(\text{H 面}) = 65.57\,\text{cm}$$

作为一个抛物面反射器馈源，这 0.018λ的象散产生微不足道的损耗（见图 8-4）。

11.12.3 张角

偶极子单元必须交替地与同轴电缆馈线和假同轴电缆相连接，但馈线可以分开一定张角（见图 11-18）。我们将馈线两根管子分开至与天线轴夹角为±ψ。为了使天线保持频率无关性，必须让两根馈线的延长线在虚顶点处相交。将两边张开角度±ψ 会减小 H 面波束宽度，这是由于该平面的口径尺寸增大的结果。张开角度使天线相位中心朝着虚顶点移动，移动量随频率变化而减小。张开角的馈线应该当作渐变传输线来分析。将两边张开，将会增加方向图背瓣，因为在 ψ= 90° 的限制下，方向图的前后瓣是相等的。

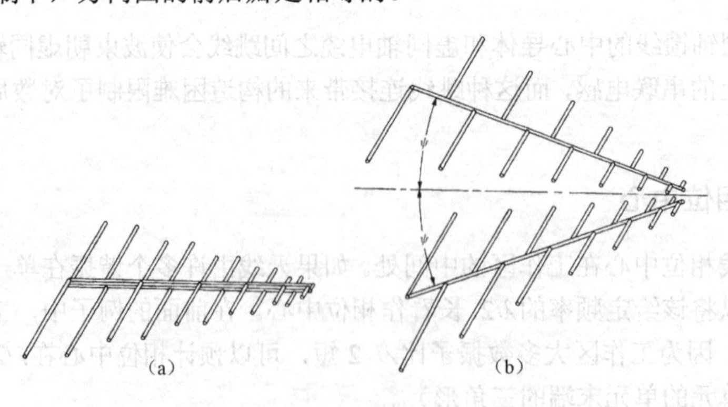

图 11-18 馈线有张角的对数周期偶极子天线

11.12.4 对数周期偶极天线阵列[24]

我们可以用对数周期天线制作宽带阵列。像张开角的单天线一样，只有当阵列的所有单元在虚顶点处重合时，才能得到频率无关阵列。阵元还必须具有相同的τ 和σ。图 11-19 显示了阵列的 E 面和 H 面。单元之间的相对相位可以以频率无关的方式改变。如果将天线翻转，其远场相位变化 180°。在一个二元阵列中，这将在它们之间的轴上产生辐射零点，就像在地平面上放置的水平极化天线的效果一样。在一个特定的天线上，如果将每一个单元乘以比例常数，远场相位移动 180°。每个元素乘以τ相当于天线反相（在频带中间某处）。在馈电端添加单元不会改变相位中心位置。通过将天线尺寸乘以$\tau^{\gamma/180°}$，可以任意地改变天线的相位，其中γ为相移。将相位改变$\tau^{\gamma/180°}$只在天线阵列中才有意义。

我们可以用两副对数周期天线来构建一个频率无关的圆极化天线。将两副天线的取向定在正确的角度上，其中一副以$\tau^{1/2}$缩比。当同相馈电时，这对天线元相位差为 90°，从而辐射圆极化波。当我们用对数周期天线组阵时，它们可能使增益在某一窄带下降[25]。这些下降发生在和天线的比例常数τ有关的一段频率内。在 E 面或 H 面组阵的天线和垂直组阵的天线都有这种增益下降现象。如果将阵列中的天线之间的比例常数失配，每个天线的增益下降都比例于各自的比例常数。单个天线也可能形成增益下降，但是很少在一段频率中出现。

这种现象指出了扫描增益测量的重要性。除了知道有一段频率增益会降低外，对下降频率的具体位置，仍然是不可预知的。天线的矩量法模型能预测这一下降，但必须运行大量的案例以定位频率。馈线上的非平衡电流与阵元相互作用，产生交叉极化和大量的偏轴辐射，降低了增益。馈线上这些不希望的电流是天线中的非对称性或天线间的相互作用产生的。

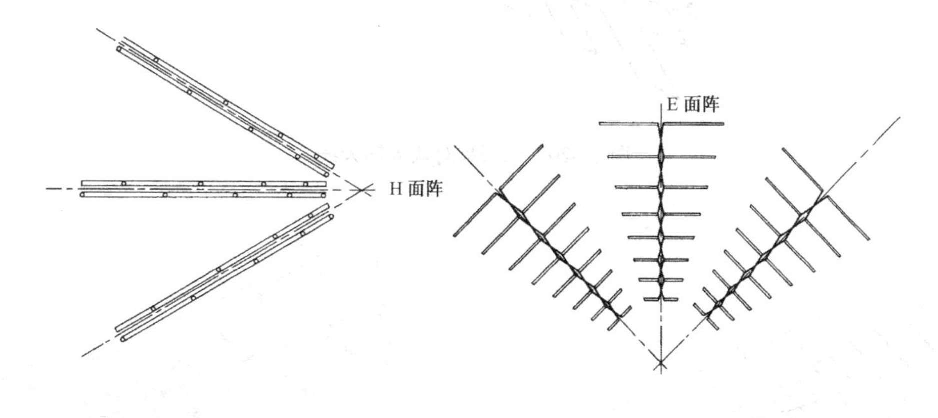

图 11-19　对数周期天线阵

11.13　其他对数周期类型[26, 27]

许多不同类型的对数周期天线被制作出来。如果我们发现一种结构满足自缩比天线要求和所需的极化，将得到一副新的频率无关天线。第一副对数周期天线被齿形剪切成双鳍天线的两边，它们在两面同等地辐射，其极化转到平行于齿形的平面而非沿着馈线。Isbell 将两边在张角折叠，产生了一个单向方向图。DuHamel 和 Ore[27]将齿形拉直，形成梯形齿天线（见图 11-20）。我们将两边分开到一个角度 2ψ，并且让它们指向虚顶点。这是一副很好的高频天线，因为它可以在很大程度上自持。图 11-20 显示了齿和间隔具有相同的宽度。我们可以减少齿的宽度，但我们继续测量到齿的底部的距离 R_n。随着我们继续减小对齿的宽度，天线转变为一个对数周期偶极子天线。

当我们去掉梯形齿的金属材料部分，梯形齿的轮廓用金属线形成（见图 11-21），这对方向图的影响不大。只要齿的τ缩比不变，齿的形状就不是很重要，三角形齿线轮廓对数周期天线（见图 11-22）也能很好地工作。从结构上来说，这种齿形比设计梯形齿要简单些，特别是对低频端。由于宽齿比偶极子具有更大的耦合，所以可以用较小的比例常数τ来获得好的设计。用$\tau=0.63$制作了三角齿形天线，而对数周期偶极子具有较好特性时的τ下限约为0.80。表11-19列出成功的梯形齿线轮廓天线的参数[27]，它是根据对数周期偶极子的参数得到的。增大张角将减小H面波束宽度，并且提高旁瓣。当增加半顶角时，H面波束宽度下降，但是E面偶极型的方向图是主要的。在给定的比例常数范围内，方向性随着比例常数的增加而增加。

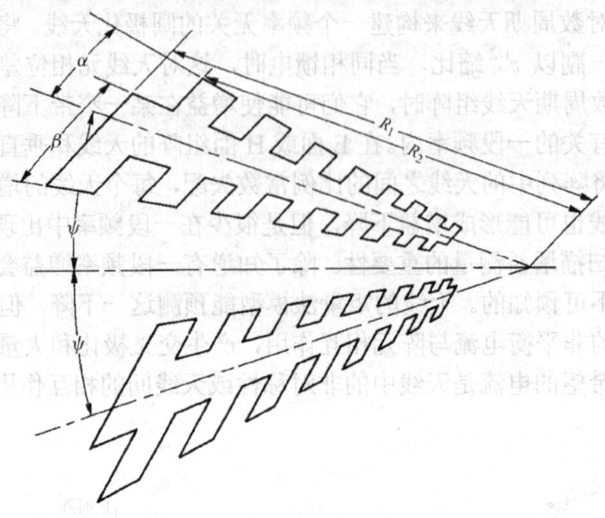

图 11-20 梯形齿对数周期天线

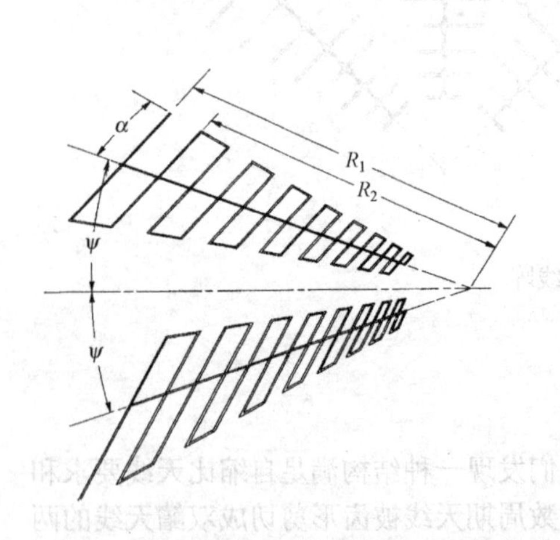

图 11-21 梯形齿线轮廓对数周期天线

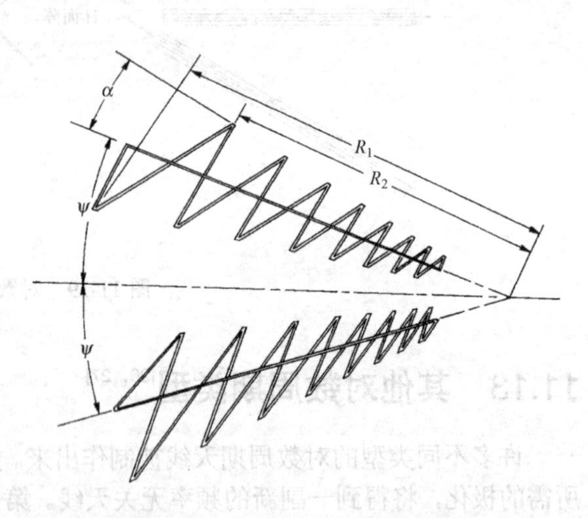

图 11-22 三角齿线轮廓对数周期天线

表 11-19 梯形齿线轮廓对数周期天线设计

比例常数 τ	仰角 Ψ	半顶角 α	波束宽度 E 面	波束宽度 H 面	方向性 (dB)	旁瓣 (dB)
0.63	15	30	85	153	5.0	12
0.63	15	37.5	75	155	5.6	12.4
0.71	15	30	70	118	7.0	17.7
0.71	15	37.5	66	126	7.0	17.0
0.63	22.5	30	86	112	6.3	8.6
0.63	22.5	37.5	72	125	6.6	11.4

续表

比例常数 τ	仰角 Ψ	半顶角 α	波束宽度		方向性 (dB)	旁瓣 (dB)
			E 面	H 面		
0.71	22.5	30	71	95	7.9	14.0
0.71	22.5	37.5	67	106	7.6	14.9
0.77	22.5	30	67	85	8.6	15.8
0.84	22.5	22.5	66	66	9.8	12.3
0.84	22.5	30	64	79	9.1	15.8
0.63	30	30	87	87	7.4	7.0
0.63	30	37.5	73	103	7.4	8.6
0.71	30	30	71	77	8.8	9.9
0.71	30	37.5	68	93	8.1	12.8

11.14　对数周期天线馈电抛物面天线反射器

对数周期天线给抛物反射面馈电，形成高增益的宽带天线。

关键的问题是在频率范围内天线相位中心的移动，会导致相位误差损耗。
对于一个给定的频率范围，我们将加权平均的相位中心置于反射面的焦点。通过在最低和最高工作频率上分析或测量来确定相位中心，并计算出最佳的位置来给反射面焦点定位：

$$\mathrm{PC}_{\mathrm{avg}}=\frac{\mathrm{PC}_L F_L+\mathrm{PC}_U F_U}{F_L+F_U} \tag{11-37}$$

这个相位中心的位置，$\mathrm{PC}_{\mathrm{avg}}$，在最低频率 F_L 处和在最高频率 F_H 处产生相同的损失。可以扩展式（11-37）以包括所有频率来作加权平均的相位中心计算。如果使用偶极子来构建一副对数周期天线，在 E 面和 H 面具有不等的波束宽度，在对角线平面内产生交叉极化，当转换为双极化惠更斯源的时候，每个惠更斯源反射器上激发均匀极化电流。天线所有频率上几乎恒定的波束宽度产生一个在整个馈电工作频率范围内恒定的溢出和锥削损耗总和。

采用 Carrell 的分析方法[28]，发现了宽带和窄带的设计参数，用来优化反射器增益。表 11-20 列出了用比例常数 τ 和半顶角 α 给出的宽带设计的设计参数。按表 11-20 中的参数设计工作在覆盖 10:1 频率范围的天线，被作为一个抛物面反射器的馈源进行分析。我们使用式（11-37）来定位相位中心，以使在高频端和低频端有相同的相位误差损耗。表 11-21 列出了该结果。

表 11-20　为反射器馈电的宽带对数周期偶极子馈源参数

反射器	比例常数 τ	半顶角 α	平均增益 (dB)	波束宽度	
				E 面	H 面
0.25	0.855	41.7	6.1	61.3	143.3
0.30	0.867	40	6.0	73.0	141.4
0.35	0.869	37.5	6.1	72.2	139.4
0.40	0.900	32	6.5	69.3	126.0
0.45	0.914	27	6.8	67.0	124.1
0.50	0.923	22	7.3	66.6	112.2
0.55	0.928	20	7.4	66.9	112.4
0.60	0.934	17.5	7.8	65.5	105.6
0.65	0.940	16	8.0	64.2	101.0
0.70	0.944	13.5	8.4	62.7	94.2
0.75	0.947	12	8.8	61.6	90.0

表 11-21 设计工作于 10:1 频率范围的对数周期天线反射器照射损耗

反射器	阵元数	最大 PEL (dB)	平均 ATL (dB)	平均 SPL (dB)	交叉极化损耗	总和（dB）		
						最小值	最大值	平均值
0.25	19	0.60	1.52	0.46	0.40	2.32	3.37	2.64
0.30	21	0.44	0.95	0.73	0.36	1.93	2.94	2.20
0.35	23	0.53	0.97	0.71	0.35	1.97	2.95	2.23
0.40	26	0.38	0.44	1.22	0.32	2.05	2.60	2.21
0.45	30	0.40	0.36	1.52	0.28	2.10	2.70	2.30
0.50	33	0.44	0.26	1.63	0.23	2.04	2.80	2.28
0.55	36	0.38	0.20	1.90	0.21	2.19	3.08	2.44
0.60	40	0.38	0.16	2.07	0.17	2.30	3.10	2.53
0.65	43	0.34	0.12	2.33	0.15	2.48	3.30	2.73
0.70	47	0.36	0.11	2.40	0.11	2.50	3.40	2.74
0.75	50	0.36	0.09	2.55	0.09	2.61	3.50	2.85

重复表 11-21 内天线的分析，覆盖 20:1 频率范围，f/D 处于 0.30 和 0.50 之间，最大损耗只增加了 0.1dB。短长度的宽带天线，限制了工作频率变化时相位中心的移动，并从短的工作区辐射宽的 H 面波束。理想的反射器馈源具有几乎相等的波束宽度，以减少外溢及对角线平面的交叉极化。表 11-22 给出了第二套设计，对数周期偶极子天线在窄频带内产生最佳照射。如果我们考虑额外的 0.5dB 损耗，类似于 2:1 的 VSWR，这些天线的带宽约为 70%，或等价地，2:1 的频率范围。当然，天线的设计需要有足够多的单元来覆盖频率范围。

我们通过使用梯形齿设计（见图 11-20），减少所需的单元数量。这些设计在 f/D 介于 0.40 和 0.55 之间的反射器上表现最佳。我们将两边分开一个角度 2ψ，来减小 H 面的波束宽度。表 11-23 列出了不同 ψ 的天线的矩量法分析结果，该天线设计工作在 10:1 的频率范围（16 个单元），$\tau = 0.80$，$\sigma = 0.125$（$\alpha = 21.8°$），而齿宽/单元间距= 1/3。矩量法（MOM）分析包括了馈线上流动的电流，当双边分开时，这些电流辐射增大的交叉极化。这种设计在 $f/D = 0.48$ 时取得峰值。表 11-24 表明，照射损耗对不同的 f/D 变化非常缓慢，很难说馈电在某个特定的 f/D 上取得峰值。

表 11-22 最优的窄带对数周期偶极子天线反射器馈源

f/D	比例常数 τ	α	增益 (dB)	波束宽度（度）		ATL (dB)	SPL (dB)	交叉极化损耗 (dB)	总和最小值（dB）
				E 面	H 面				
0.30	0.920	18.5	7.7	66.6	108.1	1.35	0.27	0.18	1.79
0.35	0.928	15	8.1	64.1	99.8	1.00	0.33	0.13	1.46
0.40	0.940	12	8.7	61.8	90.1	0.78	0.39	0.10	1.23
0.45	0.944	10	9.1	60.3	85.5	0.61	0.47	0.08	1.10
0.50	0.947	8.2	9.6	58.4	79.6	0.50	0.52	0.06	1.02
0.55	0.952	7	10	56.5	74.3	0.42	0.58	0.04	0.99
0.60	0.952	5.3	10.7	53.8	68.0	0.34	0.54	0.03	0.96

表 11-23　梯形齿对数周期天线作反射器馈源

$f/D=0.48$，10:1 频率范围（16 元），$\tau=0.80$，$\sigma=0.125$（$\alpha=21.8°$）

ψ	波束宽度（度）		最大	平均	平均	平均	F/B	总和（dB）	
	10dB E 面	10dB H 面	PEL（dB）	ATL（dB）	SPL（dB）	XOL（dB）	（dB）	平均值	最大值
5	108.1	180.4	0.54	0.44	1.13	0.23	20	1.98	2.51
10	108.0	158.1	0.53	0.45	0.93	0.26	15	1.82	2.37
15	110.2	143.3	0.57	0.42	0.83	0.38	13	1.87	2.52
20	113.5	124.7	0.49	0.52	0.84	0.60	12	2.15	2.80

表 11-24　梯形齿对数周期天线反射器馈源的照射损耗变化

10:1 频率范围（16 元），$\tau=0.80$，$\sigma=0.125$（$\alpha=21.8°$），$\Psi=15°$

损耗（dB）	f/D							
	0.40	0.42	0.44	0.46	0.48	0.50	0.52	0.54
平均值	1.94	1.88	1.86	1.85	1.87	1.91	1.95	2.01
最大值	2.80	2.68	2.60	2.54	2.52	2.52	2.53	2.55
最小值	1.58	1.54	1.53	1.55	1.58	1.67	1.67	1.73

梯形齿对数周期天线作为反射面馈源被制作出来并进行测试。表 11-25 列出了从覆盖 6:1 的频率范围的测量中计算得到的平均和最高的照射损耗之和。无限巴仑馈线是通过将馈电同轴线焊到一面的中心板，并将同轴线中心导体连接到一个贴到第二臂的同轴外屏蔽层制造出来的。两边之间小的运动将快速改变输入阻抗，涉及改变其间距的几个实验产生了可以接受的回波损耗。表 11-25 显示了与表 11-24 类似的结果，因为天线具有很宽的受反射器参数影响甚微的最佳区。相对于之前的设计（表 11-23 和表 11-24），这种天线有一个更好的性能，因为它工作在 6:1 的带宽而不是 10:1。

表 11-25　梯形齿对数周期天线反射器馈源的实测照射损耗

6:1 频率范围，$\tau=0.80$，$\sigma=0.1$（$\alpha=26.6°$），$\Psi=6°$

损耗（dB）	f/D							
	0.40	0.42	0.44	0.46	0.48	0.50	0.52	0.54
平均值	1.78	1.69	1.64	1.63	1.64	1.68	1.74	1.82
最大值	2.73	2.53	2.38	2.28	2.24	2.40	2.47	2.56

f/D=0.46 时，

波束宽度（度）		最大	平均	平均	平均	总和（dB）	
10dB E 面	10dB H 面	PEL（dB）	ATL（dB）	SPL（dB）	XOL（dB）	平均值	最大值
107.6	147.0	0.58	0.49	0.63	0.28	1.63	2.28

将α提高到 30°（$\sigma=0.0866$），使天线更短，对同样的 10:1 的频率范围和$\tau=0.8$，其性能在$f/D=0.42$时取得峰值。表 11-26 列出了这种设计的参数。尽管这个设计在$f/D=0.42$时取得峰值，当我们改变f/D时，损耗增加得很缓慢，类似于表 11-24 的设计。对于更大的f/D，需要更窄的波束宽度以减少外溢，这就需要一个更长的工作区的设计。较长的天线将在频率范围内有更大的相位中心变动。在约$f/D=0.54$时取得峰值的设计，采用了$\tau=0.84$，$\sigma=0.125$（$\alpha=17.7°$）。表 11-27 列出了该天线的结果。

表 11-26　梯形齿对数周期天线反射器馈源，f/D=0.42

ψ	波束宽度（度）		最大	平均	平均	平均	F/B	总和（dB）	
	10dB E 面	10dB H 面	PEL （dB）	ATL （dB）	SPL （dB）	XOL （dB）	（dB）	平均值	最大值
5	116.1	203.8	0.38	0.44	1.09	0.29	23	1.96	2.16
10	114.4	186.5	0.38	0.49	0.90	0.28	18	1.80	2.04
15	114.9	179.2	0.36	0.52	0.82	0.31	17	1.78	2.01
20	116.1	166.0	0.35	0.56	0.79	0.41	13	1.90	2.15

表 11-27　梯形齿对数周期天线反射器馈源的实测照射损耗

$f/D=0.54$，10:1 频率范围（16 元），$\tau=0.84$，$\sigma=0.125$（α=17.7°）

ψ	波束宽度（度）		最大	平均	平均	平均	F/B	总和（dB）	
	10dB E 面	10dB H 面	PEL （dB）	ATL （dB）	SPL （dB）	XOL （dB）	（dB）	平均值	最大值
5	107.2	158.5	0.56	0.30	1.27	0.21	20	1.97	2.45
10	107.5	139.5	0.54	0.32	1.04	0.33	16	1.87	2.57
15	110.6	118.4	0.53	0.36	0.95	0.60	14	2.09	3.00
20	114.4	97.3	0.49	0.47	1.04	0.95	8	2.64	3.82

DuHamel 和 Ore 的论文[29]报道了用于反射器的梯形齿对数周期馈源的测量结果。这些天线使用小的比例常数τ，宽的半顶角α，和分得很开的ψ，以减少反射器馈源轴向散焦造成的相位误差损耗。论文报道了在大的参数范围内的结果。两个较好的结果被作为反射面的馈源进行了分析，其中 f/D= 0.46。这些天线有一个比例常数τ = 0.707 和半顶角α= 30°（σ = 0.127）。表 11-28 列出了两种设计的分析结果；由于馈线辐射和 E 面与 H 面不相等的波束宽度，两者都产生很高的交叉极化损耗。

表 11-28　梯形齿对数周期天线作反射器馈源，f/D= 0.46

ψ	波束宽度（度）		最大	平均	平均	平均	F/B	总和（dB）	
	10dB E 面	10dB H 面	PEL （dB）	ATL （dB）	SPL （dB）	XOL （dB）	（dB）	平均值	最大值
10	102.5	181.4	0.32	0.49	1.24	0.76	13	2.62	3.64
22.5	105.4	154.7	0.36	0.56	1.17	1.14	8	3.01	4.55

11.15　V型对数周期阵列

将图 11-14 所示的对数周期天线的一系列偶极子单元倾斜形成 V 型偶极子，就形成了一副 V 型对数周期天线。这种天线可以工作在一个宽频率范围内，以至于偶极子工作在高阶模式。偶极子工作在最低频率的$\lambda/2$ 模式，然后一系列过渡频带之间只有很小的散射。天线在偶极子的 3$\lambda/2$，5$\lambda/2$，7$\lambda/2$ 等模式下再次工作。谐振于高阶模式的偶极子，辐射多瓣方向图。在对数周期天线中，这些瓣产生高旁瓣。为了减少这些旁瓣，单元被向前倾斜，以至于方向图零点沿着杆排列，从而减少了旁瓣。普通设计的对数周期偶极子天线在高频率时需要小的偶极子，而这种 V 型天线不需要小的偶极子，从而降低了制作难度。

设计采用比例常数τ≥0.9 和小的间距常数σ ≤0.05。用这些常数因子设计并分析了 12 元和

15 元的两副天线。12 元的天线要求单元间的偶极子长度比为 3.2，长度为最低频率时的 0.37λ；15 元天线的偶极子长度比为 4.37，全长为最低频率时的 0.42λ。图 11-23 给出了增益和归一化频率关系图，这是通过由于阻抗失配所致的反射功率损耗所减小的方向性发现的。不良的阻抗匹配降低了 12 元天线在频带 2.7 至 3.7 内的增益，和 15 元天线 3.7 至 5.2 内的增益。回波损耗在余下的频率范围内优于-6 dB（3:1 的 VSWR）。图 11-24 显示了当天线工作于高阶偶极子模式时，E 面波束宽度大幅减小。H 面方向图展现了相当大的变化，而在某些频率比下，具有大旁瓣，从而减少了增益。我们不能使用波束宽度来估计方向性，而必须对整个方向图求积分。12 元天线的最短单元长度为最高频率对应的 2λ。

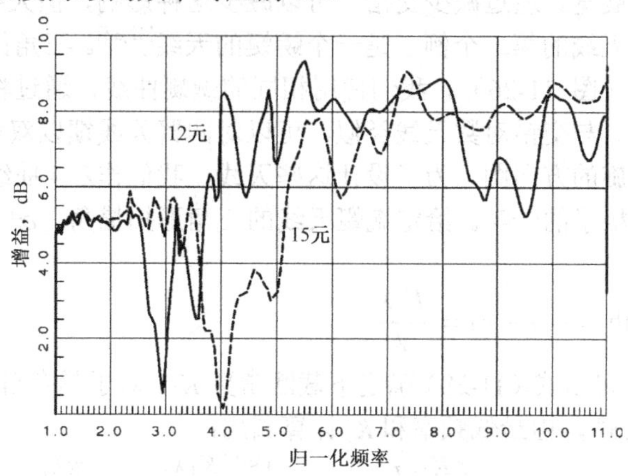

图 11-23　$\tau=0.9$，$\sigma\leqslant0.05$，$\Psi=45°$ 的 V 偶极子对数周期天线增益

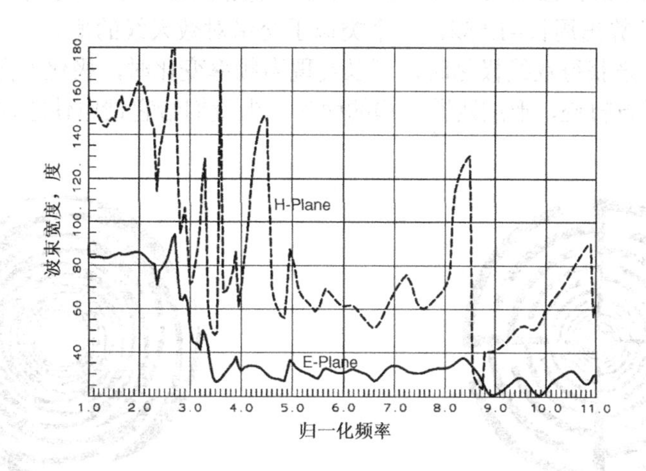

图 11-24　$\tau=0.9$，$\sigma\leqslant0.05$，$\psi=45°$ 的 V 偶极子对数周期天线波束宽度：12 元（实线）；15 元（虚线）

11.16　背腔平面对数周期天线

我们使用一些原来在两边具有宽波束的平面对数周期天线，然后，像螺旋一样，通过将它置于腔上从而消除其中一侧的辐射。

通过使用变成弧的单元，可以交错两个或更多天线来建立一个辐射双线极化的天线，或者用混合功分器（0° 和 90° 相位）将两个线极化波合成起来，以获得右旋圆极化和左旋圆极化。和螺旋相似，将超过两个的天线交织在一个孔径内，可以设计具有多个螺旋模式的天线。

图 11-25 显示了一个交错对数天线的结构图[31]，它包含两个交错的平面对数周期天线。我们用普通的对数周期天线设计程序，并将杆卷成圆弧来设计这样的天线。我们从中心给天线馈电，并将它安装在吸收腔体上。天线可以辐射双线性极化或双圆极化，这取决于馈电网络。当以 RHC 极化馈电时，天线的典型的预测方向图类似于螺旋。天线的对数周期性质使其方向图在在θ= 90° 上比螺旋幅度更低。虽然天线有四个臂，我们不能形成模式 2 螺旋波束，因为产生圆极化消耗了一个自由度。图 11-25 所示的天线，在最低频率处具有 1.54λ的周长。交错会导致问题，因为耦合随着频率周期地产生方向图变形。以 RHC 馈电的交叉极化增加，在一个窄的频率范围内天线波束展宽。通过减少交错，可以减少这种影响，但天线的尺寸会增长。

腔上平面对数周期天线的第二个例子是一个蜿蜒的天线[32,33]。三角齿天线以蜿蜒的曲线变成弧，以减少拐角反射（图 11-26）。我们使用相同的蜿蜒曲线，通过将它绕着中心轴旋转，来定义每臂的两个边缘。与交错对数天线类似，可以对四臂天线馈以双线性极化或双圆极化。蜿蜒天线辐射类似于螺旋的方向图。为了设计这些天线，我们作λ/ 4 曲线三角形扫描，虽然它是一个对数周期天线偶极子的一半。给定蜿蜒天线的三角形扫描角，$\alpha+\delta$（rad），我们由中心距离 r 计算其长度：

$$\text{length} = r(\alpha + \delta) = \frac{K_1\lambda}{2} \tag{11-38}$$

对给定比例常数τ，可由式（11-28）确定下截断常数 K_1。对于具有自互补结构的四臂天线，$\alpha+\delta$的一个推荐值是 67.5°，由最低频率和 K_1 计算圆周：

$$\text{circumference} = \frac{\pi K_1\lambda_L}{\alpha+\delta}\ (\text{rad}) = \frac{180^\circ K_1\lambda_L}{\alpha+\delta} \approx \frac{\pi\lambda_L}{2(\alpha+\delta)} \tag{11-39}$$

对τ= 0.8，式（11-28）给出 K_1 = 0.595。当我们使用$\alpha+\delta$= 67.5° 对四臂天线，并将这些值代入式（11-40），计算出周长=1.58λ，一个类似于交错对数天线的值。

当使用蜿蜒天线来获得双线极化时，可以发现当频率变化时，极化方向约有± 3° 的振荡。这两个方向跟循着对方轨迹，形成四臂结构的两对，当我们给它馈电使之辐射圆极化波时，交叉极化减小。

图 11-25 交错对数天线

图 11-26 蜿蜒天线

参考文献

[1] V. H. Rumsey, Frequency independent antennas, *1957 IRE National Convention Record*, pt.1, pp. 114–118.

[2] V. H. Rumsey, *Frequency Independent Antennas*, Academic Press, New York, 1966.

[3] R. G. Corzine and J. A. Mosko, *Four-Arm Spiral Antennas*, Artech House, Boston, 1990.

[4] E. M. Turner, Spiral slot antenna, *Technical Note WCLR-55-8*, Wright Air Development Center, Dayton, OH, June 1955.

[5] J. A. Kaiser, The Archimedean two-wire spiral antenna, *IRE Transactions on Antennas and Propagation*, vol. AP-8, May 1960, pp. 312–323.

[6] G. A. Deschamps, Impedance properties of complementary multi-terminal planar structures, *IRE Transactions on Antennas and Propagation*, vol. AP-7, special supplement, December 1959, pp. S371–S378.

[7] J. A. Huffman and T. Cencich, Modal impedances of planar, non-complementary, *N*-fold symmetric antenna structures, *IEEE Antennas and Propagation Magazine*, vol. 47, no. 1, February 2005.

[8] K. C. Gupta, R. Garg, and R. Chadha, *Computer Aided Design of Microwave Circuits*, Artech House, Boston, 1981.

[9] J. Svacina, A simple quasi-static determination of basic parameters of multilayer microstrip and coplanar waveguide, *IEEE Microwave and Guided Wave Letters*, vol. 2, no. 10, October 1992, pp. 385–387.

[10] J. D. Dyson, The equiangular spiral antenna, *IRE Transactions on Antennas and Propagation*, vol. AP-7, no. 2, April 1959, pp. 181–186.

[11] R. Bawer and J. J. Wolfe, A printed circuit balun for use with spiral antennas, *IRE Transactions on Microwave Theory and Techniques*, vol. MTT-8, May 1960, pp. 319–325.

[12] T. A. Milligan, Parameters of a multiple-arm spiral antenna from single-arm measurements, *IEEE Antennas and Propagation Magazine*, vol. 40, no. 6, December 1998, pp. 65–69.

[13] V. A. Monaco and P. Tiberio, Automatic scattering matrix computation of microwave circuits, *Alta Frequenza*, vol. 39, February 1970, pp. 59–64.

[14] P. G. Ingerson, Modulated arm width spiral antenna, U.S. patent 3,681,772, August 1, 1972.

[15] J. D. Dyson, The unidirectional equiangular spiral antenna, *IRE Transactions on Antennas and Propagation*, vol. AP-7, no. 5, October 1959, pp. 329–334.

[16] J. D. Dyson, The characteristics and design of the conical log-spiral antenna, *IEEE Transactions on Antennas and Propagation*, vol. AP-13, no. 4, July 1965, pp. 488–498.

[17] C. S. Liang and Y. T. Lo, A multiple-field study for the multiarm log-spiral antennas, *IEEE Transactions on Antennas and Propagation*, vol. AP-16, no. 6, November 1968, pp. 656–664.

[18] G. A. Deschamps and J. D. Dyson, The logarithmic spiral in a single-aperture multi-mode antenna system, *IEEE Transactions on Antennas and Propagation*, vol. AP-19, no. 1, January 1971, pp. 90–96.

[19] A. E. Atia and K. K. Mei, Analysis of multiple-arm conical log-spiral antennas, *IEEE Transactions on Antennas and Propagation*, vol. AP-19, no. 3, May 1971, pp. 320–331.

[20] D. E. Isbell, Log periodic dipole arrays, *IRE Transactions on Antennas and Propagation*, vol. AP-8, no. 3, May 1960, pp. 260–267.

[21] R. L. Carrel, The design of log-periodic dipole antennas, *1961 IRE National Convention Record*, pt. 1.

[22] C. E. Smith, *Log Periodic Design Handbook*, Smith Electronics, Cleveland, OH, 1966.

[23] R. L. Carrel, Analysis and design of the log-periodic dipole antenna, *Antenna Laboratory Technical Report 52*, University of Illinois, Urbana, IL, October 1961.

[24] R. H. DuHamel and D. G. Berry, Logarithmically periodic antenna arrays, *1958 IRE National Convention Record*, pt. 1, pp. 161–174.

[25] K. G. Balmain and J. N. Nkeng, Asymmetry phenomenon of log-periodic dipole antennas, *IEEE Transactions on Antennas and Propagation*, vol. AP-24, no. 4, July 1976, pp. 402–410.

[26] R. H. DuHamel and D. E. Isbell, Broadband logarithmically periodic antenna structures, *1957 IRE National Convention Record*, pt. 1, pp. 119–128.

[27] R. H. DuHamel and F. R. Ore, Logarithmically periodic antenna designs, *1958 IRE National Convention Record*, pt. 1, pp. 139–151.

[28] W. A. Imbriale, Optimum designs of broad and narrow band parabolic reflector antennas fed with log-periodic dipole arrays, *IEEE AP-S Symposium Digest*, vol. 12, June 1974, pp. 262–265.

[29] R. H. DuHamel and F. R. Ore, Log periodic feeds for lens and reflectors, *1959 IRE National Convention Record*, March 1959, pp. 128–137.

[30] P. E. Mayes and R. L. Carrel, Logarithmically periodic resonant-V arrays, *IRE WESCON Convention Record*, pt. 1, 1961.

[31] D. A. Hofer, O. B. Kesler, and L. L. Loyet, A compact multi-polarized broadband antenna, *IEEE Antennas and Propagation 1990 Symposium Digest*, pp. 522–525.

[32] R. H. DuHamel, Dual polarized sinuous antenna, U.S. patent 4,658,262, April 1987.

[33] R. H. DuHamel and J. P. Scherer, Frequency-independent antennas, Chapter 14 in R. C. Johnson, ed., *Antenna Handbook*, 3rd ed., McGraw-Hill, New York, 1993.

第12章 相 控 阵

第 3 章介绍的是相控阵天线的基础。在每个单元中加入移相器或时延网络，或者它们与馈电网络的组合，即可实现波束指向的改变。在本章，我们将考虑移相器和馈电网络结构的影响，讨论相控阵天线的详细问题。在第 4 章中，我们论述了采用直接方法和采样孔径分布的阵列特征的阵列方向图综合的方法。本章将不再重复那些内容。

如 3.12 节讨论的那样，所需的方向图特性决定了阵列单元的数量和分布，我们由此来计算增益。为避免产生栅瓣（见 3.5 节和 3.8 节），扫描到 90°阵列的单元间距必须约为$\lambda/2$。当然，如果限制扫描范围，可以将单元间距放置的大一些。对于单元间距为$\lambda/2$ 的等幅分布线阵，采用均匀线性口径波束宽度近似，得到其波束宽度为 $100/N_x$（100 为半功率波束宽度因子（HPBW 因子）），单位为度。初始时忽略 HPBW 因子，并假设为均匀分布（最小波束宽度）。已知主平面内的波束宽度θ_x和θ_y，则阵列中的单元数为：

$$N = N_x N_y = \frac{10,000}{\theta_x \theta_y} \tag{12-1}$$

当为了降低旁瓣而采用渐变分布时，两个面内所需的单元数增加了各自的 HPBW 因子倍。3.12 节显示了单元密布阵列的增益受限于口径面积。单元间距为$\lambda/2$ 的口径面积为$\lambda^2/4$，根据有效面积，增益与单元数量的关系为：

$$增益 = \pi N \tag{12-2}$$

这给每个单元分配了有效增益π。当进行波束扫描时，有效面积（扫描面内为长度）下降$\cos\theta_0$倍，则引起增益下降，波束宽度变宽：

$$增益 = \pi N \cos\theta_0 \quad 和 \quad \theta_x(扫描) = \frac{\theta_x}{\cos\theta_0} \tag{12-3}$$

由于波束扫描时增益下降 $\cos\theta_0$ 倍，这就引出了单元方向图：

$$E_e(\theta) = \sqrt{\cos\theta} \tag{12-4}$$

扫描时，阵因子因单元方向图发生变化。通常，当扫描范围超出单元方向图宽度时，方向图会因窄波束的单元产生极大的变化，这就限制了实际扫描范围。为实现宽角度扫描，需要宽波束的阵列单元。

口径理论沿着阵列采用惠更斯源，其方向图为：

$$E(\theta) = \cos^2 \frac{\theta}{2}$$

该函数的值几乎与理想的单元方向图一致［式（12-4）］。惠更斯源是电和磁的增量源的组合，它们的比值等于自由空间阻抗$\eta = 376.73\Omega$。惠更斯源阵列单元的阻抗在很宽范围内都匹配，其电阻值为η。当阵列在 E 面扫描时，将电场缩减 $\cos\theta_0$ 倍，这也使得电阻值按相同的因子缩减为：

$$\eta_E = \frac{E\cos\theta_0}{H} = \eta\cos\theta_0 \tag{12-5}$$

在 H 面扫描时，磁场按相同的方法缩减。扫描电阻变为：

$$\eta_H = \frac{E}{H\cos\theta_0} = \frac{\eta}{\cos\theta_0} \tag{12-6}$$

式（12-5）和式（12-6）预测了阵列扫描时阵元阻抗的一般性质。E 面扫描降低了输入电阻，而 H 面扫描则增加电阻，这是无穷电流面模型的结果[1, 2]。有限阵列的阻抗响应通常类似于式（12-5）和式（12-6），但还与单元位置有关。一般扫描时的电阻响应相对于宽范围的值 R_0 的关系为：

$$\eta(\theta,\phi) = \frac{(1-\sin^2\theta\cos^2\phi)R_0}{\cos\theta} \tag{12-7}$$

在 3.9 节中讨论了如何利用自阻抗和互阻抗来求有限阵列的扫描阻抗，在 11.7 节中讨论了单元阻抗与馈电网络的相互作用。

12.1 恒相位移相器（移相器）

在相控阵天线中，每个天线单元都与一个移相器或时延网络相连。通过控制每个网络，补偿信号传播到与波束指向垂直的平面上而产生额外时延，从而实现波束扫描。移相器以模为 2π 弧度的方式工作于单频点，以补偿第 i 单元至参考面的相位差 kd_i，其中，d_i 是距离，$k = 2\pi/\lambda$。

理想相控阵的波束随着频率的改变而保持在一个固定指向上，因此采用开关时延网络。我们通过改变传输线的长度来制作时延网络。在大型相控阵中，采用固定相位差而不是时延网络。我们在输入端附近采用时延网络，从而限制相控子阵的尺寸，并增加带宽。由于在切换传输线的长度时改变了插入损耗，切换时延改变了单元的幅度。我们必须在时延中增加幅度控制以补偿插损的变化，从而保持设计的口径分布。另一个方法是以射频信号调制激光束，利用低损耗的光纤来切换时延，然后从光信号中检测出射频信号后再发送。幸运的是，进行光纤切换时损耗很小，因此不需要进行幅度控制；不幸的是，必须克服调制损耗以使该方法可用。

一些移相器由可切换的短传输线段构成，但移相的调制特性限制了带宽。最普通的馈电结构是从单个输入口到各辐射单元具有相等的路径长度，所有馈电的路径长度都相等，使得阵列随着频率的偏移而保持侧面指向。如果我们通过设置移相器进行波束扫描，基于频率和扫描角，波束将随频率的增加而指向侧面。波束偏移的角度与阵列尺寸无关，如式（3-14）给出的那样。对于平面阵列，其法线沿着 z 轴方向，波束扫描至离法向矢量 θ_0 角度处，当改变频率时，波束偏移角为 $\Delta\theta$:

$$\Delta\theta = \frac{f_2 - f_1}{f_2}\tan\left(\frac{\pi}{2} - \theta_0\right) \tag{12-8}$$

式中，f_1 和 f_2 为两个频率点。图 12-1 显示了频率变化 5%时的波束扫描。图 12-1 是根据某一特定的阵列绘出的，但是由于阵列长度只影响波束宽度，波束的偏移与阵列尺寸无关。大型阵列波束的偏移量和小型阵列一样。只有当我们根据波束宽度来定义带宽时，更短的阵列才会有更宽的带宽。

我们可以利用频率的偏移来扫描线阵的波束指向。阵列必须是类似于波导缝隙阵那样串馈的，即以单传输线给阵列馈电，每个单元耦合了沿着传输线传输的剩余功率中的一部分功率。图 12-2 显示了缝隙辐射器的串联馈电方式，缝隙可以由任意天线单元代替，在最后单元的后面加载传输线。我们将这种排列形式的馈电方法用于波导馈电的缝隙阵列，而为了减小波束随着频率的改变而产生扫描的情况是例外，此时采用直的波导。在该应用中，我们在两单元之间增加慢波线来增加电长度。假设单元间距为 d，慢波线长度为 s，慢波线通常为波导，相对传

播常数为 P，则辐射波的相位方程为：

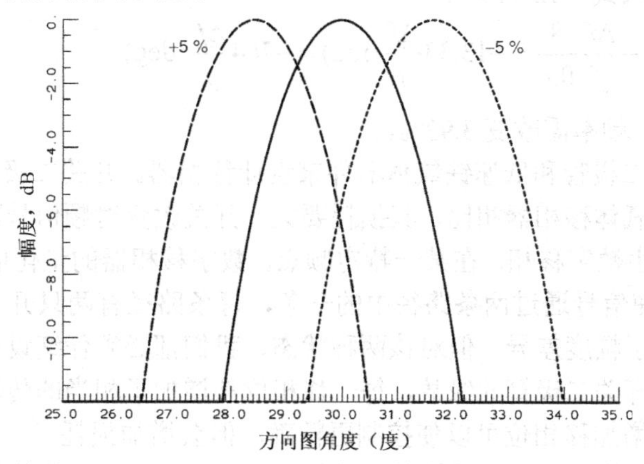

图 12-1 阵列中的移相器固定不变，当频率偏离 5%时，波束扫描 30°

$$kd\cos\theta + 2\pi N = Pks + (-\pi)\text{，}\quad P = \frac{\lambda}{\lambda_g} = \sqrt{1 - \left(\frac{\lambda}{\lambda_c}\right)^2} \tag{12-9}$$

当我们使各单元间相位相互交替时，如缝隙交替，就产生$-\pi$项。对于同轴传输线，可以利用介电常数来求 P，即 $P = \sqrt{\varepsilon_r}$ 。已知 N，求解慢波线长度 s 为：

$$\frac{s}{\lambda} = \frac{1}{P}\left[\frac{d}{\lambda}\cos\theta_M + \left(N + \frac{1}{2}\right)\right] \tag{12-10}$$

$\frac{1}{2}$ 项包含了单元间相位的交替。更大的 N 值将增加波束指向对频率的斜率：

$$f\frac{\mathrm{d}\theta}{\mathrm{d}f} = \begin{cases} -\left[\dfrac{s}{d}\left(\dfrac{\lambda}{\lambda_c}\right)^2\dfrac{1}{P} + \dfrac{\left(N + \frac{1}{2}\right)\lambda}{d}\right]\dfrac{1}{\sin\theta}(\text{rad}) & \text{波导} \\ -\left[\dfrac{s}{d} + \dfrac{\left(N + \frac{1}{2}\right)\lambda}{d}\right]\dfrac{1}{\sin\theta}(\text{rad}) & \text{同轴线} \end{cases} \tag{12-11}$$

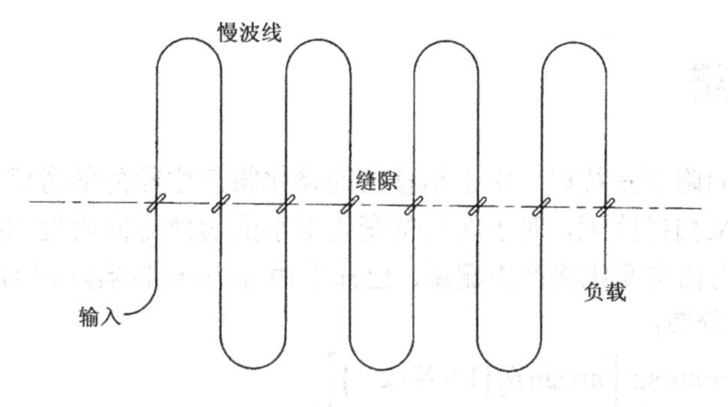

图 12-2 频率扫描阵列，在阵元间采用了慢波线

例：采用同轴线馈电，取 N=8，间距为 D/λ=0.6，求相位不交替、当θ_M=90° 时单元间的相位倾斜度。

我们将这些数值代入式（12-11）中：

$$\Delta\theta = -\frac{\Delta f}{f}\frac{8}{0.6} = -13.33\frac{\Delta f}{f}(\text{rad}) = -764\frac{\Delta f}{f}(\text{deg})$$

为使波束偏移 30°，频率需改变 3.93%。

我们采用高速开关二极管和低速铁氧体器件来设计移相器。开关二极管（或场效应管）能实现快速扫描，但与铁氧体移相器相比，其损耗要大。开关改变射频信号路径，使其通过不同长度的传输线，从而产生数字移相。在某一特定频点，数字移相器的量化值为 180°、90°、45°、22.5° 等。每一移相位使信号通过两条路径中的一条，每条路径有两只开关二极管，它们的损耗几乎相等，从而减小了幅度差异。但对该两种状态，我们都必须仔细设计以使阻抗匹配，从而避免幅度差异。由于开关二极管的缘故，每一移相位都增加了相当的传输损耗，而更糟的是所有移相位是串联的。增加移相位可以使控制更精确，但会增加损耗。

设计收/发（T/R）组件可以消除系统所加移相器的损耗。如果天线是像雷达那样既发射信号又接收信号，可以增加两条通过模块的路径，并利用放大器的非互易性将信道分开。当然，如果天线只工作于一种功能，就可以减少模块的路径。当发射时，末级放大器的输出连接到天线后，将满功率输出。移相器对激励信号进行移相，放大器补偿了移相损耗。在接收信道，信号首先通过一个连接在每个天线单元上的低噪声放大器（LNA），第 1.15 节表明了足够增益的 LNA 可以克服接收链路中的高损耗（和噪声）网络的损耗。放大器抵消了跟在其后的移相器损耗。

铁氧体移相器沿着磁滞回线工作，对于给定的相移值，它锁定在零磁驱动点上。这需要驱动磁场使它沿着磁滞回线循环，以产生所需的值，但只当改变相位时它才工作。对于任意的相移，在改变到新状态前，铁氧体必须先消磁。另一设计方法是将磁芯分解为更短的磁芯， 通过贯穿磁芯中心导线的电流脉冲以将它锁定在滞回线的两个相对点上来产生脉冲磁场。我们将铁氧体磁环芯安装在波导里，并改变其长度来改变相移。相移和通过铁氧体移相器的波传输方向有关。它是非互易的，在雷达中，所有移相器在发和收脉冲中间必须复位。互易的法拉第旋转移相器通过相对圆波导轴 45° 倾斜的四分之一波片将输入线极化信号转换成波导圆极化波。输入波在四分之一波片处分为两个信号，相对于无波片波导，四分之一波片阻碍或推进这两个信号，直到他们的相位差为 90°。波以圆极化波的形式导出。磁化铁氧体改变圆极化波的相位，与方向无关。在输出端，另一个四分之一波片将波转换为线极化波。虽然铁氧体移相器是模拟器件，能进行任何相移，但驱动电流是被数字命令控制的，因而我们的设计具有离散的量化值。

12.2 量化的波瓣

当波束在边射方向附近扫描时，由于相移值的量化将产生额外的旁瓣。我们沿着天线阵面应用线性变化的相位来扫描阵列，对于在相位变化很小的边射方向附近扫描时，相位变化的间隔过大。这些大间隔的相位变化将产生栅瓣。已知采用 M 位移相器阵列的扫描角为 θ_0，则量化波瓣在 $\sin\theta$ 空间均匀分布：

$$\theta_q = \arcsin\left[\arcsin\theta_0\left(1 \pm N \cdot 2^M\right)\right] \tag{12-12}$$

在每个整数 N 都发生量化波瓣，直至 θ_q 超出可视空间。图 12-3 给出了 128 元线阵幅度为 30dB 泰勒分布而扫描到 1°时的量化波瓣的方向图。里面的两个量化波瓣可由式（12-12）取 N=1 求得：

$$\theta_q(-1) = \arcsin[\sin(1^\circ)(1-8)] = -7.02^\circ$$

$$\theta_q(1) = \arcsin[\sin(1^\circ)(1+8)] = 9.04^\circ$$

图 12-4 显示了当阵列扫描增大时，量化波瓣如何出现在更大的角度上，但是在图 12-3 和图 12-4 中，旁瓣电平似乎相同。图 12-5 说明了移相器增加一位的效果。因为移相器额外增加的位，量化波瓣移出角度，而电平降低。这些旁瓣具有可预测的电平。由于量化 $\beta=\pi/2^M$，我们使用峰锯齿相位误差，对于均匀幅度阵列，波瓣电压幅值由式 sinc（$\beta\pm N\pi$）给出。$N=0$ 时是主峰，它给出了由移相器引起的量化损失。表 12-1 列出了对于正向扫描的主峰损耗和量化波瓣（QL）幅度与移相器位数 M 的关系。负的 QL 出现在反向扫描中。对于零扫描点，没有 QL 值。我们可以由式（12-12）求得扫描角度，将第一量化波瓣置于-90°，并在所有更高的扫描角度上消除了波瓣：

$$\theta_0 = \arcsin\frac{1}{2^M-1} \tag{12-13}$$

表 12-1 列出了将量化波瓣置于−90° 的扫描角度。对于给定的 3 dB 波束宽度 θ_3，相位的位数限制了扫描步长[3]。表 12-1 列出了这个比例：

$$\frac{\theta_{\text{incr}}}{\theta_3} = \frac{1}{2^M(1.029)} \tag{12-14}$$

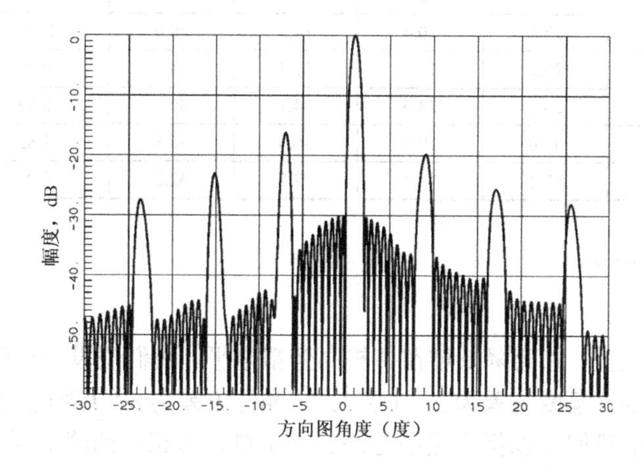

图 12-3　128 元线阵（30 dB 泰勒分布），3 位移相器扫描到 1°时的量化波瓣

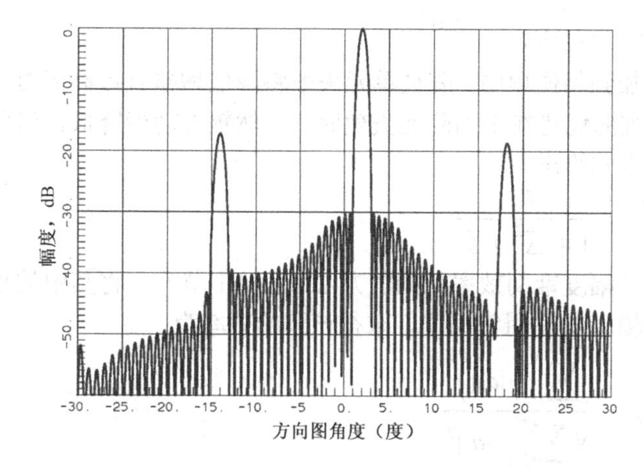

图 12-4　128 元线阵（30dB 泰勒分布），3 位移相器扫描到 2°时的量化波瓣

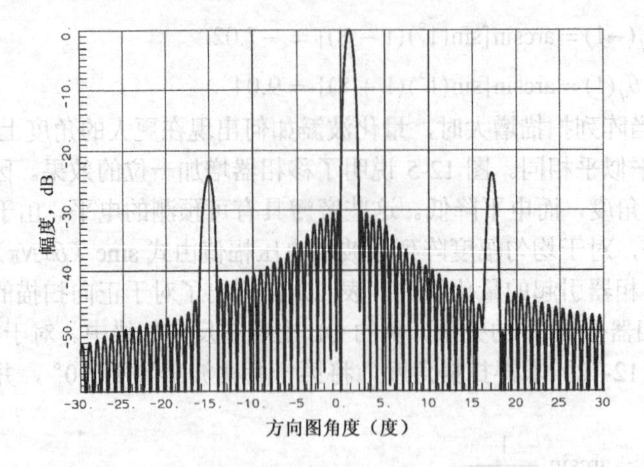

图 12-5　128 元线阵（30dB 泰勒分布），4 位移相器扫描到 2°时的量化波瓣

表 12-1　量化旁瓣电平和相控阵最后一个量化波瓣扫描

相位位数 M	主瓣损耗（dB）	−2 QL（dB）	−1 QL（dB）	+1 QL（dB）	+2 QL（dB）	最末量化波瓣扫描角	扫描步进与带宽比例（dB）
2	0.91	17.8	10.4	14.9	20.0	19.47	0.243
3	0.22	23.7	17.1	19.3	24.8	8.21	0.121
4	0.056	29.9	23.6	24.7	30.4	3.82	0.0607
5	0.014	36.0	29.8	30.4	36.3	1.85	0.0304
6	0.003	48.1	42.1	42.2	42.2	0.91	0.0152

12.3　阵列误差[4,5,6]

相控阵包含随机误差，它会降低增益并提高旁瓣电平。我们假设一个随机幅度和相位误差的高斯分布，均值为零，幅度方差为$\overline{\Delta}^2$（伏²），相位方差为$\overline{\delta}^2$（弧度²）。虽然移相器的量化是一个系统误差，但我们可以指定它的方差。一个量化移相器的峰值误差是$\pi/2^M$（弧度）。可以计算这个三角误差分布的等效高斯分布方差：

$$\delta_Q^2 = \frac{\pi^2}{3(2^{2M})} \qquad \text{rad}^2 \tag{12-15}$$

我们把这个方差加到相位项中。阵列单元失效将降低增益且提高旁瓣。P_e是阵列中每个单元的不损坏概率。阵列的优势在于当阵元失效时，虽然辐射功能降低，但单一失效不会导致系统崩溃。增益降低由下式给出：

$$\frac{G}{G_0} = \frac{P_e}{1+\overline{\Delta}^2+\overline{\delta}^2} \tag{12-16}$$

用与求连续分布的幅度锥削效率相同的方法（见 4.1 节），将其中的积分替换为求和，并对阵元电压（电流）幅度a_i使用常相位，求得该阵的效率为：

$$\eta_a = \frac{\left(\sum_{i=1}^{N}|a_i|\right)^2}{N\sum_{i=1}^{N}|a_i|^2} \tag{12-17}$$

假如我们考虑远旁瓣，平均旁瓣电平σ_s^2（V^2）和波束峰值的关系为：

$$\sigma_s^2 = \frac{(1-P_e)+\overline{\Delta}^2+\overline{\delta}^2}{P_e N \eta_a} \tag{12-18}$$

式（12-18）表明，为了实现低旁瓣，我们必须控制阵列单元的幅度和相位误差，而增加阵元数量可以降低对馈电误差的要求。旁瓣遵循瑞利分布，旁瓣电平超过 υ_0^2 的概率为：

$$P(\upsilon > \upsilon_0) = \mathrm{e}^{-\upsilon_0^2/\sigma_s^2} \tag{12-19}$$

求解式（12-18）的阵列要求，以实现平均旁瓣：

相位误差方差 $\overline{\delta}^2 = \sigma_s^2 N\eta_a - (1 - P_e + \overline{\Delta}^2)$

幅度误差方差 $\overline{\Delta}^2 = \sigma_s^2 P_e N\eta_a - \overline{\delta}^2 - 1 + P_e$

阵元存活概率 $P_e = \dfrac{1+\overline{\Delta}^2+\overline{\delta}^2}{\sigma_s^2 N\eta_a + 1}$

阵元数量 $N = \dfrac{1-P_e+\overline{\Delta}^2+\overline{\delta}^2}{P_e\sigma_s^2\eta_a}$

如果将式（12-14）代入式（12-18），可以求得由于相位量化而引起的平均旁瓣电平：

$$\mathrm{SL(dB)} = 10\log\left(\frac{\pi^2}{3(2^{2M})}\right) - 10\log(N) - 10\log(\eta_a) \tag{12-20}$$

表 12-2 给出了式（12-20）的第一项。

表 12-2 归一化到阵元数量和阵列效率的相位量化引起的平均旁瓣因子

位　数	旁瓣因子（dB）
1	-0.9
2	-6.9
3	-12.9
4	-18.9
5	-24.9
6	-31.0
7	-37.0

例：给定 64 元阵列，幅度通过采样 30 dB 泰勒分布获得，求均方根旁瓣与相位量化关系。从表 4-5 可知，泰勒分布的效率是 0.66 dB。阵元数量因子 10log（N）是 18.06 dB。

$$\mathrm{SL(dB)} = \begin{cases} -12.9 - 18.06 + 0.66 = -30.3 \quad ，3\text{ 位} \\ -18.9 - 18.06 + 0.66 = -36.3 \quad ，4\text{ 位} \end{cases}$$

当然，分布将确定方向图的旁瓣电平。只用 3 位，我们可以预期最高旁瓣上升到 30 dB 以上。量化波瓣在接近宽边的扫描角上超过这些电平。这个例子和式（12-20）表明，旁瓣电平与 10log（N）成正比。

12.4 非均匀和随机阵元阵列[4]

12.4.1 线性间距锥削阵列

第 4 章所讨论的阵列综合采用了均匀分布的阵元。对于沿直线的阵列，可以用 Schelkunoff 单位圆来分析。这些阵列可以通过锥削（渐变）阵元幅度来控制旁瓣电平：中间高而两端渐低。可以通过采样孔径分布来设计平面阵列，例如限制于圆形或六边形阵列的圆形泰勒分布，这些也是通过锥削阵元幅度来实现。另一种方法是阵元以等幅馈电，但对阵元间距锥削，其平均值遵从一定的孔径分布。当进行孔径分布采样时，沿着每个阵元分布采样，步长等于一个阵元间距。我们可以逐点采样阵元位置处的分布以得到阵元幅度，或者在正负半个阵元间距上积分孔径分布。沿着分布的积分可以在阵列方向图和孔径分布之间达到更好的匹配，但对于大型阵列，我们发现这两种方法差别不大。对于非均匀间隔的阵列，我们给每个阵元两边各分配半个间距，以沿着采样孔径分布作积分。因为我们对所有阵元以相同幅度馈电，在排布阵元时，使每个距离间隔上的孔径分布积分，对每个阵元都相同。

图 12-6（a）说明了采样阵列的孔径分布，以使分配给每个阵元的区域面积相同。为了求得阵元的位置，我们从生成累积分布表开始。通过从−0.5 到给定点 x 对归一化长度分布进行积分，来计算累积分布：

$$I(x)=\int_{-0.5}^{x}E(x)\,\mathrm{d}x \tag{12-21}$$

将这个累积分布沿着纵向划分成等长度间隔，间隔数等于阵元数目，如图 12-6（c）所示。我们通过将每一间隔的中心投影到横坐标，以找到阵元位置。我们将 I（x）作为归一化自变量而 x 作为因变量，计算出三次样条，而非使用图形化技术。我们在（i−0.5）/N 处评估样条以求出阵元位置 x_i。到目前为止，只找到了归一化到阵列长度 1 的相对阵元位置。可以有两种选择：一是选择最近阵元间距，因为我们计划用的阵元具有给定的尺寸，而且需要限制互耦，这刻画了所有阵元的位置，并确定了有效阵列长度。在第二种选择中，我们按给定的波束宽度设计，该波束宽度通过考虑被采样分布的半功率波束宽度因子决定了阵列总长度。在这种情况下，我们按这个长度比例求得阵元位置。

为达到 30dB 的泰勒线性分布，设计了一个 32 元的间距锥削阵列。图 12-7 给出了沿直线的阵元相对位置，表 12-3 列出了中心阵元间距为 0.45λ时的阵元位置。图 12-8 显示该阵列和另一个 24 元阵列的计算方向图，两者都使用了 90° 波束宽度的振子。24 元阵列具有更大的波束宽度，因为它更短。这两个方向图显示，增加阵元数量能提高阵列实现孔径分布方向图的能力。阵元数量的减小，抬高了远旁瓣，因为相对于不辐射栅瓣的均匀间距阵列来说，我们使波束宽度变窄了。非均匀间距阵列不会产生与主瓣幅度相同的旁瓣（即在均匀分布阵列中所谓的栅瓣），而是将这些波瓣上的功率散布于远旁瓣间。

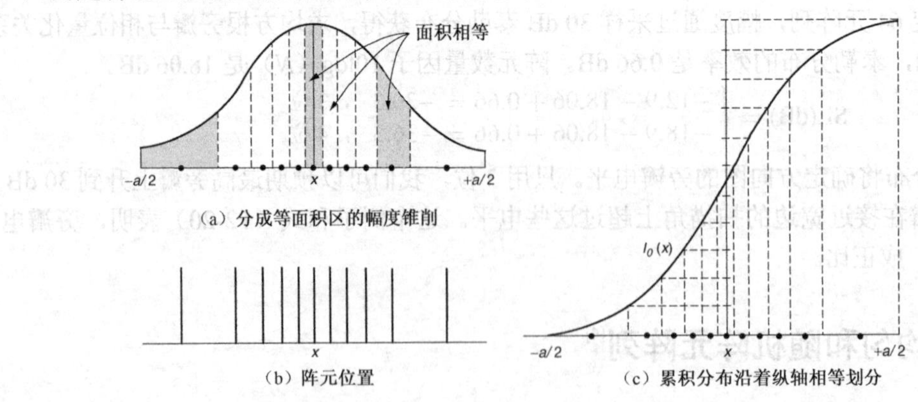

图 12-6 决定线阵密度锥削（来源：文献[4]，图 6.2，© 1969 McGraw-Hill.）

图 12-7 30dB 泰勒分布的 32 元间距锥削线阵位置

表 12-3 30dB 泰勒线分布的 32 元间距锥削阵列

阵　元	位　置	阵　元	位　置
32, 1	±10.288	24, 9	±3.552
31, 2	±8.798	23, 10	±3.036
30, 3	±7.649	22, 11	±2.539
29, 4	±6.739	21, 12	±2.059
28, 5	±5.971	20, 13	±1.590
27, 6	±5.291	19, 14	±1.130
26, 7	±4.671	18, 15	±0.676
25, 8	±4.095	17, 16	±0.225

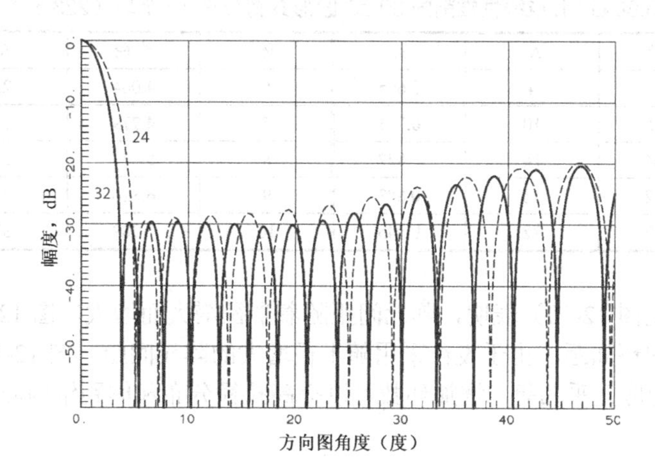

图 12-8 使用 90° 波束宽度阵元的间距锥削阵列的方向图：32 元（实线）；24 元（虚线）

12.4.2 圆形空间锥削阵列

通过将阵列单元在环上均匀间隔，间距渐变阵列可设计为圆形孔径分布[7]。我们从设计一个圆形孔径分布开始，例如泰勒分布（见 4.18 节和 4.19 节）。首先为环上阵元间距选择一种分布 $d_e(r)$作为半径的函数：一般边缘附近更宽，以和圆形孔径分布相匹配。累积分布表可以通过对电压分布乘以阵元间距函数 $d_e(r)$ 在从零到给定的半径 r 的积分而获得：

$$I(r)=\int_0^r d_e(\rho)E(\rho)\,\mathrm{d}\rho \tag{12-22}$$

图 12-9 显示的累积分布是划分成 10 个环的 30 dB 圆形泰勒分布，其中阵元间距 $d_e(r)$ 是从中间的 0.66λ到边缘处的 1.4λ的一个线性函数。环位于每个区域的中心，沿着半径，最大孔径半径为 8.5λ。将阵元沿着每个环半径 r_i 均匀间隔：

$$N_i=\frac{2\pi r_i}{d_e(r_i)} \tag{12-23}$$

因为 N_i 必须是整数，当设计的小阵列时，径向阵元间距只能近似地满足 $d_e(r)$分布。表 12-4 列出了 10 环阵的设计参数。

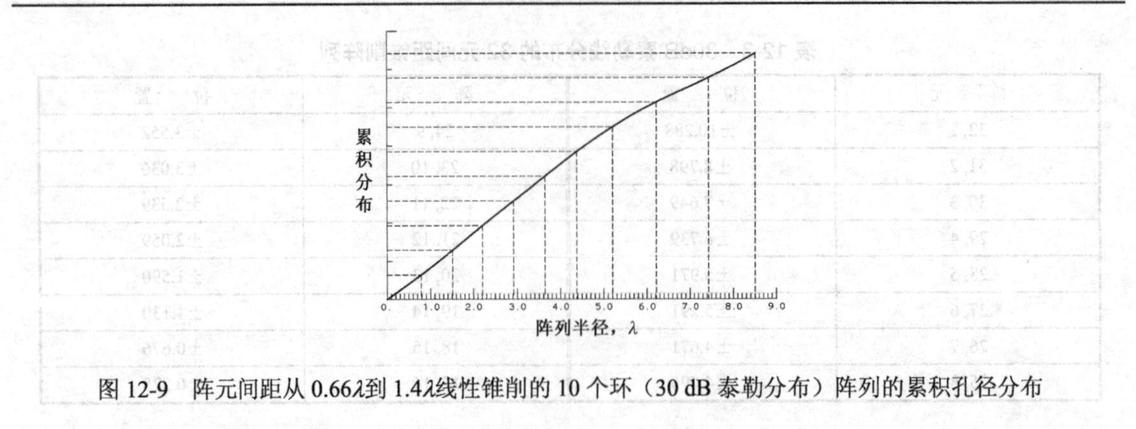

图 12-9 阵元间距从 0.66λ到 1.4λ线性锥削的 10 个环（30 dB 泰勒分布）阵列的累积孔径分布

表 12-4 径向间距从 0.66λ到 1.4λ线性锥削的 30 dB 圆形泰勒分布 10 个环（223 元）的间距锥削阵列设计

环	半径	N_i	d_e	环	半径	N_i	d_e
1	0.403	4	0.695	6	4.004	25	1.009
2	1.155	10	0.761	7	4.779	28	1.076
3	1.864	14	0.822	8	5.677	31	0.154
4	2.562	18	0.883	9	6.826	34	1.254
5	3.272	22	0.945	10	7.989	37	1.356

阵元位置图（见图 12-10）表明，阵元间距随着半径增大而增大。图 12-9 和图 12-10 的结合说明了几乎均匀的环间距，由于设计采用随半径增大的阵元间距。图 12-11 画出了方向图响应，开始几个旁瓣响应几乎相等。增加环数可以提高孔径分布和间距锥削阵辐射方向图之间的匹配。

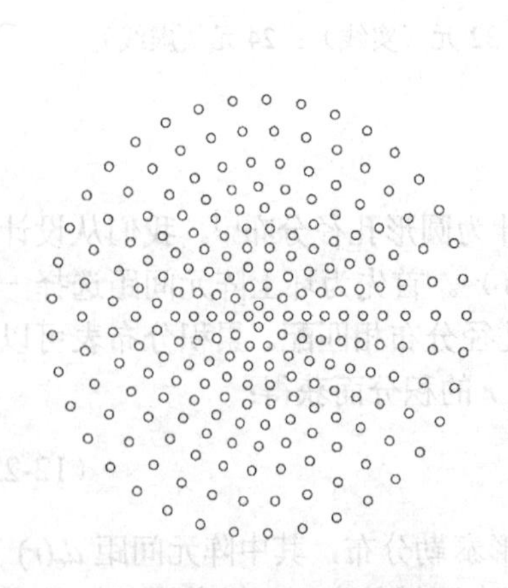

图 12-10 10 环的 30 dB 泰勒圆形分布的 233 元环形阵列版图

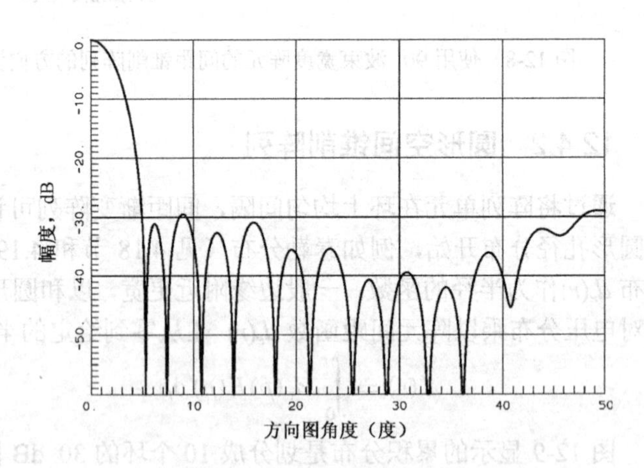

图 12-11 使用 90° 波束宽度阵元的 233 元空间锥削环形阵列方向图

12.4.3 统计稀疏阵列[8]

通过统计地稀疏均匀分布的阵列，可以从等幅馈电阵列中获得低旁瓣方向图。每个阵元都有一个随机的存在概率，通过使用孔径分布作为概率密度函数而确定。在该方法中，我们排布出一个均匀分布的阵列，并使用一个随机数发生器的输出乘上所需孔径分布，以确定是否包括某个单元。将随机数[0,1]和孔径分布[0,1]的乘积，乘上一个比例因子 k 来缩比到稀疏水平。将 $k = 1$ 称作自然稀疏，因为这个过程中可以去除约一半左右的单元。当随机数高于 k 与孔径分布乘积时，单元就被删除，因此，较低的 k 产生更大的稀疏。

稀疏按剩余单元数和初始总数的比例降低了增益，但阵列的大小决定波束宽度。我们获得了由孔径范围决定的方向图，但增益降低了。阵元数量确定平均旁瓣电平为 10log（N）dB。只要我们用足够多的阵元，近旁瓣将服从孔径分布，但远旁瓣上升到平均水平。对于最初的大型阵列，90%稀疏是合理的。一个方便的方法就是在实际移除之前，在计算机程序中标记要移除的阵元并报告剩余阵元数量，调整 k 后重复该算法，直到达到所需的数字。我们用相同的 k 获得了不同阵元数量，这是因为随机数发生器的可变性。

为了演示该方法，我们选择一个阵元间距为 0.66λ 的六角形阵列，最初限制在半径 8.7λ 上。一个 30 dB 的圆形泰勒分布作为概率密度，且 $k = 1$，从圆内具有 637 元的阵列开始减薄，最终生成一个 337 元阵。图 12-12 显示了剩余单元的布局。边缘附近低的孔径分布去掉了许多外层单元，而大多数内部单元仍然保留。图 12-13 绘制了该阵列的方向图响应，该阵列中使用了波束宽度为 90° 的阵元。

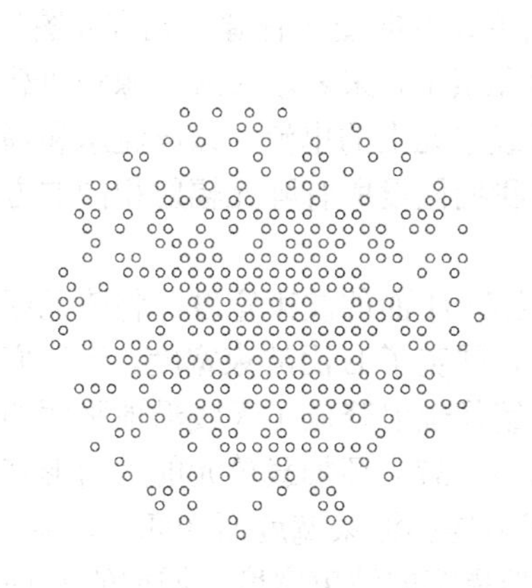

图 12-12　30 dB 圆形泰勒分布 337 元统计锥削阵列布局

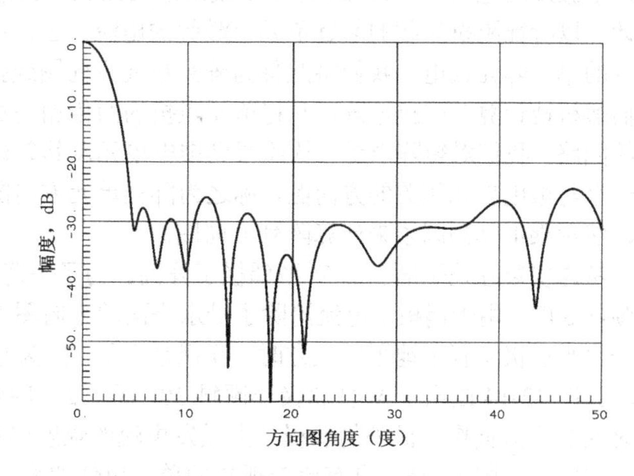

图 12-13　使用 90° 波束宽度阵元的 30 dB 圆形泰勒分布的 337 元统计锥削阵列方向图

12.5　阵列单元方向图

当我们在阵列中插入一个天线单元时，有效方向图将发生变化。贯穿全书，我们已经表明，当把孤立单元安装在有限的地面上时，它的方向图将发生变化。安装在地平面上方的天线将在地面激发起电流，其辐射对方向图有贡献。在相控阵中，我们将很多天线放在彼此附近。一个天线的辐射将在邻近天线上激发起电流，这些电流的总和辐射出一个和孤立单元不同的方向图。如果我们想要在阵列因子和单元方向图之间应用方向图乘法，就需要修改单元方向图，以包括在邻近天线激起的电流的辐射。这是一个简化的假设，因为在最终布局中，阵列将被安装在一个有限的地平面上方，并非所有单元都被相同构形的单元所包围。每个单元都有不同的方向图，但作为一阶近似，我们使用阵列单元方向图。

可以假定阵元及其附近结构上的电流基函数，然后利用积分方程的方法来求解这些基函数的系数（矩量法）。计算的最终方向图将从电流的加权和中求得。通过增加基函数的数目，计算将收敛于测量结果（测量误差范围内）。我们通过假设无限的安装结构，以消除边缘效应，消除在地平面上的基函数，而使用镜像单元来简化问题。为了求得互阻抗，我们在单元的整个表面计算反应积分，采用假定的电流分布，乘上从第一个天线辐射的场。第一个天线及其镜像辐射到第二个天线上。由于反应积分是在第二个天线整个表面，它的镜像并未包括在积分内。边缘单元与中央单元有不同的方向图，一个完整的矩量法解，考虑了不同电流分布。接下来的近似假定天线单元以有固定电流分布的基本模式辐射。例如，这些可以是偶极子上的正弦电流分布，将每个天线上的基函数减少到一个。

因为我们有一个线性的问题，可以使用配对法来计算单元间的耦合（或互阻抗）。假设每个天线上只有一个模式将此矩阵问题简化到一个秩等于单元数量的矩阵问题。我们将激发电压矢量乘上逆阻抗矩阵以获得每个单元上的电流（每个单元上一个模式）。对于大型阵列，这种方法变得棘手，因为我们必须对阻抗矩阵求逆。

下一级的近似，假定所有天线被同一单元构形所包围。我们假设边缘单元和内部单元具有相同的有效方向图。如果我们给一个单元供电，它的辐射被阵列中所有其他单元接收，辐射在单元上激发的电流，简单地作为基本模式的缩比版本。对于这种分析，我们只给一个单元馈电，并计算以特征阻抗加载的邻近单元上激起的电流。这暗示了一种实验方法，给被其他带载单元包围的单一阵元馈电。我们将此称为阵列单元方向图或扫描单元方向图（有源单元方向图）。我们解析地计算互阻抗矩阵，并将单元阻抗的两倍加到对角元素上，来表示天线上源和负载阻抗的回路。我们对矩阵求逆，从而得到馈电单元及其邻近带载单元上的电流。该电流总和辐射出一个与馈电单元相关的方向图，称之为阵列单元方向图。我们假设所有阵元辐射相同的方向图，然后乘上阵列因子来计算阵列方向图。

考虑安装在地平面上的 V 型偶极子阵列。为了平衡 E 面和 H 面的波束宽度，将阵元朝地面倾斜 30°。由于偶极子电流消除了沿水平面的方向图零点，展宽了 E 面波束宽度。当我们将一个水平偶极子置于地平面上方时，互耦减少了，因为它的镜像辐射降低了天线沿地平面的辐射场。图 12-14 画出了 V 型偶极子倾斜 30° 置于 2（19）和 3（37）环加载单元的六角形阵列中时的 E 面方向图。额外的偶极子上激发电流的辐射展宽了方向图波束宽度而降低了增益。H 面方向图（见图 12-15）具有比起孤立的单元更低的增益，但更窄的波束宽度。增加的 E 面波束宽度降低了增益，而 H 面变窄的波束宽度却未能显著地使增益损耗偏移。分析表明当加入更多的单元时，方向图纹波增加。这些图说明了被地平面降低互耦的天线单元上计算或测量的预期结果。

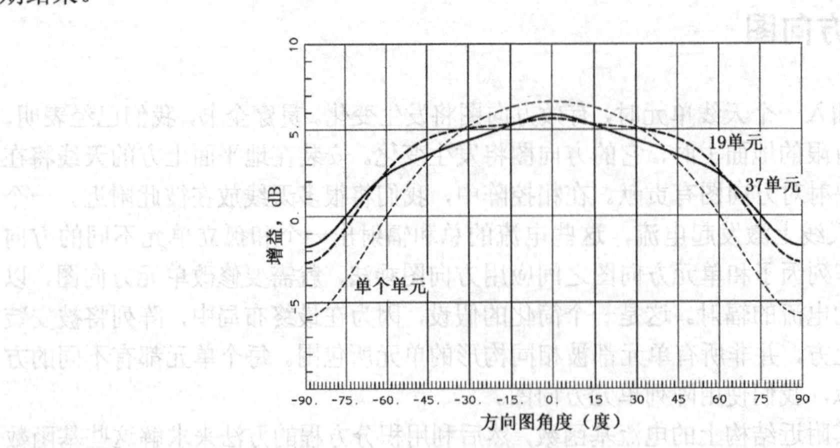

图 12-14 倾斜 30° 的 V 型偶极子置于六角形阵列中心的 E 面方向图

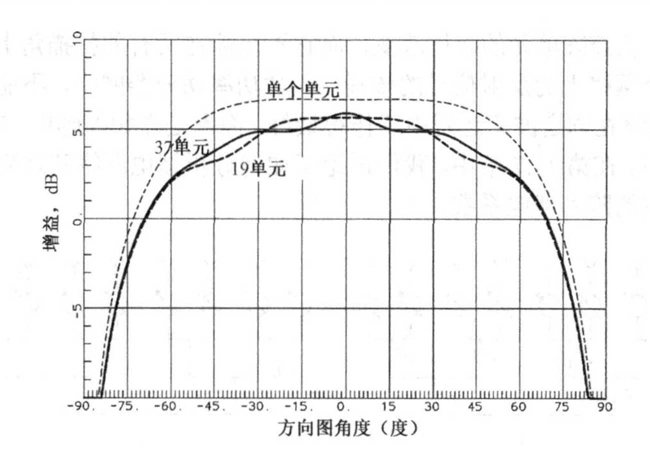

图 12-15　倾斜 30° 的 V 型偶极子置于六角形阵列中心的 H 面方向图

图 12-16 给出了 V 型偶极阵列边缘单元的 E 面方向图。分析将单元放置在一个无限地面上方，以消除地平面的影响。在方向图上，可以看到由于其位置引起的显著非对称性。当然，对于边缘单元，可以预计在这个小阵列中有较大变化。当我们增大阵列大小时，这些影响减弱。对于初步设计来说，从一个理想单元方向图开始是合理的，因为对理想单元来说，阵列单元方向图效应是很小的。随着设计的进步，应该测量（或计算）阵列单元方向图，并用作下一级分析。

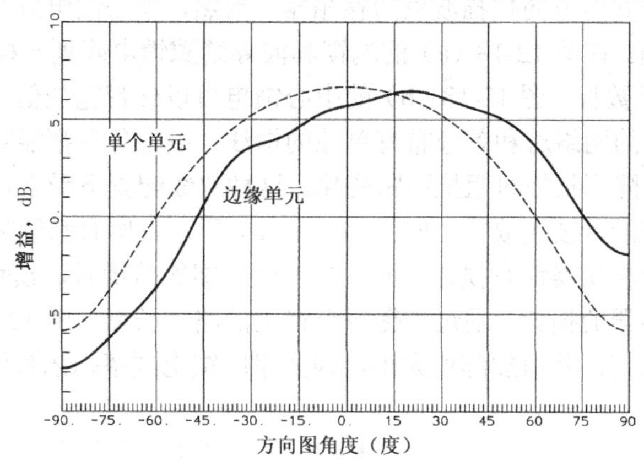

图 12-16　倾斜 30° 的 V 型偶极子置于六角形阵列边缘的 E 面方向图

12.6　馈电网络

12.6.1　并联馈电

图 12-17 和图 12-18 以示意图的形式说明了两种类型的强制馈电。在这些网络中我们通过传输线传送信号并用功分器将功率传送到每个阵元，将发射信号（并互易地将接收信号）传送到单输出端。移相器被置于功分网络和每一阵元之间以扫描波束。图 12-17 中的并联馈电通常分到 2^N 个阵元，因为双向功分器具有最简单的设计。匹配并联馈电包含在功分器上的隔离电阻。我们用四端口微波电路制作功分器，其中一个端口被隔离，这意味着在正常阻抗匹配工作中，它接收不到信号。当输出端口没有匹配负载时，部分反射信号将消耗在隔离端的负载中。

当我们扫描波束时，相控阵单元的阻抗改变，而它不可能在所有的扫描角上都与阵元匹配。隔离电阻避免在第一个网络上的反射信号的传播，无功功率功分器网络，不能防止相控阵扫描时误差的积累。这些网络在固定波束运用中工作得最好，而不是在相控阵中。在阻抗匹配条件下，隔离电阻不消耗功率。在第 11.7 节中，我们讨论了如何分析馈电网络和阵列之间的连接及其互耦，以计算由此产生的阵列馈电系数。

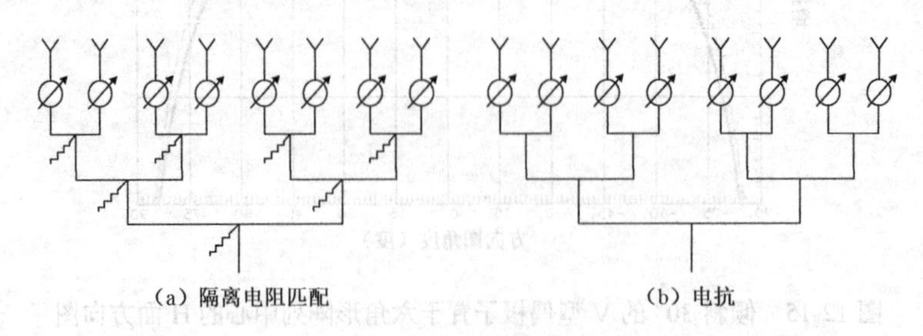

图 12-17 并联馈电

12.6.2 串联馈电

图 12-18 显示了串联馈电的几种类型。我们使用串联馈电来扫描频率，但这些包含了可以在非频率扫描决定的其他方向扫描波束的移相器。当然，串联馈电只有有限带宽，因为长的传输线会引起频率扫描。在图 12-18（a）的端馈和波导缝隙馈电阵列一样，具有 50%/ N 的带宽，其中 N 是沿线上阵元数目。图 12-18（b）的中心馈电可以使带宽加倍，并允许单脉冲的和差馈电。图 12-18（c）中的网络对和差分布有单独的馈线，以使各自都能被优化。因为耦合器之间的隔离度有限，并且阵列扫描时阻抗不断变化，这种双线配置遭受来自两排耦合器之间耦合的影响。如果将移相器沿着馈线放置，如图 12-18（e）所示，所有都能被设置为相同的值以扫描波束。问题是，每个移相器都有损耗，而且当信号沿馈线传播时，损耗会积累。图 12-18（a）的网络只有一个移相器的损耗。通过均衡每个臂上的路径长度（图 12-18（d）），可以将频带宽度扩展到移相器带宽，并增加阵列大小，因为串联馈电频率扫描被消除了。

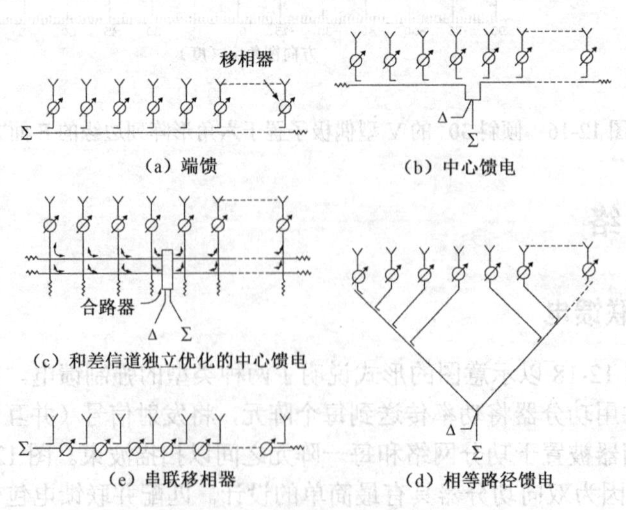

图 12-18 串联馈电网络

12.6.3　可变功分器和移相器

图 12-19 给出了两个传输线耦合器用包含移相器的线串接的示意图。我们用中央板上长为介质中$\lambda/4$的完全重叠线条的带状线构造 3dB 功分耦合器。在介电常数为 2.21 的介质中，中央板厚 0.013 英寸（0.33 毫米），两个地平面的外层隔层厚 0.062 英寸（1.60 毫米）。完全重叠线条宽 0.065 英寸（1.65 毫米）以产生 3dB 耦合器。通过交叉两根耦合线，输出端在馈线对面的另一侧。

如果移相器具有相同的值，那么该网络形成一个 0dB 耦合器，其中信号从左边的输入端口流到右边的输出端。当然，网络具有对称性，一个右边的输入将全部耦合到左边的输出端。通过两个耦合器，信号从中央板的一侧切换到另一侧。这种双向耦合器可用于在馈电网络交叉信号，而无需使用垂直通孔，这在构建巴特勒矩阵和其他需要交叉的馈电网络中是很有用的。

如图 12-19 所示，在两个耦合器之间的线上使用两个移相器，建立了一个可变功分器和移相器的组合。电压耦合 c_p 由两条路径的相位差决定：

$$\phi_2-\phi_1=\arccos\left(1-2c_p^2\right) \tag{12-24}$$

两个臂的输出相位由下式决定：

$$\text{phase}=\phi_1-\arctan\frac{\sin(\phi_2-\phi_1)}{1-\cos(\phi_2-\phi_1)} \tag{12-25}$$

图 12-20 显示了一个使用可变功分器的馈电网络，因此输出可以是任何幅度和相位分布。我们讨论从第 3.6 节的单输入形成多波束。当可以控制幅度和相位时，就能形成任意波束的组合。当然，阵列的大小限制了我们形成特定波束的能力，但每束波束的波束宽度是由阵列的总尺寸决定的。每个功分器都是可变的。由于带一个移相器的可变功分器可以以任意幅度输出，我们只需要在最后一个可变功分器中或者在所示的输出端处用额外的移相器。由于网络提供了一个输入，当我们形成多波束的时候，增益会下降。对于阻抗匹配输出，没有功率损耗在负载中。来自天线的反射信号根据输出相位要么耗散在隔离负载中，要么出现在输入端。

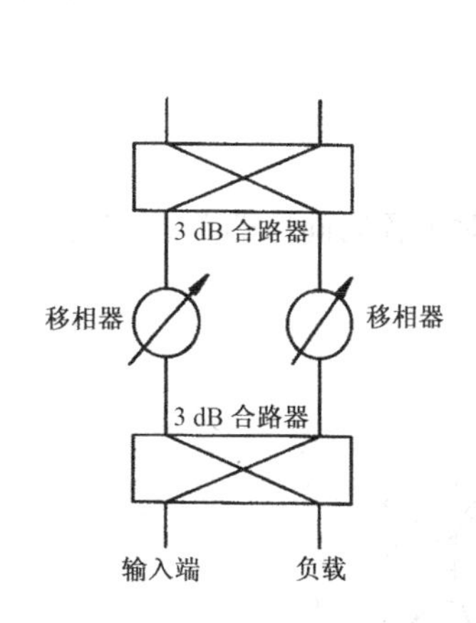

图 12-19　可变功分器和移相器组合

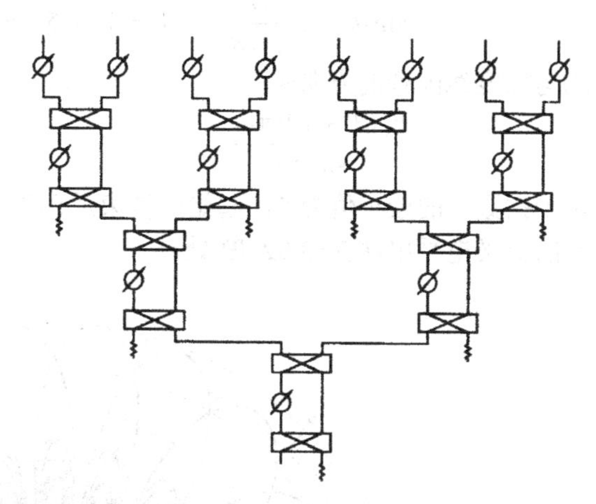

图 12-20　使用可变功分器和阵元末端移相器的八元馈电网络

12.6.4　巴特勒矩阵[9]

巴特勒矩阵是一个有 2^N 个输入端和 2^N 个输出端的馈电网络，用以给均匀分布的线阵馈电，对每个输入端产生一个波束。该网络由 3dB 混合耦合器和固定移相器组成。图 12-21 显示了八端口微波馈电网络的示意图。每个输入在输出端产生均匀幅度的分布，各端口间有相同的相位斜率。因为在带状线中央板刻上耦合器不花成本，所以可以使用 0dB 耦合器作为内部线交叉。通过使用等长的同轴线，使外部线交叉，来将馈电网络连接到天线。

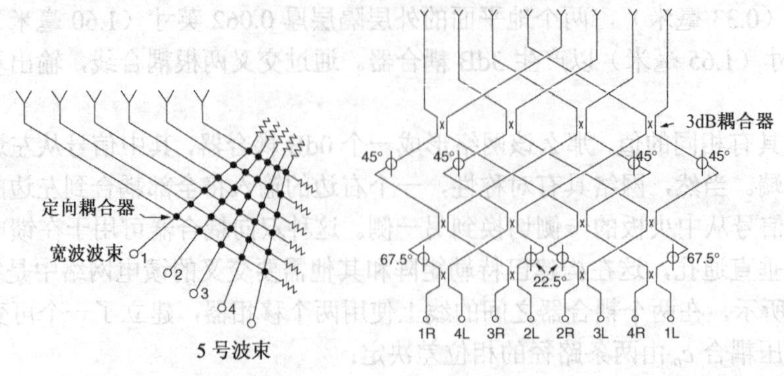

（a）等路径长度波束形成矩阵　　（b）八元，八波束矩阵

图 12-21　八元巴特勒矩阵网络

巴特勒矩阵的每个输入端口，具有满阵列的增益。在发射时，我们给馈电网络中某一输入端口输入 2^N 倍的功率，通过馈电网络提供给 2^N 个阵元输入，为相应的波束提供了满功率。如果阵列扫描角度不同于输入波的角度，阵列要么将信号耗散在内部负载中，要么将它散射，不会在输入端口合成。一个巴特勒矩阵提供了按顺序排列的 2^N 个方向入射波的输入端口。从这些方向来的信号不被耗散或散射，以其全阵列增益接收信号。

图 12-22 画出了以$\lambda/2$ 阵元间距给阵列馈电的巴特勒矩阵的所有八端口的方向图。阵列单元具有 90° 的波束宽度，而更远的扫描方向图显示出由于单元方向图导致的下降。均匀幅度阵列旁瓣为−13.2 dB，这限制了信号分离到不同的输入端处。方向图峰值出现在 u 空间均匀间隔值处，其中对于阵元间距 d，$u_i=(d/\lambda)(\sin\theta-\sin\theta_i)$：

$$\sin\theta_i=\pm\frac{i\lambda}{2Nd}\qquad i=1,3,5,\cdots,N-1 \tag{12-26}$$

均匀幅度线阵列的方向图：

$$\frac{E_e(\theta)\sin N\pi u_i}{N\sin\pi u_i}$$

由于指数 i 的最小值为 1，起始的波束从侧边开始扫描。对于各向同性的单元方向图，波束之间的交叉电平出现在−3.92 dB 处。

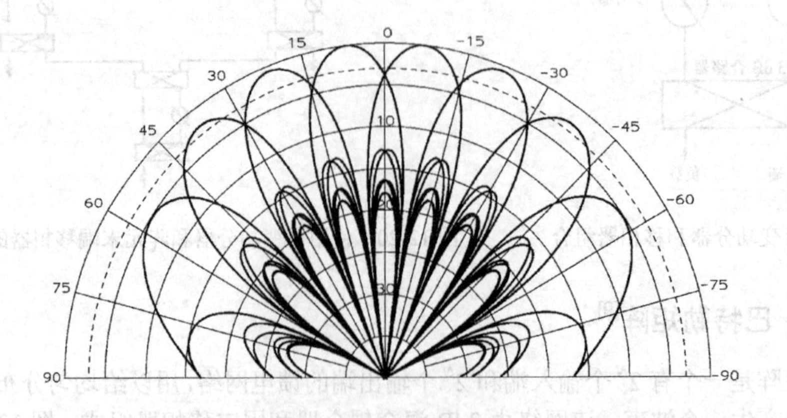

图 12-22　巴特勒矩阵馈电，间距$\lambda/2$ 的八元线阵方向图

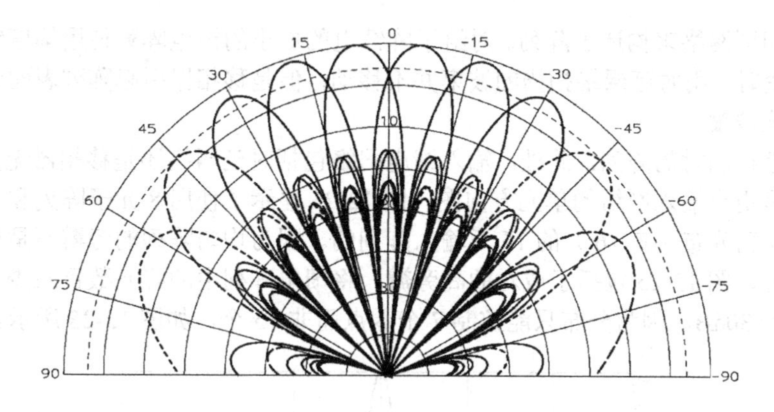

图 12-23 巴特勒矩阵馈电，间距 0.6λ的八元线阵方向图

式（12-26）表明，当阵元间的距离增大时，波束靠得更近。图 12-23 给出了阵元间距为 0.6λ的阵列馈电的巴特勒矩阵的方向图响应。所有波束向侧边移动。交越电平仍在−3.92 dB 处，而第一旁瓣电平为 13.2dB。受单元方向图的影响引起两条虚线方向图栅瓣幅度的降低。响应看起来有 10 个波束。虽然巴特勒矩阵可以通过使用四分之一波长混合耦合器和补偿线希夫曼移相器[10]的设计来覆盖一个倍频程带宽，阵列不会无栅瓣地工作在这个带宽。一个倍频程带宽的巴特勒矩阵，作为多模式螺旋天线的波束形成器是很有用的（见 11.5.4 节）。

12.6.5 空间馈电

我们不使用将信号限制于传输线内的馈电网络，而是使用一个馈电天线和一个接收天线阵列来分配信号。图 12-24 显示了空间馈电阵列，其中一个单一馈电天线辐射到了一个阵列的背面，接收天线在此处接收信号，并将其传送到移相器和放大器链路来给辐射天线阵列馈电。当然，这种馈电方法也可以用于接收。虽然图 12-24 显示的是线阵，我们实际上具有一个平面阵列。

我们将此馈电网络当作一个透镜来分析。移相器补偿了由于额外的传输距离产生的相移并消除了二次的相位误差，但网络无法补偿幅度锥削。馈电天线缩窄了波束宽度，它和平面的角范围相匹配，以减少外溢损耗，边缘单元的幅度降低。类似地，接收天线方向图增加了幅度锥削。我们令不同区域的馈电功率和微分区域的孔径功率相等［见式（9-11）］：

$$\frac{A(r,\phi)}{F(\psi,\phi)}=\frac{\sin\psi}{r}\frac{d\psi}{dr}$$

我们加上平板接收表面的几何形状，并按指示操作执行计算以求得阵列上的分布：

$$A(r,\phi)=\frac{F(\psi,\phi)R(\psi,\phi)\cos^3\psi}{f^2} \qquad (12\text{-}27)$$

式（12-27）包括了接收天线功率方向图 $R(\psi,\varphi)$。当然，馈电布局不一定要用图示的中心馈电，也可以偏离。用移相器补偿不同馈电路径长度。

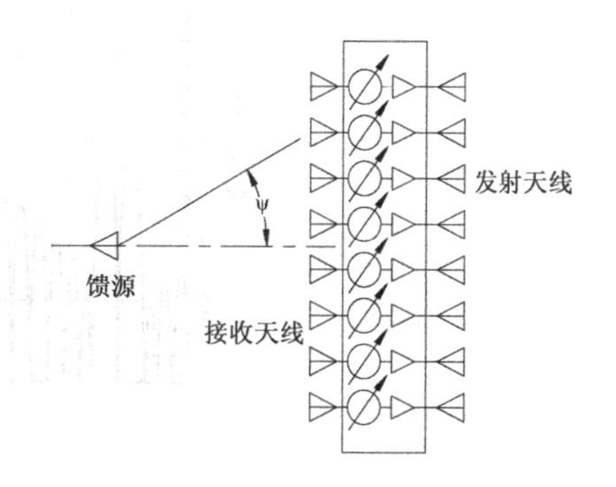

图 12-24 空间馈电阵列

12.6.6 用均匀幅度子阵列锥削馈电网络

一种产生更宽带宽阵列的方法是结合馈电网络和包含给子阵列馈电的时延网络。我们用含有移相器和均

匀幅度分布的相同网络来构造子阵列。对给子阵馈电的更小的馈电阵列使用幅度锥削以降低旁瓣。当频率改变时，用时延网络扫描的波束并不移动，但是移相器引起阵列表面的相位阶梯跃变。这引起量化波瓣。

起初，考虑在侧射的阵列，此处，输入馈电网络包括时延网络还是移相器无关紧要。我们将子阵列认为是更小输入网络的单元方向图。图 12-25 显示了使用 8 元子阵列和零阶采样一个线性的 30 dB 泰勒分布（$\bar{n}=6$）的 16 元输入阵列的。因为均匀阵列的旁瓣不是出现在与泰勒分布相同的角度，图 12-25 包括了成对的高旁瓣。将馈电阵列中的阵元数目减少到 8 引起成对旁瓣上升到高于 30dB，因为分布只能控制 7 个零点而非 15 个，如图 12-25 所示。

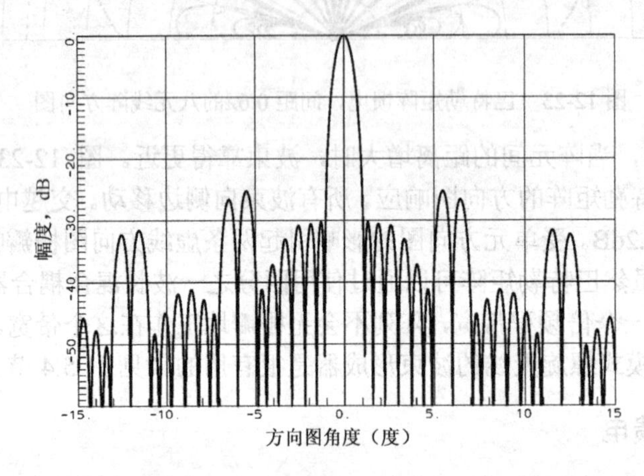

图 12-25　使用 8 元 30 dB 泰勒分布馈电网络的 16 元作子阵列的 128 元阵列的成对旁瓣

当扫描波束的时候，可以改变馈电阵列和子阵列相位，以使波束保持对齐。如果我们使用连续的移相器，方向图不会出现问题，但是当我们量化移相器时，不对齐将会发生，除非将阵元间隔在$\lambda/2$ 的中间处。图 12-26 给出了 8 元均匀幅度子阵列和 16 元馈电阵列以 0.6λ的阵元间距和 30 dB 泰勒（$\bar{n}=6$）采样分布时的 128 元阵列方向图响应。当馈电阵列采用 4 位和 3 位移相器时，曲线出现了。将馈电阵列减少为 3 位或者减少阵元数目将进一步恶化旁瓣。加上时延网络并不能消除这些问题，因为当频率变化时，即使对于起初在$\lambda/2$ 的中间处的阵元，子阵列和馈电网络旁瓣增加了非对齐性。

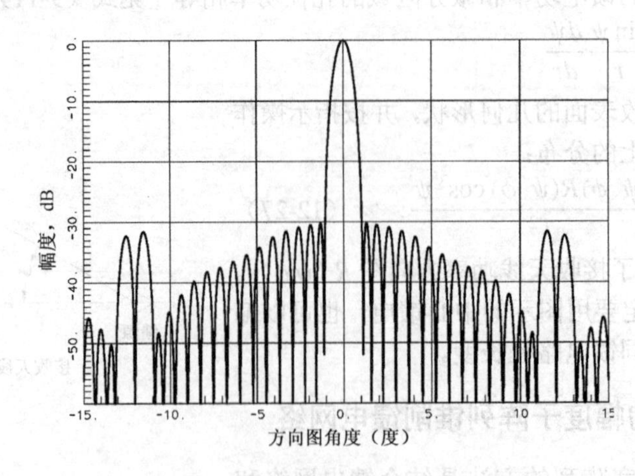

图 12-26　使用 16 元 30 dB 泰勒分布馈电网络的 8 元作子阵列的 128 元阵列的成对旁瓣

这些问题的解决在于使用重叠的子阵列配置[11]。在这种情况下，我们需要多个输入来给阵列馈电，例如巴特勒矩阵，其输出给多子阵列馈电。一种方法是使用空间馈电，以使所有巴特勒矩阵输出端口给每一子阵列馈电。我们为 Woodward 综合的多输出端口给定相位，以对子阵列形成平顶的方向图输出。平顶的方向图消除了子阵列和馈电方向图的非对准性，并允许时延网络的使用。这种重叠子阵列的方法，大幅地增加了馈电网络的复杂性。

12.7 任意阵列中方向图零点的形成

在第 4 章中，我们讨论了通过控制方向图零点来控制阵列方向图。在第 4-9 节中我们对线阵应用 Schelkunoff 单位圆法。在 4.21 节和 4.22 节中，我们结合菱形和线性阵列中求得的零点通过卷积综合出平面阵列。我们可以将这些想法扩展到任意位置和任意取向阵列。我们从带馈电系数 w_n 的任意阵列方向图方程开始：

$$\mathbf{E}(\theta,\phi)=\sum_{n=1}^{N}[E_{\theta n}(\theta,\phi)\boldsymbol{\theta}+E_{\phi n}(\theta,\phi)\boldsymbol{\phi}]w_n\mathrm{e}^{\mathrm{j}\mathbf{k}\cdot\mathbf{r}_n} \tag{12-28}$$

阵列单元可以任意取向并且位于 $\mathbf{r}_n=(x_n, y_n, z_n)$，其矢量传播常数 $\mathbf{k}=k(\sin\theta\cos\phi, \sin\theta\sin\phi, \cos\theta)$。在某一特定方向，我们对阵列的一个单元计算方向图 $\mathbf{k}_m=k(\sin\theta_m\cos\phi_m, \sin\theta_m\sin\phi_m, \cos\theta_m)$：

$$\mathbf{S}_{m,n}=[E_{\theta n}(\theta_m,\phi_m)\boldsymbol{\theta}+E_{\phi n}(\theta_m,\phi_m)\boldsymbol{\phi}]\mathrm{e}^{\mathrm{j}\mathbf{k}_m\cdot\mathbf{r}_n} \tag{12-29}$$

方向 m 的阵列方向图可以通过结合式（12-28）和式（12-29）求得：

$$\mathbf{E}_m(\theta_m,\phi_m)=\sum_{n=1}^{N}\mathbf{S}_{m,n}w_n \tag{12-30}$$

由于我们只有一组系数 w_n，也就是只有一种 theta 和 phi 分量的线性组合能在一个给定的方向上形成零点。我们将每个单元的极化分量投影到一个特定的极化上，则公式（12-29）简化为一个单一的标量项。对于一个给定的方向，我们用投影到给定极化方向 $\mathbf{k}_i$ 的阵列单元方向图来定义矢量$[\mathbf{S}_{i,n}]$：

$$[\mathbf{S}_{i,n}]=[S_{i,1},S_{i,2},\ldots,S_{i,N}]^{\mathrm{T}} \tag{12-31}$$

操作$[\cdot]^{\mathrm{T}}$是矩阵的转置而$[\mathbf{S}_{i,n}]$是一个列向量。

我们先从包括幅度和相位的阵列馈电系数的一个初始向量$[w_0]$开始。我们修改系数，以形成一个方向图零点 $\mathbf{k}_1=k(\sin\theta_1\cos\varphi_1, \sin\theta_1\sin\varphi_1, \cos\theta_1)$ 通过将系数向量和从每个单元在这个方向的方向图求得的矩阵相乘：

$$[w_p]=\left\{\mathbf{I}-\frac{[S_{1,n}]^*[S_{1,n}]^{\mathrm{T}}}{[S_{1,n}]^{\mathrm{T}}[S_{1,n}]^*}\right\}[w_0]=\left\{\mathbf{I}-\frac{[S_{1,n}]^*[S_{1,n}]^{\mathrm{T}}}{A}\right\}[w_0]=[P_1][w_0] \tag{12-32}$$

列向量及其转置的乘积生成一个 $n\times n$ 的矩阵。系数 A 是一个求和：$A=\sum_{n=1}^{N}S_{1,n}S_{1,n}^*$。式（12-32）源于的 Gram-Schmidt 矢量正交化［文献 12，pp. 41-46］。向量$[w_0]$是阵列的初始状态，包括任意幅度分布以降低旁瓣和任意相位以扫描波束。扫描波束后我们形成了零点。

这个过程可以扩展到多个零点，但数值精度和单元数量限制了该过程，它只是在最后一个零点处准确。式（12-32）通过矩阵乘法扩展到 m（$<N-1$）个零点：

$$[w_p]=[P_m]\cdots[P_2][P_1][w_0] \tag{12-33}$$

该方法不完全匹配初始零点的位置，但是对于大型阵列，匹配改善。我们并不需要存储矩阵$[P_i]$，因为在需要的时候，它的元素很容易从向量$[\mathbf{S}_{i,n}]$生成，并且从$[w_0]$开始，我们由右至左解方程（12-33），并且在每一个步骤存储新的激励矢量。

为了设计一个阵列，我们指定 N-1 个零点和一个期望的信号方向。对一个给定的波束方向 E_1（θ_1，ϕ_1）和 N-1 个零点的方向，将式（12-30）展开成矩阵：

$$\begin{bmatrix} E_1(\theta_1,\phi_1) \\ E_2(\theta_2,\phi_2) \\ \vdots \\ E_N(\theta_N,\phi_N) \end{bmatrix} = \begin{bmatrix} S_{1,1} & S_{1,2} & \cdots & S_{1,N} \\ S_{2,1} & S_{2,2} & \cdots & S_{2,N} \\ \vdots & \vdots & \ddots & \vdots \\ S_{N,1} & S_{N,2} & \cdots & S_{N,N} \end{bmatrix} \begin{bmatrix} w_1 \\ w_2 \\ \vdots \\ w_N \end{bmatrix} \tag{12-34}$$

对矩阵求逆以获得馈电系数：

$$\begin{bmatrix} w_1 \\ w_2 \\ \vdots \\ w_N \end{bmatrix} = \begin{bmatrix} S_{1,1} & S_{1,2} & \cdots & S_{1,N} \\ S_{2,1} & S_{2,2} & \cdots & S_{2,N} \\ \vdots & \vdots & \ddots & \vdots \\ S_{N,1} & S_{N,2} & \cdots & S_{N,N} \end{bmatrix}^{-1} \begin{bmatrix} E_1(\theta_1,\phi_1) \\ E_2(\theta_2,\phi_2) \\ \vdots \\ E_N(\theta_N,\phi_N) \end{bmatrix} \tag{12-35}$$

向量 E 的所有 N 个系数不全为零，我们就可以求解单独指定电平的多个波束。该阵列有 N 个自由度。这个分析忽略了互耦的影响，而从附近物体的散射可以包含在单元方向图中，因为这一步并没有假设相同的阵列单元。我们可以使用 3.11 节的结果，以补偿互耦的网络，但这种发展导致自适应阵列，它将根据入射场改变馈电系数。

12.8 相控阵在通信系统中的应用

相控阵曾经主要应用于雷达中，但小型阵列在通信系统中也得到应用。陆地视距（LOS）微波系统使用多个天线，以减少由于衰落造成的服务中断时间，但这些在连通性很高的系统中才发挥作用。因为大部分时间没有直接的信号路径（见 1.19 节），蜂窝电话系统工作在服从瑞利概率分布的复杂多径环境中。当信号在第一路径衰落时，通过分集合成提供替代路径而提高了连通性，这和 LOS 系统的方式一样。由于变化的大气条件，LOS 系统具有慢变化的衰落，而当用户移动时，蜂窝电话具有快衰落。分集合成降低了信号零点深度，但并未将平均信号增加多大。

蜂窝电话系统的第二个问题是信道容量。用户数量持续增长，他们对服务的需求很快就使现有系统达到了饱和。将相控阵加装到基站提供了多波束来细分蜂窝，这样不用建设新站点就能使容量提高。除了使用网络，比如通过巴特勒矩阵，形成固定的多波束以外，自适应阵列（智能天线）也可以提高容量。天线仍然是相同的金属件，自适应的电子波束形成才是其智能部分。由于自适应阵列分析和设计大多是信号处理，这里不作详细讨论。

当用户或散射物体移动引起信号在一个信道中衰落时，和衰落源不相关的第二个信号可以提供更好的通信路径。如果我们有两个信号，将它们结合起来以减少衰落可能是更好的。这里讨论两个信号的情况，也可以直接扩展到更多信号的情况。试想两副天线以及连接它们的网络，最好的系统采用最大比合并（MRC），它先调整这两个信号的幅度和相位（复杂的移相器）然后再将它们相加。MRC 需要最复杂的设备，因为需要可变功分器和移相器相结合。等增益合并（EGC）是一个只有一个移相器的相控阵，它将两个信号形成相同的相位后再合并。选择性合并（SEC）检测到最强的信号然后切换到该信号上而忽略第二个信号。最后，还有开关合并（SWC），当信号下降到低于阈值时，它就切换。当然，当信号在这两个路径都下降时，SWC 可以快速地来回切换。SWC 是成本最低的系统，因为它只需要一个接收机前端。

通信系统以给定的概率提供连接，我们接受掉话和数据丢失。幸运的是，语音编码可以容忍高的 BER（误比特率），而 LOS 系统使用错误检测和重传，将错误降低到接近零。分集增益在给定的概率下测量在平均信号电平上增加的信号电平。传播模型给我们对数标准的（中间级的）信号电平，在该电平附近，电平由于多径而快速变化。分集增益通常相对于90%的信号可靠性水平给出，其优点是允许较低的中间级信号电平。我们将改善和两个信道中信号电平差Δ(dB)与分支的相关性 ρ 关联起来。分支相关性衡量两个信号之间的独立性。例如，极化分离是产生两个信道的方法，两个信道中的交叉极化产生信号的相关性。在其他实现中，两个天线或垂直或水平地分离，所以一个天线接收的衰落，对另一个影响很小。对接收相同信号的两个信道 $\rho=1$，而对理想的双信道系统 $\rho=0$。对于不同的合并技术，90%信号可靠性水平的分集增益（dB）经验公式为：

$$\text{Gain (dB)} = \begin{cases} 7.14\mathrm{e}^{-0.59\rho}\mathrm{e}^{-0.11\Delta} & \text{MRC} \\ -8.98 + 15.22\mathrm{e}^{-0.2\rho}\mathrm{e}^{-0.04\Delta} & \text{EGC} \\ 5.71\mathrm{e}^{-0.87\rho}\mathrm{e}^{-0.16\Delta} & \text{SEC} \end{cases} \tag{12-36}$$

MRC 总是产生正的分集增益。比起 MRC，选择较大的信号受益较少，在不利的情况下，EGC 系统实际上会给出一个负的分集增益。如果信号在一个通道下降，将两个信号相加降低了整体性能，因为在实质上高信号电平通道被功分器降低了 3dB。

自适应阵列（智能天线）通过将主波束对准一个特定的用户而在干扰信号方向上产生零点从而改善系统。这些信号可能来自使用相同频率的邻近小区。自适应接收阵列可以在小区之间实现更密的频率复用，从而增加系统容量，同时提高传输质量。我们在 RF 上自适应地控制单元激励或者在 IF 上检测并将其合并。蜂窝电话系统的薄弱环节是从手机到基站的传输，而基站包含用来分离信号的阵列，所以我们聚焦在接收路径上。

阵列使用最小均方（LMS）算法或者特征分解技术，来设置阵元的权值。LMS 需要一个已知的参考信号，系统将其误差最小化。该系统调整权值以使 S/N 最大化。已知信号可以是移动设备发射的编码波形的一部分，当每个设备发出了一个独特的参考信号的时候，它稍微增加开销和降低传输速率。因为相位调制波（PSK，QPSK）具有恒定的幅度，LMS 算法可以调整权值以优化接收信号的恒定幅度。在已知的参考信号上优化系统的方法包括递推最小二乘和维纳滤波方法。

特征值分解技术运用时不需要已知的参考信号。通过使用式（12-29）的条件，考虑其位置，从输入信号中形成互相关矩阵。互相关矩阵是这些项对的积，其中一个因子取复共轭。通过求解特征值问题，算法检测到输入信号的方向而且根据这些波束的角度信息形成波束。两种常用的算法是 MUSIC 和 ESPRIT 算法。

为了显著提高系统性能，我们使用数字波束形成，其中给每个天线连接一个接收机。在经过检测和无损 S/N 的数字波束形成后，我们可以制造出尽可能多的信号复制。无论如何我们必须检测信号以应用自适应阵列算法，在 RF 设置阵元的权值。数字波束形成在天线中省去了移相器和可变功分器，而代之以接收机部件。阵元的位置和接收器部件的量化值仍然会影响阵列的方向图，但是通过采用自适应算法，可以产生理想阵列。阵列可以通过信号处理来调整它的位置和输入信号——这就是智能天线。

12.9　相控阵的近场测量

近场测量可以产生相控阵极好的诊断。我们使用移相器并直接测量阵元输出。首先，构建小的环形探头，移动它们来扫描阵列表面，并记录测量。小探头不会因互耦对阵列单元产生很大的影响，因为它们是很“差”的天线。我们通过构建扫描仪来保持和定位探头于阵列单元来提高精度。不幸的是，如果我们将探头从阵列的表面移远以减少对某单元的影响，就会接收到来自其他阵元的附加信号，单元响应难以分离。分离出单元响应的办法在于近场测量变换。

图 12-27 显示了 90° 波束宽度的探头直接定位于 90° 波束宽度阵元构成的 64 元线阵上方时的模拟辐射响应。阵列采样 30dB 泰勒线性孔径分布来设定其幅度，而第 20 个阵元的幅度减少了 6dB。两条虚线曲线给出了表面上方λ/2 和 3λ的响应。位于λ/2 的探头在第 20 个单元处产生了一个约 3dB 的坑。阵列表面 3λ上方的探头在几个阵元上产生了不明显的坑。两个探头高度的测量响应都有显著的纹波。许多阵列使用这种方法进行了测量和校正。

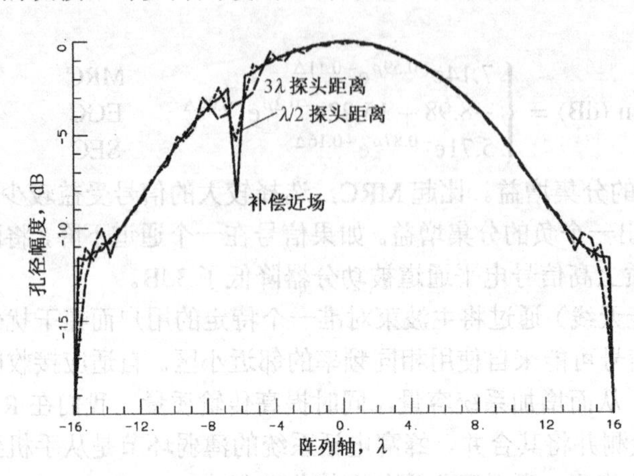

图 12-27 30dB 泰勒分布的 64 元线阵的近场测量（探头距离为 3λ，λ/2 以及补偿到面）

平面近场测量结合简单的数学变换产生更好的结果。我们在离阵列足够高的地方扫描近场探头以减少互耦效应，以免影响待测物理量。平面近场测量均匀间隔地读数，并使用快速傅里叶变换（FFT）来计算在 $\sin\theta$ 空间均匀间隔点处的远场响应，其中 θ 从平面法向算起。平面测量使用 $k_x = \sin\theta_x = \sin\theta\cos\phi$ 和 $k_y = \sin\theta_y = \sin\theta\sin\phi$，它们是沿每个轴作 FFT 求得的。例如，我们沿 x 轴使用 FFT 算法对每一行进行变换，由此产生的 FFT 列变换成沿 y 轴的行。 FFT 要求沿阵列面 2^N 次采样且产生相同数量的 $\sin\theta$ 空间均匀间隔的方向图方向。我们从孔径采样间距 d 获得 k_x 空间的范围:

$$\sin\theta_{\max} = \pm\frac{\lambda}{2d} \tag{12-37}$$

表 12-5 表明，比λ/2 更小的采样间距会产生方向图上不可见空间的点，而对于大多数阵列来说，更大的采样间距不能在每个单元产生一个点。因为我们希望捕获边缘单元的辐射，近场探头的扫描范围必需超出阵面边缘。如果我们将探头放在阵列上方距离 a 处，我们应该采样到最大转换角。给定阵列长度 D 和探针长为 L，准确测量的最大角度由公式 $\theta_c = \arctan[(L-D)/(2a)]$ 给出。如果我们用λ/2 的采样距离，L 延伸到∞，我们也是通过假设阵列单元波束宽度捕获大部分辐射功率来折中。在探测完近场以后，我们使用 IFFT 变换到远场。这个方向图已经乘上了探头天线方向图和一个孔径的惠更斯源的方向图（见 2.2 节）。惠更斯源具有方向图 $E_H(\theta) = \cos^2(\theta/2)$。由于阵面和探头平面的之间的距离 a，远场方向图也有相对于阵列面的相位分布。当我们从 k 空间方向图变换回孔径时，应用探头补偿并移动远场相位，以使扫描平面就在阵列面上。给定新的孔径平面所需的位置 z，我们首先调整远场方向图：

$$E_{\text{new}}(\theta_x, \theta_y) = \frac{E(\theta_x, \theta_y)\mathrm{e}^{-\mathrm{j}k\cos\theta_x(z-a)}\mathrm{e}^{-\mathrm{j}k\cos\theta_y(z-a)}}{E_{\text{probe}}(\theta_x, \theta_y)\cos^2(\theta_x/2)\cos^2(\theta_y/2)} \tag{12-38}$$

表 12-5

孔径间距, $d(\lambda)$	Sin θ_{max}	θ_{max}(deg)
0.25	2	不可见空间
0.5	1	90
0.75	2/3	41.8
1.0	0.5	30
2.0	0.25	14.48

图 12-27 的实线显示了阵列上这些计算的结果，当 $z=0$ 时改变单元幅度。如果阵列中包含更多的馈电误差，它们都将出现在远场到近场孔径平面的 FFT 上。我们使用同样的方法来确定抛物面反射器中的误差，但在逆变换中，我们应用多个步骤变换到 z 轴平面位置，以得到穿过反射表面的横断面。

参考文献

[1] H. A. Wheeler, The radiation resistance of an antenna in an infinite array or waveguide, *Proceedings of IRE*, vol. 36, April 1948, pp. 478–488.

[2] H. A. Wheeler, Simple relations derived from a phased-array antenna made of an infinite current sheet, *IEEE Transactions on Antennas and Propagation*, vol. AP-13, no. 4, July 1965, pp. 506–514.

[3] R. C. Hansen, Linear arrays, Chapter 9 in A. W. Rudge et al., eds., *Handbook of Antenna Design*, IEE/Peter Peregrinus, London, 1983.

[4] M. I. Skolnik, Nonuniform arrays, Chapter 6 in R. E. Collin and F. J. Zucker, eds., *Antenna Theory*, Part 2, McGraw-Hill, New York, 1969.

[5] R. J. Mailloux, Periodic arrays, Chapter 13 in Y. T. Lo and S. W. Lee, eds., *Antenna Handbook*, Van Nostrand Reinhold, New York, 1992.

[6] R. J. Mailloux, *Phase Array Antenna Handbook*, Artech House, Boston, 1994, pp. 393–399.

[7] T. A. Milligan, Space tapered circular (ring) arrays, *IEEE Antennas and Propagation Magazine*, vol. 46, no. 3, June 2004.

[8] M. I. Skolnik, J. W. Sherman III, and F. C. Ogg, Jr., Statistically designed density tapered arrays, *IEEE Transactions on Antennas and Propagation*, vol. AP-12, no. 4, July 1964, pp. 408–417.

[9] J. L. Butler, Digital, matrix, and intermediate-frequency scanning, in R. C. Hansen, ed., *Microwave Scanning Antennas*, Vol. III, Academic Press, New York, 1966.

[10] B. M. Schiffman, A new class of broadband microwave 90° phase shifters, *IRE Transactions on Microwave Theory and Techniques*, Vol. MTT-6, no. 4, April 1958, pp. 232–237.

[11] R. Tang, Survey of time-delay beam steering techniques, *1970 Phased Array Conference*, Artech House, Boston, 1972.

[12] J. E. Hudson, *Adaptive Array Principles*, IEE/Peter Peregrinus, Stevenage, Hertfordshire, England, 1981.

[13] A. Paulraj et al., Space-time processing in wireless communications, *Proceedings of the 3rd Workshop on Smart Antennas in Wireless Mobile Communications*, Stanford University, Stanford, CA, 1996.

反侵权盗版声明